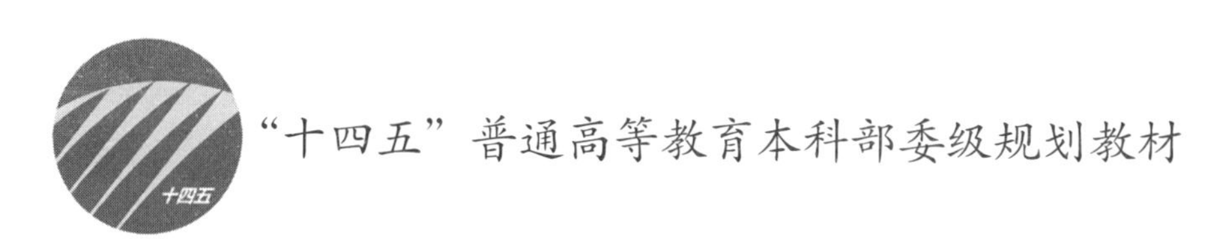

“十四五”普通高等教育本科部委级规划教材

中国名点

朱在勤　吴　雷　主　编

中国纺织出版社有限公司

图书在版编目（CIP）数据

中国名点 / 朱在勤，吴雷主编 . -- 北京 ： 中国纺织出版社有限公司，2023.12
“十四五”普通高等教育本科部委级规划教材
ISBN 978-7-5229-0677-5

Ⅰ . ① 中… Ⅱ . ①朱… ②吴… Ⅲ . ①面食－制作－中国－高等学校－教材 Ⅳ . ① TS972.132

中国国家版本馆 CIP 数据核字（2023）第 106268 号

责任编辑：舒文慧　　责任校对：寇晨晨　　责任印制：王艳丽

中国纺织出版社有限公司出版发行
地址：北京市朝阳区百子湾东里 A407 号楼　邮政编码：100124
销售电话：010—67004422　传真：010—87155801
http://www.c-textilep.com
中国纺织出版社天猫旗舰店
官方微博 http://weibo.com/2119887771
三河市宏盛印务有限公司印刷　各地新华书店经销
2023 年 12 月第 1 版第 1 次印刷
开本：710×1000　1/16　印张：41
字数：745 千字　定价：68.00 元

前言

随着社会的进步，人民生活水平的不断提高，人们对餐饮业提出了更高的要求，迫切需要培养适应餐饮业发展的优秀人才，为了适应烹饪高等教育的发展和培养高级烹饪专业人才的需要，尤其是中式面点本科层次教学的需要，在原有《中国风味面点》教材的基础上，经过重新规划，修订编写了这本《中国名点》。本教材是高等学校烹饪专业主干课程的配套教材，它是“面点工艺基础”和“面点工艺学”课程的后续课程，是在学生具备了一定的面点基础理论和基本技能后开设的一门课程，是提高学生中式面点技艺的重点课程。本教材坚持面向21世纪，以市场需求为导向，重点培养学生的操作能力，全面推进素质教育，培养新形势下高素质的高级烹饪工作者和管理人员。

本教材根据高等教育的特点，强调教材的科学性、直观性、可操作性。在内容安排上，以面团划分章节，突出知识的系统性、规律性，便于学习者总结制作规律，系统掌握名点制作技术；在体例安排上，力求较全面地反映中国名点的风貌，从品种介绍、制作原理、熟制方法、原料配方、工艺流程、制作方法（质量控制点）、评价指标、思考题等几个方面介绍全国各地的风味名点，直观而全面地展现中国名点的制作过程和每个程序的质量控制点，大大降低了学习者制作的失败率。评价指标为进一步改进名点的制作质量提供了依据，力求学习者能制作出高质量的作品。每个名点都有相应的思考题、每章后有本章小结和大量的同步练习题，引导学习者思考问题，深入理解名点的制作要领，更好地把握名点的制作技术。

本教材由朱在勤、吴雷主编，参加编写的人员有：江苏旅游职业技术学院讲师吴雷（编写华中、西南地区名点部分）；大连市烹饪中等职业技术专业学校高级讲师（教授级）吴晓玲（编写东北、华北地区名点部分）；扬州大学旅游烹饪学院副教授朱在勤（编写华东、华南、西北地区名点部分及第二至第七章概述部分）。全书由扬州大学旅游烹饪学院朱在勤修改及统稿。本教材由扬州大学出版基金资助，在此深表谢意！

本教材在编写过程中参阅了众多专家、学者的专著、论文，难以一一注明来源，请诸作者见谅。本教材在编写过程中得到了扬州大学有关部门和旅游烹饪学院领导、同仁的大力支持和帮助，得到了中国纺织出版社有限公司的大力支持，在此一并致谢！

由于编写人员对本教材编写要求的理解程度和编写水平有限，加上编写时间仓促，书中不妥之处在所难免，望使用本教材的同仁、读者批评指正，以便再版时修改。

编　者

2022 年 11 月

《中国名点》教学内容及课时安排

章 / 课时	课程性质 / 课时	节	课程内容
第一章（6 课时）	总论（6 课时）		· 中国名点概述
		一	中国名点的历史发展概况及特色
		二	中国名点的分类
第二章（40 课时）	应用与实践（154 课时）		· 水调面团名点
		一	水调面团概述
		二	水调面团名点举例
第三章（36 课时）			· 膨松面团名点
		一	膨松面团概述
		二	膨松面团名点举例
第四章（24 课时）			· 油酥面团名点
		一	油酥面团概述
		二	油酥面团名点举例
第五章（2 课时）			· 浆皮面团名点
		一	浆皮面团概述
		二	浆皮面团名点举例
第六章（28 课时）			· 米及米粉面团名点
		一	米及米粉面团概述
		二	米及米粉面团名点举例
第七章（24 课时）			· 杂粮等其他特色粉团名点
		一	杂粮等其他特色粉团概述
		二	杂粮等其他粉团名点举例

注　各院校可根据自身的教学特色和教学计划对课程时数进行调整。

目录

第一章　中国名点概述

本章内容：1. 中国名点的历史发展概况及特色

2. 中国名点的分类

教学时间：6 课时

教学目的：通过本章的教学，要求学生了解各地的地理位置、气候条件和物产，明了中国名点的历史发展概况，懂得各地中国名点的特色，学会中国名点的分类方法，揭示中国名点制作的一般规律；使学生懂得中国名点传统技艺的博大精深，坚定文化自信；明白本课程的重要性，为下一步的学习奠定基础

教学方式：课堂讲授、研讨

教学要求：1. 了解各地的地理位置、气候条件和物产

2. 中国名点的历史发展概况

3. 懂得各地名点的特色

4. 学会中国名点的分类方法

课程思政：1. 传承中华优秀文化，培养社会责任感与事业心

2. 欣赏中国名点传统技艺的博大精深，坚定文化自信

3. 热爱传统文化、技艺

4. 中国名点历史源远流长，名点品种走向世界，激发学生的家国情怀和民族自豪感

第一节 中国名点的历史发展概况及特色

一、华东名点的历史发展概况及特色

华东地区位于我国的东部，具有优越的自然条件和自然资源，为华东地区餐饮业的发展提供了良好的物质基础和经济条件，创制出众多的华东名食。

华东名点主要包括苏、沪、浙、皖、闽、赣、台一市六省所制作的面点。

华东名点比较讲究面粉制品的精细特点，注重米类制品及花色面点，且兼顾南北风味的一个面点体系。

（一）江苏名点

江苏名点历史悠久，源远流长。负有盛名的苏州糖年糕，相传其起源于吴越，至今民间还流传着伍子胥受命筑城以糯米粉制成砖，解救百姓脱离危险的传奇故事。维扬细点（维扬是古扬州府的别称），距今已有千年以上的历史。至明清时代，已是“扬郡面馆，美甲天下”，市井之中有“裙带面”“过桥面”“螃蟹面”“刀鱼羹卤子面”等数十种。六朝古都南京的金陵面点，形成于东晋、南北朝时期，品种纷呈，风味各异，尤其擅长酥点。

江苏名点，因其处在鱼米之乡，物产极其丰富，为制作多种多样面点创造了良好的条件，制品具有色、香、味俱佳的特点。江苏面点可分为苏锡、金陵、淮扬、徐海等流派，这些流派又各有不同的特色。江苏面点注重本味，体现原料自身的味道，咸味的常带甜头，形成独特的风味。馅心重视掺冻（即用鲜猪肉皮、光鸡、猪骨等熬制汤汁冷冻而成），汁多肥嫩，味道鲜美；苏式面点也很讲究形态，苏州船点（用米粉调制面团包馅制成的美点，现在也常常用澄粉面团作坯料制作），形态甚多，常见的有飞禽、走兽、鱼虾、昆虫、瓜果、花卉等，色泽鲜艳，形象逼真，栩栩如生，被誉为精美的艺术食品。

江苏名点的特点如下。

① 广集原料，各具特色。位于长江入海处的南通地区，除采用一般原料制作面点外，还采用多种植物的花、叶、茎，如青蒿、柳芽、枸杞、荷叶、荷花瓣、玉兰花、藿香叶、苇叶、嫩稻叶、紫藤花和青嫩的蚕豆、玉米及贝类、海鲜等原料来制作面点。

② 具有浓厚的乡土风味。南京夫子庙位于秦淮河畔，茶坊酒肆比比皆是。点心品种琳琅满目，应有尽有；维扬点心，一向以制作精巧、造型讲究、馅心多样、各具特色而著称。酵面制作技术是扬州点心的一大特点，“扬州发酵面最佳，手捺之不盈半寸，放松仍隆然而高”（《随园食单》）。扬州面点在馅心配制上，

春夏有荠菜、笋肉、干菜等；秋冬有虾蟹、野鸭、雪笋等各种馅心；苏州面点则以制作软松糯韧、香甜肥润的糕团见长，如咸猪油糕、玫瑰白果蜜糕、松子枣泥拉糕、定胜糕、五色大麻糕等。苏州面条更以操作细、造型美和注重原汁配汤的三大特点而著称；徐淮地区的淮安茶馓、文楼汤包、淮饺等颇有名声。

（二）上海名点

上海名点，首先是从上海本地的食摊发展起来的。据《嘉定县续志》记载，明代就有了面点“纱帽”（即烧卖）。清初，城市人口不断增加，商业日益繁荣，面点又有了新的发展。据《松江府志》载，上海及其邻近地区已有“汤团”“笼糕”（如薄荷糕、绿豆糕、花糕、蜂糕、百果糕）等；面粉制品的馒头、面条、中秋月饼，盛行于市。市区还有各式面条、肉馄饨、荠菜圆子、米糕、小圆子等各式点心。

1843 年上海成为通商贸易港口以后，各地商贾纷至沓来。随着银行、钱庄、交易所、商行和旅馆的兴起，饮食业亦相应繁荣起来，特别是各种小吃摊、点心摊担迅速发展。从清末民初至 20 世纪 30 年代，各地面点都登上了上海面点舞台，加上上海本地原有的排骨年糕、春卷、八宝饭、大卤面、小肉面、刀鱼面等，上海点心已有上千个品种。

上海名点的特色如下。

① 品种繁多，味兼南北。上海每年应市的各种面点有数千种之多，其中常年应市的也有上千种，分为饼、馒头、饺子、面条、馄饨、包子、糕团、粥、汤、羹、油炸等大类十几种。口味有一品一味的香、脆、酸、辣、苦、甜、咸，或一品双味的甜咸、麻辣、酸甜等，南北皆宜，四方适应。

② 名特面点，特色鲜明。清代时，上海已有著名的特色面点南翔小笼馒头，五芳斋的四季糕团，南市雷某的擂沙圆、春卷等。

③ 四季有别，节令性强。上海各式点心特别讲究季节，四时八节（春、夏、秋、冬，立春、春分、立夏、夏至、立秋、秋分、立冬、冬至）因时而变。

④ 用料讲究，制作精细。上海许多著名的面点店摊，在烹制各式点心时，都特别重视用料的选择和制作的精细。

（三）浙江名点

浙江名点是以米、面为主料，发挥江南食品资源丰盛的优势，选用配料广泛而又精细，运用蒸、煮、煎、烤、烘、炸、炒、氽、冲等多种技法，形成咸、甜、鲜、香、酥、脆、软、糯、松、滑等多种面点特色。

最迟至南宋时，浙江面点已具有品种繁多、风味各异的格局。根据宋代吴自牧的《梦粱录》记载，当时的都城临安（今杭州），经营面点的，就有蒸作面行、馒头店、粉食店、菜羹店、素点心等以及兼营面点的茶肆、酒店等。面点花色品种，有糕、粥、烧饼、蒸饼、糍糕、雪糕、馓子、澄沙团子、豆儿糕、千层儿、羊脂韭饼、炊饼、春饼、灌浆馒头、虾肉包子、蟹肉包儿、炒鳝面、笋泼肉面、丁香馄饨、油酥饼儿、麻团、油炸夹儿、猪油汤团等。仅糕团、面食、点心就达数百种之多。许多品种经改进后流传至今，成为名传遐迩的浙江名面点。明代名医陈实功创制的疗补点心八珍糕，到清初已由浙江流传到全国各地。

浙江名点的风味特色如下。

① 是根据各地原料特点制作各种各样的面点。在杭州嘉兴湖州和宁波绍兴地区，盛产稻谷、豆类和各种水生动植物，这些地区的面点以各种米、豆类烹饪原料作主料为多，讲究甜、糯、松、滑风味。

② 季节性面点，更是随着季节的变化因时而异，花色更新。

③ 从选料到加工、烹调，各个工序都有严格要求，形成了其独有的特殊工艺。

（四）安徽名点

安徽名点具有悠久的历史，可上溯到唐代。合肥地区（肥东县）至今流传的著名面点示灯粑粑，相传是唐代肥东龙灯节的食品。寿县大救驾相传因宋朝皇帝吃过而得名。

安徽名点风味众多，各有特色，如宿州的萧县卷面皮、蚌埠的烧饼夹里脊、合肥的三河米饺、送灶粑粑、鸭油烧饼、安庆的安庆汤包、黄山的黄山烧饼、徽州的葛粉圆子、秤管糖、枣泥酥馃、苞芦馃、阜阳的格拉条、寿县的大救驾、芜湖的虾籽面。安徽名点与民间习俗之间的关系极为密切。

（五）福建名点

福建附山倚海，物产丰富。凡山珍之竹笋、香菇、银耳、莲子，海味之鱼、虾、螺、蚌、蚝等美味，珍品纷呈；稻米、糖蔗、蔬菜、佳果等作物，常年不绝。历代名师高手使用这得天独厚的资源，制成品种繁多、风味各异的点心。

福建名点历史悠久。据唐代林谞所撰《闽中记》记载，“闽人以糯稻酿酒，其余揉粉，岁时以为团粽馃糕之属”。清代施鸿保撰《闽杂记》亦记述：“福州俗以正月二十九日为窈九，人家皆以诸果煮粥相馈。”“冬至前一夜，堂设长几，燃香烛，男女围坐作粉团，谓之搓圆。旦以供神祀祖，并馈赠亲友，彼往此来，鬃篮漆盒，交错于道。”小吃盛况，可见一斑。随着社会的进步，经济的繁荣，福建面点的制作技艺达到了较高的水平。

福建名点的风味特色如下。

① 米粉制品是福建面点的主要部分，它的主要原料是米、油、糖，一般先

将糯米磨浆，沥干后再以不同技法制成各种面点。

② 海鲜类面点是福建面点的另一个重要部分。

③ 以麦、豆、薯类为原料的一些品种，加工技术和风味都别具一格。

④ 以用料考究、制作精细，善用调味料而著称。

（六）江西名点

江西省山区丘陵多，水面广，地形复杂，气候各异，丘谷相间，河流交错，构成了丰富多样的发展地方特产的天然基础。

江西名点根据地区分类有南昌、九江、景德镇及井冈山等风味。

南昌名点有拌粉、白糖糕，九江名点有九江萝卜饼，鹰潭名点有灯芯糕，景德镇名点有清汤泡糕、冷粉、桃酥饼，赣州名点有信丰萝卜饺、烫皮，婺源名点有艾米糕等。

（七）台湾名点

自明朝郑成功收复台湾以来，台湾饮食就与大陆饮食有着密切关系。日本饮食文化对台湾地区饮食也产生了一些影响，如味噌汤、生鱼片、寿司、甜不辣一直流传至今。1949 年后随着台湾的大陆人增多，他们的饮食习俗也影响了台湾的饮食习惯，使台湾的饮食发生了很大的变化。20 世纪 60 ～ 70 年代社会开始富裕后，台湾面点也发达起来。

台湾名点种类繁多。面点的各种名目与各式做法，有近千种之多。其面点的内容，有“吃饱”和“吃巧”两大类。像卤肉饭、切仔面、意面、河粉、米粉，以及清粥、小菜等，这些都是普及台湾各地的价廉小吃品种；另外就是台湾各地的不同名点品种，其选用当地特有的原料或调料，在口味、制法上因独特和巧思而著称。如基隆名点以“庙口小吃”而闻名，最具特色的有甜不辣、虾仁肉羹、豆腐羹、八宝冬粉、盛夏消暑的雪绵冰等。台北名点是台湾各地面点的总汇，著名的有蚵仔煎、炒生螺、烧醉虾以及士林夜市的“大饼包小饼”。新竹名点，以贡丸、米粉、肉丸三大类为其特色。台中名点是台湾南北面点齐聚之地，除各地名点外，更有太阳饼、凤梨酥、蜜豆冰、豆腐干等别具特色。鹿港名点如虾丸、虾猴、蚵仔煎，尤以海鲜别树一格；茶点如凤眼糕、口酥饼等也饶有风味。另外北港、嘉义名点中的凸饼、鸡肉饭，都是香味四溢的名品。台南名点中的鸡干饭、度小月担仔面、鳝鱼面，都是闻名全岛的面点。这些名点，体现了台湾面点的丰富多彩和繁荣景象。

二、华南名点的历史发展概况及特色

华南名点是我国具有地方特色的面点之一，它主要包括广东、广西、海南、香港、澳门等地制作的面点。其中，尤以广东点心是具代表性。

华南地处亚热带，气候温和，物产富饶，民间面点丰盛。明代以前的小食，主、杂、荤、素都有，蒸、煎、炸、烤齐全。华南面点正是在吸取、继承这些本地民间面点和外地小吃之精华而发展起来的。明末清初屈大均《广东新语》中记载广州人所食用的点心就有煎堆、粉果、粽子达数十种。随着广州对外通商和贸易的发展，加速了烹饪技术和文化的交流，使广式点心的内容更为丰富和完善。

19 世纪末，不少海外华侨把欧、美、东南亚各地的食品特色及制作技术传回家乡。西点通过我国香港和澳门，以前所未有的规模传入。广式点心吸取西饼的制作精华，再结合本地风土民情，用料、口味和习惯，充实自己的内容。

华南名点的特点如下。

① 种类繁多。其不仅有传统的民族风味的点心，还有中西结合、洋为中用的点心。

② 取料广泛。除了常用的米、面、糖、油、蛋、肉以外，还特别擅长利用蔬果类、淀粉类、水产类等原料作为点心的坯料，如马蹄粉、澄面、芋头、鲜栗、莲子、西米、鲜虾、鲮鱼等。

③ 量化制作。无论是馅料的调制还是坯皮的制作都十分讲究，严格按配比称量，确保产品质量。

④ 供应形式多样。有“长期点心”“星期点心”“四季点心”“席上点心”“节日点心”“旅行点心”“早、午、夜中西茶点”“圆桌点心餐”等。

⑤ 制作精致，口味自然。讲究点心的造型和自然的口味，咸点清淡鲜滑，甜点清甜爽口。

（一）广东名点

广东地处亚热带，温暖的气候、充沛的雨量，使之物产丰富，点心品种繁多。明末清初屈大均的《广东新语》曰：“广州之俗，岁终，以烈火爆开糯谷，名曰炮谷。以为煎堆心馅。煎堆者，以糯粉为大小圆，入油煎之，以祀先及馈亲友者也。又以糯饭盘结诸花，入油煎之，名曰米花。以糯粉杂白糖沙，入猪脂煮之，名沙壅。以糯粳相杂炒成粉，置方圆印中敲击之，使坚如铁石，名为白饼。”这些明代以前的小食，主、杂、荤、素都有，蒸、煎、炸、烤齐全；历代皇朝官吏，北往南来，带来了北方各地的饮食文化。广东面点正是在吸取、继承这些本地民间小吃和外地小吃之精华而发展起来的。

作为沿海省份，加上毗邻香港和澳门，西点以前所未有的规模传入。比如拿酥鸡批、咖喱牛肉角、忌廉筒等，就是吸取西饼的同类品种，结合本地风土民情，用料、口味和习惯，不断改进而成。马拉糕则是从东南亚引进的。

（二）广西名点

广西位于中国南部，西南与越南接壤，南濒北部湾，是一个多民族自治区，除汉族外，主要聚居着壮族、瑶族、苗族、侗族、彝族等十一个少数民族。广西地形复杂且地处亚热带，气温高，雨量足，禽畜种类繁多，蔬果四时不断。

平原地区的麻鸭、三黄鸡，沿海地区的海产品，还有环江菜牛、巴马香猪、廉州鱿鱼、桂林马蹄、荔浦芋头、贵县莲藕等许多驰名特产，为广西菜系的形成提供了扎实的物质基础。各民族依自己的风俗习惯和嗜好，创造出了多姿多彩、具有浓厚民族特色的传统食品。

多数地区的壮族人民习惯日食三餐，有少数地区的壮族人民吃四餐，壮族以大米、玉米、红薯为主食，年节喜食粽子、糍粑和米粉，古时不食牛肉，自元朝时才开始盛行食牛肉，少数山区仍存在一些旧俗。

壮族人民还利用粮食、薯芋和豆类加工制成粉丝、粉条、魔芋豆腐、豆腐等副食品。他们喜食腌、生、酸、辣之物。

具有代表性的广西名点有：南宁的老友面、米粉饺，桂林的锅烧米粉、马蹄糕等。

（三）海南名点

海南因其得天独厚的自然资源优势，盛产许多奇特罕见的山珍海味。在海南吃山珍海味，以清淡鲜活、原汁原味取胜。

海南纬度低，长夏无冬，终年炎热，是一个天然的大温室。其盛产水稻，一年三熟；热带水果品种极多，海南的椰子更是外地人十分向往的南国美果，海南人用椰子能制出多种美食。

黎族的饮食文化多姿多彩。黎族习惯一日三餐，主食为大米，有时也吃一些杂粮。做米饭的方法一种是用陶锅或铁锅煮，与汉族人焖饭的方法大体相同；另一种是颇有特色的野炊方法，即取下一节竹筒，装进适量的米和水，放在火堆里烤熟，用餐时剖开竹筒取出饭，这便是有名的“竹筒饭”。

具有代表性的海南名点有：海口的九层油糕、海南煎堆、海南煎粽，万宁的海南煎饼，黎族传统风味名食竹筒饭，以及海南燕馃等。

三、华中名点的历史发展概况及特色

华中地区位于我国中部，主要包括河南、湖北、湖南三省。除少数地区为半湿润气候外，绝大部分地区气候温暖湿润。湖北、湖南的大部分地区以稻谷为主粮，河南以麦类为主粮。其他作物还有甘薯、玉米、豆类、荞麦、粟谷等。所以，湖南、湖北面点以面粉、米粉制品为主，而河南面点则以面粉、杂粮为主。

（一）河南名点

河南有着悠久的文化历史，是我国古代文明的主要发源地之一，文化遗产相当丰富。从夏、商至北宋，许多朝代均建都河南，西部有“九朝古都”洛阳，中部有在夏、商、西周、春秋、战国五次为都的郑州，东部有“七朝古都”开封。河南悠久而辉煌的历史，不仅为我们留下了丰富的文物古迹，还给我们留下了灿烂的文化财富。

河南地处黄河中下游，土地肥沃。气候温暖湿润，属温带季风气候，四季分明，冬天寒冷干燥，夏季炎热多雨，气候有利于小麦、谷子、玉米、红薯等农作物的生长。其得天独厚的地理位置，让历代河南人种植小麦、玉米的经验丰富，饮食也就以这两类主要农作物为主了。

从汉魏以来，民族的大融合又进一步丰富了河南人的饮食。以牛肉、羊肉为主要原料，配以调料、葱花或香菜，泡上一块大饼，便成了河南人爱吃的牛肉、羊肉泡馍。刀削面、烩面更是在以上的基础名点之上派生出来的另一类饮食。

河南名点历史悠久，北宋时期面点就很发达。经历代发展，河南名点形成了独特风格，多以面粉为主料，锅盔、烧饼、馒头、油条、面条、饺子等类制品较有特色。

（二）湖南名点

早在两千多年前，屈原在《楚辞·招魂》中就记录了许多当时楚国的菜肴点心，长沙马王堆出土的西汉古墓中亦有粔籹、稻蜜糒、麦糒、黄粢食、白粢食、麦食、稻食等多种由粮食加工而成的食品。这些都为后来湖南面点的发展奠定了良好的基础。

魏晋南北朝时期，出现了粽子等名品。特别是永嘉南渡以后，北方人口大量南迁，带来了比较先进的生产技术，也带来了饮食制作方法。南朝梁宗懔撰写的《荆楚岁时记》就记载了不少当时湖南人的饮食习俗。此时，民间面点的习俗已逐渐形成。历经唐、宋、明至清代，湖南面点有了较大发展，而且从民间家庭制作转向商业性经营。清代《湖南商事习惯报告书》中介绍的面点就分有米食、面食、肉食、汤饮、鲜食、治豆等大类，数十个品种。

湖南名点的特色是：用料广泛，选料讲究，做工精细，花样繁多。制法上以蒸、炸、煮等法见长。湘西、湘南等地多山，盛产麦、豆、薯、果及各类杂粮，擅长制作面粉、豆、薯类为主料的各种糕饼，多用烤、煎、烘、炸等烹制方法，成品以深黄色和红色为主，制作方便，讲求实惠。洞庭湖区一带的水产资源丰富，盛产稻米，制作以肉杂、鱼虾、淀粉等类小吃见长，食法上喜干稀搭配，成品以软、嫩、鲜著称，如糯米藕饺饵、虾饼、健米茶等都是具有浓厚湖区色彩的名点。

（三）湖北名点

湖北以鱼米之乡情韵浓郁的米、豆、莲、藕制品最具特色。

湖北名点源远流长。早在战国时期，诗人屈原在《楚辞・招魂》中描述的楚宫筵席点心粔籹、蜜饵等，此即甜麻花、酥馓子、蜜糖糕和油煎饼的始源，进入汉魏六朝，湖北出现不少节令小食。《荆楚岁时记》中记载有楚人立春“亲朋会宴啖春饼”和清明吃大麦粥的记述，《续齐谐志》中介绍了楚地端午用彩丝缠粽子投水祭奠屈原的风俗。至隋唐宋元，湖北面点已有较高的工艺水平，创造出许多流传至今的名品，如红安人新年祭祖的绿豆糍粑，秉承石熥古法的应城砂子饼，可存放一旬的丰乐河包子，酷似荷花的荷月饼，以及“泉水麦面香油煎”的东坡饼等。明清两代，随着各地饮食文化交流的增强，湖北名点不断充实新品种，又推出随县张三口羊肉面、黄州甜烧梅、郧阳高炉饼、光化锅盔、宜昌冰凉糕、荆州江米藕、沙市牛肉抠饺子、江陵散烩八宝饭，以及武汉的谈炎记水饺、四季美汤包、老谦记枯炒牛肉豆丝和苕面窝、米粑、热干面等。其中云梦炒鱼面曾在巴拿马国际博览会上荣获银质奖。

湖北名点的特色如下。

① 主料多为米、豆、莲藕，米粉面团和米豆混合磨浆烫皮的制品甚多，质感糍糯香滑，调味咸甜分明；与此同时，其还注意麦、薯、蔬、果、鱼、肉、蛋、奶兼用，重视花色品种的多样化。

②在工艺技法上，湖北名点注重以质地取胜。如三鲜豆皮突出一个“煎”字，要求火好、油匀、皮黄、形正。它还广泛采用擀、叠、捏、搓、盘、削、嵌、擦的成型技巧，以及烧、炒、炸、烙、蒸、煮、炕、烤的熟制方法，对外来品种大胆移植和改进，像五叶梅、一品包、甜烧梅、碗碗糕都是这样演化而来的。

③ 因时而异，轮换上市。湖北名点季节性强，春有春卷、汤圆、年糕、油香，夏有凉粉、凉面、粽子、豆腐脑，秋有蟹黄汤包、盐茶鸡蛋、油炸干子、蜜汁莲藕，冬有糊汤米粉、排骨煨藕、牛肉豆丝、糍粑鸡汤，常吃常新。

四、西南名点的历史发展概况及特色

西南地区主要包括川、渝、云、贵、藏三省一市一区。

我国西南地区位于长江上游，地域辽阔，地形复杂，物产丰富，尤其稻谷、小麦、玉米、油料、甘蔗、生猪、水果等较为著名。

（一）四川名点

四川位于长江上游，是我国著名的外流盆地，气候温和，雨量充沛，土地肥沃，无霜期长，四季长青，历来为我国著名的农业区，物产丰富，素有“天府之国”的美称。因而，为面点的形成和发展，奠定了雄厚的物质基础。

相传诸葛亮南征孟获，数渡泸水，旧例须人首祭神，亮令取面包馅作人头形祭之，自此，始有馒头。唐代大诗人杜甫在诗句中提到的粔籹，即是当时夔州（今奉节）一带的一种环形饼。据清末《成都能览》记载的面点，共计有 200 多种。至今，不仅大部分都继承了下来，而且不断地有所发展、创新。

四川名点的特色如下。

① 四川面点取材广泛，就其所用的主要原料来划分，不仅有以米、面为主的馒头、面条、包子、锅盔、汤圆、白糕、醪糟、叶儿粑等；还有以豌豆为主料的川北凉粉，以黄豆为主料的豆花，绿豆为主料的片粉、绿豆团，以糯米、籼米和黄豆为主料的三合泥，以红薯为主料的玫瑰红苕饼，以甜杏仁为主料的冰汁滰等；还有以蛋品和禽畜肉为主料的蛋烘糕、棒棒鸡丝、夫妻肺片、火边子牛肉等，不胜枚举。

② 四川名点的烹制技法多样，品种繁多。其烹制技法共计有煎、炸、烙、烤、烘、炒、烩、煮、蒸、拌等十余种。由于烹制技法多样，如汤面不仅有面条、面片等几十种，而且有号称“四绝”的金（银）丝面。

③ 四川名点特别注重传统工艺。如闻名遐迩的赖汤圆，选上等糯米，按照严格的操作规程，浸泡、磨浆、制馅，然后制成不同形状、不同风味的生坯，熟制盛碗上桌，每个碗中呈现四个形状、四种馅心的汤圆。

④ 四川名点以善调多种多样的复合味著称。总的来讲，在咸、甜两大类的基础上，以一味为主，他味为辅，巧妙配合，相得益彰，从而使味感多而变化大。甜味类面点，不仅有糖类馅料，而且有芝麻、桃仁、枣泥和桂花、玫瑰、茉莉、玉兰等调制的香甜型馅料。咸味类面点，在咸鲜的基础上，辅以火腿、金钩、香肠、榨菜、芽菜、冬菜、蛋品、鲜禽畜肉和菌类、鲜蔬等，配制出丰富多彩的风味。

（二）重庆名点

重庆幅员辽阔，域内江河纵横，峰峦叠翠。北有大巴山，东有巫山，东南有武陵山，南有大娄山，地形大势由南北向长江河谷倾斜，起伏较大。东临湖北、湖南，南接贵州，西靠四川，北连陕西。重庆地处长江上游经济带核心地区，我国东西结合部，是我国政府实行西部大开发的重点开发地区。

气候属亚热带季风性湿润气候，年平均气温在 18℃左右，冬季最低气温平均在6~8℃，夏季平均气温在27~29℃。主要粮食类作物有水稻、小麦、大豆、豌豆、油菜，花生、芝麻等也有小面积种植，粮食以稻谷为主。

早在战国时期，古巴族人已经发明了以饴糖、蜜糖、糖霜制作蜜饯、果脯、灶糖。到了汉代，已经可以制作馒头、包子一类的食品。宋代开始制作重糖高油、肥甜软糯、香酥松脆的糕点。明代可制作冰糖，浇铸“糖关刀”。到了清末民初，从门类、品种、规模上形成了独具特色的巴渝糕点，作坊林立，品种繁多。最具代表性的为“华山玉”的白玉酥等起酥点心系列，合川桃片、白橙糖，江津油酥米花糖，巴县木洞蜜饯、橘饼以及长寿薄脆等食品。

（三）云南名点

云南位于祖国西南部，地处青藏高原南延部分，山地占总面积的84%，高原占10%，盆地仅占6%。地势大体上是西北高、南部低，地势呈阶梯状递减，东部是地面崎岖不平呈层峦叠嶂状的云南高原，西南部地势趋缓，渐呈开阔的河谷地带。面积在1平方千米以上的盆地大部分在云南中部。这些盆地年温差小、降水量适中，是重要的产粮区与饮食文化形成区。位于海拔1300米以下的低地、平地大都分布在云南南部，这些地方气候炎热，降水丰富，适宜水稻与热带经济作物的生长。

在主食方面，云南各地既有水田或湿地种植的稻米、芋类等作物，也有旱地栽培的玉米、洋芋、荞麦与红薯。在菜肴的原料方面，既有经过人工驯化长期种植的各种蔬菜，也有的以野生的各种菌类、花卉、野菜、昆虫、苔藓等入席。

具有代表性的云南名点有过桥米线、鲜花饼、香竹烤饭、瑶族大粽、夹沙荞糕、豆米汤圆等。

（四）贵州名点

贵州地处我国西南云贵高原，土地肥沃，气候温和，无霜期长，是一个特有的绿色植物王国。

贵州的崇山峻岭和纵横交错的河流，星罗棋布的湖泊，广阔的森林，给各族人民提供了丰富的饮食资源。漫山遍野的山珍野味、河鲜野蔬为贵州民族菜点的发展提供了得天独厚的条件。各族人民在长期的生产实践中，创造了丰富多彩的饮食文化，调制出了许多历史悠久、加工独特、闻名遐迩的民族特色菜点。

贵州是一个多民族聚居的民族大省，以农业经济为主，兼营畜牧业和养殖业。由于其居住地域的不同，在主食、副食方面是有差异的。大体说来，居住在平坝、河谷地带的土家族、布依族、侗族、壮族、水族等民族，水稻为主要的农作物，他们则终年以大米为主食。而居住在山区的彝族、苗族、仡佬族等民族，水田极少，主要是旱地，以种植薯类和玉米、麦类为主，故在相当长的历史时期内是以小麦、玉米、土豆、荞麦等粗杂粮为主食。

具有代表性的贵州小吃有肠旺面、贵阳鸡肉饼、遵义黄粑、碗儿糕、清明粑等。

（五）西藏名点

辽阔的地域，独特的气候，形成了众多的物产。主要粮食作物有青稞、小麦、豌豆、蚕豆、扁豆、荞麦、马铃薯。藏东南察隅等地还产水稻、玉米、鸡爪谷、花生、大豆等。经济作物有油菜、麻、甜菜、茶叶、烟草，有的地区还生长橡胶树。主要果品有苹果、梨、桃、杏、核桃、香蕉、柑橘、柿子、芒果、葡萄、西瓜等。蔬菜主要有白萝卜、胡萝卜、洋白菜、山东白菜、西红柿、辣椒、黄瓜、南瓜、茄子、四季豆、菜豆、大葱、洋葱等。家畜有牦牛、黄牛、犏牛、骡、马、驴、绵羊、山羊、改良羊（与新疆羊杂交品种）、猪、狗等。

藏族人民居住在海拔高、空气稀薄、降水量少、日照充足、风速大的地区，独特的地理位置和气候特点形成了藏族人民独特的饮食习惯。在广袤的高原地带，糌粑、酥油茶、甜茶、奶渣、青稞酒、牛羊肉等历来是藏族人民的传统食品。

藏式名点有巴差玛尔库（酥油浇面疙瘩）、秋尔退（奶酪糕）、卓退（人参果糕）、玛尔森（酥油面糕）、扎卡森（藏式薄饼）、米聂菠萝（奶酪包子）、夏八差（肉炒面疙瘩）、加热（酒饼）、夏馍（肉包子）、夏八列（肉饼）、比西（汤心面）、馍东（藏式窝头）、听吐（拉面）、蕃吐（藏面）、列吐（扁面）、巴吐（面疙瘩汤）、败塔（带面）、塔尔细（四角面）、卓吐（打卤面）、耐吐（青稞打卤面）、仲吐（青稞粥）、莎吐（荨麻糊）、岗木吐（青豆糊）、糌吐（糌粑糊）、秋瑞（奶酪糊）、观胆（青稞酒奶酪红糖汤）等。

五、东北名点的历史发展概况及特色

东北地区包括辽宁、吉林、黑龙江三省以及内蒙古蒙东地区构成的区域，土地面积约 145 万平方千米，人口约 1 亿。东北地区四季分明，冬夏温差很大。因为东北的冬天太冷，一年只种一季稻，成熟期非常长。另外就是因为冬天太冷、太长，所以土地在冬天得到了很好的休养生息，农作物一年一熟，营养和口味都是非常好的。

东北物产丰富，烹调原料门类齐全。盛产各种野味、珍禽及菌类植物等；水产资源十分丰富，肥沃的田野，又盛产大豆、小麦、玉米、高粱、谷子等。人们称它“北有粮仓，南有渔场，西有畜群，东有果园”，一年四季食不愁。

东北是一个多民族杂居的地方。除汉族、满族外，还有朝鲜族、回族、蒙古族、赫哲族等少数民族，每个民族都有其独特的饮食习惯，民族之间相互影响。但东北地区仍以汉族居多数，且大多数汉族人是从山东移民来的，故东北饮食习惯受山东的影响最深。可是在历史的发展进程中，历史人文又与当地自然因素相结合，就逐渐形成了具有东北风味特色的面点。

辽宁的沈阳又是清朝故都之一，宫廷菜、王府菜众多，东北点心也受其影响，制作方法和用料更加考究，又兼收了京、鲁、川、苏等地烹调方法之精华，形成了富有地方特色的东北风味面点的特点。

① 品种繁多，尤其是杂粮品种多，玉米制品和黏制品极为丰富，如玉米面可以做窝头、饼子、饸饹、煎饼、发糕，黏玉米还能做豆包、水团子、豆面卷子、苏叶饼、黏饼子等，而且是各具特色。

② 用料非常广泛，除面粉、大米外，还有荞麦、粟米、秫米（高粱米）、黍米（又称大黄米）、玉米等。

③ 制作工艺独特，如沈阳老边饺子，其所用的面团是沸水烫面加入适量熟猪油调制而成，李连贵熏肉大饼是煮肉的汤油加入食盐、花椒粉和干面粉调成软酥做饼。

④ 风味多样，既有汉族风味，又有满族、回族、朝鲜族等民族的风味。

（一）辽宁名点

辽宁省地处我国东北地区的南部，是出入关内外的交通要道，也是东北地区的门户，西南与河北省交界，西北毗邻内蒙古大草原，南临黄海、渤海。辽宁山海环抱，平原辽阔，境内江河纵横，人工湖渠星罗棋布，铁路、公路密如蛛网，海岸线连绵，交通发达。辽宁的农业、渔业、养殖业的快速发展，为辽宁人的饮食提供了丰富的物质基础。受气候环境与物产状况的影响，辽宁人的口味特点为嗜肥浓，喜腥膻，重油偏咸。辽宁居民主要是汉族，也有少数满族、朝鲜族和回族。汉族大多为山东移民，故饮食习俗与山东半岛接近。

辽宁的气候，属温带大陆性季风气候。夏季湿润多雨，冬季寒冷干燥，春秋凉爽宜人。辽宁在东北三省中，属气温较高、热量资源较为丰富的省份。其良好的自然环境，为各种动植物（包括水族）的生息、繁衍提供了优越的条件。

辽宁的饮食资源相当丰富。农作物以耐旱、耐瘠薄的玉米、高粱、大豆为主，其他如糜子、谷子、花生、小豆等杂粮也有大面积种植，水稻产区近年来也在不断扩大。山区盛产野生的动、植物及各种水果，诸如鹿、兔、榛鸡、鹌鹑、铁雀、沙半鸡和榛蘑、黄蘑、蕨菜、山楂、板栗等，产量可观。在广阔的滩涂海面上，还自然生长着许多牡蛎、沙蚬、毛蚶、文蛤等贝类。海参、鲍鱼、扇贝、贻贝等食中珍品及人工养殖的海带藻类，产量也很大。此外，地岭的大葱、开原的大蒜、绥中的圆鱼（甲鱼、鳖）、白梨以及辽东半岛的苹果等，都久负盛名。在辽宁大地上，可以说是北有粮仓，南有渔场，西有林棉，东有果园，为辽宁人的饮食提供了丰富的物质基础。

辽宁菜点是在满族菜点、东北菜的基础上，吸取鲁菜和京菜之长，形成了自己的独特风格。辽宁是满族聚居的主要省份，因此辽宁菜点受宫廷菜和王府菜影响较大，讲究用料和造型，无论是器皿还是色、香、味、形都很考究。

具有代表性的辽宁名点有玉米楂粥、海菜窝头、豆米饭、鲅鱼水饺、海菜包子、马家烧卖、老边饺子、吊炉饼、海城馅饼等。

（二）吉林名点

吉林省地处中国东北地区中部，地域广袤，物产丰富，巍巍长白山，茫茫林海；滔滔松花江，滚滚浪花；一望无际的平原，蕴藏着无尽的宝藏。吉林有可加工香料、滋补品的植物 70 多种，食用菌 80 多种。这里四季分明，冬夏温差大。吉林是满族人的故乡，满族人的饮食习俗奠定了吉林饮食习俗的基本格调。吉林汉族人的祖先多数来自山东和河北。山东、河北人口的流入，又为吉林的饮食风俗增加了新的内容，后来逐渐发展起来的饮食业，从业人员也主要来自山东。以上原因对今天吉林的饮食风俗都产生了巨大的影响。吉林人日常饮食也以米饭为主，还有用大米与小米、大米与高粱米、大米与玉米楂子焖成的二米饭。豆饭也是吉林人的主食之一，最具吉林地方特色的是高粱米赤豆饭、玉米楂子和菜豆粥。其他的还有朝鲜冷面、打糕、李连贵熏肉大饼、新兴园蒸饺、松原蒙古族馅饼、打饭包煎粉、小米面锅贴、甜饼子、玉米窝、擦科等。

（三）黑龙江名点

黑龙江省位于我国东北边陲，地域辽阔，土壤有机质含量高于全国其他地区，黑土、黑钙土和草甸土等占耕地的 60% 以上，是世界著名的三大黑土带之一，拥有广阔的植被覆盖，五大山岭山峦起伏，河流和湖泊众多，具有大量得天独厚的自然资源，像各种野生蘑菇、黑木耳、松子、蕨菜、松茸、薇菜、人参、林蛙、大马哈鱼等。其盛产大豆、水稻、玉米、小麦、马铃薯等粮食作物及甜菜、亚麻、烤烟等经济作物。

黑龙江边境线绵长、口岸众多，边境市、县异国风情浓郁，是一个拥有多民族的省份，有汉族、满族、朝鲜族、蒙古族、回族、达斡尔族、鄂温克族、赫哲族、锡伯族、鄂伦春族和柯尔克孜族等民族。其中汉族是本省的主体民族，民族饮食文化异彩纷呈。但传统的黑龙江人最喜欢的主食还是大米饭、二米干饭、捞水饭、米粥等，其中大碴子粥颇受人们的喜爱，俗话说“苞米碴子大芸豆，越吃越没够。”下大酱、渍酸菜、做豆腐也是黑龙江人民的重要饮食风俗。

黑龙江物产丰富，烹调原料门类齐全。这里的人日习三餐，杂粮和米麦兼备，主食爱吃黏豆包、窝窝头、饺子、大饼子、捞饭、包饭、冷面和豆粥等。

黑龙江名点选料广，品种繁多，充分展示了地域风情。例如，水煎包、玫瑰饼、什锦元宵等，都脍炙人口，流传久远。家常风味具有浓厚的乡土气息，如面片、疙瘩汤等。

六、华北名点的历史发展概况及特色

华北名点是指流行于北京、天津、山西、山东、河北、内蒙古二市三省一区的特色风味面点。其是中国名点的重要组成部分，是我国北派面点的主要代表。

华北名点历史悠久，如北京名点有史料记载的可追溯到公元14世纪，它在逐步发展的过程中形成了独特的工艺方法和成品特色，有很多人们耳熟能详的代表品种。

华北名点在我国烹饪发展的历史长河中逐步形成了如下几个特色。

① 在选料上，主料以面粉、杂粮为主。由于华北地区盛产小麦，所以面粉是人们的主食原料，此外玉米、小米、豆类、薯类等杂粮原料也较多地使用。

② 在制作工艺上，技法多样，工艺精湛。常用的技法就有擀、切、抻（切）、压、捏、摊、揉、搓、包等。生活在华北的人们特别擅长面食制作，尤其是面条、饼类、饺类的制作。

③ 在成熟方法上，蒸、煮、煎、炸、烙、烤、炒等方法俱全，尤其擅长煎、烙、烤，有的采用两种或两种以上烹调方法熟制，使制品特色鲜明，风味更佳。

④ 在成品特色上，口味鲜明，风味各异。华北面点多以咸、鲜、香为主，也有部分口味浓厚，如烧卖馅以咸鲜为主，同时突出油香、葱香、酱香。

（一）北京名点

北京名点主要包括汉民风味名点、回民风味名点和宫廷风味名点。原料有荤有素，口味甜咸分明，干稀、凉热风味各异。北京风味名点品种繁多，约有300多种，具有季节性强，适用面广等特点，很受人们欢迎。

北京名点历史悠久，有史料可查的可追溯到公元14世纪。由于北京为金、元、明、清的都城，一直是帝王将相和大商贾、封建官僚等的养尊处优之所。作为首都，北京非但集中了四面八方的美食原料，又汇集了全国各地的烹制高手，流传下来的名点品种越来越多，便逐渐形成了北京名点的独特风格。北京名点元代已甚著称。据考证，北京名点的蒸饼、羊肉包、油炒面等，就是从元代的“馅饼”“仓馒头”“炒黄面”等食品逐渐演变而形成的。这可以从元朝饮膳太医忽思慧的《饮膳正要》中看出一些脉络。公元15世纪，明成祖迁都北京后，北京逐渐繁荣起来，名点亦有了较大发展。据明万历年间刘若愚所撰《明宫史·饮食好尚》和《酌中志》记载，明代人们正月吃元宵、羊双肠、枣泥卷、糊油蒸饼，二月吃黍面枣糕，三月吃糯米面凉饼，五月吃粽子，十月吃乳饼、奶皮、酥糕，十一月吃羊肉包、扁食、馄饨，腊月吃灌肠、油渣、腊八粥，已成习俗。

到了清代，北京名点又受满族糕点的影响，吸收了饽饽、萨其玛等品种，宫廷中的小窝头、豌豆黄等精馔后来也传入民间。进至晚清，北京名点已相当丰富，并形成了自己的风味特色。

北京位于华北大平原北端，自古就有负山带海、龙盘虎踞、地势重要的“天府”和“神京”之说。北京属温带季风性气候，四季分明。在这样的地理位置和气候条件下，农产品丰富，近郊平原以蔬菜为主，远郊平原主要是粮食和经济作物，山区盛产小枣（密云）、栗子（良乡）和京白梨等驰名中外的干鲜果品，是举世闻名的良种。《周礼·职方氏》中说，“幽州……谷宜三种”，汉代郑玄注，“黍、稷、稻”。元代以前，据多种古籍零散记载，北京地区有粟、黍、稷、稻、大麦、小麦、莜麦、豌豆、胡麻等作物。黍类有糯黍、小黍、秫黍。豆类有黑豆、小豆、绿豆、白豆、赤豆、江小豆、豌豆、板豆、羊眼豆、十八豆等。另外，《小圃记》中记载的蔬菜有芦菔、蔓青、葱、韭诸种。1974 年北京丰台区大葆台发现了大型西汉广阳王木椁墓葬中的动物骨骼，其中有些是野生动物，有些是饲养的家禽、家畜。由此可见肉类食物也很丰富。据《日下旧闻考》中称，北京是“膏腴蔬蓏，果实稻梁之类，靡不毕出，而桑柘麻麦，羊豕雉兔，不问可知”的物产丰富的地方。这些都为北京名点的形成和发展提供了非常有利的条件。

北京名点除了具有汉民风味、回民风味外，宫廷细点也是其最主要的一个方面，表现为用料讲究、工艺精细、口味纯正、造型美观。

北京名点的特色具体表现为以下几方面。

① 应时当令，适应民俗。北京名点常随时令而变换品种。如春季应时制作艾窝窝、黄米面炸糕、豆面糕、豌豆黄、豆䜩儿糕。夏季杏仁豆腐、奶酪、漏鱼去热止渴，秋季糯米藕、栗子糕、八宝莲子粥送爽，冬季盆糕、羊肉杂面驱寒送暖。

② 用料广博，品种繁多。北京名点所用的主料遍及麦、米、豆、黍、粟、肉、蛋、奶、果、蔬、薯各大类。每一大类又可分出若干细类，如豆类中有黄豆、芸豆、豌豆、绿豆、红小豆等。至于所用配料、调料等，则有百种之多。由于北方盛产小麦，面类食品在北京名点中一向居于首位，且花样繁多，层出不穷，如馒头一类，有开花馒头、硬面馒头、枣馒头、香糟馒头、肉丁馒头、水晶馒头等，制法不一，滋味各异，各具特色。

③ 技法多样，工艺精细。制作北京名点的成熟技法主要有蒸、炸、煮、烙、烤、煎、炒、煨、爆、烩、熬、炖等，而其成形中包含的擀、抻、包、裹、卷、切、捏、叠、盘等制作手法更具造诣。如著名的龙须面，一块约重 1.5 千克的面团，经过揉面、遛条和连续 13 次搭扣抻条，可抻出 8192 根细如发丝的面条，每根长达 2 米以上，且粗细均匀，不断不乱，互不粘连，堪称绝技。

④ 口味纯正，造型精美。皮坯质感较硬实、筋道，馅心口味甜咸分明，甜

馅以杂粮、蜜饯为主，喜用红绿丝点缀，肉馅多用“水打馅”，喜用葱、姜、黄酱、小磨麻油等为调辅料，咸鲜适口。

（二）天津名点

天津人喜食面食，在面点制作上独树一帜，选料广而精，制作严且细，档次分明，各味兼备，极富北方面点特色。

天津城早期的居民聚居点，形成于宋辽时期，到元代特别是明、清两代得以发展，日渐繁华。明、清以来，天津城北门外沿河一带逐渐成为手工业、商业、饮食业的集中地。据清《津门纪略》记载，当时天津的著名面点已有“狗不理”大包、鼓楼东小包、查家胡同小蒸食、甘露寺前烧卖、袜子胡同肉火烧等多种。曾在 1914 年巴拿马国际赛会上获铜质“佳禾”奖章的杨村糕干，即是早自明朝初年便开始制售的名点。天津“地当九河津要，路通各省”，特别自金朝天德元年（公元 1149 年）建都北京（大兴）后，这里逐渐成为漕运的枢纽，“舟车商贾之所萃集，五方人民之所杂处”。因此，天津小吃得以汲取南北各地技艺，汇集众多的行家高手，形成自己的特色。

天津地处平原，濒临渤海，气候适宜，物产十分丰富。清代张焘在《津门杂记》一书中曾写道：“津沽出产，海物俱全，味美而价廉。春月最著者，有蚬蛏、河豚、海蟹等类。秋令螃蟹肥美甲天下，冬令则铁雀银鱼，驰名远近。黄芽白菜，嫩于春笋；雉鸡鹿脯，野味可餐。而青鲫白虾，四季不绝，鲜腴无比。至于梨、枣、桃、杏、苹果、葡萄各品，亦以北产者为佳。”其他如小站稻米、紫蟹、黄韭、红小豆、蓟县（现蓟州区）红果、沙窝青萝卜、对虾等，均在国内外享有很高的声誉。天津是退海之地，古有九河下梢之说，盛产鱼、虾、蟹、民间素有“吃鱼吃虾，天津为家”的说法。如此丰饶的物产，为天津小吃形成、发展为一方风味创造了良好的条件。

天津名点的特色有以下几个。

① 季节性强，应时而变。天津名点带有明显的季节性，往往随着时令的变化而变化，与岁时风俗有着紧密的联系。《津门杂记》中记载：“正月元旦昧爽，长幼皆起，盛衣冠，设秀烛，拜天地先祖，父母以次，而同食角子（即饺子），取更新交子之义……”“二月初二日，以百虫皆蛰，谓之龙抬头，以榖糠引钱龙至家。是日食饼，煎糕粉（即煎‘闷子’），并祀土地神”等。另外，如初伏吃面，端午节吃角黍（粽子），中秋节吃月饼，重阳节食糕，冬至日食馄饨，腊八日煮腊八粥等民俗，一直沿袭至今。

② 选料严谨，制法独特。天津名点有独特的制作方法、严细的选料。以“狗不理”包子、“桂发祥”什锦麻花、“耳朵眼”炸糕等名品为例，都因操作方法等各有绝处，才使其与众不同，遐迩闻名。

③ 精于调味，清浓兼备。天津点心口味不拘一格，富于变化，较常的味型有咸甜、咸甜辣、酸咸辣、甜咸辣等数，尤以咸鲜清淡为主。使用的调料有许多不同于其他流派之处，如由天津“热狗”之称的煎饼馃子是调以甜面酱、酱豆腐，从而使成品具有独特浓厚的清香气味。

（三）河北名点

河北省简称“冀”，因处于黄河下游以北而得名。河北地处华北平原北部，不仅自然景观秀丽壮美，物产资源也很丰富，有着良好的农业生产条件，是全国粮、菜、肉、蛋、果主产区之一，因此为当地名点制作提供了丰厚的物质条件。河北的饮食文化的历史源远流长，从殷商时代起，到明清日臻成熟，环抱京津，物华天宝，人杰地灵，优越的地理位置和人文风俗孕育了璀璨的饮食文化，因此关里关外民族大融合，也带来了饮食文化的融合，逐步形成了河北名点的特有风格。河北名点以饼类、饺类最为出色，在油酥制作上也形成了独特的工艺，河北名点的特点是选料广泛，口味多样，以咸鲜、清香为主，喜用芝麻油调味，故味道较独特。主要品种有中和轩包子、一篓油水饺、饶阳金丝杂面、郭八火烧、老二位饺子、油酥饽饽、棋子烧饼、混糖锅饼、保定白运章包子、承德南沙饼、保定白肉罩火烧、沧州黄骅烧饼、河间驴肉火烧、曲周曲面、临西二哥卷饼、唐山饹馇、大城县薛家窝头、秦皇岛椁椤饼等。

（四）山西名点

山西地区历来以面食著称，有被称为中国“四大面食”的抻面、削面、小刀面和拨鱼面。山西面食包括晋式面点、面类小吃和山西面饭三大类，其品种五百有余。晋式面点的制作注重色味口感，做工比较精细。面类小吃品种繁杂，地方性强。

山西沁水下川文化遗址中出土的石磨盘、石磨棒可以推知，山西境内的粮食加工始于旧石器时代晚期，开了面食文化的先声。面食的出现在汉代之前，至今已有 2000 多年的历史。宋代开始，面食发生变化，有了炒、燠（即是焖）、煎等方式，而且还在面中加入或荤或素的浇头。明代时，面食的制作就已经很精美了。明代程敏政在《傅家面食行》诗中有句云：“美如甘酥色莹雪，一匙入口心神融。”对山西面食大加赞赏。经过历朝历代的演变，山西面食整合了诸多地区的面食特点，形成了今天的面食文化。

山西一省，地处内陆高原山区，在东亚季风区北部边缘，季风性大陆性气候显著，适宜耐旱五谷的生长。早在周代，并州即以五谷为主要农作物（《周礼·职方》“豫州、并州宜五种”）。山西地理环境复杂，气候差异大，造成了粮食生产及饮食习惯的差异。大致南部以小麦为主，中部和东南部以谷子、玉米、高粱等杂粮为主，北部以莜麦、荞麦、大豆为主。历史上山西便有“小杂粮王国”之称。《山西通志》记载，山西谷属有黍、稷、粱、麦（冬小麦、春小麦、荞麦），豆属有黑、绿、黄、豌、豇、扁、小豆等豆类。特定的自然条件与传统农业，为山西的面食提供了物质基础。

山西名点的特色有以下几个。

① 品种繁多，造型各异。普通的面粉在山西人手中可以做出拉面、削面、剔尖（拨鱼儿）、刀拨面、擦蝌蚪、抿蛐、流尖、猫耳朵、栲栳、搓鱼、捏钵、饸饹、握溜溜、蘸尖尖、搓豌、馉垒等一百多种面饭品种。

② 用料广泛，适用性强。除使用小麦粉外，同时还使用高粱、莜面、荞面、黄豆面、豌豆面、绿豆面、玉米面、小米面等，可以说，五谷之粉，无所不用。每种原料都可以延伸制作出许多品种来。

③ 技法多样，做工精细。山西人吃面，不单是煮着吃，而且可以根据面食的特点和食者的喜好，采用炒、炸、焖、蒸、煎、烩、煨、凉拌等多种烹调方法，可谓蒸煮煎炸，焖煨拌炒，均可作面。

④ 食法丰富，别具风味。在食用时还有三大讲究，即一讲浇头、二讲菜码、三讲小料。浇头有炸酱、打卤、蘸料、汤料等。菜码是吃面时配备的各式佐餐菜料，山珍海味、土产小菜等可以随意而定。它既可以调节增加面饭的滋味，又可以解腥去腻、消黏利口、增加食欲。调料则因季节而异，酸甜苦辣咸五味俱全。除了特殊风味的山西醋，还有辣椒油、芝麻酱、绿豆芽、韭菜花等。

（五）山东名点

山东名点历史悠久，品种繁多，尤其以面制小吃更有特色，从民间、市肆到宴席，都有风味不同的精品。

山东面点发展较早。汉桓帝延熹三年（公元 160 年）赵岐流落北海（山东临淄北），在市内卖饼（《魏志》《资治通鉴》），是有关经营面点的较早记载。到了南北朝时，北魏（公元 6 世纪）高阳太守贾思勰，曾遍访山东等地撰写了《齐民要术》一书，书中记录了丰富的面点品种，其分类就有饼法、羹臛、飧饭、素食、饧甫、粽子等。其中，有记载最早的面条制法中的“水引饼”，用乳汁、枣汁、蜜汁、脂和制面团；还有夹羊肉馅、鹅鸭肉馅的面点品种，制作技术很讲究。到经济繁荣的唐代，又有了馄饨、樱桃槌、汤中牢丸、五色饼等风味面点。到了宋代有炊饼、爊物、诸色包子等。明、清时山东名点已形成独特的风味，制作精细，用料广泛，品种丰富。山东的面粉制品更是数不胜数，以饼类、饺类最为出色。这些经济实惠的面点品种广为流传，成为与人民生活密切相关的食品。

古书云：“东方之域，天地之所生也。”山东古为齐鲁之邦，地处半岛，三面环海，腹地有丘陵平原，气候适宜，四季分明，膏壤沃野，万顷碧波，粮食产量居全国前茅，蔬菜种类繁多，品质优异，为“世界三大菜园”之一，畜、禽、蛋、水产品也极为丰富。山东名点的形成和发展，得益于天然的地理环境和富饶的物产资源。

山东名点以饼类、饺类较为出色，开花小馍、福山拉面也颇具特色。

山东名点的具体特色有以下几个。

① 源于民间，地方性强。面点食品与人们的生产劳动、节气时令、风俗习惯以及当地物产都有密切关系。如适合渔民出海食用的糖酥火烧、适于旅行的周村酥烧饼、潍县杠子头火烧、济南的糖酥煎饼等，都体现了当地特色。

② 技法多样，制作精细。山东名点制法多种多样，有蒸、煮、烙、烤、煎、炸、炒、焖、烩等成熟方法。山东名点应用的技法有擀、切、抻、压、捏、摊、揉、搓、包等。用这些技法制作的名点既是民间常食，又是集市食摊和城市点心店的经营品种，也多是现做、现卖、现吃，新鲜方便。面点制作多以明堂亮灶，能眼见耳闻，如抻面的操作几乎成为吸引顾客、增加食趣的一个手段。

③ 口感纯正，味道浓厚。山东面点口味讲究清淡，甜咸分明。口感方面或酥脆可口如煎饼、油旋，或软滑爽口如水饺、面条，带有浓郁的地方特色。

（六）内蒙古名点

内蒙古地处高寒地区，有辽阔丰茂的草原，在历史上是北方少数民族聚居的地方。明朝时，汉族、满族、回族移居内蒙古，历史上曾有晋人“走西口”、鲁人“闯关东”进入内蒙古经商、耕种、养殖。各民族的饮食在彼此相依的漫长岁月中，既保持了各自的传统，又融会贯通，形成了内蒙古的地方风味名点特色。

在牧区，蒙古族以牛羊肉、乳食为主食；农区的蒙古族主食以玉米面、小米为主，杂以大米、白面、黄米、荞面、高粱米。内蒙古菜点特色主要体现在蒙古族的菜点风味上。蒙古族人民的饮食比较粗犷，以羊肉、奶、野菜及面食为主要的菜点原料。

内蒙古名点在用料上别具一格，尤其是用含淀粉量较多的块茎类原料如马铃薯作面皮，使制品风味更加独特，油脂主要是白油（粗制奶油）。在制作工艺上，擅长油酥制作，炸、蒸、烤等方法使用较多。在成品特点上，以口感酥脆较多，香甜爽口，适应面广。主要品种有蒙古馅饼、蒙古包子、哈达饼、鲜奶螺旋酥、鲜奶果脯包、蜜酥、马铃薯卷糕、玻璃羊肉饺、焙子、羊肉烧卖、焖面等。

七、西北名点的历史发展概况及特色

中国西北地区主要包括陕西省、甘肃省、青海省、宁夏回族自治区、新疆维吾尔自治区。这里生活着汉族、回族、蒙古族、藏族、维吾尔族、哈萨克族等十几个民族，形成了不同的生活习惯、风俗传统和宗教信仰。其农业以灌溉农业为主，主要作物有小麦、棉花、谷子、糜子、胡麻、玉米，也种植水稻、荞麦等作物。畜牧业发达，盛产细毛羊、伊犁马、绵羊等。

西北地区的名点制作中多以面粉为主料，也常用米、豆、荞麦、肉、蛋、奶、果蔬等，在操作技法上有包、捏、盘、卷、扯、拉、叠等，其名点特色可概括为料重味浓，火候足，注重口味，讲求实惠，调味喜重偏浓。

（一）陕西名点

陕西省地处中国腹地，横联黄河、长江两大流域，是中华民族的发祥地之一，也是中华饮食文化的重要发祥地。这里既有黄土高原的粗放，又有鱼米之乡的秀丽，物产丰富，人杰地灵，烹饪历史悠久，饮食风尚特色突出。比如，关中石子馍就葆有先民的石烹遗风；史载“黄帝作釜甑”“蒸谷为饭、烹谷为粥”；据考岐山臊子面就始于西周“余”之礼，《礼记》记载“礼之初，始诸饮食”。陕西烹饪文化之源远流长、影响之深广，由此可见一斑。

陕西饭菜，很多都葆有周、秦、汉、唐等十多个王朝的遗风。特别是小吃，美不胜收，借着历史古都的优势，使陕西的小吃博采全国各地小吃之精华，兼收各民族珍馐之风味，汇集内外名饮名食之荟萃，挖掘继承历代宫廷小吃之技艺，因而以品种繁多、花色奇异、民族特色浓厚、地方风味各异、古色古香古韵而著称。特别是改革开放四十多年来，饮食产业随经济飞跃而蓬勃发展，烹饪技术随科技腾飞而有了长足进步，涌现出数以百计的传统菜、创新菜。以菜、点组宴，创制出不同风格、新意迭出的宴席，如仿唐宴、饺子宴、宫廷宴、蝎子宴、泡馍宴、长安八景宴、陕西风味小吃宴等。以牛羊肉泡馍、腊汁肉夹馍、凉皮为代表的陕西风味小吃，享誉神州，传之海内外。

陕西属大陆性气候，物产以小麦为主，其次是杂粮、大米。小吃中以面粉为原料的居多，同时遍及米、豆、荞麦、肉、禽、蛋、奶、果、蔬各类。所用配料、调料则超过百种。而其技术手法则有叠、卷、盘、揉、擀、包、捏等。其特点可概括为料重味浓，火候足到，注重口味，讲求实惠。辅料则多用调料，调味则喜重偏浓；成品则干、脆、酥、软、烂、筋；口味则多、广、厚、酸、辣、麻、甜、咸、香各味俱全。这一切形成了陕西小吃的风味特色。

陕西小吃季节性强，不同季节有不同的应时品种。每当烈日炎炎、酷暑逼人的夏季，清爽利口的浆水面等及时应市。蜂蜜凉粽子则是唐仆射韦巨源“烧尾宴”

食单中的“赐绯含香粽子（蜜淋）”相沿而来的。黄桂柿子饼是金风送爽，黄桂飘香季节的佳品。

（二）甘肃名点

甘肃地处黄土高原、蒙新高原、青藏高原的结合处，经济资源比较丰富，历史文化悠久。大部分地区属温带季风气候，受地势和纬度的影响，自然条件差异性大。日照充足，昼夜温差大，最利于瓜果、蔬菜、块茎作物的生长和牧草内营养物质的积蓄，故瓜果产量高、质量佳，农牧业比较发达。主要粮食作物有小麦、玉米、糜谷、水稻、豆类、青稞、马铃薯等 20 多种。家畜和家禽品种齐全，农业区和半农半牧区以牛、马、骆驼、驴、骡、猪、鸡等为主；牧业区以绵羊、山羊为主。牛羊肉自给有余。瘦肉型蕨麻猪尤其著名。水产品极为匮乏。

西汉张骞两次出使西域，开辟了古丝绸之路，引进了一些烹饪原料并促进了烹饪技术的发展。

甘肃名点的特色有以下几个。

① 以面粉食品为主，面食品丰富多彩。其中汤面品种最多，且极有地方特色。还有以蒸馍、烙饼为代表的干粮。该地水稻产量很少，仅限于陇南河谷和河西走廊的张掖附近出产。近年来随着生产的发展，外省籍人口不断增多，甘肃人的餐桌上米饭渐渐增多，但主食仍为面食。复杂多样的自然条件，使主食也具有一定的区域性差异。如祁连山地区和甘南牧区等高寒地带多以青稞为主、以杂粮为辅，杂粮种类繁多，制作精细。这些杂粮多是玉米、洋芋（甘薯）、荞麦、豆类等。

② 嗜好酸辣。甘肃菜一般多采用辣椒、花椒、芥末、八角、草果、葱、姜、蒜等为调味品，咸菜、油泼辣子和醋是吃汤面必备的调味品。不少家庭都备有装醋的坛子或桶。农民们特别讲究自制“腊八醋”。此外，浆水也很受欢迎。

③ 夏季喜凉食，冬季好进补。夏季的小食摊上凉食品种最多，有酿皮子、凉面、凉粉、豆粉、荞粉、醪糟、甜醅子、凉灰豆、煮枣汤等。这些凉食中，除甜食外，多用盐、醋、辣油、芥末、麻酱、蒜水等调味，吃起来爽口、香辣。

④ 烹饪方法多种多样。甘肃人饭菜加工的方法颇多。主食方面，除采用较普遍的烙、烤、蒸、炸、煮外，还有沙埋法。如成具的埋沙馍和临洮的石子锅盔便是用炒烫后的沙石烘烤的。

（三）宁夏名点

宁夏回族自治区位于黄河河套的西南部，靠近黄土高原和河西走廊。中部为丘陵和河谷盆地；南部为黄土高原的一部分，因流水的切割，沟壑纵横，地形地貌异常复杂。总的来看，宁夏地势南高北低，气候南湿北干，南凉北暖；山川间隔，有林有牧，农业发达。银川平原北边以出产春小麦及玉米、大豆、糜子等秋杂粮为主；贺兰山东麓的冲积平原上，盛产瓜果和誉满西北的“五朵金花”（即红花、黄花菜、葵花、玫瑰花和啤酒花）；平原上的大片水田，则稻麦轮作；宁夏南部黄土高原丘陵地区是油料作物集中产区；六盘山区，多种燕麦、土豆、胡麻、豌豆等，蜜源植物也很丰富，是发展养蜂业的好地方。

宁夏古属朔方之地，是丝绸之路的通道。素有“塞上江南”之称。当地的各族人民，饮食以大米和春小麦磨制的面粉为主。这里的饮食文化既受西域的影响，又有陕、甘饮食文化的介入。面类食品种类很多，如冷面、汤面、炒面、浇汁面、肉末面、细面、豆淀粉面等。此外，还有饺子、馄饨、馒头、羊肉包子等。宁夏回民擀面条技术十分高超，无论是切、揪、拉、削，无所不精，素有“宁夏尕妹会切面”之说。客人来到，款待一顿羊肉臊子辣揪面，别有风味。回民尤其喜好吃油香、麻花、馓子、油糕，这些油炸食物金黄透亮，香脆可口，是欢度“古尔邦节”“开斋节”等不可缺少的佳品。

宁夏是我国最大的回族聚居地，在饮食文化上受伊斯兰饮食影响很深。因伊斯兰教在我国历史上亦称清真教，故回族食品称清真食品。通常除清真菜品外，主要指清真蛋糕、月饼、饼干、芝麻酥饼、夹心面包，清真牛、羊、鸡、兔、鱼肉罐头，肉干以及豆制品，奶制品，糖果及面食等。传统名点如油香（油饼）、麻花、馓子、油糕、干粮馍、糖酥馍、锅盔、馄馍、千层饼等，以炸、烙、烤、蒸见长，具有咸甜酥脆软、色泽分明等特点。

（四）青海名点

青海是我国的西部省份，因青海湖而得名。南方西方与新疆、东南与四川、东方北方与甘肃接壤，幅员辽阔，居住着汉族、藏族、回族、撒拉族、土族、蒙古族、哈萨克族等民族。

青海是青藏高原的一部分，海拔 3000 ~ 5000 米，西北部的柴达木盆地，海拔也在 2600 米以上。青海高原和盆地草原辽阔，牧草丰茂，是优良的高原牧场。东部的青海湖周围、黄河河谷是主要的农业区，由于特殊地理构造以及高原气候影响，一年只能生产粮食一个季度，主产春小麦、青稞、蚕豆、荞麦、马铃薯、油菜籽等。大多数地方以放牧为主，对于他们而言美食文化那就只能体现在畜牧业奶肉制品上。蔬菜品种不很多，主要有萝卜、白菜、辣椒等。饮食文化融合了汉族与回族的风味，并吸收了藏族烹调的一些特点。

青海的青稞可以酿成青稞酒，小麦粉烙的烧饼馍馍酥脆，他们还习惯油炸食品馓子，经常吃青稞面馍馍。虽然青稞面粉特别黑，但具有很高营养，也可以说与粗粮相媲美。青海的春小麦由于生长周期短，面粉不筋道。因为高海拔的原因，吃面条不用高压锅就煮不熟。

青海的特色面食有尕面片、拉条、羊肠面、馓子、青海甘蓝饼、泡油糕、焜锅馍馍等。

（五）新疆名点

新疆地域辽阔，民族众多，历史悠久，有许多独特饮食。它地处内陆，典型的大陆性气候，夏季炎热，整年的雨水都少得可怜，平原不多，高山遍布，在这里，你可以欣赏到美丽的大戈壁，还有一望无垠的大沙漠。以农业为主，饮食习惯由主食牛羊肉逐渐向肉面菜混食转变。

与汉族相比，新疆少数民族传统食物制作的明显特点是烹饪方法较简单。一是用料简单。常用的食物原料有麦面、大米、羊肉、胡萝卜、洋葱、蒜、西红柿、辣椒、白菜、芹菜等，调料主要有盐、孜然等；二是食品种类不多，但独具特色。如肉食中以羊肉为主，几乎所有的烤食、煮食、炒食烹饪中都以羊肉为佳品。

以农业生产为主的民族，主食以小麦面为主，兼食稻米、玉米面等。日常饮食品种有馕、饼、馍、家制糕点、拌面、炒面、烩面、饺子、包子、馄饨等。喜吃羊肉，爱喝酸奶、奶茶等。维吾尔族最具特色的食品是烤馕和烤羊肉。

以畜牧业为主的民族，以肉和乳为主，植物性食物较少。牧民们一般夏秋两季主要饮食鲜奶、酸奶、奶酪、奶皮、奶油、肉食和面食，冬春两季主要饮食为肉、干酪、奶酪、酥油与面食。一年四季都离不开奶茶。哈萨克族人善于用奶和肉制作各种食品。米面食有馕、油果、抓饭、炒麦仁等，还喜欢喝马奶子。塔吉克族人常用牛奶与酥油、面或米煮成各类食品。

在新疆，面食中以馕、薄皮包子、馓子等最具特色。馕是维吾尔族人的主要面食，也为新疆各民族所喜爱，已有两千多年的历史。

第二节　中国名点的分类

面点的分类方法很多，常见的有按面点坯料、所用馅料及口味、制品形态、制品的熟制方法等进行分类的。本书考虑到面点制法的直观性和制作者的传统习惯，第一层划分依据调制面团的主料分类，第二层依据调制面团的辅料和面团形成的特性分类（图 1–1）。

本书按麦类制品（水调面团制品、膨松面团制品、油酥面团制品、浆皮类面团制品）、米及米粉粉团制品、杂粮等其他特色粉团制品进行分类，并按此顺序讲解。

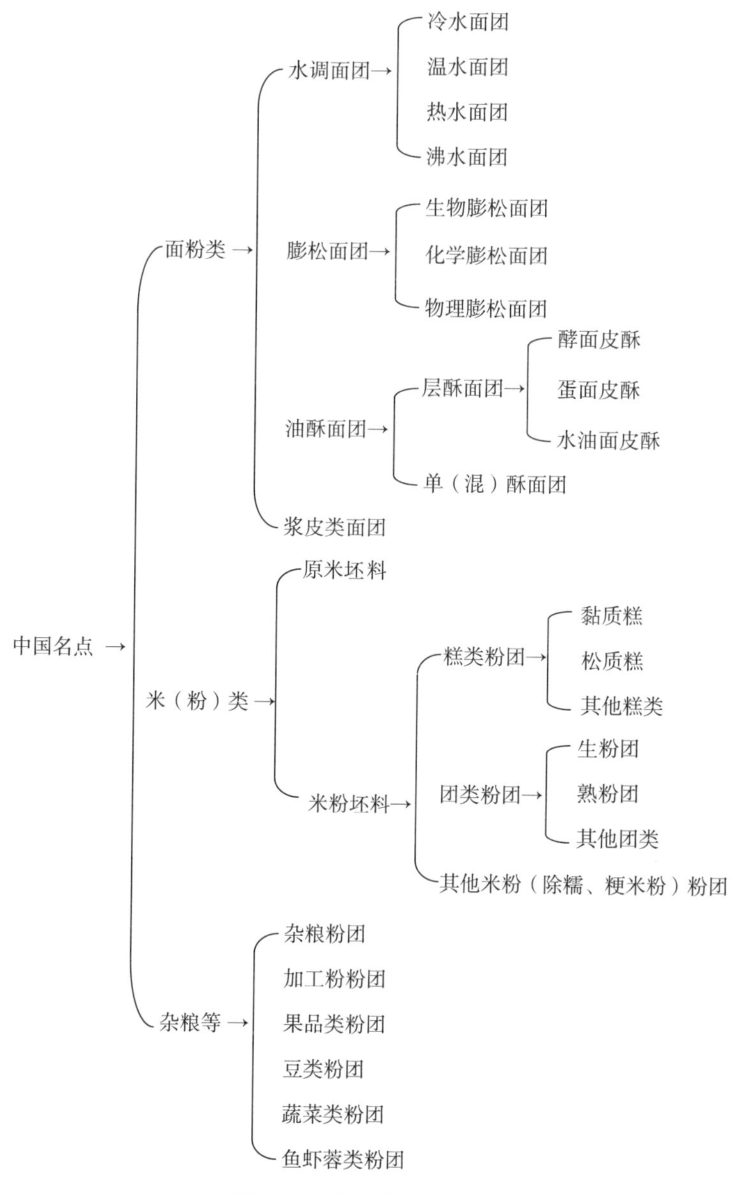

图 1-1　中国名点的分类

本章小结

本章主要介绍了全国各地的地理位置、气候条件、物产，以及由此形成的各地名点的历史发展概况和特色，并对中式面点进行了分类。

同步练习

一、填空题

1.清代的袁枚在《随园食单》中对扬州发酵制品的描述是“扬州发酵面最佳，____________________，____________________”。

2.苏州面条更以__________、__________和______________的三大特点而著称。

3.上海名点的特色有：①____________________，②____________________，③______________________，④_________________________。

4.明代名医陈实功创制的疗补点心__________，到清初已由浙江流传到全国各地。

5.华南名点的特点是：①________________，②_____________________，③________________，④_________________，⑤_________________。

6.海南黎族的饮食文化多姿多彩，颇有特色的野炊方法，即取下一节竹筒，装进适量的米和水，放在火堆里烤熟，这便是有名的“______________”。

7.湖北名点________________曾在巴拿马国际博览会上获银质奖。

8.面点的馅心在调制时要注意随着季节的变化改变口味特点，夏季宜________________，春秋季宜________________，冬季宜________________。

9.藏族人民居住在海拔高、空气稀薄、降水量少、日照充足、风速大的地区，在广袤的高原地带，_______、________、甜茶、奶渣、青稞酒、牛羊肉等历来是藏族人民的传统食品。

10.由于气候环境与物产状况的影响，辽宁人的口味特点为______________，______________，______________。

11.东北名点的特点是：①____________，②____________，③____________，④______________。

12.北京名点主要包括_______风味面点、_______风味面点和_______风味面点。

13.有天津“热狗”之称的著名小吃是____________________。

14.山西地区历来以面食著称，有中国“四大面食”之称的_______________、_______________、_______________和_______________。

15.山西面食包括_________、_________和_________三大类，其品种五百有余。

16.山东名点以_________、_________较为出色，开花小馍、福山拉面也颇具特色。

17.借着历史古都的优势，陕西的小吃博采全国各地小吃之精华，兼收各民族珍馐之风味，汇集内外名饮名食之荟萃，以菜、点组宴，创制出不同风格、新意迭出的宴席，如_________、_________、_________、宫廷宴、仿唐宴等。

18.在新疆，面食中以_________、_________、_________等最具特色。

二、简答题

1. 湖北名点的特色表现在哪几个方面?
2. 举例说明苏州船点的特点。
3. 为什么广东名点中有很多从西点改进而来的点心?
4. 试述馒头的起源。
5. 如何理解华南名点“用料广泛”的特点?
6. 为什么华北名点主料以小麦粉、杂粮粉为主?

三、问答题

1. 试述四川名点有哪些与众不同的特色，试析之。
2. 根据地理位置、气候条件、物产等因素分析华北名点的特色。
3. 北京名点的特色是什么？举例说明。
4. 举例说明台湾各地的名点。

第二章　水调面团名点

本章内容：1. 水调面团概述

2. 水调面团名点举例

教学时间：40 课时

教学目的：通过本章的教学，让学生懂得水调面团调制的基本原理和技法，通过实训掌握其中具有代表性的水调面团名点的制作方法，如面团调制、馅心调制、生坯成形、生坯熟制和美化装饰等操作技能，了解水调面团名点制品制作的一般规律，使学生具备运用所学知识解决实际问题的能力。在教与学名点的同时培养良好的价值观、职业态度和职业道德

教学方式：课堂讲授、演示、品尝、练习、讲评

教学要求：1. 懂得水调面团调制的基本原理和技法

2. 掌握具有代表性的水调面团名点的制作方法

3. 通过代表性水调面团名点的制作，能够举一反三

课程思政：1. 发扬勤俭节约、吃苦耐劳的优良传统

2. 刻苦学习，以科学的态度钻研名点知识和技能

3. 传承名点文化、技艺

4. 培养良好的价值观、职业态度和职业道德

第一节　水调面团概述

水调面团是特指用面粉与水等直接拌和、揉搓而成的面团。用水调面团作坯（皮）制作而成的面点叫水调面团制品。

根据水温的不同水调面团分为以下四种（图 2–1）。

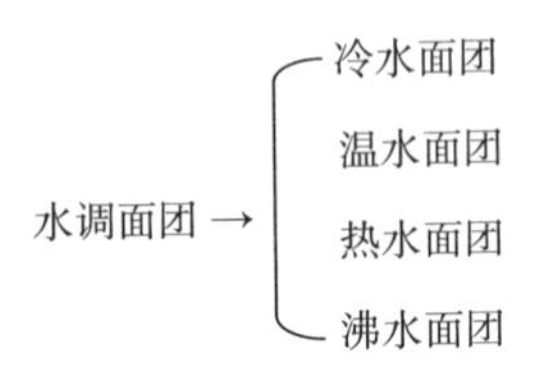

图 2–1　水调面团分类

一、水调面团名点的制作原理

（一）利用面筋蛋白的溶胀作用形成面团

冷水、微温水面团的成团原理（特殊的冷水面团如稀糊面团除外）为：面粉在冷水（30℃以下）或微温水（45℃以下）的作用下，淀粉不能够吸水、膨胀糊化，蛋白质吸水胀润，经过揉搓形成致密的面筋网络，把其他物质紧紧包住形成面团。

用果汁调制面团的形成原理参考冷水面团的形成原理。

（二）利用淀粉的膨胀糊化产生的黏性形成面团（面皮）

1. 沸水面团、热水面团（被热水烫着的部分）或蒸制面坯的成团原理

面粉在沸水或热水（70℃以上）或面坯蒸制作用（条件）下，蛋白质发生了热变性，无法形成面筋网络，主要依靠淀粉膨胀糊化产生的黏性把其他物质黏合在一起形成面团。

2. 烙制成皮的原理

稀糊（或稀软面团）在高温（70℃以上）的条件下流淌（或摊开）受热，面粉中蛋白质变性，淀粉迅速糊化形成明胶，明胶冷却后形成凝胶而成薄皮。

（三）利用面筋蛋白的溶胀作用、淀粉的膨胀糊化产生的黏性形成面团

温水面团（被温水浇到的部分）的成团原理为：面粉在较高水温（50～60℃）的作用下，部分面筋蛋白质发生了变性，没有变性的面筋蛋白还能形成一定量的

面筋网络；部分淀粉发生了膨胀糊化产生了黏性。一定量的面筋网络和一定量淀粉的黏性共同作用形成面团。

（四）利用面筋蛋白的溶胀作用、油脂的黏性形成面团

油水面团的成团原理为：依靠加入面粉中的水与面粉中面筋蛋白形成的面筋网络以及加入油脂的黏性作用共同形成面团。

（五）利用淀粉的膨胀糊化作用、油脂的黏性形成面团

烫面油面团的成团原理为：面粉在沸水作用下，蛋白质发生了热变性，无法形成面筋网络，主要依靠淀粉膨胀糊化产生的黏性以及加入油脂的黏性作用形成面团。

（六）利用鸡蛋液中的水分与面粉中面筋蛋白的溶胀作用和鸡蛋液的黏结作用形成面团

蛋调面团的成团原理为：利用蛋液中的水分与面粉中面筋蛋白形成的面筋网络以及蛋液的黏结作用形成面团。

（七）利用面筋蛋白的溶胀作用、糖溶液的黏性形成面团

糖水面团的成团原理为：依靠加入面粉中的水与面粉中面筋蛋白形成的面筋网络以及加入的糖溶液黏性作用共同形成面团。

（八）熟制成块的原理

面粉中的淀粉在沸水的作用（或蒸、煮、炸、煎的条件）下发生膨胀糊化产生黏性以及蛋白质的变性凝固形成一个整体。

二、水调面团的特性

（一）冷水面团的特性（以冷水硬面团为例）

质地硬实、筋力足、韧性强、拉力大。因而其制品具有色白，入口有咬劲的特点。

（二）温水面团的特性

色较白、有一定韧性、富有可塑性和一定的延伸性。做出的制品具有不易走样、能够兜住一定卤汁的特点。

（三）热水面团的特性

色暗、筋力小、可塑性好、易成熟。其制品具有色泽较暗，质地软糯的特点。

（四）沸水面团的特性

柔软无劲、韧性差、黏性强、易成熟。其制品色泽暗，多用于制作煎烙制品，达到外脆内软的效果。

三、水调面团的调制方法及要点

（一）冷水面团的调制方法及要点（以冷水硬面团为例）

1. 冷水面团的调制方法

将面粉倒在案板上，在中间扒一塘，加入一定量的冷水，将中间面粉略调，再从四周慢慢向里抄拌，至呈“雪花”或“面穗”状后，再加少量冷水揉成面团。盖上洁净的湿布稍饧，再揉成光滑有筋性的面团。

2. 冷水面团调制要点

（1）加水量要恰当

要根据制品要求、面粉的质量和含水量、室温和空气湿度等众多因素灵活掌握。在保证面团软硬需要的前提下，根据相关因素加以调整。

（2）水温适当

春、秋季用低于 30℃的水调制，才能保证面团的特点。冬季可用微温水、夏季可用冰水或加点盐增强面筋的强度和弹性。

（3）分次掺水

适用于经验性调制面团的方法。一是方便操作，二是随时了解面粉吸水性能。一般第一次加水 70% ～ 80%，第二次加水 20% ～ 30%，第三次只是少量地洒点水把面团揉光。

（4）使劲揉搓

面筋网络的形成，依赖揉搓的力量。揉搓还可促使面筋较多地吸收水分，从而产生较好的延伸性和韧性。

（5）静置饧面

使面团中未吸足水分的粉粒有一个充分吸水的时间。这样面团就不会再有白粉粒，柔软、光滑、富有弹性。一般饧制 10 ～ 30 分钟，饧制时间的长短主要受室温、面团软硬度和制品要求影响。饧面时必须加盖湿布或保鲜膜，以免出现面团暴露在空气中，表皮失水快更易结皮的现象。

（二）温水面团的调制方法和要点

1. 温水面团的调制方法

（1）直接用温水和面

把面粉倒在案板上，中间扒一塘，直接加入 50 ～ 60℃的温水搅拌均匀后，摊开晾凉，揉搓成温水面团。盖上湿布稍饧，再揉成光滑的温水面团。

（2）沸水打花和面

把面粉倒在案板上，中间扒一塘，边浇沸水边拌和成雪花面，摊开晾凉，最上少量冷水，揉制成面团。盖上湿布稍饧，再揉成光滑的温水面团。

2. 温水面团的调制要点

（1）温水要浇匀

使面粉中更多的淀粉膨胀糊化产生黏性、使更多的面筋蛋白发生热变性，减少面筋的生成。

（2）散尽热气

加水搅匀后要散尽热气，否则热气郁在面团中，面团表面容易结皮、开裂，擀皮时面皮表面有芝麻点。

（3）加水要准确

该加多少水要称好，最好不要成团后再调整，影响操作速度和面团特性。

（三）热水面团的调制方法和要点

1. 热水面团的调制方法

把面粉倒在案板上，中间扒一塘，边浇沸水边拌和成麦穗面，摊开晾凉，最后洒上少许冷水，揉制成面团。盖上湿布稍饧，再揉成光滑的热水面团。

2. 热水面团的调制要点

（1）沸水要浇匀

使面粉中更多的淀粉膨胀糊化产生黏性、使更多的面筋蛋白发生热变性，减少面筋的生成。

（2）散尽热气

加水搅匀后要散尽热气，否则热气郁在面团中，面团表面容易结皮、开裂，擀皮时面皮表面有芝麻点。

（3）加水要准确

该加多少水要称好，最好不要成团后再调整，影响操作速度和面团特性。

（4）揉面要适量

揉匀揉光即可，多揉则形成的面筋网络较多，就失掉了热水面团的特性。

（四）沸水面团的调制方法和要点

1. 沸水面团的调制方法

将面粉和沸水称量好，然后把水倒入锅中烧开，将面粉倒入沸水中搅拌均匀后，摊开晾凉，揉制成面团。

2. 沸水面团的调制要点

（1）水要烧沸

使淀粉充分膨胀糊化产生黏性、使蛋白质完全热变性。

（2）散尽热气

加水搅匀后要散尽热气，否则郁在面团中，面团软烂，不易操作。

（3）加水要准确

需加多少水，可以称好后再加入，不能成团后再调整。

（4）在沸水锅中调制面团

边加热边调制，保证水温足够高。

四、水调面团的适用范围

（一）冷水面团的适用范围

冷水面团根据加水量的不同，分为硬面团、软面团、稀软面团和稀糊，适宜制作煮、烙、煎、蒸、炸的制品，如水饺、面条、馄饨、锅饼、春卷、拉面、汤包、油饼等。

（二）温水面团的适用范围

适宜制作蒸制品，如各种蒸饺、花色蒸饺、部分烧卖等。

（三）热水面团的适用范围

适宜制作煎、烙、蒸、炸的制品，如锅贴、部分烧卖品种、春饼、炸糕、煎饺等。

（四）沸水面团的适用范围

适宜制作煎制品，如烙饼、烫面油糕、烫面煎饺等。

第二节　水调面团名点举例

本节主要介绍水调面团名点和其他特色水调面团名点。

水调面团名点又分为冷水面团名点[分别为冷水硬面团名点（序号 1 ～ 40）、冷水软面团名点（序号 41 ～ 62）、冷水稀面团名点（序号 63 ～ 66）和冷水稀糊面团名点（序号 67）四种]，温水面团名点（序号 68 ～ 78），热水面团名点（序号 79 ～ 86）以及沸水面团名点（序号 87）四大类。

其他特色水调面团名点氛围有水面团名点（序号 88 ～ 90），烫面油面团名点（序号 91 ～ 93）和蛋调面团名点（序号 94 ～ 102）三大类（图 2–2）。

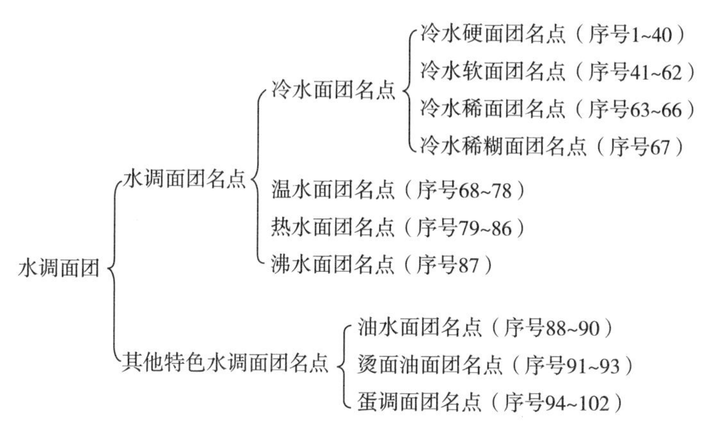

图 2–2　水调面团名点分类

下面将按顺序逐一介绍。首先介绍水调面团名点中的冷水面团名点的第一种——冷水硬面团名点，共有 40 款。

名点 1. 淮饺（江苏名点）

一、品种介绍

淮饺，又名小馄饨，江苏淮安、扬州等一带称为淮饺。据传该小吃是清代光绪年间江苏淮安的一个名叫黄子奎的面点师创制。该饺采用碱面馄饨皮包肉馅制作而成，皮薄如纸，馅细无渣，入口爽滑味美，一直流传至今，在淮安、扬州等地的面食小吃店都有供应。

二、制作原理

冷水面团的成团原理见本章第一节。

淮饺

三、熟制方法

煮。

四、用料配方（以40只计）

1. 坯料

中筋面粉150克，碱水5毫升，清水70毫升。

2. 馅料

猪后腿瘦肉泥100克，精盐2克，葱姜汁水50毫升，料酒10毫升，老抽5毫升，芝麻油5毫升，味精3克，韭黄20克。

3. 汤料

肉骨汤600毫升，精盐5克，熟猪油8克，生抽15毫升，味精2克，芝麻油2毫升，白胡椒粉1克，青蒜花5克。

4. 辅料

淀粉50克。

五、工艺流程（图2-3）

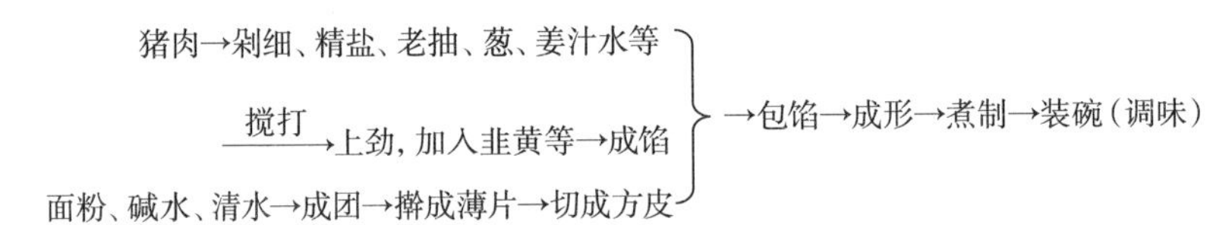

图2-3　淮饺工艺流程

六、制作方法

1. 馅心调制

将猪肉泥放入盆中加入料酒、老抽、盐搅匀上劲，再分数次倒入葱姜汁水搅打上劲，加入芝麻油、味精拌匀，最后拌入韭黄末。（根据季节不同还可放冬笋、荸荠丁等配料）。

（**质量控制点：**①按用料配方准确称量；②肉馅要先入底味再加水搅拌上劲；③肉泥一定要加工得特别细；④馅心吃水要多。）

2. 面团调制

将面粉放在案板上，加入清水和碱水，把面粉拌成雪花状，揉匀揉透成光滑的面团，用保鲜膜包好，稍饧。

（**质量控制点：**①按用料配方准确称量，若采用机械压面，要适当减少水的量）；②面团要揉匀揉透；③包上保鲜膜饧15分钟。）

3. 生坯成形

取出面团，用面杖来回擀压，擀至面皮薄而均匀（放在掌上能见掌纹），切成长6厘米见方的馄饨皮40张。

左手拿一张馄饨皮，一角朝四指方向，右手将馅心（5克）刮在馄饨皮中央，四指弯曲，把馄饨皮一角带回与对角重叠，馄饨皮成三角形，两手把三角颈部捏拢即成圆头、三尾的金鱼形小馄饨生坯。

（**质量控制点：**①馄饨皮的大小要一致；②坯皮一定要擀得薄而均匀；③生坯呈金鱼形。）

4. 生坯熟制

将熟猪油、生抽和烧沸的肉骨汤装入碗中待用。锅内放入清水烧沸，倒入生坯，用勺轻轻推动以防粘连。水再沸时（馄饨浮起）从锅边浇入清水一勺止沸，第二次煮沸时用漏勺捞起小馄饨，装入两只碗中。再浇撒上芝麻油、白胡椒粉、青蒜花即成。

（**质量控制点：**①煮制时沸水下锅；②煮至浮起、点水稍养即可。）

七、评价指标（表 2–1）

表 2–1　准饺评价指标

品名	指标	标准	分值
准饺	色泽	色呈白色	10
	形态	金鱼形、呈半透明	40
	质感	皮薄、软韧	20
	口味	肉香馅嫩，汤鲜味美，	20
	大小	重约 10 克	10
	总分		100

八、思考题

1. 为什么制作准饺的面团采用手工擀面和机械压面的吃水量不一样？
2. 准饺的馅心有什么特色？

名点 2. 王兴记馄饨（江苏名点）

一、品种介绍

王兴记馄饨是江苏无锡的著名小吃，王兴记馄饨店开业于 1913 年，当时店址设在无锡市崇安寺大雄宝殿旁，仅一间门面三张桌子。因其注重馄饨质量，精工细作，所以生意日渐兴隆。1964 年迁至繁华的中山路，逐渐发展成为无锡市内最大的一家点心店。其馄饨采用加碱梯形馄饨皮包上菜肉馅，包捏成大馄饨造型，具有皮薄爽韧，汤汁浓醇，味道鲜美的特点，是一款很受当地百姓喜爱的面食小吃。

二、制作原理

冷水面团的成团原理见本章第一节。

王兴记馄饨

三、熟制方法

煮。

四、用料配方（以 50 只计）

1. 坯料

中筋面粉 250 克，食碱 1.5 克，清水 112.5 毫升。

2. 馅料

净猪腿肉 450 克，青菜叶 100 克，四川榨菜 30 克，葱、姜末各 10 克，精盐 10 克，料酒 6 毫升，白糖 10 克，味精 4 克，清水 100 毫升。

3. 汤料

青蒜末 10 克，味精 8 克，肉骨汤 1000 毫升，熟猪油 15 克，精盐 10 克。

4. 装饰料

香干丝 25 克，蛋皮丝 20 克。

五、工艺流程（图 2–4）

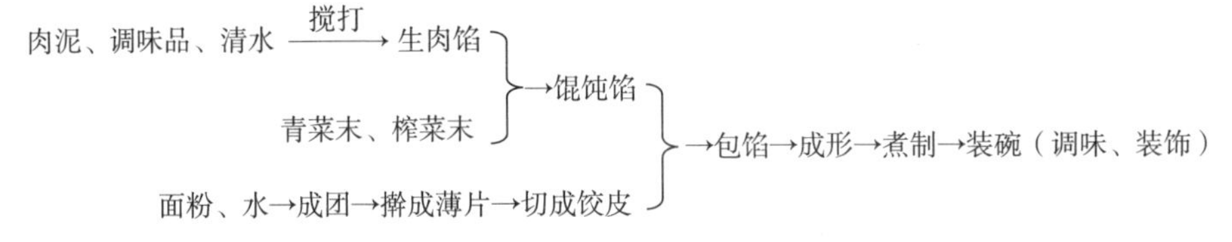

图 2–4　王兴记馄饨工艺流程

六、制作方法

1. 馅心调制

将猪腿肉洗净，绞成肉末，加葱姜末、料酒、精盐、分次掺水，搅拌上劲，再加味精、白糖搅拌均匀。把青菜叶洗净，焯水后浸凉，挤去水分，与榨菜（事先浸泡）分别剁成末，拌入肉馅中，即成馄饨馅。

（**质量控制点：**①按用料配方准确称量；②肉馅要先入底味再加水搅拌上劲；③青菜泥拌入肉馅之前要挤干水分；④榨菜要事先浸泡去除部分盐分。）

2. 面团调制

把面粉倒在案板上加入溶有食碱的清水和成雪花面，揉搓成面团，用保鲜膜包好饧 15 分钟，再揉成光滑的面团。

（**质量控制点：**①按用料配方准确称量；②面团要揉匀揉透。）

3. 生坯成形

用压面机压匀（可撒些干淀粉防粘增滑），压成约0.5毫米厚的薄皮，叠层切成上边长7厘米、下边长10厘米、高9厘米的等腰梯形皮子。取一张皮子放在左手，右手挑馅，放于靠近上边的皮子的中间，由上边向下边卷成筒状，将筒的两头捏扁，向中间转弯，抹水粘在一起即成元宝形馄饨生坯。

（**质量控制点：**①馄饨皮的大小要一致；②每次上馅量要一样；③收口的边要卷到里面；④生坯呈大馄饨形。）

4. 生坯熟制

煮时水要宽，火要大，水沸后下入生坯。其间点一两次清水，使汤保持微沸，以防面皮破裂，待馄饨养熟出锅装碗。

碗中放入味精、熟猪油、青蒜末，舀入烧开的肉汤，捞入馄饨（每碗10只），再撒上蛋皮丝、香干丝即成。

（**质量控制点：**①煮制时沸水下锅；②再次煮开后要点两次水养制一会儿。）

七、评价指标（表2–2）

表2–2　王兴记馄饨评价指标

品名	指标	标准	分值
王兴记馄饨	色泽	色呈白色	10
	形态	元宝形、呈半透明	40
	质感	皮薄、软韧	20
	口味	肉香馅嫩，汤鲜味美	20
	大小	重约20克	10
	总分		100

八、思考题

1. 王兴记馄饨成形的要点是什么？
2. 煮制馄饨时为什么要点水保持微沸状态？

名点3. 文楼汤包（江苏名点）

一、品种介绍

文楼汤包是江苏淮安市的著名面点。淮安市古镇河下文楼饭店，相传其是在清道光八年（公元1828年）淮安人民为缅怀文楼勇士而在重阳节修建的。“文楼”

兴办初期，店主陈海仙最初只经营茶点与蟹黄包子，以应文人墨客来文楼聚会时的需要。后将传统蟹黄肉包，试制成水调面蟹黄汤包，一经品尝，味道比传统蟹黄肉包更为鲜美，更具特色，人人夸好。文楼汤包的做法就这样传承了下来。文楼汤包是用具有较强筋力的加碱冷水硬面团做皮，包上蟹黄皮冻馅，放在虎口中推捏而成生坯，蒸制成熟后具有包大皮薄而不破，口张汤满而不溢的特点，成为当地筵席和早点中的特色品种。

二、制作原理

冷水面团的成团原理见本章第一节。

文楼汤包

三、熟制方法

蒸。

四、用料配方（以 10 只计）

1. 坯料

中筋面粉（筋力偏强）200 克，精盐 1.5 克，清水 90 毫升，食碱 1 克。

2. 馅料

鲜猪肉皮 500 克，鸡块（活母鸡）300 克，猪骨头 150 克，后腿肉 150 克，香葱 75 克，生姜 55 克，精盐 12 克，白糖 15 克，白酱油 20 毫升，料酒 20 毫升，螃蟹 250 克，熟猪油 20 克，白胡椒粉 1 克。

五、工艺流程（图 2–5）

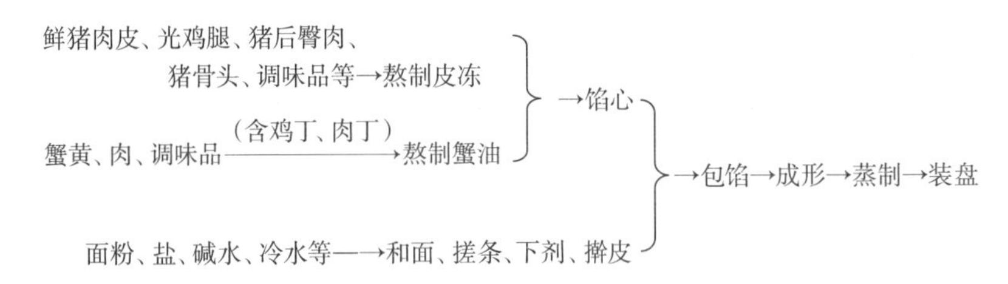

图 2–5　文楼汤包工艺流程

六、制作方法

1. 馅心调制

将母鸡宰杀成光鸡，改刀成块后洗净，和洗净的猪骨头、切成 0.6 厘米厚片的猪肉，一起下锅焯水、洗净；猪肉皮焯完水，将正面的毛污、反面的肥膘刮、铲一遍，再焯水、刮、铲，反复三遍。锅内换成清水（约 2.5 千克），将鸡块、猪肉皮、猪肉片、猪骨头、葱段（50克）、姜片（40克）、料酒（10克）等用小火煨煮至肉皮一捏即碎。将猪骨捞出另用；肉皮绞碎，越细越好；猪肉起锅，冷后改切成丁；鸡块起锅拆骨，连皮切丁。

把螃蟹洗净、蒸熟，剥壳取蟹肉、蟹黄。锅内放入熟猪油，投入葱末、姜末（各5克），油炸起香，倒入蟹粉（蟹黄+蟹肉）略炒，加料酒（5毫升）、精盐（1克）和白胡椒粉炒匀后装入碗内。

将肉皮蓉返回原来的汤锅中烧沸，改成小火加热约半小时。加入鸡丁、肉丁烧沸，再撇沫，放葱姜末（各10克）、料酒（5毫升）、精盐（11克）、白酱油、白糖调味。将汤馅装入盆内，凝成固体后用手抓碎，和炒好的蟹粉拌匀即成汤包馅（约重1100克）。

（**质量控制点：**①应按用料配方准确称量；②皮冻要柔软一些，不能太硬；③肉皮要去净毛污和肥膘；④熬制皮冻时采用中小火加热；⑤现在也有直接将鸡肉、猪肉煮烂，即看不到鸡丁、肉丁的做法。）

2. 面团调制

将面粉倒在案板上，加入用清水、精盐、碱水，将面粉拌成雪花面，再揉成团，盖上湿布，置案板上饧透。边揉边叠，每叠一次后在面团表面沾点水，如此反复多次至面团由硬回软，搓成粗条，盘成圆形，用湿布盖好待用。

（**质量控制点：**①按用料配方准确称量；②开始时面团一定要调得特别硬，再蘸水揉；③面团要揉匀揉透；④盖上湿布饧制1小时。）

3. 生坯成形

将搓好的条摘成面剂（24克），每只面剂撒面扑少许，擀成直径为16厘米，中间厚周边薄的圆形面皮，左手拿皮，右手挑入馅心（105克），将面皮对折叠起，左手虎口夹住，右手拇指和食指不断捏边前推让左手虎口夹住，推捏完一半后将坯子转180°方向，继续左手虎口夹住，右手拇指和食指不断捏边前推让左手虎口夹住，直至推捏完，掐掉多余的边皮，成圆腰形汤包生坯。

（**质量控制点：**①坯剂的大小要准确；②坯皮一定要擀得薄而均匀，做到中间厚周边薄；③生坯呈圆腰形。）

4. 生坯熟制

生坯放入笼内，每只间隔3厘米，置旺火沸水锅上蒸7分钟即熟。

将盛汤包的盘子用沸水烫热，抹干。抓包时右手五指分开，把包子提起，左手拿盘随即插入包底，动作要迅速。每盘放一只。

（**质量控制点：**①蒸制时汽要足；②蒸制的时间不宜太长或太短。）

七、评价指标（表 2-3）

表 2-3 文楼汤包评价指标

品名	指标	标准	分值
文楼汤包	色泽	色白透明，蟹油映黄	10
	形态	圆腰形、纹路清晰、呈半透明	40
	质感	皮薄、软韧	20
	口味	肉香蟹鲜，卤汁盈口，爽滑不腻	20
	大小	重约 50 克	10
	总分		100

八、思考题

1. 调制文楼汤包的面团时加盐、加碱的目的各是什么？
2. 文楼汤包成品外形的特点是什么？

名点 4. 枫镇大面（江苏名点）

一、品种介绍

枫镇大面是江苏苏州的著名传统小吃。此点源于名胜古迹寒山寺所在地的枫桥镇，所以称为枫镇大面，始创于太平天国年间，因其调味不用酱油，汤汁澄清，当地人又称白汤面。该面对卤汤的制作特别讲究，成品具有面软肉酥，汤清味鲜的特点，是苏州当地的一款特色小吃。

二、制作原理

冷水面团的成团原理见本章第一节。

三、熟制方法

煮。

枫镇大面

四、用料配方（以 2 碗计）

1. 坯料

生面条 250 克。

2. 汤料

猪肋条肉 100 克，茴香 2 克，香葱 10 克，鳝鱼 100 克，明矾 0.6 克，粗盐 8

克，味精1克，熟猪油20克，料酒5毫升，花椒2克，生姜6克，清水900毫升，酒酿10毫升，凉开水50毫升。

五、工艺流程（图2-6）

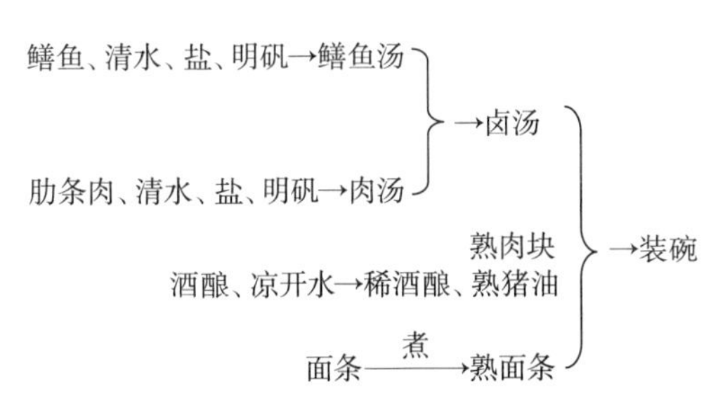

图2-6　枫镇大面工艺流程

六、制作方法

1. 清汤制作

锅内加清水400毫升、粗盐（3克），烧沸后迅速倒入鳝鱼，盖上锅盖，烧至鳝鱼张口，捞入凉水中，用竹片将鳝鱼肉划下，鳝鱼脊骨待用。将明矾（0.2克）投入汤锅，撇去浮沫，吊清待用。将猪肋条肉切成长方大块，放入清水中浸泡约2小时，每隔20分钟换水一次。锅内放清水约500毫升，加入浸洗干净的肋条肉，烧沸后把肉捞出，用清水洗净切成小块。在煮肉锅内放入粗盐（5克）、明矾（0.2克），再次烧沸，撇去浮沫，将汤吊清。将肉放回原汤中，将花椒、茴香装入布袋扎紧口，连同姜片、葱段（6克，其余切末）一起放入锅中，烧沸后加入料酒，上盖密封（以免漏气走味），用小火焖煮4小时左右将肉取出，从汤中捞出料袋及葱、姜，舀入钵中待用。在鳝鱼汤中加入肉汤，再将鱼骨、香料袋一起装入另一个布袋扎紧口，放入汤中，旺火烧沸后加明矾（0.2克），将卤汤吊清，呈绿豆色，此时放入味精，改用微火保温。

（**质量控制点：**①按用料配方准确称量；②肉要小火焖；③卤汤要吊清。）

2. 制品调味

将酒酿放入钵中，加入凉开水50毫升，放置发酵。当米粒浮起时再加入葱末拌匀，平均盛入碗中，同时每碗加10克熟猪油，卤汤250毫升。

（**质量控制点：**①按用料配方准确称量；②用新酿的酒酿调味较好。）

3. 制品熟制

将生面条放入沸水锅中，用旺火煮熟，分装于汤碗内，加上清汤、肉块即成。

（**质量控制点：**①煮制时沸水下锅；②宽汤下面。）

七、评价指标（表 2-4）

表 2-4　枫镇大面评价指标

品名	指标	标准	分值
枫镇大面	色泽	面色淡黄，汤卤清澈	10
	形态	面条丝丝分清	40
	质感	软韧	20
	口味	肉香汤鲜	20
	大小	重约 400 克	10
	总分		100

八、思考题

1. 制作枫镇大面的清汤时为什么要加入明矾？
2. 你认为可以采用什么原料来代替明矾吊清汤（明矾对人体有害）？

名点 5. 南翔小笼馒头（上海名点）

一、品种介绍

南翔小笼馒头是上海的著名面点，因于清代同治十年（公元 1871 年）首创于上海嘉定县（现嘉定区）南翔镇而得名，距今已有一百多年历史。其采用冷水面团作皮，包以生肉馅加皮冻调成的馅心蒸制而成的，具有褶皱清晰，皮薄透明，筋道滑爽，汁多味美的特色。馅心中加皮冻，取其汤多味鲜；可撒入少量碾碎的熟芝麻，取其香。根据不同节令取蟹粉、春笋、虾仁和入肉馅。现为上海城隍庙的著名风味面点，因其体小皮薄、汤多味鲜、形似宝塔、晶莹透黄而深受居民、游客的欢迎。现南翔小笼馒头已经走出国门，走向世界。

二、制作原理

冷水面团的成团原理见本章第一节。

三、熟制方法

蒸。

南翔小笼馒头

四、用料配方（以 20 只计）

1. 坯料

中筋面粉 120 克，清水 65 毫升。

2. 馅料

猪前夹肉泥 120 克，葱花 5 克，姜末 5 克，料酒 5 毫升，精盐 1.5 克，白酱油 5 毫升，白糖 5 克，芝麻油 1 毫升，清水 36 毫升，皮冻 36 克。

3. 辅料

花生油 5 毫升。

五、工艺流程（图 2-7）

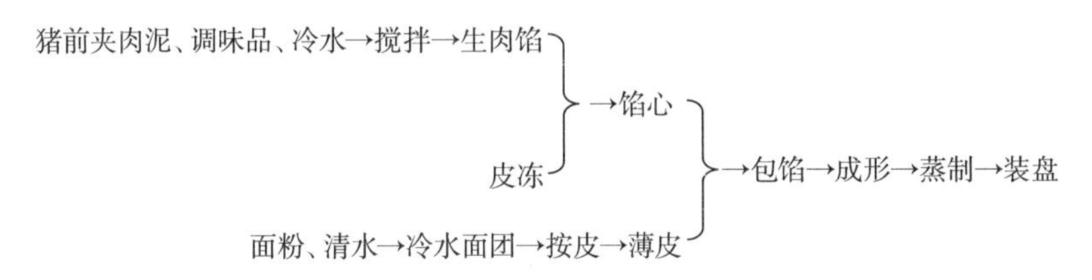

图 2-7　南翔小笼馒头工艺流程

六、制作方法

1. 馅心调制

将猪前夹肉泥置于馅盆中，加入葱花、姜末、料酒、精盐、白酱油搅打上劲，再分次加入清水搅打上劲，然后加入白糖、芝麻油拌匀，最后加入剁碎的皮冻拌匀即成馅。

（**质量控制点：**①按用料配方准确称量；②一般选用前腿夹心肉来制作生肉馅；③用高汤熬皮冻；④馅心冷藏后要有一定硬度）

2. 面团调制

取面粉与清水和匀，揉至光滑，盖上湿布稍饧。

（**质量控制点：**①面团要调得柔软一点；②要揉匀揉透；③需要饧制 15 分钟。）

3. 生坯成形

将面团揉光，在案板上刷油，把面团置于案板上搓条，下成重 9 克的小面剂，用手按成中间稍厚的圆形面皮。取面皮一块，包入馅心 10 克，折捏成 18 条花纹的包坯即成。

（**质量控制点：**①下好的剂子表面滚上点油；②坯皮一定要按得薄而均匀，做到中间厚周边薄；③包坯纹路要均匀。）

4. 生坯熟制

取直径 23 厘米的小笼，刷油后每笼装小包 15 只，置旺火沸水锅上蒸 6 分钟左右即成。

（**质量控制点：**①蒸制时要火大汽足；②蒸制的时间不宜太长。）

七、评价指标（表 2-5）

表 2-5　南翔小笼馒头评价指标

品名	指标	标准	分值
南翔小笼馒头	色泽	色白透明	10
	形态	带褶包形、纹路清晰、呈半透明	40
	质感	皮薄、软韧	20
	口味	肉香味鲜，卤汁盈口，爽滑不腻	20
	大小	重约 19 克	10
	总分		100

八、思考题

1. 用来制作南翔小笼馒头馅心的猪肉为什么一般选猪前腿夹心肉？
2. 用来制作南翔小笼馒头的面剂为什么表面要沾上点油？

名点 6. 蒸拌冷面（上海名点）

一、品种介绍

蒸拌冷面是上海著名的夏令风味小吃。伏日吃冷面，形成于魏晋，盛行于唐宋时期，唐《唐六典》中就记有“太官令夏供槐叶冷淘”。冷淘即冷面。清末上海普遍食“绿豆芽拌冷面”。1949 年后，上海餐馆用先蒸后煮的方法制作冷面，面条软熟爽滑，清洁卫生，故名“蒸拌冷面”。该小吃具有面条软韧爽滑，咸中带甜，酸辣适口，麻香扑鼻的风味特色，是夏季极受市民欢迎的一款面条。

二、制作原理

冷水面团的成团原理见本章第一节。

三、熟制方法

蒸、煮。

四、用料配方（以 1 碗计）

1. 坯料

面条 125 克。

2. 调配料

绿豆芽 15 克，嫩姜丝 2 克，米醋 15 毫升，芝麻油 5 毫升，酱油 10 毫升，芝麻酱或花生酱 12 克，白糖 2 克，味精 1 克，辣椒油 5 毫升。

3. 辅料

熟花生油 7 毫升。

五、工艺流程（图 2–8）

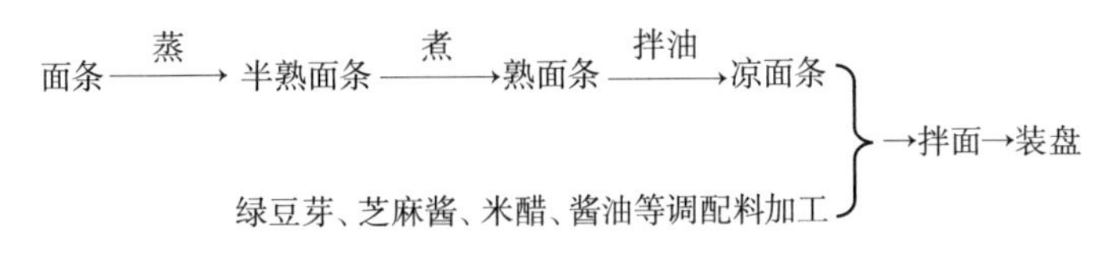

图 2–8　蒸拌冷面工艺流程

六、制作方法

1. 生坯熟制

将面条上笼在沸水锅上用旺火蒸 5 分钟，待面条外表已熟、色泽嫩白时，即可出笼挑松，用电扇吹凉；后放入沸水锅里煮，待面条浮起后再煮 1 分钟，随即捞出沥干水分，倒入盘内，趁热倒入熟花生油拌匀，边拌边挑松，再用电扇吹凉，放置在清洁阴凉处（如现做现吃，生面条不需蒸熟这一环节）。

（**质量控制点：**①蒸制时要火大汽足；②煮制的时间不宜太长；③煮完要拌上油。）

2. 调味料

芝麻酱或花生酱用冷开水调成浆状；嫩姜丝放在凉开水中；绿豆芽摘去根须，放在沸水中烫熟，再漂在凉开水中以保持脆性；冷水（20 毫升）、酱油、味精、白糖烧开后晾凉；米醋加凉开水调稀。

（**质量控制点：**①按用料配方准确称量；②芝麻酱（花生酱）、米醋需要稀释；③酱油需要加热调和。）

3. 拌面

将冷面抖松装在碗内，浇上稀芝麻酱、调和酱油、稀米醋、芝麻油，喜欢吃辣者可稍加椒辣油，上面放绿豆芽、姜丝即可。

（**质量控制点：**①随客人需要调整调味品用量；②随吃随拌。）

七、评价指标（表 2-6）

表 2-6　蒸拌冷面评价指标

品名	指标	标准	分值
蒸拌冷面	色泽	面色酱红	10
	形态	面条根根分清	40
	质感	软韧、劲道	20
	口味	酸辣、酱香	20
	大小	重约 250 克	10
	总分		100

八、思考题

1. 制作蒸拌冷面时面条要先蒸后煮的目的是什么？
2. 制作蒸拌冷面时煮好的面条为什么要拌上熟油？

名点 7. 开洋葱油面（上海名点）

一、品种介绍

开洋葱油面是上海市著名传统小吃，也是城隍庙的著名小吃之一，是上海的招牌美食。开洋葱油面的制作始于清末，由上海城隍庙食摊点心师陈友志创制。它是以熬好的葱油和烧好的开洋卤作调味品与煮熟的面条拌制而成，成品具有葱香浓郁，面条爽滑，开洋软嫩的特色，受到当地市民的普遍喜爱。

二、制作原理

冷水面团的成团原理见本章第一节。

开洋葱油面

三、熟制方法

煮。

四、用料配方（以 5 碗计）

1. 坯料

细面条 500 克。

2. 调配料

开洋（无壳）30 克，米葱 100 克，色拉油 100 毫升，酱油 60 毫升，白糖 5 克，料酒 15 毫升，味精 3 克，清水 60 毫升。

五、工艺流程（图 2-9）

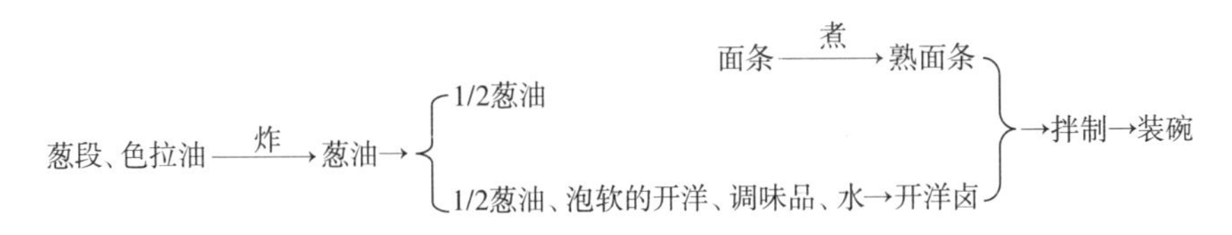

图 2-9　开洋葱油面工艺流程

六、制作方法

1. 制作葱油、开洋卤

将开洋用料酒（10 毫升）浸泡至软；米葱切成长 1.7 厘米的段。炒锅内放色拉油烧热，放葱段入锅小火熬到葱变脆葱、葱色发黄时捞出葱段，倒出一半葱油。将开洋放入锅中用余下的葱油煸炒，再加酱油、白糖、料酒、味精、清水烧开，煮至开洋软嫩时出锅成开洋卤。

（**质量控制点：**①葱油在熬制时要用小火加热；②开洋要先泡软再煸、煮。）

2. 生坯熟制

锅中宽汤烧开，下入面条，烧沸后点冷水，再沸后捞出面条，分装在 5 只碗里，浇上开洋卤，淋上葱油。吃时将面拌透。

（**质量控制点：**①煮面的水一定要多；②面条沸水下锅；③面条煮至断生即可。）

七、评价指标（表 2-7）

表 2-7　开洋葱油面评价指标

品名	指标	标准	分值
开洋葱油面	色泽	色泽酱红	10
	形态	面条根根分清	40
	质感	软韧、劲道	20
	口味	咸鲜入味，葱味香浓	20
	大小	重约 150 克	10
	总分		100

八、思考题

1. 如何熬制葱油？
2. 如何制作开洋卤？

名点 8. 肉丝炒面两面黄（上海名点）

一、品种介绍

肉丝炒面两面黄是上海著名风味小吃。它的制作始于 20 世纪 20 年代，由于面条经先炸后煎，加上以香菇丝、笋丝炒肉丝为浇头，因此该面具有色泽金黄，面条香脆，肉丝鲜嫩的特色。上海有很多食摊和点心店都有此款小吃。

二、制作原理

冷水面团的成团原理和坯料熟制成块的原理见本章第一节。

三、熟制方法

煮、煎。

肉丝炒面两面黄

四、用料配方（以 1 份计）

1. 坯料

细面条 250 克，精盐 3 克。

2. 浇头料

猪精肉丝 100 克，笋丝 25 克，冬菇丝 10 克，鲜汤 150 毫升，精盐 2 克，酱油 5 毫升，味精 1 克，湿淀粉 10 毫升。

3. 坯料

色拉油 250 克，花生油 10 毫升。

五、工艺流程（图 2-10）

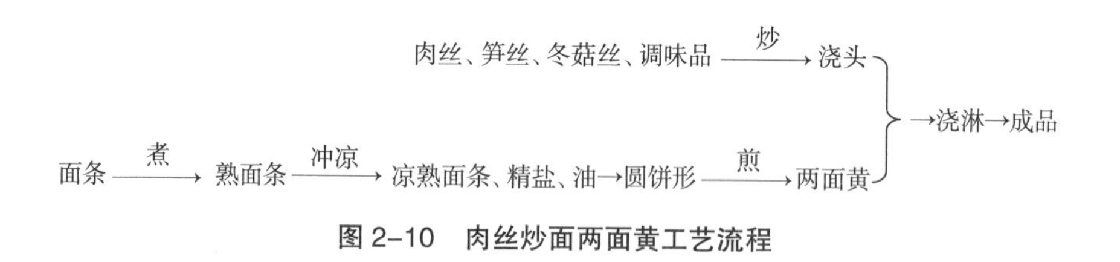

图 2-10　肉丝炒面两面黄工艺流程

六、制作方法

1. 生坯熟制

锅内放清水，烧沸后将面条下锅，用竹筷拨散煮至面条刚浮起，即用笊篱捞出，用冷水冲凉，放入精盐、花生油拌匀，盘成圆饼形；将平底锅烧热，倒入色拉油（220毫升）烧至150℃热时，放入面条圆饼煎至两面呈金黄色，倒入漏勺沥油，装盘。

（**质量控制点：**①面条沸水下锅，煮至刚浮起断生即可；②煮好的面条要迅速冲凉并用油拌匀；③煎制面条的火力不宜太大。）

2. 浇头制作

炒锅内放入色拉油 30 毫升，烧热后放入肉丝煸炒一下，再放入笋丝、冬菇丝同炒，加鲜汤、细盐、酱油，烧沸后加味精，用湿淀粉勾薄芡，淋上少许色拉油拌和出锅，浇在煎好的面饼上即成。

（**质量控制点：**①按用料配方准确称量；②肉丝煸炒不要太久；③浇头卤汁不要太多。）

七、评价指标（表 2-8）

表 2-8　肉丝炒面两面黄评价指标

品名	指标	标准	分值
肉丝炒面两面黄	色泽	浇头酱红，面条金黄	10
	形态	圆饼形	40
	质感	酥脆	20
	口味	肉嫩鲜香	20
	大小	重约 400 克	10
	总分		100

八、思考题

1. 制作肉丝炒面两面黄时，采用先煮后煎的成熟方法的作用是什么？
2. 如何制作肉丝炒面两面黄的浇头？

名点 9. 阳春面（上海名点）

一、品种介绍

阳春面是上海、江苏等地的特色小吃，又称光面、清汤面或清汤光面。面条根根利爽，淡酱色面汤清澈见底，汤上浮着金色的油花和绿色蒜花，阵阵香味扑鼻而来。具有汤宽、面韧、汤清、鲜香、经济实惠之特点。据《辞源》释：农历十月为小阳春，市井隐语遂以阳春代表十，以前这种面每碗售十文，故名。阳春面的面条一般是机器压的细面条，讲究的选用手工擀制的刀切面，如果是手工鸡蛋面条就更好了。

二、制作原理

冷水面团的成团原理见本章第一节。

三、熟制方法

煮。

阳春面

四、用料配方（以 5 碗计）

1. 坯料

面条 500 克。

2. 装饰料

鸡蛋 3 个，湿淀粉 50 毫升，豌豆苗 50 克。

3. 汤料

清汤 1500 毫升，熬制酱油 60 毫升，精盐 5 克，味精 5 克，葱花 10 克，白胡椒粉 2.5 克，熟猪油 20 克。

4. 辅料

色拉油 20 毫升。

（注：熬制酱油是用酱油、姜片、葱段、白糖、清水经过煮制加工而成；熟猪油是用猪板油丁、姜片、葱段、八角、料酒熬制而成；面汤中是放葱花还是蒜泥或青蒜花，上海、江苏各地放法略有不同。）

五、工艺流程（图 2-11）

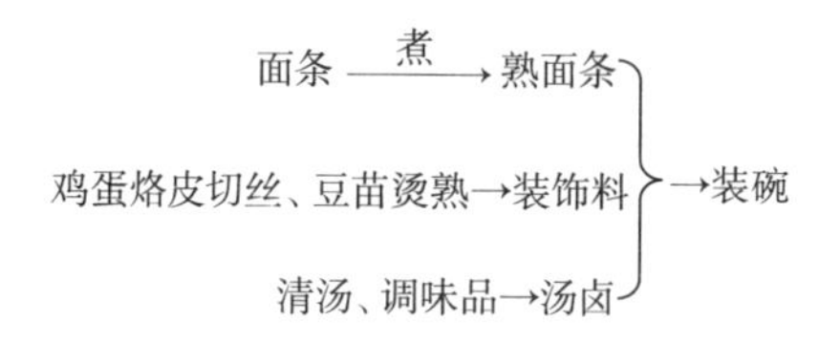

图 2-11　阳春面工艺流程

六、制作程序

1. 装饰料加工

把鸡蛋 3 个打开，加入少许湿淀粉搅匀，把锅上火，锅中加入少许色拉油，倒入蛋液摊成蛋皮，切成细丝；豌豆苗洗净、烫熟。

（**质量控制点：**①小火烙制蛋皮；②豌豆苗在开水中一过即可。）

2. 调制面汤

在五只碗中加入熟猪油、熬制酱油、精盐、白胡椒粉、葱花、味精；在锅中加清汤烧开，平均冲入五只碗中。

（**质量控制点：**①按用料配方准确称量；②酱油、熟猪油的都要用经过加工的。）

3. 生坯熟制

大锅内放大半锅清水，烧沸后将面条下锅，用竹筷拨散煮至面条浮起，点水，再浮起即用笊篱捞出，分盛5个碗里，呈鲤鱼背形。

在面条上点缀上豌豆苗、蛋皮丝即成。

（**质量控制点：**①煮制时要沸水下锅；②点水的次数要根据顾客对面条软硬度的要求来定。）

七、评价指标（表2–9）

表2–9　阳春面评价指标

品名	指标	标准	分值
阳春面	色泽	色泽酱红	10
	形态	面条根根分清，摆成鲤鱼背形	40
	质感	软韧、劲道	20
	口味	汤鲜味香	20
	大小	重约450克	10
	总分		100

八、思考题

1. 制作阳春面为什么需要使用经过熬制的酱油？
2. 如何熬制阳春面调味用的熟猪油？

名点10. 湖州大馄饨（浙江名点）

一、品种介绍

湖州大馄饨是浙江湖州的著名传统小吃，它是民国初期商人周济相创制，故又称周生记大馄饨，与诸老大粽子、丁莲芳千张包子、震远同玫瑰酥糖同为湖州“四大名点”。此点选用冷水硬面团作皮，包上用前腿肉细粒和笋衣、熟芝麻屑等调配料制成的馅心，包成元宝形的生坯，煮熟后配上鲜汤、葱花、蛋皮丝即成。它具有白嫩细腻、光润晶莹、馅心饱满、皮薄滑润、入口汁浓、油而不腻、味道香鲜的特点，成为湖州家喻户晓的名小吃。

二、制作原理

冷水面团的成团原理见本章第一节。

三、熟制方法

湖州大馄饨

煮。

四、用料配方（以20只计）

1. 坯料

面粉100克，清水48毫升。

2. 馅料

猪前腿肉140克，冬笋衣15克，料酒15毫升，精盐4克，白糖5克，熟芝麻屑5克，芝麻油5毫升，味精3克，清水25毫升。

3. 汤料

猪骨清汤1000毫升，精盐10克，熟猪油20克，葱花3克，蛋皮丝5克。

4. 辅料

淀粉20克。

五、工艺流程（图2-12）

猪前腿细肉粒、冬笋衣、调味品、清水—拌→馄饨馅
面粉、冷水→面团→擀皮→梯形皮
（以上两者）→包馅→成形→煮制→装盘（点缀）

图2-12 湖州大馄饨工艺流程

六、制作方法

1. 馅心调制

将猪前腿肉去筋剁成细粒，与冬笋衣、料酒、盐拌匀，加水搅上劲，再加入白糖、熟芝麻末、芝麻油、味精拌成肉馅。

（**质量控制点：**①肉粒不宜太粗；②肉粒中要有一定的肥肉粒；③调馅时要打入一定的水。）

2. 面团调制

面粉加清水和成光滑的面团，盖上干净湿布稍饧。

（**质量控制点：**①面团调好后要饧制；②手工调制和机器压制的面团吃水量不一样。）

3. 生坯成形

用淀粉作面扑，将面团用面杖擀成透明的薄皮，切成上边 7 厘米、下边 10 厘米的等腰梯形皮 20 张，逐张挑入肉馅，包成突肚、翻角、略长、呈元宝形的馄饨生坯。搭头要紧，防止进水走味。

（**质量控制点：**①擀皮时用淀粉做面扑；②成形时封口要紧。）

4. 生坯熟制

将猪骨清汤烧开，加入精盐、熟猪油，分装 2 碗。

锅置旺火上，加水烧沸（宽汤），放入馄饨生坯，用勺推动馄饨，使之旋转不粘锅，待汤沸馄饨浮起，保持水微沸煮至熟透捞出，放入汤料碗内，撒上葱末、蛋皮丝即成。

（**质量控制点：**①宽汤煮制；②生坯下锅要用勺推动；③生坯煮至上浮后要微沸养熟。）

七、评价指标（表 2-10）

表 2-10 湖州大馄饨评价指标

品名	指标	标准	分值
湖州大馄饨	色泽	色呈白色	10
	形态	元宝形、呈半透明	40
	质感	皮薄、软韧	20
	口味	肉香馅嫩，汤鲜味美	20
	大小	重约 18 克（每只）	10
	总分		100

八、思考题

1. 用来调制湖州大馄饨馅心的猪肉粒中为什么要有一定比例的肥肉粒？
2. 手工调制和机器压制的用来制作湖州大馄饨的面团之间有什么不一样？

名点 11. 虾爆鳝面（浙江名点）

一、品种介绍

虾爆鳝面是浙江杭州的传统风味小吃，尤以百年老店奎元馆制作的最为著名。虾爆鳝面是以虾仁、油爆鳝片作为浇头，用肉汤烩制而成的一种特色面条，“素油爆，荤油炒，麻油浇”为其操作特色。此品具有面条柔滑，配料鲜香，汤汁鲜美的特点，是深受广大消费者喜爱的特色名面。

二、制作原理

冷水面团的成团原理见本章第一节。

三、熟制方法

虾爆鳝面

煮、烩。

四、用料配方（以1碗计）

1. 坯料

面条160克。

2. 浇头料

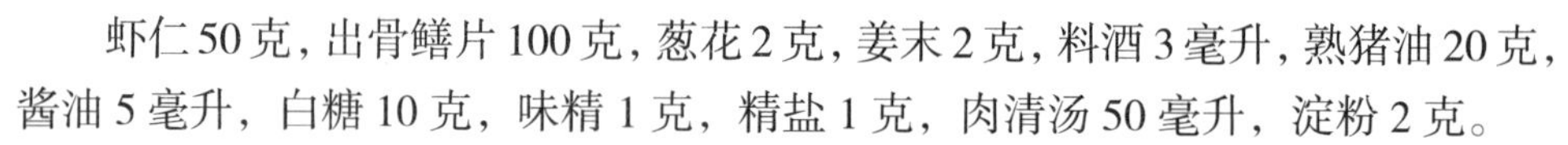
虾仁50克，出骨鳝片100克，葱花2克，姜末2克，料酒3毫升，熟猪油20克，酱油5毫升，白糖10克，味精1克，精盐1克，肉清汤50毫升，淀粉2克。

3. 汤料

肉清汤200毫升，熟猪油10克，酱油10毫升，味精2克，芝麻油5毫升。

4. 辅料

熟菜籽油1000毫升。

五、工艺流程（图2–13）

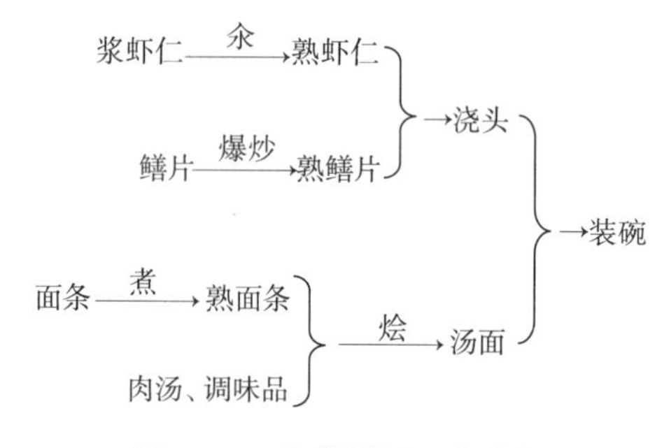

图2–13　虾爆鳝面工艺流程

六、制作方法

1. 配料加工

将虾仁洗净，用精盐、淀粉上浆，下入沸水锅中氽10秒左右用漏勺捞起；将鳝片洗净、沥干，炒锅置旺火上，下菜籽油烧至180℃时，将鳝片下锅炸约3分钟，至鳝片皮起小泡、耳闻“沙沙”声时倒入漏勺沥油。炒锅内放入熟猪油，将葱花、姜末下锅略煸后，即将爆过的鳝片下锅同煸，加酱油、料酒、白糖、肉汤，烩1分钟左右至汤汁还剩一半时，加入味精，盛入碗内。

（**质量控制点：**①鳝片炸制的火候要掌握好；②烧至鳝片入味即可。）

2. 成品制作

将面条投入沸水锅中，旺火烧至面条浮起、断生捞出，在水中浸凉，做成面结。

炒锅置旺火上，加入肉汤、酱油，滗入烩鳝片原汁，待汤沸时，将面结下锅，撇净浮沫，放入熟猪油，待汤渐浓时，加味精，先将面盛入碗内，后将爆鳝片盖在面上，放上虾仁，再淋上芝麻油即成。

（**质量控制点：**面结煮制时间不宜太长、入味即可。）

七、评价指标（表 2-11）

表 2-11　虾爆鳝面评价指标

品名	指标	标准	分值
虾爆鳝面	色泽	色泽酱红	10
	形态	面条根根分清	40
	质感	软韧、劲道	20
	口味	汤鲜味浓	20
	大小	重约 500 克	10
	总分		100

八、思考题

1. 鳝片采用爆炒成熟方法的目的是什么？
2. 制作虾爆鳝面时面结先煮制、浸凉，再烩制的作用是什么？

名点 12. 猫耳朵（浙江名点）

一、品种介绍

猫耳朵是浙江杭州著名小吃。是由古代食品“秃秃麻食”演变而来的，很多地区都有类似的品种，只是叫法不一样。北方、中原地区多叫它“手撇面”“捻面卷”，多作主食；而南方人叫“猫耳朵”“空心面”，根据江南的资源条件和饮食习俗，改造成具有杭州风味特色的小吃，具有形态美观，配料丰富，吃口爽滑，汤鲜味美的特点，风行至今。

二、制作原理

冷水面团的成团原理见本章第一节。

三、熟制方法

煮、烩。

四、用料配方（以 2 碗计）

1. 坯料

面粉 150 克，冷水 75 毫升。

2. 调配料

熟鸡脯 25 克，熟瘦火腿 25 克，干贝 10 克，虾仁 25 克，水发香菇 10 克，笋丁 10 克，绿叶鲜菜 20 克，葱段 5 克，姜片 5 克，料酒 2 毫升，精盐 4 克，味精 2 克，淀粉 3 克。

3. 汤料

鸡清汤 300 毫升，熟鸡油 20 克。

4. 辅料

色拉油 250 毫升，面扑 25 克。

五、工艺流程（图 2-14）

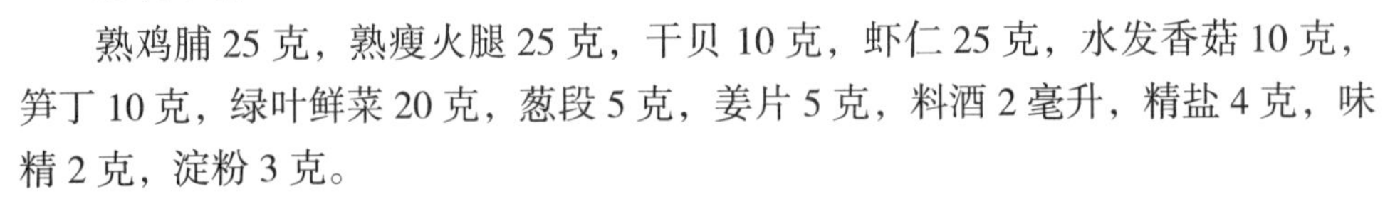

图 2-14　猫耳朵工艺流程

六、制作方法

1. 配料加工

将虾仁洗净、上浆、划油至熟；干贝洗净后放入小碗，加入料酒、葱段、姜片，入笼屉蒸熟、晾凉、拆成丝；熟鸡脯、熟火腿、香菇等均匀切成蚕豆大的小薄片。

（**质量控制点：**①虾仁要新鲜；②干贝要蒸熟。）

2. 面团调制

取 150 克面粉加清水调成冷水硬面团，揉匀揉透，用保鲜膜包上饧制 15 分钟。

（**质量控制点：**面团要调得硬一点。）

3. 生坯成形

将和好的面团搓成直径 0.8 厘米的长条，切成 1 厘米长的丁，撒上面扑，然后按段直立，用大拇指向前推搓成猫耳朵形状。

（**质量控制点：**要推卷成中空的猫耳朵形。）

4. 生坯熟制

将猫耳朵生坯放入沸水锅内煮制，再沸后点水养至断生捞出、浸凉；炒锅置中火上，加入鸡清汤，待汤沸放入熟虾仁、干贝丝、鸡片、火腿片、香菇片、笋丁，汤再沸时，撇去浮沫，将猫耳朵入锅，待猫耳朵浮起时，再撇一次浮沫，加入盐、味精、绿叶菜，随即出锅，盛入 2 只碗内，淋上鸡油即成。

（**质量控制点：**①生坯先煮至断生；②熟坯要浸凉。）

七、评价指标（表 2–12）

表 2–12　猫耳朵评价指标

品名	指标	标准	分值
猫耳朵	色泽	主料色白，配料色彩丰富	10
	形态	猫耳朵形（主料）	40
	质感	软韧（主料）	20
	口味	咸鲜味香	20
	大小	重约 280 克	10
	总分		100

八、思考题

1. 制作猫耳朵时生坯在烩制前为什么要先煮至断生、冷水浸凉？

2. 制作猫耳朵时，生坯先煮熟再烩制与生坯直接入汤烩制，这两者成品效果有何不同？

名点 13. 深渡包袱（安徽名点）

一、品种介绍

深渡包袱是安徽徽州风味小吃。明清时行商多背包袱旅行，深渡的饮食摊主遂仿其形，创制出一种在馄饨皮上放上馅，卷包成如商人背负的包袱形状的小吃。该小吃汤中油重，酱汤色重，油渣耐嚼且香，味特鲜美，深受客商的青睐，很快便流传开来。

二、制作原理

冷水面团成团原理见本章第一节。

三、熟制方法

煮。

四、用料配方（以 18 只计）

1. 坯料

中筋面粉 150 克，清水 75 毫升。

2. 馅料

猪瘦肉 75 克，葱末 10 克，姜末 6 克，料酒 5 毫升，精盐 2 克，酱油 5 毫升，水发香菇 20 克，笋片 30 克，虾米 20 克。

3. 汤料

青蒜花 10 克，精盐 2 克，酱油 10 毫升，白胡椒粉 3 克，猪油渣 15 克，熟猪油 15 克，沸水 250 毫升。

五、工艺流程（图 2–15）

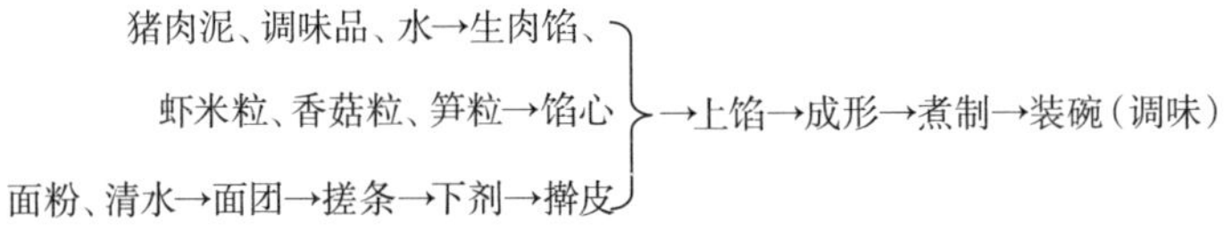

猪肉泥、调味品、水→生肉馅、
虾米粒、香菇粒、笋粒→馅心 } →上馅→成形→煮制→装碗（调味）
面粉、清水→面团→搓条→下剂→擀皮

图 2–15　深度包袱工艺流程

六、制作方法

1. 馅心调制

将猪肉加工成泥，放在盆内；虾米洗净放碗中加热水泡软，捞起（水 15 毫升留用）和香菇、焯过水的笋片一起剁成末。肉泥中加姜末、葱末、料酒、酱油、精盐搅上劲，分次加入虾米水，搅拌上劲，再拌入虾米末、香菇末和笋末成馅。

（**质量控制点：**①虾米要用热水泡开；②先调生肉馅再加配料。）

2. 面团调制

将面粉放在案板上，加入清水拌匀揉透成面团，稍饧后揉光、搓成长条，揪成 18 个面剂。

（**质量控制点：**①面团调好后要饧制；②加水量要准确。）

3. 生坯成形

将面剂用擀面杖擀成圆面皮，馅料放圆皮中心，把圆皮对折成半圆形，再对折成长条形（四折），把长条两端折回，对捏粘好，即成包袱生坯。

（**质量控制点：**①面皮要擀得薄；②折叠捏成包袱形。）

4. 生坯熟制

将两只碗内放入适量青蒜花、精盐、酱油、碎油渣、熟猪油。

铁锅放在旺火上，倒入大半锅水，烧开，下包袱生坯，再沸时加少许清水，保持微沸状态，待包袱浮起，舀沸水冲入两只碗中，把已煮熟的包袱捞入碗中，撒上胡椒粉即成。

（**质量控制点**：①沸水下锅；②点水保持微沸状态。）

七、评价指标（表 2–13）

表 2–13　深渡包袱评价指标

品名	指标	标准	分值
深渡包袱	色泽	色呈玉白	10
	形态	包袱形	40
	质感	皮薄、软韧	20
	口味	肉香馅嫩，汤鲜味香	20
	大小	重约 21 克（每只）	10
	总分		100

八、思考题

1. 包袱汤中加入碎油渣的作用是什么？
2. 调制包袱馅时，为什么一般要求先调生肉馅，再加配料？

名点 14. 蝴蝶面（安徽名点）

一、品种介绍

蝴蝶面是安徽徽州的传统风味小吃。因菱形面皮形似蝴蝶，加上色彩丰富的多种配料犹如各色蝴蝶，故而得名，属于花色面条，是将制成的菱形面片经油炸后再与调配料烩制而成，其具有色彩丰富、吃口软滑、营养丰富，口味鲜美的特点。如果采用徽式传统的座杠刀切面，皮质柔润、爽滑、韧性大，效果会更好。

二、制作原理

冷水面团成团原理见本章第一节。

三、熟制方法

炸、烩。

四、用料配方（以 1 碗计）

1. 坯料

中筋面粉 100 克，清水 45 毫升。

2. 调配料

猪瘦肉 25 克，熟冬笋 10 克，水发冬菇 10 克，熟火腿 5 克，青菜 50 克，虾米 5 克，酱油 15 毫升，味精 1 克，精盐 5 克，熟猪油 25 克，猪肉汤 300 毫升。

3. 辅料

色拉油 1000 毫升。

五、工艺流程（图 2–16）

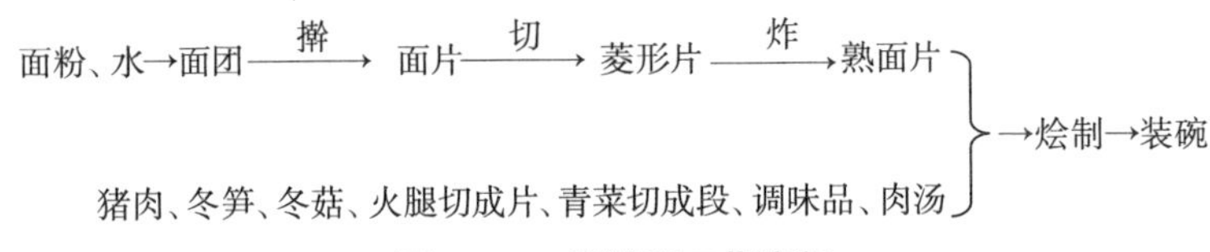

图 2–16　蝴蝶面工艺流程

六、制作方法

1. 配料初加工

将猪肉洗净，斜丝切成薄片；焯过水的冬笋、洗净的冬菇、熟火腿也切成薄片；青菜择洗干净，切成 3 厘米长的段。

（**质量控制点：**①肉片斜丝切；②配料洗净。）

2. 面团调制

将面粉与清水揉和成团，通过杠压将面团压光压透。用保鲜膜包好，饧制 20 分钟。

（**质量控制点：**①加水量要恰当；②采用杠压面效果更好。）

3. 生坯成形

将面团擀成 0.1 厘米厚的长方形面片，先切成 3 厘米宽的长条，然后切成菱形面片。

（**质量控制点：**①面皮不能太厚；②菱形面片大小一致。）

4. 生坯熟制

将色拉油烧热至 180℃，下入面片炸至淡黄捞起备用；炒锅上火烧热，下入熟猪油，烧热后下入肉片、冬菇片、冬笋片、火腿片、虾米、青菜煸炒，再加入肉汤烧沸，倒入面片，加酱油、精盐焖制3分钟，最后下入味精，翻炒均匀后起锅装盘即成。

（**质量控制点：**①面片炸成淡黄色；②烩焖时间不宜太长。）

七、评价指标（表2-14）

表2-14　蝴蝶面评价指标

品名	指标	标准	分值
蝴蝶面	色泽	面色淡黄，配料色丰，汤卤乳白	30
	形态	菱形面片	20
	质感	软韧	20
	口味	咸鲜味美	20
	大小	重约450克	10
	总分		100

八、思考题

1. 为什么面团采用杠压法调制效果更好？
2. 蝴蝶面的成熟方法是什么？

名点15. 手抓面（福建名点）

一、品种介绍

手抓面是福建漳州的特色传统民间小吃，是以面粉裹着油炸豆腐干抓在手掌里进食而得名。该小吃属于水调面团中的冷水面团制品，由面料、配料、佐料三部分组成。将煮熟的加碱细面条趁热盘成圆饼，放在手掌上涂抹上多种调味酱料，再放上一条油炸豆腐干卷成筒状食用，具有面条冰凉、滑润劲道、香甜酸辣、油而不腻的特色。由于口味独特、随意自在，所以在城乡颇为风行，很受群众喜爱。

二、制作原理

冷水面团成团原理和熟制成块的原理见本章第一节。

三、熟制方法

煮。

四、用料配方（以5份计）

1. 主料

加碱细面条400克。

2. 配料

油炸豆腐干（条形）375克。

3. 调料

杂醋酱125克，甜面酱80克，蒜头酱50克，花生酱50克，芥末25克，辣椒酱25克，沙茶酱50克。

五、工艺流程（图2-17）

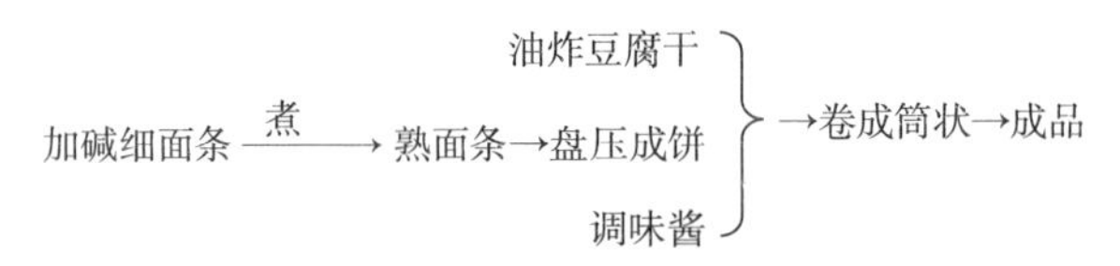

图2-17　手抓面工艺流程

六、制作程序

1. 制黄油面饼

将加碱细面条放入沸水锅中煮至刚熟，捞出后分成5份，趁热分别盘成直径15厘米的圆形饼，再压成薄面饼（约100克）。一份一份地晾在贺竹匾上，当地称黄油面饼。

（**质量控制点：**①以加大树碱做的面条口感更好；②面条煮至断生即可；③热面条容易压成饼。）

2. 调味、成形

将面饼一份放入左手掌上，右手拿小竹板分别挑上沙茶酱10克、芥末5克、辣椒酱5克、花生酱10克、蒜头酱10克、甜面酱16克、杂醋酱25克，最后放上条形油炸豆腐干1块（重约75克），卷成筒状即可食用。

（**质量控制点：**调味料涂抹品种、多少可根据食客的口味需求而定。）

七、评价指标（表 2–15）

表 2–15　手抓面评价指标

品名	指标	标准	分值
手抓面	色泽	面条淡黄	10
	形态	筒状	20
	质感	滑润劲道	30
	口味	香甜酸辣	30
	大小	重约 250 克	10
	总分		100

八、思考题

1. 为什么用来制作手抓面的加碱细面条以煮至断生为好？
2. 制作手抓面时调味料涂抹的品种、多少可根据什么而定？

名点 16. 蟹黄干蒸烧卖（广东名点）

一、品种简介

蟹黄干蒸烧卖是广东风味著名点心，在 20 世纪 30 年代，干蒸烧卖已风靡华南各地，现已成为广东、广西、海南、香港、澳门等地的茶楼、酒家必点的人气点心之一。该点心以蛋面作皮，以猪肉丁、虾仁、冬菇粒等调味作馅，制作成木塞造型经蒸制而成。具有形似木塞，皮软鲜黄、馅白滑爽、质嫩鲜香的特点，成为华南茶楼、酒家茶市必备之品。

二、制作原理

冷水面团的成团原理见本章第一节。

蟹黄干蒸烧卖

三、熟制方法

蒸。

四、用料配方（以 20 只计）

1. 坯料

面粉 125 克，蛋液 38 克，清水 25 毫升，精盐 1 克，陈村枧水 2 毫升。

2. 馅料

猪瘦肉 85 克，猪肥肉 30 克，鲜虾仁 65 克，水发冬菇 10 克，枧水 2 毫升，食盐 3 克，生抽 2 毫升，白糖 5 克，味精 2 克，香油 2 毫升，葱油 10 克，生粉 10 克。

3. 装饰料

蟹黄 10 克。

4. 辅料

生粉 40 克。

五、工艺流程（图 2-18）

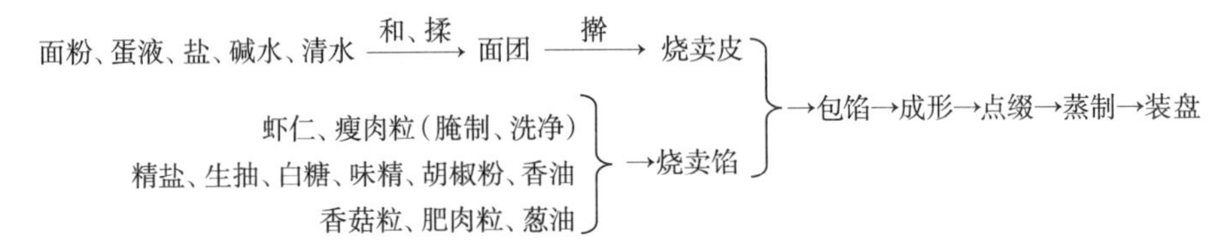

图 2-18　蟹黄干蒸烧卖工艺流程

六、制作程序

1. 馅心调制

将猪瘦肉、肥肉、湿冬菇均匀地切成 0.3 厘米见方的丁，鲜虾仁改刀。把猪瘦肉丁、鲜虾仁洗净，用枧水、生粉拌匀腌渍 20 分钟后用清水漂冲干净，并用洁净纱布吸干水分。

先将瘦肉粒、鲜虾仁置于盆中，放入食盐搅打上劲有黏性，再加入生抽、白糖、味精、胡椒粉、香油拌匀，再将香菇粒、肥肉粒、葱油等加入拌匀即成馅。

（**质量控制点：**①瘦肉丁、虾仁要用枧水腌制；②调馅时瘦肉丁、虾仁要搅打上劲；③馅心中要有一定含量的肥肉粒。）

2. 面团调制

将面粉过筛，置于案台上，扒开一塘，加入蛋液、清水、食盐、枧水，拌匀后揉和成光滑的面团，用潮湿的白纱布盖好，饧 15 分钟。

（**质量控制点：**①面团的硬度要恰当；②可加微量柠檬黄色素调色。）

3. 生坯成形

把生粉装于纱布袋中在案板、面团上拍上面扑，将饧好的面团用擀面杖擀成厚 0.5 毫米的片，刻成直径 6.2 厘米的圆形面皮（擀压面皮过程中应多次拍上生粉，以免面皮相互粘连）。

取坯皮一张，包入馅心 12.5 克，捏挤成木塞形；置于已刷油的小笼屉中，在烧卖口上点缀蟹黄。

（**质量控制点：**①皮要光滑、厚薄均匀；②用生粉做面扑不易粘。）

4. 生坯熟制

旺火足气蒸制 6 分钟即成。

（**质量控制点：**旺火足汽蒸。）

七、评价指标（表 2–16）

表 2–16　蟹黄干蒸烧卖评价指标

品名	指标	标准	分值
蟹黄干蒸烧卖	色泽	皮黄馅白	10
	形态	木塞形	40
	质感	嫩滑爽口	20
	口味	咸鲜味美	20
	大小	重约 21 克	10
	总分		100

八、思考题

1. 调馅时加入一定量的肥肉粒的作用是什么？
2. 擀制蟹黄干蒸烧卖皮时为什么选用生粉作面扑？

名点 17. 皱纱馄饨（湖南名点）

一、品种介绍

皱纱馄饨是湖南的传统小吃。因其有如浸漂在水中的轻纱，故名。此品以历史悠久的长沙市双燕馄饨店最为有名。它采用冷水硬面团擀成的馄饨皮，包上用新鲜猪腿肉泥调成的馅心，包捏成馄饨经煮制成熟、配以排冬菜、高汤而成，具有皮薄如纸软如缎、口感有韧劲、馅心鲜嫩、味道鲜美的特点。

二、制作原理

冷水面团的成团原理见本章第一节。

三、熟制方法

煮。

四、原料配方（以20碗300只计）

1. 坯料

中筋面粉500克，冷水240毫升，食碱5克。

2. 馅料

猪腿肉（肥三瘦七）850克，葱花15克，姜末15克，料酒20毫升，精盐15克，味精8克，清水550毫升。

3. 汤料

排冬菜200克，熟猪油100克，精盐20克，葱花40克，酱油100毫升，胡椒粉5克，味精10克，猪骨清汤2500毫升。

4. 辅料

淀粉200克（实耗50克）。

五、工艺流程（图2-19）

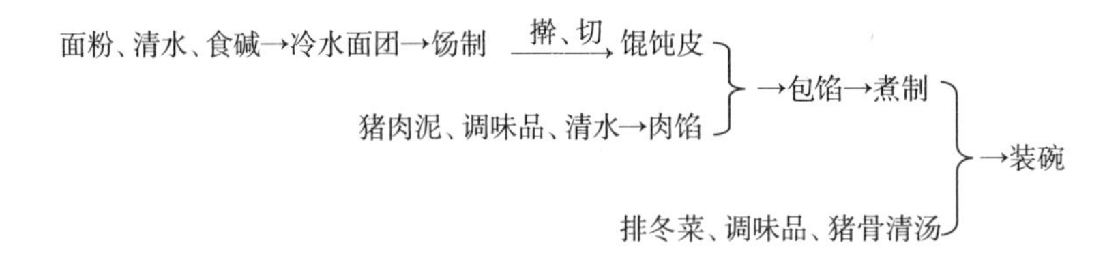

图2-19　皱纱馄饨工艺流程

六、制作方法

1. 馅心调制

将猪肉洗净，剁成肉泥放在盆中，放入葱花、姜末、料酒、精盐搅打上劲，分次打入清水，使水分完全被肉泥吸收，拌入味精即成肉馅，盖上保鲜膜下冰箱冷藏。

（**质量控制点：**①肉蓉要加工得细；②肉蓉要先加精盐顺一个方向充分搅打上劲；③分次打入清水，每次都要打上劲；④调好的肉馅要放入冰箱冷藏。）

2. 面团调制

将面粉置于案板上，中间扒一个小窝，食碱放入碗内，用适量的水化开后，慢慢倒入面粉窝内，再倒入大部分的清水，将面粉与水拌匀调成面絮，再淋上余下的水，最后揉成光滑的面团，盖上湿布饧20分钟。

（**质量控制点：**①面团不宜太硬或太软；②面团要饧足。）

3. 生坯成形

将淀粉装入布袋内，扎紧口袋作面扑。将饧好的面团擀成皮，拍上面扑继续擀薄，至面皮达到厚0.1厘米后裁成8厘米见方的馄饨薄皮300张，盖上湿布待用。

用小竹片刮上肉馅少许，放在皮子中央向内一转，一张皮子即被肉馅粘住，另一只手马上接住并将皮子捏拢，包住竹片，然后抽出竹片，捏成剪尾形状。

（**质量控制点：**①皮要擀得光滑且薄；②用淀粉作面扑；③捏成剪尾形状。）

4. 生坯熟制

将猪骨清汤倒入锅中置小火上烧开；排冬菜洗净切碎。在每只碗内放入熟猪油（5克）、酱油（5毫升）、精盐（1克）、葱花（2克）、味精（0.5克）、排冬菜（10克），舀入猪骨清汤（125毫升）。

锅放置在旺火上，放入清水烧开，将馄饨下锅，煮至浮起后再点入少量凉水，熟后舀入碗内，撒上胡椒粉（0.25克/碗）即成。

（**质量控制点：**①调味料要放得恰当；②生坯沸水下锅；③点水稍养制；④煮制时间不宜长。）

七、评价指标（表2-17）

表2-17　皱纱馄饨评价指标

名称	指标	标准	分值
皱纱馄饨	色泽	皮微黄，汤酱红	10
	形态	碗装，馄饨剪尾形，薄如纸软如缎	40
	质感	皮软韧，馅鲜嫩	20
	口味	咸鲜味香	20
	大小	重约250克	10
	总分		100

八、思考题

1. 在调制馄饨皮面团时加入适量的碱的作用是什么?

2. 皱纱馄饨馅心调制好后为什么要经过冷藏再用?

名点18. 黄州甜烧梅（湖北名点）

一、品种介绍

黄州甜烧梅是湖北风味面点，是湖北黄冈黄州区的特色传统名点，已有1000多年的历史，《苏东坡传奇》中就曾有一段关于苏东坡与黄州烧梅的故事。它配料精、制作细，上似梅花，下似石榴，亦叫石榴烧梅。当时黄州为八县生员应试之地，各地考生喜食黄州烧梅，店家就在烧梅上端点了一点，象征红顶子，祝考生科场如意，高榜及第，又含有“榴结百子，梅呈五福”之意。它是用冷水面皮包上用猪肥膘肉丁、馒头丁、冰糖、果仁、蜜饯等制成的馅，捏成石榴形经蒸制而成。成品具有色白油润、皮薄馅丰、口味香甜的特点。现今又有了石榴花开、五福梅花、点金秋菊和洞房红烛等造型。

二、制作原理

冷水面团的成团原理见本章第一节。

三、熟制方法

蒸（也可蒸后再炸）。

四、原料配方（以40只计）

1. 坯料

面粉500克，清水250毫升，精盐8克。

2. 馅料

白面馒头450克，猪肥肉750克，冰糖100克，蜜桂花50克，葡萄干50克，白糖750克，蜜橘饼100克，核桃仁50克，瓜子仁10克，红绿丝15克。

3. 辅料

淀粉100克。

五、工艺流程（图2-20）

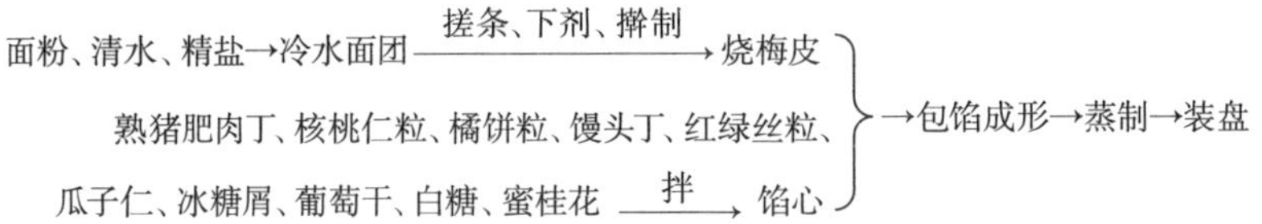

面粉、清水、精盐→冷水面团 —搓条、下剂、擀制→ 烧梅皮
熟猪肥肉丁、核桃仁粒、橘饼粒、馒头丁、红绿丝粒、瓜子仁、冰糖屑、葡萄干、白糖、蜜桂花 —拌→ 馅心
→包馅成形→蒸制→装盘

图2-20　黄州甜烧梅工艺流程

六、制作方法

1. 馅心调制

将猪肥肉切成6块，放沸水锅中煮5分钟捞出，去皮晾凉，改切成如豌豆粒大小的丁；馒头切成小方丁；冰糖砸碎成屑；核桃仁放温水中浸泡后取出去皮，与蜜橘饼均切成粒；红绿丝切成细粒。

用熟猪肥肉丁、馒头丁、核桃仁、瓜子仁、橘饼粒、红绿丝粒、冰糖屑、葡萄干、白糖、蜜桂花一起拌匀成馅。

（**质量控制点：**①肉丁、馒头丁切得不要太大；②馅料要拌匀。）

2. 面团调制

将面粉倒在案板上，中间开成小窝，下清水及精盐拌和后，搓揉成光滑的面团，盖上净布饧制 20 分钟。

（**质量控制点：**①不同季节水温不同；②面团不宜太硬或太软；③面团要饧足。）

3. 生坯成形

将面团搓条揪成面剂（18 克 / 只），取面剂按扁，用淀粉作面扑，擀成直径 11 厘米的荷叶状圆皮，放在掌上，搨入糖馅，包成高 6 厘米、底部直径 5 厘米、上小下大的石榴状。

（**质量控制点：**①皮要擀得中间厚边上薄；②要将面皮上多余的淀粉掸干净；③包烧梅时，收口不要太紧，可露一点馅，与皮边粘在一起即可，制品包成石榴形。）

4. 生坯熟制

烧梅坯置于垫有松毛的笼屉中，用旺火沸水蒸约 3 分钟，揭盖在烧梅上均匀地洒上冷水，盖好盖续蒸 5 分钟即成。

（**质量控制点：**①旺火沸水蒸；②蒸制时间不宜太久。）

七、评价指标（表 2–18）

表 2–18　黄州甜烧梅评价指标

名称	指标	标准	分值
黄州甜烧梅	色泽	色白油润	10
	形态	上看似梅花，侧看似石榴	40
	口感	皮软韧，馅软润	20
	口味	香甜	20
	大小	重约 75 克	10
	总分		100

八、思考题

1. 馅心中加入馒头丁的作用是什么？
2. 黄州甜烧梅的形态有什么寓意？

名点 19. 热干面（湖北名点）

一、品种介绍

热干面是湖北风味面点，是武汉的传统小吃之一。20 世纪 30 年代初期，汉口长堤街有个名叫李包的食贩，在关帝庙一带靠卖凉粉和汤面为生。有一天，天气异常炎热，不少剩面未卖完，他怕面条发馊变质，便将剩面煮熟沥干，晾在案板上。一不小心，碰倒案上的油壶，芝麻油泼在面条上。李包见状，无可奈何，只好将面条用油拌匀重新晾放。第二天早上，李包将拌油的熟面条放在沸水里稍烫，捞起沥干入碗，然后加上卖凉粉用的调料，弄得热气腾腾，香气四溢。人们争相购买，吃得津津有味。有人问他卖的是什么面，他脱口而出，说是“热干面”，热干面因此而得名。成品具有面条筋道，黄而油润，香辣鲜美，诱人食欲，很受人们喜爱的特点。

二、制作原理

冷水面团的成团原理见本章第一节。

三、熟制方法

煮。

四、原料配方（以5份计）

1. 坯料

面粉500克，食碱5克，清水225毫升。

2. 调辅料

叉烧肉15克，虾米10克，大头菜20克，芝麻酱50克，芝麻油100毫升，葱花20克，酱油10毫升，白糖5克，香醋5毫升，鸡精5克，辣椒油20毫升，胡椒粉5克，卤汁50毫升。

五、工艺流程（图2–21）

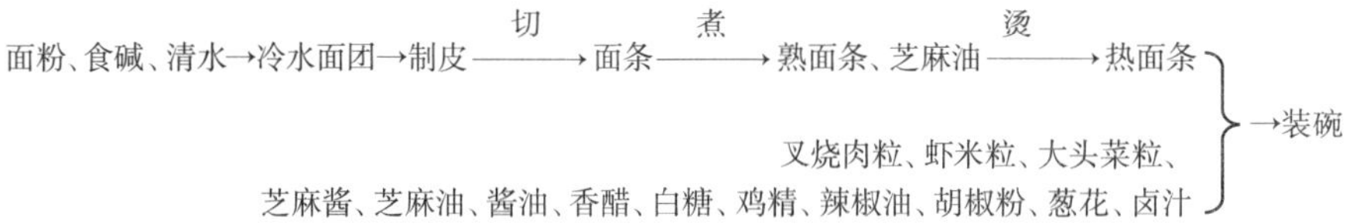

面粉、食碱、清水→冷水面团→制皮 —切→ 面条 —煮→ 熟面条、芝麻油 —烫→ 热面条
叉烧肉粒、虾米粒、大头菜粒、芝麻酱、芝麻油、酱油、香醋、白糖、鸡精、辣椒油、胡椒粉、葱花、卤汁
（两者合并）→装碗

图2–21 热干面工艺流程

六、制作方法

1. 调辅料加工

将芝麻酱放于钵内，下芝麻油（30毫升）调匀；叉烧肉切丁；虾米用热水泡开切成粒；大头菜切粒。

（**质量控制点**：芝麻酱要加麻油调配。）

2. 面团调制

将中筋面粉倒入敞口的搪瓷盆内，用225克清水将5克食碱溶化后徐徐注入面粉中，和匀上劲，揉成光滑的面团，盖上保鲜膜饧制。

（**质量控制点**：①冷水面团要调制得硬实有劲；②面团要饧足。）

3. 生坯成形

将和好的面团擀成厚约0.4厘米的薄面片，再用刀切成细面条。

（**质量控制点**：①面皮要擀得厚薄均匀；②面条要切得粗细均匀。）

4. 生坯熟制

大锅置旺火上将清水烧沸，将面条抖散下锅煮，随即用竹筷拨散，煮至断生捞出进凉开水浸凉、沥水，再刷上麻油拌匀、摊开晾干水气，抖开至根根散条。

（**质量控制点**：①面条煮至八成熟后要迅速浸凉；②熟面条要拌上芝麻油。）

将煮好的面条，放入竹捞箕中，投旺火沸水锅里，上下抖动着烫至滚热，捞起、沥干水、倒入碗内，撒上虾米粒、叉烧肉丁、大头菜粒，浇上芝麻酱、酱油、香醋、白糖、辣椒油、胡椒粉、鸡精、卤汁，撒上葱花拌匀即成。

（**质量控制点**：①面条烫热即可；②调味料要全。）

七、评价指标（表2-19）

表2-19　热干面评价指标

名称	指标	标准	分值
热干面	色泽	面条黄而油润	10
	形态	碗装，面条粗细均匀、条条分清	40
	质感	面爽滑筋道	20
	口味	香辣鲜美	20
	大小	重约210克	10
	总分		100

八、思考题

1. 面条煮至断生后为什么要迅速浸凉、拌油和晾干水汽？

2. 芝麻油在制作热干面中的作用是什么？

名点 20. 龙抄手（四川名点）

一、品种简介

龙抄手是四川风味小吃，是成都的著名小吃。抄手是四川人对馄饨的习惯叫法，抄手的得名，大概是因为包制时要将面皮的两头抄拢，故而得名。龙抄手创始于 20 世纪 40 年代，当时张光武与其伙计在当时的“浓花茶园”商议开抄手店之事，在商量店名时，借用“浓花茶园”的“浓”字，以谐音字“龙”为名号（四川方言“浓”与“龙”同音），也寓有“龙腾虎跃”“吉祥”“生意兴隆”之意，定名为“龙抄手”。该品是以鸡蛋面擀成极薄的皮子包上鲜肉馅做成馄饨，煮熟后装入鲜汤中而成。成品具有皮薄透明，馅嫩鲜香，汤浓醇厚的特点。

二、制作原理

冷水面团的成团原理见本章第一节。

三、熟制方法

煮。

四、原料配方（以 5 碗 75 只计）

1. 坯料

中筋面粉 200 克，精盐 2 克，蛋液 40 毫升，清水 50 毫升。

2. 馅料

猪肉（肥三瘦七）250 克，蛋液 50 毫升，姜汁水 100 毫升，酱油 5 毫升，精盐 5 克，胡椒粉 5 克，味精 3 克，芝麻油 15 毫升。

3. 汤料

浓骨汤 2000 毫升，精盐 5 克，味精 5 克，胡椒粉 5 克，鸡油 5 毫升。

4. 辅料

淀粉 50 克。

五、工艺流程（图 2-22）

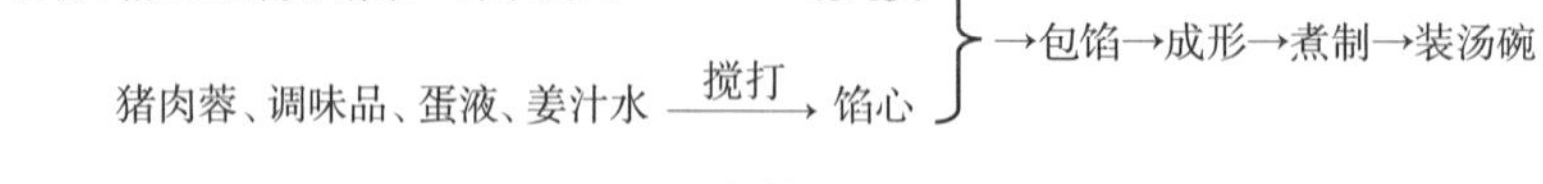

面粉、精盐、蛋液、清水→冷水面团 —擀→ 馄饨皮 ┐
　　　　　　　　　　　　　　　　　　　　　　　　├→包馅→成形→煮制→装汤碗
猪肉蓉、调味品、蛋液、姜汁水 —搅打→ 馅心 ┘

图 2-22　龙抄手工艺流程

六、制作程序

1. 馅心调制

将猪肉剁成蓉状，加入精盐、味精、胡椒粉、蛋液、姜汁水搅打上劲，最后下入香油拌匀即成。

（**质量控制点：**①猪肉的肥瘦比例要恰当；②肉泥要去筋、剁得细；③馅心要搅打上劲。）

2. 面团调制

将面粉放在案板上，中间扒一塘，加入精盐、蛋液、清水和匀揉成光滑的面团后，用保鲜膜包上，静置 20 分钟。

（**质量控制点：**①调制面团时要加鸡蛋；②面团要调得硬；③调好的面团要饧足。）

3. 生坯成形

将饧好的面团用淀粉作面扑，擀成 0.5 厘米的薄片后，再切成 7 厘米见方的面皮（75 张）即可。取面皮一张，挑入馅心 5.5 克，先叠捏成三角形后，再将两角交叉黏合在一起，捏成菱角形抄手生坯。

（**质量控制点：**①皮要擀得薄；②包成菱角形。）

4. 制品熟制

在 5 只碗中放入精盐、味精、胡椒粉、鸡油，舀入烧开的浓骨汤。

将生坯投入沸水锅中，煮至上浮后点水稍养，装入盛有调味料的热汤碗内即成。

（**质量控制点：**①沸水下锅，稍养断生即可；②浓骨汤要事先加工好。）

七、评价指标（表 2–20）

表 2–20 龙抄手评价指标

名称	指标	标准	分值
龙抄手	色泽	玉色中透出肉色	20
	形态	菱角形	30
	质感	皮软韧，馅鲜嫩	20
	口味	咸鲜味香	20
	大小	重约 9 克（每只）	10
	总分		100

八、思考题

1. 制作龙抄手的要点是什么？

2. 抄手成熟后露馅的原因可能有哪些？

名点 21. 担担面（四川名点）

一、品种简介

担担面是四川风味小吃，是成都和自贡等市的一种著名的传统小吃。它是自贡一位名叫陈包包的小贩始创于 1841 年，随后传入成都，因最初是挑着担子沿街叫卖而得名，是“中国十大面条”之一。它是以鸡蛋面条煮熟后放入面臊及多种调味料制作而成的。成品具有面细筋韧，爽滑利口，面臊酥香，咸鲜微酸辣的特点。

二、制作原理

冷水面团的成团原理见本章第一节。

三、熟制方法

煮。

四、原料配方（以 5 碗计）

1. 坯料

中筋面粉 500 克，蛋液 80 毫升，清水 150 毫升。

2. 调配料

猪腿肉 200 克，熟猪油 25 克，绍酒 15 毫升，甜面酱 10 克，酱油 60 毫升，精盐 5 克，红油辣椒 25 克，芽菜 30 克，葱花 30 克，味精 15 克，醋 15 毫升，高汤 250 毫升。

五、工艺流程（图 2–23）

面粉、鸡蛋、清水→冷水面团 —擀、切→ 面条 —煮→ 熟面条

猪肉粒、熟猪油、绍酒、甜面酱、酱油、精盐 —炒→ 面臊

芽菜切碎、酱油、红油辣椒、葱花、味精、香醋、高汤→碗底调料

（以上三项）→装碗

图 2–23　担担面工艺流程

六、制作程序

1. 面臊制作

将猪肉洗净、切成米粒状。炒锅上火烧热下熟猪油、肉粒煸炒，待肉粒松散后加入绍酒、甜面酱、酱油、精盐炒至酥香即可。

（**质量控制点：**①肉粒不宜太小；②肉粒要煸酥、煸香。）

2. 面条制作

将面粉过筛，加入蛋液、清水拌和均匀后揉和成光滑的面团，盖上保鲜膜，饧放 15 分钟后擀成薄片，切成宽 0.3 厘米的面条即可。

（**质量控制点：**①面团要调得硬；②面条要粗细均匀。）

3. 碗底调料

将芽菜洗净切末，与酱油、红油辣椒、葱花、味精、香醋、高汤一起分装于 5 只碗中即可。

（**质量控制点：**①根据顾客的需要调味；②汤不宜太多。）

4. 面条煮制

将面条投入沸水锅中煮至断生，分装于放了碗底调料的面碗中，然后浇上面臊即可。

（**质量控制点：**面条沸水下锅，断生即可。）

七、评价指标（表 2–21）

表 2–21　担担面评价指标

名称	指标	标准	分值
担担面	色泽	面条玉色，面臊酱红	20
	形态	碗装，面条条条分清	30
	质感	面条软韧，面臊酥软	20
	口味	咸鲜、酸辣	20
	大小	重约 200 克	10
	总分		100

八、思考题

1. 担担面的面臊如何炒制？
2. 担担面由哪几部分组成？

名点 22. 牛肉毛面（四川名点）

一、品种简介

牛肉毛面是四川风味小吃，是内江的著名小吃。它是先将黄牛肉卤八成熟，捶成肉蓉后再焙炒成肉松面臊，撒在煮熟的放过调料的面条上即成。成品具有面条滑润，面臊香酥，咸鲜酸麻辣的特点。

二、制作原理

冷水面团的成团原理见本章第一节。

三、熟制方法

煮。

四、原料配方（以 10 碗计）

1. 坯料

中筋面粉 1000 克，清水 450 毫升。

2. 调配料

黄牛肉 500 克，老姜 15 克，精盐 10 克，味精 8 克，红酱油 100 毫升，白酱油 100 毫升，麸醋 50 毫升，辣椒油 200 毫升，花椒粉 5 克，葱花 50 克，绍酒 10 毫升，卤水 2500 毫升。

五、工艺流程（图 2–24）

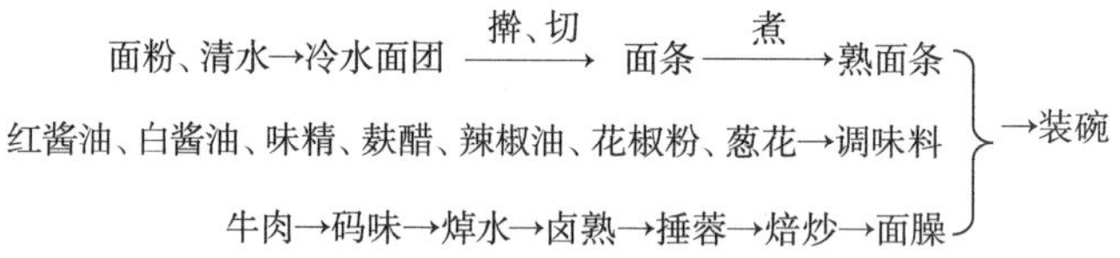

面粉、清水→冷水面团 —擀、切→ 面条 —煮→ 熟面条

红酱油、白酱油、味精、麸醋、辣椒油、花椒粉、葱花→调味料 } →装碗

牛肉→码味→焯水→卤熟→捶蓉→焙炒→面臊

图 2–24　牛肉毛面工艺流程

六、制作方法

1. 面臊制作

将牛肉洗净、切块，用老姜片、精盐（5 克）、绍酒码味 10 分钟。将腌渍后的牛肉投入沸水锅中焯水，去掉血腥味，再将牛肉放入卤水锅中大火烧开，小火卤至八成熟时捞起，沥干水分，晾凉后放在案板上，用刀背将牛肉捶成肉蓉。将炒锅置微火上，投入肉蓉，手持铁勺边炒边压，焙炒至肉蓉水干起“毛”时，

再下入精盐、味精 3 克翻炒，直至肉蓉呈金黄色时盛入盘中，散开晾凉。

（**质量控制点**：①八成熟的牛肉要先捶成肉蓉；②小火焙炒肉蓉至起毛发黄。）

2. 面条制作

将面粉过筛，加入清水拌和均匀后揉和成光滑的面团，饧制 15 分钟后擀成薄片，切成细面条即可。

（**质量控制点**：①面团要调得硬；②面条要粗细均匀。）

3. 调味

取面碗 10 只，每只中放入红酱油、白酱油、味精、麸醋、辣椒油、花椒粉、葱花。

（**质量控制点**：根据顾客的需要调味。）

4. 生坯熟制

将面条投入沸水锅内煮制，待面条煮至浮起、断生时，分别捞入 10 只调味碗中，撒上牛肉蓉面臊即成。

（**质量控制点**：面条沸水下锅，断生即可。）

七、评价指标（表 2–22）

表 2–22　牛肉毛面评价指标

名称	指标	标准	分值
牛肉毛面	色泽	面条玉色，肉蓉金黄	20
	形态	碗装，面条条条分清	30
	质感	面条软韧，面臊酥香	20
	口味	咸鲜、酸麻辣	20
	大小	重约 200 克	10
	总分		100

八、思考题

1. 牛肉毛面的面臊加工的要点是什么？
2. 牛肉毛面的风味特点是什么？

名点 23. 王麻子锅贴（辽宁名点）

一、品种介绍

王麻子锅贴是辽宁大连市名点。1941 年，福山人王树茂由鲁来辽，定居大连。为了谋生，他将胶东锅贴结合大连当地习俗进行改进，经营起这一风味面食。因别人见其脸上长有浅白麻子，于是他做的锅贴就被称为王麻子锅贴。在1942年，他购置了门头房，并顺势挂起王麻子锅贴的牌匾，使胶东锅贴终于在异地他乡安家落户。王麻子锅贴制法独特，成品造型新颖，入口焦嫩，鲜美诱人。普通锅贴用的面团是热水烫面，而王麻子一年四季都用冷水和成，所以面韧而不起皮。馅心多以猪肉、木耳、海米、红方等制成。发展到现在，王麻子海鲜酒楼所经营的锅贴又增加了三鲜锅贴、虾仁锅贴、洋葱锅贴等十余种，制作也更加精良。

二、制作原理

冷水面团的成团原理见本章第一节。

王麻子锅贴

三、熟制方法

煎。

四、用料配方（以60只计）

1. 坯料

面粉500克，精盐5克，冷水240毫升。

2. 馅料

鲜猪五花肉500克（肥四瘦六），水发木耳10克，水发海米40克，海米水20毫升，骨头汤180毫升，时蔬馅500克，红方0.5块，精盐10克，酱油20毫升，味精10克，葱花10克，姜末10克。

3. 辅料

豆油150毫升，面糊水200毫升。

五、工艺流程（图2-25）

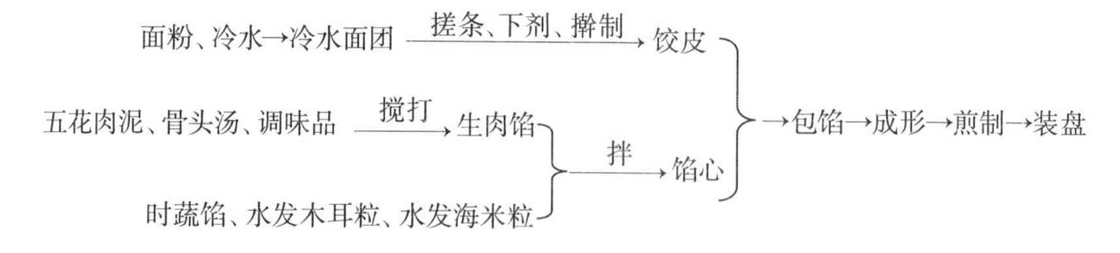

图2-25　王麻子锅贴工艺流程

六、制作方法

1. 馅心调制

将鲜猪五花肉绞成颗粒状，加姜末、酱油进行搅拌，再分次加入骨头汤、海米水顺同一方向搅拌，待呈黏糊状时加入化开的红方、精盐、味精、葱花调开，最后加入菜馅、水发木耳粒、水发海米粒，调拌均匀成馅。

（**质量控制点：**①按用料配方准确称量；②所用鲜猪五花肉要绞成颗粒状；③加骨头汤和酱油要按一个方向进行搅拌；④搅呈黏糊状再加入其他调料。）

2. 粉团调制

在面粉加入精盐，再加入清水和成面团，揉匀揉透后饧制 20 分钟。

（**质量控制点：**①按用料配方准确称量；②是用冷水面团制作的锅贴。③面团要揉匀揉透；④盖上湿布饧制 20 分钟。）

3. 生坯成形

将面团揉匀、下剂、擀成圆皮，逐个放在左手上，右手持馅板拨馅入皮，捏成中间紧合、两头见馅的长条形。

（**质量控制点：**①坯剂的大小要准确；②坯皮一定要擀成中间厚周边薄。）

4. 生坯熟制

平锅置火上，先薄薄淋一层豆油，同时滑入一板生坯，在锅贴间浇稀的面糊水（锅贴间能见到水层为度），加盖煎 3 ～ 4 分钟，敞开锅盖，淋豆油于锅贴间（1000 克锅贴 75 毫升豆油），随即用铲起动锅贴，使油进入底部，再浇第二次水，水量约为第一次用水的 1/3，加盖焖 3 ～ 4 分钟，用平铲取出，底部朝上摆在盘中即成。

（**质量控制点：**①煎制时要控制好淋油和浇水的时机、数量；②掌握好煎制的火候。）

七、评价指标（表 2–23）

表 2–23　王麻子锅贴评价指标

品名	指标	标准	分值
王麻子锅贴	色泽	底焦黄、面玉白	10
	形态	长条形	30
	质感	底脆里嫩	30
	口味	咸香	20
	大小	重约 30 克	10
	总分		100

八、思考题

1. 调制生肉馅时为什么一般都朝一个方向搅拌？

2. 水油煎锅贴时为什么要加盖煎？

名点 24. 海肠水饺（辽宁名点）

一、品种简介

海肠水饺是辽宁大连的风味小吃，是日丰园饭店的主打面食，也是酒店点餐率特别高的美食。该店做的饺子的独到之处在于：第一，原料新鲜，海肠选用活海肠，洗好后不用刀切而用剪刀现剪，韭菜现用现到菜园割；第二，现包现调味，拌馅所用调味料很少，油脂也只用原味的色拉油，目的就是要保证有基本味的同时，尽可能地突出海肠和韭菜的原有鲜味。

二、制作原理

冷水面团的成团原理见本章第一节。

海肠水饺

三、熟制方法

煮。

四、原料配方（以 50 只计）

1. 坯料

面粉 400 克，清水 180 克，鸡蛋液 20 克，精盐 3 克。

2. 馅料

海肠 350 克，韭菜 450 克（冬季用 450 克，夏季用 400 克）。

3. 调料

一品鲜酱油 25 毫升，色拉油 50 毫升。

五、工艺流程（图 2–26）

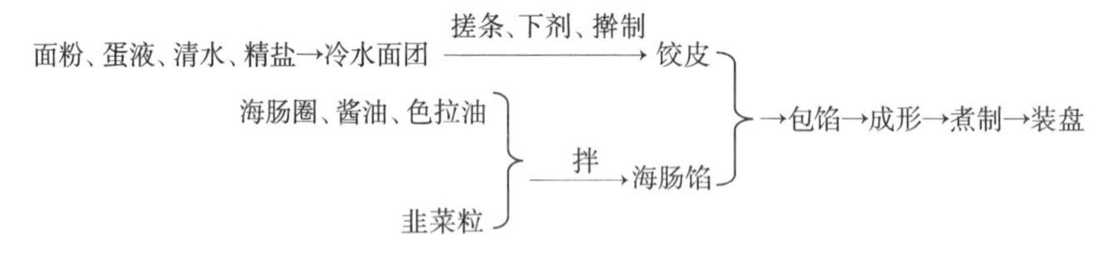

图 2–26　海肠水饺工艺流程

六、制作方法

1. 馅心调制

将海肠浸泡在水中，剪掉头尾，去除内脏，清洗干净后，把海肠放在漏勺上控水，再用剪刀剪成半厘米左右宽的海肠圈；把韭菜洗净切成碎末。

把剪好的海肠盛放到盆中，先放一品鲜酱油再放色拉油略拌一下，把切好的韭菜倒入海肠中，抄拌成均匀的饺子馅。

（**质量控制点**：①海肠要买鲜活肥美的，韭菜必须嫩；②去除内脏、清洗、剪、制馅、包的过程都要尽量快；③除了色拉油和一品鲜不放任何调料。）

2. 粉团调制

在面粉中加入清水、鸡蛋液、精盐，揉成有筋性的光滑面团，用保鲜膜包好饧制半小时。

（**质量控制点**：①按用料配方准确称量；②手工和面；③面和好后要揉匀、揉透。）

3. 生坯成形

面团揪成 50 个面剂，按扁后推擀成直径约 10 厘米的圆皮，挑入 15 克馅心，将面皮挤捏成边窄无褶圆肚的木鱼形即成。

（**质量控制点**：①擀成边薄、中间稍厚的饺皮，坯剂的大小要均匀；②包成饺子，把馅里的汤一并包进去，味道更鲜美；③饺子皮随擀随用。）

4. 生坯熟制

锅中水烧沸后投入水饺生坯，用手勺推动，使之不沾底、受热均匀，再沸后水面一直保持沸而不滚。中间点一次凉水，见水饺鼓起，即可捞出装盘。

（**质量控制点**：①沸水下锅；②饺子不能煮太长时间，汤沸腾后点水稍养即可捞出食用；③饺子要随包随煮，不宜放置过久。）

七、评价指标（表 2–24）

表 2–24　海肠水饺评价指标

品名	指标	标准	分值
海肠饺子	色泽	皮呈玉色	10
	形态	无褶圆肚水饺形	30
	质感	皮软韧，馅嫩	30
	口味	馅鲜味美	20
	大小	重约 27 克	10
	总分		100

八、思考题

1. 如何理解海肠饺子拌馅时只放色拉油和一品鲜，而不放任何其他调料？

2. 为什么海肠饺子不能煮太长时间，生坯下锅再沸后点水一次饺子即可捞出食用?

名点25. 牟传仁天下第一饺（辽宁名点）

一、品种简介

牟传仁天下第一饺是辽宁大连风味名点，20世纪80年代末，大连群英楼为了完成日本的订单，由中国著名的烹饪大师牟传仁先生牵头研制出符合要求的水饺，被日本朋友称为“牟传仁天下第一饺”。后被国家审定为优质新产品，首获“金鼎奖”。其独到之处在于猪肉选用的是肥三瘦七的品牌肉，虾仁使用新鲜的整虾仁，保证每只水饺里有一只完整的虾仁，使其口味特别鲜美，香而不腻，耐人回味。

二、制作原理

冷水面团的成团原理见本章第一节。

牟传仁天下第一饺

三、熟制方法

煮。

四、原料（以70只计）

1. 坯料

面粉500克，冷水225克，盐5克。

2. 馅料

猪肉（肥三瘦七）500克，白菜200克，韭菜50克，虾仁140克。

3. 调料

一品鲜酱油36毫升，葱花10克，姜末10克，料酒30毫升，精盐5克，胡椒粉2克，味精2.5克，鸡粉5克，猪骨汤200毫升。

五、工艺流程（图2-27）

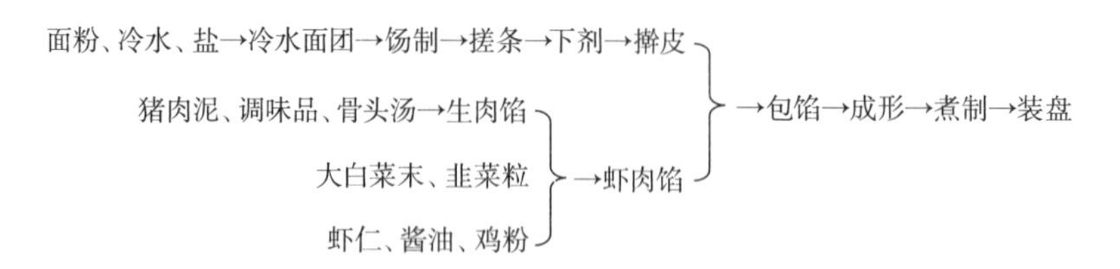

图2-27　牟传仁天下第一饺工艺流程

六、制作方法

1. 馅心调制

将虾仁洗净加12毫升酱油、2克鸡粉腌制略上色并入味；大白菜洗净擦成末，加精盐拌匀，腌制15分钟后过清水，再脱去水分；韭菜洗净切碎。

把猪肉绞泥放入盆中，加入葱花、姜末、料酒调匀，加余下的酱油、精盐搅拌上劲，逐渐搅入高汤，加入胡椒粉、味精和余下的鸡粉调味，再加入大白菜末、韭菜粒拌匀。

（**质量控制点：**①按用料配方准确称量；②入馅的肉菜之比约为2∶1；③不得放香油，否则味就变了。）

2. 粉团调制

在面粉中加清水和精盐揉成有筋性的光滑面团，用保鲜膜包好饧制半小时。

（**质量控制点：**①按用料配方准确称量；②用凉水和面；③面和好后要揉匀揉透。）

3. 生坯成形

将面团搓条揪成10克面剂70个，按扁后推擀成四周翘起的圆皮，挑入12克肉馅，加入1只虾仁，挑起面皮挤捏成边窄无褶圆肚的木鱼形即成（皮馅比是5∶7）。

（**质量控制点：**①坯剂的大小要均匀准确；②擀成边薄、中间稍厚的小碗形；③饺子皮随擀随用。）

4. 生坯熟制

锅中水烧沸后投入水饺生坯，用手勺推动，使之不沾底、受热均匀，再沸后水面一直保持沸而不滚。中间点2次凉水，待皮馅分离，捞出水饺装盘即可。

（**质量控制点：**①煮制时要控制好火力和时间；②饺子要随包随煮，不宜放置过久。）

七、评价指标（表2-25）

表2-25　牟传仁天下第一饺评价指标

品名	指标	标准	分值
牟传仁天下第一饺	色泽	皮呈玉色	10
	形态	无褶圆肚木鱼形	30
	质感	皮软韧，馅嫩卤多	30
	口味	馅鲜味美，口味香醇	20
	大小	重约24克	10
	总分		100

八、思考题

1. 和面时加盐的目的是什么?
2. 煮饺子时为什么要保持水面沸而不滚?

名点 26. 老北京炸酱面（北京名点）

一、品种简介

老北京炸酱面是北京风味小吃，流行于北京、天津、河北、东北地区等，由菜码、炸酱拌面条而成。将黄瓜、香椿、豆芽、青豆、黄豆切好或焯好，做成菜码备用。然后做炸酱，将肉丁及葱、姜等放在油里煸炒，再加入用黄豆制作的黄酱或甜面酱炒，即成炸酱。面条煮熟后，捞出，浇上炸酱，拌以菜码，即成炸酱面。也有面条捞出后用凉开水浸凉再加炸酱、菜码的，称“过水面”。具有面条软韧、酱香浓郁，营养丰富，风味独特的特点。

二、制作原理

冷水面团的成团原理见本章第一节。

三、熟制方法

煮。

四、原料配方（以 3 碗计）

1. 坯料

中筋面粉 500 克，冷水 225 毫升，精盐 5 克，食碱 2 克。

2. 配料

五花肉 100 克，鲜香菇 30 克，黄豆 50 克，黄豆芽 30 克，芹菜 50 克，心里美萝卜 30 克，黄瓜 30 克，白萝卜 30 克，香椿 30 克。

3. 调料

甜面酱 80 克，干黄酱 80 克，葱绿段 20 克，葱白末 10 克，姜末 20 克，蒜末 10 克，料酒 15 毫升，生抽 15 毫升。

4. 辅料

玉米面 20 克，色拉油 50 毫升。

五、工艺流程（图 2-28）

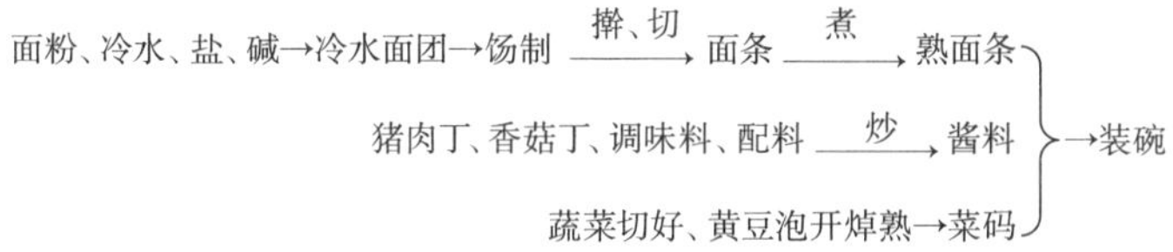

面粉、冷水、盐、碱→冷水面团→饧制 —擀、切→ 面条 —煮→ 熟面条 ┐
猪肉丁、香菇丁、调味料、配料 —炒→ 酱料 ├→装碗
蔬菜切好、黄豆泡开焯熟→菜码 ┘

图 2-28 老北京炸酱面工艺流程

六、制作方法

1. 配料加工

五花肉、鲜香菇洗净分别切成 0.5 厘米见方的小丁；黄豆用清水泡发，入开水锅焯熟捞出；黄豆芽入锅焯熟；心里美萝卜、白萝卜、黄瓜去皮切丝；芹菜、香椿洗净切小段。

（**质量控制点：**①按用料配方准确称量；②按要求将配料改成小丁、细丝或小段。）

2. 酱料制作

炒锅上火倒油烧热，放葱段、姜末（10 克）、蒜末炒出香味，下五花肉丁中火煸炒，待逼出油加一点料酒去腥，再加一些生抽炒匀，然后将肉丁盛出。

锅内留着煸肉的油，把甜面酱和干黄酱放入碗中调合均匀，倒进锅里中火炒出酱香，然后倒入五花肉丁、香菇丁、余下的姜末，转小火慢慢炒约 10 分钟，直到酱和肉丁水乳交融（其间要不停搅动，如果觉得干了，就稍微加点水）。这时汤汁已收，离火加入葱白末（早加会变焦），利用余温将葱白焖熟。炸酱就做好了。

（**质量控制点：**①按用料配方准确称量；②调味品的用量要恰当；③酱料可依个人口味选择。如果只用黄酱，会太干太咸，甜面酱味道又过甜，可以搭配起来用，比例可以是黄酱和面酱 2 ∶ 1、1 ∶ 1 或其他；④注意熬制的火候。）

3. 粉团调制

面粉加冷水、少许碱和盐，和成较硬的冷水面团，用保鲜膜包好饧制 15 分钟。

（**质量控制点：**①按用料配方准确称量；②面团一定要硬实，要揉匀揉透；③饧制时间可稍长。）

4. 生坯成形

将饧好的面团过压面机压至面皮光滑，再压切成需要的细条，拌上玉米面。

（**质量控制点：**面条要光滑、硬实、不粘连。）

5. 生坯熟制

另起锅宽汤、沸水将面条煮熟，面不要煮得太烂，断生即可，过冷开水，冲掉面糊待用。

（**质量控制点：**①煮制的火力和时间受面条的粗细影响；②煮面的水要比较多，放一些盐，这样煮面的时候不会粘连在一起；③熟面条过凉开水，口感更清爽劲道。）

6. 装碗

将煮熟的面条分装在 3 个碗里，放上菜码，舀入炸酱，吃时将它们拌在一起即可。

（**质量控制点：**依个人口味，适量添减酱料。）

七、评价指标（表 2–26）

表 2–26　老北京炸酱面评价指标

品名	指标	标准	分值
老北京炸酱面	色泽	面条淡黄，调配料色彩丰富	10
	形态	碗装	30
	质感	凉爽、滑润、筋道	20
	口味	味道鲜美、酱香浓郁	30
	大小	重约 400 克	10
	总分		100

八、思考题

1. 用来制作面条的冷水面团为什么应调得较硬？
2. 出锅的面条用凉开水过凉的目的是什么？

名点 27. 白记水饺（天津名点）

一、品种简介

白记水饺是天津风味小吃，清光绪十六年（公元 1890 年），由天津人白兴恒始建，取名“白记蒸食铺”，主营各色甜食、蒸食、素包、虾皮韭菜粉素饺，每天门庭若市、络绎不绝。1926 年，白兴恒次子白文华继承父业，推出了西葫芦羊肉水饺和三鲜馅水饺等新品种，特别是西葫芦羊肉水饺口味独到，博得广大食客的赞誉，形成了白记的传统特色，从此改字号为“白记饺子铺”，因其创始人白文华（回族）而得名。它以水调面皮包羊肉馅（牛肉馅也可）后经煮制而成。特点是用料精细，操作严格，肚大边小，皮薄馅丰，馅嫩鲜美，滑润劲道，风味独特，回汉共赏。

二、制作原理

冷水面团的成团原理见本章第一节。

三、熟制方法

煮。

四、原料配方（以80只计）

1. 坯料

面粉500克，清水240毫升。

2. 馅料

鲜羊肉（肥三瘦七）450克，白菜450克，西葫芦450克，葱末25克，姜末10克，酱油30毫升，精盐12克，味精5克，花椒10克，芝麻油20毫升。

3. 辅料

面扑50克。

五、工艺流程（图2-29）

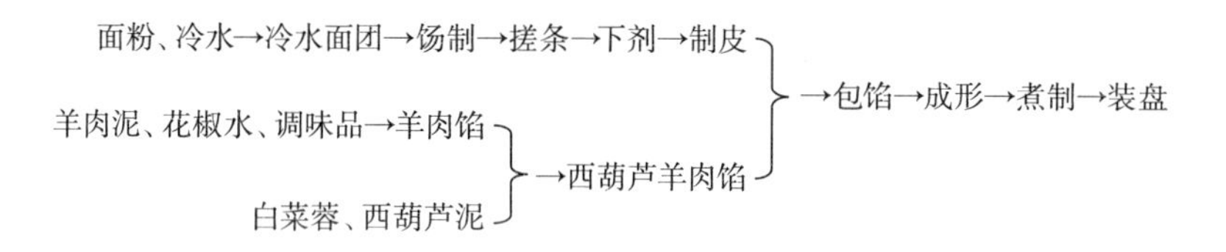

图2-29 白记水饺工艺流程

六、制作方法

1. 馅心调制

将花椒倒入开水中浸泡成花椒水。将鲜羊肉的筋膜剔净，绞成肉泥，加入酱油、精盐（5克）搅拌上劲，把花椒水（50毫升）分次搅入羊肉蓉中，搅成稠厚状时，加入葱、姜末、味精和芝麻油，将白菜、西葫芦切碎、盐腌，挤干水分拌入肉馅中，搅匀即成馅心。

（**质量控制点：**①按用料配方准确称量；②选用羊的肥肉、瘦肉相搭配，需将羊肉的筋头、软骨、碎骨、腱子剔净；③和馅时注意逐次加花椒水，用力搅拌上劲，注意投料顺序。）

2. 粉团调制

将面粉开成窝形，加入清水，调制成软硬适度的面团，盖上湿布略饧。

（**质量控制点：**①按用料配方准确称量；②调制面团时，掺水量应根据室温有所不同；③面团要揉匀揉透；④饧面时必须加盖湿布，以免风吹后发生结皮现象。）

3. 生坯成形

面团饧好后，放在铺撒面扑的案板上揉匀，搓成长条，揪成面剂子，将剂子逐只按扁，擀成6厘米直径的圆皮待用。将馅心抹在面皮中间，用两手拇指与食指将面皮折捏成边小、肚大、不开口、整齐美观的月牙形，即成水饺生坯。

（**质量控制点：**①坯剂的大小要准确；②擀成边薄、中间稍厚的小碗形；③饺子皮随擀随用。）

4. 生坯熟制

锅内放水烧开后放入水饺生坯，煮开后点两次水养熟即成。

（**质量控制点：**①水沸后再下水饺，保持水面沸而不滚；②饺子要随包随煮，不宜放置过久。）

七、评价指标（表2–27）

表2–27 白记水饺评价指标

品名	指标	标准	分值
白记水饺	色泽	玉白色	10
	形态	肚大边小，月牙形	20
	质感	皮滑劲道，馅嫩	20
	口味	鲜咸味美	20
	大小	重约25克	10
	总分		100

八、思考题

1. 白记水饺在进行馅心调制时加入花椒水的作用是什么？
2. 如何理解调制面团时的掺水量应根据室温有所不同？

名点28. 中和轩包子（河北名点）

一、品种简介

中和轩包子是河北风味面点，由石家庄市百年老店中和轩饭庄经营而得名。虽称包子，实为羊肉馅蒸饺。它是以冷水面皮包上羊肉馅捏成长形饺经蒸制而成，此品具有皮薄馅丰，馅心鲜嫩，卤汁盈口，味道香醇的特点，成为当地著名的点心。

二、制作原理

冷水面团的成团原理见本章第一节。

三、熟制方法

蒸。

四、原料配方（以 20 只计）

1. 坯料

面粉 250 克，清水 125 毫升。

2. 馅料

羊肉（肥三瘦七）300 克，料酒 15 毫升，精盐 8 克，酱油 10 毫升，香料（花椒 2.5 克、大料 2.5 克、桂皮 1.5 克、白芷 1.5 克、山柰 2 克），水 60 毫升，姜末 10 克，葱花 10 克，芝麻油 10 毫升，时蔬 200 克。

五、工艺流程（图 2–30）

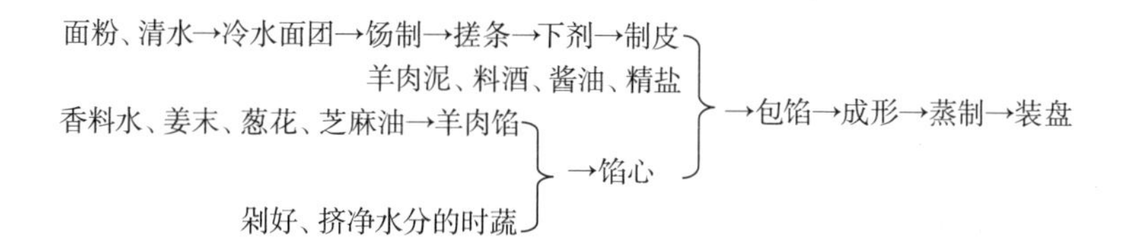

图 2–30 中和轩包子工艺流程

六、制作程序

1. 馅心调制

把香料放入烧沸的水中，再烧沸后关火，晾凉后倒出香料水待用。

将羊肉切小块，用绞肉机绞碎（一般绞 2 次），加酱油、精盐（4 克）、料酒搅拌至肉馅发黏、上劲时分次放入香料水，加生姜末、葱花、麻油搅匀，最后放入剁好、盐腌、挤净水分的时蔬（有些时蔬是焯水、剁碎、挤干水分），拌匀成馅。

（**质量控制点：**①肉泥要绞得细一些；②调羊肉馅是肉泥要搅上劲；③有些时蔬需要先焯水再剁碎挤干水分拌馅。）

2. 面团调制

面粉加清水（夏季用冷水，冬季用微温水）和成面团揉光，盖上湿布饧制。

（**质量控制点：**①水温随季节变化；②加水量要恰当。）

3. 生坯成形

将面团搓成长条，揪成每个重 18 克的面剂 20 个，再擀成直径为 10 厘米的圆皮，每张皮包入馅心捏成长形饺，放入小圆笼内（保持间距）。

（**质量控制点：**①擀成中间厚周边薄的圆皮；②捏成长形饺；③皮薄馅丰。）

4. 生坯熟制

装有生坯的蒸笼上沸水蒸锅，用旺火蒸约 8 分钟即熟。

（**质量控制点：**①旺火足汽蒸；②蒸制时间不宜太长。）

七、评价指标（表 2–28）

表 2–28　中和轩包子评价指标

品名	指标	标准	分值
中和轩包子	色泽	玉色	10
	形态	长形饺	30
	质感	皮软韧，馅鲜嫩	30
	口味	咸鲜味香多卤	20
	大小	重约 42 克	10
	总分		100

八、思考题

1. 调制冷水面团为什么夏季用冷水、冬天用微温水调制？
2. 调制羊肉馅时加入香料水的作用是什么？

名点 29. 一篓油水饺（河北名点）

一、品种简介

一篓油水饺是河北著名风味面点。1944 年王金堂在邯郸洛新街水饺馆创制。由于选料精细、用料新鲜，制作讲究，配上小磨麻油和上等调味品精心制馅，用冷水面皮包馅捏制而成，煮制成熟后汁包馅，吃时流油，由此得名。具有色白软韧、皮薄馅丰、馅嫩味美、汁多流油的特点。如果在肉馅中加入时蔬，就可以形成不同品种的水饺。

二、制作原理

冷水面团的成团原理见本章第一节。

三、熟制方法

煮。

四、原料配方（以 30 只计）

1. 坯料

面粉 250 克，清水 125 毫升。

2. 馅料

猪前夹肉（肥三瘦七）350 克，葱白粒 25 克，酱油 15 毫升，精盐 5 克，味精 2 克，姜末 15 克，鲜汤 100 毫升，芝麻油 25 毫升。

五、工艺流程（图 2-31）

面粉、清水→冷水面团→饧制→搓条→下剂→制皮 ⎫
⎬→包馅→成形→煮制→装盘
猪前夹肉泥、调料、鲜汤 —搅打→ 馅心 ⎭

图 2-31 一篓油水饺工艺流程

六、制作程序

1. 馅心调制

将猪前夹肉绞成肉泥，加入酱油、盐搅打上劲，分次搅入鲜汤并搅上劲，把姜末、葱白粒、味精与香油一起放入馅内拌匀。

（**质量控制点：**①肉泥要绞得细；②先加酱油、精盐搅打上劲，再分次打入鸡汤；③调馅时加入的麻油的量较多。）

2. 面团调制

面粉倒入盆中，加清水和成面团，再放在案板上揉光滑，盖上保鲜膜静置饧面。

（**质量控制点：**①不同季节水温要适当调节；②面团要调得硬一点；③面团调好后要饧制。）

3. 生坯成形

将面团在案板上搓条，揪成 30 只剂子，把每个剂子擀成直径 6 厘米的饺皮，包上馅心，挤捏成木鱼形水饺。

（**质量控制点：**①饺皮要擀成中间厚边缘薄；②成形时要用两个手的虎口对挤，形成边薄肚鼓的木鱼形水饺。）

4. 生坯熟制

将水锅烧开，下入水饺，中间点 2 次凉水养制，待水饺熟后捞出，装盘。

（**质量控制点：**①锅大水多；②煮制过程中要点水保持微沸状态。）

七、评价指标（表 2–29）

表 2–29　一篓油水饺评价指标

品名	指标	标准	分值
一篓油水饺	色泽	玉色	10
	形态	肚鼓的水饺形	40
	质感	皮软韧，馅鲜嫩	20
	口味	咸鲜味香	20
	大小	重约 28 克	10
	总分		100

八、思考题

1. 一篓油水饺的油是怎么形成的？
2. 一篓油水饺的品种可以怎么变化？

名点 30. 揪片（山西名点）

一、品种简介

揪片是山西风味面食，又称掐疙瘩，就是用手往下揪的面片，也是山西地区民间的一种家常面食，流行在晋中、太原一带，驰名中外。当地人讲究在婚嫁时男女双方在启程前必吃此面，名谓“岁数掐疙瘩”。结婚时的年龄为多少就吃多少片。这里的“片”是指半成品而言的，即用一小瓢面和好后擀成圆形，切开对折，然后根据岁数先切成大片，再将大片用手分别揪入沸水锅内，捞出后约半饭碗。吃此饭有“岁岁平安”之意。具有面片口感爽滑、劲道，吃法多样的特点，适于盖浇或炝锅汤面，亦可煎炒而食。

二、制作原理

冷水面团的成团原理见本章第一节。

三、熟制方法

煮。

四、原料配方（以 5 份计）

坯料：面粉 500 克，水 250 毫升。

五、工艺流程（图 2–32）

面粉、清水→冷水面团→饧制→擀片→切条→揪片→煮制→装碗→调味

图 2–32　揪片工艺流程

六、制作程序

1. 面团调制

将面粉倒入盆内，一手浇水，一手和面，打起穗子和成面团揉匀揉光，盖上干净湿布饧制 15 分钟。

（**质量控制点：**①面团要调得硬一点；②面团要揉匀揉光；③面团调好后要饧面；④不同季节水温应有所不同。）

2. 生坯成形

将面团放在案板上，擀成厚约 6 毫米的大片，用刀切成宽 3 厘米左右的条，然后左手拿条，右手将面揪成拇指头肚大的小片。

（**质量控制点：**①操作要熟练；②面片拇指头大，厚薄要均匀。）

3. 生坯熟制

将揪片生坯投入开水锅里煮熟，装碗后加入浇头调味。

（**质量控制点：**①沸水下锅；②煮至断生即可；③暂时不吃可以捞在凉水中浸凉。）

七、评价指标（表 2–30）

表 2–30　揪片评价指标

品名	指标	标准	分值
揪片	色泽	玉色	10
	形态	拇指大片	30
	质感	爽滑、劲道	30
	口味	按需调味	20
	大小	重约 150 克	10
	总分		100

八、思考题

1. 揪片与拨鱼儿两种面团的调制方法有什么异同点？
2. 调制揪片面团时的吃水量受哪些因素影响？

名点31. 刀拨面（山西名点）

一、品种简介

刀拨面是山西风味面食，被誉为山西四大面食之一，运城、晋中等地人民普遍食用。拨面用的刀是特制的，长约60厘米，两端都有柄，刀刃是平的，呈直线，每把刀约2.5千克重。用这种刀拨出的面十分整齐，粗细一致。1964年山西省技术比武大会上，新道街面食馆的胡乃花师傅，每分钟可拨106刀，出面条630根，5千克以上面团瞬间即完，条条散离，不粘连。此品采用冷水硬面团制作，成品具有粗细均匀，长短一致，口感筋韧的特点，吃时可配各种荤素浇头或打卤，吃汤面亦可。

二、制作原理

冷水面团的成团原理见本章第一节。

三、熟制方法

煮。

四、原料配方（以4份计）

1. 坯料

面粉500克，清水230毫升。

2. 辅料

淀粉50克，色拉油10毫升。

五、工艺流程（图2-33）

面粉、清水→冷水面团→饧制→刀拨成形→煮制→装碗→调味

图2-33 刀拨面工艺流程

六、制作程序

1. 面团调制

将面粉倒入盆里，用水（冬季使用温水、春秋季使用微温水、夏季使用冷水）和起，打起穗子，淋入余下的水揉筋揉光，盖上干净湿布饧30分钟，再次揉光后搓成光滑柔韧的圆柱形（直径6厘米），抹上色拉油，用保鲜膜包上，饧20分钟。

（**质量控制点**：①水量要冬季增夏季减，水温要冬季温夏季冷；②揉好的面要用保鲜膜包好，防止老化结皮；③面条硬，饧制的时间要长。）

2. 生坯成形与熟制

粗面条饧好后，用走锤擀成厚3毫米、宽30厘米的面片，然后撒上面扑（淀粉）折成六层，放在特制的光滑小木板（俗称拨面板）上，用特制的两头带把的拨面刀，双手各执一头，直切后向前拨出面条，使拨出的面条甩离原位，一根挨一根、整整齐齐、粗细一致地排列于案板上。然后用手将面条挑入沸水锅里煮熟，捞出装碗，浇上面卤即可。

（**质量控制点**：①切拨需要多练习才能熟练；②一般用淀粉做面扑；③调味方法多样，可调配各式荤素面卤。）

七、评价指标（表2-31）

表2-31　刀拨面评价指标

品名	指标	标准	分值
刀拨面	色泽	玉色	10
	形态	长条形	40
	质感	筋韧爽滑	20
	口味	按需调味	20
	大小	重约180克	10
	总分		100

八、思考题

1. 如何理解“水量要冬增夏减，水温要冬温夏冷”？
2. 揉好的面团要用保鲜膜包严的目的是什么？

名点32. 搓豌（山西名点）

一、品种简介

搓豌是山西风味面食，此面食用料讲究，做工精细，因为形如小豌豆，形似两粒豌豆连在一起，故称“搓豌”。搓豌为晋南地区人民喜庆欢宴、祝寿待客的传统美馔。男婚女嫁时，人们都会用搓碗迎亲送娶，有吉祥如意的含义。“搓豌”采用硬面团制作成形，经煮制、浇上面卤而成。具有形似珍珠、洁白如玉的外形特点，加上绿菜红椒，色泽鲜艳、麻辣可口、鲜美异常。

二、制作原理

冷水面团的成团原理见本章第一节。

三、熟制方法

煮。

四、原料配方（以 4 份计）

1. 坯料

面粉 500 克，清水 230 毫升。

2. 调配料

瘦猪肉 100 克、菠菜 50 克，豆角 50 克，粉条 50 克，西葫芦 50 克，海带 20 克，红辣椒 20 克，香葱 5 克，生姜 5 克，蒜头 5 克，陈醋 3 毫升，酱油 10 毫升，花椒 2 克，精盐 5 克，色拉油 50 毫升。

五、工艺流程（图 2–34）

肉丝、豆角丝、西葫芦丝、菠菜段、粉条、海带丝、调味料 —炒→ 面卤 ⎫
⎬→装碗
面粉、清水→冷水面团→饧制→擀片→切小片→成形→煮制 ⎭

图 2–34　搓豌工艺流程

六、制作程序

1. 调配料加工

将猪肉切丝或片；豆角、西葫芦洗净切丝；菠菜洗净切段。葱、姜、蒜、红辣椒洗净切成粒或丁；海带洗净切丝；粉条水泡至软。

锅上火加入色拉油；油热后放入花椒煸香，随之放入肉丝煸炒，肉丝发白时放入葱、姜、蒜与辣椒稍炒，再放入切好的各式蔬菜及酱油、盐、味精等，炒至七成熟时加汤，放入粉条、海带丝，待汤浇开片刻后即成。

（**质量控制点：**①火不宜太大或太小；②汤不宜太多。）

2. 面团调制

将面粉放入盆内，加清水和成面团，用保鲜膜包好饧制 30 分钟。

（**质量控制点：**①面团要硬；②面团要饧制较长时间。）

3. 生坯成形

面团稍饧后，在案板上揉光。用擀面杖擀成厚 1 毫米的大长薄片（越薄越好），再切成 3 厘米见方的小片，然后逐片捏豌。先将一对角捏合在一起，再从对合在一起的面的边缘向中间横捏一下，呈空心元宝状，即成搓豌。

（**质量控制点：**①面皮要擀得薄；②成形方法要做对。）

4. 生坯熟制

另起一锅上火加入清水，待水烧开后，将捏好的“搓豌”放入锅内，煮熟后捞出放入菜锅内，食时盛入4只碗内，调入酸醋即可。

（**质量控制点：**①旺火沸水煮至断生；②醋要最后加。）

七、评价指标（表2-32）

表2-32　搓豌评价指标

品名	指标	标准	分值
搓豌	色泽	面玉色，调配料色彩丰富	10
	形态	碗装，面坯似两粒豌豆相连形	30
	质感	筋韧爽滑	30
	口味	麻辣酸鲜	20
	大小	重约350克	10
	总分		100

八、思考题

1. 什么叫搓豌？它是如何成形的？
2. 醋为什么要求在装碗后加入？

名点33. 烩扁食（山西名点）

一、品种简介

烩扁食是山西风味小吃，扁食即为饺子，烩扁食是晋东南地区的传统吃法，形似汤饺，而味道和食感均胜于汤饺。此品是以水饺作为主料，煮熟后与油豆腐、木耳、海带、菠菜、熟鸡丝和众多调味料烩制成新型面食，具有主食汤汁兼有，醇香味美，咸酸带辣的特点。烩扁食既保留了古时汤食的传统，又增添了新鲜时蔬，集主食、汤菜于一体，可谓荤素搭配，营养全面，有吃有喝，美味可口。

二、制作原理

冷水面团的成团原理见本章第一节。

三、熟制方法

煮、烩。

四、原料配方（以4份计）

1. 坯料

面粉500克，清水250毫升，精盐5克。

2. 馅料

猪肉（肥三瘦七）400克，韭菜400克，花椒水25毫升，姜末5克，精盐8克，酱油12毫升，甜酱8克，味精4克，芝麻油15毫升。

3. 汤料

豆腐100克，木耳100克，海带50克，菠菜50克，熟鸡丝50克，精盐10克，酱油15毫升，葱花3克，姜末3克，胡椒粉3克，味精3克，香菜末5克，油辣椒3克，陈醋3毫升，芝麻油10毫升，鸡汤1000毫升，湿淀粉20毫升。

4. 辅料

色拉油200毫升。

五、工艺流程（图2-35）

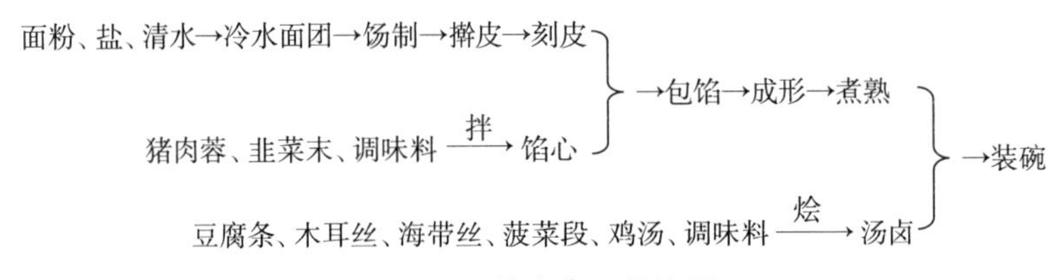

图2-35　烩扁食工艺流程

六、制作程序

1. 汤料初加工

将50克豆腐下油锅炸成油豆腐，用刀切成细条；其余的豆腐切成筷子条；木耳、海带洗净，切成细丝；菠菜洗净，切成段。

（**质量控制点：**①配料要洗净；②油豆腐要炸成金黄色。）

2. 馅心调制

将猪肉剁成泥，加入姜末、精盐、酱油搅拌上劲，加入花椒水、甜酱、味精、芝麻油搅匀上劲；韭菜洗净、切碎，拌入肉馅内成扁食馅。

（**质量控制点：**①馅心要搅打上劲再拌入韭菜粒；②韭菜粒要切得细碎一些；③馅心要随拌随用。）

3. 面团调制

面粉放入盆内，加入清水、精盐和成面团，揉匀揉光，盖上保鲜膜静置饧面。

（**质量控制点：**①面团要揉匀揉光；②揉好的面团要饧制。）

4. 生坯成形

面团饧好后上案板用擀杖擀成大片（厚约 3 毫米），用大酒盅扣在面上压成 40 个圆面皮（约 12 克 / 张），作为扁食皮，然后逐个包入扁食馅（约 13 克 / 只），成扁食。

（**质量控制点：**①面皮要薄；②挤捏成水饺形。）

5. 生坯熟制

生坯下锅煮熟捞出。

锅上火加入鸡汤（或肉汤），烧开后投入豆腐条、木耳丝、鸡丝、海带丝及菠菜段，再加入酱油、味精、葱花、姜末、胡椒粉，中火烩制约 2 分钟，勾入湿淀粉成稀流水芡即可。然后把煮熟的扁食倒入汤内，搅匀即成。食时盛入碗内，淋少许麻油、醋，加放少许香菜末、油辣椒、油豆腐条即可食用。

（**质量控制点：**①芡不宜勾得太厚；②要注意调味品的投放顺序。）

七、评价指标（表 2–33）

表 2–33　烩扁食评价指标

品名	指标	标准	分值
烩扁食	色泽	饺玉色，调配料色彩丰富	10
	形态	碗装，主料呈水饺形	30
	质感	皮韧馅嫩，配料脆嫩	30
	口味	汤卤咸酸带辣	20
	大小	重约 350 克	10
	总分		100

八、思考题

1. 烩扁食与一般的煮水饺的吃法有什么不一样？

2. 烩扁食的吃法有什么优点？

名点 34. 潍县杠子头火烧（山东名点）

一、品种简介

潍县杠子头火烧是山东风味小吃。此火烧因含水量少，面硬，制作时需用木杠压面，故名。山东潍县（现潍坊）城西有个留饭桥镇，明清时期为登莱两州人士来去京都必经之地，且要在此饮食，食后必携带此食品，以作长途跋涉时食用。此品咀嚼时须十分用劲，嚼后满口有香甜味，夏季不馊，冬季不易凉，也可切碎加菜烩制吃。此品现盛行于济南、青岛等地。杠子头，形成了一种地域文化的精神，即代表山东人、潍坊人的性格——直来直去、性情直爽、敢作敢为、不怕困难，人们统称为“杠子头”精神！

二、制作原理

冷水面团的成团原理见本章第一节。

三、熟制方法

烙、烤。

四、原料配方（以 7 只计）

坯料：面粉 500 克，清水 200 毫升。

五、工艺流程（图 2-36）

面粉、清水→冷水硬面团→杠压→下剂→成形→烙制→烤制→装盘

图 2-36　潍县杠子头火烧工艺流程

六、制作方法

1. 粉团调制

面粉放入盆内，加水和成面团，放到压面杠下反复压 50 多次，使面和得匀且硬。现在也可以用和面机和面，压面机将面压透。

（**质量控制点：**①按用料配方准确称量，根据季节变化调节用水量、水温；②和面团时要反复揉搓，使面和得既匀且硬；③生产量大时可用和面机、压面机。）

2. 生坯成形

取面剂 1 块（100 克），用右手压搓，搓成球形（现在也可以用揉面机将面团揉成球形），再压扁，用手掌压住中心，边搓边转，使其成为中间薄边缘厚、直径约 10 厘米的圆饼。左手把饼托起，用手指从底面中间向上顶起一个凸形（可以做出多种造型）。

（**质量控制点：**①面剂要揪得大小均匀；②面要揉光；③制成直径 10 厘米、中薄边厚的圆形饼；④火烧可以制作成多种形状。）

3. 生坯熟制

把饼平面朝下，放在炉鏊上烙至定型，再放入炉内烘烤，并多次翻面，约 30 分钟即熟。

（**质量控制点：**①先要在鏊上烙至定型；②烘烤时要多次翻面；③烘烤时火力不宜太旺；④大约烤30分钟呈淡黄色。）

七、评价指标（表2-34）

表2-34　潍县杠子头火烧评价指标

品名	指标	标准	分值
潍县杠子头火烧	色泽	淡黄色	10
	形态	边厚、中心凸起的圆饼	40
	质感	硬实劲韧、有咬头	20
	口味	焦香、面香	20
	大小	重约100克	10
	总分		100

八、思考题

1. 为什么理解潍县杠子头火烧夏季不易馊？
2. 为什么潍县杠子头火烧在炉鏊上烙、烤时间比较长？

名点35. 高汤小饺（山东名点）

一、品种简介

高汤小饺是山东风味小吃，又名状元水饺，此品是以冷水硬面团作皮，以猪五花肉泥、海参丁、熟干贝丝、海米粒、木耳粒等原料调味作馅，捏制成形后经煮制、食时配高汤而成，具有小巧玲珑，馅料丰富，皮薄馅丰，味道鲜美的特点，是一种精细小吃。

二、制作原理

冷水面团的成团原理见本章第一节。

三、熟制方法

煮。

四、原料配方（以8碗计）

1. 坯料

面粉500克，清水250毫升，精盐2克。

2. 馅料

猪五花肉450克，水发海参20克，干贝20克，海米50克，水发木耳50克，精盐5克，味精2克，酱油5毫升，芝麻油15毫升，葱姜末各15克，高汤90毫升。

3. 汤料

紫菜25克，青蒜50克，精盐20克，酱油10毫升，芝麻油5毫升，味精3克，高汤2400毫升。

五、工艺流程（图2-37）

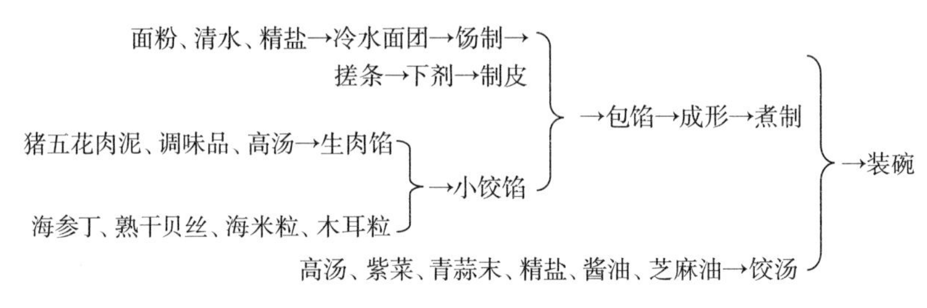

图2-37　高汤小饺工艺流程

六、制作方法

1. 馅心调制

将猪五花肉剁成泥；葱姜切细末；海参洗净，切小丁；海米用热水泡开，切粒；干贝蒸熟后拆丝；木耳洗净，切碎粒。

在肉泥中加入葱姜末、酱油、精盐搅打上劲，打入高汤后加味精、芝麻油拌匀成生肉馅，拌入海参丁、海米粒、熟干贝丝和木耳粒即成小饺馅。

（**质量控制点：**①按用料配方准确称量；②选用猪的五花肉；③和馅时加入高汤要搅打上劲。）

2. 粉团调制

面粉放入盆内，加清水及精盐先拌成面絮，再揉成光滑的面团，盖上保鲜膜静置饧面。

（**质量控制点：**①按用料配方准确称量；②调制面团时掺水量、水温应根据季节调节；③面团要揉匀揉透、静置饧面。）

3. 生坯成形

将面团搓成长条后下80只剂子，擀成薄饺子皮，包入馅心，将口捏紧成半圆形，将两个角拉近叠起，中间处夹成小沟似元宝形。

（**质量控制点：**①坯剂的大小要准确；②擀成边薄、中间稍厚的小碗形；③捏成元宝形；④饺子皮随擀随用。）

4. 高汤调味

把紫菜撕成小块；青蒜洗净切末。

锅内放入高汤，加精盐、酱油、芝麻油、味精调味，投入紫菜、青蒜末，盛在 8 只汤碗内。

（**质量控制点：**咸鲜口味要合适。）

5. 生坯熟制

锅内加水烧沸，将小饺下锅，边下边用勺沿锅边推转，待水饺浮起时点上凉水养制，熟时捞出，盛在高汤碗内即成。

（**质量控制点：**①水沸后再下水饺，并沿锅边推转；②点水保持水锅是微沸状态；③饺子要随包随煮，不宜放置过久。）

七、评价指标（表 2–35）

表 2–35　高汤小饺评价指标

品名	指标	标准	分值
高汤小饺	色泽	皮玉色，汤色彩丰富	10
	形态	小巧别致，形如元宝	30
	质感	皮软韧，馅软嫩	20
	口味	咸鲜味美	30
	大小	重约 450 克	10
	总分		100

八、思考题

1. 为什么选择猪五花肉制馅较为合适？
2. 调制高汤小饺馅心时为什么一般是先调肉馅再加配料？

名点 36. 济南扁食（山东名点）

一、品种简介

济南扁食是山东风味小吃。扁食就是水饺、饺子的古称，山东省济南市至今仍沿用此名。《湖雅》中说：“（饺）有粉饺，亦名肉饺。有面饺，一曰水饺，亦呼扁食。”济南有专营水饺的“扁食楼”。俗话说：“好吃不如饺子”，饺子之所以好吃，一是做法多样，馅料十分丰富；二是吃法多样，煮、蒸、炸、煎，样样全有。此品是采用冷水面团作皮，猪五花肉、鸡肉、蒲菜等原料经调味制成馅，捏成月牙形，经煮制而成，具有皮面滑润、馅心软嫩、皮薄馅足、馅味鲜美的特点。

二、制作原理

冷水面团的成团原理见本章第一节。

三、熟制方法

煮。

四、原料配方（以 75 只计）

1. 坯料

面粉 500 克，冷水 250 毫升。

2. 馅料

猪五花肉 350 克，鸡肉（或嫩牛肉）70 克，蒲菜（或韭菜）210 克，酱油 25 毫升，葱末 25 克，姜末 10 克，精盐 8 克，绍酒 10 毫升，花椒水 50 毫升，芝麻油 30 毫升。

3. 调料

醋 5 毫升，蒜瓣 10 克，芝麻油 5 毫升。

五、工艺流程（图 2-38）

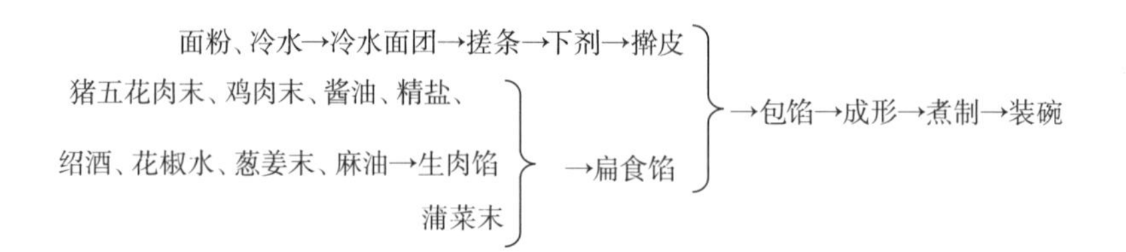

图 2-38　济南扁食工艺流程

六、制作方法

1. 馅心调制

将猪肉、鸡肉剁成末，加酱油、精盐、绍酒、花椒水搅成稠糊状，然后加葱、姜末和芝麻油搅匀，包馅前撒上切成末的蒲菜拌匀成馅。

（**质量控制点：**①按用料配方准确称量；②猪肉末、鸡肉末要剁得细；③肉馅要搅打上劲后再加蒲菜末。）

2. 粉团调制

面粉加冷水和成面团，揉匀揉透后盖上保鲜膜饧制 20 分钟，搓成长条，揪成 75 只 10 克的面剂。

（**质量控制点：**①按用料配方准确称量；②调制面团时，掺水量、水温应根据季节调节；③面团要揉匀揉透；④面团要饧制；⑤剂子的大小要准确。）

3. 生坯成形

将面剂逐个擀成中间较厚、边缘较薄的圆面皮，然后挑入馅料，包成月牙形水饺。

（**质量控制点：**①擀成边薄、中间稍厚的圆面皮；②饺子皮随擀随用；③扁食捏成月牙形。）

4. 生坯熟制

锅置火上，加水烧沸，下扁食，用勺沿锅底向一个方向推转，不使扁食粘底。盖上锅盖，水沸后开盖点入凉水，再沸后二次点水，养熟后即可捞出盛入碗中。

将芝麻油、醋倒入碟中，与剥去皮的蒜瓣同时上桌。

（**质量控制点：**①生坯沸水下锅，通过点水保持微沸状态；②扁食要随包随煮，不宜放置过久。）

七、评价指标（表 2–36）

表 2–36　济南扁食评价指标

品名	指标	标准	分值
济南扁食	色泽	玉色	10
	形态	月牙形	30
	质感	皮软韧，馅软嫩	20
	口味	咸鲜味美	30
	大小	重约 20 克	10
	总分		100

八、思考题

1. 蒲菜为什么要在包馅前拌入肉馅中？
2. 济南扁食在煮制时的要点有哪些？

名点 37. 岐山臊子面（陕西名点）

一、品种简介

臊子面是陕西风味小吃，又名“嫂子面”，是陕西关中地区的一种传统特色面食，品种多达数十种，其中以岐山臊子面最为出名，历史悠久，起源于商周，清代已经驰名。它是由碱面条、臊子、底菜、漂菜、酸汤几部分组成。具有“面白薄筋光，油汪酸辣香”的特点。色泽鲜艳、面条细长、厚薄均匀、臊子鲜香、红油浮面、汤味酸辣、筋韧爽滑，老幼皆宜。臊子面在关中地区有其非常重要的地位，在婚丧、逢年过节、孩子满月、老人过寿、迎接亲朋等重要场合都离不开。

二、制作原理

冷水面团的成团原理见本章第一节。

三、熟制方法

煮。

四、用料配方（以 5 碗计）

1. 坯料

中筋面粉 500 克，碱面 5 克，清水 230 毫升。

2. 调配料

猪带皮五花肉 250 克，鸡蛋液 30 克，胡萝卜 25 克，水发木耳 25 克，水发黄花 25 克，豆腐 75 克，蒜苗 50 克，葱花 10 克，姜末 10 克，酱油 15 克，盐 18 克，五香粉 5 克，红醋 60 毫升，细辣椒面 15 克，味精 3 克，辣椒油 15 毫升，菜籽油 150 毫升，水淀粉 50 毫升。

五、工艺流程（图 2-39）

面条、水、碱水→冷水面团→擀薄→切条—煮→熟面条
肉片、调味品—炒→臊子
胡萝卜片、豆腐丁、黄花段、木耳片、调味品—炒→底菜
鸡蛋皮片、蒜苗段→漂菜
肉汤、调味品—煮→酸汤
（以上各项）→装碗

图 2-39 岐山臊子面

六、制作程序

1. 面团调制

将碱面用水兑成碱水，将面粉中加入碱水、清水拌成麦穗状，再揉成面团，盖上湿布饧 20 分钟左右。

（**质量控制点：**面团要硬一点。）

2. 生坯成形

饧好的面团揉光后用面杖擀成厚 1.6 毫米的薄片，切成宽 3.3 毫米的细条。

（**质量控制点：**切成薄宽细面条。）

3. 臊子、底菜、漂菜、酸汤的制备

将猪带皮五花肉切成厚3.3毫米、2厘米见方的片；胡萝卜切成小方片；木耳洗净切成小片；黄花洗净切成小段；豆腐切成丁；蒜苗洗净切成段；鸡蛋液打在碗里待用。

（1）制作臊子

将炒锅内放入75毫升菜籽油，旺火烧热，加入肉片煸炒至七成熟时，依次加入葱花、姜末起香，再放入酱油、五香粉、3克精盐、10毫升红醋、细辣椒面搅拌，使之入味均匀，煨约10分钟即成臊子。

（2）制作底菜、漂菜

锅内放菜籽油75毫升烧热，下入胡萝卜片先煸，再放入豆腐丁、黄花、木耳片稍炒，放入1克精盐、1克味精炒至入味作为底菜。

将鸡蛋液摊成皮切成象眼块，和切成段的蒜苗作为漂菜。

（3）制作酸汤

锅内添清水（或肉汤）1500毫升，用旺火烧开放入余下的精盐、红醋、味精，汤开后先倒入辣椒油，再用水淀粉勾芡，即成酸汤，汤始终要保持开沸状态。

（**质量控制点：**①臊子要炒香；②酸汤味要调好。）

4. 生坯熟制

将水锅内加足够的水，待水沸后下入切好的细面，再煮沸后点上少许凉水，断生后捞在凉开水盆中，划散分装在5只碗中，先放底菜，再放肉臊子，浇上酸汤，然后放上漂菜即可。

（**质量控制点：**①面条煮至断生；②面条在冷水中浸一下。）

七、评价指标（表2–37）

表2–37 岐山臊子面评价指标

品名	指标	标准	分值
岐山臊子面	色泽	面条淡黄，汤红菜艳	10
	形态	碗装	30
	质感	面条筋韧爽滑	30
	口味	酸辣鲜香	20
	大小	重约500克	10
	总分		100

八、思考题

1. 有哪些方法可使面条具有筋韧爽滑的口感？

2. 岐山臊子面的特点是什么？

名点 38. 炒胡饽子（宁夏名点）

一、品种简介

炒胡饽子是宁夏风味小吃，因其制作方便，配菜多变，流行于宁夏许多地区，以吴忠市制作的最为著名。“糊饽”是一种用烙饼切成饼条的俗称，又称“糊饽子”。它是以烙熟的薄饼切条，与炒羊肉片、西红柿丁、豆腐条、青椒片、调味品炒烩而成。具有色彩丰富，饼条软韧，香辣咸鲜等特点。

二、制作原理

冷水面团的成团原理见本章第一节。

三、熟制方法

烙、炒、烩。

四、用料配方（以 2 碗计）

1. 坯料

面粉 250 克，碱粉 1 克，清水 125 毫升。

2. 调配料

羊肉 120 克，西红柿 100 克，青椒 40 克，豆腐 80 克，葱花 20 克，姜末 10 克，蒜末 10 克，精盐 10 克，酱油 15 毫升，五香粉 5 克，辣椒粉 10 克，味精 5 克，香醋 20 毫升，蒜苗 50 克，羊骨汤 600 毫升。

3. 辅料

菜籽油 150 毫升。

五、工艺流程（图 2-40）

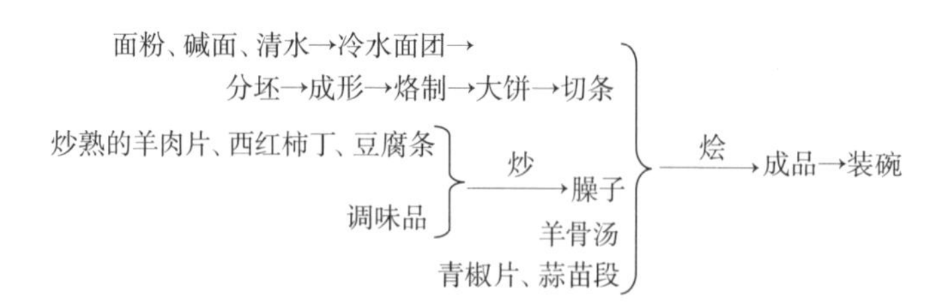

图 2-40 炒胡饽子工艺流程

六、制作程序

1. 制作烙饼

将面粉放在案板上，中间扒一塘加入碱面和清水，用清水将碱面化开后与面粉混合拌成面絮，揉匀揉透后用保鲜膜包好放在案板上饧制 15 分钟。

将面团摘成 4 只剂子，分别按扁后擀成圆薄饼，放入平底锅中小火两面烙至半熟。

（**质量控制点：**①火不宜太大；②两面烙；③烙至半熟。）

2. 主配料初加工

将烙好的薄饼切成长 5 厘米、宽 0.5 厘米的饼条；羊肉切成片；西红柿洗净，切大丁；青椒洗净切片；豆腐切条，焯水，沥干；切蒜苗洗净，切成小段。

（**质量控制点：**饼条不宜太粗太长。）

3. 成品制作

炒锅上火烧热加入菜籽油，放入羊肉片煸炒至肉变白后加入葱花、姜末、蒜末，再放入香醋、五香粉、辣椒粉煸香，放入西红柿略煸，再放入豆腐条拌匀，放入精盐、酱油和味精拌匀，加入羊骨汤，烧沸后倒入切好的饼条翻拌均匀，在放入青椒片和蒜苗段翻炒几下，待汤汁吸入饼条后出锅，分装两碗。

（**质量控制点：**①注意各种料的投放顺序；②汤的多少要与饼条的吸水能力相适应。）

七、评价指标（表 2–38）

表 2–38　炒胡饽子评价指标

	指标	标准	分值
炒胡饽子	色泽	饼条淡黄，调配料色彩丰富	10
	形态	碗装	40
	质感	饼条软韧	20
	口味	香辣咸鲜	20
	大小	重约 750 克	10
	总分		100

八、思考题

1. 制作炒胡饽子用烙好的饼条烩制的目的是什么？
2. 炒胡饽子在制作过程中为什么要加入较多的羊骨汤？

名点39. 那仁（新疆名点）

一、品种简介

那仁是新疆风味小吃，是哈萨克族的一种牧区美食，也叫手抓羊（马）肉面。它是将冷水面团擀切成宽面条，煮熟后与熟羊肉片、皮牙子（新疆对洋葱的叫法，下同）、盐、胡椒粉拌匀，浇上酸奶糊拌制而成。成品具有面片整齐，爽滑筋道，鲜香（带酸）的特点。

二、制作原理

冷水面团的成团原理见本章第一节。

三、熟制方法

煮。

四、用料配方（以1大盘计）

1. 坯料

面粉500克，食盐8克，清水250毫升。

2. 调配料

羊肉800克，胡萝卜50克，黄胡萝卜50克，洋葱50克，精盐12克，胡椒粉5克，酸奶疙瘩50克。

五、工艺流程（图2-41）

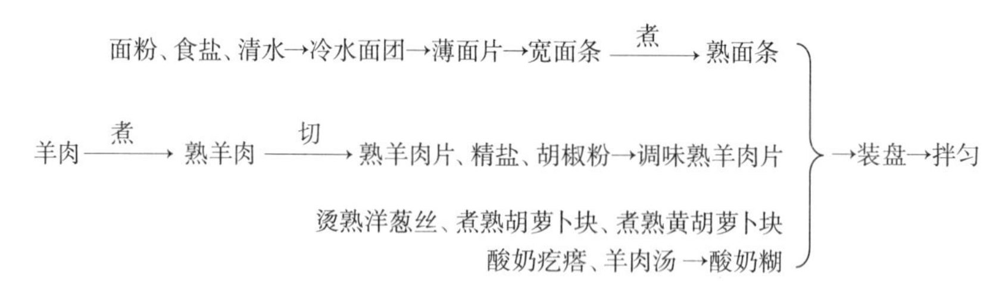

图2-41 那仁工艺流程

六、制作程序

1. 配料加工

将羊肉切成大块，放凉水锅中煮至水沸，撇去浮沫，改小火煮2小时至羊肉成熟捞出。稍凉后，用小刀将肉削（或切）成片，置大盘上，加精盐和胡椒粉拌匀。

把洋葱切碎放在漏勺中，浸入肉汤中烫熟，放在羊肉上；胡萝卜、黄胡萝卜都切成块，放入肉汤中煮熟，放在羊肉上；酸奶疙瘩用羊肉汤搅成酸奶糊。

（**质量控制点：**羊肉在煮的过程中不要放调味料。）

2. 面团调制

将面粉放在面盆中，加食盐、清水调成冷水面团揉匀揉透，盖上湿布饧制15分钟。

（**质量控制点：**面团要揉匀揉透。）

3. 成品制作

将饧好的面团擀成薄面片，切成宽2厘米的长条，抻拉薄后放入肉汤中煮熟，捞出放在羊肉上拌匀，即可用手抓着吃。喜欢酸味的可浇上酸奶糊拌匀食用（酸奶糊味酸，助消化，根据各人口味，可加可不加）。

（**质量控制点：**①面皮要擀得厚薄均匀；②根据个人喜好调味。）

七、评价指标（表2–39）

表2–39　那仁评价指标

品名	指标	标准	分值
那仁	色泽	面条微黄	10
	形态	盘装（宽面条）	30
	质感	面条爽滑筋道，羊肉软嫩	30
	口味	鲜香	20
	大小	重约1600克	10
	总分		100

八、思考题

1. 羊肉在煮的过程中为什么不放调味料?
2. 调制冷水面团时加盐的作用是什么?

名点40. 薄皮包子（新疆名点）

一、品种简介

薄皮包子是新疆风味小吃，是维吾尔族美食，称作“皮提曼塔”。一般和馕或者和抓饭一块吃。和馕一块吃，先把薄馕放进笼屉蒸一会儿，然后把包子放在薄馕之上；和抓饭一起吃，则把包子放于抓饭碗上，称为抓饭包子，这是维吾尔族人喜爱的饭食之一。它是采用冷水面皮包上羊肉丁、皮牙子、精盐、胡椒粉、孜然粉等调制而成的馅心经蒸制而成。成品具有形似鸡冠、色白油亮，皮薄软韧，肉嫩油丰，鲜咸香辣，伴有洋葱浓郁的香甜味的特点。

二、制作原理

冷水面团的成团原理见本章第一节。

三、熟制方法

蒸。

四、用料配方（以 24 只计）

1. 坯料

面粉 250 克，精盐 3 克，清水 120 毫升。

2. 馅料

小羊羔肉（肥：瘦 =4 ∶ 6）600 克，洋葱 450 克，清水 100 毫升，盐 10 克，白胡椒粉 5 克，孜然粉 20 克。

3. 辅料

黑胡椒粉 5 克。

五、工艺流程（图 2–42）

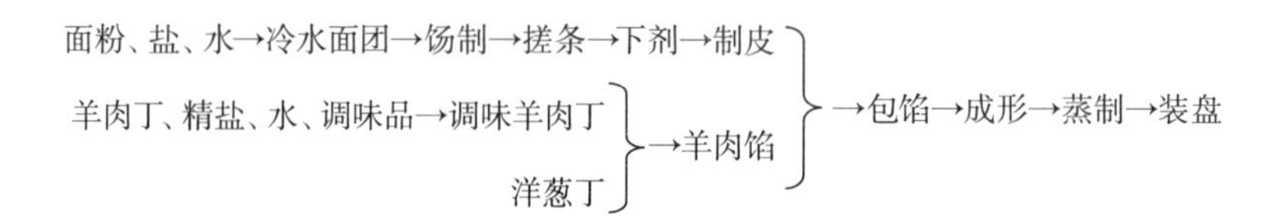

图 2–42　薄皮包子工艺流程

六、制作程序

1. 馅心调制

将小羊羔肉切成筷头大的小丁，放在容器内加上盐搅拌上劲，然后将清水分次搅入羊肉丁里，搅至黏稠，加白胡椒粉、孜然粉拌匀。将洋葱头去皮，洗净，切成小丁，加入拌好的羊肉丁中成馅。

（**质量控制点：**①要选用小羊羔肉制馅；②注意肥瘦比例；③羊肉丁不宜切得太大。）

2. 面团调制

将面粉放在面盆中，放入精盐和清水先调成面絮，再揉成光滑的面团，盖上湿布饧面15分钟。

（**质量控制点：**①面团要调得硬一点；②要静置饧面。）

3. 生坯成形

将饧好的面团搓成长条，揪成24个剂子，分别将每个剂子撒上干面粉按扁，用面杖或走棰擀成中间厚边上薄的10厘米直径的圆皮。将薄皮上的干面粉拍去，用手托皮在中间打入馅把坯捏成长形，将一头两边交叉捏3～4个褶，调一头再两边交叉捏3～4个褶，中间接头捏死即成鸡冠形的包子生坯。

（**质量控制点：**①擀出的皮是中间厚边上薄；②捏成鸡冠形。）

4. 生坯熟制

将包子生坯摆入屉内，在旺火沸水锅上蒸15分钟至熟，装盘。表面撒上黑胡椒粉。

（**质量控制点：**①旺火足气蒸；②撒上黑胡椒粉可以提味和增加食欲。）

七、评价指标（表2-40）

表2-40　薄皮包子评价指标

品名	指标	标准	分值
薄皮包子	色泽	色白油亮	10
	形态	鸡冠形	40
	质感	皮软韧，馅软嫩	20
	口味	鲜咸香辣	20
	大小	重约60克	10
	总分		100

八、思考题

1. 要使羊肉馅做到肉嫩油丰的效果，制馅时要注意哪些方面？
2. 为什么羊肉馅中只加精盐、胡椒粉、孜然粉等几种调味料？

以下是水调面团名点中的冷水面团名点的第二种——冷水软面团，共有22款。

名点41. 麻油馓子（江苏名点）

一、品种介绍

茶馓是楚州（今江苏淮安）的著名特产之一，名声最盛是在咸丰以后，相传淮安茶馓曾获得清宣统二年南洋劝业会铜质奖，1930年又参加巴拿马国际比赛，获银质奖章，并荣获中国首届食品博览会银奖。1983年获江苏省名特优产品证书。山阳城内镇淮楼南，有一家姓岳的馓店，在以往大馓子基础上作了创新，选用上等原料，做成精致小巧的麻油茶馓，分甜咸两味，细如线，黄如金，环环入扣、丝丝相连，吃到嘴里，咸、香、酥、脆。有梳子、篦子、扇子、宝塔、葫芦、菊花、蝴蝶、如意等形状，宛如金丝缠绕而成。现如今淮安茶馓制作的摊点遍布大街小巷，当地人常爱将茶馓作为礼品馈赠亲友，来淮安的游人也不忘带几盒外形美观、香脆可口的茶馓作为旅行的珍贵纪念。

二、制作原理

冷水面团的成团原理见本章第一节。

麻油馓子

三、熟制方法

炸。

四、用料配方（以10把计）

1. 坯料

高筋面粉500克，精盐10克，清水300毫升。

2. 辅料

芝麻油2500毫升（实耗50毫升）。

五、工艺流程（图2-43）

面粉、盐、水→成团、饧制→揉面、饧置（反复3次）→搓条→成形→炸制→成品

图2-43 麻油馓子工艺流程

六、制作方法

1. 面团调制

将面粉倒在案板上加盐及清水拌匀揉搋透，待表面光滑后盖上湿布饧制15分钟，然后揉搋一次，再饧制后再揉搋，如此反复3次。然后将面团放在抹过油的干净案板上，擀成厚1厘米的长片，切成10根条状片，手上沾上芝麻油，将每条面搓成筷子粗的细条，再沾上油，盘在盆内饧制（最好隔夜后成形成熟）。

（**质量控制点：**①面粉筋力较强，也可选择筋力偏强的中筋面粉调制面团；②按用料配方准确称量；③面团要揉匀搋透；④盘在油中饧制时间较长，一般超

过 12 小时。）

2. 生坯成形

在铁锅内放入芝麻油，用旺火烧至 170℃时，取面剂条 1 根，将面剂条一头放在左手丫处，用左手拇指捺住，右手将面条拉成更细的条子，边拉边从左手上绕，绕约 10 圈，将另一头仍然连接在虎口处，粘牢。然后取下，用双手手指套着面圈，轻轻拉长（也有用两根筷子穿着面圈拉长），长约 30 厘米，左手不动，右手翻转 360°，呈绳花状。

（**质量控制点：**①缠绕面条时用力要均匀，成形时动作要快；②面条的细度和均匀度是关键；③生坯呈绳花状。）

3. 生坯熟制

用筷子穿好两端，下油锅炸，炸至成形时，抽掉筷子炸半分钟捞起即成。

（**质量控制点：**①炸制的火力和时间要根据面条的粗细来决定；②炸成金黄色。）

七、评价指标（表 2-41）

表 2-41　麻油馓子评价指标

品名	指标	标准	分值
麻油馓子	色泽	色呈金黄	10
	形态	绳花状、粗细均匀	40
	质感	酥脆	20
	口味	咸香	20
	大小	重约 70 克	10
	总分		100

八、思考题

1. 用来制作麻油馓子的面条为什么要盘在麻油中静置饧面?

2. 调制用来制作麻油馓子的面团时为什么要反复揉搋?

名点 42. 小笼馒头（江苏名点）

一、品种介绍

小笼馒头是江苏无锡的著名面点。创制于清同治二年（公元 1863 年），原为拱北楼面馆经营的传统鲜肉馒头。1935 年，崇安寺皇亭祝三大因摊位地盘有限，就改用小笼蒸制，故称小笼馒头。有面皮为紧酵做法的，而传统做法中是采用水调面团作皮，包上鲜肉泥和皮冻调成的馅心，经过蒸制而成，成品具有夹起不破皮，翻身不漏底，一吮满口卤，味鲜不油腻等特色。皮薄而多卤，咸中有甜，葱姜溢香。秋冬时，馅心中加入熬好的蟹油，即为著名的“蟹粉小笼”，更是鲜美无比。

二、制作原理

冷水面团的成团原理见本章第一节。

三、熟制方法

蒸。

四、用料配方（以10只计）

1. 坯料

中筋面粉100克，清水55毫升。

2. 馅料

生肉馅：净猪腿肉泥120克，葱花5克，姜末5克，虾子[1]1克，料酒5毫升，老抽5毫升，精盐2克，白糖10克，味精1克，清水40毫升。

猪皮冻（熬法参考蟹黄养汤烧卖）40克。

五、工艺流程（图2-44）

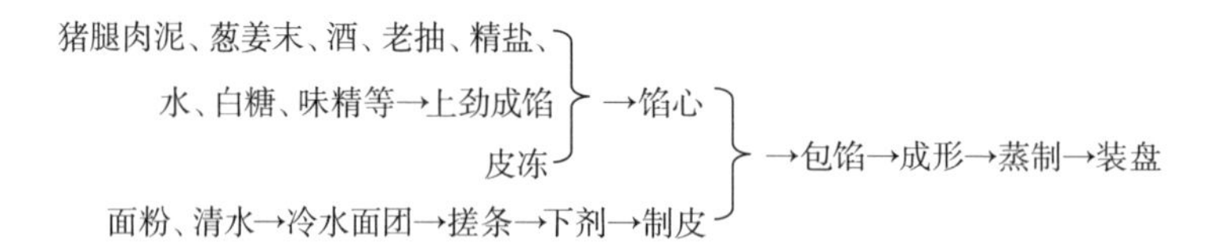

图2-44 小笼馒头工艺流程

六、制作方法

1. 馅心调制

将猪腿肉泥放入盆内，加入葱花、姜末、料酒、老抽、精盐搅拌上劲，分次打入清水，再加白糖、味精搅匀，将皮冻剁碎，倒入肉馅中拌匀即成小笼馒头馅。

（**质量控制点：**①按用料配方准确称量；②调制生肉馅时要注意调味料的投放次序；③小笼馒头馅调好后最好冷藏一下再用，便于上馅成形。）

---

[1] 虾子，行业中一般称为“虾籽”。

2. 面团调制

将面粉倒在案板上用 40 毫升清水和成雪花面，再加入余下的清水揉成光滑的面团，盖上湿布饧制 15 分钟。

（**质量控制点：**①一定要静置饧面；②使用之前要重新揉光，再搓条、下剂、擀皮。）

3. 生坯成形

将面团再次揉光，搓成长条，摘成大小相等的剂子 10 个，撒些面扑，用擀面杖擀成边缘薄中间厚的圆皮（直径约 8 厘米），放馅（20 克），捏成有 20 个折纹的馒头生坯。

（**质量控制点：**①坯剂的大小要准确；②坯皮要擀薄，且中间稍厚周边薄；③生坯呈捏褶包子形。）

4. 生坯熟制

取小格蒸笼，铺衬草垫，每格放 10 只生坯，上旺火沸水锅蒸约 8 分钟即可取出。

（**质量控制点：**①蒸制时要火大气足；②蒸制时间不宜太长。）

七、评价指标（表 2–42）

表 2–42　小笼馒头评价指标

品名	指标	标准	分值
小笼馒头	色泽	色白	10
	形态	带褶包形、纹路清晰、呈半透明	30
	质感	皮薄、软韧	20
	口味	肉嫩香鲜，卤汁盈口，咸中有甜	20
	皮馅比例	3 ： 4（重量）	10
	大小	重约 35 克	10
	总分		100

八、思考题

1. 用紧酵和用冷水面团制作的无锡小笼馒头之间有什么共同点和不同点？
2. 无锡小笼馒头的口味有什么特色？

名点 43. 炒面线（福建名点）

一、品种介绍

炒面线是福建厦门独具特色的地方传统小吃，系原“全福楼”“双全酒家”

所创，至今已有六七十年历史了。面线起源于南宋时期，是采用水调面团中的冷水面团加工而成。正宗的面线为纯手工拉成，它以“丝细如发、柔软而韧、入汤不糊”而闻名，现已经工业化生产。炒面线是将面线进行炸制以后再与肉丝、冬笋丝、香菇丝、韭黄等配料炒制而成，具有色泽美观，柔韧油香，咸鲜香醇，营养丰富的特点。吃时以沙茶酱、红辣酱为佐料。

二、制作原理

冷水面团成团原理见本章第一节。

三、熟制方法

炸、炒。

四、用料配方（以 1 大份计）

1. 坯料

面线 250 克。

2. 配料

猪精肉 50 克，鲜虾 100 克，水发冬菇 50 克，冬笋 50 克，干扁鱼 30 克，韭黄 40 克，胡萝卜 30 克。

3. 调料

葱白 2 根，料酒 10 毫升，精盐 4 克，味精 1 克，芝麻油 10 毫升，白胡椒粉 1 克，上汤 400 毫升。

4. 辅料

花生油 500 毫升（150 克）。

五、工艺流程（图 2-45）

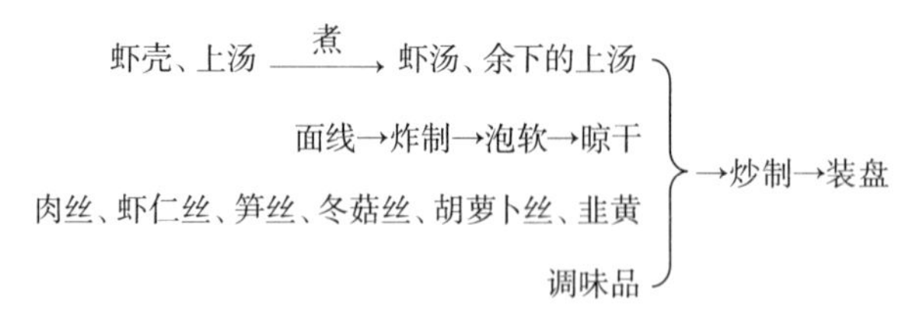

图 2-45　炒面线工艺流程

六、制作程序

1. 原料初加工

将面线分成两拨，先后置于 160℃油温的油锅中炸至金黄色，捞出沥干油，放入沸水锅中泡软（约 2 分钟，去盐味和油渍），捞出晾干。

将猪精肉、冬笋、香菇、胡萝卜、干扁鱼、葱白分别切丝，韭黄切成 3 厘米的段；鲜虾洗净剥壳另用，虾肉也切成丝。虾壳洗净，加上 100 毫升汤，烧成虾壳汤，过滤后的汤待用。

（**质量控制点**：①炸制温度不宜过高；②面线泡软即可；③煮虾壳汤时火不宜大。）

2. 面线炒制

锅置旺火上，放入少许花生油，烧热后入肉丝、虾肉丝、冬笋、香菇、胡萝卜丝稍炒后淋入料酒煸炒，再加入虾壳汤、余下的上汤烧沸，放入精盐、味精，投入加工好的面线、韭黄，翻炒均匀，吸干卤汁，加葱白、干扁鱼丝，淋上香油、胡椒粉装盘即成。

（**质量控制点**：①炒制时火力不宜太大；②注意不同配料的先后投放顺序。）

七、评价指标（表 2–43）

表 2–43　炒面线评价指标

品名	指标	标准	分值
炒面线	色泽	主料金黄，配料色彩丰富	10
	形态	主配料呈丝、条状	20
	质感	主料柔韧	30
	口味	咸鲜香醇	30
	大小	重约 600 克	10
	总分		100

八、思考题

1. 炸过的面线为什么要用沸水浸泡？
2. 用来制作炒面线的面团属于什么面团？

名点 44. 海南煎饼（海南名点）

一、品种简介

海南煎饼是海南风味名点，是一种兼具海南特色及北方风味的面食，以万宁市东山岭宾馆特制的“东山烙饼”最负盛名，故又称东山烙饼，也称奇味千层饼。它是以面粉、微温水、鸡蛋、泡打粉调制的面团作皮，以蒜蓉、葱蓉等调味料作馅，经过擀、卷制作成薄饼坯经煎炸而成。以其色泽金黄、皮薄层多、外酥内软、咸淡适口，香味奇特而独具特色，无论是茶楼还是酒店的餐厅都非常受欢迎。

二、制作原理

冷水面团的成团原理见本章第一节；泡打粉膨松的原理见第三章第一节。

海南煎饼

三、熟制方法

煎。

四、用料配方（以2大块计）

1. 坯料

面粉250克，鸡蛋液60克，泡打粉5克，微温水100毫升。

2. 调料

精盐5克，味精2克，五香粉4克，胡椒粉3克，蒜蓉40克，葱蓉25克，熟猪油25克。

3. 辅料

色拉油100毫升。

五、工艺流程（图2-46）

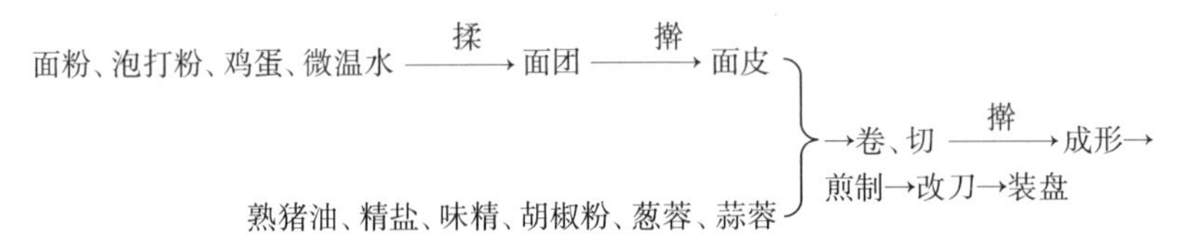

图2-46　海南煎饼工艺流程

六、制作程序

1. 面团调制

将面粉与泡打粉一同放在案板上拌匀、过筛，中间扒一塘加入鸡蛋、微温水调开，反复揉搓成面团，用保鲜膜包好静置15分钟，再揉搓一次，静置10分钟。

（**质量控制点：**①面团要柔软；②面团要饧透。）

2. 生坯成形

将面团压扁，用长面杖擀成均匀的薄片，然后均匀地抹上一层溶化的熟猪油，再把精盐、味精、胡椒粉拌匀后均匀地撒在已擀好的面皮上，再把葱蓉、蒜蓉掺和在一起，均匀地撒上一层。将面片由外往里卷成圆条，按5厘米的长度切段，每段截面向下放置，稍饧后压薄，擀成厚 0.5 厘米的圆饼。

（**质量控制点**：①面团擀制前不要揉；②面皮、面坯都要擀薄。）

3. 生坯熟制

平锅烧热，放入色拉油烧至 120℃时，下入生坯小火煎炸并不断翻转，使两面均匀受热，待饼两面呈金黄色出锅沥油，按辐射状均等切块装盘即成。

（**质量控制点**：①中小火加热；②不断翻面煎；③煎至两面金黄。）

七、评价指标（表 2–44）

表 2–44　海南煎饼评价指标

品名	指标	标准	分值
海南煎饼	色泽	金黄色	10
	形态	圆饼形（皮薄层多）	40
	质感	外酥内软	20
	口味	咸香味奇	20
	大小	重约 250 克	10
	总分		100

八、思考题

1. 面团中加入泡打粉的作用是什么？
2. 面团要分次揉、饧的目的是什么？

名点 45. 开封第一楼小笼包子（河南名点）

一、品种介绍

开封第一楼小笼包子是河南风味面点，原名灌汤包子，俗称汤包。据《东京梦华录》载，时名为“王楼山洞梅花包子”号称“在京第一”。后经历代名厨师承和发展，演变为“第一楼小笼灌汤包子”。第一楼小笼包子造型优美，其形之“提起像灯笼，放下像菊花”，被誉为“中州膳食一绝”。原为大笼蒸制，后改用小笼，就笼上桌，故名小笼包子。采用肥三瘦七的猪后腿肉制馅，冷水面为皮，爆火蒸制而成。其特点是外形美观，小巧玲珑，皮薄馅多，灌汤流油，味道鲜美，清香利口的特点。

二、制作原理

冷水面团的成团原理见本章第一节。

三、熟制方法

蒸。

四、原料配方（以30只计）

1. 坯料

中筋面粉300克，清水180毫升。

2. 馅料

猪腿肉（肥三瘦七）500克，精盐10克，姜末15克，料酒20毫升，酱油15毫升，味精5克，白糖10克，芝麻油62.5毫升，清水400毫升。

五、工艺流程（图2–47）

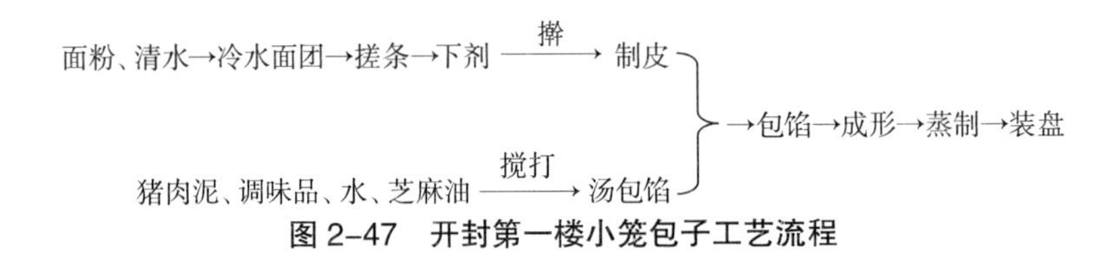

图2–47 开封第一楼小笼包子工艺流程

六、制作方法

1. 馅心调制

将猪腿肉剁成泥放入盆中，加入精盐、姜末、料酒、酱油一起搅拌上劲，并分次搅打入清水，最后放入味精、芝白糖、麻油，搅匀成肉馅，盖上保鲜膜放入冰箱冷藏。

（**质量控制点：**①选用肥三瘦七的猪腿肉；②清水分次加入，顺一个方向充分搅打上劲；③肉馅需要入冰箱冷藏。）

2. 面团调制

将面粉放在案板上，中间窝出一个小坑，倒入120毫升的清水调成雪花面，再加入余下的清水揉匀揉透，成光滑柔筋的冷水面团，抻拉遛顺。为防止表皮干硬开裂，用干净湿布盖好，并保持适宜的温度饧面。

（**质量控制点：**①面团不宜太硬或太软；②面团要揉匀揉光；③调制面团的水量、水温要根据季节变化；④面团要饧透。）

3. 生坯成形

把面团反复揉搓，搓条，下30只面剂（约15克/只），擀成中间稍厚，边缘薄的圆皮（直径约10厘米），填入馅子（约30克/只），捏成18～21个褶纹的包子。

（**质量控制点：**①皮要擀得中间厚四周薄；②纹路要均匀；③馅心要揭实。）

4. 生坯熟制

将小笼包子生坯放入蒸笼内，上蒸锅旺火蒸制 6 分钟即成。

（**质量控制点：**①旺火足气蒸，一气呵成；②不宜蒸的时间太长。）

七、评价指标（表 2-45）

表 2-45　开封第一楼小笼包子评价指标

名称	指标	标准	分值
开封第一楼小笼包子	色泽	玉色，有光泽	10
	形态	菊花形、饱满，纹路均匀、细巧清晰	40
	质感	皮软韧，馅鲜嫩多卤	20
	口味	咸鲜	20
	大小	重约 45 克	10
	总分		100

八、思考题

1. 开封第一楼小笼包子和江苏无锡小笼馒头的馅心调制方法有什么异同？
2. 开封第一楼小笼包子馅心调制的要领是什么？

名点 46. 三鲜龙须卷（黑龙江名点）

一、品种简介

三鲜龙须卷是黑龙江风味小吃，由黑龙江省面点烹饪大师任家长创制的，是利用抻拉出的面条借助模具烤制成形，装入炒制成熟的馅心蒸制而成。制品具有造型别致，馅心鲜嫩味美的特点。

二、制作原理

冷水面团的成团原理见本章第一节。

三、熟制方法

烤、蒸。

四、原料配方（以 10 只计）

1. 坯料

面粉 500 克，微温水 300 毫升，精盐 10 克。

2. 馅料

鲜虾仁 50 克，海参 50 克，鸡脯肉 50 克，笋尖 20 克，鲜蘑 20 克，豆油 50 毫升，精盐 5 克，味精 3 克，胡椒粉 2 克，淀粉 5 克，葱末 5 克，姜末 5 克，白糖 10 克，芝麻油 5 毫升，豆油 50 毫升。

3. 辅料

面扑 100 克，豆油 50 毫升。

五、工艺流程（图 2-48）

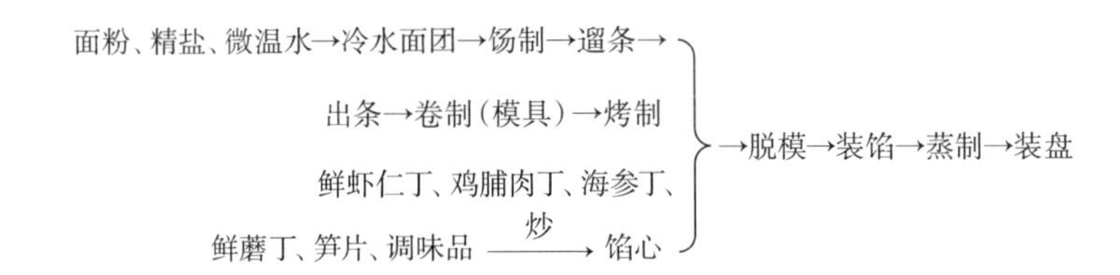

图 2-48　三鲜龙须卷工艺流程

六、制作方法

1. 馅心调制

将鲜虾仁、鸡脯肉、海参、鲜蘑等原料均切成小丁；笋尖切片；淀粉加水调成湿淀粉待用。

锅上火倒入豆油烧热，放入葱姜末煸香，倒入加工好的馅料煸炒，加入精盐、白糖、胡椒粉、味精调味，然后淋入水淀粉勾芡，再加麻油调拌均匀成馅心。

（**质量控制点：**①按用料配方准确称量；②要注意加入调配料的先后顺序。）

2. 粉团调制

将面粉置于案板上，加入微温水和精盐，揉搋成光滑的软面团，抹上油盖上保鲜膜静置约 30 分钟。

（**质量控制点：**①按用料配方准确称量；②面粉一般选用筋力偏强的中筋粉；③水温要随季节变化；④饧制时间较长，至少 30 分钟。）

3. 生坯成形

将饧好的面团先进行遛条，待遛顺后在面条上撒上面粉，反复抻拉 8 次，抻出细匀的面条。将抻出的面条上的干面粉抖去，放在刷有豆油的大方盘中，用毛刷蘸些豆油在面条上刷匀，再对折抻拉数次成龙须面，用刀切成 10 段，逐段缠绕在高 15 厘米、上口直径 2 厘米、下口直径 5 厘米的圆柱形铁模筒上，依次摆在烤盘上。

（**质量控制点：**①要掌握好抻面技术；②面条的细度和均匀度是关键。）

4. 生坯熟制

将烤盘放入面、底火都是 180℃的烤箱中烤约 15 分钟，将龙须面烤到表面色泽金黄时取出，脱去铁模筒，即成龙须卷。将“龙须卷”内装入炒熟的馅心，摆放在蒸屉上，沸水旺火蒸制 5 分钟。

（**质量控制点：**①烤制的火力和时间受面条的粗细影响；②烤至金黄即可。）

七、评价指标（表 2–46）

表 2–46　三鲜龙须卷评价指标

品名	指标	标准	分值
三鲜龙须卷	色泽	金黄色	10
	形态	一头细另一头粗的圆柱形	30
	质感	皮酥里嫩	30
	口味	鲜香	20
	大小	重约 75 克	10
	总分		100

八、思考题

1. 制作三鲜龙须卷时将龙须面缠绕在模具上烘烤的目的是什么？
2. 龙须卷抻出来的面条的细度和均匀度与哪些因素有关？

名点 47. 褡裢火烧（北京名点）

一、品种简介

褡裢火烧是北京风味面点，又名“搭拉火烧”。褡裢火烧的历史得追溯到清代光绪年间，由顺义人氏姚春宣夫妻在 1876 年创制，他们在北京东安市场摆了一个做火烧的小食摊，由于生意兴隆，后开起一家名叫瑞明楼的小店专门经营褡裢火烧，一时名噪京城，成为北京家喻户晓的名食。它是用冷水面团作皮，包裹猪肉馅从四边一擀一搭成长条形，经油煎而成，因其形似过去装钱的褡裢而得名。火烧，明《墨娥小录》中释为饼，按北京习惯，表面带有芝麻的为“烧饼”，不带芝麻的称为“火烧”。具有色泽金黄、外焦里嫩、焦黄松脆、味道鲜美的特点。

二、制作原理

冷水面团的成团原理见本章第一节。

三、熟制方法

煎。

四、原料配方（以32只计）

1. 坯料

面粉500克，微温水300毫升。

2. 馅料

猪肉末（肥三瘦七）350克，酱油35毫升，黄酱35克，精盐5克，葱末70克，姜末10克，芝麻油12毫升，味精1克，清水105毫升。

3. 辅料

花生油90毫升。

五、工艺流程（图2-49）

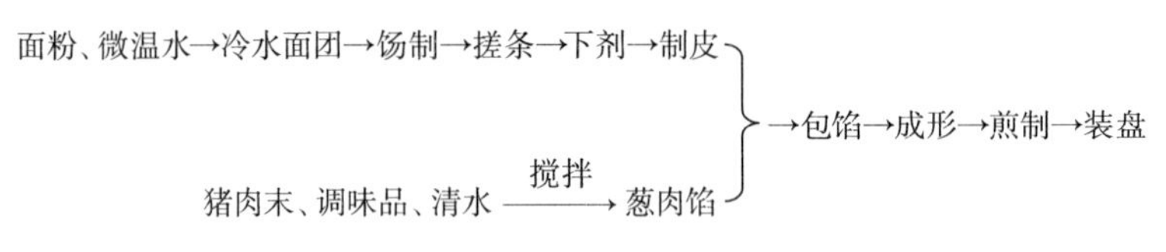

图2-49　褡裢火烧工艺流程

六、制作方法

1. 馅心调制

将猪肉末、姜末一起放入盆内，加酱油、黄酱、精盐搅打上劲，再分次加入清水搅打成稠糊状，然后放入葱末、味精、芝麻油，搅拌成馅，盖上保鲜膜放入冰箱冷藏。

（**质量控制点：**①按用料配方准确称量；②馅料要加工得细小一些；③猪肉馅要顺一个方向搅打上劲；④馅心冷藏后便于生坯成形。）

2. 粉团调制

将面粉用微温水（冬季用温水）和成面团，按揉光润后，盖上湿布饧10分钟。

（**质量控制点：**①按用料配方准确称量；②和制面团时，掺水量应根据季节不同、面粉质量、空气湿度等情况灵活掌握，应调成软面团；③饧面时必须加盖湿布，以免风干结皮。）

3. 生坯成形

在案板上涂上少许花生油，将面团放在上面，搓条下剂，把每块约重25克的面块按扁，擀成长10厘米、宽8厘米的面皮，再将其中一端的两角略微抻宽，取约20克的馅横放在面皮中间，摊成宽约3厘米的馅条，然后将较窄一端的底边翻盖在馅上，向上一卷，再将较宽一端的左右两边掀起盖上开口，即成生坯。

（**质量控制点：**①面皮要擀得薄；②馅料不宜包得过多；③较宽一端的左右两边多出的边皮要将火烧的两头开口盖严。）

4. 生坯熟制

把饼铛先进行预热，淋上花生油，将包好的生坯分批放在铛上，盖上盖煎。约煎3分钟后翻面，再淋上一些花生油盖上盖煎2分钟，将两面都煎成焦黄色即成。

（**质量控制点：**①饼铛要事先预热；②煎制时饼铛的温度不宜太高或太低；③制品焦黄油亮。）

七、评价指标（表2-47）

表2-47 褡裢火烧评价指标

品名	指标	标准	分值
褡裢火烧	色泽	色呈焦黄、油亮	10
	形态	长方体，饼形饱满	30
	质感	皮酥脆，馅嫩	30
	口味	咸鲜	20
	大小	重约40克	10
	总分		100

八、思考题

1. 为什么调制猪肉馅时一般要顺一个方向搅打上劲？
2. 火烧在饼铛中煎制时为什么温度不宜太高或太低？

名点48. 炸龙须面（北京名点）

一、品种简介

炸龙须面是北京风味面点，是从山东的抻面中演变而来的，距今已有400余年的历史。相传明代御膳房里有位厨师，在立春吃春饼之日，做了一种细如发丝的油炸制品，献给了皇帝，皇帝非常喜欢。从此，炸龙须面就成了每年吃春饼的佐食佳味之一。由于抻面油炸后，犹如交织在一起的龙须，入口时香脆可口，因而被命名为“炸龙须面”。具有色泽金黄、细如发丝、口感酥脆香咸的特点。

二、制作原理

冷水面团的成团原理见本章第一节。

炸龙须面

三、熟制方法

炸。

四、原料配方（以 10 份计）

1. 坯料

中筋面粉（筋力偏强）1000 克，微温水 625 毫升，精盐 5 克，食碱 2 克。

2. 辅料

面扑 100 克，花生油 1500 毫升。

五、工艺流程（图 2-50）

面粉、微温水、精盐 —搋→ 冷水面团→饧制→遛条→出条→炸制→装盘

图 2-50　炸龙须面工艺流程

六、制作方法

1. 粉团调制

将面粉、微温水（600 毫升）和精盐和成面絮，用拳头沾水将面团搋透，然后盖上湿布饧制 30 分钟。

（**质量控制点：**①按用料配方准确称量；②水温、水量要随季节和面粉的品质而变化；③饧制时间较长，至少半小时。）

2. 生坯成形

将饧好的面放在案板上拉长，然后进行遛条，用两手握住条的两端抻拉，抬起在案板上用力摔打。条拉长后，两端对折，继续握住两端抻拉、摔打，反复多次，业内称为顺筋，其间把食碱用余下的微温水化开，抹在面条上，继续把面遛均匀。

接着是出条，案板上撒上面扑，手握面条两端，两臂均匀用力加速向外抻拉，让面条滚粘上面扑，然后把左手的面头夹在左手食指和中指之间，把右手的面头夹在左手中指和无名指之间，另一只手的中指朝下勾住面条的中端，手心上翻，

使面条形成绞索状，同时两手往两边抻拉。面条拉长后，再把右手勾住的一端套在左手中指上，右手勾住面条的中端继续抻拉。如此反复，每次对折称为一扣，把面抻到11扣后，放在案板上，撒上面扑抖匀，切成10段，用筷子从面段的中间挑起放在方盆中。

（**质量控制点：**①要掌握好抻面技术，用力要均匀，以防拉断或粗细不均匀；②面条的细度和均匀度是关键。）

3. 生坯熟制

把每份龙须面放在小漏勺中，下入150℃的油锅中，用筷子拨散炸成金黄色即成。

（**质量控制点：**①炸制的油温不宜太高或太低；②龙须面下锅要迅速拨散。）

七、评价指标（表2-48）

表2-48　炸龙须面评价指标

品名	指标	标准	分值
炸龙须面	色泽	金黄色	10
	形态	中间厚的圆饼形，丝如龙须，丝丝分明	40
	质感	酥脆	20
	口味	咸香	20
	大小	重约100克	10
	总分		100

八、思考题

1. 抻面时两手用力不均匀会出现什么问题？
2. 遛条的技术要领是什么？

名点49. 周村酥烧饼（山东名点）

一、品种简介

周村酥烧饼是山东风味小吃，因产于山东省淄博市周村区而得名，源于汉代，成于晚清，是山东省名优特产之一，是将柔软的冷水面坯擀成极薄的皮，粘满芝麻，吊炉烘烤而成。成品具有正面贴满芝麻、背面酥孔罗列、薄如秋叶、形似满月、色泽金黄、薄香酥脆的特点，入口一嚼即碎，香满口腹，若失手落地，则皆成碎片。有咸、甜两种口味，这里介绍的是咸味周村酥烧饼。

二、制作原理

冷水面团的成团原理见本章第一节。

三、熟制方法

烘、烤。

四、原料配方（以48只计）

1. 坯料

中筋面粉500克，精盐10克，清水325毫升。

2. 装饰料

脱壳芝麻仁300克。

五、工艺流程（图2-51）

面粉、清水、精盐→冷水面团→饧制→下剂→成形→粘芝麻→烤制→装盘

图2-51 周村酥烧饼工艺流程

六、制作方法

1. 粉团调制

将面粉放在案板上，中间扒一塘，加入清水、精盐和成软面团，盖上保鲜膜饧制30分钟。

（**质量控制点：**①按用料配方准确称量；②要调制成软冷水面团；③面团要饧透。）

2. 生坯成形

将面团揪成48个约16克重的面剂，并搓成圆剂，逐个蘸水在瓷墩上用手指压扁并向外沿顺时针方向一圈一圈的抹圆延展成圆形薄饼片。上面再擦水，使有水的一面朝下，均匀地沾满脱壳芝麻仁即成饼坯。

（**质量控制点：**①面剂要揪得大小均匀；②饼皮要抹成极薄的饼，并要厚薄均匀。）

3. 生坯熟制

取已沾满芝麻的饼坯，平面朝上贴在挂炉上壁，采用锯末火或木炭火烘烤6分钟成熟，用铁铲铲下，通过长勺头接住取出。

（**质量控制点：**①烤制时火力不宜过旺，防止将饼烤煳；②烤成金黄色熟透。）

七、评价指标（表 2-49）

表 2-49　周村酥烧饼评价指标

品名	指标	标准	分值
周村酥烧饼	色泽	金黄色	10
	形态	极薄的圆形饼	40
	质感	酥、脆	20
	口味	咸香	20
	大小	重约 22 克	10
	总分		100

八、思考题

1. 为什么选择用冷水软面团制作周村酥烧饼？
2. 坯皮为什么越薄越好？

名点 50. 武城煊饼（山东名点）

一、品种简介

武城煊饼是山东风味小吃，武城县的特色传统名吃，已有 400 多年的历史，是将柔软的冷水面坯擀成面皮包上肉馅，烙成黄色后再放在碎瓦块或石子上烙烤而成。和面要根据四季气温调整水量和水温；馅有猪、牛、羊肉和鸡蛋的，一般牛肉配大葱，猪肉配韭菜，羊肉配香菜，再加花椒面、味精、精盐、生姜、香油等作料调和；所用锅灶一般为一洞两灶，生饼先放在前灶的鏊子里烙成形后，再移入后灶的铛子里，铛子里放着一层瓦砾作支架，旋饼就悬空在瓦砾上炙烤而成。成品具有色泽黄亮、皮酥馅嫩、肥而不腻、香味四溢的特点。

二、制作原理

冷水面团的成团原理见本章第一节。

三、熟制方法

烙、烤。

四、原料配方（以 12 只计）

1. 坯料

中筋面粉 250 克，清水 155 毫升。

2. 馅料

猪五花肉500克，韭菜250克，生姜20克，精盐10克，花椒面5克，味精5克，芝麻油15毫升。

3. 装饰料

花生油100毫升。

五、工艺流程（图2-52）

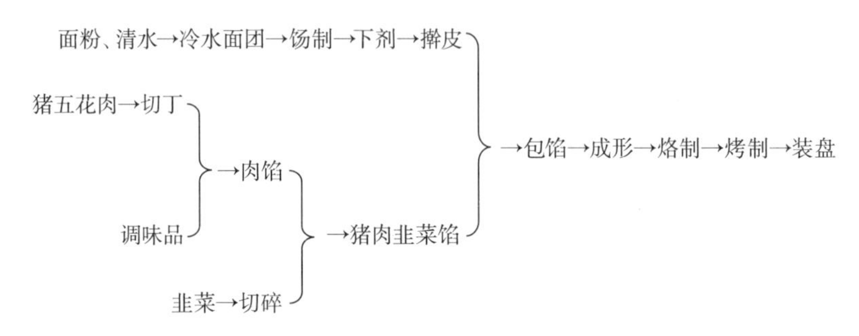

图2-52 武城煊饼工艺流程

六、制作方法

1. 馅心调制

将猪五花肉切丁，生姜剁末，韭菜洗净切碎。

把猪肉丁、姜末、精盐、花椒面搅打上劲，加入韭菜粒、味精、芝麻油一起拌匀成馅。

（**质量控制点：**①按用料配方准确称量；②肉丁要搅打上劲；③韭菜末要切得细小些。）

2. 粉团调制

将面粉放入盆内，加清水先和成面絮，在蘸水搋成软的面团，盖上保鲜膜饧透。

（**质量控制点：**①按用料配方准确称量，根据面粉质量、气温、空气湿度等灵活掌握加水量和水温；②要调制成柔软冷水面团。）

3. 生坯成形

把和好的面分成12份，逐个擀成一头稍窄一头稍宽的薄面皮，把馅心铺满面皮，从窄的一头卷起，边卷边抻，把宽的一头的边盖上封好口，竖起按成圆饼，再用擀面杖稍擀即成生坯。

（**质量控制点：**①面剂要揪得大小均匀；②先擀成头稍窄一头稍宽的薄面皮；③面皮要包好馅心，不能露馅。）

4. 生坯熟制

把擀好的饼放在鏊子里烙至两面定型后取出，在另一饼鏊里放一层干净瓦砾或耐火石子，把饼放在上面，在饼上刷一层花生油，盖好盖。通过瓦砾或石子传热烘烤，共翻 4 次，每次都要刷油，烤至两面金黄取出，一块饼切成四份装盘上桌。

（**质量控制点：**①烙饼前要将鏊子刷净烧热；②先在鏊中定型，再放在瓦块或石子上烙烤；③烤制时火力不宜过旺，防止将饼烤煳；④每次翻面都要刷油。）

七、评价指标（表 2–50）

表 2–50　武城煊饼评价指标

品名	指标	标准	分值
武城煊饼	色泽	金黄色	10
	形态	圆饼形	40
	质感	外酥内嫩	20
	口味	咸鲜香	20
	大小	重约 90 克	10
	总分		100

八、思考题

1. 调制面团时水量、水温与哪些因素有关？
2. 武城煊饼放在瓦块或石子上烙烤前为什么要先在鏊中烙定形？

名点 51. 油旋（山东名点）

一、品种简介

油旋是山东济南风味小吃，是一种漩涡状葱油小饼。因其形似螺旋，表面油润呈金黄色，故名油旋。清初《食宪鸿秘》中即记有“千层油旋烙饼”，至今已有 300 余年历史。济南人吃油旋多是趁热吃，再配一碗鸡丝馄饨，可谓物美价廉，妙不可言。油旋有圆形和椭圆形两种。此品是以面粉为主料抹上葱油蓉，层层卷起，按扁成饼，烙烤而熟。具有色呈金黄、外皮酥脆、内瓤柔嫩、葱香浓郁的特点。

油旋

二、制作原理

冷水面团的成团原理见本章第一节。

三、熟制方法

烙、烤。

四、原料配方（以10只计）

1. 坯料

中筋面粉500克，清水315毫升。

2. 馅料

精盐10克，大葱40克，猪板油50克。

3. 辅料

花生油60毫升。

五、工艺流程（图2-53）

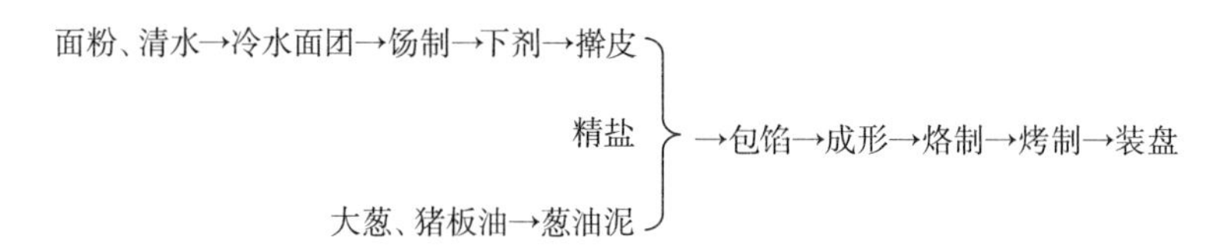

图2-53　油旋工艺流程

六、制作方法

1. 馅料加工

将大葱洗净切成葱末、猪板油去膜剁蓉，拌匀成葱油蓉。

（**质量控制点**：①葱要切细；②板油要去膜剁蓉。）

2. 粉团调制

将面粉放入盆内，加水调成絮状，再带水搋成软面团，盖上保鲜膜饧透。

（**质量控制点**：①按用料配方准确称量，根据面粉品质、季节变化调节用水量和水温；②要调制成较软的冷水面团。）

3. 生坯成形

将面团分成10个面剂。取一个面剂，用小擀面杖擀成长约30厘米、宽10厘米的长条，竖直向放在面案上，先在面片上抹一层花生油，再用手指蘸些盐，与葱油泥（约6克）同抹在面片上，随即将面片顺长折起，再抹一层油，然后将面条抻长，用右手从顶端向怀里将面片卷起，卷时左手按住面条另一端，右手向后拉抻，使面片拉得极薄，至卷完为止（这样可使卷的层数多）。右手卷完之后，将卷好的面剂层少的一边捏紧，再捏下多余的面头，在旋纹整齐的一面抹一层油，向下放在烧热的鏊子上烙，用手压平，擀成直径约9厘米的圆饼。

（**质量控制点：**①面剂要揪得大小均匀；②擀制时用力要均匀，尽量擀得薄一些；③卷制时面皮尽量要抻薄；④边烙边按，按、擀成9厘米的圆形饼。）

4. 生坯熟制

待鏊子上面的油旋一面烙至发黄时，刷一层油，翻过再烙另一面，两面都烙黄后，掀起鏊子放炉内烤，先烤背面（此面无旋纹），烤约3分钟后再烤正面。烤至呈深黄色至熟后取出。左手拿油旋，右手手指从有旋纹的一面中央顶两下，压出一个窝，即成中空而多层的油旋。

另外，还有椭圆形油旋，是在压平面坯后擀成椭圆形，放鏊子上烙制而成。

（**质量控制点：**①鏊子中刷油，两面烙黄后再放炉内烤；②烤至深黄色后，用手指从有旋纹的一面中央顶出一个窝，成为中空而多层的油旋。）

七、评价指标（表2-51）

表2-51　油旋评价指标

品名	指标	标准	分值
油旋	色泽	金黄色	10
	形态	圆形或椭圆形中间凹的饼	40
	质感	外皮酥脆，内瓤柔嫩	20
	口味	咸味葱香	20
	大小	重约85克	10
	总分		100

八、思考题

1. 制作油旋采用先烙后烤成熟方法的目的是什么？
2. 如何做到油旋层次多而口感外酥里嫩？

名点52. 蓬莱小面（山东名点）

一、品种简介

蓬莱小面是山东蓬莱风味小吃，是在福山拉面基础上发展起来的一种风味面食。20世纪初已经盛行。按蓬莱农村的传统，逢丧逢喜，“蓬莱小面”是民间宴会中必上的压轴主食，因此，在民间，这种宴请也就以“吃面”代称，去别人家赴宴也就是“去吃面”。最初的蓬莱小面是尝得到鲜味见不到海鲜的，随着不断的传承与发展，蓬莱小面几经改良，采用在鱼卤中加入当地的海鲜如鲍鱼、海蛎子、海肠子、海虾等制作汤卤增加鲜味，其中经常用到的是加吉鱼。此品是采用拉面操作技法抻拉成细面条，煮熟后浇入海鲜卤而成。具有面条柔韧爽滑、卤子晶莹剔透、鲜香不腻的特点。小面多作早点小吃，现也作为宴席中的主食。

二、制作原理

冷水面团的成团原理见本章第一节。

三、熟制方法

煮。

四、原料配方（以 5 碗计）

1. 坯料

中筋面粉（筋力较强）1000 克，精盐 10 克，碱粉 5 克，清水 600 毫升。

2. 汤料

加吉鱼 1 条（约重 500 克），鸡蛋 1 只，酱油 20 毫升，水发木耳 25 克，青蒜 15 克，味精 3 克，绍酒 5 毫升，八角、花椒各 5 克，精盐 15 克，湿淀粉 30 毫升。

五、工艺流程（图 2–54）

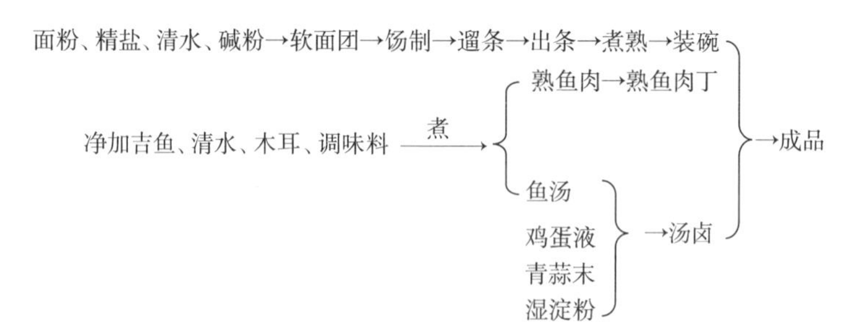

图 2–54　蓬莱小面工艺流程

六、制作方法

1. 汤卤制作

将加吉鱼去内脏洗净，在鱼的两面剞斜刀。木耳泡开洗净，撕碎；青蒜切末。锅内放清水 2000 毫升，煮沸，放入鱼同煮，再加入绍酒、八角、花椒、酱油、精盐、木耳，待鱼煮熟入味时捞起，撇去浮沫，捞出八角、花椒，把鱼肉切成丁。将鸡蛋磕入碗内，搅打均匀，一边推动汤汁一边淋入烧开的汤锅内，加入味精，撒上青蒜末，用湿淀粉勾成琉璃芡即成汤卤。

（**质量控制点：**①按用料配方准确称量；②水沸后放入鱼，再加各种调味料；③汤沸时及时撇去浮沫，捞出八角、花椒。）

2. 粉团调制

面粉放入盆内，加清水及精盐先拌成面絮，再搋成匀透的软面团。将碱粉用水花开，手上带碱水将软面团搋透搋匀，盖上保鲜膜静置饧面 30 分钟。

（**质量控制点：**①按用料配方准确称量；②调制面团时，掺水量、水温应根据季节调节；③用碱量也要根据季节调整。）

3. 生坯成形

将面条遛顺，出条时根据顾客需要，拉面 6 ～ 8 扣，成粗细均匀的面条（详见福山拉面）。

（**质量控制点：**①要有一定的抻面基本功；②面条必须遛顺；③出条扣数根据顾客对面条粗细的需要。）

4. 生坯熟制

将拉好的面条下入沸水锅，再沸后即捞出盛碗内。将汤卤浇到面条碗内，撒上鱼肉丁即成。

（**质量控制点：**①旺火沸水下锅；②面条煮制时间很短即要捞出。）

七、评价指标（表 2-52）

表 2-52　蓬莱小面评价指标

品名	指标	标准	分值
蓬莱小面	色泽	面条呈玉色，汤卤色泽丰富多彩	10
	形态	碗装，面条匀细	30
	质感	面条柔韧爽滑	20
	口味	卤鲜味美	30
	大小	重约 450 克	10
	总分		100

八、思考题

1. 如何调制蓬莱小面的汤卤？
2. 制作蓬莱小面汤卤时勾芡的作用是什么？

名点 53. 福山拉面（山东名点）

一、品种简介

福山拉面是山东风味小吃，又叫福山大面，源于福山县，用拉面（又称抻面）的技法制作而成，故名。福山拉面创制于明代，是我国面食制作中的独特技法之一，明人宋诩在《宋氏养生部》中便有记载，在胶东一带盛行，是民间和餐饮业普遍制作的面食。一般拉面有扁条、圆条、三棱条以及空心面。出条时，对折一次向外拉长称为“一扣”，对折 n 次向外拉长称为“n 扣”，那么出的条数为 2n，n 越大面条越细，这就形成了不同规格的拉面。面卤分大卤、温卤、炸酱、三鲜、清汤、烩勺等十几个品种，条形与面卤的配制有一定的讲究，一般浓汁配粗条、清汁配细条、炸酱配扁条。拉面具有可粗可细、可厚可薄，配以各种汤卤，食之面条有筋、卤香味美的特点。

二、制作原理

冷水面团的成团原理见本章第一节。

三、熟制方法

煮。

四、原料配方（以 3 碗计）

坯料：中筋面粉（筋力偏强）500 克，碱粉 1 克，精盐 2 克，清水 325 毫升。

五、工艺流程（图 2–55）

面粉、精盐、碱粉、清水→软面团→饧制→遛条→抻条→煮制→装碗（调味）

图 2–55　福山拉面工艺流程

六、制作方法

1. 和面

将盐、碱分别用水化开。再把面粉放入盆内，加适量水（水温：冬季 50℃，春秋季 35℃，夏季使用冷水）及盐水先拌成面絮，再搋成匀透的软面团。然后再加碱水（再留 3 毫升碱水），把面搋匀，需要五搋六饧。

（**质量控制点：**①按用料配方准确称量；②要选择合适的面粉品种；③调制面团时先掺水搋面再加碱水，一定要搋透；④面团要搋一次饧一次。）

2. 遛条

取出和好的面，放在案板上揉匀，搓成长条面坯，在面坯表面抹上余下的碱水。然后抓握住面的两端，在案板上摔打，使之啪啪作响，并把条对折（可通过缠绕），再摔打再对折，操作七八次，使经摔打后整理的面能顺筋并粗细均匀，以便于拉抻。如拉扁条则须用手把整好的面坯压扁，撒上面扑。

（**质量控制点：**①要有抻面基本功；②遛条时两手用力要协调均匀，以防拉面断或粗细不均匀；③遛至面条顺筋。）

3. 出条

把已遛好条的面坯对折，抓住两端均匀用力，上下抖动向外拉抻，将条逐渐拉长，一般拉约 116 厘米长，再把面条对折，抓住两端再次抻拉。根据所需的粗细、扁宽，反复对折拉抻。

（**质量控制点：**①出条时两手用力要协调均匀，以防拉面断或粗细不均匀；②为防止面条之间粘连，每拉一次均要在面条上撒上面粉，或在撒有面粉的案板上滚一下；③出条不能停顿。）

4. 生坯熟制

把面拉好后，两手捏去面头，顺势把面条投入沸水锅中，再开锅后面条翻起第一滚时，用长竹筷把面条翻 4 ～ 5 次，立即用大漏勺捞出（整个煮面时间约 1 分钟，煮细条的时间还可短些），切忌加凉水，并防止煮得太软，避免粘住不成条。

把捞出的面条放入冷水盆里，使面条挺身，以免粘连，然后再用漏勺捞出放沸水锅里过一下，分别盛入碗内，按个人爱好加汤卤。

（**质量控制点：**①旺火沸水下面条，切忌加凉水；②煮面时间要根据面条粗细来定；③出锅后用凉水浸凉，装碗前在沸水锅中烫一下。）

七、评价指标（表 2-53）

表 2-53 福山拉面评价指标

品名	指标	标准	分值
福山拉面	色泽	面呈玉色，汤卤色彩丰富	10
	形态	碗装，粗细均匀，条条分清	40
	质感	面条柔韧爽滑	20
	口味	卤香味美	20
	大小	重约 450 克	10
	总分		100

八、思考题

1. 为什么福山拉面在和面时先加盐水后加入碱水？
2. 福山拉面和面、遛条、出条的要点各是什么？

名点 54. Biangbiang 面（陕西名点）

一、品种简介

Biangbiang 面是陕西著名风味小吃，因为在做这种面时会发出 biáng biáng 的声音，Biáng biáng 面因此得名。“Biang”字为文化造字，传为一无名秀才所造。

据说一位贫困潦倒的秀才路过咸阳一家面馆时，饥肠辘辘，听见里面“Biáng—biáng—”之声不绝，走进看见红黄绿白、色香俱全的裤带宽面条，煞是馋人，秀才要了一碗吃得酣畅淋漓，因无钱付账，只好求店家以书代之。秀才触景生情，一边写一边歌道：“一点飞上天，黄河两边弯；八字大张口，言字往里走，左一扭，右一扭；西一长，东一长，中间加个马大王；心字底，月字旁，留个勾搭挂麻糖；推了车车走咸阳。”一个字，写尽了山川地理，世态炎凉。从此，“Biangbiang 面”名传遍关中。此品是以拉出的宽面条煮熟后放在碗中，加上臊子、调味品、配料，浇上油泼辣子而成，具有色泽鲜艳、柔韧光滑、酸辣香鲜的特点。关中民谚云：“油泼辣子 Biangbiang 面，越吃越美赛神仙。”关中百姓喜爱、嗜食 Biangbiang 面的程度由此可见一斑。

二、制作原理

冷水面团的成团原理本章见本章第一节。

Biangbiang 面

三、熟制方法

煮。

四、用料配方（以 4 碗计）

1. 坯料

中筋面粉 500 克，精盐 8 克，清水 280 毫升。

2. 调配料

猪五花肉 100 克，西红柿 100 克，鸡蛋液 50 毫升，青菜 80 克，黄豆芽 60 克，葱花 40 克，姜末 10 克，酱油 15 克，盐 17 克，红醋 40 毫升，五香粉 5 克，细辣椒面 20 克，味精 4 克，菜籽油 140 毫升。

3. 辅料

色拉油 20 毫升。

五、工艺流程（图 2-56）

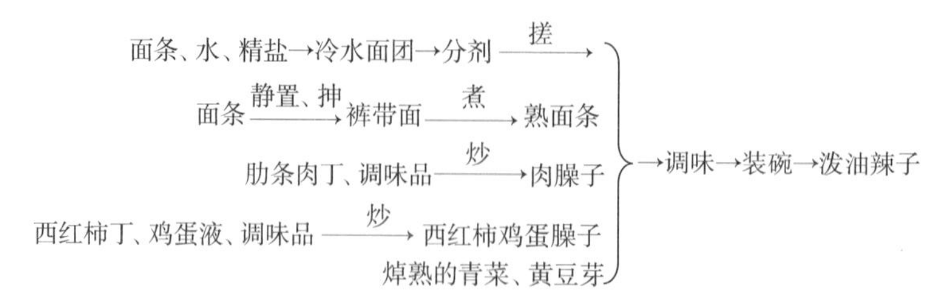

图 2-56　Biangbiang 面工艺流程

六、制作程序

1. 面团调制

将面粉放入面盆中，加入精盐、200 毫升清水拌成麦穗状，揉成硬面团，再带水揉成软面团，盖上湿布饧 20 分钟。再将面团揉成长条，分成 8 根 15 厘米长的条，排放在不锈钢方盆中刷上色拉油，盖上保鲜膜饧制 1 小时。

（**质量控制点：**①面团要调得稍软；②面条饧的时间要长。）

2. 加工臊子

将猪五花肉切成 0.4 厘米见方的丁；西红柿切成 1 厘米见方的丁；青菜、绿豆芽择洗干净；鸡蛋液打在碗里待用。

将炒锅内放入 30 毫升菜籽油，旺火烧热，加入五花肉丁煸炒出油，依次加入 10 克葱花、5 克姜末起香，再放入 5 毫升酱油、1 克精盐、五香粉搅拌，使之入味均匀，即成肉臊子。

将炒锅内放入 30 毫升菜籽油，旺火烧热，加入鸡蛋液炒熟，依次加入西红柿丁、10 克葱花、5 克姜末、2 克精盐搅拌，使之入味均匀，即成西红柿鸡蛋臊子。

（**质量控制点：**①肉丁要煸出油；②西红柿炒蛋时间不宜长。）

3. 生坯成形、熟制

大锅上火把水烧开；取 1 根面条，用擀面杖擀成 8 厘米 ×30 厘米的长条，顺长中间压薄，一手拿住面条的一头抻长，把右手的一头交到左手，右手食指、中指伸入面条中间弯折处，两手分开徐徐向外抻拉，随即在案上上下弹，发出“Biangbiang”的声音，把抻好的面条从中间一分为二，放入锅中煮制。余下的面条依法制作。

锅中水再次煮开后点冷水养一养，又一次煮开后放入青菜、黄豆芽煮开即好。

（**质量控制点：**①煮锅要大、汤要多；②煮制的时间要根据裤带面的厚薄；③青菜、黄豆芽一烫即好。）

4. 装碗

将余下的精盐、酱油和味精平均放在四只大碗中，放入煮熟的宽面条、青菜、黄豆芽，碗边舀入肉臊子和西红柿鸡蛋臊子，中间放上余下的葱花和细辣椒面，将余下的菜籽油倒入锅中烧至七成热，浇在葱花和细辣椒面上面，发出“刺啦”的声响，倒入红醋即成。

（**质量控制点：**①菜籽油加热的温度要合适；②辣椒面的多少根据客人的口味放。）

七、评价指标（表 2–54）

表 2–54　Biangbiang 面评价指标

品名	指标	标准	分值
Biangbiang 面	色泽	面条呈玉色，汤红菜艳	10
	形态	大碗装	30
	质感	面条筋韧爽滑	30
	口味	酸辣鲜香	20
	大小	重约 400 克	10
	总分		100

八、思考题

1. 民间流传的“Biang”字的来历是什么？
2. 为什么制作裤带面的面条饧制的时间要长？

名点 55. 三原金线油塔（陕西名点）

一、品种简介

三原金线油塔是陕西三原地区的风味小吃，原名千层油饼，相传起源于唐代，原名“油塌”。到了清代末年，三原县的面点师在继承唐代“油塌”技艺的基础上不断创新，改饼状为塔状，改烙为蒸，名称也由“油塌”改为“金线油塔”，因其层多丝细，提起似金线，落下似松塔而得名。此品是以冷水面团擀皮，卷入调过味的板油泥，切丝盘绕成塔形经蒸制而成，具有形如塔状，层多丝细，丝如金线，软韧香滑的特点。

二、制作原理

冷水面团的成团原理见本章第一节。

三、熟制方法

蒸。

四、用料配方（以 20 只计）

1. 坯料

中筋面粉 500 克，微温水（春季、秋季）270 毫升，精盐 3 克。

2. 调辅料

猪板油 300 克，五香粉 3 克，精盐 5 克，色拉油 20 毫升。

五、工艺流程（图 2-57）

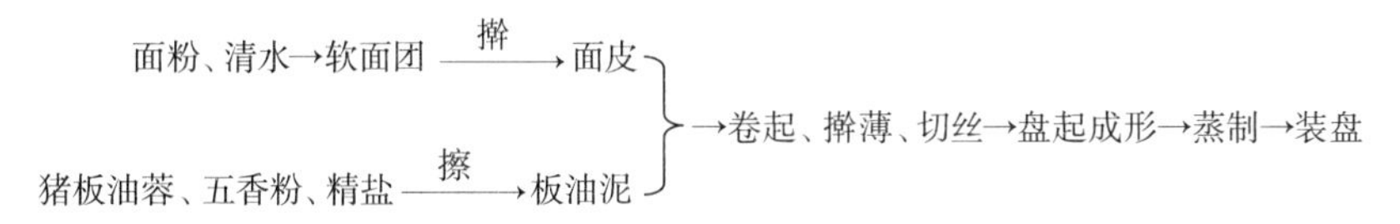

图 2-57　三原金线油塔工艺流程

六、制作程序

1. 面团调制

将 500 克面粉放在面盆中加入微温水和精盐拌匀，揉成光滑的面团，用保鲜膜包好饧制 30 分钟。

（**质量控制点：**①不同季节水温不同；②面团不宜太硬或太软；③面团要饧足。）

2. 调辅料制作

将猪板油撕去油膜剁成油泥，与五香粉、精盐揉擦均匀成板油泥。

（**质量控制点：**①板油要剁细；②五香粉不宜放太多。）

3. 生坯成形

将面团擀成厚约 0.8 厘米的长方形面片，涂上板油泥抹平，然后将面片卷成筒状，用手掌将其压扁成厚 1.5 厘米，表面抹上色拉油，切成长 15 厘米的厚片，将这些面片摞起来，包上保鲜膜饧制 1 小时。

取一块面片，将其压成厚 0.6 厘米的大片，顺长向切成宽约 3.3 毫米的细条。将一部分细丝顺长拢在一起，用手手掌扭捏拉成粗条，其他同法操作，每条抹上色拉油、包上保鲜膜再饧制 30 分钟。

拿出一条，将其拽长捋细，再压扁，抻卷成圆柱形（约 50 克），捏成塔形放入蒸笼内，共制 20 个油塔生坯。

（**质量控制点：**①面坯要饧足再继续操作；②切的条要粗细均匀。）

4. 生坯熟制

将装有生坯的蒸笼上蒸锅旺火蒸约 15 分钟成熟，取出装盘。吃时用筷子夹住略抖使其松散，放在盘里，配以葱段、甜面酱食用，可使其风味更佳。

（**质量控制点：**①旺火足气蒸；②油塔要趁热抖散。）

七、评价指标（表 2-55）

表 2-55　三原金线油塔评价指标

品名	指标	标准	分值
三原金线油塔	色泽	淡黄色	10
	形态	塔形，层多丝细	40
	质感	软韧香滑	20
	口味	咸香	20
	大小	重约 40 克	10
	总分		100

八、思考题

1. 为什么用冷水软面团制作三原金线油塔？
2. 三原金线油塔在制作过程中面坯为什么要多次饧制？

名点 56. 油泼箸头面（陕西名点）

一、品种简介

油泼箸头面是陕西风味小吃，原名香棍面，据传其在西安流行已有 200 多年的历史，清朝时期，西大街桥梓口有一家面店，专营这一品种，为满族人所嗜食，因其面条似筷子头粗细而得名。此品是将抻拉出的粗面条煮熟，放上熟蔬菜、调味品后用烧辣的菜籽油泼在辣椒面上而成，具有面条粗细均匀，光滑筋道，柔韧耐嚼，香辣酸爽的特点。

二、制作原理

冷水面团的成团原理见本章第一节。

三、熟制方法

煮。

四、用料配方（以 5 碗计）

1. 坯料

面粉 500 克，精盐 8 克，微温水 280 毫升。

2. 调配料

青菜叶 100 克，精盐 15 克，熬制酱油 80 毫升，熬制醋 80 毫升，辣椒面 25 克，菜籽油 125 毫升。

五、工艺流程（图 2−58）

面粉、水、盐 —揉→ 冷水面团 —揪→ 面剂 —搓→ 面条 —抻→ 箸面 —煮→ 熟面条
烧辣菜籽油
精盐、熬制酱油、熬制醋、青菜叶、辣椒面
→成品

图 2−58　油泼箸头面工艺流程

六、制作程序

1. 面团调制

将精盐用微温水化开，把面粉放在面盆中，中间扒一个塘，陆续加入盐水，先搓成面絮，再揉成面团，然后蘸水调软揉成光滑的面团。

（**质量控制点：**①水温随季节变化；②面团的硬度要恰当；③夏天可加少量食碱。）

2. 生坯成形

将面团搓条，揪成重 150 克的面剂，再搓成条，抹上油，摆放整齐，盖上湿布，待回饧后备用。

取面剂先搓成长约 26 厘米的条，再拉至长约 50 厘米，抹上油，排放整齐，盖上湿布饧 30 分钟。

将饧好的面条搓成长条，用两手捏住两头，徐徐向外抻拉，随即在案上一弹，两臂张开抻长。然后将右手是面头交给左手，用左手将面的两头捏住提起，右手食指、中指伸入面条中间弯折处，两手分开徐徐向外抻拉，随即在案上一弹，再把右手食指、中指所挂的面条扣在左手的中指上，右手食指、中指伸入面条中间弯折处，再左右向外抻拉，如此反复 2 ～ 3 次，即成粗细如筷子头的箸面。

（**质量控制点：**①面条抻拉前要饧透；②抻面需要基本功和技巧。）

3. 生坯成熟

将抻好的箸面随手投入开水锅中，用旺火煮熟。先在碗内放适量的精盐、熬制酱油、熬制醋，再捞入面条拌匀，将青菜叶洗净放在上面，加上辣椒面，将菜籽油烧至九成热时，泼在辣椒面上即成，同法再做四份。

（**质量控制点：**①面条煮至断生；②酱油和食醋都要加香料、水熬制；③菜籽油温度要高；④辣椒面根据口味要求增减。）

七、评价指标（表 2–56）

表 2–56　油泼箸头面评价指标

品名	指标	标准	分值
油泼箸头面	色泽	面条微黄色，调味料酱红	10
	形态	碗装，面条粗细均匀	30
	质感	光滑筋道，柔韧耐嚼	30
	口味	香辣酸爽	20
	大小	重约 250 克	10
	总分		100

八、思考题

1. 调制冷水面团的水温一年四季如何变化？
2. 油泼辣椒面的时候油的温度为什么要高？

名点 57. 黄桂柿子饼（陕西名点）

一、品种简介

黄桂柿子饼又叫水晶柿子饼，是西安的风味小吃。相传，1644 年李自成在西安称王，随即进京。当时，关中正逢灾荒，粮食短缺，临潼百姓就用熟透的火晶柿子拌面粉烙成柿面饼，供士兵在路上食用，由此产生了该点。临潼产的“火晶柿子”的特点是果皮、果肉橙红色或鲜红色，果实小、果粉多、无核、肉质致密、多汁，品质极好。该品是以火晶柿子肉糊与面粉调成的面皮包上黄桂糖馅煎制而成，具有色泽橙红、圆饼精致、外脆内软、柿桂香甜的特点。

二、制作原理

柿子糊面团的成团原理见本章第一节。

三、熟制方法

煎。

四、用料配方（以 20 只计）

1. 坯料

面粉 600 克，临潼火晶柿子 500 克。

2. 馅料

白砂糖 125 克，熟面粉 125 克，黄桂酱 20 克，玫瑰酱 20 克，熟核桃仁 100 克，青红丝 10 克，猪板油蓉 35 克。

3. 辅料

面粉 100 克（面扑），菜籽油 200 毫升。

五、工艺流程（图 2-59）

面粉、柿子浆→软面团→柿子面→下剂→按皮
熟面粉、白砂糖、熟核桃仁粒、青红丝粒、
黄桂酱、玫瑰酱、板油茸→糖馅
→成形→煎制→装盘

图 2-59　黄桂柿子饼工艺流程

六、制作程序

1. 馅心调制

将熟核桃仁、青红丝分别切粒。

将熟面粉、白砂糖、熟核桃仁粒、青红丝粒、黄桂酱、玫瑰酱、板油蓉拌匀擦透，即为黄桂糖馅。

（**质量控制点：**①板油蓉要与其他原料擦匀看不见颗粒；②熟核桃仁颗粒不宜大。）

2. 面团调制

将面粉放案板上，中间扒一个窝，柿子去蒂、揭皮后用罗网过滤成柿子浆，再用手将面粉与柿子浆搓揉成软面团即为柿子面。

（**质量控制点：**①面团的硬度要合适；②面团要调匀揉透。）

3. 生坯成形

案板上撒上面扑，将柿子面搓条下成 20 个剂子，分别将剂子按扁包入馅心，收口成圆球状的生坯。

（**质量控制点：**生坯四周的面皮厚薄均匀，馅心居中。）

4. 生坯熟制

在平底锅中加入菜籽油烧热，将生坯收口向下放在平底锅中煎制，待底面变黄时，翻面压成扁圆形，下面又煎成黄色后再翻面，待两面火色均匀成熟即可。

（**质量控制点：**①收口放在下面；②翻面时顺势将坯压扁。）

七、评价指标（表 2–57）

表 2–57　黄桂柿子饼评价指标

品名	指标	标准	分值
黄桂柿子饼	色泽	橙红	10
	形态	圆饼形	40
	质感	外脆内软	20
	口味	香甜	20
	大小	重约 75 克	10
	总分		100

八、思考题

1. 板油茸在黄桂糖馅中的作用是什么？
2. 黄桂柿子饼的生坯为什么一般是在煎的过程中压成饼状？

名点 58. 兰州牛肉面（甘肃名点）

一、品种简介

兰州牛肉面是甘肃风味小吃，最早始于清嘉庆年间，甘肃东乡族人马六七在河南省怀庆府苏寨村（现河南博爱县境内）国子监太学生陈维精处学习小车牛肉老汤面制作工艺后带到兰州，经陈氏后人陈和声、回族厨师马保子等人的创新、改良后，以“一清（汤）、二白（萝卜）、三绿（香菜和蒜苗）、四红（辣子）、五黄（面条黄亮）”统一了兰州牛肉面的标准，并被国家确定为中式三大快餐试点推广品种之一，被誉为“中华第一面”。此品是将面粉、水、拉面剂按一定的方法调成面团，经过遛条后抻成所需要的面条，煮熟后浇上牛肉汤和放入调配料制作而成，具有面条粗细均匀、光滑筋道、汤清肉香、香辣鲜爽的特点。面条的形态有：二柱子、二细、三细、细、毛细、大宽、薄宽、韭叶子、荞麦棱子、一窝丝等，根据顾客需要而定制。

二、制作原理

冷水面团的成团原理见本章第一节。

三、熟制方法

煮。

四、用料配方（以 5 碗计）

1. 坯料

面粉 1000 克，微温水（春季、秋季）530 毫升，食盐 8 克，蓬灰水[1]15 毫升。

2. 汤料

牦牛肉 500 克，草鸡 200 克，牛肝 100 克，牦牛棒骨 1000 克，温水 5000 毫升，萝卜 75 克，香料（袋）200 克，生姜 50 克，葱段 50 克。

3. 调料

香菜 25 克，蒜苗 25 克，食盐 18 克，味精 5 克，鸡精 10 克，香料粉 10 克，油辣子 100 克。

4. 辅料

豆油 20 毫升。

五、工艺流程（图 2-60）

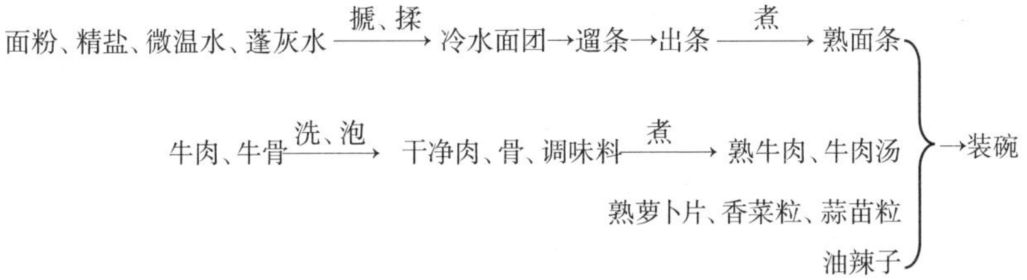

面粉、精盐、微温水、蓬灰水 —搋、揉→ 冷水面团→遛条→出条 —煮→ 熟面条

牛肉、牛骨 —洗、泡→ 干净肉、骨、调味料 —煮→ 熟牛肉、牛肉汤

熟萝卜片、香菜粒、蒜苗粒

油辣子

（以上四项）→装碗

图 2-60　兰州牛肉面工艺流程

六、制法程序

1. 牛肉煮制

将牦牛肉、牦牛棒骨洗净，放入清水中浸泡 4 小时捞出，血水留用，肉、骨放入 5000 毫升温水锅内，用大火烧沸，撇去浮沫，加拍松的生姜、葱段，用大火烧开、小火煮约 6 小时，熟透后将肉捞出晾凉后部分切成大肉丁，卤成酱肉丁；余下的切成牛肉片。

牛肝切小块放入另一锅里煮熟后澄清备用；萝卜洗净切成片煮熟；蒜苗切粒、香菜切粒待用。

[1] 蓬灰水，用蓬灰溶解的水，蓬灰主产于西北，系戈壁荒原上所产的一种碱蓬草，干后放入坑中，用火烧之，析出一种液体凝结于坑底，即为蓬灰，呈不规则块状，灰色或灰绿色，与碱的用途相同。西北人多用以制作面食，如制抻面、饼子等，除中和味酸，并具较浓的碱香。拉面剂的主要成分就是蓬灰。

（**质量控制点：**小火长时间将牛肉、牛骨煮烂。）

2. 牛肉汤熬制

将煮肉和骨头的汤撇出浮油待用；分次加入泡肉、骨的血水，用小火烧沸，撇去浮沫澄清。再将清澄的牛肝汤倒入少许，烧开除沫。

取澄清的牛肉汤2000毫升，加入盐、味精、鸡精调味。香料粉用水调开，倒入牛肉汤中搅匀，放入熟萝卜片和撇出的浮油，大火烧开即可。

（**质量控制点：**①用泡出的血水吊汤；②香料包、香料粉的配方是熬汤的关键。）

3. 面团调制

面粉加精盐、500毫升微温水拌成絮状，手上带水反复搋、叠均匀成团，再淋上蓬灰水搋揉，讲究“三遍水，三遍灰，九九八十一遍揉”。搋揉均匀后抹上油，盖上保鲜膜饧30分钟。

（**质量控制点：**①要选择合适的面粉；②面团的硬度要恰当；③采用搋揉的调制面团方法；④要搋匀揉透；⑤不同室温面团饧的时间不一样。）

4. 生坯成形

面团饧后进行遛条，先将大团软面反复捣、揉、抻、摔后，将面团放在面板上，用两手握住条的两端抻拉，抬起在案板上用力摔打。条拉长后，两端对折，继续握住两端抻拉、摔打，反复多次，业内称其为顺筋。然后搓成长条，揪成粗5厘米、长20厘米的圆条（约250克重），抹上油盖上保鲜膜。

取一段圆条手握两端，两臂均匀用力加速向外抻拉，然后把左手的面头夹在左手食指和中指之间，把右手的面头夹在左手中指和无名指之间，另一只手的中指朝下勾住面条的中端，手心上翻，使面条形成绞索状，同时两手往两边抻拉。面条拉长后，再把右手勾住的一端套在左手中指上，右手勾住面条的中端继续抻拉。抻拉时速度要快，用力要均匀，如此反复，每次对折称为一扣（一般二细为7扣）。拉到最后，双手上下抖动几次，则面条柔韧绵长，粗细均匀。

（**质量控制点：**①遛条、出条都需要基本功，需要训练；②抻面时用力要均匀、动作要迅速。）

5. 生坯熟制

抻拉均匀的面条截去左手的面头，将面条扔到大沸水锅中稍煮断生后捞入碗内，浇上肉汤和熟萝卜片，放入牛肉丁、撒上香菜粒、蒜苗粒及油辣子即成。依此法制作5碗。

（**质量控制点：**①煮制时间不宜长；②顾客按需调味。）

七、评价指标（表 2–58）

表 2–58　兰州牛肉面评价指标

品名	指标	标准	分值
兰州牛肉面	色泽	面黄汤清，调配料色彩丰富	10
	形态	碗装（面条粗细均匀）	40
	质感	筋韧软滑	20
	口味	香辣鲜爽	20
	大小	重约 600 克	10
	总分		100

八、思考题

1. 熬制牛肉汤时加入泡牛肉和骨头的血水的作用是什么？
2. 拉面遛条的方法是什么？

名点 59. 爆炒面（新疆名点）

一、品种简介

爆炒面是新疆风味小吃，是新疆维吾尔族特色风味主食。因面的形态不同，如丁、片、段等，又冠以不同的名称，如将面拉成粗条后改刀成小丁煮熟爆炒，就叫爆炒丁丁面；将面揪成指甲盖大小的片，煮熟爆炒即叫爆炒蝴蝶面。这里介绍的是将冷水面团拉成粗条后改刀成寸长小段煮熟再与羊肉丝、辣椒丝等爆炒的，叫爆炒炮杖子。成品具有色彩丰富，面段爽滑筋道，羊肉鲜嫩味香的特点。

二、制作原理

冷水面团的成团原理见本章第一节。

三、熟制方法

煮、炒。

四、用料配方（以 1 大份计）

1. 坯料

面粉 200 克，精盐 3 克，清水 110 毫升。

2. 调配料

羊肉 120 克，菠菜 75 克，辣椒 50 克，西红柿 50 克，葱花 20 克，蒜末 5 克，花椒面2克，酱油15毫升，精盐5克，香醋5毫升，味精2克。

3. 辅料

清油100毫升。

五、工艺流程（图2-61）

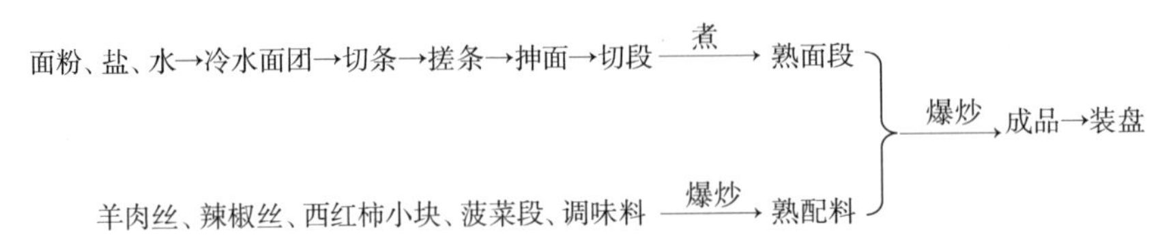

图2-61　爆炒面工艺流程

六、制作程序

1. 面团调制

将面粉放在面盆中，放入精盐和清水先调成面絮，再揉成光滑的面团，盖上湿布饧面15分钟。

（**质量控制点：**面团要饧透。）

2. 生坯熟制

将面团擀成长方形厚1厘米的大片，全部切成1厘米见方的长条搓圆，抹上色拉油饧30分钟，将每根抻拉成均匀的细条。切成长3.3厘米的段，然后下入沸水锅中煮至断生，捞出放凉水中浸凉，再沥干水分待用。

（**质量控制点：**①搓条后要饧制；②煮至断生。）

3. 配料加工

将羊肉切成丝；菠菜洗净，切成段；辣椒去蒂，去籽，洗净，切丝；西红柿洗净，切小块待用。

（**质量控制点：**西红柿的块不宜太大。）

4. 成品制作

锅内加入清油烧热，放入羊肉丝煸炒至变色，放入葱花、蒜末、花椒面续煸，再加入辣椒丝、西红柿小块翻炒，放入酱油、精盐调味翻拌，接着加菠菜段和煮熟的面段炒匀，加入香醋、味精调味，翻匀即成。

（**质量控制点：**①旺火爆炒；②配料、调料的投放顺序不能错。）

七、评价指标（表 2–59）

表 2–59　爆炒面评价指标

品名	指标	标准	分值
爆炒面	色泽	面条酱黄，调配料色彩丰富	10
	形态	盘装（面段）	40
	质感	面条爽滑筋道，配料软嫩	20
	口味	鲜香	20
	大小	重约 700 克	10
	总分		100

八、思考题

1. 采用爆炒的成熟方法成熟成品有什么特色？
2. 面条抻之前为什么要饧制？

名点 60. 烤包子（新疆名点）

一、品种简介

烤包子是新疆风味小吃，维吾尔语叫“沙木萨”，是维吾尔族人喜爱的传统食品，是逢年过节，招待亲朋好友的佳品，也常用来作为红白喜事时互相馈赠的礼品。在新疆广大城乡巴扎（集市、农贸市场）的饭馆、食摊随处可见。此品是采用冷水面皮包上羊肉丁、皮牙子（新疆洋葱）、精盐、胡椒粉、孜然粉等调制而成的馅心，在馕坑里烤制而成，具有色泽黄亮、皮脆肉嫩，味鲜油香的特点。

二、制作原理

冷水面团的成团原理见本章第一节。

三、熟制方法

烘烤。

四、用料配方（以 18 只计）

1. 坯料

面粉 250 克，精盐 3 克，水 135 毫升。

2. 馅料

羊后腿肉 220 克，羊尾巴油 80 克，洋葱 200 克，黑胡椒粉 5 克，孜然粉 10 克，精盐 7 克，花椒水 30 毫升，清油 20 毫升。

3. 辅料

鸡蛋液 20 克。

五、工艺流程（图 2-62）

面粉、盐、水→冷水面团→饧制→搓条→下剂→制皮 }
羊肉丁、花椒水、调味品→调味羊肉丁、洋葱丁、清油→馅心 } →包馅→成形→烘烤→装盘

图 2-62　烤包子工艺流程

六、制作程序

1. 馅心调制

将羊后腿肉、羊尾巴油分别切成筷头大的小丁，放在容器内加上精盐搅拌，然后将花椒水分次搅入羊肉丁里，搅至黏稠，加入黑胡椒粉、孜然粉拌匀。将洋葱头去皮，洗净，切成小丁，加入搅好的羊肉丁中，加入清油拌成馅心。

（**质量控制点：**①羊肉肥瘦比例要恰当；②羊肉与洋葱的比例也要恰当。）

2. 面团调制

将面粉放在面盆中，放入精盐和清水先调成面絮，再揉成光滑的面团，盖上湿布饧面 20 分钟。

（**质量控制点：**面团的硬度要合适。）

3. 生坯成形

将饧好的面团搓成长条，揪成 18 个面剂子，分别将每个面剂子按扁，用面杖擀成圆形直径 12 厘米的薄皮。

将薄皮放在案板上，边上刷上蛋液，中间放入馅心，将对称的两边先对折起来，在把另两边对折起来，像“叠被子”一样，形成长方形的包子生坯。

（**质量控制点：**①圆皮要薄；②长方形要规则。）

4. 生坯熟制

馕坑烧热，向壁上洒上水，将包子生坯沾上水贴在馕坑里，再向生坯上洒一些水，盖上盖烤 15 分钟成熟，装盘。

（**质量控制点：**①控制好火力；②贴上生坯后要洒上水、盖上盖。）

七、评价指标（表 2–60）

表 2–60 烤包子评价指标

品名	指标	标准	分值
烤包子	色泽	色泽黄亮	10
	形态	长方体形	40
	质感	皮脆肉嫩	20
	口味	鲜咸油香	20
	大小	重约 50 克	10
	总分		100

八、思考题

1. 调制馅心时，为什么羊肉中要加入一定量的羊尾巴油？
2. 生坯贴入馕坑后为什么要洒水、盖上盖？

名点 61. 油馓子（新疆名点）

一、品种简介

油馓子是新疆风味小吃，在古尔邦节和肉孜节时，馓子是必不可少的招待客人，馈赠邻里的食品。油馓子是用红花椒、红葱皮等原料熬成的水和适量的鸡蛋、精盐、清油和面，然后反复揉搓、饧制，搓成粗细均匀的条，缠成环状，用长筷撑住放入油锅炸成一定造型的棕黄色成品，具有油馓子色泽金黄、酥脆香咸，油香味浓的特点。

二、制作原理

冷水面团的成团原理见本章第一节。

三、熟制方法

炸。

四、用料配方（以 4 份计）

1. 坯料

面粉 250 克，鸡蛋液 30 克，清水 150 毫升，红花椒 10 克，精盐 4 克，红洋葱丝20克，清油15毫升。

2. 辅料

清油2000毫升。

五、工艺流程（图2-63）

红花椒、红洋葱丝、清水 —煮→ 花椒水、盐、鸡蛋液、清油、面粉→冷水面团→饧制→分坯→饧制→搓条→缠绕→撑炸定型→成熟→沥油→装盘

图2-63 油馓子工艺流程

六、制作程序

1. 初加工

把红花椒、红洋葱丝和清水放入锅中小火煮15分钟后捞出花椒、洋葱丝，留下约105毫升干净的花椒水晾至30℃左右。

（**质量控制点：**不同季节水温应有所不同。）

2. 面团调制

将面粉放入面盆中，加入花椒水、精盐、鸡蛋液、清油先调成面絮，再揉匀揉透，盖上湿布饧制20分钟；再揉一次，再饧制10分钟。

（**质量控制点：**①面团的硬度要合适；②面团要揉透饧足。）

3. 生坯成形

将饧好的面团搓条，切成4个剂子。依次把所有剂子揉圆压扁，抹上清油再饧制15分钟。

取1只面剂子，从中间掏个洞出来，然后用双手从小洞中间不断搓动，让小剂子扩张成一个封闭的圆环。不断搓制，最后搓成5毫米粗细的细长条。

将搓好的细长条缠绕在左手上，层层盘绕，盘条成圈抻大、抻细，即成馓子生坯。

（**质量控制点：**①面条搓得粗细要均匀；②缠绕时要面条粗细也要均匀。）

4. 生坯熟制

锅中加油烧至五成热，用两根长筷子从里向外撑住馓子生坯，先将一头下油锅略炸，待面起小泡后提出，再将另一头略炸，待两头都略成形时，将馓子的中部入油锅中略炸一下，再将两头靠在一起折成扇形，抽出长筷子夹住至定型，翻面炸成金黄色即成，捞出沥油、装盘。

（**质量控制点：**①注意炸的先后顺序；②定型后要翻面炸均匀。）

七、评价指标（表 2-61）

表 2-61　油馓子评价指标

品名	指标	标准	分值
油馓子	色泽	金黄色	10
	形态	扇形（馓条匀细）	40
	质感	酥脆	20
	口味	香咸	20
	大小	重约 90 克	10
	总分		100

八、思考题

1. 面团中加入清油对油馓子的口感有什么影响？
2. 为什么说面团的软硬度对油馓子的成形很重要？

名点 62. 黄面（新疆名点）

一、品种简介

黄面是新疆风味小吃，又称凉面，属夏令风味小吃，因其呈黄色而得名。该品是在面粉中加入土碱水、蓬灰水、微温水和面，经遛条、出条后下沸水锅煮熟，用凉水冲洗控干拌油，拌以酱油、醋、蒜泥、辣椒油、调味汁等调料而成，具有面条金黄，爽滑筋道，卤多味浓，酸辣鲜香的特点。

二、制作原理

冷水面团的成团原理见本章第一节。

三、熟制方法

煮。

四、用料配方（以 3 碗计）

1. 坯料

面粉 500 克，土碱水 10 毫升，蓬灰水 15 毫升，食盐 5 克，清水 270 毫升。

2. 调配料

西葫芦 150 克，菠菜 50 克，鸡蛋 2 个，芹菜 50 克，辣椒粉 20 克，芝麻酱 15 克，醋 25 克，大蒜 25 克，精盐 10 克，菜籽油 75 克，湿淀粉 20 毫升。

3. 辅料

清油 50 毫升。

五、工艺流程（图 2-64）

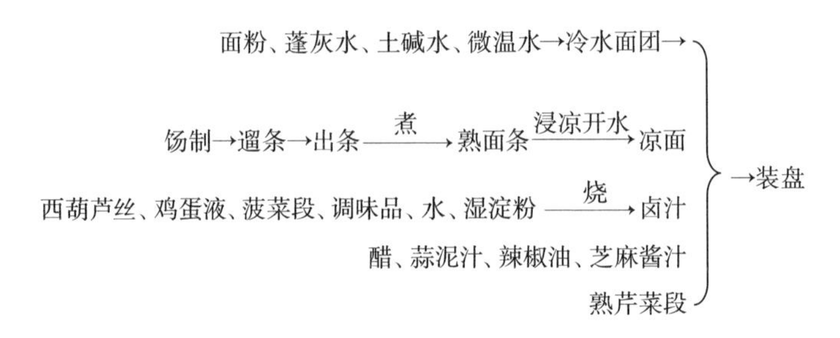

图 2-64　黄面工艺流程

六、制作程序

1. 调配料加工

（1）将西葫芦削去皮、去籽瓤、切成丝；菠菜摘洗干净切成段；芹菜去叶洗净切成段待用。

（2）将大蒜捣成泥，加凉开水稀释成蒜泥汁；芝麻酱加凉开水稀释成芝麻酱汁；锅内加菜籽油 40 毫升烧高热冲入辣椒粉中成辣椒油待用；在锅中加入余下菜籽油烧热加入芹菜段、1 克精盐炒熟待用。

（3）将锅中加 300 毫升清水旺火烧沸，加入西葫芦丝煮熟，加入余下的精盐、打入打散的鸡蛋液、下入菠菜段烧沸后用湿淀粉勾芡成卤汁。

（**质量控制点：**卤汁的口味要恰当。）

2. 面团调制

将面粉放入面盆中，加入土碱水、精盐、温水 250 毫升微先调成面絮，手上带水搋成面团，再加蓬灰水边搋边揉至面团光滑有拉力时，案板上抹上清油，放上面团盖上湿布饧 25 分钟。

（**质量控制点：**①调制面团采用搋、揉的方法；②用料比例要恰当；③饧的时间要足。）

3. 生坯熟制

将饧好的面先进行遛条，将面团放在面板上，用两手握住条的两端抻拉，抬起在案板上用力摔打。条拉长后，两端对折，继续握住两端抻拉、摔打，反复多次，业内称其为顺筋。

条遛好后进行出条，抻拉时速度要快，用力要均匀，每次对折称为一扣（一般为 7 扣）。拉到最后，双手上下抖动几次投入沸水锅中煮至断生，捞出，用凉开水浸凉沥干，倒入面盆中拌少许清油摊开。

（**质量控制点：**①条要遛到顺筋了；②出条时速度要快，用力要均匀；③面条煮至断生并浸凉拌油。）

4. 调味

食用时将黄面分装3盘，浇上卤汁，再调上醋、蒜泥汁、辣椒油、芝麻酱汁，并放上熟芹菜即成。

（**质量控制点：**调料根据客人需求投放。）

七、评价指标（表2–62）

表2–62 黄面评价指标

品名	指标	标准	分值
黄面	色泽	面条黄色	10
	形态	盘装（面条匀细）	40
	质感	爽滑筋道	20
	口味	微咸干香	20
	大小	重约250克	10
	总分		100

八、思考题

1. 面团中加入蓬灰水的作用是什么？
2. 将面团进行遛条的目的是什么？

以下介绍的是水调面团名点中的冷水面团名点的第三种——冷水稀面团，共有4款。

名点63. 葱包桧儿（浙江名点）

一、品种介绍

葱包桧儿是浙江杭州的风味小吃。传说杭州人民为了纪念岳飞，表示对奸臣秦桧的鄙视和憎恨，用面粉制成油条放入油锅里炸，隐指将奸臣油炸。油条冷了以后又软又韧，味道不佳，于是店主把烙熟的油炸桧同葱段卷入拌着甜面酱的春饼里，再用铁板压烙，便成了葱包桧儿，一直流传至今。葱包桧儿是采用冷水面团中的稀软面团制作的春饼卷油条、葱段、甜面酱经烙而成，具有甜、辣、香、脆的特点，几百年来深受百姓喜爱，多为街头小吃。

二、制作原理

冷水面团的成团原理见本章第一节。

三、熟制方法

烙。

四、用料配方（以 3 只计）

1. 坯料

春饼坯料：中筋面粉 100 克，清水 75 毫升，盐 1.5 克。

油条 3 根。

2. 调料

甜面酱 30 克，辣酱 20 克，米葱 50 克。

五、工艺流程（图 2–65）

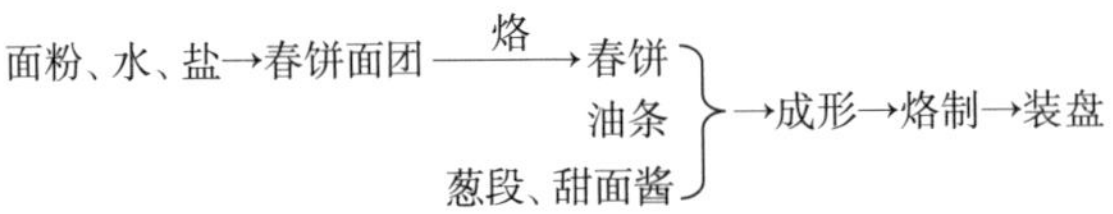

面粉、水、盐→春饼面团 —烙→ 春饼、油条、葱段、甜面酱 →成形→烙制→装盘

图 2–65　葱包桧儿工艺流程

六、制作程序

1. 面团调制

将面粉倒入小面盆内，加盐和清水调成稀软面团，盖上保鲜膜静置饧面。

（**质量控制点：**①稀软面团要搅匀、搅透、搅上劲；②要静置饧面。）

2. 生坯成形、熟制

取小平锅 1 只，置微火上。右手将稀软面团在平锅上蹭一个圆，烙成直径约 15 厘米、厚 0.2 厘米的圆形薄饼，3 ～ 5 秒后，待薄饼由玉色转成白色时，即用左手轻轻揭起，翻面略烘一下（约 1 秒）即成春饼。

平锅置中火上，将油条放在平锅内按扁，烙至略脆；将小葱洗净理直，沥干水，切成 1 寸左右的葱段，在平锅上烙扁至略黄；取春饼 3 张，边与边接叠成椭圆形，抹上甜面酱 10 克，放上烙好的葱段六七段和烙好的油条 1 根（对折），卷成筒状，再放入平锅内揿压，烙至春饼呈金黄色即成。如法再制作 2 张。如喜欢吃辣，在饼外层涂上辣酱，味更好。

（**质量控制点：**①春饼要烙得厚薄均匀；②葱段要先烙黄；③油条表面要先

烙脆。）

七、评价指标（表 2-63）

表 2-63　葱包桧儿评价指标

品名	指标	标准	分值
葱包桧儿	色泽	色泽金黄	10
	形态	筒状造型	40
	质感	外软韧、内酥软	20
	口味	甜辣香脆	20
	大小	重约 120 克	10
	总分		100

八、思考题

1. 请说出葱包桧儿这个浙江名点的来历？
2. 制作葱包桧儿时生坯成形前葱和油条如何加工？

名点 64. 拨鱼儿（山西名点）

一、品种简介

拨鱼儿是山西风味面食，又称剔尖、剔拨股，发源于山西运城、晋中等地，因其用竹筷将放在碗内的软面团拨制，入锅煮熟呈小鱼的形状，故得名。又因此面条呈两头尖，所以又称“剔尖”。太原一带及介休民间称剔尖为“八（拨）姑（股）”，并有李世民之堂妹八姑创此面食的传说。拨鱼儿具有悠久的历史，元代《居家必用事类全集》书中有“湿面食品……山药拨鱼”的记载。拨鱼儿煮熟后可浇上各种浇头和打卤汁，形成形如小鱼，爽滑劲道，口味鲜美的特点。现与刀削面、刀拨面、拉面并称山西四大面食。

二、制作原理

冷水面团的成团原理见本章第一节。

三、熟制方法

煮。

四、原料配方（以5份计）

坯料：面粉500克，绿豆粉30克，精盐5克，清水360毫升。

五、工艺流程（图2–66）

面粉、绿豆粉、精盐、清水→冷水面团→饧制→成形→煮制→装碗→调味

图2–66　拨鱼儿工艺流程

六、制作程序

1. 面团调制

将面粉、绿豆粉倒入面盆内，先用270毫升的水、精盐把面和起（水温是冬温、夏凉、春秋微温），再分次将余下的水分次扎入面内，双手搋匀，搋到盆光、手光、面光为止，用净布盖上，饧30分钟。

（**质量控制点：**①调制面团时分次加水，先和再搋；②面团要柔软；③面粉的筋力不同、季节不同，水量、水温应有所不同。）

2. 生坯成形与熟制

将一块面团放凹肚形盘中，蘸水拍光，左手执碗，倾斜在锅的侧上端；右手执一根特制的长约40厘米的一头削成三棱尖形的特制竹筷，在锅内沸水中蘸一下，紧贴在面团表面，顺盘边由里向外将面拨落入沸水锅内。拨出的面鱼长约10厘米，漂在沸水锅内，犹如一条条游动的小鱼，熟后捞入碗中，浇上各种浇头和打卤汁（可以是宽汤小块炖猪肉，也可以是炸酱或麻酱加菜）即成。

（**质量控制点：**①需要使用特制的筷子；②拨面鱼儿需要一定的基本功和技巧。）

七、评价指标（表2–64）

表2–64　拨鱼儿评价指标

品名	指标	标准	分值
拨鱼儿	色泽	玉色	10
	形态	小鱼形	40
	质感	爽滑劲道	20
	口味	按需调味	20
	大小	重约175克	10
	总分		100

八、思考题

1. 如何调制拨鱼儿的面团？
2. 为什么不同季节调制面团的水量、水温不同？

名点 65. 漏面（山西名点）

一、品种简介

漏面为山西风味面食，为晋中、晋东南部分地区人民的传统面食，在制作中为了增强面团筋力，可掺入适量精盐。此品是将用冷水调成的稀软面团倒入底部有小孔的葫芦瓢内漏入沸水锅而形成熟面条。此面形如粉条，自始一根，制法别致。具有面条光亮，食时软绵，柔滑而筋，清爽利口的特点。吃时可各种荤素浇头、打卤，也可做成炝锅面或汤面。

二、制作原理

冷水面团的成团原理见本章第一节。

三、熟制方法

煮。

四、原料配方（以 4 份计）

坯料：面粉 500 克，清水 450 毫升，精盐 8 克。

五、工艺流程（图 2-67）

面粉、清水、精盐→稠糊→装瓢漏入沸水中→成形、煮制→装碗

图 2-67　漏面工艺流程

六、制作程序

1. 面团调制

将面粉放入盆内，加入精盐，再加入 300 毫升水和成面团。再将剩余的水分别几次用手淋洒在面团上扎光扎净，直至面团成为有筋骨的稠糊状。

（**质量控制点：**①糊要调匀，不能有颗粒；②面团要搋上劲；③稠厚程度要恰当。）

2. 生坯成形与熟制

将面倒入一个特制的葫芦瓢内（瓢底有一个小孔）。吊置在锅的上方中央的

位置，锅内加水大火烧开，水沸后，拨开瓢底小孔塞，面如一根细丝顺流不停地漏入锅内，边漏边煮，边煮边捞直至漏完为止，煮熟装碗。

吃时可浇配各种荤素浇头，打卤。也可做成炝锅面或汤面。

（**质量控制点：**①瓢底孔的大小要合适；②煮至断生即可出锅；③吃法、调味多样。）

七、评价指标（表 2–65）

表 2–65 漏面评价指标

品名	指标	标准	分值
漏面	色泽	玉色	10
	形态	条形，一根面	40
	质感	柔滑而劲道	20
	口味	按需调味	20
	大小	重约 200 克	10
	总分		100

八、思考题

1. 面糊中加入精盐的作用是什么？
2. 如何将面粉调成有筋骨的稠糊？

名点 66. 蒙古馅饼（内蒙古名点）

一、品种简介

蒙古馅饼是内蒙古风味小吃。它是用面粉、清水和成软面团，包上牛（羊）肉馅烙制而成的。成品具有形如铜锣，两面金黄，皮薄透明，馅嫩鲜美的特点。明朝末年，蒙古族蒙郭勒津部落在辽宁阜新地区定居下来，饮食逐渐由肉、奶食品改为面食和肉食相结合。最初的蒙古馅饼是以当地的特产荞麦面为皮，牛羊肉为馅，用干烙、水煎的方法制成。1636 年这里设土默特左翼旗，馅饼传入王府，干烙、水煎改为奶油、牛羊油和猪油煎。现又以面粉为皮，刷油烙制。馅心中添加的蔬菜根据季节可选用白菜、芹菜、韭菜、酸菜、腌制的咸白菜等。

二、制作原理

微温水面团的成团原理见本章第一节。

三、熟制方法

烙。

四、原料配方（以 12 块计）

1. 坯料

面粉 500 克，精盐 5 克，微温水 400 毫升。

2. 馅料

羊腿肉（或牛肉）600 克，大葱 100 克，豆油 100 毫升，精盐 8 克，酱油 20 毫升，味精 5 克，花椒水 60 毫升，姜末 10 克。

3. 辅料

面粉 50 克，豆油 50 毫升。

五、工艺流程（图 2–68）

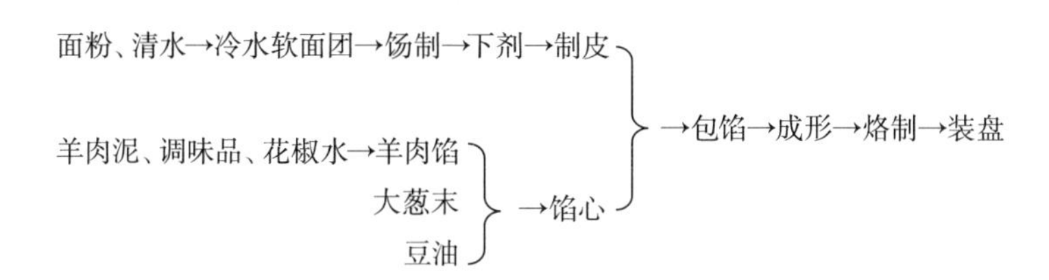

图 2–68　蒙古馅饼工艺流程

六、制作方法

1. 馅心调制

将羊腿肉剁成肉泥；大葱洗净切碎成末。

在羊肉泥中加入姜末、精盐、酱油搅拌上劲，分次打入花椒水，加入味精搅拌均匀，再加入大葱末、豆油搅拌均匀成馅。

（**质量控制点：**①按用料配方准确称量；②豆油加入的多少要根据羊肉的肥瘦决定。）

2. 粉团调制

取一面盆放入面粉、精盐，慢慢倒入微温水，边倒边用筷子搅，搅到面团均匀有韧性、没有面粉颗粒为止，盖上保鲜膜饧 30 分钟。

（**质量控制点：**①按用料配方准确称量；②根据季节变化调节水温；③要调制成稀软有劲的冷水面团。）

3. 生坯成形

在案板上铺上面扑，将软面团倒在面扑上，滚上面扑搓成长条，切成 12 块面剂子，把每个面剂子带面扑按成圆皮，放在左手掌上，把馅放在饼心，用右手的虎口把面皮往上拢，收口向下放置，然后用手拍扁使馅分布均匀。

（**质量控制点**：①面剂要切得大小均匀；②包馅收口时注意不要有疙瘩，收口朝下放置；③饼坯要按得厚薄均匀。）

4. 生坯熟制

烙锅烧热后，用少量豆油擦锅，放上馅饼烙至淡黄再烙另一面，从第二遍烙开始时要在饼坯上刷上油，翻一次面刷一次油，见两面金黄，皮鼓起即成。

（**质量控制点**：①烙饼前要将鏊子刷净烧热；②用中小火烙制，并不断转动，以使受热均匀；③烙第二遍开始在饼坯上刷油；④烙至两面金黄色。）

七、评价指标（表 2-66）

表 2-66 蒙古馅饼评价指标

品名	指标	标准	分值
蒙古馅饼	色泽	两面金黄	10
	形态	形如铜锣	40
	质感	皮外脆里嫩，馅软嫩	20
	口味	馅嫩鲜香	20
	大小	重约 140 克	10
	总分		100

八、思考题

1. 用冷水调搅成较软且有劲的软面团做馅饼有什么特色？
2. 调馅时为什么要加入较多的豆油？

以下是水调面团名点中的冷水面团名点的第四种——冷水稀糊面团名点，共有 1 种。

名点 67. 萝卜丝油墩子（上海名点）

一、品种介绍

萝卜丝油墩子是上海著名小吃。清朝后期由上海食摊经营者创制，是秋冬季的大众化名点，20 世纪 40 年代上海有许多食摊及小型点心店都烹制出售此点，其中以德顺兴点心店制作的最为著名。它是以萝卜丝、香葱等调制而成的馅裹上发粉糊经油炸而成，具有色泽金黄、虾色鲜红、香脆松鲜的特色，是上海、江苏、浙江一带街头巷尾的常见小吃。

二、制作原理

熟制成块的原理见本章第一节；泡打粉膨松的原理第三章第一节。

三、熟制方法

炸。

萝卜丝油墩子

四、用料配方（以 10 只计）

1. 坯料

低筋面粉 200 克，澄粉 40 克，泡打粉 5 克，精盐 6 克，清水 350 毫升，色拉油 12 毫升。

2. 馅料

白圆萝卜 350 克，河虾 10 只，葱末 25 克，精盐 6 克，白胡椒粉 2 克。

3. 辅料

花生油 1000 毫升（约耗 125 毫升）。

五、工艺流程（图 2-69）

萝卜丝、精盐→挤去水分，加葱末、白胡椒粉→成馅
河虾
面粉、澄粉、精盐、色拉油、水、泡打粉→面糊
（以上三项合并）→成形→炸制→装盘

图 2-69　萝卜丝油墩子工艺流程

六、制作方法

1. 馅心调制

将萝卜洗净、沥干，用刨子刨成萝卜丝，用精盐腌制 30 分钟，放入清洁的纱布中挤干水分，与葱末一同放入盆内拌匀。河虾洗净，剪去虾须。

（**质量控制点：**①萝卜丝腌制的时间要恰当；②萝卜丝要挤尽水分。）

2. 面糊调制

面粉、澄粉倒入面盆内，加入精盐、色拉油，先注入一半的清水拌匀拌透，不使结块，然后将剩下的清水分 4 ～ 5 次注入，顺着一个方向拌成薄而有劲、可以形成流线状滴落的面糊后过滤，静置 1 ～ 2 小时，再放入泡打粉拌匀即成面糊。

（**质量控制点：**①按用料配方准确称量；②面浆要过滤；③注意调糊的先后顺序。）

3. 生坯熟制

将花生油倒入锅内，用旺火烧至160℃，将油墩子模入锅预热后，倒尽模内剩油，用汤匙舀面浆25克垫在模子底部，取萝卜丝20克放在面浆中央，再加面浆35克，用调羹在四周揿一下，使模子周围有面浆，再在居中处放河虾1只，然后将模子放入锅内油炸，待油墩子自行脱去模子浮于油中，翻身炸制，待底部向外稍有突出，表面金黄时即可出锅。

（**质量控制点：**①模子要事先预热，防止生坯粘模；②炸制时达到需要的油温后改小火加热；③生坯脱模后要翻身炸制。）

七、评价指标（表2-67）

表2-67　萝卜丝油墩子评价指标

品名	指标	标准	分值
萝卜丝油墩子	色泽	色泽金黄	10
	形态	菊花盏形	40
	质感	外脆里嫩	20
	口味	香咸鲜嫩，油而不腻	20
	大小	重约70克	10
	总分		100

八、思考题

1. 制作萝卜丝油墩子馅心时为什么萝卜丝腌制的时间不能太长或太短？
2. 制作萝卜丝油墩子面糊时为什么要过滤？

以下是水调面团名点中的温水面团名点，共有11款。

名点68. 翡翠烧卖（江苏名点）

一、品种介绍

翡翠烧卖是江苏扬州的著名点心。与千层油糕并称为扬州点心的“双绝”。它是采用温水面团作皮，绿色蔬菜作馅制作而成的，具有皮薄如纸，透映翠绿，甜润清香，形似石榴的特点，因其熟后馅心透过薄皮色如碧玉而得名。起初的烧卖用糯米或猪肉制馅的比较多，用菜蓉制馅是扬州点心师的创新。常用的绿色蔬菜有青菜、茼蒿、菠菜、荠菜、豌豆等。最初以甜味为主，现多调成咸鲜口味。

二、制作原理

温水面团的成团原理见本章第一节。

翡翠烧卖

三、熟制方法

蒸。

四、用料配方（以 12 只计）

1. 坯料

面粉 100 克，沸水 35 毫升，清水 18 毫升。

2. 馅料

小青菜叶 500 克，精盐 2 克，熟猪油 40 克，白糖 35 克，味精 2 克。

3. 装饰料

熟火腿末 12 克。

4. 辅料

面扑 30 克。

五、工艺流程（图 2–70）

青菜叶 —焯水、浸凉、挤干、剁碎→ 菜蓉、调味品 —搅拌→ 馅心
面粉、沸水、冷水等→和面、搓条、下剂、擀皮
（以上两路合并）→包馅→成形→点缀→蒸制→装盘

图 2–70　翡翠烧卖工艺流程

六、制作方法

1. 馅心调制

将青菜叶洗净，下沸水锅焯水，放入清水中浸凉，剁成细蓉状，再用纱布包起挤干水分，加入精盐、白糖拌匀揉透，最后加入熟猪油拌匀即成。

（**质量控制点：**①按用料配方准确称量；②青菜焯水时火力要大、时间要短；③一定要挤干水分。）

2. 面团调制

将面粉用沸水烫成雪花面，摊开晾凉后，洒上清水揉和成面团，盖上湿布饧制 15 分钟。

（**质量控制点：**①按用料配方准确称量；②要散尽面团中的热气；③面团要饧制。）

3. 生坯成形

搓条并摘成12只小面剂子，逐只按扁后埋进干面粉里，擀成直径8厘米的呈菊花边状的圆烧卖皮。

左手把烧卖皮托于手心，右手用竹刮子上入馅心，然后左手窝起，把皮子四周同时向掌心收拢，使其成为一个下端圆鼓，上端褶纹均匀的石榴状生坯，用手在颈项处捏细一些，口部微张开一些，最后在开口处镶上火腿末。

（**质量控制点：**①坯剂的大小要准确；②坯皮一定要擀得薄而褶纹均匀细巧；③生坯呈石榴形。）

4. 生坯熟制

将包好的生坯放入笼中，上沸水锅上蒸约4分钟即出笼。

（**质量控制点：**①蒸制时汽要足；②蒸制的时间不宜太长。）

七、评价指标（表2-68）

表2-68　翡翠烧卖评价指标

品名	指标	标准	分值
翡翠烧卖	色泽	色呈翡翠	10
	形态	石榴形、色泽透皮	40
	质感	皮薄、馅软	20
	口味	香甜软嫩，爽滑不腻	20
	大小	重约30克	10
	总分		100

八、思考题

1. 翡翠烧卖的特色是什么？
2. 用橄榄形饺杆如何擀出菊花边的烧卖皮？

名点69. 蟹黄养汤烧卖（江苏名点）

一、品种介绍

蟹黄养汤烧卖是江苏南通的著名点心。它是以温水面团作烧卖皮，包上蟹黄生肉馅，拢成石榴形，成熟后汤多卤足，不溢不漏，其形不变。具有皮薄汁多，蟹油映黄，肉香蟹鲜的特点。在烧卖制作上独树一帜，因此有诗赞道：雏菊孕清流，黄金白玉兜。

二、制作原理

温水面团的成团原理见本章第一节。

三、熟制方法

蒸。

四、用料配方（以 16 只计）

1. 坯料

中筋面粉 200 克，沸水 60 毫升，蛋清 25 毫升，清水 15 毫升。

2. 馅料

生肉馅：猪前夹肉泥 200 克，韭黄 40 克，熟冬笋尖 40 克，葱花 5 克，姜末 5 克，黄酒 5 毫升，精盐 2 克，酱油 10 毫升，白胡椒粉 1 克，白糖 5 克，味精 1 克，芝麻油 10 毫升，冷水 60 毫升。

皮冻：猪鲜肉皮 80 克，香葱结 15 克，姜片 10 克，黄酒 5 毫升，精盐 1.5 克，味精 1 克，冷水 500 毫升。

蟹油 100 克。

3. 辅料

干淀粉 100 克（约耗 50 克）。

五、工艺流程（图 2–71）

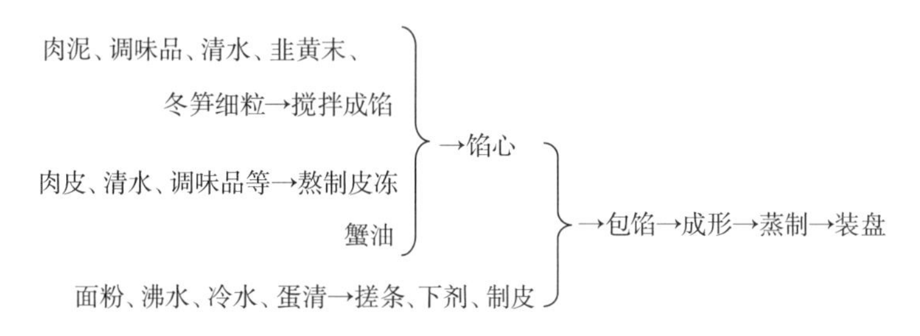

图 2–71　蟹黄养汤烧卖工艺流程

六、制作方法

1. 馅心调制

将鲜肉皮焯水后刮去正面的毛污和反面的肥膘，焯水、刮、铲反复三遍，加清水将肉皮煮烂捞出，用绞肉机绞碎。而后投入原汤内，加香葱结烧沸，加生姜片和料酒，撇去浮沫，用小火慢慢熬成黏糊状，加精盐、味精调味，过滤。盛入盆内冷透成皮冻，剁碎待用。

将前夹肉泥放入盆内，加入葱花、姜末、料酒、酱油、精盐搅拌上劲，分次打入清水，再加白糖、白胡椒粉、味精搅匀，韭黄洗净切末、冬笋尖焯水切成细粒，两者与肉馅拌匀，再放入皮冻、蟹油、芝麻油拌匀成馅。

（**质量控制点：**①按用料配方准确称量；②肉馅要先入底味再加水搅拌上劲；③肉皮要去净毛污和肥膘；④所掺的皮冻及配料要加工得细小一些；⑤熬制皮冻时采用小火加热。）

2. 面团调制

取面粉放案板上，中间扒窝用沸水快速拌和成雪花面，冷透后再放入蛋清、清水揉成表面光滑的面团，盖上湿布饧15分钟。

（**质量控制点：**①按用料配方准确称量；②面团要揉匀揉透；③面团一定要饧制。）

3. 生坯成形

将面团搓条并摘成16只面剂，撒上干淀粉，用饺杆擀成烧卖皮子，挡上馅心，用虎口捏拢，然后在颈下用食指和拇指捏一把使口部微张开成菊花形，即成生坯。

（**质量控制点：**①坯剂的大小要准确；②皮要擀成中间厚周边薄，皮边的皱褶均匀细巧；③烧卖口边呈菊花形。）

4. 生坯熟制

将生坯放笼内用旺火蒸约8分钟即熟，装盘。

（**质量控制点：**①蒸制时汽要足；②蒸制的时间不宜太长。）

七、评价指标（表2-69）

表2-69 蟹黄养汤烧卖评价指标

品名	指标	标准	分值
蟹黄养汤烧卖	色泽	色白饱满，蟹油映黄	10
	形态	菊花形、纹路清晰，呈半透明状	40
	质感	皮薄、软韧	20
	口味	肉香蟹鲜，卤汁盈口，爽滑不腻	20
	大小	重约50克	10
	总分		100

八、思考题

1. 调制用来制作蟹黄养汤烧卖的面团时加入蛋清的作用是什么？
2. 擀制烧卖皮时为什么可以用淀粉作面扑？

名点 70. 小红头（安徽名点）

一、品种介绍

小红头是安徽庐江的风味点心，此点心始创于清乾隆年间，又称饽饽，庐江人惯称油糖烧卖。形像蟠桃，体若烧卖，小而圆，大如钱，在似尖非尖的顶部染一点红，故而得名。具有油糖滋润，色泽微黄，香甜酥松，细腻无渣。传说清同治年间，清朝淮军名将庐江人吴长庆率师赴朝鲜平叛，官兵因常食随军家乡厨师精心仿制的庐江老家的油糖烧卖而体格壮、士气旺，凯旋归来。吴长庆让厨师精制油糖烧卖供奉慈禧太后品尝，备受“老佛爷”的青睐，成为贡品，从此闻名于世。

二、制作原理

温水面团的成团原理见本章第一节。

三、熟制方法

蒸。

四、用料配方（以 15 只计）

1. 坯料

中筋面粉 110 克，精盐 1 克，温水 55 毫升。

2. 馅料

熟核桃仁 5 克，馒头 60 克，青梅 3 克，猪板油蓉 30 克，绵白糖 50 克，金橘饼 3 克，糖桂花 5 克。

3. 装饰料

胭脂红少许。

4. 辅料

豆粉 20 克。

五、工艺流程（图 2-72）

馒头粒、核桃仁粒、板油蓉、金橘饼粒、青梅粒、绵白糖、糖桂花→馅心
面粉、温水、精盐→面团→搓条→下剂→制皮
（以上两者）→包馅→成形→蒸制→点缀→装盘

图 2-72　小红头工艺流程

六、制作程序

1. 馅心调制

将剁碎的馒头粒与猪板油蓉、熟核桃仁碎、金橘饼粒、青梅粒、绵白糖、糖桂花拌匀成馅心。

（**质量控制点：**馅料要加工得细小一些。）

2. 面团调制

面粉中加入精盐，再加温水调成光滑的面团，稍饧后，再次揉光，搓成长条，切成每个重 11 克的面剂子，用豆粉做面扑，先将面剂子逐个按扁，再擀成直径 6 厘米左右、皱边的圆形烧卖皮。

（**质量控制点：**①用豆粉做面扑；②烧卖皮擀成中间厚边上薄；③皮不宜厚。）

3. 生坯成形

取面皮一张，包入馅心 8.5 克，收口捏成尖顶的石榴形（或称为桃形），高约 3.5 厘米，放入笼中。

（**质量控制点：**石榴口不展开。）

4. 生坯熟制

水锅烧开，将制好的生坯上锅蒸 6 分钟取下，把食用红色素对少许水化淡，在顶端各点上一红点，即成。也可以将蒸好的小红头轻轻地翻倒在案板上，扶正，点上色素，冷却后用小竹篾篓包装出售。冷的小红头用小火油煎或油炸（用素油较好）食用，味更美。

（**质量控制点：**旺火足汽蒸。）

七、评价指标（表 2–70）

表 2–70　小红头评价指标

品名	指标	标准	分值
小红头	色泽	微黄	10
	形态	尖顶的石榴形	40
	质感	皮软韧，馅香甜油润	20
	口味	香甜	20
	大小	重约 20 克（每只）	10
	总分		100

八、思考题

1. 用来制作小红头的面皮要先擀成______________再包馅成形。

2. 作为礼品的小红头，复热方法多样，既可以蒸，还可以______或______。

名点 71. 玻璃烧卖（四川名点）

一、品种简介

玻璃烧卖是四川风味面点，烧卖，四川又称烧麦、“刷把头”，全省各地多有供应，尤以成都麦邱食品店供应的玻璃烧卖最为著名。因其皮薄、熟制后皮料浸油呈半透明状，透过皮亦可见其馅而得名。它是以温水面皮包上用猪肉、绿叶鲜菜、鸡蛋、调味品等调制而成的馅心，包捏成白菜形的烧卖经蒸制而成，具有皮薄馅丰，造型美观，荤素兼备，营养丰富的特点。

二、制作原理

温水面团的成团原理见本章第一节。

三、熟制方法

蒸。

四、原料配方（以 20 只计）

1. 坯料

中筋面粉 180 克，温水 85 毫升。

2. 馅料

猪肥肉 300 克，猪瘦肉 200 克，绿叶鲜菜 250 克，鸡蛋 1 个，酱油 10 毫升，精盐 5 克，绍酒 15 毫升，芝麻油 10 毫升，胡椒粉 1 克，味精 2 克。

3. 辅料

淀粉 100 克（实耗 50 克）。

五、工艺流程（图 2-73）

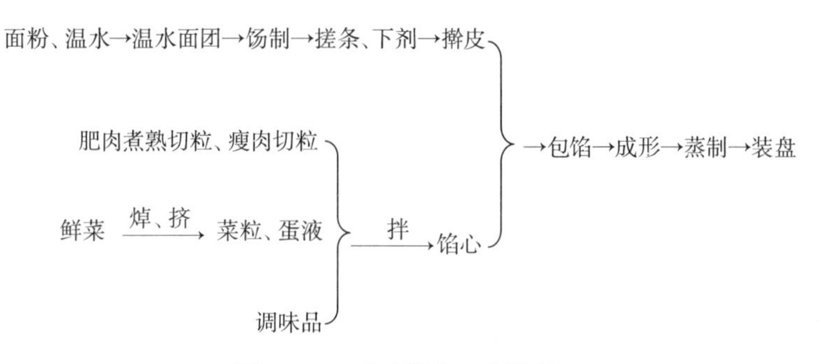

图 2-73　玻璃烧卖工艺流程

六、制作程序

1. 馅心调制

先将肥肉在沸水锅中煮熟晾凉，切成 0.3 厘米见方的粒；再将瘦肉切成 0.2 厘米见方的粒；把洗净的鲜菜在沸水中焯过、入冷水浸凉，挤干水分后切碎，再挤干水分。

在瘦肉粒中加入绍酒、酱油、精盐、味精、芝麻油、胡椒粉拌合均匀，再加入鸡蛋液、肥肉粒、鲜菜粒，和匀成馅心。

（**质量控制点：**①肥肉要先煮熟再切粒；②瘦肉切的粒要切得细；③焯过水的鲜菜先浸凉再剁碎、挤干水分。）

2. 面团调制

将面粉放在案板上，中间扒一塘，加入温水和匀，反复揉搓，揉匀揉透成光滑的面团，用保鲜膜盖好，静置饧面 15 分钟。

（**质量控制点：**①调制面团的水温不宜太高；②调好的面团要饧制。）

3. 生坯成形

将面团揉光、搓成长条，摘下 20 个面剂子（12 克 / 只），压扁后擀成 5 厘米直径的面皮，撒上淀粉，多张面皮重叠，置案边，用走锤擀压面皮边缘，使之成为中间厚周边薄的荷叶边面皮，直径约 9 厘米。在皮中间放上馅心 20 克，捏成白菜形的烧卖坯，放入笼垫上刷过油的蒸笼内。

（**质量控制点：**①皮要擀得薄；②掌握好烧卖皮的擀制方法；③撒上淀粉擀皮，皮与皮不易粘；④包成白菜形。）

4. 生坯熟制

将蒸笼放在沸水蒸锅上，用旺火蒸约 3 分钟后揭开笼盖，将适量冷水均匀地洒在烧卖上，再盖笼蒸约 3 分钟至熟即成。

（**质量控制点：**①旺火沸水蒸；②蒸制过程中要洒水；③蒸制时间不宜太长。）

七、评价指标（表 2–71）

表 2–71　玻璃烧卖评价指标

名称	指标	标准	分值
玻璃烧卖	色泽	玉色中透出绿色	20
	形态	形似白菜	30
	质感	皮软韧，馅鲜嫩	20
	口味	咸鲜味香	20
	大小	重约 32 克	10
	总分		100

八、思考题

1. 馅心中为什么要加入较多的熟肥膘粒?

2. 擀制烧卖皮时为什么要用淀粉做面扑?

名点 72. 老山记馅饼（辽宁名点）

一、品种介绍

老山记馅饼是辽宁沈阳的传统风味小吃，由毛青山于 1920 年在海城县城（现海城市）创制，1939 年迁店来沈阳经营。老山记海城馅饼是用温水面团作皮，包上用猪、牛肉制成的鸳鸯馅制作而成，调馅时采用香料 10 余种熬汤，再将汤喂馅，馅中蔬菜随季节变化而定，馅料荤素搭配，浓淡相宜，味极鲜美。馅中若加入鱼翅、海参、大虾、干贝或鸡脯等高档原料则会更为鲜美。烙熟的馅饼形圆面黄，鲜香可口，以蒜泥、辣椒油、芥末糊蘸食最好。

二、制作原理

温水面团的成团原理见本章第一节。

老山记馅饼

三、熟制方法

烙。

四、原料配方（以 30 只计）

1. 坯料

面粉 500 克，精盐 5 克，温水 300 毫升。

2. 馅料

猪、牛肉（猪肉 150 克，牛肉 100 克）250 克，豆油 15 毫升，芝麻油 10 毫升，净白菜 250 克，食盐 5 克，酱油 10 毫升，姜末 5 克，味精 5 克，面酱 10 克，葱花 10 克，绍酒 10 毫升，香料（花椒、大料、百合、丁香、木香、砂仁、豆蔻、边桂、大茴香）50 克。

五、工艺流程（图 2-74）

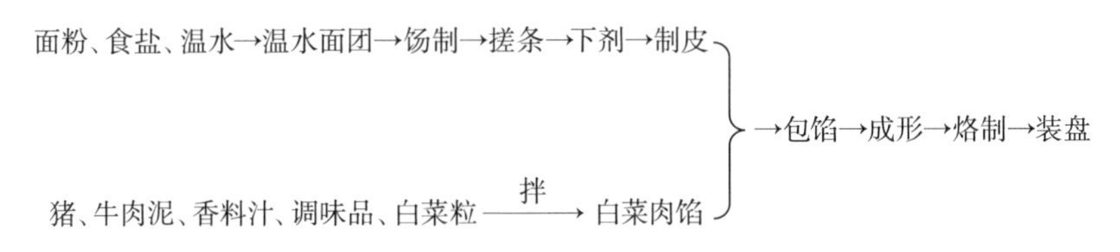

图 2-74　老山记馅饼工艺流程

六、制作方法

1. 馅心调制

选肥瘦相间的猪肉和精牛肉剁成肉泥；取香料、清水熬汁（约50毫升），晾凉。

在肉泥中加入姜末、绍酒拌匀，再加入精盐、酱油搅拌上劲，将香料汁搅打入肉泥中，随后加入面酱、味精拌匀，再加葱、豆油，淋入芝麻油，最后拌入白菜粒成馅心待用。

（**质量控制点：**①按用料配方准确称量；②选肥瘦相间的猪肉和精牛肉作鸳鸯馅；③取香料煮制，取汁喂馅增香；④拌入馅心中的蔬菜可随季节变化品种。）

2. 粉团调制

将面粉中加入适量的精盐拌匀，然后加温水调和成面团，盖上湿布饧制15分钟。

（**质量控制点：**①按用料配方准确称量；②采用温水调制面团的方法调制，水温要根据室温而定；③面团要揉匀揉透。）

3. 生坯成形

将面团抻成长条，摘成25克的面剂子，将剂擀成圆皮，打入馅心，收严剂口成馒头形。

（**质量控制点：**①坯剂的大小要准确；②坯皮一定要擀成中间厚周边薄。）

4. 生坯熟制

把生坯揿成圆饼，用平锅烙两面成金黄色熟透即可。

（**质量控制点：**烙制时要控制好淋油量和火候。）

七、评价指标（表2–72）

表2–72　老山记馅饼评价指标

品名	指标	标准	分值
老山记馅饼	色泽	两面金黄	20
	形态	圆饼形	30
	质感	外脆里嫩	20
	口味	咸、鲜、香	20
	大小	重约45克	10
	总分		100

八、思考题

1. 如何理解调制馅饼面团的水温要随着室温的变化而变化？

2. 老山记馅饼对形态的要求是什么？

名点 73. 李连贵熏肉大饼（吉林名点）

一、品种简介

熏肉大饼是吉林风味小吃，也是四平市著名的特色传统风味小吃之一。李连贵熏肉大饼是 1908 年河北滦县柳庄人李连贵在梨树县始创，现全国各地都有经营。熏肉大饼是油酥大饼夹经过熏制的熟猪肉而成。熏肉是用 10 余种中药煮肉，再经烟熏而成，具有色泽棕红、皮肉剔透、肥而不腻、瘦而不柴、熏香沁脾，日食夜嗝的特点；大饼是用温水软面团擀成长方形皮，抹上用煮肉的汤油加入适量的食盐、花椒粉调成的软酥叠擀成圆饼，经煎制而成。其特点是外酥里软，色泽金黄，形如满月，层次分明，芳香四溢。若配以葱丝、面酱、大米绿豆粥、枣水同食，更是别有风味。

二、制作原理

温水面团的成团原理见本章第一节。

三、熟制方法

煎。

四、原料配方（以 8 只计）

1. 坯料

温水面团：面粉 500 克，温水 280 毫升。

软酥：面粉 80 克，汤油（用桂皮、肉桂、丁香、砂仁、肉蔻、干姜、花椒、八角、大葱等煮肉的汤上面的漂浮油）80 毫升，花椒面 3 克，食盐 2 克。

2. 馅料

熏肉 540 克，葱丝 40 克，甜面酱 60 克。

3. 辅料

花生油 100 毫升。

五、工艺流程（图 2–75）

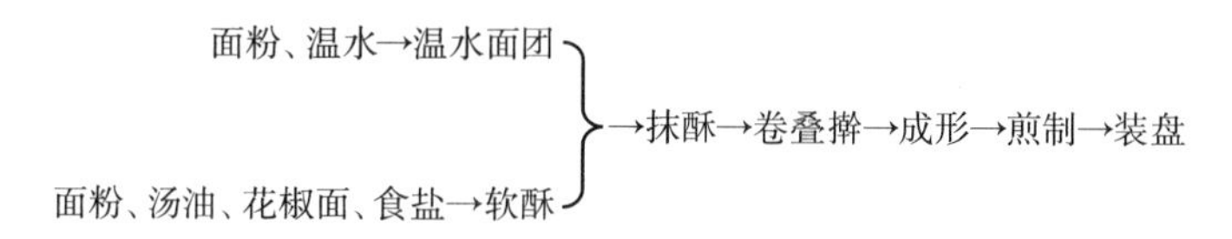

图 2–75　李连贵熏肉大饼工艺流程

六、制作方法

1. 粉团调制

将面粉用温水成光滑的温水面团，用保鲜膜包好饧 30 分钟；面粉加汤油、花椒面、食盐和成软酥。

（**质量控制点：**①按用料配方准确称量；②用熏肉汤油调软酥；③温水面团一定要调得软一些。）

2. 生坯成形

将饧好的水面搓条下成 8 只面剂子；案板上刷上油，将剂子压扁后擀成宽约 10 厘米、长 30 厘米的面皮，用馅挑将软酥均匀地抹在面皮上，左手按住面片一头，右手将面皮抻拉至长 60 厘米左右，从窄的一头卷叠起来，叠 9 ～ 11 层，将面坯两侧上下面皮捏紧、擀开，分别包在面坯上，翻身后成长方形的面剂，将四个角按进去，放 10 分钟左右，再压扁，擀成圆形面饼。

（**质量控制点：**①坯剂的长度、厚度要恰当；②油酥一定要均匀地抹在面皮上；③成形时两侧剂口要擀开擀薄包好，不能露层；④饼要擀圆。）

3. 生坯熟制

将平锅烧热至 165℃，加入花生油，饼底朝下放入，饼底变淡黄色，饼面刷一层油，翻过再烙。反复两次，即“三遍油，四遍火”，熟透出锅，从中间切开码入盘中。可夹熏肉，配葱丝、甜面酱食用。

（**质量控制点：**①烙制时中小火力加热，并不断转动、翻面；②每翻一次刷一次油，熟透出锅；③制品呈金黄色。）

七、评价指标（表 2–73）

表 2–73　李连贵熏肉大饼评价指标

品名	指标	标准	分值
李连贵熏肉大饼	色泽	金黄色	10
	形态	形如满月，层次分明	30
	质感	外酥内软	30
	口味	香咸	20
	大小	重约 200 克	10
	总分		100

八、思考题

1. 如果面团和得较硬，会对成品产生什么影响？

2. 成形时两头剂口要擀开擀薄包好，为什么不能露层？

名点 74. 三杖饼（吉林名点）

一、品种简介

三杖饼是吉林风味名点，又称单饼、三杖单饼、筋饼、纸饼，因擀制三杖即成饼而得名，在第二届全国烹饪大赛上曾获金牌奖。它是由面粉加熟猪油和温水调成软面坯，经三杖擀制后形成的椭圆饼经烙而成，既可以用来卷葱丝、蘸甜面酱直接食用，又可以用来卷食各种菜肴及多种蔬菜。三杖饼是中国传统面食，以口感劲道，薄而不破著称，制作有一定难度。成品具有色泽淡黄，饼薄如纸，香脆柔韧的特点。

二、制作原理

温水面团的成团原理见本章第一节。

三杖饼

三、熟制方法

烙。

四、原料配方（以 16 张计）

1. 坯料

面粉（筋力偏强）500 克，熟猪油 30 克，温水 300 毫升。

2. 辅料

色拉油 30 毫升。

五、工艺流程（图 2–76）

面粉、熟猪油、温水→温水面团→饧制→搓条→下剂→成形（搓、摔、卷、擀）→烙制→装盘

图 2–76　三杖饼工艺流程

六、制作方法

1. 粉团调制

将面粉放在面盆中，中间扒一塘，加熟猪油和温水和成较软的面团，揉光后用保鲜膜盖好饧制 20 分钟。

（**质量控制点：**①按用料配方准确称量；②用熟猪油和温水和成较软的面团；③面团要搋匀、搋透。）

2. 生坯成形

将面团搓条，揪成每个重 50 克的剂子，搓成长条按扁，然后用右手掐住面

剂一头，迅速由里往外摔成长条，再顺势由外往里卷成螺旋形，稍饧。案板上抹油，将面剂用手掌压成椭圆形横放。第一杖擀制时，用面杖压住饼的中间，向左前方推擀成半弯月形；第二杖擀制从第一杖起点向左后方擀成弯月形；第三杖擀制是把饼片搭在面杖上拎起，待饼片落到案板上之前的一瞬间，两手握紧面杖，顺势向后迅速拉成椭圆形。

（**质量控制点**：①坯剂的长度、厚度要恰当；②擀制时用力要恰当，两杖不能压得太死；③饼要擀成椭圆形。）

3. 生坯熟制

将椭圆形饼片的中部搭在面杖上，向上拎起，顺势放到烧好的平锅上，饼片自然成圆形。两面烙成浅芝麻花状取出，叠起成扇形即可。

配葱丝、甜面酱或炒土豆丝、炒绿豆芽、炒韭黄、榨菜丝食用，别有风味。

（**质量控制点**：①烙制时，火候要恰当，时间不宜太长；②两面烙成浅芝麻花状；③制品叠呈扇形。）

七、评价指标（表 2–74）

表 2–74　三杖饼评价指标

品名	指标	标准	分值
三杖饼	色泽	淡黄色	20
	形态	圆整、饼薄如纸	30
	质感	质地柔韧	20
	口味	香软	20
	大小	重约 50 克	10
	总分		100

八、思考题

1. 如何理解擀制时用力要恰当，两杖不能压得太死？
2. 用熟猪油和温水调制三杖饼的面团，软硬不当会出现什么问题？

名点 75. 杨家吊炉饼（吉林名点）

一、品种简介

杨家吊炉饼是吉林风味名点，又称杨麻子吊炉饼、洮南吊炉饼、摔饼。由河北人杨玉田于 1913 年创制于吉林省洮安县。它是由面粉、盐、碱、温水调制成的软面团，经擀、叠、盘，形成圆形饼坯，再经上炭炉烤制，上烤下烙而成。成品具有色泽金黄，形如满月，层次分明，外酥里嫩，一抖即开的特点。用筷子挑起烙好的吊炉饼饼心，提起成条，落盘成饼。食时再佐以用肉末、海米、鸡蛋、元蘑打卤的鸡蛋糕，别有滋味。因其饼大油厚、外焦里软、层次分明、清香可口而成为地方传统风味。

二、制作原理

温水面团的成团原理见本章第一节。

三、熟制方法

烤、烙。

四、原料配方（以 8 只计）

1. 坯料

面粉 500 克，温水 325 毫升，精盐 8 克，食碱 1 克。

2. 辅料

熟豆油 100 毫升。

五、工艺流程（图 2–77）

面粉、温水、盐、食碱→温水面团→饧制→搓条→下剂→擀皮→抻皮→刷油→成形（叠、盘、按、擀）→烤烙→成熟→装盘

图 2–77　杨家吊炉饼工艺流程

六、制作方法

1. 粉团调制

将盐和食碱溶化于温水中，倒入面盆中将面粉和匀揉光成面团，盖上保鲜膜饧制 10 ～ 15 分钟。

（**质量控制点:** ①按用料配方准确称量; ②面团要揉匀揉透; ③面团要柔软。）

2. 生坯成形

将饧透后的面团搓成长条，揪成重约 100 克的面剂子。面案上刷上熟豆油，把面剂按扁，擀成薄一些的椭圆形片，双手拿住面片的两端，向着面板摔几次，然后拉长抻薄一些，刷上一层熟豆油，由外向里叠起，再抻长，从头盘起，另一头掖在底部。用手按扁，将饼坯擀成直径 13 厘米的圆饼。

（**质量控制点：**①坯剂的长度、厚度要恰当；②擀制时用力要恰当，饼皮要擀薄；③饼要擀成圆形。）

3. 生坯熟制

吊炉平锅中刷上熟豆油，放入饼坯烤烙，翻面烤烙成两面金黄色即成。

（**质量控制点：**①烤烙时，时间不宜太长，火候要均匀；②两面烙成金黄色。）

七、评价指标（表 2–75）

表 2–75　杨家吊炉饼评价指标

品名	指标	标准	分值
杨家吊炉饼	色泽	金黄色	10
	形态	形如满月，层次分明，一抖即开	30
	质感	外酥里嫩	30
	口味	香咸	20
	大小	重约 100 克	10
	总分		100

八、思考题

1. 面团和好后未经饧制，直接操作，对成品有何影响？
2. 烤烙时，火候过急或过缓分别会出现什么问题？

名点 76. 郭八火烧（河北名点）

一、品种简介

郭八火烧是河北风味小吃，由郭致忠于清光绪二十一年（1895 年）在大名县城开业，经营火烧。因他从北京（顺天府）学艺而来，堂号首取“天”字，并希望买卖兴隆，又取“兴”字，故立店铺“天兴火烧铺”。因郭致忠小名叫郭八，所以人们就习惯称其为“郭八火烧”。好多达官贵人和游人品尝后都称之为“府城小吃一绝”。此品烤制工艺别具一格，风味独特。后由郭的子孙继承并传授到各地。其以色泽金黄、外酥脆、内软韧、层多且薄、味咸香的特点而受到欢迎。

二、制作原理

温水面团的成团原理见本章第一节。

三、熟制方法

烙、烤。

四、原料配方（以 10 只计）

1. 坯料

面粉 600 克，热水 100 毫升，温水 275 毫升。

2. 稀油酥

花生油 20 毫升，面粉 28 克。

3. 调味料

茴香面 13 克，花椒面 8 克，精盐 10 克，芝麻油 20 毫升。

4. 辅料

花生油 20 毫升。

五、工艺流程（图 2–78）

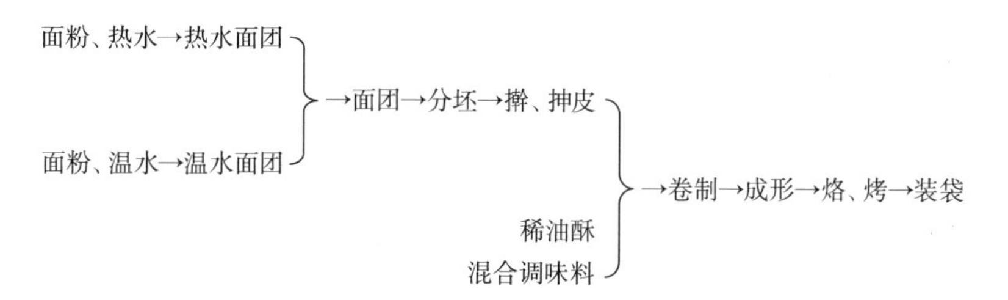

图 2–78　郭八火烧工艺流程

六、制作程序

1. 调制稀油酥和调味料

将花生油烧热，放入面粉炸香、拌匀即成稀油酥；再把芝麻油烧热，放入茴香面、花椒面、精盐炸香、拌匀成混合调味料。

（**质量控制点：**分别掌握好花生油和芝麻油炸制的油温。）

2. 面团调制

将面粉用开水烫三成，再用温水和七成，然后把两种面团合在一起和匀成软面团，盖上保鲜膜饧制。

（**质量控制点：**①水温根据季节调整，夏季可以直接用温水调制面团；②面团要柔软；③调好后要静置饧面。）

3. 生坯成形

把面团分两块，擀成薄片，把面皮抻薄，抹上稀油酥和混合调味料，一面抻一面卷，卷成圆筒形，用虎口勒进去，分成重100克的面剂子，勒口向上，手上带油将剂子揉按成厚0.8厘米的圆饼形生坯。

（**质量控制点：**①面皮要抻薄，越薄越好；②稀油酥和混合调味料要抹匀；③生坯揉按成厚0.8厘米的饼坯。）

4. 生坯熟制

把鏊烧热，将生坯先放入鏊内烙，边烙边刷油，翻面烙成两面金黄，再将放有耐火石的深鏊内正反烘烤两至三遍，下鏊后用夹钳的头将火烧的侧面切开，将其上下面扒开，放掉热气，放入馅心即可装入纸袋上桌食用。

（**质量控制点：**①边烙边刷油；②在耐火石上翻面烘透；③下鏊后需将火烧从侧面切、扒开，放掉热气。）

七、评价指标（表2–76）

表2–76　郭八火烧评价指标

品名	指标	标准	分值
郭八火烧	色泽	金黄色	10
	形态	圆饼形，内多层次	40
	质感	外酥松，内软韧	20
	口味	咸香	20
	大小	重约100克	10
	总分		100

八、思考题

1. 稀油酥的作用是什么？
2. 为什么需要用软面团制作郭八火烧？

名点77. 老二位饺子（河北名点）

一、品种简介

老二位饺子是河北秦皇岛市风味面点，属清真风味，系牛肉蒸饺，已有百年历史。清末，创始人杨利廷带领两个儿子在山海关南门里八条胡同开办了杨家饺子馆（回民馆）。1935年，日本关东军炮轰山海关，杨家饺子馆老店遭到破坏，新店由长子杨绍曾掌管，“老二位”这个字号，其实就来源于杨绍曾的口头语，只要有客人到来，不论几个人，杨绍曾都要喊一声：“来了您呐，老二位里边请——”。在众食客的建议下，店名就改成了“老二位”。1949年老二位由山海关迁到了客流量较大的秦皇岛市。此点具有皮薄馅丰，滑嫩爽口，鲜嫩多汁，咸香味鲜的特点。

老二位饺子

二、制作原理

温水面团的成团原理见本章第一节。

三、熟制方法

蒸。

四、原料配方（以 40 只计）

1. 坯料

面粉 500 克，热水 80 克，微温水 160 毫升。

2. 馅料

牛腰窝肉 500 克，葱 140 克，姜 15 克，自制盘酱（用素油炸过的甜面酱）50 克，味精 5 克，芝麻油 25 毫升，精盐 8 克，酱油 20 毫升，花椒水 200 毫升。

五、工艺流程（图 2-79）

面粉、热水、温水→温水面团→饧制→搓条→下剂→制皮
牛肉泥、葱姜末、精盐、酱油、自制盘酱、花椒水、味精、麻油→馅
→包馅→成形→蒸制→装盘

图 2-79　老二位饺子工艺流程

六、制作程序

1. 馅心调制

将牛腰窝肉去筋机绞膜后绞肉 2 遍成泥，加入葱姜末、酱油、精盐、盘酱顺一个方向搅拌上劲，边搅边加入花椒水，再加入味精、芝麻油搅匀。

（**质量控制点**：①选用牛腰窝肉制馅，不同部位的牛肉吃水量不一样；②牛肉要绞得细；③用花椒水调馅。）

2. 面团调制

将面粉用 70℃热水搅烫面粉的 1/3，再用 40℃微温水调成面团揉至光滑，盖上保鲜膜饧 20 分钟。

（**质量控制点**：①不同季节的水温应有所不同；②面团要揉光；③揉好的面团要适当饧制。）

3. 成形与熟制

将面团搓成条，揪成 40 个面剂子（约 18 克），擀成中间厚四周薄的圆皮，

再包上馅心（约22克）捏成蒸饺生坯，放入蒸笼内（笼垫刷过油）。

（**质量控制点：**①面皮要擀成中间厚四周薄；②要求皮薄馅多；③蒸笼的垫子上要刷油。）

4. 生坯熟制

蒸笼上蒸锅用旺火蒸10分钟，装盘。

（**质量控制点：**①旺火足汽蒸；②蒸制时间不宜长。）

七、评价指标（表2–77）

表2–77　老二位饺子评价指标

品名	指标	标准	分值
老二位饺子	色泽	玉色	10
	形态	月牙饺形	40
	质感	皮软韧，馅鲜嫩多卤	20
	口味	葱酱香浓，咸鲜	20
	大小	重约40克	10
	总分		100

八、思考题

1. 从面团的特性上说制作老二位饺子的面团属于什么面团？
2. 为什么不同部位的牛肉吃水量会不一样？

名点78. 呱嗒（山东名点）

一、品种简介

呱嗒是山东风味小吃。因形似说唱的呱嗒板而得名。创制于清代，迄今已有200多年的历史，主要盛行于聊城地区，尤以沙镇呱嗒最为有名。其是一种舌形烤制食品，是用烫面和冷水面混合面团制成长方形生坯烤制而成。成品具有色泽金黄，外脆里嫩，葱香油润的特点。根据使用的馅料不同，有葱油呱嗒、肉呱嗒、鸡蛋呱嗒、肉蛋呱嗒等多个品种。

二、制作原理

温水面团的成团原理见本章第一节。

三、熟制方法

烙、烤。

四、原料配方（以 10 只计）

1. 坯料

面粉 500 克，热水 75 毫升，冷水 225 毫升。

2. 馅料

大葱 250 克，精盐 15 克，花椒面 5 克，猪板油 100 克。

3. 辅料

猪板油 50 克，花生油 50 毫升。

五、工艺流程（图 2-80）

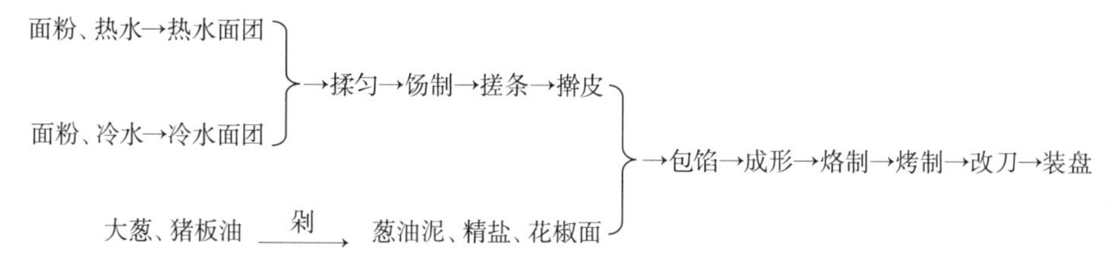

图 2-80　呱嗒工艺流程

六、制作方法

1. 馅料加工

将大葱洗净切碎，猪板油去膜切丁，然后把二者放在一起剁成葱油泥。

（**质量控制点：**①按用料配方准确称量；②用剁的方法把两种原料混合一起。）

2. 粉团调制

取面粉 150 克与热水揉成烫面团，剩下的面粉与冷水揉成死面团，然后把烫面团与死面团掺和在一起揉光，饧制 20 分钟左右（冬季稍长，夏季可短）即可使用。

（**质量控制点：**①按用料配方准确称量；②调制面团时，掺水量应根据季节调整；③季节不同，烫面和冷水面团的比例需进行适当调整。冬季为 4 ∶ 6，春季、秋季为 3 ∶ 7，夏季为 2 ∶ 8。）

3. 生坯成形

把和好的面搓成长条，摘成 10 只 80 克的面剂子，把每只剂子擀成长 30 厘米、宽 6 厘米的长片，抹上剁好的葱油泥、精盐、花椒面，把面片卷起，两端捏严，擀成长 15 厘米、宽 6 厘米的长椭圆形生坯。

（**质量控制点：**①坯剂的大小要准确；②卷制时，要一边卷一边抻，使层次更多、更薄一些；③擀成的生坯要大小一致。）

4. 生坯熟制

将平鏊烧热，把猪板油切成块，放在鏊子上，使之溶化后浸润鏊子，把饼放在上面烙，反复烙 4 次，待呈黄色并挺身后，再放在叉子上送到鏊子下面烤，烤时要向饼上刷花生油 4 次，至烤熟呈金黄色时即成。食时切成 5 份。

（**质量控制点：**①烙、烤的火不宜太旺；②烙至定型；③烤呈金黄色。）

七、评价指标（表 2-78）

表 2-78　呱嗒评价指标

品名	指标	标准	分值
呱嗒	色泽	金黄色	10
	形态	形似呱嗒板	30
	质感	外脆里嫩	30
	口味	葱香油润	20
	大小	重约 110 克	10
	总分		100

八、思考题

1. 为什么冬季、春秋、夏季调制面团的烫面和冷水面的比例都不一样？
2. 呱嗒在熟制时烙、烤的作用各是什么？

以下是水调面团名点中的热水面团名点，共有 8 种。

名点 79. 鸡汁锅贴（重庆名点）

一、品种简介

鸡汁锅贴是重庆风味小吃，呈月牙形，因用鸡汁调制馅心制作的锅贴而得名。是重庆“丘二馆”的厨师于 20 世纪 40 年代创制的。其是以热水面皮包上打入鸡汤的生肉馅经水油煎制而成。成品具有形似月牙，底部金黄酥脆，上部柔软油润，馅心鲜嫩多汁的特点。

二、制作原理

热水面团的成团原理见本章第一节。

三、熟制方法

水油煎。

鸡汁锅贴

四、原料配方（以 50 只计）

1. 坯料

中筋面粉 500 克，热水 260 毫升。

2. 馅料

猪前夹肉（肥三瘦七）600 克，鸡汤 120 毫升，生姜 30 克，香葱 30 克，料酒 15 毫升，精盐 8 克，酱油 15 毫升，味精 5 克，胡椒粉 3 克，绵白糖 15 克，芝麻油 10 毫升，清水 80 毫升。

3. 辅料

熟猪油 100 克。

五、工艺流程（图 2–81）

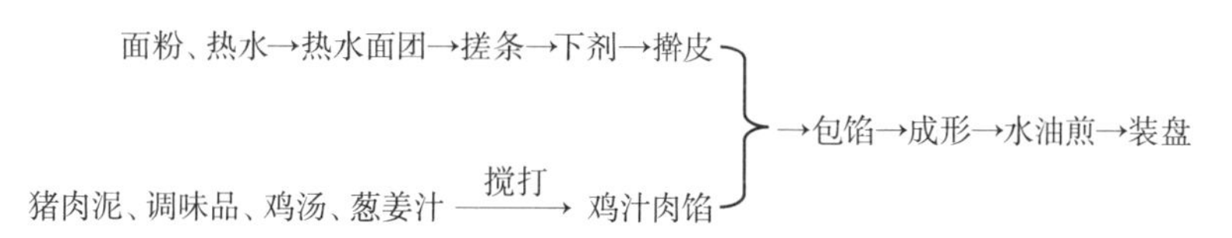

图 2–81　鸡汁锅贴工艺流程

六、制作方法

1. 馅心调制

将猪前夹肉剁成肉泥；把生姜洗净拍碎、香葱洗净切段拍扁，放入清水中浸泡，加料酒制成葱姜酒汁。

把肉泥放入馅盆中，加入酱油、精盐搅打上劲，分次加入葱姜酒汁再搅打上劲，然后分次打入鸡汤，搅打上劲后拌入白糖、味精、胡椒粉、芝麻油，直至肉与汤、油融为一体即成鸡汁馅，盖上保鲜膜放入冰箱冷藏。

（**质量控制点：**①调馅时要先加酱油、精盐并搅打上劲；②葱姜酒汁、鸡汤要分次打入肉馅中；③调好的鸡汁肉馅最好冷藏后再用。）

2. 面团调制

中筋面粉放在案板上，中间扒一个小凹塘，加入热水，揉匀揉光成热水面团，盖上保鲜膜静置饧面。

（**质量控制点:** ①调制面团的水温一般要求 80℃左右; ②面团的硬度要合适。）

3. 生坯成形

将热水面团搓条、下剂（15 克 / 只），擀成中厚边薄的圆形皮坯，直径为 9 厘米，然后包入馅心（18 克 / 只），捏成月牙形。

（**质量控制点：**①皮要擀成中间厚周边薄；②捏成月牙形，不能露馅。）

4. 生坯熟制

将平底锅烧热放入50克熟猪油，把锅贴生坯整齐的放入锅中，然后分次淋上适量的热水并盖上锅盖，中、小火煎制约8分钟至制品底部金黄、表皮有光泽即可，装盘。

（**质量控制点：**①煎制时要分次加水；②中小火加热，并移动煎锅，使锅贴受热均匀；③制品底部金黄、上部有光泽。）

七、评价指标（表2-79）

表2-79 鸡汁锅贴评价指标

名称	指标	标准	分值
鸡汁锅贴	色泽	底部金黄，上部呈玉色	20
	形态	月牙形	30
	质感	底部酥脆，上部软韧；馅心鲜嫩	20
	口味	咸鲜多卤	20
	大小	重约33克	10
	总分		100

八、思考题

1. 如果鸡汁锅贴的底部出现焦煳，可能是什么原因引起的?
2. 怎样保证鸡汁锅贴馅心的鲜嫩?

名点80. 烧卖（北京名点）

一、品种简介

烧卖是北京风味面点，起源于元朝，是地地道道的京味小吃，数北京前门外“都一处”名声最响，传说“都一处”的虎头花边匾为乾隆皇帝钦赐。北京烧卖的馅料十分讲究，春、夏、秋、冬四季有别，即：春以青韭为上，夏以西葫芦素馅为优，秋以蟹肉馅应时，冬以三鲜（虾仁、海参、玉兰片）为当令。该品鲜嫩多汁，香醇适口，广受食客欢迎。

二、制作原理

热水面团的成团原理见本章第一节。

三、熟制方法

蒸。

四、原料配方（以50只计）

1. 坯料

面粉600克，热水300克。

2. 馅料

牛（羊）肉500克，西葫芦500克，葱花50克，黄酱100克，熟菜籽油80毫升，姜末20克，精盐10克，味精4克，清水150毫升。

3. 辅料

淀粉50克。

五、工艺流程（图2-82）

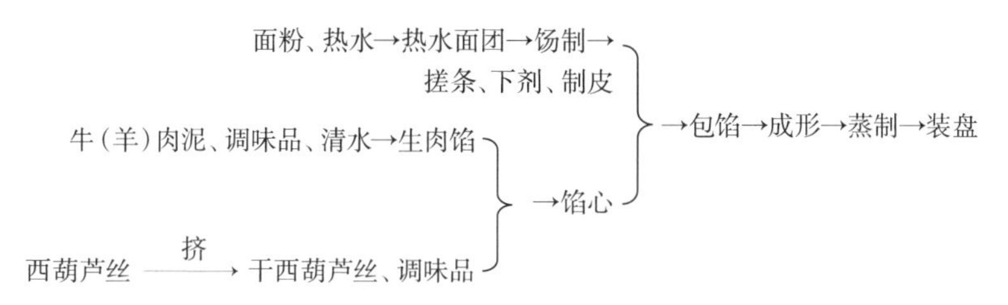

图2-82　烧卖工艺流程

六、制作方法

1. 馅心调制

将牛（羊）肉绞成肉末，加葱花、姜末、精盐（5克）、黄酱、酱油搅打上劲，再分次顺一个方向打入清水。

西葫芦去皮、瓤，擦成丝，加盐腌制，挤去水分，加入肉馅的盛器里，再加入熟菜籽油和味精，拌成烧卖馅。

（**质量控制点：**①按用料配方准确称量；②馅料要加工得细小一些；③馅料需用力搅拌上劲，调出的烧卖馅方显嫩爽；④馅料打凉水，夏季约使用60毫升，冬季约使用100毫升。）

2. 粉团调制

面粉用热水和面团，揉匀揉透，盖上干净的湿布饧制。

（**质量控制点：**①按用料配方准确称量；②和制面团时，掺水量应根据季节不同、面粉质量、空气湿度等情况灵活掌握，面团应稍微硬一些；③饧面时必须加盖湿布，或刷上香油，以免风干结皮。）

3. 生坯成形

将面团搓成条，揪 50 个 18 克重的面剂子，用面杖擀成圆皮，再蘸上干淀粉，用走棰压出花边，中间包上馅 25 克，用手捏拢，花口朝上即成生坯。

（**质量控制点**：①皮要擀得薄；②掌握好烧卖皮的擀制方法；③包烧卖时，收口不要太紧，可露一点馅，与皮边粘在一起即可，制品包成石榴形。）

4. 生坯熟制

将生坯上屉旺火足汽蒸 8 分钟即熟。

（**质量控制点**：①蒸锅要水开汽足再放蒸笼；②掌握好蒸制时间。）

七、评价指标（表 2–80）

表 2–80　烧卖评价指标

品名	指标	标准	分值
烧卖	色泽	玉白色	10
	形态	形如石榴	40
	质感	皮软韧，馅嫩	20
	口味	鲜咸	20
	大小	重约 43 克	10
	总分		100

八、思考题

1. 馅料初加工时为什么需要细小一些？
2. 如果蒸锅水未烧开生坯就上蒸锅蒸制会出现什么问题？

名点 81. 马家烧卖（辽宁名点）

一、品种简介

马家烧卖是辽宁沈阳清真风味名点，由回民马春创制于 1796 年，现已流传 200 余年，因其制作技艺代代相传，故称“马家烧卖”。马家烧卖的独到之处在于用开水烫面，柔软塑性好；用大米粉做面扑，松散不黏；选用牛的三叉、紫盖、腰窝肉等三个部位制作馅，鲜嫩醇香。包制方法也与众不同，成熟后皮面亮晶，馅心鲜嫩，醇香味好。其外形犹如朵朵含苞待放的牡丹，令人望而生涎。

二、制作原理

热水面团的成团原理见本章第一节。

三、熟制方法

蒸。

四、原料配方（以 60 只计）

1. 坯料

面粉 500 克，沸水 225 毫升，凉水 50 毫升。

2. 馅料

牛肉或羊肉 1000 克（肥三瘦七），精盐 15 克，酱油 40 毫升，熟豆油 50 毫升，芝麻油 50 毫升，葱花 100 克，味精 10 克，花椒水 50 毫升，大料水 50 毫升，清水 200 毫升。

3. 辅料

大米粉 100 克。

五、工艺流程（图 2–83）

面粉、热水、凉水→热水面团→饧制→搓条→下剂→擀皮
牛肉泥、清水、调味料 —拌→ 牛肉馅
}→包馅→成形→蒸制→装盘

图 2–83　马家烧卖工艺流程

六、制作方法

1. 馅心调制

把牛肉绞成泥，放入酱油、精盐搅拌上劲，搅打入花椒水、大料水、清水，再放入味精、葱花，把芝麻油、熟豆油倒入调匀即可。

（**质量控制点：**①按用料配方准确称量；②选用牛紫盖、三叉、腰窝肉等部位，按三肥七瘦的比例剔除筋皮后再搅成肉馅。）

2. 粉团调制

面粉用沸水烫，边烫边用筷子搅和，和成面絮后，淋上凉水，用手揉匀揉光，盖上干净湿布饧制。

（**质量控制点：**①按用料配方准确称量；②是先用沸开水烫再淋冷水制作的面团；③和成面絮后，用手掌擦透，再扯开晾凉。）

3. 生坯成形

将面团搓条下剂（13 克），撒上面扑，用走锤把剂子先擀成直径为 8 厘米的小圆面片，再擀成边呈荷花叶状，抖落面扑即成烧卖皮；放上馅心，左手五指收拢，把烧卖颈部勒细，不封口，形成花帽，成烧卖生坯。

（**质量控制点**：①坯剂的大小要准确；② 用大米粉作面扑，松散不黏。）

4. 生坯熟制

把烧卖生坯放在屉上，上蒸锅旺火足汽蒸 8 分钟即熟。

（**质量控制点**：蒸制时要控制好火力和时间。）

七、评价指标（表 2-81）

表 2-81　马家烧卖评价指标

品名	指标	标准	分值
马家烧卖	色泽	玉白色	10
	形态	皮薄馅丰，犹如含苞待放的牡丹	30
	质感	皮韧馅嫩	30
	口味	咸香醇厚	20
	大小	重约 38 克	10
	总分		100

八、思考题

1. 烫面时为什么要让面团晾凉后再和成面团？
2. 馅心中加入较多芝麻油、熟豆油的作用是什么？

名点 82. 老边饺子（辽宁名点）

一、品种简介

老边饺子是辽宁沈阳的特色风味名点，是从河北任丘县（现任丘市）来到沈阳的边福于 1829 年（清道光九年）创制的，故名。老边饺子的独到之处是调馅和制皮。调馅时先将肉馅煸炒，后用鸡汤或骨汤慢煨。同时，按季节变化和人们口味爱好，配入应时蔬菜制成的菜馅；面皮用面粉掺入适量熟猪油，沸水烫拌和制，具有柔软、可塑性强、透明的特点。

老边饺子除蒸、煮外，还可烘烤、煎炸。这里以煸馅蒸饺为例说明。

二、制作原理

热水面团的成团原理见本章第一节。

三、熟制方法

蒸。

四、原料（以 80 只计）

1. 坯料

面粉 550 克，热水 275 毫升，熟猪油 6 克

2. 馅料

猪肉 500 克（瘦肉 400 克，肥肉 100 克），熟猪油 15 克，面酱 15 克，酱油 15 毫升，花椒水 10 毫升，大料水 10 毫升，味精 5 克，绍酒 5 毫升，精盐 12 克，骨头汤 350 毫升，姜末 10 克，葱末 50 克，芝麻油 15 毫升，时令蔬菜 500 克。

五、工艺流程（图 2-84）

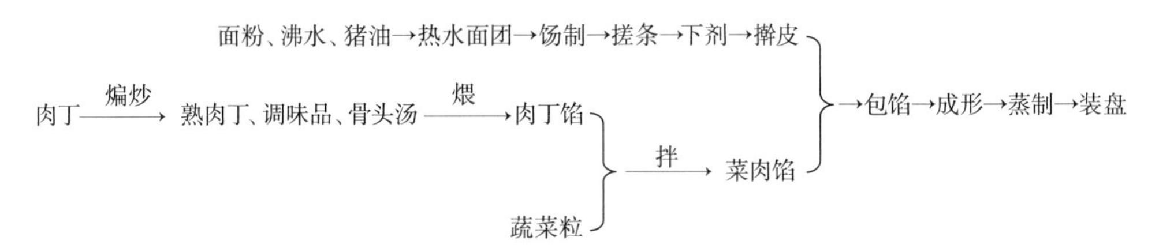

图 2-84　老边饺子工艺流程

六、制作方法

1. 馅心调制

先把肥肉和瘦猪肉分别切成肉丁。锅上火放 10 克熟猪油，煸炒肥肉丁至出油后再放入瘦肉丁，见瘦肉变色，即放入面酱，把肉翻炒成金黄色后，放入花椒水、大料水、酱油、姜末、葱末、骨头汤、绍酒小火煨炖酥嫩，大火收汁后加味精调味而成。待冷却后，放入冰箱冷藏。在包制饺子之前，放入剁碎的蔬菜、芝麻油调匀即成馅心。

（**质量控制点：**①按用料配方准确称量；②肉丁要煨至酥嫩；③放入面酱时，为防面酱抓底串烟，要快翻快炒。）

2. 粉团调制

将熟猪油放入面粉中，倒入沸水烫面，扒开晾透，再揉匀揉透，盖上干净的湿布饧制。

（**质量控制点：**①按用料配方准确称量；②用开水烫面；③面烫好后扒开晾透，再揉匀揉透。）

3. 生坯成形

将面团搓条下剂（10 克），擀成边薄、中间稍厚的小碗形饺皮。包上馅心，挤捏成饺子形。

（**质量控制点：**①坯剂的大小要准确；②擀成边薄、中间稍厚的小碗形；

③饺子皮随擀随用。）

4. 生坯熟制

将饺子生坯放入笼屉，上蒸锅旺火沸水蒸 5 分钟，出笼装盘。

（**质量控制点**：①蒸制时要控制好火力和时间；②饺子要随包随蒸，不宜放置过久。）

七、评价指标（表 2-82）

表 2-82　老边饺子评价指标

品名	指标	标准	分值
老边饺子	色泽	色呈玉色	10
	形态	木鱼形	30
	质感	皮软馅嫩	30
	口味	馅鲜味美，口味香醇	20
	大小	重约 25 克	10
	总分		100

八、思考题

1. 煸炒馅心添加调料的顺序及火候的掌握对馅心有何影响？
2. 采用烫面团制作老边饺子的优点是什么？

名点 83. 新兴园蒸饺（吉林名点）

一、品种简介

新兴园蒸饺是吉林风味点心，它首创于吉林市新兴园，由王氏兄弟创制，至今已有近 70 年的历史。此饺用烫面团作皮，用鲜猪肉、鲜蔬菜、多种调料及鸡汤调馅，捏成月牙形经蒸制而成。饺子具有外形美观，个头均匀，皮薄柔韧，馅心鲜嫩，汁多味美的特点，食用时配上一碗清汤，很受顾客欢迎。1997 年被认定为“中华名小吃”。

二、制作原理

热水面团的成团原理见本章第一节。

新兴园蒸饺

三、熟制方法

蒸。

四、原料配方（以 40 只计）

1. 坯料

面粉 400 克，沸水 210 毫升。

2. 馅料

净猪肉（肥三瘦七）250 克，青菜 350 克，熬制油[1]60 毫升，酱油 20 毫升，精盐 4 克，生姜末 15 克，芝麻油 20 毫升，花椒面 3 克，味精 5 克，葱花 15 克，鸡汤 80 毫升。

3. 辅料

面扑 30 克。

五、工艺流程（图 2–85）

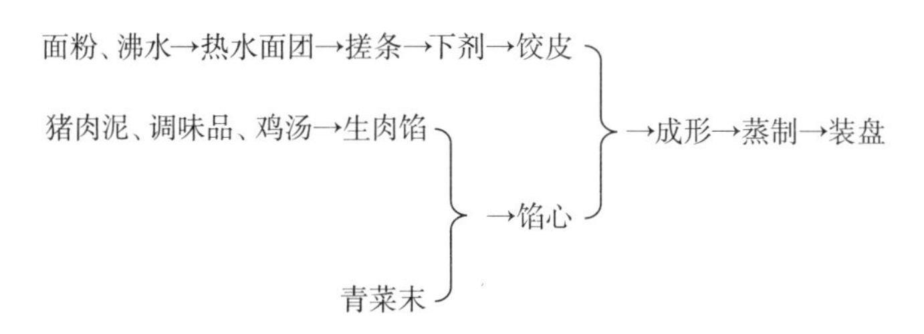

图 2–85　新兴园蒸饺工艺流程

六、制作方法

1. 馅心调制

将青菜洗净切末，挤干水分待用。

猪肉剔去筋膜，剁成蓉，加酱油、花椒面、精盐、味精拌匀，再分次加入鸡汤，顺一个方向搅成黏糊状，加熬制油、芝麻油、葱花、姜末、青菜末，拌匀成馅心。

（**质量控制点：**①按用料配方准确称量；②猪肉要剔去筋膜再剁成蓉；③加猪肉汤时要分次且顺一个方向搅成黏糊状；④蔬菜品种可随季节变化而变化。）

2. 粉团调制

将面粉放在案板上中间扒一塘，加沸水搅拌成面絮，晾凉揉匀，用保鲜膜包好饧制 15 分钟。

（**质量控制点：**①按用料配方准确称量；②和面时开水要浇均匀，掌握好用水量，坯皮要略硬，成品才能挺立得住；③揉面时要将热气散尽，否则面团易结

---

[1] 熬制油是将豆油烧热，加入葱段、姜片、蒜块（用刀拍松）、花椒、八角炸成黄色捞出，即为熬制油。

壳、表面粗糙开裂，影响成品质量。）

3. 生坯成形

将面团搓条下剂，擀成边薄、中间稍厚的圆形饺皮，包入馅心，捏成月牙形。

（**质量控制点：**①坯剂的大小要准确；②擀成边薄、中间稍厚的圆形皮，捏成月牙形；③饺子皮随擀随用。）

4. 生坯熟制

生坯放入笼内，上蒸锅旺火足汽蒸8分钟，装盘食用。

（**质量控制点：**①蒸制时要控制火力和时间；②饺子要随包随蒸，生坯不宜放置过久。）

七、评价指标（表2-83）

表2-83 新兴园蒸饺评价指标

品名	指标	标准	分值
新兴园蒸饺	色泽	玉白色	10
	形态	形似月牙，皮薄馅丰	30
	质感	皮软糯，馅鲜嫩	30
	口味	咸鲜多卤味美	20
	大小	重约31克	10
	总分		100

八、思考题

1. 面粉加沸水烫成面絮后，为什么要先晾凉再揉匀？
2. 蒸好的饺子粘牙可能是什么原因造成的？

名点84.“陆记”烫面炸糕（天津名点）

一、品种简介

“陆记”烫面炸糕是天津风味小吃，创始于1918年天津东北角鸟市游艺市场泉顺斋，为传统清真食品。与“耳朵眼”炸糕，如春兰秋菊，各含韵致。该品是用烫制面粉面团包上馅心炸制而成。成品具有小巧玲珑，扁圆状，褐红色，外酥里嫩，细甜清香的特点，馅心目前有红果、桂花白糖、豆沙、什锦等多种。下面介绍的是红果馅炸糕。

二、制作原理

热水面团的成团原理见本章第一节。

三、熟制方法

炸。

四、原料配方（以 40 只计）

1. 坯料

面粉 500 克，热水 500 毫升。

2. 馅料

熟面粉 300 克，桂花酱 10 克，鲜红果 250 克，白砂糖 250 克。

3. 辅料

花生油 1500 毫升（实际使用 200 毫升），面扑 50 克。

五、工艺流程（图 2-86）

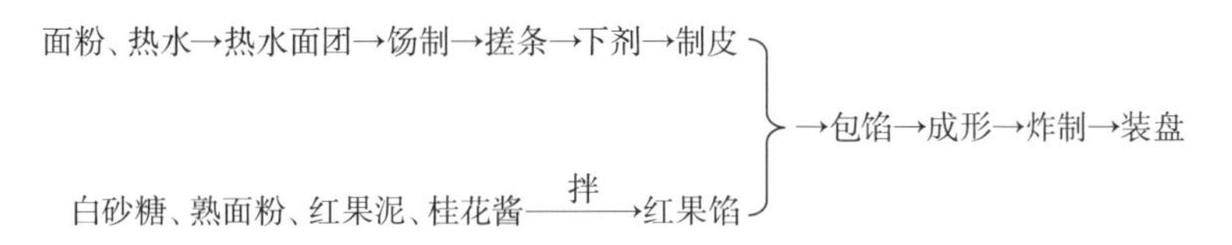

图 2-86　“陆记”烫面炸糕工艺流程

六、制作方法

1. 馅心调制

将白砂糖与熟面粉搓匀，再将鲜红果剔核、去梗，剁压成泥状，与拌好的糖面、桂花酱搓匀，即成红果馅。

（**质量控制点：**按用料配方准确称量。）

2. 粉团调制

将面粉放入盆内，用热水猛冲，迅速用搅面棍搅拌。搅到面黏稠、不漾水时，双手略蘸花生油，将烫面团放在刷了油的案板上，趁热用双手反复推揉成长方形。稍凉，再带面扑推揉一遍，使面团揉匀揉透，柔和绵软、表面似出汗状，盖上湿布，饧制 1 个小时。

（**质量控制点：**①按用料配方准确称量；②制烫面时动作要迅速；③面团需充分搅拌均匀，不能夹有粉粒。）

3. 生坯成形

将饧好的烫面团放在铺有一层面扑的案板上揉匀，搓成直径 4 厘米的长条，揪 40 个面剂子。然后，用两手将剂子逐个搓圆、摁扁，捏成“碗”状，抹入红果馅 16 克，用虎口一拢，收好口。最后，蘸油将其搓圆，压成直径 4.5 厘米的均匀的扁饼状。

（**质量控制点：**①每次揪剂子大小一致；②搓时可以手蘸油搓圆；③制成扁饼状。）

4. 生坯熟制

锅置旺火，倒入花生油，烧至 180℃下入生坯，待炸糕浮上来后，用筷子翻转几次，炸成金黄色即可出锅。

（**质量控制点：**①最好用色拉油、花生油；②控制好油炸温度和时间。）

七、评价指标（表 2-84）

表 2-84 “陆记”烫面炸糕评价指标

品名	指标	标准	分值
“陆记”烫面炸糕	色泽	金黄色	10
	形态	饱满的圆饼状	30
	质感	外脆里嫩	30
	口味	酸甜适口	20
	大小	重约 40 克	10
	总分		100

八、思考题

1. 制作“陆记”烫面炸糕的面团调好后，为什么饧制的时间较长？
2. 蘸油将炸糕的生坯搓圆，体现了油脂的哪方面作用？

名点 85. 帽盒（山西名点）

一、品种简介

帽盒是山西风味面食，是太原市传统季节面点之一，始创于清朝道光年间。此品一般采用热水面坯制成帽盒形状经烙制、烘烤而成，具有干、硬、筋、韧，味道咸香的特点。一般不单独食用，须与太原“羊肉头脑”（用肥羊肉制成的小吃）配用，泡入“头脑”汤内，筋韧耐嚼，越嚼越香，具有独特风味。一般在白露至年终（春节前夕）随“头脑”一起上市。

二、制作原理

热水面团的成团原理见本章第一节。

三、熟制方法

烙、烤。

四、原料配方（以10只计）

1. 坯料

面粉500克，热水225毫升，碱面2克。

2. 调料

花椒盐10克。

五、工艺流程（图2-87）

面粉、热水、碱面→热水面团→饧制→下剂→搓条→擀、卷、捏、包→成形→烙制→烤制→装盘

图2-87　帽盒工艺流程

六、制作程序

1. 面团调制

面粉放入盆内，加入少许碱面，倒入热水（夏季使用温水，春季、秋季使用热水，冬季使用沸水），和成面团，盖上湿洁布饧约30分钟。

（**质量控制点：**①调成硬面团；②不同季节水温不同；③面团要饧制。）

2. 生坯成形

面团上案，反复揉搓，揉匀揉透后下成10个剂子。逐个搓成10厘米的长条，用小擀杖擀长，成长薄片，再卷成小圆卷，立起来按扁。左手托面，右手中指与拇指反复转捏成空心钵放入花椒盐1克，然后用右手收口（注意不能走气）成空心圆球，再将底朝下（收口处）放在案上，用小酒盅底（或特制的小木帽盒盖）在顶端稍压一下，顶部呈一小圆圈成帽盒坯。

（**质量控制点：**①生坯中间空心；②收口要密封，不能走气。）

3. 生坯熟制

将特制的帽盒鏊放在烧饼炉上（鏊为双层铁鏊，即鏊底另焊一块钢板，防止炉太热使帽盒烧煳）小火烘热（使用焦炭）后，将帽盒放在鏊上干烙，待两面定皮（烙时须盖严瓦盖使帽盒“出汗”）后放入炉膛内烘烤约10分钟即成。

（**质量控制点：**①小火烙制；②盖上盖子，生坯要“出汗”、定形；③进炉

膛内烘烤约10分钟成熟。）

七、评价指标（表2-85）

表2-85　帽盆评价指标

品名	指标	标准	分值
帽盒	色泽	金黄色	10
	形态	帽盒形	40
	质感	干、硬、筋、韧	20
	口味	咸香	20
	大小	重约70克	10
	总分		100

八、思考题

1. 帽盒是如何成形的？
2. 帽盒最常见的食用方法是什么？

名点86. 蒙古包子（内蒙古名点）

一、品种简介

蒙古包子是内蒙古风味面点。它是用热水面团制皮后包入羊肉馅捏成包子形，再经蒸制而成。其成品具有皮薄馅丰、馅嫩鲜美、奶香浓郁的特点。

二、制作原理

热水面团的成团原理见本章第一节。

三、熟制方法

蒸。

四、原料配方（以25只计）

1. 坯料

面粉300克，热水130毫升，冷水25毫升。

2. 馅料

羊肉（肥三瘦七）450克，圆葱150克，酱油20毫升，豆油25毫升，精盐6克，味精5克，姜末15克，花椒粉5克，羊奶（或牛奶）80毫升。

五、工艺流程（图 2-88）

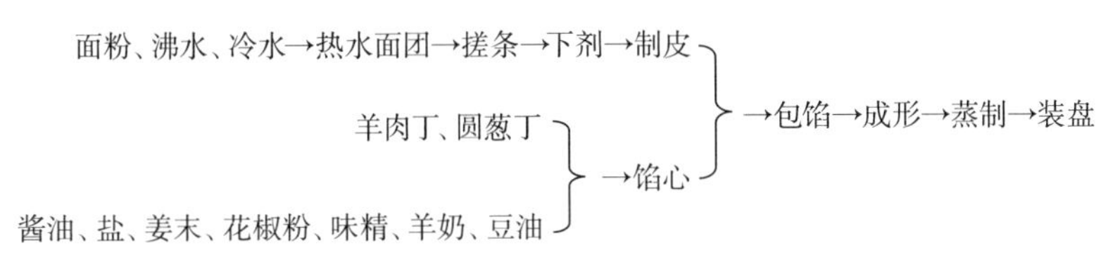

图 2-88　蒙古包子工艺流程

六、制作方法

1. 馅心调制

将羊肉、圆葱分别成小丁放入盆中，加入酱油、精盐、姜末、花椒粉、味精搅打上劲，分次打入牛（羊）奶，最后倒入豆油搅拌均匀成馅。

（**质量控制点：**①按用料配方准确称量；②羊肉的肥瘦比例要恰当；③羊肉馅要搅拌上劲。）

2. 粉团调制

将面粉倒在面盆中用沸水调成面絮，散热。淋些冷水揉成光滑的面团，盖上保鲜膜静置饧面。

（**质量控制点：**①按用料配方准确称量；②开水浇入面粉后要迅速搅拌，使面粉均匀受热；③将面粉用沸水烫成面絮后要散尽热气，再淋冷水揉成面团。）

3. 生坯成形

将面团搓成长条，下 25 个（约 18 克）面剂，擀成中间厚四周薄的面皮，包入馅心（约 29 克），捏成有褶的包子。

（**质量控制点：**①面剂要大小一致；②纹路要均匀；③皮薄馅多。）

4. 生坯熟制

将生坯摆在蒸笼里，上沸水锅，用旺火蒸 10 分钟左右即成。

（**质量控制点：**①旺火足汽蒸；②蒸制时间不宜太久。）

七、评价指标（表 2-86）

表 2-86　蒙古包子评价指标

品名	指标	标准	分值
蒙古包子	色泽	玉色、有光泽	10
	形态	中包形、纹路均匀	30
	质感	皮软馅嫩	20
	口味	馅嫩鲜香	30
	大小	重约 47 克	10
	总分		100

八、思考题

1. 为什么要求馅心中羊肉的肥瘦比是 7 ： 3？
2. 蒙古包子馅心中加入羊奶（或牛奶）的目的是什么？

以下是水调面团名点中的沸水面团名点，共有 1 种。

名点 87. 烫面油糕（山西名点）

一、品种简介

烫面油糕是山西风味小吃，也是太原、晋南等地的传统小吃之一，在四川、陕西一带也有类似小吃制作，热吃效果较佳。此品是以沸水烫面调成面坯，包入什锦糖馅、枣豆馅或澄沙馅等按成圆饼经炸制而成，其成品具有圆如饼，形似鼓，外酥内嫩，甜香爽口的特点。多作为早点食用。

二、制作原理

沸水面团的成团原理见本章第一节。

三、熟制方法

炸。

四、原料配方（以 30 只计）

1. 坯料

面粉 500 克，沸水 750 毫升。

2. 馅料

豆沙馅 450 克。

3. 辅料

色拉油 1000 毫升（实耗 100 毫升）。

五、工艺流程（图 2–89）

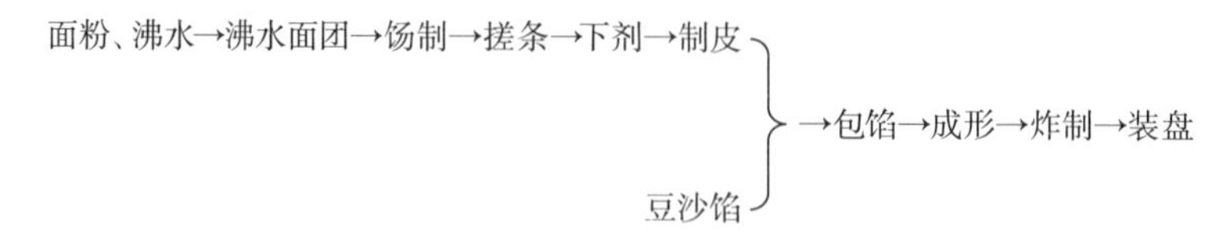

图 2–89 烫面油糕工艺流程

六、制作程序

1. 面团调制

锅上火，加入清水烧开，然后将面粉倒入，用小擀面杖反复拧搅，待面团发亮成烫面团时把锅离火，倒在案板上排开晾凉后，在案板上抹点油将面团揉匀揉光，盖上干净湿布稍饧。

（**质量控制点：**①面团要烫透，不能有面粉颗粒；②晾凉后调成团；③面团要饧制。）

2. 生坯成形

将面团搓成长条，揪成30个面剂子，逐个按成小圆皮包上豆沙馅（约15克）掐住口，再按成小圆饼形即成生坯。

（**质量控制点：**①大小要一致；②呈圆饼形。）

3. 生坯熟制

生坯放入160℃油锅中炸成金黄色捞出，装盘。

（**质量控制点：**①炸制油温不宜太高；②炸制过程中要多次翻面；③炸至呈金黄色。）

七、评价指标（表2-87）

表2-87　烫面油糕评价指标

品名	指标	标准	分值
烫面油糕	色泽	金黄色	10
	形态	圆饼形	40
	质感	外酥里嫩	20
	口味	香甜	20
	大小	重约50克	10
	总分		100

八、思考题

1. 沸水面团成团的原理是什么？
2. 烫面油糕能形成外酥里嫩口感的原因是什么？

以下介绍的是水调面团名点中其他特色水调面团名点的第一种——油水面团名点，共有3种。

名点 88. 六凤居葱油饼（江苏名点）

一、品种介绍

六凤居葱油饼是江苏南京的著名点心。坐落在南京夫子庙的六凤居小吃馆，以经营葱油饼和豆腐脑闻名，至今已有七八十年的历史。洁白如玉的豆腐脑、香味扑鼻的葱油饼，常年吸引着大量的游客、路人，堪称美味小吃。六凤居葱油饼是采用油水面通过擀皮撒上葱、盐，卷、擀而成的圆饼，经炸制成金黄色改刀而成。其具有色泽金黄，松酥油润，葱味香浓的特色，深受人们的喜爱。

二、制作原理

六凤居葱油饼

油水面团的成团原理见本章第一节。

三、熟制方法

炸。

四、用料配方（以 1 块计）

1. 坯料

中筋面粉 400 克，花生油 80 毫升，微温水 160 毫升。

2. 馅料

葱末 12 克，精盐 6 克。

3. 辅料

花生油 800 毫升。

五、工艺流程（图 2-90）

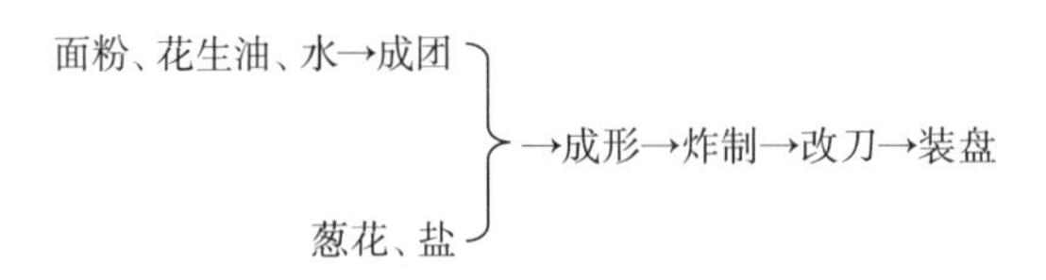

图 2-90　六凤居葱油饼工艺流程

六、制作方法

1. 面团调制

将面粉倒在案板上加入花生油，春秋季用 30 ～ 50℃微温水，和匀揉光成油水面团，饧约 15 分钟。

（**质量控制点**：①按用料配方准确称量；②面团要揉匀揉光；③揉好的面团要静置饧面。）

2. 生坯成形

先用油水面（400克），放在抹过油的案板上，揉圆揿扁，用擀面杖擀成直径约40厘米的圆面皮，均匀地撒上精盐、葱末，横卷成长条，再直卷成团形。另用余下的油水面揉圆揿扁，擀成直径20厘米的圆面皮，将有葱面团包入中心，成馒头形。揿扁再擀成直径40厘米的油饼坯。

（**质量控制点**：①按用料比例准确称量；②饼坯要擀圆、大小要合适；③饼坯不宜厚。）

3. 生坯熟制

将平锅置炉火上，放花生油，烧至150℃，将油饼坯平放在油锅内。中间戳一小洞，用两根长竹片按着油饼转动。炸至两面金黄，中间起层，取出沥油，用刀改成八块三角形饼，装盘即成。

（**质量控制点**：①炸制的油温不宜太低或抬高；②要多次翻面炸；③炸成金黄色。）

七、评价指标（表2–88）

表2–88　六凤居葱油饼评价指标

品名	指标	标准	分值
六凤居葱油饼	色泽	色呈金黄	10
	形态	圆饼状	40
	质感	酥脆	20
	口味	咸香	20
	大小	重约600克	10
	总分		100

八、思考题

1. 调制六凤居葱油饼的面团时加入较多花生油的作用是什么?
2. 炸制六凤居葱油饼前，生坯上为什么要戳一小洞?

名点89. 黄豆肉馃（安徽名点）

一、品种介绍

黄豆肉馃是安徽歙县风味小吃，又名石头馃或徽州馃。传说乾隆皇帝下江南来到歙县，微服走访中曾食过此饼，倍加赞赏，临走时赠给卖饼人王果禄一枚小印章。王果禄便用砖做成印章形状，压在饼上，以示皇帝曾经吃过，从此，黄豆油馃闻名遐迩。该小吃以冷水面团包上油酥面和黄豆粉猪肉丁馅，用平锅烤熟而成。该品具有皮薄酥脆滋润，色泽金黄油亮，咬开香气扑鼻，味美可口的特点。

二、制作原理

油水面团成团原理见本章第一节。

三、熟制方法

煎。

四、用料配方（以 10 只计）

1. 坯料

水面：中筋面粉 200 克，清水 100 毫升。

油面：中筋面粉 100 克，熟菜籽油 40 毫升。

2. 馅料

猪五花肉 100 克，黄豆 100 克，精盐 4 克。

3. 装饰料

白芝麻仁 30 克。

五、工艺流程（图 2-91）

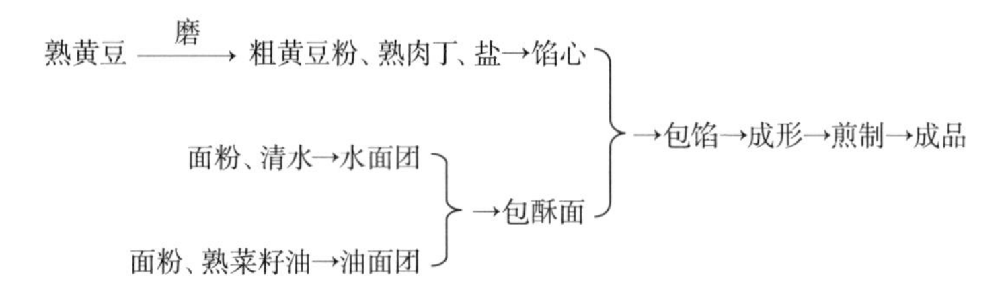

图 2-91　黄豆肉馃工艺流程

六、制作方法

1. 馅心调制

将黄豆洗净、晒干、炒熟，磨成粗粉；五花肉洗净切成黄豆大小的丁，放进锅里煸出油，将黄豆粉倒入锅内，加适量精盐拌匀成馅。

（**质量控制点：**①磨成粗熟黄豆粉；②五花肉丁要先煸出油。）

2. 面团调制

用面粉 200 克加入清水拌匀，揉透成冷水面团，饧制 15 分钟；将余下的 100 克面粉加入熟菜籽油拌匀，搓透成油酥面团。两个面团各分成 10 个面剂。

（**质量控制点：**①冷水面和油酥面的硬度要一致；②菜籽油要炼熟。）

3. 生坯成形

取水面剂 1 个，放上 1 个油面剂收口、按扁，再包入一份馅心收口向下按扁，用木碾推擀成圆饼形，上面抹层水，撒上白芝麻仁，用手轻轻按一下，使其粘牢，即成馃生坯。

（**质量控制点：**冷水面先包好油酥面收好口，再按扁，包上馅心，收口，向下按扁。）

4. 生坯熟制

平锅放在木炭小火上，烧热，将馃坯一一放在锅内，每个馃的上面压上一块烧热特制的带印章的砖块（直径 10 厘米左右的圆砖），边炕边按动砖块，促其成熟，并使五花肉中的油分渗透均匀，香味扑鼻，熟透取出即成。

（**质量控制点：**①小火加热；②砖块印章要烧热；③砖块印章要按压。）

七、评价指标（表 2-89）

表 2-89　黄豆肉馃评价指标

品名	指标	标准	分值
黄豆肉馃	色泽	面色金黄	10
	形态	圆饼形	40
	质感	皮薄酥脆	20
	口味	咸鲜香	20
	大小	重约 64 克	10
	总分		100

八、思考题

1. 如何加工熟黄豆粉？
2. 调制馅心时五花肉为什么要先煸制出油？

名点 90. 饦馍馍（宁夏名点）

一、品种简介

饦馍馍是宁夏风味小吃，为宁夏中卫市波坡头区传统春节美食，相传已有

300 多年的历史。此品系以面粉、菜籽油、清水、碱等坯料调成水油面团包上豆沙馅经烙制而成。其具有色呈金黄，外香酥、内柔软，馅甜细腻的特点。制作时，还可根据食者口味，包入糖馅、枣泥馅等甜馅以及用葫芦囊、盐、糖、茴香调成的咸馅。易于存放，为节日待客、馈赠佳品。

二、制作原理

油水面团的成团原理见本章第一节。

三、熟制方法

烙。

四、用料配方（以 5 只计）

1. 坯料

面粉 500 克，菜籽油 100 毫升，清水 150 毫升，碱面 1.5 克。

2. 馅料

豆沙馅 400 克。

五、工艺流程（图 2–92）

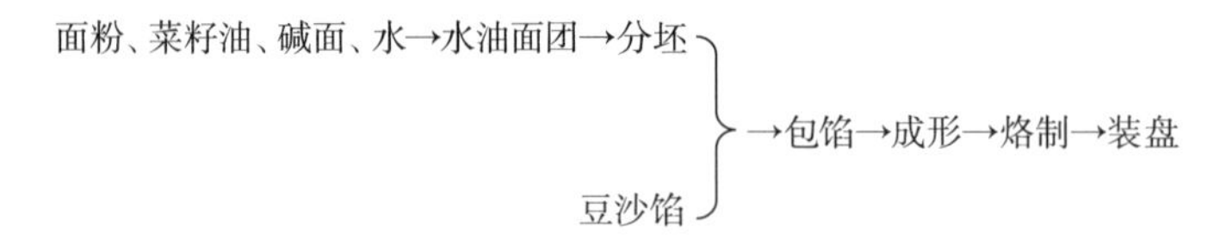

图 2–92　饦馍馍工艺流程

六、制作程序

1. 面团调制

将面粉放在案板上，中间扒一塘加入菜籽油、碱面和清水，先将油、水、碱擦匀，再和面粉调成面团，揉匀揉透后包上保鲜膜饧制 10 分钟。

（**质量控制点:** ①先要将油、碱、水擦匀融合在一起；②油的比例不能太大。）

2. 生坯成形

将饧好的面团揉匀，摘成 5 个剂子，将每个剂子按扁成圆皮，分别包入豆沙馅擀成圆饼即成生坯。

（**质量控制点：** ①饼皮的厚薄要均匀；②饼坯不宜太厚。）

3. 生坯熟制

将饼坯放饼铛中小火烙制，多次翻面，至饼皮两面成金黄色即成。

（质量控制点：①火不宜太大；②多次翻面。）

七、评价指标（表 2-90）

表 2-90　饦馍馍评价指标

品名	指标	标准	分值
饦馍馍	色泽	金黄色	10
	形态	圆饼形	40
	质感	外酥内软，馅细腻	20
	口味	香甜	20
	大小	重约 230 克	10
	总分		100

八、思考题

1. 饦馍馍面团中加碱粉的作用是什么？
2. 调制饦馍馍面团时为什么要先将油、碱、水擦匀融合再与面粉调成面团？

以下是其他特色水调面团名点的第二种——烫面油面团名点，共有 3 种。

名点 91. 波丝油糕（四川名点）

一、品种简介

波丝油糕是四川风味面点，流行于成都等地，常用于筵席细点。其顶部呈蜘蛛网状，四川人称为波丝网，故取名“波丝油糕”。其是用沸水将面粉烫熟晾凉后分次擦入熟猪油调成面团，包上枣蓉馅后入油锅炸制而成。成品具有色呈金黄，顶呈网状，外酥内软，细腻香甜的特点。

二、制作原理

烫面油面团的成团原理见本章第一节。

三、熟制方法

炸。

四、原料配方（以 20 只计）

1. 坯料

中筋面粉 500 克，凝固熟猪油 200 克，沸水 350 毫升。

2. 馅料

蜜枣 250 克，白糖 20 克，蜜玫瑰 25 克，熟猪油 100 克。

3. 辅料

菜籽油 750 毫升。

五、工艺流程（图 2-93）

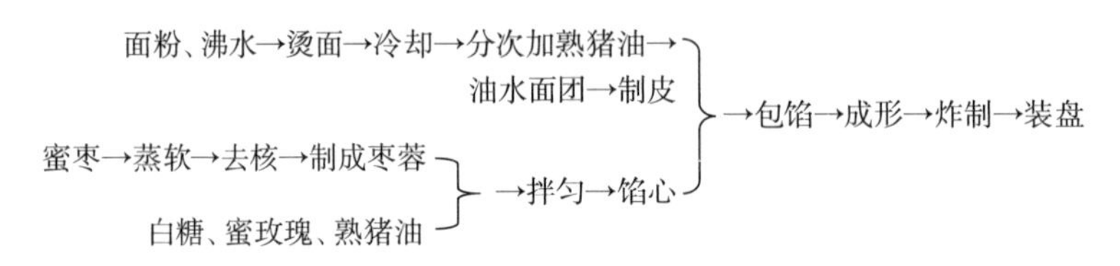

图 2-93　波丝油糕工艺流程

六、制作方法

1. 面团调制

将过了筛的面粉倒入沸水锅中，一边倒面粉一边用擀面杖搅动至面团全熟，收干面团表面水分，起锅。倒在案板上用刀切成小块散热，晾凉后分 4 ～ 5 次加入凝固的熟猪油，反复揉擦，使面团与油脂混为一体，直到面团细软、色白、无弹性、细腻即成。

（**质量控制点：**①加水和油的量要随季节和面粉的品质调整；②面粉必须用沸水烫透，边加热边烫；③边烫边搅拌，不能有生面粉颗粒；④烫面要凉透再分次加熟猪油；⑤面团要揉匀擦透。）

2. 馅心调制

将蜜枣上笼蒸软、去核制成枣蓉，然后再加入白糖、蜜玫瑰、熟猪油拌匀即成，分成 20 份，搓成圆球形。

（**质量控制点：**蜜枣要先蒸软再去核加工成蓉。）

3. 生坯成形

将揉好后的面团分成 20 个小面剂子，逐个按成圆形包入枣蓉馅收口后按成饼形即可。

（**质量控制点：**①坯、馅大小均匀；②收口按成圆饼形。）

4. 生坯熟制

将菜籽油烧至七成热时，将饼坯沿锅边滑入油中，并用竹筷轻压饼坯，不断拨动，用中小火逐个炸制，当制品顶部突起呈蜘蛛网状且色泽金黄时即成。

（**质量控制点：**①熟制时要先进行试炸；②逐个炸制；③炸成顶部突起呈蜘蛛网状且色泽金黄。）

七、评价指标（表 2-91）

表 2-91　波丝油糕评价指标

名称	指标	标准	分值
波丝油糕	色泽	金黄色	30
	形态	顶呈网状	20
	质感	外酥内软	20
	口味	香甜	20
	大小	60 克	10
	总分		100

八、思考题

1. 调制波丝油糕面坯时用沸水烫制面粉的目的是什么?
2. 调制波丝油糕面坯时加熟猪油的作用是什么?

名点 92. 泡泡油糕（陕西名点）

一、品种简介

泡泡油糕是陕西风味点心，是三原县很有名气的传统面点，其渊源可上溯至唐代韦巨源官拜尚书令后，宴请中宗皇帝的“烧尾宴”58 道美食中有一款名点被称为“见风消”油浴饼，经过历代相传至今，泡油糕久盛不衰。此品是用烧开的水和熟猪油的混合液将面粉烫熟、揉擦成面团，包上白糖、熟核桃仁粒、黄桂酱、玫瑰酱、熟面粉调成的馅心放到平底油锅里炸起泡后移动到锅边炸熟而成，具有色呈乳白、形似厨师帽、薄如轻纱、皮酥软、馅香甜、外形美观、入口即化的特点。

二、制作原理

烫面油面团的成团原理见本章第一节。

三、熟制方法

炸。

四、用料配方（以 12 只计）

1. 坯料

低筋面粉 250 克，熟猪油 50 克，沸水 200 毫升，凉开水 75 毫升。

2. 馅料

白糖90克，熟核桃仁粒20克，黄桂酱5克，玫瑰酱10克，熟面粉5克。

3. 辅料

花生油1500毫升（约耗70毫升）。

五、工艺流程（图2–94）

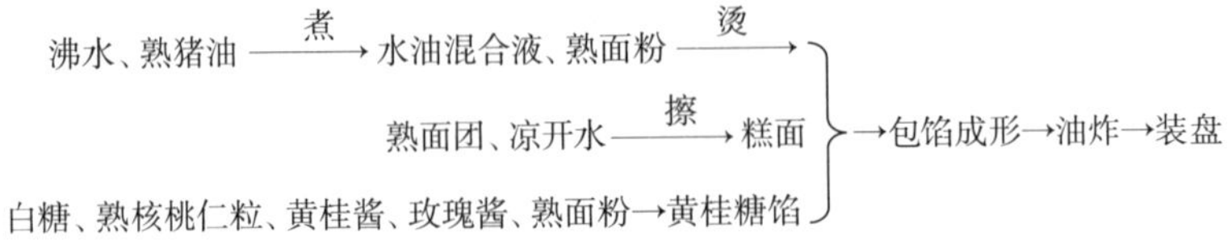

沸水、熟猪油 —煮→ 水油混合液、熟面粉 —烫→

熟面团、凉开水 —擦→ 糕面

白糖、熟核桃仁粒、黄桂酱、玫瑰酱、熟面粉→黄桂糖馅

（以上三项合并）→包馅成形→油炸→装盘

图2–94　泡泡油糕工艺流程

六、制作程序

1. 馅心调制

将白糖、熟核桃仁粒、黄桂酱、玫瑰酱、熟面粉掺在一起，搅拌均匀即成黄桂糖馅。

（**质量控制点：**馅料加工得细小点。）

2. 面团调制

将面粉蒸熟过筛，清水放入锅内烧开，加入熟猪油，用手勺搅化开后，将熟面粉倒入锅内，立即改用小火并不断用手勺将油面拌匀成块。把熟面块从锅中取出，摊放在案板上晾凉，将凉开水分次加入面团中，反复搓匀搓透即成油糕面团。

（**质量控制点：**①面粉用低筋粉；②面粉要先蒸熟再烫；③水油的比例要恰当；④面团的硬度要合适。）

3. 生坯成形

将烫好的面团搓条分成12只剂子，取剂在两手之间搓成光滑的长面团，按扁后向中间折叠，再按扁成方形皮，包上黄桂糖馅收口后将底部稍按扁，成上大下小的蘑菇形糕坯。

（**质量控制点：**①收口向下按平；②生坯成上大下小的蘑菇形。）

4. 生坯熟制

在平底锅内加入花生油，用旺火烧至180℃左右时，上面朝下放入糕坯，再用筷子将糕坯翻个身，待上面的泡泡形成后，将油糕推至锅边，炸4～5分钟成熟，夹出装盘。

（**质量控制点：**①要先试炸；②先炸上面再翻身；③成形后把下部有馅部分炸熟。）

七、评价指标（表 2–92）

表 2–92　泡泡油糕评价指标

品名	指标	标准	分值
泡泡油糕	色泽	乳白色	10
	形态	厨师帽形	40
	质感	皮酥软	20
	口味	香甜	20
	大小	重约 55 克	10
	总分		100

八、思考题

1. 如何调制泡泡油糕面团？
2. 泡泡形成的大小跟哪些因素有关？

名点 93. 泡油糕（青海名点）

一、品种简介

泡油糕是青海风味小吃，此品是由烫熟的水油面团包上果仁馅经热油炸制而成，具有色泽金黄，三层起酥，形如牡丹，外酥内软，香甜味美的特点。

二、制作原理

烫面油面团的成团原理见本章第一节。

三、熟制方法

炸。

四、用料配方（以 12 只计）

1. 坯料

面粉 300 克，熟猪油 50 克，沸水 100 毫升，凉开水 50 毫升。

2. 馅料

熟白芝麻仁 25 克，熟黑芝麻仁 25 克，熟核桃仁 50 克，熟花生仁 50 克，白糖 75 克，熟面粉 25 克，清水 20 毫升。

3. 辅料

色拉油 1500 毫升（实耗 15 毫升）。

五、工艺流程（图 2-95）

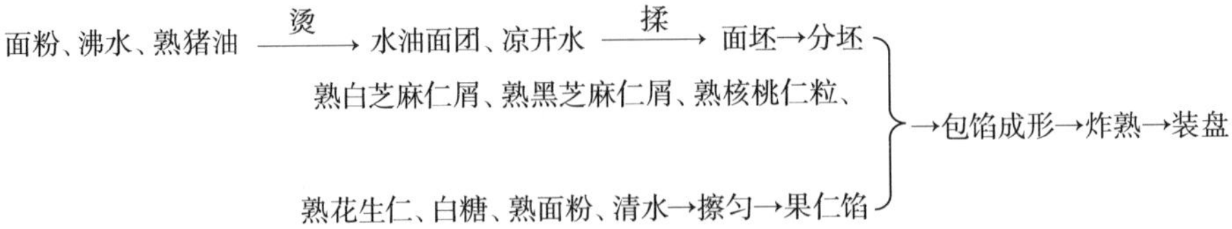

面粉、沸水、熟猪油 —烫→ 水油面团、凉开水 —揉→ 面坯→分坯

熟白芝麻仁屑、熟黑芝麻仁屑、熟核桃仁粒、熟花生仁、白糖、熟面粉、清水→擦匀→果仁馅

→包馅成形→炸熟→装盘

图 2-95　泡油糕工艺流程

六、制作方法

1. 面团调制

将锅上火，锅内放入熟猪油、清水烧沸，放入面粉搅烫成熟水油面团，倒出晾凉，然后分次加入凉开水，每次揉至水分收尽后再加水，揉至油面软润色白。

（**质量控制点：**①面粉一定要烫透；②面团的硬度要恰当。）

2. 馅心调制

把熟白芝麻仁、熟黑芝麻仁、熟核桃仁、熟花生仁分别粉碎，加入白糖、熟面粉、清水调成果仁馅。

（**质量控制点：**①果仁的成熟度要恰当；②果仁要加工得细碎。）

3. 生坯成形

把水油面团搓条摘成 12 个面剂子，分别按扁包入果仁馅，按成圆饼状。

（**质量控制点：**面皮的厚薄要均匀。）

4. 生坯熟制

生坯入 180℃热油锅中炸至起泡、上色出锅，装盘。

（**质量控制点：**要试炸确定油温。）

七、评价指标（表 2-93）

表 2-93　泡油糕评价指标

品名	指标	标准	分值
泡油糕	色泽	色泽金黄	10
	形态	牡丹形	40
	质感	外酥内软	20
	口味	香甜	20
	大小	重约 60 克	10
	总分		100

八、思考题

1. 水油面团中的熟猪油在炸制起泡过程中的作用是什么？
2. 如何通过“试炸”来确定炸制油温？

以下是其他特色水调面团名点的第三种——蛋调面团名点，共有 9 种。

名点 94. 伊府面（江苏名点）

一、品种介绍

伊府面是江苏扬州的风味小吃，是由乾隆年间书法家、扬州知府伊秉绶的家厨所创制，因而取名为伊府面、为中国五大面食之一，是世界最早的速食面，是现在常见的方便面、速煮面的“老祖宗”。伊府面属于蛋调面团制品，其制作程序较多，经煮、炸、烩而成，形成了色泽淡黄，柔韧滑爽，汤白醇厚，香鲜味美的特点。

二、制作原理

蛋调面团成团的原理见本章第一节。

三、熟制方法

煮、炸、烩。

四、用料配方（以 1 份计）

1. 坯料

中筋面粉 120 克，鸡蛋液 60 克，精盐 2 克。

2. 面臊料

虾仁 20 克，海参片 20 克，冬笋片 20 克，水发香菇片 15 克，熟火腿丝 10 克，菠菜 20 克，料酒 5 毫升，葱花 10 克，精盐 2 克，味精 1 克，鸡汤 75 毫升，色拉油 20 毫升。

3. 汤料

鸡汤 300 毫升，精盐 4 克，味精 2 克，芝麻油 5 毫升。

4. 辅料

淀粉 50 克，色拉油 20 毫升，熟猪油 1000 克（约耗 50 克）。

五、工艺流程（图 2-96）

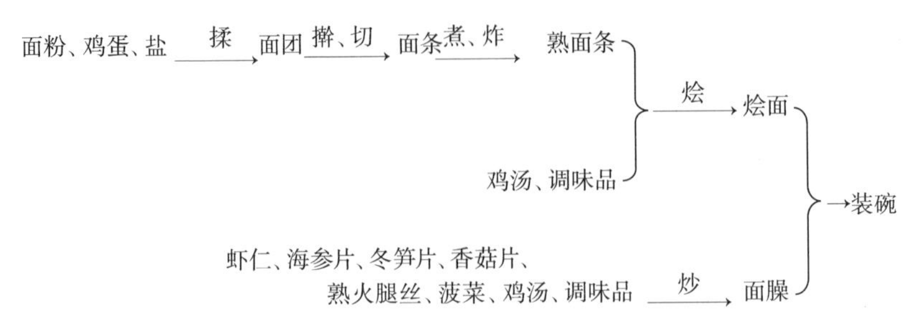

图 2–96　伊府面工艺流程

六、制作程序

1. 面条制作

在面粉中间扒一塘，加入蛋液、食盐一同和匀、揉透，形成光滑面团，用保鲜膜包上饧 20 分钟。将面团压扁，用淀粉做面扑，再用面杖擀成厚 0.1 厘米的面皮叠起，然后用刀切成宽 0.3 厘米的面条。

（**质量控制点：**①面团要调得硬一点；②面条要切得粗细均匀。）

2. 面条熟处理

将水锅烧沸，下入面条煮至浮起、断生后捞入清水盆中浸凉，沥干水分，用色拉油拌匀，盘成圆饼形；将熟猪油倒入锅中烧至 160℃时，下入面条炸至面条松脆、色泽金黄。

（**质量控制点：**①面条煮至断生即可；②煮好的面条要迅速浸凉、拌油；③炸制的温度不宜过高或过低。）

3. 成品制作

炒锅上火放入色拉油，下入葱花煸香，倒入上浆的虾仁、海参片、冬笋片、香菇片略炒，加入料酒略煸后下入鸡汤，再下熟火腿丝、洗净的菠菜烧沸后加精盐、味精调好味成面臊；另取锅上火，加入鸡汤、面条，煮至汤呈奶白色，加入食盐、味精，淋上麻油。将面条装于碗中，面上浇上面臊即成。

（**质量控制点：**①面条烩制的时间要恰当；②炒面臊要注意投料顺序。）

七、评价指标（表 2-94）

表 2-94　伊府面评价指标

品名	指标	标准	分值
伊府面	色泽	面条淡黄，汤白，面臊色彩丰富	10
	形态	面条丝丝分清	30
	质感	软韧滑爽	30
	口味	汤醇香鲜	20
	大小	重约 600 克	10
	总分		100

八、思考题

1. 制作伊府面的面条为什么用鸡蛋面条？
2. 为什么用来制作伊府面的面条煮制断生为好？

名点 95. 老友面（广西名点）

一、品种简介

老友面是广西南宁的特色小吃，又称酸辣面。为南宁名厨周端复于 20 世纪 30 年代首创。传说系周端复特为受风寒的熟客以爆香的蒜末、豆豉、辣椒、酸笋、肉末等煮的一碗热面条，送到这位老友家，老翁吃完后大汗淋漓，感觉全身舒畅放松，风寒很快就好了，高兴之下给小吃店送去一块上书“老友常来”牌匾。“老友面”从此得名。该品具有面条光滑，软韧有劲，汤色棕红，酸辣味香。

二、制作原理

蛋调面团成团的原理见本章第一节。

三、熟制方法

煮。

四、用料配方（以 2 大碗计）

1. 坯料

面粉 250 克，蛋液 110 克。

2. 汤料

豆豉30克，剁椒40克，酸笋丝50克，蒜蓉20克，牛肉末100克，葱花10克，料酒5毫升，精盐4克，酱油10毫升，香醋10毫升，胡椒粉2克，味精2克，花生油50毫升，骨头汤1000毫升。

五、工艺流程（图2-97）

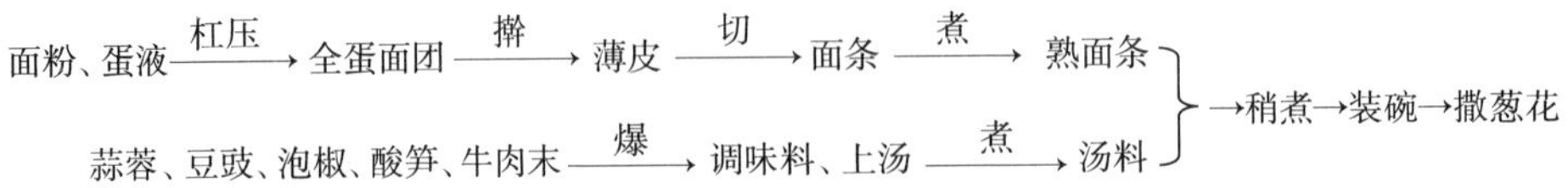

面粉、蛋液 —杠压→ 全蛋面团 —擀→ 薄皮 —切→ 面条 —煮→ 熟面条

蒜蓉、豆豉、泡椒、酸笋、牛肉末 —爆→ 调味料、上汤 —煮→ 汤料

（熟面条、汤料）→稍煮→装碗→撒葱花

图2-97　老友面工艺流程

六、制作程序

1. 面团调制

将面粉和蛋液调成光滑的面团，将竹杆一头固定在桌面上，通过反复地将面坯折叠、跳压，使面质地均匀、光滑、柔润，再擀制薄片，切成面条。

（**质量控制点：**①选用鸡蛋调面；②手工擀制。）

2. 汤卤调制

将炒锅烧热，倒入花生油，放入蒜蓉、豆豉、剁椒煸出香味，下入酸笋丝爆炒去味，再放入牛肉末爆香，淋入料酒翻炒，加入精盐、酱油、香醋调味，倒入骨头汤烧开、略煮，放入味精即成。

（**质量控制点：**①酸笋丝要先爆炒去馊味；②调配料要爆出香味。）

3. 生坯熟制

将蛋面下入沸水锅煮至断生，用凉开水过冷后放入汤料中略煮，撒上胡椒粉，分装成2碗，面条上面撒上葱花即成。

（**质量控制点：**①面条煮至断生；②面条煮好后要过凉。）

七、评价指标（表2-95）

表2-95　老友面评价指标

品名	指标	标准	分值
老友面	色泽	面条淡黄，汤棕红	10
	形态	碗装形	30
	质感	软韧有劲	30
	口味	酸辣味香	20
	大小	重约850克	10
	总分		100

八、思考题

1. 鸡蛋面条煮熟后有什么特色？
2. 做汤时酸笋丝为什么要先爆炒一会儿？

名点 96. 肠旺面（贵州名点）

一、品种简介

肠旺面是贵州风味小吃，流行于贵阳一带，始创于晚清，距今已有 100 多年的历史。“肠”即猪大肠，“旺”则是猪血，辅以面条。其是在煮熟的鸡蛋面条上加入面臊及高汤、调料制作而成。成品具有面条淡黄，爽滑劲道，肠旺鲜嫩，肉臊香脆、汤红不辣、油而不腻、汤鲜味美的特点。

二、制作原理

蛋调面团成团的原理见本章第一节。

三、熟制方法

煮。

四、原料配方（以 8 碗计）

1. 坯料

面粉 500 克，鸡蛋液 200 毫升，清水 50 毫升，碱粉 2 克。

2. 调配料

五花肉 250 克，猪大肠 150 克，红油 200 毫升，高汤 1000 毫升，血旺 500 克，泡臊 200 克，葱花 50 克，胡椒粉 25 克，酱油 50 毫升，味精 10 克，绿豆芽 100 克，精盐 10 克，醋 5 毫升，甜酒酿 40 毫升。

3. 辅料

色拉油 500 毫升。

五、工艺流程（图 2-98）

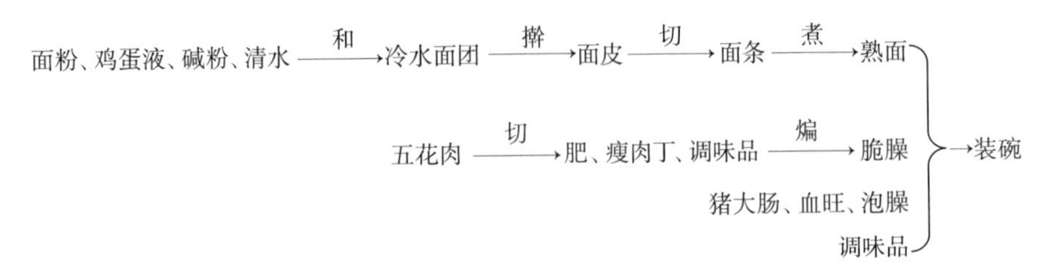

图 2-98　肠旺面工艺流程

六、制作方法

1. 脆臊制作

（1）原料初加工

将五花肉按肥、瘦肉分开，切成丁状。

（2）脆臊制作

炒锅置火上，倒入肥肉丁，加盐、甜酒酿汁（20 毫升）煸炒至肥肉丁色泽金黄时，再倒入瘦肉丁煸炒，变色后加少许冷水，将肉内余油煮出来，最后再加入醋、余下的甜酒酿煸炒，用小火炒 10 ～ 15 分钟，当锅中肉酥脆时离火，沥出油即成。

（**质量控制点：**①小火炒制；②掌握好火候。）

2. 面条制作

将面粉、鸡蛋液、碱粉和清水调匀和成面团，用湿布盖上，饧制 15 分钟后擀成薄片切成细条，分成 8 份。

（**质量控制点：**鸡蛋面要调制得硬实一些。）

3. 面条煮制

将一份面条下入宽汤沸水锅中翻滚（约 1 分钟）煮至断生，用漏勺捞起，在冷水中浸凉，然后迅速将面条放入汤锅中烫热，捞出装于碗中。

（**质量控制点：**①一份一煮，保证面条爽滑劲道；②面条断生后先浸凉再烫热。）

4. 上面臊、调味

在碗中舀入高汤，余熟的绿豆芽、小块血旺、猪大肠、脆臊、泡臊、酱油、味精、葱花、胡椒粉、红油即成。

（**质量控制点：**根据顾客口味需要调味。）

七、注意事项

① 猪大肠加工：猪大肠越肥越好，里外洗净，用盐、醋反复揉搓，将肠壁

的黏状物揉净，再用清水反复浸漂，除去腥味。洗净的猪大肠切成33厘米（1尺）左右的长段，和花椒、八角、山柰入锅，煮至六分熟，捞出改刀，切成宽约3厘米（1寸），长约4厘米（1.2寸）的片子，再和山柰、八角、老姜、葱一起放入砂锅用文火炖熟，待用。肠不能炖到粑烂，否则就没有嚼头。

② 红油加工：将猪板油与肠油合炼的混合猪油入锅，旺火烧热，将糍粑辣椒下锅，待油至红色时，把豆腐乳加适量的水研散，和姜米、蒜泥一起下锅炒，转到辣椒炸至呈现金黄色时，沥出红油。

③ 泡臊加工：将手包豆腐干从中横切成两大块，再改刀切成一指半宽小方块，炸到豆腐干呈嫩黄色时捞出再放进砂锅，加适量水兑鸡汤，再加生姜、少许山柰、八角、适量料酒和少许盐，上文火煨粑即成泡臊。

八、评价指标（表2–96）

表2–96　肠旺面评价指标

名称	指标	标准	分值
肠旺面	色泽	面条淡黄，汤红，调配料色彩丰富	20
	形态	碗装，配料规则排列	30
	质感	面条爽滑劲道，肠旺鲜嫩，肉臊香脆，泡臊香软	20
	口味	咸鲜微辣	20
	大小	重约400克	10
	总分		100

九、思考题

1. 肠旺面中常见的面臊有哪些？
2. 如何加工脆臊？

名点97. 萨琪玛（辽宁名点）

一、品种简介

萨琪玛是辽宁风味小吃，原名是萨其马，汉语称糖缠或饽饽糖缠，是满族的传统糕点，其最初的制作方法记载于《燕京岁时记》：“萨其马乃满洲饽饽，以冰糖、奶油合白面为之，形如糯米，用不灰木烘炉烤熟，遂成方块，甜腻可食。”1644年清军入关后，萨其马被满族人从东北带入了北京，自此开始在北京流行，成为北京著名京式四季糕点之一，过去在北京亦曾写作“沙其马”“赛利马”等，如今全国各地均有制作。萨琪玛现代的做法是将面条炸熟后，用糖浆拌匀再成小块食用。其具有色泽米黄，口感酥松绵软，香甜可口，桂花蜂蜜香味浓郁的特点。

二、制作原理

蛋调面团成团的原理见本章第一节。

三、熟制方法

炸。

四、原料配方（以 1 方盆计）

1. 坯料

面粉 500 克，鸡蛋液 250 克。

2. 装饰料

熟白芝麻 50 克，青红丝 20 克，白糖 450 克，饴糖 250 克，清水 100 毫升。

3. 辅料

淀粉 30 克，色拉油 1500 毫升（实耗 150 毫升）。

五、工艺流程（图 2-99）

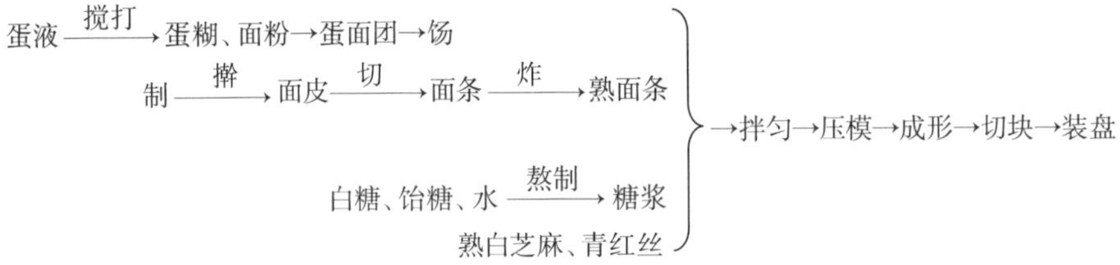

蛋液 —搅打→ 蛋糊、面粉→蛋面团→饧制 —擀→ 面皮 —切→ 面条 —炸→ 熟面条

白糖、饴糖、水 —熬制→ 糖浆

熟白芝麻、青红丝

→拌匀→压模→成形→切块→装盘

图 2-99　萨琪玛工艺流程

六、制作方法

1. 面团调制

将鸡蛋磕入小盆内，用抽子搅打起泡沫后，再加面粉，揉成面团，放在盆内，用保鲜膜包好饧制 30 分钟。

（**质量控制点：**①按用料配方准确称量；②面团要调得略硬一点，防止切条时发生粘连。）

2. 生坯成形

将面团放在案板上擀成薄片（用淀粉作面扑），切成细条，用筛子颠筛去浮面。

（**质量控制点：**①面皮的厚度要恰当；②面条要切得粗细一致。）

3. 生坯熟制

锅中放油烧至160℃时放入面条，炸的过程中要将面条抖散并翻拌，使面条受热均匀，炸成浅黄色捞出。

（**质量控制点：**①控制好面条炸制的温度，油温不宜太高；②炸制适度，制品呈浅黄色即可。）

4. 制品成形

白糖加水熬制糖浆，至112～114℃加入饴糖，保持温度在116℃（温度高时易硬，反之则软），然后将炸好的面条均匀地拌上糖浆。把木框放在案板上，框内先均匀地撒上一层芝麻、青红丝粒等小料，倒入拌上糖浆的面条，用工具铺匀摊平，放上木板压平（不宜过紧），然后取下木框，用刀切成约5厘米见方的块，装盘即成。

（**质量控制点：**①掌握好糖浆熬制的温度和时间；②糖浆拌得要均匀适度，不能过多或过少。）

七、评价指标（表2-97）

表2-97　萨琪玛评价指标

品名	指标	标准	分值
萨琪玛	色泽	金黄色	10
	形态	正方体	30
	质感	酥软爽口	30
	口味	香甜	20
	大小	重约50克	10
	总分		100

八、思考题

1. 如果切好的细条不用筛子颠、筛去浮面，直接炸制会出现什么问题？
2. 挂糖浆时，如果拌的不均匀会对萨琪玛的品质有何影响？

名点98. 三鲜珍珠疙瘩汤（辽宁名点）

一、品种简介

珍珠疙瘩汤是辽宁大连的风味小吃，是深受当地人喜爱的带汤食用的面食，不仅家庭厨房可以制作，大小酒店也多有它的身影。大连街的面点师结合当地时令海鲜，在原有珍珠疙瘩汤的基础上，加入一些提鲜食材，让它有了更好的食用品质，也从此登上了大雅之堂。

二、制作原理

蛋调面团成团的原理见本章第一节。

三、熟制方法

煮。

四、原料配方（以1盅计）

1. 坯料

面粉100克，鸡蛋液50克。

2. 配料

水发海参25克，虾仁25克，熟猪肉25克，玉兰片25克，口蘑片25克，鸡蛋液50克。

3. 调料

精盐7克，味精2克，胡椒粉2克，葱花5克，香菜末3克，芝麻油5毫升。

五、工艺流程（图2-100）

面粉、鸡蛋→蛋和面团→饧制→擀片→改刀→疙瘩 —煮→ 熟疙瘩
水发海参、虾仁、熟猪肉、玉兰片、口蘑、鸡蛋液
精盐、味精、胡椒粉、葱花、香菜末、麻油
（以上三项）→起锅→装盘

图2-100 三鲜珍珠疙瘩汤工艺流程

六、制作方法

1. 原料初加工

水发海参、虾仁、熟猪肉分别改刀切丁。

（**质量控制点：**①水发海参买品质好的；②猪肉选择肉质嫩的；③虾仁选新鲜的，并去好虾线。）

2. 粉团调制

先用面粉与鸡蛋调成面团，揉匀揉光后用保鲜膜包好饧制。

（**质量控制点：**①手工和面；②面和好后要揉匀揉透。）

3. 生坯成形

将饧好的面团擀成厚皮，先切成长条，再切成黄豆大小的小丁，成为面疙瘩

生坯，备用。

（**质量控制点**：①擀成厚薄均匀的皮；②坯剂的大小要均匀。）

4. 生坯熟制

在锅中倒入500毫升的清水烧沸后投入面疙瘩煮熟，再放入水发海参丁、虾仁丁、熟猪肉丁，加入盐、味精，调好口味，将搅匀的鸡蛋液慢慢倒入锅中搅成蛋花，最后放入胡椒粉，葱花和香菜末，滴上一点芝麻油，装盅即成。

（**质量控制点**：汤汁的量和疙瘩以及各种配料的量要搭配合理）

七、评价指标（表2-98）

表2-98　三鲜珍珠疙瘩汤评价指标

品名	指标	标准	分值
三鲜珍珠疙瘩汤	色泽	疙瘩成玉色，汤中调配料色彩丰富	10
	形态	疙瘩形如珍珠	30
	质感	疙瘩软韧爽滑	30
	口味	汤鲜味美	20
	大小	重约750克	10
	总分		100

八、思考题

1. 面团调好后为什么要揉匀揉透？
2. 如果做好的疙瘩黏牙可能是什么原因？

名点99. 窝窝面（陕西名点）

一、品种简介

窝窝面是陕西风味小吃。始创于清道光年间，耀县（现耀州区）城内恒盛饭馆大师傅田丰科是位烹调高手。一日店内客少无事，他突发奇想：用鸡蛋和好面，擀切成小方丁，然后用筷头顶住面丁从拳心穿过，面丁便呈窝窝头状，再配上蘑菇、肉粒、木耳等配料，烩煮成面。拿出让食客品尝后，大家一致赞不绝口，这便是最初的“窝窝面”。耀州流传着这样一句话：“天下美味都吃遍，首推耀州窝窝面。”此品具有爽滑劲道，形态美观，面汤融合，汤鲜味美的特点。

二、制作原理

蛋调面团成团的原理见本章第一节。

三、熟制方法

煮。

四、用料配方（以5碗计）

1. 坯料

面粉500克，鸡蛋液250克。

2. 调配料

鲜蘑菇100克，猪前夹肉75克，水发木耳50克，水发黄花50克，豆腐50克，姜末5克，葱花10克，精盐20克，酱油30毫升，胡椒粉5克，味精5克，香醋25毫升，辣椒油50毫升，湿淀粉50克，鸡汤2000毫升。

3. 装饰料

鸡蛋液30克，香菜20克，蒜苗20克，熟核桃仁20克，熟白芝麻5克。

4. 辅料

面粉（面扑）50克，菜籽油100毫升。

五、工艺流程（图2-101）

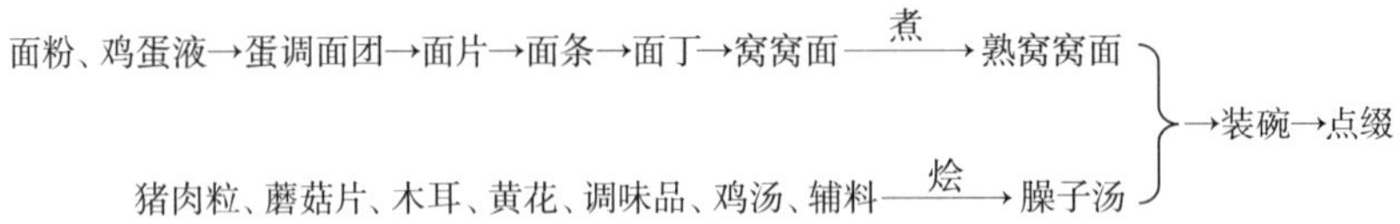

面粉、鸡蛋液→蛋调面团→面片→面条→面丁→窝窝面 —煮→ 熟窝窝面

猪肉粒、蘑菇片、木耳、黄花、调味品、鸡汤、辅料 —烩→ 臊子汤

（熟窝窝面、臊子汤）→装碗→点缀

图2-101　窝窝面工艺流程

六、制作程序

1. 面团调制

面粉放在案板上中间扒一塘，加入鸡蛋液调成面团，揉匀揉光后盖上保鲜膜饧制15分钟。

（**质量控制点：**面团要揉匀揉透。）

2. 生坯成形

将面团擀成厚0.8厘米的面片，切成宽0.8厘米的条，再用刀切成0.8厘米见方的丁，再撒上面扑把每个丁分开，左手拇指和食指拿一个面丁，右手拿一根筷子，用筷子的圆头戳入丁中，左手捏着丁朝顺时针方向稍转，右手朝逆时针方向稍转即成窝窝生坯。

（**质量控制点：**窝窝面坯要形态一样。）

3. 原料初加工

将鲜蘑菇洗净切片；猪前夹肉切成小粒；将水发木耳撕成小片；水发黄花切成小丁；豆腐切成小丁，焯水沥干；鸡蛋液烙皮切成丝；香菜、蒜苗切粒；熟核桃仁切粒待用。

4. 臊子汤制作

将炒锅内加油烧热，将肉粒下锅中煸炒，加入葱花、姜末、精盐、酱油，放入蘑菇片继续煸炒，加入鸡汤，放入木耳、黄花、豆腐丁，汤沸后加入味精和胡椒粉，用湿淀粉勾芡做成臊子汤。

（**质量控制点：**味道要调好。）

5. 生坯熟制

锅内加水烧开，下入窝窝面生坯，再沸后点水养熟，捞出投入臊子汤里，分装成 5 碗，加入香醋、辣椒油，点缀上香菜粒、蒜苗粒、蛋皮丝、熟核桃仁粒、熟白芝麻即可。

（**质量控制点：**窝窝面煮至断生即可。）

七、评价指标（表 2–99）

表 2–99　窝窝面评价指标

品名	指标	标准	分值
窝窝面	色泽	面淡黄，调配料色彩丰富	10
	形态	碗装（窝窝面大小均匀）	40
	质感	筋韧软滑	20
	口味	香辣酸爽	20
	大小	重约 650 克	10
	总分		100

八、思考题

1. 蛋调面团与冷水面团之间有什么不同?
2. 窝窝面与其他面条相比有什么特色?

名点 100. 成珠鸡仔饼（广东名点）

一、品种简介

成珠鸡仔饼是广东广州地区的风味点心，是广东四大名饼之一。始创于清朝咸丰年间的广州，原名“小凤饼”，据说它是由当地大户伍紫垣家有一位叫小凤的丫鬟所创制的，后经改进成为成珠茶楼的招牌茶点，因为其形状像雏鸡又称鸡仔饼。该点是以糖浆调制的面团作皮，以肥肉粒、熟瓜仁、熟榄仁、熟芝麻、熟霉干菜粒、糕粉等原料调味作馅经烘烤而成。其具有其外形小巧，形如龟背，饼面金黄，甘香酥脆，入口即化，甜中带咸而独具特色。

二、制作原理

浆皮面团的成团原理见本章第一节。

三、熟制方法

烤。

四、用料配方（以20只计）

1. 坯料

面粉100克，白糖20克，麦芽糖60克，花生油25毫升，枧水1.5毫升，清水20毫升。

2. 馅料

肥肉粒80克，白酒4毫升，白糖80克，瓜仁25克，榄仁25克，南乳12克，白芝麻25克，熟霉干菜15克，精盐2.5克，蒜蓉5克，胡椒粉0.5克，五香粉0.5克，糕粉40克，熟花生油20毫升，清水15毫升。

3. 装饰料

蛋液30克。

五、工艺流程（图2-102）

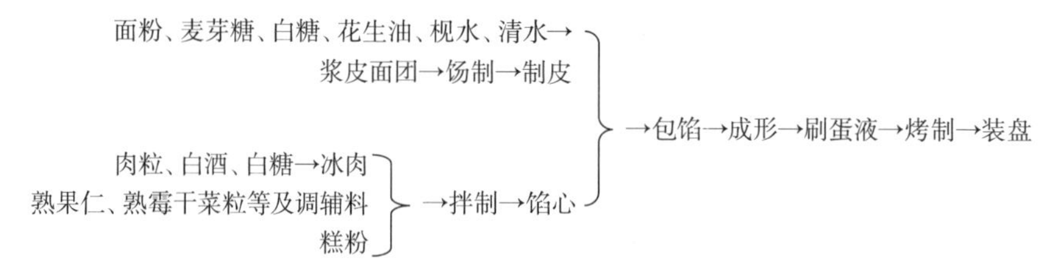

图2-102 成珠鸡仔饼工艺流程

六、制作程序

1. 面团调制

面粉过筛，置于案台上扒一塘，麦芽糖和清水放入锅中小火加热花开，倒入面粉塘中，加入白糖、花生油和枧水搓擦至糖溶化和成面团，静置约15分钟，再折叠成面团。

（**质量控制点：**①麦芽糖要先用水化开再调面团；②面团的硬度要合适；③静置饧面后再折叠成光滑面团。）

2. 馅心调制

将肥肉粒焯水、沥干，加入白糖、白酒拌匀放入冰箱冷藏腌渍（提前15天）成冰肉；把瓜仁、榄仁入油锅焐熟；白芝麻炒熟；熟霉干菜切粒。

将冰肉、熟瓜仁、熟榄仁、熟芝麻、熟霉干菜粒、南乳、精盐、蒜蓉、胡椒粉、五香粉、糕粉、熟花生油、清水拌匀成馅。

（**质量控制点：**①冰肉要提前半月腌渍；②馅心的硬度要合适。）

3. 生坯成形

将坯皮、馅心分别分成20份，把面剂按成圆皮，将馅心包入坯皮中对捏封好口，放入鸡仔饼模型中，用手压实，倒出即成生坯。

（**质量控制点：**①面皮厚薄要均匀；②成形过程中生坯不能破损。）

4. 制品熟制

将生坯放入刷过油的烤盘中，刷上蛋液，入炉用180℃的温度烤约18分钟至色泽金黄即可。

（**质量控制点：**①生坯大小不同，烤制的时间不同；②蛋液要刷均匀。）

七、评价指标（表2-100）

表2-100　成珠鸡仔饼评价指标

品名	指标	标准	分值
成珠鸡仔饼	色泽	金黄色	10
	形态	雏鸡形	30
	质感	酥脆松化	30
	口味	甜香带咸	20
	大小	重约25克	10
	总分		100

八、思考题

1. 冰肉的加工时间为什么比较长？

2. 面团调制时为什么搓擦不宜太久？

名点101. 油柿子（山西名点）

一、品种简介

油柿子是山西风味小吃，是晋中地区寿阳县传统风味名吃。寿阳县位于寿水之阳，故此得名。而这寿水，则因是老寿星的诞生地而得名。据传“老寿星”刚生下时十分羸弱，因吃柿子而身体强壮起来，最后成了长寿不老的“寿星”。乡亲们逢年过节，便拿柿子供他。后来因气候的变化，寿阳百姓没有柿子来供奉“老寿星”，大伙儿用红糖稀把面和起来，捏成柿状，用油炸熟，拿绳串起来，供献“老寿星”。此品具有中心开花，形如柿子，色泽红褐，酥香味甜的特点。现在油柿子是人们逢年过节、迎亲送友的必备佳品。

二、制作原理

浆皮面团的成团原理见本章第一节。

三、熟制方法

炸。

四、原料配方（以10只计）

1. 坯料

面粉340克，糯米粉60克，红糖200克，碱面5克，温水150毫升。

2. 装饰料

饴糖水20毫升，熟芝麻5克。

3. 辅料

色拉油1000毫升（实耗50毫升）。

五、工艺流程（图2-103）

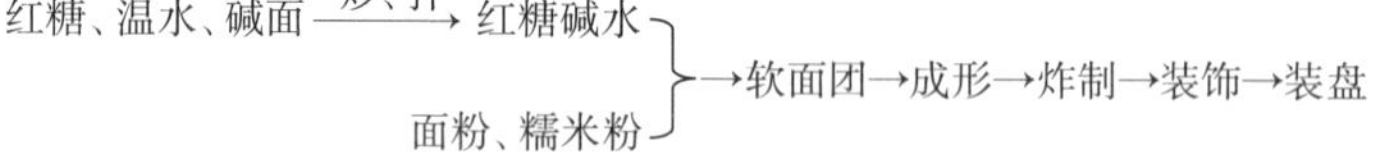

红糖、温水、碱面 —炒、拌→ 红糖碱水 ┐
面粉、糯米粉 ┘ →软面团→成形→炸制→装饰→装盘

图2-103　油柿子工艺流程

六、制作程序

1. 面团调制

将炒锅放火上，倒入红糖小火加热，用铲子不停翻炒，炒至红糖融化后倒入

温水，用铲子搅拌形成红糖稀水，倒入碗中晾凉，加入碱面搅拌形成红糖碱水。

面粉和糯米粉倒在面盆中搅拌均匀，将红糖碱水分次倒在面粉上，用筷子搅拌成没有干粉的面絮。用手把所有面絮揉和在一起，反复揉制，使面团表面光滑，盖上保鲜膜饧制。

（**质量控制点：**①小火炒制红糖；②面团要揉至光滑。）

2. 生坯成形

把饧好的面团搓成长圆柱形面条，用刀切成 70 克重的面剂子 10 只，取一个面剂子放在左手上，手指带动面剂子沿顺时针方向转，右手的虎口将面剂子边缘向上收，使面剂子形成一个圆锥形面团。两手掌心相对，把圆锥形面团按压成扁圆饼形放在案板上，用筷子在面团中心轻轻扎下去但不要扎穿，这就是做好的“油柿子”饼坯。

（**质量控制点：**①剂子大小要均匀；②成形时表面要光滑；③生坯形似柿子。）

3. 生坯熟制

锅里放入适量色拉油，烧至五六成热，将生坯放入漏勺中入油锅炸制。等饼坯浮起，用筷子不停把饼坯翻面，直到把饼坯炸成表面红褐色，用漏勺把饼坯捞出控油，装盆。

将饴糖水与熟芝麻拌匀，用刷子刷在油柿子表面，装盘。

（**质量控制点：**①炸制温度不宜太高；②炸制过程中要不断翻面；③炸至呈红褐色。）

七、评价指标（表 2–101）

表 2–101　油柿子评价指标

品名	指标	标准	分值
煎饼果子	色泽	红褐色	10
	形态	柿子形	40
	质感	外酥里嫩	20
	口味	甜香	20
	大小	重约 70 克	10
	总分		100

八、思考题

1. 红糖炒制的目的是什么？
2. 红糖水中加碱粉的作用是什么？

名点 102. 闻喜煮饼（山西名点）

一、品种简介

闻喜煮饼是山西风味小吃，晋南闻喜县地方名吃，深受晋南人民喜爱，在山西有着饼点之王的美誉。闻喜煮饼在明末就已有名气，从清朝嘉庆年间至抗日战争前的300年间，闻喜煮饼已经畅销全国各地。在晋南民间把“炸”就叫“煮”。此品主要采用熟面粉、蜂蜜、小磨香油、饴糖及上等红白糖等原料，经过制馅、制坯、油炸（煮）、冷却、上汁、沾芝麻等多道工序加工而成，煮饼外皮沾满白芝麻，球状造型，将芝麻团掰开，便露出外深内浅的栗色皮层和绛白两色分明的饼馅，可拉出几厘米长的细丝。具有酥沙不皮，甜而不腻，久不变质，越嚼越香。煮饼还可包入不同馅心，制成各式花样煮饼，如蜜糖煮饼、香蕉煮饼、豆沙煮饼绿豆煮饼、芝麻糖煮饼等，口味和食感更佳。一般走亲送友、喜庆宴会均有闻喜煮饼。

二、制作原理

浆皮面团的成团原理见本章第一节。

三、熟制方法

炸。

四、原料配方（以10只计）

1. 皮料

蒸熟面粉120克，红糖22.5克，饴糖50克，色拉油15毫升，小苏打粉0.25克，清水40毫升。

2. 馅料

蒸熟面粉10克，绵白糖30克，蜂蜜17.5克，温水5毫升，桂花2.5克。

2. 浆料

白砂糖35克，饴糖75克，蜂蜜12.5克，桂花2.5克。

3. 装饰料

熟芝麻80克。

4. 辅料

色拉油1000毫升（实耗10毫升）。

五、工艺流程（图 2-104）

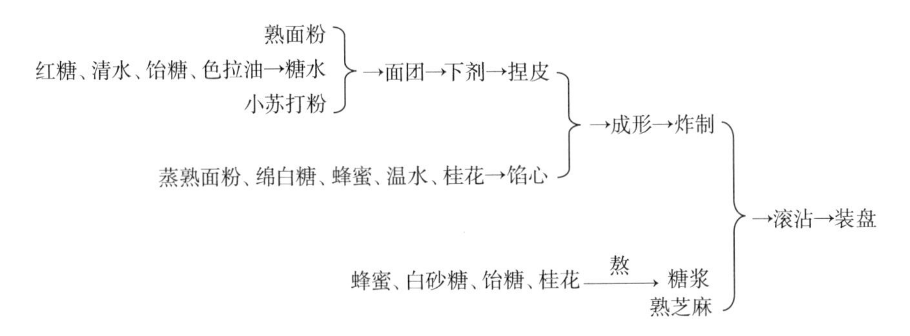

图 2-104　闻喜煮饼工艺流程

六、制作程序

1. 面团调制

先将蒸熟面粉倒在案板上摊成圆圈，再将红糖、清水放入锅内溶化，倒入饴糖和色拉油搅拌均匀，加热煮沸后倒进面圈内和成软硬度的面团，再揉入小苏打即成煮饼面团。

（**质量控制点：**①蒸熟面粉要过筛；②小苏打在面团调好后揉入。）

2. 馅心调制

先将蒸熟面粉、绵白糖、桂花拌匀，再将蜂蜜加温水化开倒入，擦拌均匀即成馅心。

（**质量控制点：**①馅心的硬度要恰当；②馅心多样，可以变化。）

3. 生坯成形

将面团分成约 24 克的面剂子 10 只，每只面剂子包上约 6 克馅心，收口搓成圆球形生坯。

（**质量控制点：**①馅心要居中；②生坯要圆。）

4. 生坯熟制

将生坯放入冷水中浸泡一下（浸去浮面，减少油锅杂质；同时可防止露馅、脱皮）。再放入 200℃左右的油锅中炸至生坯浮起，呈棕黄色，表面出现小裂纹时即可捞出。

（**质量控制点：**①生坯在炸制前要在冷水中浸一下；②炸制的温度要高。）

5. 挂浆粘麻

另起锅上火放入白砂糖、饴糖、蜂蜜、桂花，待浆料熬至 115℃左右，能拉起长丝，将炸好冷却的半成品分次放入糖浆内浸约 2 分钟（为使蜜汁渗入饼内），然后捞出放入熟芝麻仁中翻滚，等芝麻仁沾匀后，煮饼即成。

（**质量控制点：**①把握好熬制糖浆的火候；②半成品在糖浆内要浸 2 分钟左

右；③芝麻要滚沾均匀。）

七、评价指标（表 2-102）

表 2-102　闻喜煮饼评价指标

品名	指标	标准	分值
闻喜煮饼	色泽	芝麻仁白色	10
	形态	球形	30
	质感	酥沙绵口	30
	口味	麻香味甜	20
	大小	重约 50 克	10
	总分		100

八、思考题

1. 为什么用熟面粉制作闻喜煮饼？
2. 生坯在油炸之前为什么要先再冷水中浸一下？

本章小结

本章主要介绍了水调面团的成团原理、面团特性、调制方法和使用范围，有代表性的水调面团名点的制作方法及评价指标。了解水调面团名点制作的一般规律。

同步练习

一、填空题

1. 对用来制作江苏淮安名点淮饺的面皮的要求是皮薄如纸，隔皮可见字，点火可________。

2. 根据吃水量的不同进行分类，江苏淮安名点淮饺的面团属于________面团中的面团。

3. 根据吃水量的不同进行分类，江苏无锡名点王兴记馄饨的面团属于________面团中的________面团。

4. 江苏淮安名点文楼汤包是由________经过文楼饭店店主陈海仙改进而成的。

5. 用来制作江苏淮安名点文楼汤包的面粉一般选________的中筋粉。

6. 江苏苏州名点枫镇大面调味时除了使用了葱末、熟猪油、卤汤外，还用了________进行调味。

7. 上海名点南翔小笼馒头的制皮方法是________。

8. 上海名点蒸拌冷面调味时所用的酱油需要________才能拌面。

9. 上海名点肉丝炒面两面黄的成熟方法是________。

10. 上海名点阳春面对面汤的要求是________、________和________。

11. 浙江名点湖州大馄饨馅料中除了主料肉粒，还加了配料________。

12. 浙江杭州名点虾爆鳝面中的虾仁、鳝片烩好后被称作花式面条中的________。

13. 安徽徽州风味小吃蝴蝶面的面片应切成________。

14. 制作福建漳州的特色传统民间小吃手抓面要选用加________做的面条口感为佳。

15. 制作广东风味名点蟹黄干蒸烧卖时蟹黄是用作________。

16. 河南风味面点开封第一楼小笼包子馅心的调制方法属于________的调制方法。

17. 湖北风味面点黄州甜烧梅馅心的主料是________。

18. 四川风味小吃担担面的口味一般呈________。

19. 四川风味小吃牛肉毛面中的“毛”是指________。

20. 制作北京风味小吃老北京炸酱面所用的酱一般是________和________。

21. 对天津风味小吃白记水饺生坯的形态要求是________。

22. 河北风味面点一篓油水饺的成形手法是________成形。

23. 山西风味面食揪片生坯的大小是________。

24. 山西风味小吃烩扁食的主料是________。

25. 山西风味小吃烩扁食在烩制时勾的是________芡。

26. 山东风味小吃高汤小饺的汤中除了高汤和调味品，还加入________。

27. 煮制山东风味小吃高汤小饺时，生坯水沸下锅后首先要________，防止粘锅。

28. 山东风味小吃济南扁食馅心中常加的时蔬是________。

29. 山东风味小吃济南扁食的生坯的形状是________。

30. 陕西风味小吃岐山臊子面中制作臊子的主料是________。

31. 新疆风味小吃薄皮包子的形状是________。

32. 用来制作江苏淮安名点麻油馓子的面团属于________面团。

33. 根据吃水量的不同进行分类，江苏淮安名点麻油馓子的面团属于________面团中的________面团。

34. 用来制作江苏无锡名点小笼馒头的面团有两种，分别是__________和__________。

35. 江苏无锡名点小笼馒头成熟后，它的卤汁的来源分别是__________和__________。

36. 海南风味小吃海南煎饼的生坯在煎制时要求小火加热并要________。

37. 黑龙江风味小吃三鲜龙须卷的成熟方法是先________后________。

38. 北京风味面点褡裢火烧成品的形状是________。

39. 北京风味面点炸龙须面的制作程序是：________、________、________和________。

40. 山东风味小吃周村酥烧饼的制皮方法是________。

41. 新疆风味小吃烤包子的形状是________。

42. 拨制山西风味小吃拨鱼儿生坯的竹筷一头的形状是________。

43. 制作上海名点萝卜丝油墩子时模子预热的目的是防止生坯________。

45. 江苏南通名点蟹黄养汤烧卖的馅心由生肉馅、________和蟹油组成。

46. 用来制作安徽庐江风味点心小红头馅心的主料是________。

47. 安徽庐江风味点心小红头的造型是________。

48. 辽宁风味名点老山记馅饼的馅心之所以被称为鸳鸯馅是因为该馅心是由________和________两种原料作为主料调制的馅心。

49. 吉林风味小吃李连贵熏肉大饼在食用时一般要搭配________和________等调料一起吃。

50. 吉林风味小吃三杖饼在食用时既可以________单独食用，又可以和________等一起吃。

51. 调制吉林风味小吃杨家吊炉饼面团时除了加温水，还要加________和________。

52. 调制河北风味面点老二位饺子的馅心时加入了________酱，使其口味比较独特。

53. 用来制作辽宁风味名点马家烧卖馅心的牛肉一般可选________、________或________三个部位较好。

54. 辽宁风味名点老边饺子的成熟方法除了蒸、煮还有________和________。

55. 制作山西风味面食帽盒所用的调味品是________。

56. 天津风味小吃“陆记”烫面炸糕的形状是________。

57. 陕西风味名点泡泡油糕的造型是________形。

58. 宁夏风味小吃饦馍馍的生坯在烙制时除了要求小火加热外，烙制过程中还要________。

59. 江苏扬州的风味小吃伊府面的成熟方法是________。

60. 广西风味小吃老友面汤料中除了豆豉、剁椒、蒜蓉和骨头汤以及常规调味料外，还有牛肉末和________。

61. 制作贵州风味小吃肠旺面的面条一般是________。

62. 广东风味名点成珠鸡仔饼成品的风味特点是__________、__________、________。

63. 制作山西风味小吃油柿子的粉料中除了面粉还加了________。

二、选择题

1. 江苏淮安名点淮饺属于（　　）。
A. 水饺　　B. 蒸饺　　C. 大馄饨　　D. 小馄饨

2. 用来制作江苏无锡名点王兴记馄饨的馄饨皮的形状是（　　）。
A. 三角形　　B. 正方形　　C. 梯形　　D. 五角形

3. 用来调制江苏淮安名点文楼汤包的面团的加水量是面粉量的（　　）。
A. 30%　　B. 40%　　C. 50%　　D. 60%

4. 在制作上海名点开洋葱油面时，煮制面条的要求是（　　）锅。
A. 冷水　　B. 温水　　C. 热水　　D. 沸水

5. 用来制作浙江名点猫耳朵的面团是（　　）。
A. 硬面团　　B. 软面团　　C. 稀软面团　　D. 稀糊

6. 广东风味名点蟹黄干蒸烧卖的形状是（　　）。
A. 石榴形　　B. 花瓶形　　C. 塔形　　D. 木塞形

7. 制作河南风味面点开封第一楼小笼包子的面团属于（　　）面团。
A. 发酵　　B. 半发酵　　C. 温水　　D. 冷水

8. 湖南风味面点铍纱馄饨的汤是（　　）。
A. 鱼汤　　B. 鸡汤　　C. 猪骨汤　　D. 鸡蛋汤

9. 湖北风味小吃热干面的调味品中比较独特的调味品是（　　）。
A. 海鲜酱　　B. 花生酱　　C. 芝麻酱　　D. 沙茶酱

10. 四川风味面点龙抄手的成熟方法是（　　）。
A. 蒸　　B. 炸　　C. 煎　　D. 煮

11. 制作四川风味面点牛肉毛面所用的牛肉是（　　）肉。
A. 牦牛　　B. 水牛　　C. 黄牛　　D. 野牛

12. 辽宁风味名点王麻子锅贴属于（　　）面团制品。
A. 冷水　　B. 温水　　C. 热水　　D. 沸水

13. 辽宁风味小吃牟传仁天下第一饺的皮馅比是（　　）。
A. 1 ∶ 1　　B. 3 ∶ 4　　C. 2 ∶ 3　　D. 1 ∶ 2

14. 河北风味小吃中和轩包子的成品的形状是（　　）形。
A. 提褶包　　B. 长饺　　C. 无褶包　　D. 秋叶包

15. 宁夏风味小吃炒胡饽子的面坯属于（　　）面团。
A. 水调　　B. 油酥　　C. 膨松　　D. 米粉

16. 新疆风味小吃那仁的成熟方法是（　　）。

A. 煮　　B. 煎　　C. 蒸　　D. 烤

17. 制作新疆风味小吃薄皮包子的面坯属于（　　）面团。

A. 水调　　B. 油酥　　C. 发酵　　D. 米粉

18. 江苏淮安名点麻油馓子炸制的温度以（　　）较为合适。

A. 140℃　　B. 170℃　　C. 200℃　　D. 230℃

19. 山东风味小吃蓬莱小面的面条是（　　）出来的。

A. 压　　B. 切　　C. 削　　D. 抻

20. 甘肃风味小吃兰州牛肉面面条的成形方法是（　　）。

A. 切　　B. 擀　　C. 抻　　D. 压

21. 用来制作浙江名点葱包桧儿中春饼的面团是（　　）。

A. 硬面团　　B. 软面团　　C. 稀软面团　　D. 稀糊

22. 山西风味面食漏面的坯料属于冷水面团中的（　　）。

A. 硬面团　　B. 软面团　　C. 稀软面团　　D. 稀糊

23. 上海名点萝卜丝油墩子生坯炸制的温度是（　　）左右。

A. 140℃　　B. 160℃　　C. 180℃　　D. 200℃

24. 为了使江苏扬州名点翡翠烧卖馅心的颜色更绿，可在水锅中加点（　　）。

A. 精盐　　B. 食碱　　C. 白糖　　D. 白醋

25. 四川风味面点玻璃烧卖的形状是（　　）形。

A. 石榴　　B. 白菜　　C. 木塞　　D. 圆柱

26. 山东风味小吃呱嗒属于（　　）面团制品。

A. 水调　　B. 膨松　　C. 油酥　　D. 米粉

27. 擀制辽宁风味名点马家烧卖面皮所用的面扑是（　　）。

A. 玉米粉　　B. 大米粉　　C. 面粉　　D. 黄豆粉

28. 山西风味面食帽盒的成熟方法是（　　）。

A. 烙、烤　　B. 煎、烤　　C. 蒸、煎　　D. 蒸、烙

29. 内蒙古风味面点蒙古包子属于（　　）面团制品。

A. 膨松　　B. 油酥　　C. 水调　　D. 米粉

30. 天津风味小吃“陆记”烫面炸糕的生坯炸制的温度约为（　　）。

A. 140℃　　B. 160℃　　C. 180℃　　D. 200℃

31. 烫制山西风味小吃烫面油糕的面坯所用的温度是（　　）。

A. 70℃　　B. 80℃　　C. 90℃　　D. 100℃

32. 江苏南京名点六凤居葱油饼的成熟方法是（　　）。

A. 烙　　B. 煎　　C. 烤　　D. 炸

33. 调制安徽歙县风味小吃黄豆肉馃油酥面的油是（　　）。

A. 色拉油　　B. 花生油　　C. 熟猪油　　D. 菜籽油

34. 宁夏风味小吃饦馍馍的面坯属于（　　）面团。

A. 水调　　B. 油酥　　C. 膨松　　D. 米粉

35. 陕西风味小吃窝窝面的面坯属于（　　）面团。

A. 冷水　　B. 温水　　C. 热水　　D. 蛋调

三、判断题

1. 制作北京风味小吃老北京炸酱面的酱的烹调方法是炸。（　　）

2. 天津风味小吃白记水饺的馅心属于生咸馅。（　　）

3. 河北风味小吃中和轩包子的面皮属于发酵面皮。（　　）

4. 调制制作黑龙江风味小吃三鲜龙须卷的面团的水都是冷水。（　　）

四、问答题

1. 为什么用来制作江苏淮安名点淮饺的肉馅的吃水量可以达到 50% 以上？

2. 为什么擀制江苏淮安名点淮饺的面皮时一般用淀粉做面扑？

3. 制作面条或馄饨皮时，在进入压面机之前，面粉调成雪花面和揉成面团，两者压出的面皮有何区别？

4. 用来熬制制作汤包的皮冻的主料除了鲜猪肉皮还可以有哪些原料？

5. 熬制江苏淮安名点文楼汤包皮冻的要点是什么？

6. 与江苏无锡的小笼馒头相比，为什么用来制作上海南翔小笼馒头的面团需要软一些？

7. 上海名点南翔小笼馒头的馅心为什么要有一定的硬度？

8. 上海名点蒸拌冷面为什么要求随吃随拌？

9. 在制作上海名点开洋葱油面时为何要求宽汤下面？

10. 上海名点阳春面的特点是什么？

11. 擀制浙江名点湖州大馄饨面皮时为什么一般用淀粉作面扑？

12. 制作浙江杭州名点虾爆鳝面时浆虾仁入沸水锅氽和入油锅划油哪个效果好？

13. 在安徽徽州风味小吃深渡包袱馅心中，除了生肉馅，还加了哪些配料？

14. 在煮制安徽徽州风味小吃深渡包袱生坯的过程中，锅中的水为什么不能一直处于大沸状态？

15. 在烩制安徽徽州风味小吃蝴蝶面时，烩焖的时间为什么不宜太长？

16. 为什么制作福建漳州的特色传统民间小吃手抓面时，煮好的面条要趁热盘、压成薄面饼？

17. 调制广东风味名点蟹黄干蒸烧卖馅心时，为什么瘦肉丁、虾仁要先用枧水进行腌渍？

18. 制作湖南风味面点皱纱馄饨馅心的肉蓉为什么要加工得特别细？

19. 湖北风味面点黄州甜烧梅的形态可以有哪些变化？

20. 为什么用来制作湖北风味小吃热干面的面条要硬实有劲?
21. 如何能使四川风味面点龙抄手的馅心达到细嫩的效果?
22. 四川风味小吃担担面的成品特点是什么?
23. 辽宁风味名点王麻子锅贴的馅心是如何调制的?
24. 调制辽宁风味小吃海肠饺子馅心的要点是什么?
25. 辽宁风味小吃海肠饺子的煮制时间为什么不能太长?
26. 辽宁风味小吃牟传仁天下第一饺的馅心有什么特色?
27. 煮制河北风味面点一篓油水饺时为什么要点两次水?
28. 山西风味面食揪片的食用方法有哪些?
29. 切制山西风味面食刀拨面的刀有什么特点?
30. 制作山西风味面食刀拨面时为什么最好用淀粉做面扑?
31. 山西风味面食搓豌为什么选择用硬面团制作?
32. 山西风味面食搓豌一般在什么场合制作、食用?
33. 制作山东风味小吃潍县杠子头火烧时用杠子压和用压面机压做出的成品口感有什么差别?
34. 山东风味小吃潍县杠子头火烧除了直接食用，还有哪些吃法?
35. 如何调制陕西风味小吃岐山臊子面的酸汤?
36. 宁夏风味小吃炒胡饽子的“胡饽”是指什么?
37. 新疆风味小吃那仁是哪个民族的牧区美食?
38. 为什么用来制作江苏淮安名点麻油馓子的面条静置饧面时间要长?
39. 如何选择用来制作江苏淮安名点麻油馓子的面粉?
40. 制作福建厦门地方传统小吃炒面线时为什么要先将面线炸成金黄色?
41. 福建厦门地方传统小吃炒面线在炒制过程中的操作要点是什么?
42. 海南风味点心海南煎饼成形时为什么要求面皮要擀薄?
43. 如何理解调制制作北京风味小吃褡裢火烧的面团时不同季节水温应有所不同?
44. 调制北京风味面点炸龙须面的面团的要点是什么?
45. 为什么山东风味小吃周村酥烧饼采用冷水面团制作而达到口感的效果?
46. 山东风味小吃武城煊饼常规馅心的调制方法是什么?
47. 山东风味小吃武城煊饼的生坯是如何成形的?
48. 制作山东风味小吃油旋时如何根据面粉品质、季节变化调节用水量和水温?
49. 山东风味小吃油旋烙烤成熟后为什么要用手指从有旋纹的一面中央顶出一个窝?
50. 山东风味小吃蓬莱小面汤卤的特色是什么?
51. 山东风味小吃福山拉面出条的扣数跟面条的根数之间是什么关系?

52. 为什么山东风味小吃福山拉面煮面时要沸水下锅，不能加凉水？

53. 陕西风味小吃 Biangbiang 面的名字是怎么来的？

54. 陕西风味小吃 Biangbiang 面的裤带面是如何成形的？

55. 制作陕西风味小吃三原金线油塔，为什么不同季节调制面团所用的水温不一样？

56. 板油蓉在制作陕西风味小吃三原金线油塔过程中的作用是什么？

57. 调制制作陕西风味小吃油泼箸头面的面团，加盐的作用是什么？

58. 陕西风味小吃油泼箸头面调味用的酱油、食醋为什么要事先熬制？

59. 制作陕西风味点心黄桂柿子饼时柿子浆在调制面团中的作用是什么？

60. 为什么陕西风味点心黄桂柿子饼生坯煎制时用油比较多？

61. 甘肃风味小吃兰州牛肉面的统一标准是什么？

62. 甘肃风味小吃兰州牛肉面的面条的形态有哪些？

63. 新疆风味小吃爆炒面根据面的形态不同，分别有哪几种叫法？

64. 新疆风味小吃爆炒面的面段煮至断生后迅速浸凉的作用是什么？

65. 调制新疆风味小吃烤包子的馅心时加入洋葱粒的作用是什么？

66. 新疆风味小吃油馓子馓条的粗细对它的口感有什么影响？

67. 新疆风味小吃油馓子的炸制方法是什么？

68. 新疆风味小吃黄面的面条是如何制作的？

69. 制作新疆风味小吃黄面的面条煮至断生后为什么要立即浸凉拌油？

70. 山西风味小吃拨鱼儿的吃法有哪些？

71. 制作山西风味面食漏面时面条的成形方法有什么特点？

72. 烙制内蒙古风味小吃蒙古馅饼时为什么要先干烙再刷油烙？

73. 内蒙古风味小吃蒙古馅饼馅心中常用的蔬菜有哪些？

74. 制作上海名点萝卜丝油墩子时面糊中加入泡打粉的作用是什么？

75. 为什么蒸制江苏扬州名点翡翠烧卖的时间不能太长？

76. 调制江苏南通名点蟹黄养汤烧卖馅心中的生肉馅时为什么先入底味再分次打水？

77. 四川风味面点玻璃烧卖的“玻璃”效果是如何体现的？

78. 在调制辽宁风味名点老山记馅饼馅心时加入熬好的香料汁的目的是什么？

79. 软酥在制作吉林风味小吃李连贵熏肉大饼中的作用是什么？

80. 吉林风味小吃三杖饼面坯中加入熟猪油的作用是什么？

81. 吉林风味小吃杨家吊炉饼在成形过程中将面坯抻薄抻长的作用是什么？

82. 河北风味小吃郭八火烧的生坯烙制成金黄色后为什么还要放入热耐火石上烘烤？

83. 河北风味小吃郭八火烧烙、烤成熟后为什么需从侧面扒开放掉热气？

84.调制河北风味面点老二位饺子的馅心时加入花椒水的作用是什么？

85.常见的山东风味小吃呱嗒的馅心有哪些？

86.制作重庆风味小吃鸡汁锅贴为什么采用水油煎的成熟方法？

87.重庆风味风味小吃鸡汁锅贴的馅心调好后需要为什么冷藏后再使用？

88.调制北京风味面点烧卖馅心时为什么调生肉馅需要加水，而加蔬菜类馅料需要挤去水分？

89.北京风味面点烧卖的馅心一年四季是如何变化的？

90.辽宁风味名点老边饺子的馅心有什么特点？

91.为什么吉林风味点心新兴园蒸饺可以采用热水面团制作？

92.调制吉林风味点心新兴园蒸饺馅心的熬制油是如何加工的？

93.内蒙古风味面点蒙古包子的馅心中加入较多圆葱粒的作用是什么？

94.山西风味小吃烫面油糕常用的馅心有哪些？

95.炸制江苏南京名点六凤居葱油饼时饼坯为什么要多次翻面？

96.安徽歙县风味小吃黄豆肉馃是如何煎制成熟的？

97.调制四川风味面点波丝油糕面坯时面粉为什么要放在沸水锅中烫？

98.四川风味面点波丝油糕炸制的要点是什么？

99.陕西风味名点泡泡油糕炸制的方法是怎样的？

100.青海风味小吃泡油糕与陕西风味点心泡泡油糕的不同点是什么？

101.青海风味小吃泡油糕成品的特点是什么？

102.炸制江苏扬州的风味小吃伊府面的面条使用的油为什么一般用熟猪油？

103.广西风味小吃老友面的面条煮熟后为什么要放入凉水过凉？

104.煮制贵州风味小吃肠旺面的面条时，面条断生后先浸凉再烫热的目的是什么？

105.在制作辽宁风味小吃萨琪玛时熬制糖浆的温度为什么要准确？

106.在调制用来制作辽宁风味小吃萨琪玛的面团时为什么要先将蛋液打泡？

107.在制作辽宁风味小吃三鲜珍珠疙瘩汤时为什么要先将疙瘩煮熟再加调配料？

108.在制作辽宁风味小吃三鲜珍珠疙瘩汤时用鸡蛋液调制面团对疙瘩的品质有何影响？

109.陕西风味小吃窝窝面的面坯是如何成形的？

110.广东风味名点成珠鸡仔饼的馅心中冰肉是如何加工的？

111.山西风味小吃油柿子成熟后呈褐色的原因是什么？

112.山西风味小吃闻喜煮饼生坯在炸制后为什么表面会出现小裂纹？

113.熬制山西风味小吃闻喜煮饼挂浆使用的糖浆时温度为什么要控制在115℃左右？

第三章　膨松面团名点

本章内容：1. 膨松面团概述

2. 膨松面团名点举例

教学时间：36 课时

教学目的：通过本章的教学，让学生懂得膨松面团的膨松原理和调制技法，通过实训掌握其中具有代表性的膨松面团名点的制作方法，如面团调制、馅心调制、生坯成形、生坯熟制和美化装饰等操作技能。了解膨松面团名点制作的一般规律，使学生具备运用所学知识解决实际问题的能力。在教与学名点的同时培养学生专注、求精、敬业的工匠精神

教学方式：课堂讲授、演示、品尝、练习、讲评

教学要求：1. 懂得膨松面团的膨松原理和调制技法

2. 掌握具有代表性的膨松面团名点的制作方法

3. 通过学习代表性膨松面团名点的制作，能够举一反三

课程思政：1. 弘扬中华民族优秀传统文化、技艺

2. 培育持之以恒的学习态度

3. 做到传统与创新相结合，将优秀面点文化发扬光大

4. 培养学生专注、求精、敬业的工匠精神

第一节　膨松面团概述

膨松面团是指在调制面团过程中除了加水或鸡蛋外，还要添加酵母菌或化学膨松剂或采用机械搅打，使面团具备膨松能力的面团。用膨松面团制作的面点称为膨松面团制品。根据膨松方法的不同，可分为生物膨松面团制品、化学膨松面团制品和物理膨松面团制品。

一、膨松面团的分类（图 3-1）

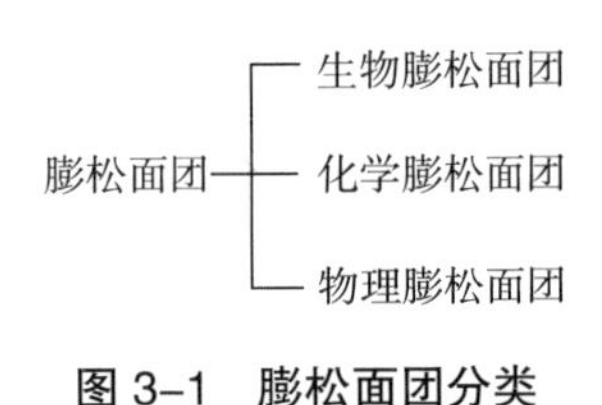

图 3-1　膨松面团分类

二、膨松面团膨松的原理

（一）生物膨松面团（发酵面团）的膨松原理

面团中引入酵母菌后，酵母菌得到了面粉中淀粉、蔗糖分解成的单糖作为养分而繁殖增生，进行呼吸作用和发酵作用，产生大量的 CO_2 气体，同时产生水和热。CO_2 被面团中的面筋网络包住不能逸出，从而使面团出现了蜂窝组织，膨大、松软并产生酒香气味。酵种发酵还产生了酸味。用反应式表示如下：

$$\underset{\text{淀粉}}{2(C_6H_{10}O_5)_n}+nH_2O \xrightarrow{\text{淀粉酶}} \underset{\text{麦芽糖}}{nC_{12}H_{22}O_{11}}$$

$$\underset{\text{麦芽糖}}{C_{12}H_{22}O_{11}}+H_2O \xrightarrow{\text{麦芽糖酶}} \underset{\text{葡萄糖}}{2C_6H_{12}O_6}$$

$$\underset{\text{蔗糖}}{C_{12}H_{22}O_{11}}+H_2O \xrightarrow{\text{蔗糖转化酶}} \underset{\text{葡萄糖}}{C_6H_{12}O_6}+\underset{\text{果糖}}{C_6H_{12}O_6}$$

$$C_6H_{12}O_6+6O_2 \longrightarrow CO_2\uparrow +6H_2O+674\text{ 大卡}$$ [1]

[1] 热量的国际单位为千焦，1 千焦 =0.239 千卡。生活中也常用千卡（大卡）来表示热量，换算关系为 1 卡 =4.184 焦，1 千卡 =1 大卡 =1000 卡 =4184 焦 =4.184 千焦。后文同。编者注。

$$C_6H_{12}O_6 \longrightarrow 2CO_2\uparrow +2C_2H_5OH+24\text{大卡}$$

$$C_2H_5OH+O_2 \xrightarrow{\text{氧化酶}} CH_3COOH+H_2O$$

兑碱

$$2CH_3COOH+Na_2CO_3 \longrightarrow 2CH_3COONa+CO_2\uparrow +H_2O$$

或：

$$CH_3COOH+NaHCO_3 \longrightarrow CH_3COONa+CO_2\uparrow +H_2O$$

（二）化学膨松面团的膨松原理

加入面团中的化学疏松剂受热分解或受热起化学反应产生气体，使制品形成均匀致密的多孔组织，使其制品达到膨松的状态。

不同的疏松剂产生 CO_2 的方式不同，现举例如下：

1. 小苏打（$NaHCO_3$）

$$2NaHCO_3 \xrightarrow{\text{加热}} Na_2CO_3+CO_2\uparrow +H_2O$$

2. 碳酸氢铵（NH_4HCO_3）

$$NH_4HCO_3 \xrightarrow{\text{加热}} H_2O+NH_3\uparrow +CO_2\uparrow$$

3. 泡打粉

$$NaHCO_3+HOOC(CHOH)_2COOK \xrightarrow{\text{加热}} NaOOC(CHOH)_2COOK+CO_2\uparrow +H_2O$$

4. 矾碱盐

$$Al^{3+}+3HCO_3 \longrightarrow Al(OH)_3\downarrow +3CO_2\uparrow$$

（三）物理膨松面团的膨松原理

蛋白是一种亲水胶体，具有很好的起泡性能，通过高速搅拌，增加黏度，打进空气形成泡沫。同时泡沫层与面糊结合变得坚实，制品加热熟制时，面糊中的气泡受热膨胀，形成制品膨松柔软的特性。

三、膨松面团的调制方法及要点

（一）生物膨松面团（发酵面团）的调制方法及要点

1. 纯酵母发酵面团的调制方法及要点

（1）纯酵母发酵面团的调制方法

将面粉倒在案板上，中间扒一塘，放入干酵母和白糖，加入温水和成团，揉搓成均匀光滑的面团。

（2）纯酵母发酵面团的调制要点

① 掌握好用料比例。一般加入面粉量（多为中筋面粉）0.5% ～ 1.8% 的干酵母，3% ～ 5% 的白砂糖（有特别要求除外），40% ～ 60% 的温水（依据制品要求、生产方式和室温而定）。

为了缩短发酵面团生坯的饧发时间，常常添加 1% ～ 2% 的泡打粉配合膨松。

② 要将面团揉匀压透。才能使制品表面光滑，色泽洁白。

③ 掌握好饧发时间。不同用料比例饧发时间不同；不同季节饧发时间也不一样，夏季短，冬季长。

2. 面肥发酵面团的调制方法和要点

（1）面肥发酵面团的调制方法

将当天剩下的面肥加水抓开，与面粉拌匀，揉成光滑的面团。

（2）面肥发酵面团的调制要点

① 用料比例要恰当。一般制作大酵面，面肥的量约为面粉量的 10%。

② 发酵的时间要适当。冬季 5 ～ 6 小时，夏季 1 ～ 2 小时即可。

③ 使用前必须要兑碱。因为面团中有杂菌，其产生的氧化酶会将乙醇氧化成乙酸，所以必须要兑碱。

（二）化学膨松面团的调制方法及要点

1. 发粉膨松面团的调制方法及要点

（1）发粉膨松面团的调制方法

首先是将面粉放在案板上，加入泡打粉拌匀，在中间扒一个塘，加入白糖、油、蛋液，用手擦至白糖在蛋液中溶化，接着一般采用折叠法调制面团，至面团质地均匀即可。

（2）发粉膨松面团的调制要点

① 调配料、辅料要拌、擦均匀（白糖要溶化开）后再与面粉（多为低筋面粉）拌匀。

② 多采用折叠法调制面团，尽量减少面筋网络的形成，以防止调制成的面团的筋性太强，影响制品的口感。

③ 面团的硬度要恰当。

2. 矾碱盐膨松面团的调制方法和要点

（1）矾碱盐膨松面团的调制方法

将明矾粉与细盐放于碗中，用水化开；小苏打（或食碱）放于另一碗中，用水化开。把小苏打（或食碱）溶解液后倒入明矾溶液中，边倒边搅，见泡沫起来又退下，水成浮白色后倒入面粉中拌匀，手上沾水搋透成面团，盖上湿布饧制。

（2）矾碱盐膨松面团的调制要点

① 用料比例必须得当。一般 250 克的面粉，加明矾 6 克、小苏打 6 克（或食碱 3 克）、精盐 4.5 克、水 160 毫升，不同季节略有调整。

② 膨松剂必须要先溶解在水中。明矾、小苏打、精盐都是颗粒状的，必须先用水溶解，再倒在一起发生化学反应，产生气体。

③ 调制方法必须得当。一般采用捣、扎、搋的方法比较合适。每搋 1 次，要饧面 20 ～ 30 分钟，反复搋 2 ～ 3 遍。

④ 必须要饧面。面团搋好后，一般要抹上一层油，用布盖好，静置一段时间，并随室温变化而调整，夏季约 2 小时，冬季 5 ～ 6 小时。

（三）物理膨松面团的调制方法和要点

1. 蛋泡面团的调制方法和要点

（1）蛋泡面团的调制方法（以清蛋糕为例）

将绵白糖、鸡蛋液、精盐一起倒入搅拌缸中，中速搅拌至绵白糖溶化，加入蛋糕乳化油和过筛的粉料后慢速搅拌均匀再快速搅拌 3 ～ 5 分钟，快速把面糊打至浓稠，勾起呈软尖状。慢速加入牛奶、油搅拌均匀即可。

（2）蛋泡面团的调制要点

① 掌握合理的搅打方法。不同阶段要求使用不同的搅打方法。开始应中速搅拌，将原料拌匀；中途则应中高速搅打，将蛋液打泡；最后再改成慢速搅拌，使蛋泡稳定。不能搅打时间过长。

② 合理使用乳化油。蛋糕乳化油的使用对其调制工艺有很大影响，在面粉用量较少的情况下，蛋液、白糖、蛋糕乳化油、面粉等可以一起搅打，而在面粉用量较多的情况下，面粉还是在蛋液打泡后再加效果较好。

2. 蛋油面团的调制方法和要点

（1）蛋油面团的调制方法

将糖、油、盐加入专用搅拌缸中，中速搅打 10 分钟至糖油膨松呈绒毛状，将蛋分两次或多次加入已打发的糖油中拌匀，使蛋与糖油充分乳化融合，面粉与发粉拌匀过筛分次交替加入上述混合物中，并作低速搅拌至其均匀细腻。

（2）蛋油面团的调制要点

① 油脂的使用。应选择可塑性强、融合性好、熔点较高的油脂为好，如氢化油、起酥油。油脂用量多，宜选用粉油拌合法；油脂用量较少，宜选用糖油拌合法。

② 搅拌桨的选用。开始时宜选用叶片式搅拌桨，将油脂搅打软化，最后宜用球形搅拌桨搅打充气。

③ 搅打温度的影响。温度过低，油脂不易打发；温度过高，超过其熔点，

也打发不起来。

④ 糖颗粒大小的影响。糖的颗粒越小，油脂打发时间越短，油脂结合空气的能力越强。

四、膨松面团的特性及使用范围

（一）生物膨松面团（发酵面团）的特点及作用范围

1. 生物膨松面团（发酵面团）的特性

疏松、柔软、多孔，使制品的体积膨大、形态饱满、口感松软、营养丰富。

2. 生物膨松面团（发酵面团）的使用范围

适宜制作大包、馒头、花卷、油糕、汤包等。

（二）化学膨松面团的特性及使用范围

1. 化学膨松面团的特性

糖、油、辅料等原料使用较多，使成品具有膨松、酥脆的特点。

2. 化学膨松面团的使用范围

一般为多糖、多油、多辅料的面团制作的制品，如制作甘露酥、油条、麻花、桃酥等制品。

（三）物理膨松面团的特性及使用范围

1. 物理膨松面团的特性

膨大、稀软，使成品暄松柔软、口味鲜美、营养丰富。

2. 物理膨松面团的使用范围

一般用于蛋糕类、泡芙类的制作。

第二节　膨松面团名点举例

膨松面团名点分为生物膨松面团（发酵面团）名点（序号 103 ～ 148），化学膨松面团名点（序号 149 ～ 153）和物理膨松面团名点（序号 154、155）三大类。首先介绍生物膨松面团（发酵面团）名点，共 46 种。

名点 103. 三丁包子（江苏名点）

一、品种介绍

三丁包子是江苏扬州的著名面点。相传乾隆皇帝下江南，途经扬州，厨师为其备御膳早点。根据乾隆提出的“滋养而不过补，味美而不过鲜，油香而不过腻，松脆而不过硬，细嫩而不过软”的要求，选用海参丁、鸡丁、肉丁、笋丁、虾仁丁为馅料，精料细制，创制了五丁包子。乾隆品尝后颇为满意，此乃扬州“五丁包子”的来历。富春点心师尹长山为了使平常百姓也能尝到御膳点心，考虑到平民的消费水平，将五丁包改为“三丁包”，百余年来颇受各界欢迎。其是采用发酵面团作皮，包上用鸡丁、肉丁、笋丁烩成的三丁馅经过蒸制而成，该点具有色白暄软，纹路清晰，口味鲜美，咸中带甜，油而不腻的特色，是淮扬风味的代表性名点，深受扬州人民的喜爱。

二、制作原理

生物膨松面团（发酵面团）和泡打粉的膨松原理见本章第一节。

三丁包子

三、熟制方法

蒸。

四、用料配方（以 20 只计）

1. 坯料

中筋面粉 400 克，干酵母 5 克，泡打粉 5 克，白糖 16 克，微温水 220 毫升。

2. 馅料

猪肋条肉 150 克，熟鸡肉 100 克，鲜笋肉 100 克，香葱 20 克，生姜 15 克，黄酒 20 毫升，虾子[1] 2 克，精盐 3 克，老抽 5 毫升，白糖 15 克，鸡粉 3 克，香猪油 50 克，高汤 100 克，淀粉 5 克。

五、工艺流程（图 3-2）

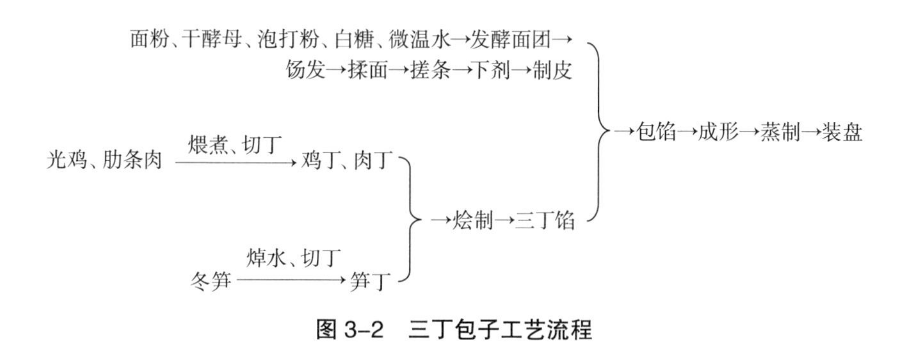

图 3-2　三丁包子工艺流程

[1] 虾子是虾的卵加工而成，烹饪行业中一般称为“虾籽”。

六、制作方法

1. 馅心调制

将猪肋条肉洗净，放入水锅内焯水后另起锅加入清水、葱段（15克）、姜片（10克）、料酒（15毫升）煮至七成熟，改刀成0.7厘米见方的肉丁；将熟鸡肉切成0.8厘米见方的鸡丁；将鲜笋肉焯水后改刀成0.5厘米见方的笋丁。炒锅上火，放入香猪油、葱姜末煸香，先放入肥肉丁煸出油，再放入瘦肉丁、鸡丁、笋丁煸炒，然后依次放入料酒、虾子、酱油上色，加入高汤后用大火煮沸，再放精盐、白糖、鸡粉调好口味，用中火煮至上色、入味、收汤，再用湿淀粉勾芡，上下翻动，使三丁裹上芡汁，盛入盆中晾凉待用。

（**质量控制点：**①按用料配方准确称量；②猪肉去皮切丁，鸡肉带皮切丁；③猪油要加辛香料熬制；④用高汤调味；⑤口味咸中带甜。）

2. 面团调制

将面粉倒在案板上，加入泡打粉拌匀，中间扒一塘，放入干酵母、白糖，再加微温水调成面团，揉匀揉透。用干净湿布盖好饧发。

（**质量控制点：**①该配方适合春秋天的室温下制作；②不同室温饧发时间不一样；③不同生产方式、规模和制品质量要求，面团加水量、水温不一样。）

3. 生坯成形

待酵面发好后将面团重新揉透揉光，然后搓成长条，摘成20只面剂，用手掌拍成或面杖擀成直径8厘米、中间稍厚四周稍薄的圆皮。包捏时左手掌托住皮子，掌心略凹，用竹刮子上馅，馅心在皮子正中。左手将包皮平托于胸前，右手拇指在面皮的内（上）侧，中指抵在拇指及面皮的外（下）侧，食指在面皮的外（下）侧，无名指、小指弯起，捏摺时，食指向前捏褶并将褶带回，中指往上抵，拇指往下压，并由中指向食指上捻，当食指再次向前捏褶时，中指再回到拇指的下部，再由中指向食指上捻，使褶被挤压成边从拇指和中指之间向后运动。如此重复上述动作直至将包子捏好，以使包子最后形成“颈项”，最后收口成“鲫鱼嘴”。最后将嘴捏成三角形（区别品种）即成生坯，放入笼内饧发约20分钟。

（**质量控制点：**①不同用途，坯剂、馅心的重量和比例都不一样；②采用扬州的三指捏法包捏成形，右手中指应与拇、食指配合，抵出包子的“嘴边”；③包子的形态要求是荸荠鼓、鲫鱼嘴、剪刀褶；④饧发时间要根据室温、用料比例灵活掌握。）

4. 生坯熟制

将蒸笼放在沸水锅上，蒸约8分钟，待皮子不黏手、有光泽、有弹性时即可出笼，装盘。

（**质量控制点**：①蒸制时间要根据蒸制条件来确定；②蒸制的笼数多一定要火大汽足。）

七、评价指标（表 3-1）

表 3-1 三丁包子评价指标

品名	指标	标准	分值
三丁包子	色泽	乳白色、有光泽	10
	形态	荸荠鼓形、饱满；纹路均匀、细巧、清晰	30
	发酵程度	手按柔软有弹性	20
	光洁度	光滑细腻	10
	火候	不黏手，不黏牙，不发暗	10
	皮馅比例	约 3 ∶ 2（重量）	10
	大小	重约 50 克	10
	总分		100

八、思考题

1. 如何理解用来制作三丁包子的面团的吃水量要随着生产方式、规模和制品质量要求的不同而不同？

2. 为什么用来制作三丁包子的面团的用料比例需要随着季节的变化而变化？

名点 104. 鸭肉菜包（江苏名点）

一、品种介绍

鸭肉菜包是江苏扬州著名的时令面点。原采用老酵面团制作，现一般采用纯酵母发酵面团制作。它是采用发酵面团作皮，包上用鸭肉丁与肋条肉丁、笋丁烩熟后与青菜蓉拌制而成的馅心经过蒸制而成，具有色白宣软，皱褶均匀细巧，色透包皮，馅鲜味美，蔬香清幽，油而不腻的特点，冬季鸭子正肥，其味鲜美异常，以野味的鲜味配青菜作馅，更加爽口，是冬季时令点心。常用于扬州筵席点心。

二、制作原理

生物膨松面团（发酵面团）和泡打粉的膨松原理见本章第一节。

鸭肉菜包

三、熟制方法

蒸。

四、用料配方（以 15 只计）

1. 坯料

中筋面粉 300 克，干酵母 3.5 克，泡打粉 3.5 克，绵白糖 12 克，微温水 160 毫升。

2. 馅料

熟鸭肉 40 克，猪肉 30 克，鲜冬笋 30 克，青菜 400 克，香猪油 40 克，香葱末 5 克，生姜末 5 克，料酒 5 毫升，虾子 1 克，精盐 3 克，老抽 2 毫升，白糖 10 克，五香粉 1 克，芝麻油 2 毫升，鸭汤 60 毫升，味精 2 克。

五、工艺流程（图 3-3）

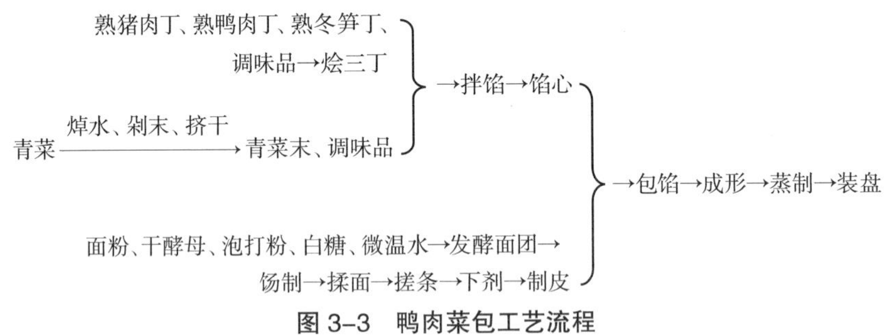

图 3-3 鸭肉菜包工艺流程

六、制作程序

1. 馅心调制

将猪瘦肉洗净，入沸水锅煮至七成熟捞起晾凉，去皮切成 0.5 厘米见方的肉丁。将熟鸭肉、焯水后的鲜冬笋也分别切成长 0.7 厘米、宽 0.3 厘米大小的丁。

炒锅上火，放入香猪油（30 克）烧热，加葱姜末煸出香味，放入肉丁、鸭丁、笋丁、虾子、料酒煸炒，再放入老抽上色，加鸭汤烧沸，再加精盐（1 克）、白糖（5 克）调味，煮至卤汁稠浓起锅，撒上五香粉，冷却待用。

将青菜洗净沥干，在沸水锅中焯水，捞起置于清水中浸凉后沥干水分，剁成细末，挤去水分。在青菜末中放入精盐、白糖拌匀，再倒入冷却了的鸭肉馅内，放入味精、香猪油、麻油拌匀，即成为鸭肉菜包馅心。

（**质量控制点：**①按用料配方准确称量；②猪肉去皮切丁，鸭肉带皮切丁；③三丁烩好后应冷却再与青菜拌匀；④用鸭汤调味；⑤口味咸鲜。）

2. 面团调制

将面粉倒在案板上，加入泡打粉拌匀，中间扒一塘，放入干酵母、绵白糖，再加微温水调成面团，揉匀揉透。用干净湿布盖好饧发。

（**质量控制点：**①该配方适合春秋天的室温下制作；②不同室温饧发时间不一样；③不同季节水温以及酵母、泡打粉的用量不一样。）

3. 生坯成形

待面发好后将面团重新揉透揉光，然后搓成长条，摘成15只面剂，用手掌拍成或面杖擀成8厘米直径中间稍厚四周稍薄的圆皮。

左手托住包皮，中间略凹，用竹刮子将馅心放在皮子中心，右手的捏法同“三丁包子”。以使包子最后形成“颈项”，最后收口成“鲫鱼嘴”。最后将鲫鱼嘴捏成“一”字形即成生坯，放入笼内饧发约20分钟。

（**质量控制点：**①采用扬州的甩手捏法包捏成形；②包子的纹路要规则、清晰、细巧；③皮馅比例要根据包子的大小来决定。）

4. 生坯熟制

将蒸笼放在沸水锅上，蒸约8分钟，待皮子不黏手、有光泽、有弹性时即可出笼，装盘。

（**质量控制点：**①蒸制时间要根据蒸制条件来确定；②蒸制的笼数少火力就不宜太大。）

七、评价指标（表3-2）

表3-2　鸭肉菜包评价指标

品名	指标	标准	分值
鸭肉菜包	色泽	乳白色、有光泽	10
	形态	荸荠鼓形、饱满；纹路均匀、细巧、清晰	30
	发酵程度	手按柔软有弹性	20
	光洁度	光滑细腻	10
	火候	不黏手、不黏牙、不发暗	10
	皮馅比例	约3 ∶ 2（重量）	10
	大小	重约50克	10
	总分		100

八、思考题

1. 调制鸭肉菜包的馅心时，为什么三丁烩好后不需要勾芡？

2. 调制鸭肉菜包的馅心时，三丁烩好后为什么必须冷却才能与青菜泥拌？

名点 105. 千层油糕（江苏名点）

一、品种介绍

千层油糕是江苏扬州的著名面点。清代中叶，家居扬州的福建盐商，其家庖善制油糕而为多方欣赏，流传于市。光绪年间，扬州名厨高乃超借鉴了前人制糕的经验，并在此基础上进行改进，形成了菱形块、芙蓉色、半透明、甜油适度、软润适口、层层相叠、层层相分、筷夹中间两头下垂的特色风味，糕面点缀红绿丝，观之清新悦目，食之绵软甜嫩，与翡翠烧卖并称为扬州点心的“双绝”。1983 年，扬州特一级点心师董德安参加了第一届全国烹饪大赛，以制作包括千层油糕在内的淮扬点心艺惊四座，荣获全国最佳点心师称号。千层油糕原采用老酵面团制作，现一般采用纯酵母发酵面团制作。以嫩酵面作皮，白糖、糖油丁作馅，经过擀、卷、叠形成糕坯蒸制而成。

二、制作原理

生物膨松面团（发酵面团）和泡打粉的膨松原理见本章第一节。

千层油糕

三、熟制方法

蒸。

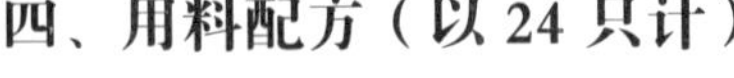

四、用料配方（以 24 只计）

1. 坯料

中筋面粉 500 克，干酵母 6 克，泡打粉 8 克，白糖 20 克，微温水 400 毫升。

2. 馅料

糖猪板油丁 75 克，白糖 150 克，熟猪油 65 克。

3. 装饰料

红丝 20 克，绿丝 10 克。

五、工艺流程（图 3-4）

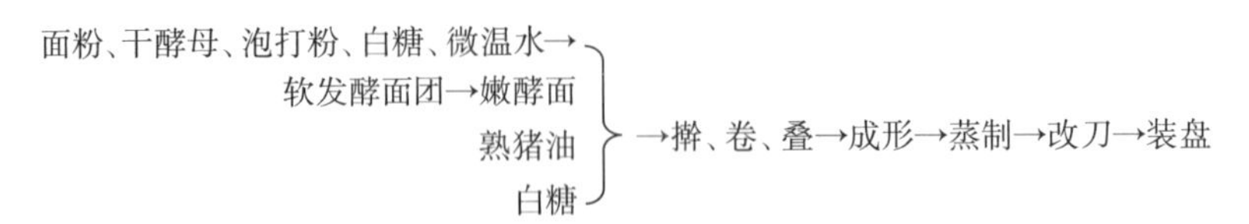

图 3-4　千层油糕工艺流程

六、制作方法

1. 面团调制

将面粉倒在案板上，加入泡打粉拌匀，中间扒一塘，放入干酵母、白糖，再加微温水调成面团，揉匀揉透后，摔打上劲。置于案板上，盖上湿布，饧制10分钟。

（**质量控制点：**①面团要柔软并充分搅打使其上劲；②不同季节水温以及酵母、泡打粉的用量不一样。）

2. 生坯成形

在案板上撒上少许干面粉，将饧好的面团搓成长条滚上粉，擀成1米长、20厘米宽的长方形面皮。将熟猪油融化，将约40克均匀地刷在面皮上，再撒上100克白糖，抹均匀后再将50克糖板油小丁均匀地撒在上面，从左向右将面皮卷起成筒状，卷紧，两头要一样齐。用擀面杖将圆筒压扁，再擀成60厘米长、20厘米宽的长方形面皮，在其一半长面皮上将约15克熟猪油均匀地刷在面皮上，撒上30克白糖，将15克糖板油小丁均匀地撒在上面，然后对折，用擀面杖再将面坯擀成长40厘米、宽25厘米的长方形面皮，将约10克熟猪油均匀地刷在面皮上，撒上20克白糖，将10克糖板油小丁均匀地撒在上面，然后再对折成长方形糕坯，用擀面杖压、擀成30厘米见方生坯，饧发35分钟。

（**质量控制点：**①面皮要擀得厚薄均匀；②擀出的面皮形状要规则；③糕坯整形时要压、擀相结合。）

3. 生坯熟制

取大笼1只，笼垫上刷上油，将生坯平放于笼内，蒸约35分钟，将红绿丝均匀撒在糕面上，再续蒸5分钟即可。

待糕晾凉后取出放在案板上，用快刀修齐四边，开成6根宽条，切成菱形块。食时上笼蒸透，装盘上桌。

（**质量控制点：**①蒸制时要火大汽足一气呵成；②冷却后再改刀。）

七、评价指标（表3-3）

表3-3　千层油糕评价指标

品名	指标	标准	分值
千层油糕	色泽	玉色中有红绿点缀	10
	形态	菱形块，层次清晰	30
	发酵程度	手按柔软有弹性	30
	光洁度	光滑细腻	10
	火候	不黏手、不黏牙、不发暗	10
	大小	重约45克	10
	总分		100

八、思考题

1. 为什么现代用干酵母做的千层油糕没有以前用老肥做的千层油糕柔软了?
2. 为什么千层油糕能够形成清晰的层次?

名点106. 生煎馒头(上海名点)

一、品种介绍

生煎馒头是上海的著名风味小吃。在东南、华南一带也称包子为馒头,是流行于上海、浙江,江苏及广东的一种特色传统小吃,简称为生煎。起源于20世纪20年代的上海,很快就成为标志性早餐食品,20世纪30年代后上海有了生煎的专营店。生煎馒头有开口朝上和朝下两种煎法,把肉馅的小馒头放在大的平底锅里煎,成品具有底部金黄酥脆,面皮松软洁白,馅鲜肉嫩,馅汁充足的特色。远远就能闻到面香、肉香、油香、葱香、芝麻香,至今仍然是上海最受欢迎的佳点之一。

二、制作原理

生物膨松面团(发酵面团)的膨松原理见本章第一节。

生煎馒头

三、熟制方法

煎。

四、用料配方(以10只计)

1. 坯料

中筋面粉160克,温水50毫升,微温水40毫升,干酵母3克。

2. 馅料

猪夹心肉180克,葱末5克,姜末3克,黄酒5毫升,酱油5毫升,精盐2克,白糖8克,味精2克,清水55毫升。

3. 装饰料

熟白芝麻2克,葱花5克。

4. 辅料

花生油20毫升,清水50毫升。

五、工艺流程（图 3-5）

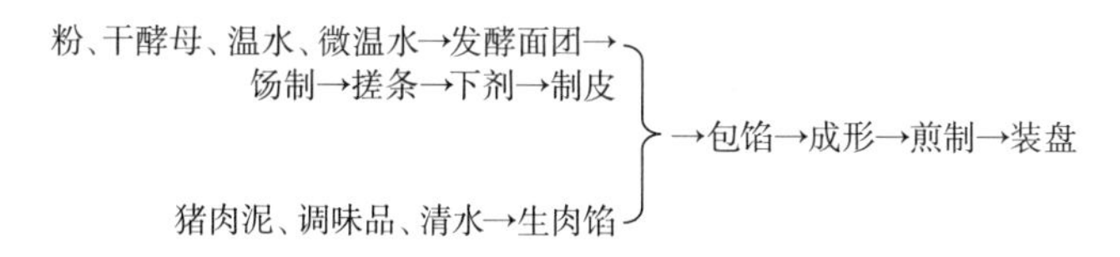

图 3-5　生煎馒头工艺流程

六、制作方法

1. 馅心调制

将猪前夹心肉洗净绞泥，放入葱姜末、料酒、酱油、精盐搅匀，分 3 次加入清水顺一个方向搅打上劲，再加入白糖、味精拌匀成馅。

（**质量控制点：**①选猪前夹肉调制馅心较为合适；②调馅时要先加酱油、盐再加水；③调馅时要分次掺水。）

2. 面团调制

将面粉倒在案板上扒一塘，加温水调成雪花面。干酵母用微温水搅溶，倒入雪花状面粉中拌匀揉透，盖上布，饧发 20 分钟（春季、秋季）。

（**质量控制点：**饧发时间要随室温、水温和干酵母用量的变化而变化。）

3. 生坯成形

将面团揉光搓成条，摘成 25 克左右一个的剂子，揿扁，擀成直径 8 厘米、中间厚周边薄的圆皮，放上馅心 25 克，捏成有褶包子，饧发 25 分钟（春季、秋季）。

（**质量控制点：**①面皮要擀得较薄；②面皮要发起才能煎。）

4. 生坯熟制

取平锅一只，烧热后放入花生油，再将生煎馒头坯子排列在平锅里（有开口朝上和朝下两种煎法），盖上锅盖小火煎。2 分钟后揭开锅盖，沿四周分两次浇入清水，仍盖上锅盖，并不时转动平锅，使其受热均匀。煎 7 ～ 8 分钟，见锅边热气直冒、香气四溢时，揭开锅盖，撒上葱花，再盖上盖子续煎一会儿，再揭开锅盖，撒上熟白芝麻，用铲子将馒头铲起，底部呈金黄色，即可出锅。

（**质量控制点：**①锅要洗净烘干；②中小火加热；③分次加水；④煎至底部金黄、表皮有光泽有弹性即可。）

七、评价指标（表 3-4）

表 3-4　生煎馒头评价指标

品名	指标	标准	分值
生煎馒头	色泽	上部乳白油润、底部金黄	10
	形态	捏褶包子形、饱满；纹路均匀、细巧、清晰	30
	发酵程度	手按柔软有弹性	20
	光洁度	光滑细腻	10
	火候	不黏手，不黏牙，不发暗	10
	皮馅比例	约 1 ： 1（重量）	10
	大小	重约 50 克	10
	总分		100

八、思考题

1. 制作生煎馒头时如何调制生肉馅？
2. 生煎馒头煎制的要点是什么？

名点 107. 蟹粉小笼（上海名点）

一、品种介绍

蟹粉小笼是上海的著名点心，是清末上海点心师傅根据江苏淮安著名的“蟹粉汤包”的制作方法改制而成。现在一般采用纯酵母发酵面团代替原来的老酵面团作皮，包以生肉馅、皮冻、蟹粉调成的馅心捏成有褶包子经蒸制而成。此品具有皮薄透明，馅重卤多，馅嫩鲜香的特色。以前每到秋季应市，极受顾客青睐。随着餐饮业物质条件的改善，现在一年四季都有供应。

二、制作原理

生物膨松面团（发酵面团）的膨松原理见本章第一节。

三、熟制方法

蒸。

四、用料配方（以 10 只计）

1. 坯料

中筋面粉 100 克，微温水 55 毫升，酵母 2 克。

2. 馅料

生肉馅：猪前夹肉泥 60 克，葱末 1 克，姜末 1 克，料酒 3 毫升，精盐 1 克，白糖 3 克，酱油 3 毫升，味精 0.5 克，清水 20 毫升，胡椒粉 0.5 克。

皮冻 50 克（加工方法同名点 3 的文楼汤包）。

蟹粉 20 克（加工方法同名点 3 的文楼汤包）。

五、工艺流程（图 3-6）

面粉、干酵母、微温水→发酵面团→饧制→搓条→下剂→制皮
猪肉泥、调味品、清水等→生肉馅加皮冻和蟹粉→蟹粉馅
→包馅→成形→蒸制→装盘

图 3-6　蟹粉小笼工艺流程

六、制作方法

1. 馅心调制

在肉泥中加葱末、姜末、料酒、酱油、精盐搅打上劲，分次加入清水搅打上劲，再加入白糖、味精、胡椒粉拌匀后放入剁碎的皮冻和蟹粉，搅匀成馅，入冰箱冷藏。

（**质量控制点：**①注意调料的投放次序；②蟹粉馅调好后最好冷藏一下，有一定硬度便于上馅、成形。）

2. 面团调制

将面粉放在案板上，中间扒一塘，放入干酵母，用微温水将其搅化开，与面粉拌匀揉透，盖上洁布，饧发 20 分钟成酵面（春季、秋季）。

（**质量控制点：**①干酵母要先用微温水花开再和入面粉；②面团要调得柔软一些；③酵面不宜发得太足。）

3. 生坯成形

将酵面揉光搓成条，摘成每个重 13 克的小剂子，揿扁，擀成中间厚周边薄的圆形皮子，放上馅心 15 克，用手将皮子沿边捏成有褶包子，中间留一个小口，放入笼内，饧发 25 分钟（春季、秋季）。

（**质量控制点：**①坯皮一定要揿、擀成中间厚周边薄；②生坯呈有褶开口包子形。）

4. 生坯熟制

将发好的生坯上蒸锅蒸 6 分钟即成。

（**质量控制点：**①蒸制的时间不宜太长；②包子嘴上汪卤即可。）

七、评价指标（表 3-5）

表 3-5　蟹粉小笼评价指标

品名	指标	标准	分值
蟹粉小笼	色泽	色白透明	10
	形态	捏褶包子形，饱满；纹路均匀细巧、清晰	30
	发酵程度	手按柔软有弹性	20
	光洁度	光滑细腻	10
	火候	不黏手，不黏牙，不发暗	10
	皮馅比例	1 ：1（重量）	10
	大小	重约 28 克	10
	总分		100

八、思考题

1. 蟹粉小笼的馅心为什么要有一定的硬度？
2. 调制蟹粉小笼面团时干酵母为什么最好先用微温水花开？

名点 108. 金华干菜酥饼（浙江名点）

一、品种介绍

金华干菜酥饼是浙江金华的风味点心。相传，唐朝开国功臣程咬金参加瓦岗军之前，曾在金华开过烧饼店，靠现做现卖干菜饼为生。一日，饼做得太多，当天卖不完，他担心饼坏，便放在炉头过夜。谁料经过一夜烘烤，肉油外走，饼皮油润酥脆，成了酥饼。吃过这饼的顾客，觉得香酥可口，纷纷来买。从此，他干脆把饼全做成“隔夜饼”出售。该点采用老酵面团作皮，抹上菜籽油卷成条，摘剂包上用霉干菜、肥膘肉等制成的馅心做成酥饼坯，经烤炉烘烤而成。形成了形似蟹壳，表面金黄，层次清晰，香酥松脆的特殊风味。后人赞“金华酥饼”道：“天下美食数酥饼，金华酥饼味最佳。”

二、制作原理

生物膨松面团（发酵面团）的膨松及兑碱原理见本章第一节。

三、熟制方法

烤。

四、用料配方（以 12 只计）

1. 坯料

中筋面粉 260 克，酵种 25 克，碱水 10 毫升，温水 140 毫升，菜籽油 20 毫升。

2. 馅料

肥膘肉 80 克，霉干菜 25 克，盐 3 克。

3. 辅料

饴糖 5 毫升，清水 5 毫升。

4. 装饰料

脱壳白芝麻 30 克。

五、工艺流程（图 3–7）

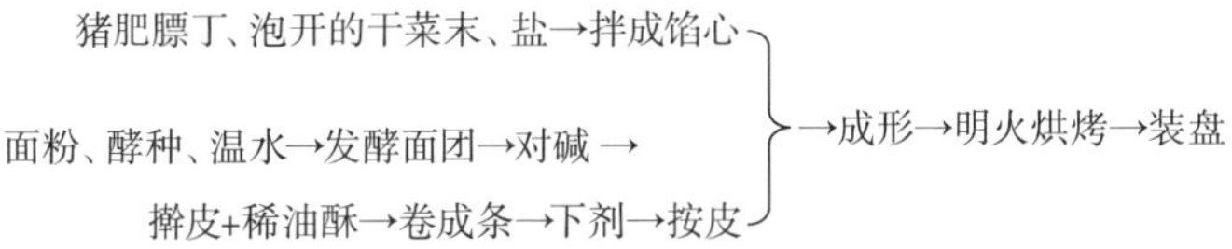

猪肥膘丁、泡开的干菜末、盐→拌成馅心

面粉、酵种、温水→发酵面团→对碱→擀皮+稀油酥→卷成条→下剂→按皮

}→成形→明火烘烤→装盘

图 3–7　金华干菜酥饼工艺流程

六、制作方法

1. 馅心调制

将猪肥膘肉切成 0.5 厘米的丁；霉干菜用热水泡软、洗净、挤干水分、剁碎，用肥肉丁、霉干菜末、精盐拌成馅料。

（**质量控制点：**①肥肉丁不宜太大；②霉干菜一定要用热水泡软、洗净。）

2. 面团调制

取 240 克面粉用温水调成麦穗面，加入酵种，揉至光滑，盖湿布发酵，待面团呈弹性海绵状时，兑碱而成。

（**质量控制点：**①面团要调得软一点；②酵面要发足。）

3. 生坯成形

将兑好碱的面团擀成长方形的面片，抹上一层用余下的面粉和菜籽油调成的稀油酥，再自上而下卷起，搓成长条，揪成每只 35 克的面剂，逐只按成中间厚边薄的面皮，包入馅料，收拢捏严，收口朝下放在案板上，再擀成圆饼（直径约 6 厘米），刷上用饴糖和清水调成的饴糖水，撒上芝麻，即为饼坯。

（**质量控制点：**①菜籽油加面粉要调匀；②面皮上稀油酥要抹匀。）

4. 生坯熟制

烘饼炉内烧木炭，使炉壁升温至 180℃左右时，将饼坯贴在炉壁上烘烤约 20 分钟即可食用。如果要达到酥脆的效果，就关闭炉门，用瓦片将炭火围住，炉口盖上铁皮，再焖烘半小时，等炉火全部退净，再烘烤5小时，即可出炉。（**质量控制点：**①炉温要控制好；②要得到酥脆口感就要降低炉温长时间烤。）

七、评价指标（表3–6）

表3–6　金华干菜酥饼评价指标

品名	指标	标准	分值
金华干菜酥饼	色泽	金黄	20
	形态	圆饼形，饱满	30
	质感	酥脆	20
	口味	咸香油润	20
	大小	重约45克	10
	总分		100

八、思考题

1. 制作金华干菜酥饼时菜籽油为什么需要用面粉调稠再抹在面皮上？
2. 金华干菜酥饼烤制成熟后为什么还需要降温焖烤较长时间？

名点109. 幸福双（浙江名点）

一、品种介绍

幸福双是浙江杭州风味名点。因其馅心选用赤豆取“粒粒皆相思”之意；糖油、百果馅也含有甜甜蜜蜜、百年好合之意；再加上此点都是成双成对供应，故而得名。该点是用发酵面团作皮，包上豆沙馅、糖油丁、百果馅采用模具成形，蒸制而成，成品具有皮薄绵软，形态美观，油润多馅，香甜味美的特点。

二、制作原理

生物膨松面团（发酵面团）和泡打粉的膨松原理见本章第一节。

三、熟制方法

蒸。

幸福双

四、用料配方（以10只计）

1. 坯料

中筋面粉400克，干酵母6克，泡打粉5克，绵白糖15克，微温水 200 毫升。

2. 馅料

净猪板油 40 克，蜜枣 35 克，蜜饯红瓜 25 克，佛手萝卜 25 克，金橘脯 25 克，青梅 25 克，熟核桃仁 50 克，熟松子仁 25 克，葡萄干 30 克，糖桂花 5 克，绵白糖 160 克，赤小豆 150 克，熟猪油 20 克。

五、工艺流程（图 3–8）

猪板油丁、绵白糖→糖板油丁
果仁、果脯、白糖、糖桂花→百果馅
赤豆、白糖、熟猪油→豆沙馅
面粉、干酵母、泡打粉、绵白糖、微温水→
发酵成团→搓条→下剂→制皮
} →成形→蒸制→装盘

图 3–8　幸福双工艺流程

六、制作方法

1. 馅心调制

将（去膜）猪板油切成 0.3 厘米的小丁，加白糖 10 克拌匀成糖板油丁；将蜜枣去核，同蜜饯红瓜、佛手萝卜、金橘脯、青梅、熟核桃仁一同切成约 0.3 厘米见方的丁，再与熟松仁、葡萄干、糖桂花、白糖 50 克拌匀即成百果馅；将赤小豆经过择洗、煮制、洗沙、压干等工序后，再加白糖 100 克、熟猪油炒制成豆沙馅即可。

（**质量控制点：**①馅料颗粒不宜太大；②豆沙馅要熬得稠厚一些。）

2. 面团调制

将面粉中拌入泡打粉，中间扒一塘，加入干酵母、绵白糖、微温水拌匀，加揉成光滑的面团，用保鲜膜包上，饧发 20 分钟。

（**质量控制点：**①面团要揉匀揉光；②如果用压面机压面，面团吃水量可少一些。）

3. 生坯成形

将面团揉光、搓条，分成 10 个面剂，每个重 60 克，擀成直径约 7 厘米、中间稍厚的圆形面皮；用面皮包入豆沙 30 克、糖油丁 5 克、百果馅 30 克，先捏成球形，然后放入长 8 厘米、宽 6 厘米、厚 4 厘米的模具内压平整即成幸福双生坯，饧发 15 分钟。

（**质量控制点：**①注意馅心比例；②饧发时间根据室温灵活掌握。）

4. 生坯熟制

取直径约 30 厘米小笼，垫上湿笼布，每笼放上生坯 4 只，用旺火沸水锅蒸

10 分钟即成。

（**质量控制点：**蒸制时间要合适。）

七、评价指标（表 3–7）

表 3–7 幸福双评价指标

品名	指标	标准	分值
幸福双	色泽	乳白色，有光泽	10
	形态	长方体形，饱满，图案美观	30
	发酵程度	手按柔软有弹性	20
	光洁度	光滑细腻	10
	火候	不粘手，不粘牙，不发暗	10
	皮馅比例	约 1 ：1（重量）	10
	大小	重约 125 克	10
	总分		100

八、思考题

1. 幸福双的馅心选用豆沙馅、糖油、百果馅的寓意是什么？
2. 幸福双中的百果馅又称糖八果，这八果是指哪八种原料？

名点 110. 候口馒首（浙江名点）

一、品种介绍

候口馒首，是浙江绍兴地区特色传统名点，又称候口馒头或喉口馒头。它始创于太平天国时期，在清末民初已在绍兴兴盛起来。当时创始人王阿德携带一家老小避难绍兴，在望江楼关帝庙附近路亭内经营候口馒头，这种点心携带方便很受吃客欢迎。原采用老酵面中的半发面作皮子，现一般用纯酵母发酵面团（半发酵）制皮，包上肉馅经蒸制而成，成品具有色泽洁白，皮薄馅多，皮质松软，褶裥均匀一致，馅心鲜香，一口一只，既可现做现吃，又具有方便携带的特点。

二、制作原理

生物膨松面团（发酵面团）和泡打粉的膨松原理见本章第一节。

候口馒首

三、熟制方法

蒸。

四、用料配方（以 15 只计）

1. 坯料

中筋面粉 100 克，干酵母 1.5 克，泡打粉 1.2 克，微温水 55 毫升。

2. 馅料

猪前夹肉泥 90 克，葱花 5 克，姜末 3 克，黄酒 5 毫升，老抽 5 毫升，精盐 1.5 克，白糖 3 克，味精 5 克，芝麻油 1 毫升，清水 35 毫升。

皮冻：30 克。

五、工艺流程（图 3–9）

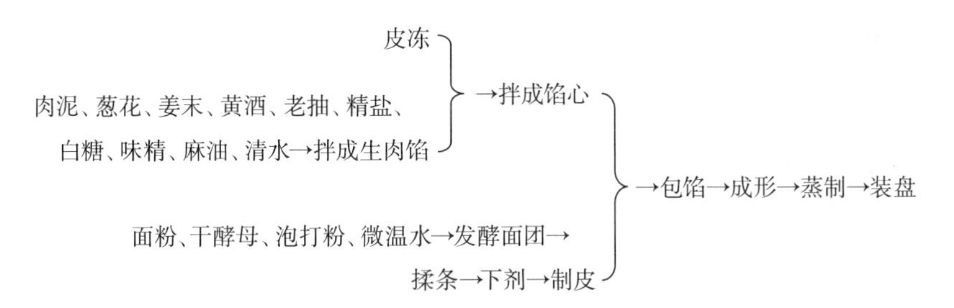

图 3–9　候口馒首工艺流程

六、制作方法

1. 馅心调制

将猪前夹心肉绞成肉泥，放入葱花、姜末、黄酒、老抽、精盐搅拌均匀，分两次放入清水，顺一个方向搅拌上劲，放入白糖、味精、麻油搅匀，再放入剁碎的皮冻拌匀即成馅心，放入冰箱冷藏。

（**质量控制点**：①调馅时，先加老抽、精盐再加水；②调好的馅心要冷藏。）

2. 面团调制

将面粉倒在案板上，与泡打粉拌匀，中间扒一塘，放入干酵母、白糖，再放入微温水调成面团，揉匀揉透。用干净湿布盖好饧发 15 分钟。用力揉透，搓成长的条，摘成 15 只剂子，每个揿扁成直径 5.5 厘米、中间厚边缘薄的圆形皮子。

（**质量控制点**：①剂子要小；②采用按剂的方法制皮。）

3. 生坯成形

左手拿皮子，右手拿筷子，将肉馅均匀地拨入皮子中间，然后用左手四指托住皮子，拇指轻轻按住肉馅，右手拇指及食指提起皮子边缘，朝逆时针方向旋转捏褶（收口处留出鲤鱼口，微露肉馅），制成候口馒首 15 只，放入直径 24 厘米的小笼屉内。

（**质量控制点：**①纹路要均匀细巧；②收口处留出鲤鱼口，微露肉馅。）

4. 生坯熟制

用旺火蒸约 6 分钟即成。

（**质量控制点：**①旺火足汽蒸；②蒸制时间要恰当。）

七、评价指标（表 3-8）

表 3-8　候口馒首评价指标

品名	指标	标准	分值
候口馒首	色泽	乳白色，有光泽	10
	形态	捏褶包子形，饱满；纹路均匀细巧、清晰	30
	发酵程度	手按柔软有弹性	20
	光洁度	光滑细腻	10
	火候	不粘手，不粘牙，不发暗	10
	皮馅比例	1 ∶ 1（重量）	10
	大小	重约 20 克	10
	总分		100

八、思考题

1. 调制候口馒首馅心时，为什么要先加老抽、精盐再加水？
2. 候口馒首为什么一般采用半发酵的面制作？

名点 111. 狮子头（安徽名点）

一、品种介绍

狮子头是安徽庐阳的传统名点。传说清末年间，李鸿章回合肥省亲，品尝了公和堂狮子头后赞不绝口，欣然题词："公则悦四海风从，和为贵万商云集。""公和堂狮子头"因此而得名。而且名噪一时，轰动庐阳，是一种先蒸后炸的花卷类成形方法的点心，具有色泽金黄，酥、松、脆、香的特点。狮子头的味道也从单一的咸味增加到了甜味、淡辣味等，多种口味满足消费者的多样化需求。

二、制作原理

生物膨松面团（发酵面团）的膨松及兑碱原理见本章第一节。

三、熟制方法

蒸、炸。

四、用料配方（以 15 只计）

1. 坯料

中筋面粉 300 克，酵种 50 克，碱粉 2 克，温水 125 毫升。

2. 调味料

姜末 10 克，精盐 5 克，白芝麻 10 克，菜籽油 15 毫升。

3. 辅料

菜籽油 1500 毫升。

五、工艺流程（图 3-10）

图 3-10 狮子头工艺流程

六、制作程序

1. 面团调制

将面粉、酵种、温水调制成面团，盖上湿布饧发 2 小时，再加入碱水（碱粉用水化开）兑碱，揉匀揉透，验碱后饧制 10 分钟待用。

（**质量控制点：**①酵面要发足；②碱要兑正。）

2. 生坯成形

将面团用擀面杖擀成厚 0.4 厘米的大面片，倒入菜籽油抹匀，撒上精盐、姜末、白芝麻，卷成筒形后切成重约 33 克的面剂；取面剂一个，让有刀口的一面朝向胸部，左右手的大拇指、食指、中指分别捏住剂子两头，将剂子向左右两边拉长至约 13 厘米，折叠起来，再拉一次，两只手的大拇指向里一按即成狮子头生坯。

（**质量控制点：**①面皮擀的厚度要恰当；②擀皮的厚薄、切剂的大小要一致；③生坯表面纹路要多。）

3. 生坯熟制

将生坯上笼中，用旺火蒸制 6 分钟即可；锅中倒入菜籽油烧至 140℃时，下入已熟的制品，用中小火汆炸约 10 分钟，待制品内外炸通透，均为金黄色时出锅即成。

（**质量控制点:** ①炸制的温度不宜太高; ②内部要炸透; ③内外均为金黄色。）

七、评价指标（表 3–9）

表 3–9　狮子头评价指标

品名	指标	标准	分值
狮子头	色泽	金黄色	20
	形态	狮子头形	40
	质感	酥、松、脆	20
	口味	香咸	10
	大小	重约 30 克	10
	总分		100

八、思考题

1. 为什么采用酵种发酵来制作狮子头?
2. 为什么成形时的狮子头生坯表面纹路要多?

名点 112. 棺材板（台湾名点）

一、品种介绍

棺材板是台湾台南市一道非常有名的小吃，20 世纪 70 年代初由台南市赤嵌小吃店许六一所创制。原名鸡肝板，因其形状长长方方，似棺材板而得名，有些店家为求吉利，将其改称为官财板。由炸过的长方形面包，中间切开取盖后挖空，填入熟馅料，再盖上切开的盖而成。具有外壳红褐酥脆，馅料鲜香嫩滑，营养丰富的特点。

二、制作原理

生物膨松面团（发酵面团）的膨松原理见本章第一节。

三、熟制方法

炸。

四、用料配方（以 6 只计）

1. 坯料

吐司面包（厚 3 厘米）6 片。

2. 馅料

鸡肝 50 克，鸡腿肉 50 克，土豆丁 25 克，青豆 25 克，胡萝卜丁 25 克，玉米粒 25 克，洋葱 25 克，蒜瓣 10 克，盐 5 克，白糖 10 克，味精 5 克，胡椒粉 2 克，面粉 20 克，清汤 150 毫升，鲜奶 100 毫升。

五、工艺流程（图 3-11）

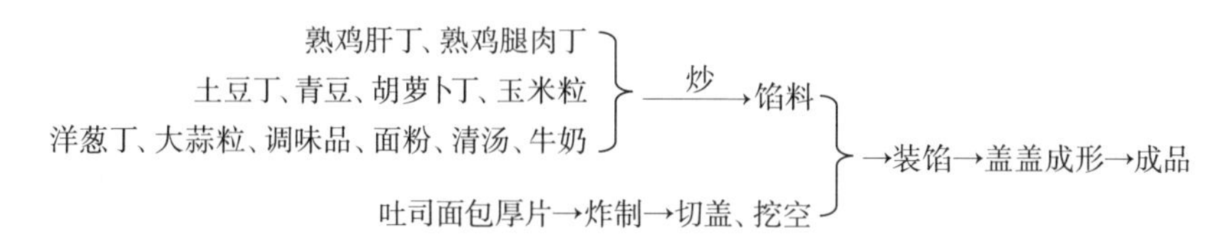

图 3-11　棺材板工艺流程

六、制作程序

1. 馅料调制

鸡肝、鸡腿肉煮熟切丁，洋葱切丁，大蒜切碎；平底锅放入色拉油加热，放入洋葱丁、大蒜粒爆香，加入熟鸡肝丁、熟鸡腿肉丁、土豆丁、青豆、胡萝卜丁、玉米粒略炒，加入盐、味精、糖、胡椒粉炒匀；再加入面粉炒香后，加入清汤和牛奶，收稠汤汁成馅料。

（**质量控制点：**①馅料汤汁的稠度要恰当；②主配料的丁不宜过大或过小。）

2. 熟制成形

将土司面包放入约 180℃油中，炸至金黄捞出，在其一面沿边 1 厘米划出方形，小心取出当作盖子（0.5 厘米厚），里面挖空（约 1.5 厘米深），取出瓤撕碎拌入馅料中，再将馅料装回吐司里，盖上盖，趁热食用。

（**质量控制点：**①炸制的温度不宜太低；②在吐司切面上切盖挖空。）

七、评价指标（表 3-10）

表 3-10　棺材板评价指标

品名	指标	标准	分值
棺材板	色泽	红褐色	10
	形态	长方体或正方体	30
	质感	外壳酥脆，馅料嫩滑	30
	口味	咸鲜味香	20
	大小	重约 180 克	10
	总分		100

八、思考题

1. 烩制馅料时加入面粉的作用是什么？
2. 馅料汤汁的稠度如何控制？

名点 113. 蚝油叉烧包（广东名点）

一、品种简介

蚝油叉烧包是广东风味著名点心，四季必备的品种，是粤式早茶的“四大天王（虾饺、干蒸烧卖、叉烧包、蛋挞）”之一，是采用传统的发酵方法和传统的手工捏制方法而制作的。该品以独特方法调制的老肥发酵面团作皮，包以叉烧肉和面捞芡调制的叉烧馅捏成雀笼形经蒸制开花而成。成品具有包皮雪白，包身挺立美观，开花自然、绵软香甜，馅鲜甜润、香滑、有汁的特点。在广东、广西、海南、香港、澳门也非常盛行，是广式茶点中具有代表性的点心。

二、制作原理

生物膨松面团（发酵面团）泡打粉和碳酸氢氨（臭粉）的膨松原理见本章第一节。

蚝油叉烧包

三、熟制方法

蒸。

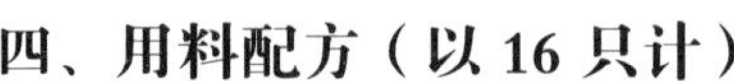

四、用料配方（以 16 只计）

1. 坯料

面肥 500 克，低筋面粉 150 ～ 175 克，白糖 160 克，泡打粉 7.5 克，陈村枧水 10 毫升，臭粉 2 克，熟猪油 5 克，清水约 25 毫升。

2. 馅料

叉烧肉 180 克；面捞芡：粟粉 5 克，生粉 4 克，面粉 4 克，老抽 3 毫升，生抽 5 毫升，白糖 16 克，蚝油 10 克，精盐 1 克，麻油 2 毫升，色拉油 20 毫升，味精 1 克，洋葱 10 克，清水 65 毫升。

五、工艺流程（图 3-12）

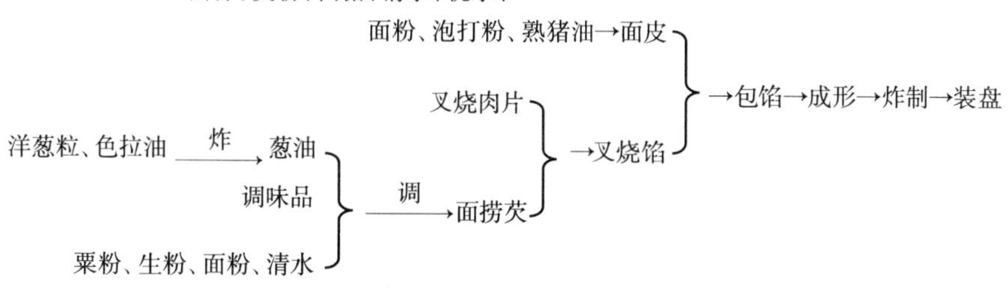

图 3-12　蚝油叉烧包工艺流程

六、制作程序

1. 馅心调制

将叉烧肉切成指甲小片；粟粉、生粉、面粉一起过筛，用清水 25 毫升拌成稀浆，洋葱切碎备用。

将色拉油烧热，放入洋葱炸香捞出，成为葱油，将葱油舀起一半，剩下一半留在锅中，加入剩余的清水和各种味料（味精除外），煮沸时，将锅端离火位，把稀浆注进沸水中，并不停地搅拌，稀粉浆投放完后，将铁锅端回火上继续加热，边加热边搅拌并加入剩余的葱油、味精煮至起打泡即可，待冷却凝成膏状即成为面捞芡；与叉烧肉片拌匀即成叉烧馅。

（**质量控制点：**①芡的稠厚度要恰当；②葱油要打入芡中。）

2. 面团调制

将面粉、泡打粉一起过筛混合，备用。面肥与臭粉擦匀，待其浮松胀大时加入白糖、清水再擦，直至白糖溶化，加入枧水再擦匀，然后将加了泡打粉的面粉拌入，揉成面团。将面团静置片刻，取出一小粒揉成圆形小面团，用旺火验碱，碱度合适后加入猪油揉至匀滑即成为叉烧面皮。

（**质量控制点：**①原料投放的顺序要准确；②酵面一定要是面种；③面种的质量要好；④调制面团时一定擦匀揉滑；⑤加碱量要根据面肥的发酵时间、室温等确定。）

3. 生坯成形

然后揪成 16 个剂子。将剂子用手压扁，放上 20 克馅，提褶包成雀笼形，包底垫上一小方块包底纸，放入笼内（去掉笼垫）。

（**质量控制点：**①捏成雀笼形；②包坯下面要垫包底纸。）

4. 生坯熟制

火大汽足蒸 10 分钟，取出即成叉烧包。

（**质量控制点：**旺火足汽蒸。）

七、评价指标（表 3-11）

表 3-11　蚝油叉烧包评价指标

品名	指标	标准	分值
蚝油叉烧包	色泽	雪白	10
	形态	开花馒头形，爆口自然	40
	质感	皮绵软，馅润滑	20
	口味	鲜香甜	20
	大小	重约 70 克	10
	总分		100

八、思考题

1. 制作蚝油叉烧包的面团中所加的辅料各起到什么作用？
2. 蚝油叉烧包的面皮为何选择用低筋粉调制的老酵面来制作？

名点 114. 鸡油马拉糕（广东名点）

一、品种简介

鸡油马拉糕是广东风味面点。该点原是生活在新加坡的马来人爱吃的一种食品，原名叫“马来糕”，后来传入香港、广东一带，才被广东方言称为“马拉糕”。该点原是采用酵种发酵的方法制作，现在一般为采用酵母发酵的方法制作和采用化学膨松的方法制作两种。这里介绍的是采用酵母发酵的方法制作，是以酵面、绵白糖、净蛋液、鸡油、吉士粉、泡打粉等原料调成糊状，经蒸制而成，具有色泽淡黄、松软香甜、细腻柔嫩的特色。现在由马拉糕变化而来的点心有很多，如南瓜马拉糕、马拉盏、玉米糕等。

二、制作原理

生物膨松面团（发酵面团）和泡打粉的膨松原理见本章第一节。

三、熟制方法

蒸。

四、用料配方（以 20 只计）

坯料：面粉 200 克，干酵母 3 克，绵白糖 190 克，净蛋液 200 克，鸡油 75 克，吉士粉 15 克，泡打粉 12 克，温水 100 毫升。

五、工艺流程（图 3-13）

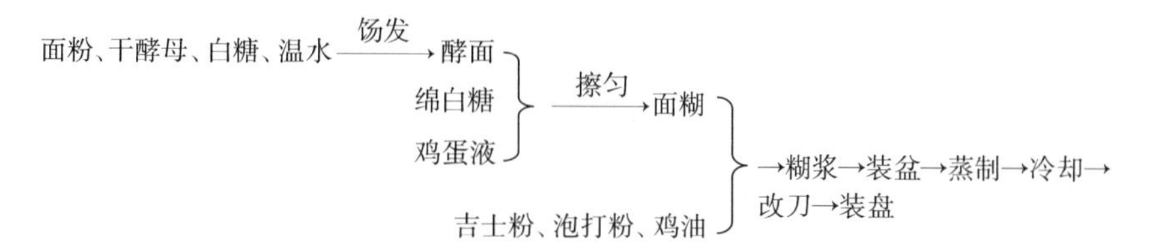

图 3-13　鸡油马拉糕工艺流程

六、制作程序

1. 糕浆调制

将面粉放于案板上，中间扒一塘，放入干酵母、绵白糖 10 克、温水拌匀，再与面粉拌和揉搓成光滑的面团，用保鲜膜包好，饧发 20 分钟（春季、秋季）。

将酵面放在面盆中，分次加入蛋液擦匀，直至蛋液全部加完，再加入绵白糖擦至绵白糖完全融化，再加入吉士粉、泡打粉、鸡油擦拌均匀，用筛子过滤即成糕浆。

（**质量控制点：**①酵面饧发时间要根据室温而定；②调好的糕浆要过筛。）

2. 生坯熟制

将不锈钢方盆刷油，垫上油纸，将调好的糕浆倒入方盆（20 厘米 ×35 厘米）中饧发至表面有小气泡再搅拌均匀，用旺火蒸制 25 分钟即成。

（**质量控制点：**①糕浆饧发后要用食指再适当搅拌；②蒸制过程中不能有水蒸气凝结滴在糕坯上。）

3. 制品成形

待糕体冷却后切成菱形块装盘。

（**质量控制点：**①一般采用锯切改刀；②菱形块大小要一致。）

七、评价指标（表 3-12）

表 3-12　鸡油马拉糕评价指标

品名	指标	标准	分值
鸡油马拉糕	色泽	淡黄色	10
	形态	菱形块	20
	膨松程度	柔软有弹性	20
	质感	松软柔嫩	20
	口味	香甜	20
	大小	重约 35 克	10
	总分		100

八、思考题

1. 糕浆饧发后为什么需要再适当搅拌?
2. 调好鸡油马拉糕的糕浆为什么需要过筛?

名点115. 八宝馒头（河南名点）

一、品种介绍

八宝馒头是河南开封风味面点，由北宋汴梁的太学馒头演变改制而成。它是发酵面皮包入用果仁、蜜饯、果干、白糖等调制的八宝甜馅做成无褶包子经蒸制而成。成品具有色白松软，光滑饱满，馅香味甜的特点。

二、制作原理

生物膨松面团（发酵面团）的膨松及兑碱原理见本章第一节。

三、熟制方法

蒸。

四、原料配方（以20只计）

1. 坯料

中筋面粉400克，酵种150克，碱粉5克，微温水180毫升。

2. 馅料

葡萄干25克，糖青梅25克，冬瓜条25克，橘饼25克，红枣25克，核桃仁50克，桂圆肉25克，糖马蹄25克，熟面100克，白糖150克，果味香精3滴，清水20毫升，色拉油20毫升。

五、工艺流程（图3-14）

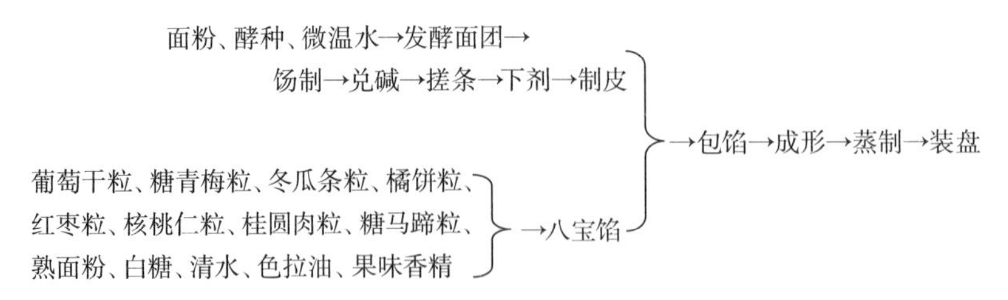

图3-14 八宝馒头工艺流程

六、制作方法

1. 馅心调制

用温水将核桃仁稍微浸泡、去衣，切成粒；葡萄干用温水泡软后一切为二；将糖青梅、冬瓜条、橘饼、糖马蹄、桂圆肉分别切粒；红枣泡软，洗净切粒。再将以上原料放在一起，加白糖、熟面粉、清水、色拉油、果味香精拌匀成八宝馅。

（**质量控制点：**①八种馅料都要切粒；②馅心要有一定的湿度和黏性。）

2. 面团调制

用温水将酵种稀释开，放入面粉、微温水和成发酵面团，饧发30分钟，待面团发起后加碱水兑碱，盖上保鲜膜稍饧。

（**质量控制点：**①不同季节水温不同、饧发时间不同；②面团要稍硬一点；③面团要发足，碱要兑正。）

3. 生坯成形

将酵面揉匀搓成长条，揪成20个约35克的面剂，按成四周薄中间厚的圆皮，每张皮包入八宝馅约25克，将口捏紧，将剂口朝下入笼，稍饧。

（**质量控制点：**①面皮要擀成四周薄中间厚；②表皮要光滑；③生坯要稍饧。）

4. 生坯熟制

将装有馒头的笼屉上旺火沸水锅中蒸10分钟，下笼屉后，在馒头顶端印一个红色的八角形花纹即成。

（**质量控制点：**①旺火足汽蒸；②蒸制时间不宜太长；③色白松软，光滑饱满。）

七、评价指标（表3-13）

表3-13　八宝馒头评价指标

名称	指标	标准	分值
八宝馒头	色泽	乳白色，有光泽	10
	形态	馒头形，光滑饱满	40
	质感	皮松软，馅黏软	20
	口味	香甜	20
	大小	重约60克	10
	总分		100

八、思考题

1. 要使八宝馒头表皮光滑、色泽洁白，制作时需要注意哪些方面？
2. 八宝馒头的“八宝”是指哪些原料？

名点116. 凤球包子（河南名点）

一、品种介绍

凤球包子是河南风味面点，为开封小吃，由相国寺后街万芳春饭庄创制于20世纪20年代，是广东人方福祥与贯通中西两餐的广东厨师吴弼州联袂，来到当时的河南省会开封，在饭馆云集的南书店街南头路西开设了一家广味饭馆，取名万芳春饭庄。该品是以发酵面团作皮，包以生肉馅中加入玉兰片丁、叉烧肉块、熟鸡肉块的馅心捏成有褶包子经蒸制而成。具有馅心鲜嫩，面皮暄软白亮，收口处形似花蕾；既可作筵席点心，又可作小吃售卖。

二、制作原理

生物膨松面团（发酵面团）的膨松及兑碱原理见本章第一节。

三、熟制方法

蒸。

四、原料配方（以24只计）

1. 坯料

面粉500克，酵种150克，碱面5克，微温水225毫升。

2. 馅料

猪肉275克（肥三瘦七），水发玉兰片100克，叉烧肉75克，熟鸡肉75克，芝麻油10毫升，酱油15毫升，精盐5克，白糖30克，味精2.5克，大葱50克，生姜7.5克，料酒12.5毫升，五香粉2.5克，清水112.5毫升。

五、工艺流程（图3-15）

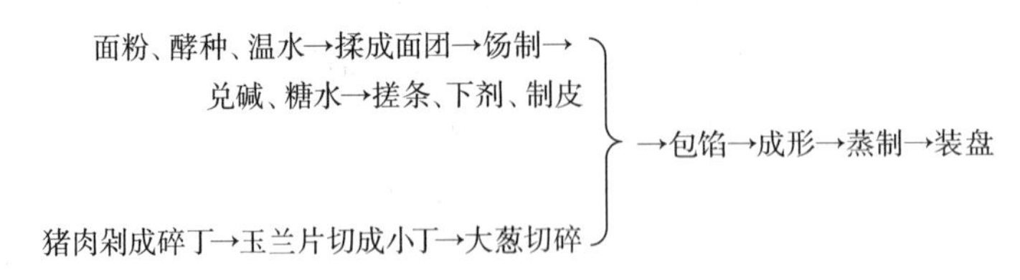

图3-15 凤球包子工艺流程

六、制作方法

1. 馅心调制

将猪肉绞成肉泥；玉兰片切成绿豆大小的丁；大葱切成葱花，生姜切成末；

叉烧肉、熟鸡肉各切成块。

将肉泥放入盆内，加入精盐、酱油、姜末、五香粉、料酒，手顺着同一方向搅上劲，分次加入清水继续搅上劲，再加入白糖、味精、芝麻油拌匀，最后拌入葱花、玉兰片丁即成生肉馅，盖上保鲜膜放冰箱冷藏。

（**质量控制点：**①猪肉的肥瘦比例要恰当；②注意投放顺序；③清水分次加入，顺一个方向充分搅打上劲；④馅心需要冷藏。）

2. 面团调制

把面粉倒入盆内，中间扒一个窝，加入酵种，用少许微温水调开后（冬季用温水，夏季用凉水），将微温水的2/3兑入，拌匀后，再将剩下的微温水兑入和成团，用力揉透搓匀，直至面光手光盆光，用布盖好饧发。面发好后兑入碱水揉匀稍饧。

（**质量控制点：**①面团的硬度要合适；②调制面团的水温可随季节的变化而适当变化；③兑碱量要根据发酵程度、室温灵活掌握；④面团要揉匀揉光。）

3. 生坯成形

将面团揉光搓成长条，下成24个面剂（每个重约35克），按成四周薄中间厚的圆皮，将面皮放在左手心上，先搨上生肉馅约25克，再放入叉烧肉、鸡肉各一块，左手端平，用右手捏住皮的边沿，从右至左捏成均匀的折纹18～20个，将折纹口拢在一起，掐去一点面头，形如花蕾，把包子生坯摆在笼中（要有一定间隙）稍饧。

（**质量控制点：**①皮要擀得周边薄中间厚；②捏制成形的手法要正确；③纹路要均匀；④表皮要光滑，收口处形似花蕾。）

4. 生坯熟制

生坯上蒸锅旺火沸水蒸12分钟，包子表皮发亮，手按不粘手，有弹性即熟，出笼装盘。

（**质量控制点：**①旺火沸水蒸；②蒸制时间不宜太长。）

七、评价指标（表3-14）

表3-14 凤球包子评价指标

名称	指标	标准	分值
凤球包子	色泽	乳白色，有光泽	10
	形态	有褶包形、饱满；纹路均匀、细巧清晰	40
	质感	皮松软，馅软嫩	20
	口味	咸甜	20
	大小	重约65克	10
	总分		100

八、思考题

1. 风球包子的馅心有什么特色?
2. 调制面团的水温为什么要随着季节的变化而变化?

名点 117. 鸡丝卷(河南名点)

一、品种介绍

鸡丝卷是河南风味面点，为河南开封小吃，此品是将发酵面团擀成面皮，抹油、撒上板油丁、精盐后卷起，顺长切细条，经合并、搓长、切段后经蒸制、改刀而成，形似一束鸡丝，故名。鸡丝卷具有色白松软、丝丝分清、形似鸡丝、咸香味美的特点，是常与筵席上清炖鸭相配的点心。

二、制作原理

生物膨松面团（发酵面团）的膨松及兑碱原理见本章第一节。

三、熟制方法

蒸。

四、原料配方（以 20 只计）

1. 坯料

中筋面粉 500 克，酵种 125 克，微温水（春季、秋季）230 毫升，碱面 5 克。

2. 馅料

熟猪油 30 克，板油蓉 90 克，盐 9 克。

3. 辅料

色拉油 10 毫升。

五、工艺流程（图 3-16）

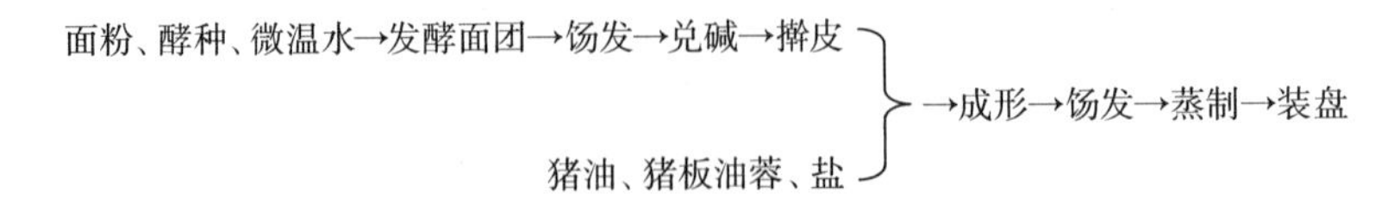

图 3-16 鸡丝卷工艺流程

六、制作方法

1. 面团调制

将面粉、酵种放在面盆中，加微温水将酵种调开，再与面粉揉成光滑的面团，用保鲜膜包好饧发30分钟，待面发好后，再兑入碱水稍饧。

（**质量控制点：**①不同季节使用不同水温的水；②面团不宜太硬或太软；③碱要兑正，兑碱量根据季节及发酵程度调整；④面团要饧足。）

2. 生坯成形

取700克酵面擀成厚0.4厘米的薄皮，上面抹一层化开的熟猪油，抹上一层板油蓉、均匀撒上精盐卷成卷，切成30厘米长的段，用手按扁，顺长切成宽0.4厘米的条，合并在一起搓成圆条，两个圆条再次合并在一起成粗圆条，搓抻成直径为3厘米的圆条，切成长20厘米的段成生坯。另外用余下的面团擀成薄面皮，铺在笼里，抹上一层色拉油，放上生坯，饧约20分钟。

（**质量控制点：**①面皮要擀得厚薄均匀；②面条要切得粗细均匀；③生坯上细条要规则；④生坯粗细均匀。）

3. 生坯熟制

将装有生坯的蒸笼上旺火沸水锅蒸约12分钟取出，切成5厘米的小段装盘。

（**质量控制点：**①旺火足汽蒸；②蒸制时间不宜太长；③成品质松软，丝丝分清。）

七、评价指标（表3-15）

表3-15 鸡丝卷评价指标

名称	指标	标准	分值
鸡丝卷	色泽	乳白色，有光泽	10
	形态	圆段、饱满，丝丝分清	40
	质感	松软	20
	口味	咸香	20
	大小	重约40克	10
	总分		100

八、思考题

1. 在制作鸡丝卷过程中，在面皮上抹猪油和猪板油蓉的作用是什么？
2. 为什么要在装有鸡丝卷生坯的笼里垫一层薄面皮再蒸制？

名点 118. 瓠包（河南名点）

一、品种介绍

瓠包是河南开封风味面点，回民风味。此品是以发酵面团作皮，包上瓠瓜为主料调成的馅心捏成有褶包子经蒸制而成。具有色白松软、造型美观、馅嫩清香、风味独特的特点。相传为北宋馂馅的遗品。

二、制作原理

生物膨松面团（发酵面团）的膨松及兑碱原理见本章第一节。

三、熟制方法

蒸。

四、原料配方（以 24 只计）

1. 坯料

中筋面粉 500 克，酵种 150 克，微温水 220 毫升，碱面 5 克。

2. 馅料

鲜嫩瓠瓜 500 克，粉丝 100 克，大葱 50 克，海米 10 克，姜末 10 克，黑面酱 15 克，羊脂 100 克，味精 5 克，精盐 10 克，胡椒面 5 克，大料粉 5 克。

五、工艺流程（图 3–17）

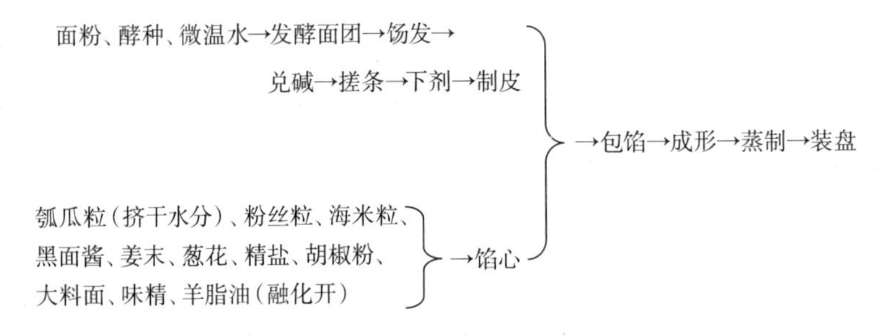

图 3–17　瓠包工艺流程

六、制作方法

1. 馅心调制

将瓠瓜去皮、挖瓤、擦成细丝、挤去水分切粒；粉丝用温水泡软切粒；海米用热水泡软切粒；大葱洗净切成葱花。

把瓠瓜粒用黑面酱拌匀，再放入粉丝粒、海米粒、葱花、姜末、精盐、味精、胡椒粉、大料面、羊脂油（熔化开），搅拌均匀成馅。

（**质量控制点：**①瓠瓜丝要挤干水分；②羊脂需要提前熔化。）

2. 面团调制

将面粉放入面盆内，酵种用微温水稀释开后与面粉拌匀揉成光滑的面团发酵。发好后兑入碱水反复揉制，形成光滑的面团，稍饧。

（**质量控制点：**①不同季节水温不同；②面团不宜太硬或太软；③碱要兑正，兑碱量根据季节及发酵程度调整；④面团要饧足。）

3. 生坯成形

把发酵好的面团揉光搓成长条，摘成约 35 克的面剂 24 个，将每个面剂子擀成中间厚边缘薄的圆皮，包入馅心约 30 克，捏成褶皱均匀的包子，放入笼中饧发 20 分钟。

（**质量控制点：**①皮要擀成边薄中间厚；②纹路要均匀；③笼垫上要刷油；④生坯要饧足。）

4. 生坯熟制

将装有瓠包生坯蒸笼放上蒸锅，旺火沸水蒸制 10 分钟，瓠包不黏手即成，随后装盘。

（**质量控制点：**①旺火沸水蒸；②蒸制时间不宜太长。）

七、评价指标（表 3–16）

表 3–16　瓠包评价指标

名称	指标	标准	分值
瓠包	色泽	乳白色、有光泽	10
	形态	有褶包形、饱满；纹路均匀、细巧清晰	40
	质感	皮松软，馅软嫩	20
	口味	光滑细腻	20
	大小	重约 65 克	10
	总分		100

八、思考题

1. 制作瓠包馅心时瓠瓜丝为什么要挤去水分？
2. 瓠包的馅心有什么特色？

名点119. 脑髓卷（湖南名点）

一、品种介绍

脑髓卷是湖南风味面点，脑髓卷起源于湖南湘潭市。据《湘潭县志》记载，早在清乾隆年间就誉满三湘，还将清末石氏“祥华斋”制作的脑髓卷列为名产。至今在港澳台地区仍用“湘潭脑髓卷”名称应市。此点是用半发酵面皮抹上糖肥肉泥，卷成筒状经蒸制而成，因其馅心酷似猪脑髓，故名。具有微黄油亮，皮薄分层，香醇味甜，细软带韧的特点。

二、制作原理

生物膨松面团（发酵面团）的膨松及兑碱原理见本章第一节。

三、熟制方法

蒸。

四、原料配方（以20只计）

1. 坯料

面粉250克，酵种50克，微温水150毫升，饴糖25克，碱粉2.5克。

2. 馅料

猪肥膘肉450克，绵白糖125克，精盐1.5克。

五、工艺流程（图3-18）

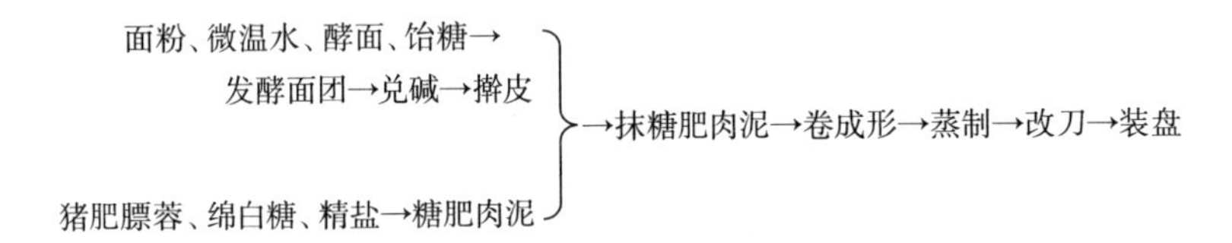

图3-18　脑髓卷工艺流程

六、制作方法

1. 馅心调制

将猪肥膘肉洗净，绞成蓉（绞4遍），盛入盆内，放入绵白糖、精盐拌匀，凝固后即成糖肥肉泥（夏季需冷藏）。

（**质量控制点：**①肥膘蓉要绞得细；②夏天需冷藏增加硬度。）

2. 面团调制

把面粉放在案面上扒一塘，将酵种、饴糖、微温水放在塘中先调开，再与面粉和匀，揉至面团起筋后，盖上湿布饧 15 分钟，再兑碱，揉匀揉光。

（**质量控制点：**①不同季节水温应不同；②碱要兑正；③不同季节、发酵程度对碱量需求应不同。）

3. 生坯成形

将揉光后的面团用走槌擀成厚约 0.1 厘米（皮薄能透字）、宽 40 厘米的面皮，均匀地抹上糖肥肉泥（冬季制作时，糖肥肉泥凝结，可用热水浴化开使用），自内向外拉边卷成直径约 4 厘米的筒，切成长 3.3 厘米的段，用刀前挡在卷中间按条印。生坯放入笼内（笼屉内放上油纸笼垫），切口对切口靠紧放，稍饧。

（**质量控制点：**①面皮要擀得厚薄均匀；②糖肉泥要抹匀；③糖肉泥冬季要花开，夏天要冷藏，保持硬度合适；④卷筒粗细要一致。）

4. 生坯熟制

把饧好生坯的蒸笼放在旺火沸水锅上盖盖蒸 15 分钟，随后装盘。

（**质量控制点：**①旺火沸水蒸；②蒸制时间不宜太短。）

七、评价指标（表 3–17）

表 3–17　脑髓卷评价指标

名称	指标	标准	分值
脑髓卷	色泽	微黄色、有光泽	10
	形态	扁卷筒形，皮薄、层次清晰	40
	质感	皮软带韧	20
	口味	香醇味甜	20
	大小	重约 35 克	10
	总分		100

八、思考题

1. 为什么采用嫩酵面制作脑髓卷？
2. 在调制糖肥肉泥的过程中加入少量精盐的作用是什么？

名点 120. 银丝卷（湖南名点）

一、品种介绍

银丝卷是湖南风味面点，此品是采用酵面作皮，抹上糖肉泥后，经过折叠、切丝、卷圈蒸制而成，具有色白松软、提丝松散，味道香甜油润的特点。

二、制作原理

生物膨松面团（发酵面团）的膨松及兑碱原理见本章第一节。

三、熟制方法

蒸。

四、原料配方（以 20 只计）

1. 坯料

面粉 500 克，酵种 100 克，微温水 240 毫升，碱粉 2.5 克。

2. 馅料

猪肥膘肉 250 克，绵白糖 200 克，精盐 1 克。

3. 辅料

色拉油 10 毫升。

五、工艺流程（图 3-19）

面粉、微温水、酵种→发酵面团→兑碱→搓条→擀皮
猪肥膘蓉、绵白糖、精盐→糖油泥
（以上两路合并）→抹糖油泥→（叠、切、圈）成形→蒸制→装盘

图 3-19　银丝卷工艺流程

六、制作程序

1. 馅心调制

将猪肥膘肉洗净，绞成肉蓉，加入绵白糖、精盐拌匀制成糖油泥（夏季需冷藏）。

（**质量控制点：**①肥膘蓉要绞得细；②夏季需冷藏增加硬度。）

2. 面团调制

在盆内倒入微温水，先将酵种放入摘碎，再加入面粉和匀揉光成发酵面团，让其自然发酵约 30 分钟，待面团发好后，置案板上加入化开的碱水兑碱，揉和均匀，盖上保鲜膜稍饧。

（**质量控制点：**①不同季节水温应不同；②碱要兑正；③不同季节、不同发酵程度兑碱量应不一样。）

3. 生坯成形

将饧发好的酵面揉光分成两块，分别搓成条，擀成厚 0.3 厘米、宽 40 厘米的面皮，然后均匀地抹上糖油泥（冬季制作时，糖油泥凝结，可用热水浴软化）。

将外侧的边皮向内翻折 1/3，再继续折 1/3，使之成 3 层，用力均匀地切成 0.3 厘米宽的细丝，每切 9 刀断开，使之成为 27 根的细条坯，共计 20 个细条坯。切完后，用手捏住坯的两端，拉成长 33 厘米左右，在案板上双手同时向内盘圈，将小圈反叠在大圈上，做成为螺旋形状的生坯。笼屉内刷上油，将生坯放入饧发。

（**质量控制点：**①面皮要擀得厚薄均匀；②糖肉泥要抹匀；③糖肉泥冬季要软化，夏季要冷藏，保持硬度合适；④生坯大小要一致。）

4. 生坯熟制

待锅内的水烧沸后，放上装有生坯的蒸笼，旺火蒸 12 分钟，出笼装盘。

（**质量控制点：**①旺火沸水蒸；②蒸制时间不宜太长。）

七、评价指标（表 3–18）

表 3–18　银丝卷评价指标

名称	指标	标准	分值
银丝卷	色泽	乳白色、有光泽	10
	形态	两层螺旋形，丝丝清晰	40
	质感	松软	20
	口味	香醇味甜	20
	大小	重约 50 克	10
	总分		100

八、思考题

1. 银丝卷的银丝是如何形成的？
2. 湖南风味银丝卷与京式、苏式风味银丝卷做法有什么不同？

名点 121. 四季美汤包（湖北名点）

一、品种介绍

四季美汤包是湖北风味面点，又称武汉汤包，是在苏式汤包的传统做法基础上不断改进形成的，有虾仁汤包、香菇汤包、蟹黄汤包、鸡蓉汤包、什锦汤包等品种。老四季美汤包馆开办于 1922 年，现在的“四季美”迁至江汉路与中山大道交汇之处。其是用嫩酵面包上生肉皮冻馅捏成鲫鱼嘴形的开口包子经蒸制成熟。成品具有色白皮薄，形如灯笼，馅嫩汤多，味醇鲜美的特点。

二、制作原理

生物膨松面团（发酵面团）的膨松及兑碱原理见本章第一节。

三、熟制方法

蒸。

四、原料配方（以 50 只计）

1. 坯料

面粉 500 克，酵种 150 克，微温水 220 毫升，碱水 10 毫升。

2. 馅料

鲜猪腿肉（肥三瘦七）650 克，鲜猪肉皮 200 克，白糖 10 克，酱油 25 毫升，精盐 12 克，胡椒粉 5 克，味精 5 克，芝麻油 20 毫升，生姜 40 克。

五、工艺流程（图 3-20）

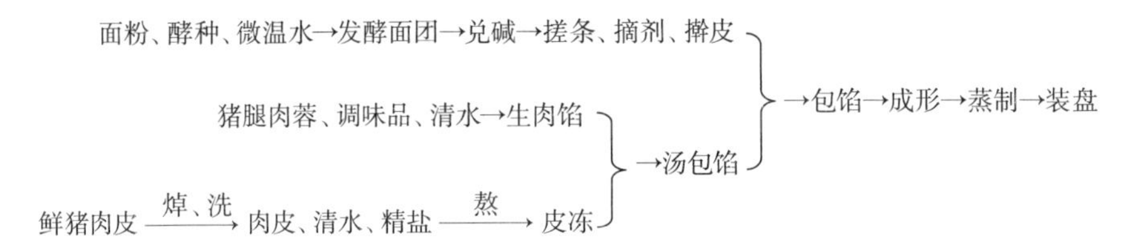

图 3-20　四季美汤包工艺流程

六、制作方法

1. 馅心调制

将猪腿肉去皮剁成蓉；生姜去皮，洗净，用 15 克切姜末，其余切姜丝。

猪肉皮刮洗干净、焯水、洗净，然后放入干净锅中加清水 1000 毫升大火烧开，改小火煮至手指一捏就碎动时捞出绞碎，再将其放回汤内复煮，加精盐（5 克）调味，软烂后盛入盆中，不断搅动，直搅到皮汤融合，冷却成冻后切成长条，再绞成粒状。

将猪肉蓉放入盆内，下姜末、酱油、精盐搅打上劲，分次加入清水 200 毫升搅打上劲，再放入白糖、味精、胡椒粉、麻油等调料，拌入皮冻粒成胶状汤包馅。

（**质量控制点：**①熬制皮冻时，一定要去净毛污肥膘，焯洗干净；②熬皮冻要中小火加热；③先调生肉馅再加皮冻粒。）

2. 面团调制

将面粉倒在案板上中间扒一塘，放入酵种、微温水调开，再与面粉拌匀调成团后反复搓揉，使之成光滑的面团，稍饧发后兑入碱水，揉匀揉光，盖上湿布稍饧。

（**质量控制点：**①不同季节水温不同、酵种用量不同，面粉：酵种分别为春季、秋季7∶3，冬季5.5∶4.5，夏季8.5∶1.5；②面团不宜太硬或太软；③掌握好包子的发酵程度，不能太膨松；④兑碱量要根据季节、发酵程度而定。）

3. 生坯成形

将面团搓成长条，揪成面剂（16克/只），撒上面粉，逐个擀成边缘薄中间厚、直径7厘米的圆皮。搨入汤包馅置皮中心按紧，旋捏成18～20道细花纹（不封口），包成口呈鲫鱼嘴形的小包。

（**质量控制点：**①皮要擀成中厚边薄；②纹路要均匀；③有鲫鱼嘴的小包。）

4. 生坯熟制

将小包边做边放入垫有松针的小笼屉内，置旺火沸水锅上蒸6分钟。连笼上席，带姜丝、醋碟蘸食。

（**质量控制点：**①旺火沸水蒸；②蒸制时间不宜太长。）

七、评价指标（表3-19）

表3-19 四季美汤包评价指标

名称	指标	标准	分值
四季美汤包	色泽	玉色、有光泽	10
	形态	灯笼形、饱满；纹路均匀、细巧清晰	40
	质感	皮软韧，馅嫩汤多	20
	口味	咸鲜	20
	大小	重约40克	10
	总分		100

八、思考题

1. 不同季节酵种的用量如何变化？
2. 用嫩酵面制作汤包有什么特点？

名点122. 蛋烘糕（四川名点）

一、品种简介

蛋烘糕是四川风味小吃，是清道光廿三年，成都文庙街石室书院（现汉文翁石室，成都石室中学）旁一位姓师的老汉从小孩办“姑姑筵”中得到启发，用加了面粉、鸡蛋、红糖、老酵、温水等调成的面糊，在平锅上烙制而成，具有香喷喷、金灿灿，外酥内嫩，绵软香甜，营养丰富的特点。现在不仅设有专店供应，还有不少摊贩走街串巷，也有一些餐厅常以套餐的形式销售，也可作为筵席中的点心。常见的馅心有芝麻、什锦、八宝、水晶、蜜枣、榨菜肉末、金钩、蟹黄、火腿等。现在在保留传统口味的基础上又进行了改良，如奶油奥利奥、蓝莓果酱、芝士榴莲、麻辣牛肉，麻辣金枪鱼、海苔脆松、沙拉肉松等。下面介绍的是芝麻馅蛋烘糕的制法。

二、制作原理

生物膨松面团（发酵面团）和小苏打的膨松原理见本章第一节。

三、熟制方法

烙（烘）。

四、原料配方（以 30 只计）

1. 坯料

低筋面粉 500 克，干酵母 5 克，鸡蛋 300 克，绵白糖 200 克，红糖 50 克，微温水 600 毫升，小苏打 6 克。

2. 馅料

蜜瓜条 50 克，蜜玫瑰 25 克，蜜樱桃 25 克，绵白糖 100 克，熟芝麻粉 50 克。

3. 辅料

熟猪油 50 克，熟菜籽油 15 毫升。

五、工艺流程（图 3-21）

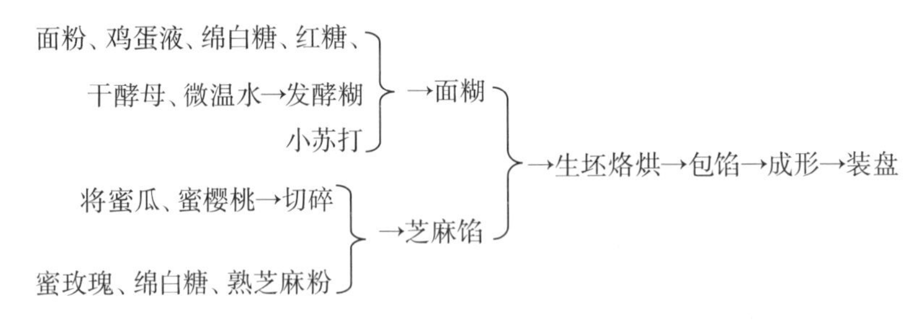

图 3-21　蛋烘糕工艺流程

六、制作方法

1. 馅心调制

将蜜瓜、蜜樱桃切碎，与蜜玫瑰、绵白糖、熟芝麻粉一起和成馅心。

（**质量控制点：**①馅料要加工得细一些；②馅料要拌匀。）

2. 坯料调制

在盆内磕入蛋液，搅打均匀，加入微温水、面粉、绵白糖、红糖、干酵母拌匀，搅至稀糊状，过滤，盖上保鲜膜饧发约 1 小时至面糊表面布满气孔，加入小苏打拌匀。

（**质量控制点：**①用料比例要得当；②面糊要过滤；③不同季节饧发时间不同。）

3. 生坯熟制

将特制小铜平圆锅（直径 12 厘米，边高约 2 厘米，边沿有耳可提取）置于与锅大小相适应的火炉上，用菜籽油涂锅，舀入面糊（约 50 克）并转动锅，使面糊流匀锅底，加盖小火烙制，当面糊约八成熟时，舀入熟猪油抹匀，随即舀入馅心，然后用夹子将糕坯一边揭起，对折成半圆形，再揭开另一边翻面，加盖稍烘烤即成。

（**质量控制点：**①糊的用量要恰当；②烙烤的火力要合适；③外皮色泽金黄，内瓤成熟。）

七、评价指标（表 3-20）

表 3-20　蛋烘糕评价指标

名称	指标	标准	分值
蛋烘糕	色泽	外皮金黄	20
	形态	半圆形	30
	质感	外酥内软	20
	口味	皮微甜，馅香甜	20
	大小	55 克	10
	总分		100

八、思考题

1. 制作蛋烘糕的坯料中加入小苏打的作用是什么？
2. 举例说明蛋烘糕的馅心有哪些类型。

名点 123. 九园酱肉包子（重庆名点）

一、品种简介

九园酱肉包子是重庆风味面点，“九园”是重庆著名专业面馆，在重庆城鱼市街（较场口得意广场轻轨通风口前）。1931年由内江人苏泽九创办，以苏泽九名字的第三字“九”为题材，取名“九园”，有期盼“长久”之意，包子沿用内江大餐馆“一品（即第一道）点心”的配方制作而成。2017年在重庆中山四路重装开业。它是以加入牛奶、饴糖的发酵面皮包入以酱肉丁、冬笋丁和时蔬蓉拌制而成的馅心制作而成。成品具有色白松软香甜，馅心鲜嫩清鲜，酱香浓郁的特点。

二、制作原理

生物膨松面团（发酵面团）和泡打粉的膨松、兑碱原理见本章第一节。

三、熟制方法

蒸。

四、原料配方（以16只计）

1. 坯料

中筋面粉500克，酵种30克，绵白糖50克，鲜牛奶65毫升，饴糖50克，泡打粉3克，小苏打3克，微温水160毫升。

2. 馅料

猪后臀肉500克，净冬笋（或玉兰片）50克，绍酒5毫升，酱油15毫升，精盐5克，黄葱25克，姜末10克，甜酱50克，胡椒粉3克，白糖10克，小磨麻油10毫升，小葱花5克，味精3克，色拉油25毫升，时令蔬菜50克。

五、工艺流程（图3-22）

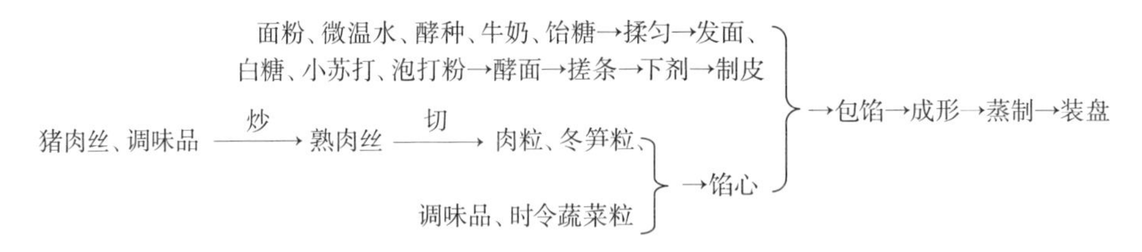

图3-22　九园酱肉包子工艺流程

六、制作程序

1. 馅心调制

将猪肉洗净，切成长3.3厘米、宽0.3厘米的丝；冬笋用沸水焯一下，切成小粒；黄葱洗净切段。

在炒锅中加入色拉油烧热，下肉丝炒至六成熟时，放绍酒、酱油、精盐、甜酱、黄葱继续炒至九成熟时，再放冬笋，稍炒后起锅，冷后拣去黄葱。将炒好的肉丝剁成绿豆大的颗粒放入盆中，加味精、胡椒面、小磨麻油、姜末、白糖、小葱花及剁碎的时令鲜菜拌和均匀成馅心。

（**质量控制点：**①肉丁颗粒不宜太大；②有些时令叶类蔬菜要焯水并挤干水分。）

2. 面团调制

将面粉放入盆内，加微温水、酵种，放入牛奶、饴糖，反复揉匀，发酵约 1.5 小时（冬季时间稍长），发至膨胀柔软时置案板上再加绵白糖、小苏打、泡打粉揉匀，稍饧。

（**质量控制点：**①酵面皮要发足；②碱要兑正。）

3. 生坯成形

将面团揉匀、搓条、下剂（50 克 / 只），将剂子压成中间厚、边上稍薄的圆形面皮。将馅心（40 克 / 只）包进面皮，捏成有 13 个褶皱的花瓣形生坯。

（**质量控制点：**①剂子大小要一致；②纹路要均匀、规则。）

4. 生坯熟制

将生坯放入笼内，用旺火蒸 8 分钟即熟，随后装盘。

（**质量控制点：**①旺火足汽蒸；②蒸制时间不宜太长。）

七、评价指标（表 3–21）

表 3–21　九园酱肉包子评价指标

名称	指标	标准	分值
九园酱肉包子	色泽	白中透微黄	20
	形态	菊花纹中包形	30
	质感	面皮松软；馅心鲜嫩	20
	口味	咸鲜、酱香	20
	大小	重约 90 克	10
	总分		100

八、思考题

1. 九园酱肉包子与扬州三丁包子在调制发酵面团时有什么区别？
2. 小苏打在调制九园酱肉包子的面坯中的作用是什么？

名点 124. 贵阳鸡肉饼（贵州名点）

一、品种简介

贵阳鸡肉饼是贵州风味小吃，原名贵阳肉饼，距今已有 100 多年的历史。它是以干油酥、烫面、发酵面调成的三合面经过卷制形成的面坯，下剂包上用鸡肉、猪肉、香菇、玉兰片等调制而成的鸡肉馅制作成饼煎制而成。成品具有酥皮如水波纹，两面金黄，外酥脆、内松软，馅嫩鲜香的特点。

二、制作原理

生物膨松面团（发酵面团）的膨松原理见本章第一节。

三、熟制方法

煎。

四、原料配方（以 10 只计）

1. 坯料

面粉 330 克，熟猪油 100 克，酵种 20 克，熟面粉 25 克，食盐 5 克，花椒面 7 克，沸水 90 毫升，微温水 50 毫升。

2. 馅料

鸡肉 120 克，猪后臀肉 120 克，水发冬菇 20 克，水发玉兰片 40 克，金钩 10 克，姜末 5 克，葱花 10 克，香油 10 毫升，胡椒面 2 克，味精 2 克，酱油 30 毫升，白糖 5 克，绍酒 10 毫升，熟猪油 30 克。

3. 辅料

熟猪油 50 克。

五、工艺流程（图 3-23）

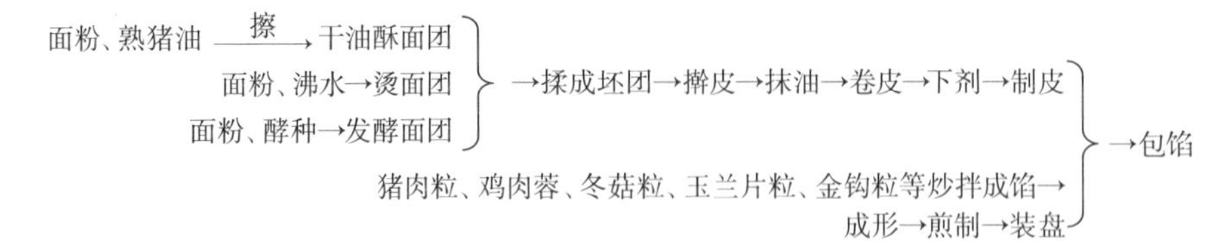

图 3-23　贵阳鸡肉饼工艺流程

六、制作方法

1. 馅心调制

（1）将鸡肉、猪瘦肉剁成蓉；猪肥肉切成 0.3 厘米的小方丁；水发玉兰片、水发冬菇、泡开的金钩均切细粒。

（2）锅中放入熟猪油 30 克，先将肥肉粒、鸡肉蓉、猪瘦肉蓉一同倒入锅中略炒，加入绍酒、白糖、酱油煸炒至酱红色起锅；再将冬菇、玉兰片、金钩等细粒与炒熟的肉粒拌和均匀，最后加入姜末、香油、味精、胡椒面、葱花拌匀即成。

（**质量控制点：**①馅料颗粒不宜太大；②煸炒时中小火加热。）

2. 面团调制

先取面粉 100 克、熟猪油 50 克擦成干油酥面团；再取面粉 150 克、沸水 90 毫升，烫制成面团；最后取面粉 80 克、面肥、微温水和成发酵面团待其发酵，3 个面团均用保鲜膜包好饧制。

（**质量控制点：**①用料比例要得当；② 3 个面团均用保鲜膜包好饧制。）

3. 生坯成形

将干油酥、烫面、酵面揉和均匀，擀成厚 0.5 厘米的长方形面片，抹上猪油 50 克，撒上熟面粉、花椒面、食盐，卷成筒状后下面剂 10 个；取面剂一个按扁，包入馅心 35 克收口后按成饼形即可。

（**质量控制点：**①三合面要调制得均匀；②剂子的大小要一致。）

4. 生坯成熟

平锅置火上烧热，放入熟猪油，下入饼坯煎至两面色泽金黄即成。

（**质量控制点：**①中小火煎制，并经常移动、翻面；②煎至两面金黄。）

七、评价指标（表 3-22）

表 3-22　贵阳鸡肉饼评价指标

名称	指标	标准	分值
贵阳鸡肉饼	色泽	两面金黄色	20
	形态	圆饼形，皮上有水波纹	30
	质感	外酥脆、内松软	20
	口味	咸鲜	20
	大小	重约 90 克	10
	总分		100

八、思考题

1. 贵阳鸡肉饼的面坯是如何调制的？有什么特色？
2. 贵阳鸡肉饼的鸡肉馅是如何调制的？

名点 125. 奶香大花卷（辽宁名点）

一、品种简介

奶香大花卷是辽宁风味点心，是近年在大连流行起来的大众化点心。该点心使用由中筋面粉、干酵母、白糖、鸡蛋、牛奶、炼乳、椰浆等调制而成的面团经擀、卷成形后经蒸制而成。因其形状美观、宣软松发、麦香味浓、营养丰富的特点而深受大家喜爱。

二、制作原理

生物膨松面团（发酵面团）的膨松原理见本章第一节。

奶香大花卷

三、熟制方法

蒸。

四、原料配方（以 20 只计）

1. 坯料

面粉 600 克，酵母 9 克，鸡蛋液 50 克，白糖 50 克，牛奶 130 毫升，椰浆 100 毫升，炼乳 50 克。

2. 辅料

面扑 30 克，色拉油 30 毫升。

五、工艺流程（图 3-24）

图 3-24　奶香大花卷工艺流程

六、制作方法

1. 粉团调制

将面粉放于案板上，中间开窝放入酵母、白糖、鸡蛋液后，分次倒入加热到

40℃左右的牛奶、炼乳、椰浆，擦匀擦化后与面粉拌和，揉匀揣透，用保鲜膜包好饧发20分钟。

（**质量控制点：**①按用料配方准确称量；②采用微温的牛奶、炼乳、椰浆调制面团；③面团要揉匀揉透；④掌握好酵面的饧发程度。）

2. 生坯成形

案板上撒上面扑，将面团放上去揉出光面，搓成长条，将面团按扁，擀成厚约0.5厘米、20厘米×30厘米的长方形大片，刷油，撒上薄薄一层薄面，用刀切成宽约20厘米×1.5厘米的条20根。取1根条，两手分别捏住两头，向两侧抻拉到原来长度的2倍，从一头向另一头盘起成有螺旋纹的圆柱体，卷制的过程中要保持上面的圆心部位最高，边缘的纹路最低。把最后的剂头别在下面即成。

［**质量控制点：**①坯剂的大小要准确；②坯皮擀得厚薄均匀，长宽适度；③改刀的宽度要一致；④生坯饧发20～30分钟（春季、秋季）。］

3. 生坯熟制

将花卷生坯入笼，用旺火足气蒸8分钟左右即熟。

（**质量控制点：**①蒸制时要求笼数越多火力越大；②水沸后花卷上笼蒸；③蒸制的时间不宜太长或太短。）

七、评价指标（表3-23）

表3-23　奶香大花卷评价指标

品名	指标	标准	分值
奶香大花卷	色泽	色泽乳白、有光泽	10
	形态	中间高，边缘低的有螺旋纹路的圆柱体	40
	质感	松软	20
	口味	香甜	20
	大小	重约50克	10
	总分		100

八、思考题

1. 和面时采用微温的牛奶、炼乳、椰浆，其作用是什么？
2. 蒸制的时间过长或过短对花卷分别有什么影响？

名点126. 会友发包子（吉林名点）

一、品种简介

会友发包子是吉林风味名点，是由袁富贵于1920年创制的。它是以发酵面团作皮，包以麻酱、面酱、花椒面、骨头汤等作为调辅料调制的猪肉馅制作而成的包子，蒸熟后具有暄软有劲，馅嫩汁多，鲜香味美，食而不腻的特点。

二、制作原理

生物膨松面团（发酵面团）的膨松及兑碱原理见本章第一节。

会友发包子

三、熟制方法

蒸。

四、原料配方（以 24 只计）

1. 坯料

面粉 400 克，酵种 150 克，小苏打 5 克，微温水 190 毫升。

2. 馅料

净猪肉（肥三瘦七）150 克，酱油 20 毫升，精盐 5 克，姜末 10 克，花椒面 1.5 克，面酱 10 克，芝麻酱 15 克，味精 1 克，熟豆油 50 毫升，芝麻油 15 毫升，葱末 100 克，骨头汤 50 毫升。

五、工艺流程（图 3-25）

面粉、酵种、温水→发酵面团→饧制→兑碱→搓条→下剂→制皮
猪肉泥、调味品、骨头汤 —搅拌→ 葱肉馅
→包馅→成形→蒸制→装盘

图 3-25　会友发包子工艺流程

六、制作方法

1. 馅心调制

把猪肉剁成泥放入盆中，加姜末、酱油、精盐、花椒面、芝麻酱、面酱、味精搅拌上劲，然后边加骨头汤，边顺着一个方向搅拌，搅到肉馅成粥状，加入熟豆油、麻油拌匀，再放上葱末即成馅心，盖上保鲜膜入冰箱冷藏。

（**质量控制点：**①按用料配方准确称量；②要注意加入调配料的先后顺序；③肉馅加骨头汤时，要顺着一个方向搅拌，而且要搅打上劲。）

2. 粉团调制

把面粉放入盆内加入酵种、微温水和匀，揉透揉光成面团，盖上保鲜膜饧制 20 分钟，加入小苏打兑碱，揉匀揉光。

（**质量控制点：**①按用料配方准确称量；②采用微温水调制面团的方法调制，水温要根据室温而定；③面肥要新鲜，面团要揉匀揉透；④兑碱所用小苏打的量要根据发酵的具体情况而定。）

3. 生坯成形

将面团揉搓成长条，揪成24个面剂。将面剂按扁，擀成圆形皮子，抹馅，捏褶14～16个，收口即成包子生坯，饧发20分钟。

（**质量控制点：**①坯剂的大小要准确；②坯皮一定要擀成中间厚周边薄；③捏出的皱褶均匀细巧；④生坯饧发时间随季节变化。）

4. 生坯熟制

包子放入笼屉，旺火沸水蒸10分钟即熟。

（**质量控制点：**①蒸制时要求笼数越多火力越大；②蒸制的时间不宜太长或太短。）

七、评价指标（表3–24）

表3–24　会友发包子评价指标

品名	指标	标准	分值
会友发包子	色泽	色泽洁白、有光泽	10
	形态	饱满，纹路均匀、细巧、清晰	30
	质感	皮松韧，馅鲜嫩	30
	口味	咸鲜汁多，葱香味美	20
	大小	重约45克	10
	总分		100

八、思考题

1. 肉馅加骨头汤时，为什么要顺着一个方向搅打？
2. 调制酵面时加入小苏打的作用是什么？

名点127. 银丝卷（北京名点）

一、品种简介

银丝卷是北京风味面点，是面内包以缕缕面丝后熟制而成，以制作精细而闻名全国。银丝卷色泽洁白，入口柔和香甜，软绵油润，余味无穷。除蒸食外还可蒸后入炉烤至金黄色，也有一番风味；炸银丝卷则是蒸好再炸。此品可作主食或宴会点心。

二、制作原理

生物膨松面团（发酵面团）的膨松及兑碱原理见本章第一节。

三、熟制方法

蒸。

四、原料配方（以 8 只计）

1. 坯料

面粉 500 克，酵种 50 克，白糖 50 克，微温水 230 毫升，碱水 20 毫升。

2. 辅料

菜籽油 50 毫升。

五、工艺流程（图 3-26）

图 3-26　银丝卷工艺流程

六、制作方法

1. 粉团调制

将酵种放入盆中，加微温水、白糖调开，将面粉倒入和成面团，盖上湿布使其发酵。发好后取出放在案子上，加碱水反复搋揉均匀，盖上湿布饧制。

（**质量控制点：**①按用料配方准确称量；②面团的加水量要恰当；③用碱量应根据面团的发酵程度正确应用。）

2. 生坯成形

将饧发好的面团用抻面的方法，反复遛条至顺筋，然后出条，九扣出成面丝，横放于案子上刷上油，再切成长约 6 厘米的段备用。将剩下的面头揉和均匀，搓成条，揪出面剂，擀成椭圆形面皮，皮内放一段面丝，将面皮前后边翻折于面丝之上，再将两头包上，收口向下放置呈长圆形，饧制 20 分钟。

（**质量控制点：**①要掌握好抻面技术，用力要均匀，以防拉断或粗细不均匀；②面条的细度和均匀度是关键。）

3. 生坯熟制

生坯入屉上蒸锅中蒸 10 分钟即可。如烤制，就在蒸好的银丝卷中间稍切一个口（不切断），入炉烤至金黄色即可；如炸制，就把蒸好的银丝卷下油锅炸至金黄色即可。

（**质量控制点：**①蒸制的火力和时间受生坯的粗细影响；②一次蒸制熟透。）

七、评价指标（表 3–25）

表 3–25　银丝卷评价指标

品名	指标	标准	分值
银丝卷	色泽	乳白	10
	形态	圆筒形，切口可见里面一根根细丝	40
	质感	松软	20
	口味	香甜	20
	大小	重约 100 克	10
	总分		100

八、思考题

1. 老肥兑碱用碱量的多少应根据哪些因素来判断？
2. 为什么说蒸制的时间要根据生坯的粗细长短来确定？

名点 128. 肉丁馒头（北京名点）

一、品种简介

肉丁馒头是北京风味面点，是旧时满族人春节必备的食品。每年腊月开始制作，蒸多了，放在坛子里封好后，置于门外，随食随取。此品是以酵面作皮，包上以肉丁、笋丁以及黄酱等调味品调制的馅心制作成无褶包子，经蒸制而成，具有色白绵软、馅心咸香、酱香浓郁的特点。

二、制作原理

生物膨松面团（发酵面团）的膨松原理见本章第一节。

三、熟制方法

蒸。

四、原料配方（以 20 只计）

1. 坯料

面粉 500 克，干酵母 8 克，微温水 250 毫升。

2. 馅料

猪五花肉400克，冬笋50克，黄酱50克，葱花、姜米各5克，精盐3克，芝麻油10毫升，味精5克。

五、工艺流程（图3-27）

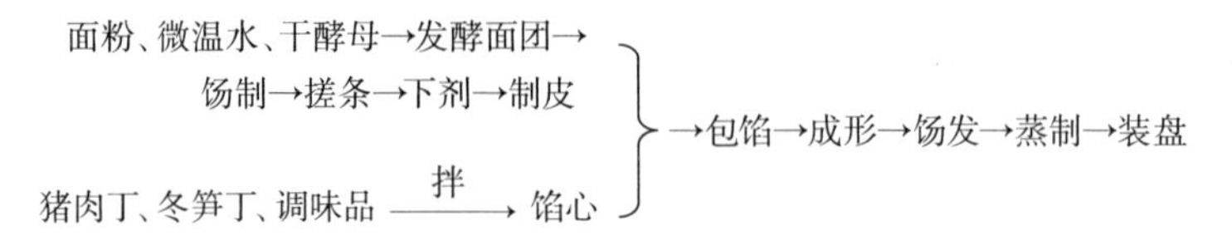

图3-27 肉丁馒头工艺流程

六、制作方法

1. 馅心调制

将猪肉洗净、焯水后切成1厘米见方的丁；冬笋焯水后也切成小丁。在两种丁中加入葱花、姜米、黄酱、精盐、味精、芝麻油拌制成馅，待用。

（**质量控制点**：①按用料配方准确称量；②要注意加入调配料的先后顺序。）

2. 粉团调制

将面粉倒在盆中，加干酵母、微温水和成面团，用手反复搋揉均匀，盖上湿布饧发15分钟。

（**质量控制点**：①按用料配方准确称量；②采用微温水调制面团的方法调制，水温要根据室温而定；③面团的软硬度要适中，并要将面团揉匀压透。）

3. 生坯成形

把发好的面揉匀揉光、搓成长条，揪成20个小剂，按扁，将肉丁馅包入封好口，收口朝下放置呈馒头形，饧发20分钟。

（**质量控制点**：①坯剂的大小要准确；②坯皮一定要擀成中间厚周边薄；③饧发时间要根据室温调整。）

4. 生坯熟制

蒸锅上火，注水烧开，将肉丁馒头生坯码在屉上，上蒸锅蒸12分钟即熟。

（**质量控制点**：①蒸制时要求笼数越多火力越大；②蒸制的时间不宜过长或过短。）

七、评价指标（表 3–26）

表 3–26　肉丁馒头评价指标

品名	指标	标准	分值
肉丁馒头	色泽	色泽洁白、有光泽	10
	形态	馒头形	30
	质感	皮松软，馅软嫩	30
	口味	酱香	20
	大小	重约 60 克	10
	总分		100

八、思考题

1. 如何理解采用微温水调制面团时，水温要根据室温而定？
2. 包馅的坯皮一般需要擀成中间厚边缘薄的原因是什么？

名点 129. 糖火烧（北京名点）

一、品种简介

糖火烧是北京风味小吃，相传远在明朝的崇祯年间，名叫刘大顺的回民，从南京随粮船沿南北大运河来到了古镇通州，便在镇上开了个小店，取名叫“大顺斋”，专门制作销售糖火烧。沿此到了清乾隆年间，大顺斋糖火烧就已经远近闻名了。此品是以酵面作皮，抹上芝麻酱糖馅经卷制、摘剂、揉搓、按成圆饼形，经过烘烤成熟，具有色泽酱黄、外脆内软、层次分明、香甜味厚的特点。

二、制作原理

生物膨松面团（发酵面团）的膨松及兑碱原理见本章第一节。

三、熟制方法

烤。

四、原料配方（以 25 只计）

1. 坯料

面粉 500 克，酵种 200 克，微温水 250 毫升，碱水 20 克。

2. 馅料

芝麻酱 200 克，红糖 200 克，熟面粉 50 克，熟菜籽油 25 毫升，桂花 3 克。

五、工艺流程（图 3–28）

面粉、酵种、微温水→面肥、碱水→发酵面团→饧制→搓条→下剂→制皮
芝麻酱、熟面粉、红糖、桂花、熟菜籽油→芝麻酱糖馅
→抹馅→成形→烤制→装盘

图 3–28　糖火烧工艺流程

六、制作方法

1. 馅心调制

把芝麻酱、红糖、熟面粉、桂花和熟菜籽油调拌在一起，制成芝麻酱糖馅。

（**质量控制点：**①按用料配方准确称量；②馅心软硬合适，黏稠度恰当。）

2. 粉团调制

将面粉、酵种、微温水揉成光滑的面团，饧发 20 分钟。待发起后加入碱水兑碱，盖上干净的湿布。

（**质量控制点：**①按用料配方准确称量；②面团的用碱量应根据面团的发酵程度调整用量。）

3. 生坯成形

将面团分成块，搓成条，擀成大片，抹上芝麻酱糖馅，一手按面头，一手将面片抻长，然后卷成筒形，再揪成小剂（50 克 / 只），用手揉成桃形，按扁成生坯。

（**质量控制点：**①下剂时大小均匀，以保证成熟时间一致；②呈圆饼形。）

4. 生坯熟制

将生坯放入烤盘，入 200℃的烤箱中烘烤 15 分钟成酱黄色即成。

（**质量控制点：**①烤箱要事先预热；②烤炉的温度不宜太高或太低；③制品呈酱黄色。）

七、评价指标（表 3–27）

表 3–27　糖火烧评价指标

品名	指标	标准	分值
糖火烧	色泽	酱黄色	10
	形态	中间略高的圆饼形，内部层次分明	30
	质感	外脆内软	30
	口味	香甜	20
	大小	重约 50 克	10
	总分		100

八、思考题

1. 调制芝麻酱糖馅时加入熟面粉的作用是什么？

2. 烘烤温度过低或过高对制品的品质有何影响？

名点130. 肉末烧饼（北京名点）

一、品种简介

肉末烧饼是北京风味小吃，据说该点与慈禧太后有关。一天夜里，慈禧梦见自己吃了一个夹肉末的烧饼，觉得特别好吃，而第二天的早膳果然吃到了肉末烧饼。慈禧大悦，赏赐了给自己圆了梦的御厨赵永寿。此后，肉末烧饼也就作为圆梦的烧饼流传开来。此点是用炉烤的酵面烧饼夹上炒好的肉末而成，菜点合一，食时别有风趣。烧饼香酥，肉末油润咸甜，味美适口。以北海公园“仿膳饭庄”的肉末烧饼最为出名。

二、制作原理

生物膨松面团（发酵面团）的膨松及兑碱原理见本章第一节。

肉末烧饼

三、熟制方法

烤。

四、原料配方（以10只计）

1. 坯料

面肥500克，碱水20毫升。

2. 馅料

肥瘦猪肉末600克，玉兰片50克，葱花5克，姜米5克，甜面酱40克，黄酱40克，料酒15毫升，食盐2克，酱油10毫升，白糖20克，麻油10毫升，花生油50毫升。

3. 装饰料

白芝麻50克。

4. 辅料

白糖10克，清水10毫升，芝麻油20毫升。

五、工艺流程（图 3-29）

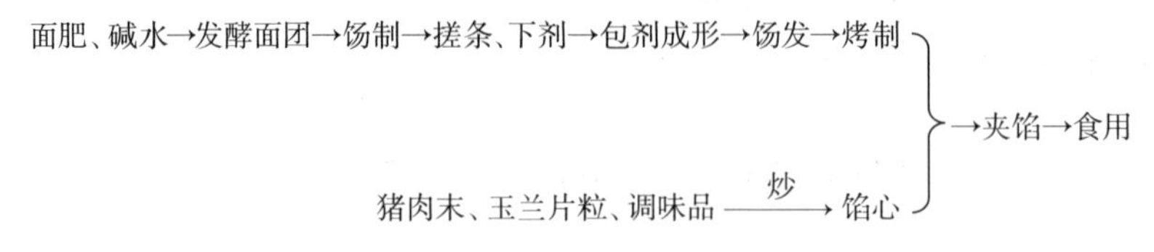

图 3-29　肉末烧饼工艺流程

六、制作方法

1. 馅心调制

将玉兰片焯水后切成米粒状。

锅上火倒入花生油，加葱花、姜米炒至色微黄、出香味，下入猪肉末炒至断生，再加甜面酱、黄酱同炒，煸透、水分即将收干时下料酒、玉兰片粒、酱油、精盐、白糖及麻油，入味后出锅即可。

（**质量控制点：**①按用料配方准确称量；②馅心炒制时，要有序放入调配料。）

2. 粉团调制

在面肥中加入碱水揉匀，盖上干净湿布稍饧。

（**质量控制点：**①按用料配方准确称量；②面团的用碱量应根据面团的发酵程度调整用量。）

3. 生坯成形

将面团揉光搓成长条，揪成 40 克 / 只的剂子，用手掌将面剂压成圆片，另揪一个小面剂（10 克 / 只）搓成球蘸上一点香油，放在圆片中心，把小面球包起来收好口，再用手把圆球按成直径 8 厘米的扁圆饼，将饼的正面沾上用白糖和清水调成的糖水，沾上芝麻即成生坯。按此方法做出 10 个饼坯。

（**质量控制点：**①下剂时大小要均匀；②饼坯中间要包一个沾上油的面剂。）

4. 生坯熟制

将烤箱预热到 220℃，将生坯放入烤盘入烤箱烤熟。食用时，将烧饼用刀片个口子，取出包在里面的面剂，把炒肉末放入，夹着吃。

（**质量控制点：**①烤箱要事先预热；②掌握好烤制温度，表面金黄色并略微鼓起成熟即可；③切烧饼用的刀片要锋利，以保证切口光滑。）

七、评价指标（表 3-28）

表 3-28　肉味烧饼评价指标

品名	指标	标准	分值
肉末烧饼	色泽	表面金黄色	10
	形态	开口夹肉末的圆饼形	30
	质感	外脆里嫩	20
	口味	咸中透甜，酱香浓郁	30
	大小	重约 110 克	10
	总分		100

八、思考题

1. 制作肉末烧饼的酵面分别采用酵种发酵和干酵母发酵，烧饼的口感会有什么不同？

2. 肉末烧饼采用明炉烤和烤箱烤，烧饼的品质会有什么不同？

名点 131. 墩饽饽（北京名点）

一、品种简介

墩饽饽是北京风味小吃，饽饽一词在明代杨慎的《升庵外集》中说："北京人呼波波，南人讹为磨磨。""波"同"饽"音，可见饽饽在明代就有。清代的宫廷御膳房专门设有饽饽局，专为皇室做点心，北京城内的饽饽铺专营满族糕点。墩饽饽即源于满洲糕点，具有颜色白黄，松软而有弹性，味道甜润，耐嚼有味的特点。墩饽饽宜凉吃，所以烤熟后要晾凉，最好放在木箱中闷软，适于老人食用。

二、制作原理

生物膨松面团（发酵面团）的膨松及兑碱原理见本章第一节。

三、熟制方法

烙、烤。

四、原料配方（以 24 只计）

1. 坯料

面粉 700 克，酵种 45 克，白糖 25 克，温水 360 毫升，碱面 1 克，糖桂花 2 克。

2. 辅料

花生油20毫升。

五、工艺流程（图3-30）

面粉、酵种、白糖、碱面、温水、糖桂花→发酵面团→饧制→搓条→下剂→成形→烙制→烤制→装盘

图3-30　墩饽饽工艺流程

六、制作方法

1. 粉团调制

将酵种、白糖、碱面一起放入盆内，加入温水，抓捏成稀糊状。然后放入糖桂花搅拌一下，再倒入面粉和成光滑的面团，盖上湿布饧约10分钟。

（**质量控制点：**①按用料配方准确称量；②饧发时间要根据室温灵活掌握；③面团的用碱量应根据面团的发酵程度和室温不同灵活应用。）

2. 生坯成形

将面团放在案板上，反复按揉，待面团光润时，搓成直径约5厘米的圆条，刷上花生油，揪成44克重的面剂。每个面剂断面朝上放好，用手按成中间略薄，周围稍厚的圆饼，饧发10分钟。

（**质量控制点：**①坯剂的大小要均匀，以保证成熟时间一致；②坯皮一定要是中间略薄，周围稍厚的圆饼；③根据室温调整饧制时间。）

3. 生坯熟制

将生坯放在平底锅中用微火烙。将两面都烙成微黄色后，再放入180℃烤炉中烤制15分钟，直到圆饼暄起并呈淡黄色即成。

（**质量控制点：**①烙制时用小火，经常转动、翻身；②烤制的时间不宜太长或太短。）

七、评价指标（表3-29）

表3-29　墩饽饽评价指标

品名	指标	标准	分值
墩饽饽	色泽	两面淡黄边上白	10
	形态	形如圆墩，饱满美观	30
	质感	外脆内软，松软而有弹性	30
	口味	干香可口	20
	大小	重约40克	10
	总分		100

八、思考题

1. 为什么用来制作墩饽饽的坯剂要求大小一致？
2. 墩饽饽饧发时间长短跟哪些因素有关？

名点132. 蜜麻花（北京名点）

一、品种简介

蜜麻花是北京风味小吃，又称糖耳朵，因其大小、形状均与人的耳朵相似，故名。其为清真食品，属北京南来顺饭庄的蜜麻花最有名。蜜麻花属于油炸食品，因夏季炎热，易发生落糖现象，既不美观，又难食用，大失其风味，故适宜在秋、冬、春三季制作。它是采用发酵面与糖面制作成生坯，炸熟后裹上饴糖液而成。成品具有金黄油亮、酥松油润、香甜绵软的特点。置于塑料袋中，半月酥脆如新。

二、制作原理

生物膨松面团（发酵面团）的膨松及兑碱原理见本章第一节。

三、熟制方法

炸。

四、原料（以16只计）

1. 坯料

面粉350克，酵种40克，微温水120毫升，小苏打2克，花生油25毫升，饴糖75克。

2. 辅料

面扑25克，花生油1500毫升（约用200毫升）。

3. 调味料

白糖50克，糖桂花3克，饴糖1000克（约用500克）。

五、工艺流程（图3-31）

面粉、温水、酵种→面肥、小苏打、花生油→发酵面团 ┐
面粉、饴糖 ┘ →擀叠→切→成形→炸制→浸饴糖→装盘

图3-31 蜜麻花工艺流程

六、制作方法

1. 粉团调制

将酵种撕碎放入盆中，用微温水调稀，加入面粉 250 克和成面团，盖上盖静置 3 ～ 4 小时（冬季需 7 ～ 8 小时）使其发酵。面发好后，用凉水 5 毫升将小苏打化开，与花生油一起揉进面团里，揉至面团光润不粘手为止。

取面粉 100 克加入饴糖 75 克和成糖面。

（**质量控制点：**①按用料配方准确称量；②采用温水调制面团的方法调制，水温要根据室温而定；③老肥要发得足一些，面团内有绿豆大的蜂窝才好；④兑碱所用小苏打的量要根据发酵的具体情况而定，兑碱后要揉搓均匀。）

2. 生坯成形

在案板上撒上面扑，取一半发面放在案板上，擀成厚约 2 厘米的长方形大片，再将糖面也擀成同样的片，覆盖在发面片上。然后将另一半发面也擀成同样的片，覆盖在糖面片上。用刀沿着面的一侧，切下宽约 4 厘米左右的条四根，取一根横放在案板上捋直。用手掌将长条的前侧按成厚约 1 厘米，后侧按成厚约 2 厘米，成坡形，形成宽约 7 厘米的坡。并将后半部的厚边翻起压在前半部的薄边上，每隔 1.3 厘米切入一刀，第一刀只切入长条宽度的 3/5（不切断），第二刀才切断。切完后将切好的段打开，把薄的一端从中间的切口内翻过去（360°），再把厚的一端往上略抻一下翻叠在切口的边缘上，即成耳形生坯。其余依法共做 16 只。

（**质量控制点：**①坯剂的大小要准确；②注意生坯成形中各操作步骤的先后顺序和基本要求；③切准改刀的宽度；④制成耳形生坯。）

3. 生坯熟制

将饴糖倒入锅内，加白糖、糖桂花搅匀，上火烧沸，移到一旁待用。

锅置小火上，下花生油烧至 150℃时，将生坯分批放入油锅里炸。每批炸约 6 分钟，呈金黄色时捞出沥油，趁热放入温热的饴糖中泡 1 分钟，使其浸透饴糖，捞入盘内晾凉即成。

（**质量控制点：**①炸制的温度要恰当；②翻动要勤，每只麻花至少翻动 3 次。）

七、评价指标（表 3-30）

表 3-30　蜜麻花评价指标

品名	指标	标准	分值
蜜麻花	色泽	金黄色	10
	形态	耳朵形	30
	质感	酥软绵润	30
	口味	甜香如蜜	20
	大小	重约 50 克	10
	总分		100

八、思考题

1. 糖面在蜜麻花制作过程中的作用是什么？
2. 生坯在炸制的时候为什么要勤翻动？

名点 133. 狗不理包子（天津名点）

一、品种简介

狗不理包子是天津风味面点，驰名中外，始创于公元 1858 年。清朝咸丰年间高贵友学徒满师后独自开了一家专营包子的小吃铺——“德聚号”。因其父四十得子，为求平安养子，取其乳名“狗子”，他探索出和水打馅、半发面等方法，形成独有的特色，生意越来越红火，高贵友忙得顾不上跟顾客说话，这样一来，吃包子的人都戏称他“狗子卖包子，不理人”。久而久之，人们喊顺了嘴，都叫他“狗不理”，把他所经营的包子称作“狗不理包子”。狗不理包子以鲜肉包为主，兼有三鲜包、海鲜包、酱肉包、素包子等六大类 98 个品种的包子，具有形似菊花、皮薄馅大、面皮柔软、馅嫩醇香、肥而不腻的特点。

二、制作原理

生物膨松面团（发酵面团）的膨松及兑碱原理见本章第一节。

狗不理包子

三、熟制方法

蒸。

四、原料配方（以50只计）

1. 坯料

面粉600克，酵种375克，碱面5克，微温水300毫升。

2. 馅料

猪肉（肥三瘦七）425克，姜末20克，酱油50毫升，葱花35克，味精5克，芝麻油20毫升，骨头汤250毫升。

3. 辅料

面扑50克。

五、工艺流程（图3-32）

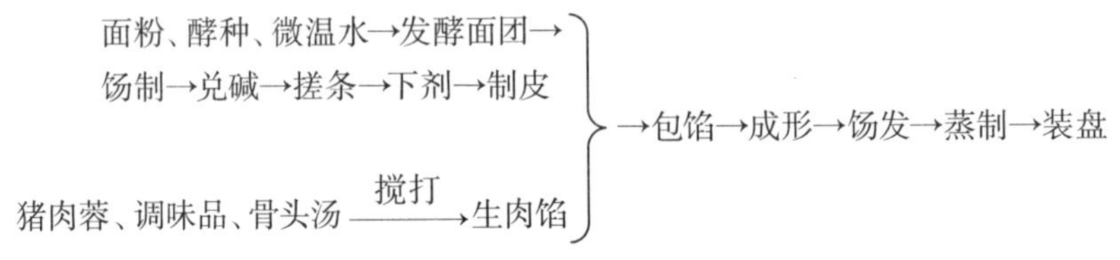

图3-32　狗不理包子工艺流程

六、制作方法

1. 馅心调制

将猪肉中的软骨、骨渣剔净，绞成肉蓉放入盆中，加姜末拌匀后，倒入酱油搅拌上劲，分批加入骨头汤，每次均搅上劲，待软硬适度时，放入葱末、味精、芝麻油拌匀成馅，盖上保鲜膜放入冰箱冷藏。

（**质量控制点：**①按用料配方准确称量；② 要剔净猪肉中的软骨、骨渣；③注意调馅时投料顺序；④调馅时要顺着一个方向搅打上劲；⑤馅心需放入冰箱冷藏。）

2. 粉团调制

将面粉与酵种一起放入盆内，加微温水和成面团，盖上湿布使其发酵。当有肥花在盆里拱起时，兑入碱面（用清水溶化），揉匀搋透，稍饧。

（**质量控制点：**①按用料配方准确称量；②采用微温水调制面团的方法调制，水温要根据室温而定；③面团要揉匀揉透；④掌握好酵面的饧发程度。）

3. 生坯成形

案板上撒上面扑，将面团放上去揉出光面，搓成长条，揪成50个面剂。将面剂按扁，擀成直径约8厘米的薄圆皮，包入15克肉馅，捏包子时，大拇指要均匀地往前走，同时，食指配合，将褶捻开，做到褶花均匀、整齐美观，收口包严放入笼中。褶花要均匀，褶数不少于15个。

〔**质量控制点：**①坯剂的大小要准确；②坯皮擀成直径约 8 厘米的薄圆皮；③每个包子的褶不少于 15 个；④生坯饧发 20 分钟（春季、秋季）。〕

4. 生坯熟制

将饧发好的包子上蒸锅用旺火蒸 6 分钟左右即熟。

（**质量控制点：**①蒸制时要求笼数越多火力越大；②水沸后包子上笼蒸；③蒸制的时间不宜太长或太短。）

七、评价指标（表 3-31）

表 3-31　狗不理包子评价指标

品名	指标	标准	分值
狗不理包子	色泽	色白、有光泽	10
	形态	捏褶包子形，形似待放菊花	40
	质感	面皮有嚼劲，馅嫩多卤	30
	口味	咸鲜	10
	大小	重约 40 克	10
	总分		100

八、思考题

1. 狗不理包子选择什么部位的猪肉做馅比较好？
2. 狗不理包子的外形特点有哪些？

名点 134.“桂发祥”什锦麻花（天津名点）

一、品种简介

“桂发祥”什锦麻花是天津风味小吃，20 世纪 20 年代，范贵才、范贵林兄弟俩在刘老八开的麻花铺学徒，刘老八为了扩大销路，在范家兄弟的建议下，以半发面搓条夹以什锦馅，所制麻花销路大开。1928 年两兄弟各开麻花店，名贵发成、贵发祥，相互竞争，不断改进，使麻花品味更佳。1956 年两店合并定名“桂发祥”，声名更振。此品是以半发酵面加芝麻、青梅、糖姜、核桃仁等什锦馅料，经搓拧成形，油炸而成。因其店铺原址设在东楼十八街，旧称“十八街大麻花”。成品口感油润，酥脆香甜，具有多种原料的复合味及营养，久存不绵。

二、制作原理

生物膨松面团（发酵面团）的膨松及兑碱原理见本章第一节。

三、熟制方法

炸。

四、原料配方（以 4 只计）

1. 坯料

面粉 390 克，酵种 15 克，碱面 3.2 克，白砂糖 100 克，清水 240 毫升，花生油 10 毫升，白芝麻 30 克。

2. 馅料

青梅或瓜条 10 克，闽姜 10 克，核桃仁 10 克，青丝 5 克，红丝 5 克，桂花 10 克，面粉 80 克，花生油 45 毫升，碱面 0.7 克，白砂糖 100 克，清水 40 毫升。

3. 辅料

面扑 20 克，花生油 1000 毫升（实用 150 毫升）。

五、工艺流程（图 3–33）

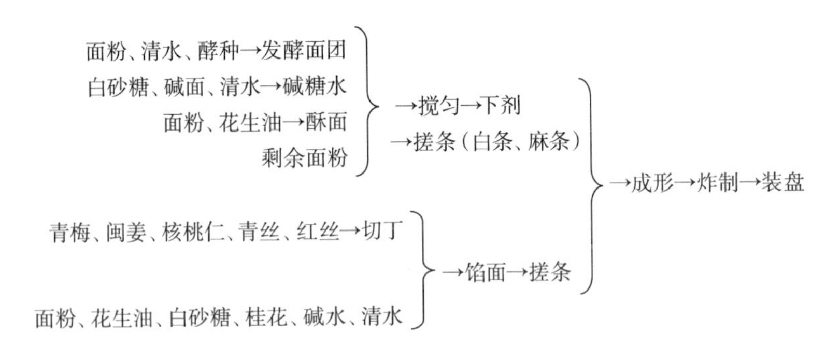

图 3–33 “桂发祥”什锦麻花工艺流程

六、制作方法

1. 馅心调制

将青梅、闽姜、核桃仁、青丝、红丝切成碎丁。另将面粉、花生油、白砂糖、桂花和碱水及上述 5 种果料丁加清水和匀，馅面即成。

（**质量控制点：**①按用料配方准确称量；②各种配料切得细小均匀。）

2. 粉团调制

将酵种用清水 50 毫升调开，放入面粉 80 克搅拌均匀，制成发面。再将碱面、白砂糖和剩余清水同放锅内，上火熬成碱糖水，晾凉备用。另将面粉 20 克放入盆内，倒入花生油，搅拌成酥面。将发面与酥面、碱糖水、面粉 290 克一起放入和面机内，搅拌均匀。然后，取出面团，放在案板上，分成 4 个大剂子，反复用力搓揉至手感细腻滑润，揉成枕头形，盖上保鲜膜略饧。

（**质量控制点：**①按用料配方准确称量；②一年四季水温要根据室温而适当变化；③面团的用碱量应根据面团的发酵程度正确使用。）

3. 生坯成形

将饧好的四块枕头形面剂各切成六根长条，再摁成宽 8 厘米、厚 2 厘米的扁长条，依次放入轧条机内，轧成直径 1 厘米的条坯。然后，将 7/9 的条坯断成 36 厘米长，成为白条坯。将 2/9 的条坯断成 26 厘米长，先沾满芝麻，再搓成与白条坯长度相同的条（轧条、断条时，须撒以面扑，防止粘连）。

将 7 根白条坯与两根麻条坯排列整齐，再将馅面一小块搓成与白条、麻条长度相等、直径约 1.5 厘米的条，放在白条、麻条一侧。成形时，两手轻按条的两头，右手向里搓拉，使右半边白条、麻条包住馅心。然后，左手向外搓推，使条拧上劲，并用双手拿住条的两头，轻轻一抻，再折过来，使两个头靠拢，拧成长扁圆形麻花生坯。

（**质量控制点：**①坯剂的大小要准确；②切断的白条和芝麻条的长度要恰当；③搓条粗细要均匀；④制成扁圆形麻花生坯。）

4. 生坯熟制

将油烧至 160℃，双手拿住麻花两头，平放下锅。待麻花浮起后，用铁筷子将其调顺、调直、翻个，使之受热均匀。炸至麻花呈棕红色时，即可捞放在沥油架上，将麻花整理、调直，晾凉进食。

（**质量控制点：**① 160℃时下锅炸制；②待麻花浮起后要用铁筷子将其调顺、调直、翻个，使之受热均匀；③炸至麻花呈棕红色时捞出。）

七、评价指标（表 3–32）

表 3–32　“桂发祥”什锦麻花评价指标

品名	指标	标准	分值
“桂发祥”什锦麻花	色泽	棕红色	10
	形态	夹馅麻花造型，纹路美观	30
	质感	酥脆	30
	口味	香甜	20
	大小	重约 230 克	10
	总分		100

八、思考题

1. 馅面调制时为什么配料要切得细小一些？

2. 搓条成形时条的均匀度对麻花形态的影响是什么?

名点 135. “王记”剪子股麻花(天津名点)

一、品种简介

“王记”剪子股麻花是天津风味小吃，亦称“王记”馓子麻花。其创始人王云清自幼学习炸果子，20 世纪 50 年代中期，利用切面机研制了这种新型的麻花，并不断改进、提高，使之颇具特色，两次被评为天津市饮食行业优质食品。此品是采用加了糖、油的半发酵面加工成白条和麻条后经抻、拧、扭而成。具有色泽棕红，香甜酥脆的特点。

二、制作原理

生物膨松面团(发酵面团)的膨松及兑碱原理见本章第一节。

三、熟制方法

炸。

四、原料配方(以 3 只计)

1. 坯料

面粉 600 克，桂花油 0.8 毫升，面肥 185 克，碱面 4 克，绵白糖 200 克，甜蜜素 0.8 克，清水 270 毫升，花生油 45 毫升，芝麻 60 克。

2. 装饰料

冰糖屑 20 克，青丝 10 克，红丝 10 克。

3. 辅料

花生油 1500 毫升(实耗 50 毫升)。

五、工艺流程(图 3-34)

面肥、碱面、花生油、绵白糖、甜蜜素、桂花油、清水、面粉→发酵面团→面片→改刀→轧条(白条、麻条)→成形→炸制→装盘

图 3-34 “王记”剪子股麻花工艺流程

六、制作方法

1. 粉团调制

将绵白糖、甜蜜素、桂花油倒入盆内兑入清水调匀，再将面肥、碱面、花生

油放入盆内搅匀。然后，倒入面粉和匀，揉成硬面团，用压面机压几遍，压至表面光滑。

（**质量控制点：**①按用料配方准确称量；②将调辅料调匀再加面粉调制面团；③面团的用碱量应根据面团的发酵程度正确应用；④面团要和得硬些。）

2. 生坯成形

将面片放在案板上，用刀切成1080克和225克的面片两片（面片厚度为0.6厘米）。将大的面片刷上花生油，竖着放入出条机中，轧成36条细白条（每条长26厘米、厚0.5厘米、重30克）。另将小的面片也按此法（不刷花生油）轧成9条（每条长22厘米、厚0.5厘米、重25克）。轧好后，在凉水中涮一下，放入盛有芝麻的盆中，粘匀芝麻，即为麻条。

将白条12条顺放在案板上，再将麻条3条顺放在白条靠外的一侧。放好后，用手捏紧条的两头一抻，捋直，在案板上左手推右手拉，使条拧两扣。然后对折过来，把两头按在一起（即“菊花顶”）。按好后，将条提起，拧两个花，“8”字形的剪子股麻花生坯即成。

（**质量控制点：**①面片分的重量要准确；②条的数量、规格要恰当；③搓条粗细要均匀；④制成“8”字形剪子股麻花生坯。）

3. 生坯熟制

将锅置于旺火上，倒入花生油，烧至160℃时，用手捏住麻花生坯的两头，平放下锅。炸至麻花浮起后，用筷子整形，使之互不粘连、舒展定形。约5分钟后，将麻花翻个。当整个生坯炸成均匀的棕红色时，用笊篱捞出，沥油、晾凉，装盘后撒上冰糖屑和青、红丝。

（**质量控制点：**①炸制的温度要适中，锅中油烧至160℃时下锅；②炸至麻花浮起、用筷子整形、定型后，再将麻花翻个炸；③每个麻花炸成均匀的棕红色。）

七、评价指标（表3-33）

表3-33　“王记”剪子股麻花评价指标

品名	指标	标准	分值
“王记”剪子股麻花	色泽	棕红色	10
	形态	“8”字形的剪子股麻花	30
	质感	酥脆	30
	口味	香甜	20
	大小	重约420克	10
	总分		100

八、思考题

1. 在制作麻花的过程中，面团中加入花生油的作用是什么？
2. “王记”剪子股麻花的成形方法是什么？

名点136. 石头门坎素包（天津名点）

一、品种简介

石头门坎素包是天津风味面点，原为清乾隆末年在宫南大街开业的真素园首创，由于该店临近海河，为防洪水泛滥，就以石头筑起一道矮堤，形似门坎，而得“石头门坎”之别号，后得慈禧御赐“石头门坎素包”并立此字号。此品是以酵面作皮，以木耳、黄花菜、豆皮、香菇、香干、面筋、香菜、腐乳、麻酱、香油等作为馅料捏出21道皱褶经蒸制而成，具有色白有咬劲，薄皮大馅，清鲜脆嫩，鲜咸爽口，有浓郁独特的素香味的特点，食之回味无穷，尤为老年人喜食。

二、制作原理

生物膨松面团（发酵面团）的膨松及兑碱原理见本章第一节。

三、熟制方法

蒸。

四、原料配方（以16只计）

1. 坯料

面粉400克，酵种150克，碱面4克，微温水190毫升。

2. 馅料

绿豆粉皮150克，油面筋50克，水发香菇30克，水发木耳50克，绿豆芽300克，水发黄花菜30克，素白香干30克，香菜50克，生姜25克，芝麻油40毫升，麻酱50克，酱豆腐0.5块，精盐8克，淀粉15克。

3. 辅料

面扑30克。

五、工艺流程（图 3-35）

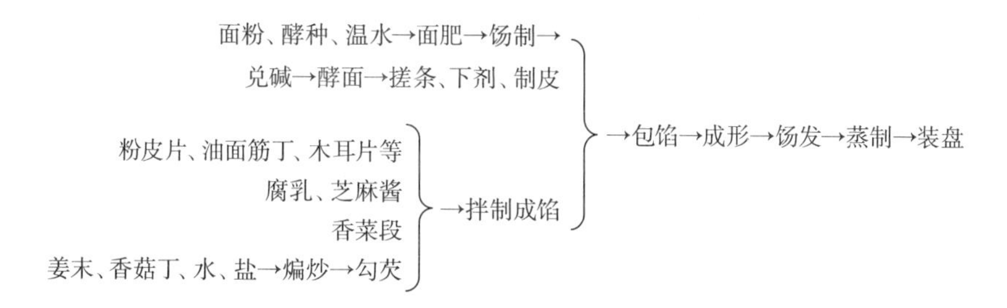

图 3-35　石头门坎素包工艺流程

六、制作方法

1. 馅心调制

将粉皮切成 1 厘米见方的片；油面筋切成小块；香菇洗净后切小丁；水发木耳洗净切小片；另将绿豆芽择洗干净，焯水后入凉水凉透，捞起切成 2 厘米长的段；黄花菜洗净切 1 厘米的段；香干切 0.5 厘米的小丁；香菜洗净切成 1 厘米长的段；生姜切末；腐乳、芝麻酱和芝麻油 20 毫升调匀。

锅置旺火上，加 20 毫升芝麻油烧热，放入姜末煸炒几下，再倒入香菇丁继续煸，加入清水 50 毫升及精盐，用湿淀粉勾芡，倒入盆内，加香菜段拌匀，再加味精拌成卤子，晾凉后加入绿豆芽、油面筋、木耳、黄花菜、素白香干、绿豆粉皮和腐乳、芝麻酱搅匀即成馅。

（**质量控制点：**①按用料配方准确称量；②各种原料切得细小些；③要挤干蔬菜的水分。）

2. 粉团调制

将面粉加酵种及微温水和成面团，盖上湿布发酵。见面团有肥花拱起，且不老不嫩时，将用水化开的碱面加入，揉匀稍饧。

（**质量控制点：**①按用料配方准确称量（这是春季、秋季的比例）；②采用微温水调制面团的方法调制；③面团的发酵时间根据室温灵活掌握；④盖上湿布饧制 15 分钟。）

3. 生坯成形

将面扑撒在案板上，把面团放在上面搓成长条，下成均匀的面剂（45 克）16 个，将面剂滚圆按扁，擀成中间略厚的薄圆皮，包入调好的素馅（50 克），收口捏严，每个包子捏约 21 个褶花，饧发 20 分钟。

［**质量控制点：**①坯剂的大小要准确；②坯皮一定要擀成中间厚周边薄；③捏出的皱褶均匀细巧，每个包子捏约 21 个褶花；④生坯醒发 20 分钟（春季、秋季）。］

4. 生坯熟制

将包子生坯入笼，上旺火蒸10分钟左右，出笼装盘。

（**质量控制点：**①蒸制时要求笼数越多火力越大；②蒸制的时间不宜太长或太短。）

七、评价指标（表3-34）

表3-34 石头门坎素包评价指标

品名	指标	标准	分值
石头门坎素包	色泽	色白松软	10
	形态	中包形态，褶纹均匀，圆润饱满	40
	质感	皮松韧，馅脆嫩	20
	口味	鲜咸爽口	20
	大小	重约95克	10
	总分		100

八、思考题

1. 酵面调制后，选择什么时机进行兑碱？
2. 蒸制时间的长短对石头门坎素包的品质有怎样的影响？

名点137. 混糖锅饼（河北名点）

一、品种简介

混糖锅饼是河北承德风味小吃。创制于清末，远近驰名，被誉为塞北饽饽四绝之一，是20世纪初由名厨张登顺创制的。此饼是在发酵面团中加入白糖、红糖、白果泥、桂花、麻油，分坯后做成饼状经烙制而成，成品具有色泽黄褐，外脆内软，甜香可口、储存时间长的特点。

二、制作原理

生物膨松面团（发酵面团）的膨松及兑碱原理见本章第一节。

三、熟制方法

烙。

四、原料配方（以 10 只计）

坯料：面粉 500 克，酵种 50 克，碱面 5 克，白糖 100 克，红糖 50 克，白果粒 50 克，桂花 10 克，芝麻油 15 毫升，微温水 250 毫升。

五、工艺流程（图 3-36）

面粉、酵种→面肥→饧发→兑碱
白糖、红糖、白果粒、桂花、麻油
}→揉匀→下剂→成形→烙制→装盘

图 3-36 混糖锅饼工艺流程

六、制作程序

1. 面团调制

用面粉、微温水和酵种和匀成发酵面团，发酵 1 小时，发起后兑碱。将白糖、红糖、白果粒、桂花、芝麻油掺在一起拌匀后，放入面团中揉匀，盖上保鲜膜稍饧。

（**质量控制点**：①不同季节老酵面用量、发酵时间都不一样；②兑碱量也根据季节调整用碱量；③调配料要揉匀。）

2. 生坯成形

把揉好的面团搓条，摘成 100 克的大面剂。将剂子逐个擀成厚 0.5 厘米、直径 12 厘米的圆饼状。

（**质量控制点**：①饼坯的大小、厚薄要均匀；②饼坯不宜太厚。）

3. 生坯熟制

把饼铛放中火上烧热，放入饼用小火移动、翻面烙至两面及周边呈黄褐色即成。

（**质量控制点**：①小火烙制；②烙制过程中要移动、翻面；③烙呈黄褐色。）

七、评价指标（表 3-35）

表 3-35 混糖锅饼评价指标

品名	指标	标准	分值
混糖锅饼	色泽	黄褐色	10
	形态	圆饼形	40
	质感	外焦脆、里松软	20
	口味	香甜	20
	大小	重约 100 克	10
	总分		100

八、思考题

1. 面团中加入红糖的作用是什么?
2. 为什么混糖锅饼的饼坯不宜太厚?

名点 138. 柏子羊肉包子（山西名点）

一、品种简介

柏子羊肉包子是山西风味面点，是吕梁地区中阳县的传统风味小吃，柏子羊肉是当地名产。因该县地处山区，柏树成林，乡村山羊自幼以柏子为食，因此羊肉清香味美、无膻味，制成食品时，口味醇香，与众不同。此品是以酵面皮包上羊肉胡萝卜馅经蒸制而成，具有色白松软、鲜嫩清香、无腥膻味、口味鲜美的特点。

二、制作原理

生物膨松面团（发酵面团）的膨松及兑碱原理见本章第一节。

三、熟制方法

蒸。

四、原料配方（以 20 只计）

1. 坯料

面粉 500 克，酵种 50 克，微温水 250 毫升，碱面 2.5 克。

2. 馅料

柏子羊肉（肥三瘦七）250 克，胡萝卜 250 克，大葱 100 克，姜末 10 克，酱油 40 毫升，食盐 8 克，芝麻油 25 毫升，味精 5 克，花椒水 150 毫升。

五、工艺流程（图 3–37）

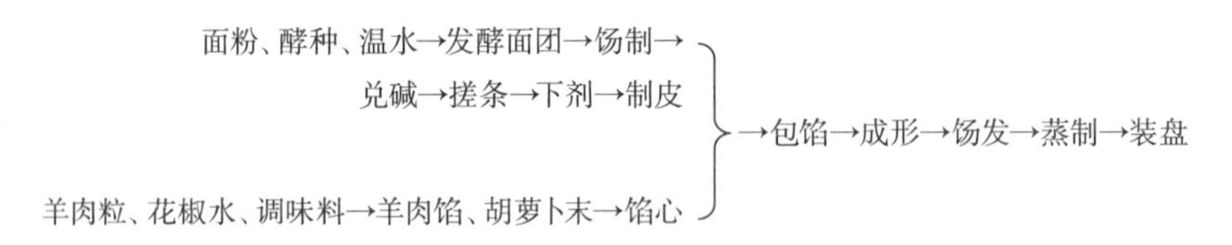

图 3–37 柏子羊肉包子工艺流程

六、制作程序

1. 馅心调制

将羊肉剁碎放入小盆内，加入酱油、食盐搅打上劲，分 3 ～ 4 次加入花椒水，将羊肉打匀成稠糊，再放入味精、姜末搅拌均匀，再加入葱花（大葱剥洗干净，剁碎）、麻油拌匀。最后将胡萝卜洗净用擦子擦成丝，再剁成碎末，拌入肉泥成馅。

（**质量控制点：**①羊肉的肥瘦比例要恰当；②加花椒水去膻增香；③加较多的葱增香；④加胡萝卜末去膻。）

2. 面团调制

将面粉放入盆内加少许酵种和微温水和成面团，放入温暖处发酵为酵面。然后将面团上案兑好碱，揉匀揉光，盖上保鲜膜稍饧。

（**质量控制点：**①发酵时间随室温不同而变化；②加碱量根据季节变化。）

3. 生坯成形

将面团再次揉匀揉光后搓成长条揪成 20 个剂子，用手压扁成中间厚边缘薄的包子皮。左手托皮，皮中心放入适量羊肉馅，左手推动边皮向顺时针方向，右手拇指和食指提边沿逆时针方向向前捏，提捏 20 褶左右收口成包子生坯，放入笼内饧发 20 分钟。

（**质量控制点：**①面团要揉匀揉光；②纹路要均匀；③捏成捏褶中包形状。）

4. 生坯熟制

将装有包子生坯的笼屉放上蒸锅蒸制 10 分钟即可，装盘。

（**质量控制点：**①生坯要饧发好后再蒸；②蒸锅的火力要根据一次蒸制的笼屉的数量调整。）

七、评价指标（表 3–36）

表 3–36　柏子羊肉包子评价指标

品名	指标	标准	分值
柏子羊肉包子	色泽	白色	10
	形态	捏褶包形	40
	质感	皮松软，馅嫩多卤	20
	口味	咸鲜，葱香浓郁	20
	大小	重约 80 克	10
	总分		100

八、思考题

1. 为什么柏子羊肉品质比较好？

2. 调馅时加入胡萝卜粒的作用是什么？

名点 139. 鲜奶果脯包（内蒙古名点）

一、品种简介

鲜奶果脯包是内蒙古风味面点，蒙古族风味，又称奶香果脯包，是用发酵面团包入鲜奶果料制成的馅心上笼屉蒸熟而成，具有洁白宣软、造型美观、果料甘甜、奶香浓郁的特点，是内蒙古较有名气的食品。

二、制作原理

生物膨松面团（发酵面团）的膨松及兑碱原理见本章第一节。

三、熟制方法

蒸。

四、原料配方（以 28 只计）

1. 坯料

面粉 450 克，酵种 50 克，碱粉 3 克，微温水 220 毫升。

2. 馅料

桃脯 150 克，杏脯 150 克，蜜枣 100 克，京糕 50 克，鲜牛奶 30 毫升，白糖 25 克。

五、工艺流程（图 3–38）

面粉、微温水、酵种→发酵面团→饧制→兑碱→搓条→下剂→制皮
桃脯丁、杏脯丁、蜜枣丁、京糕丁、鲜牛奶、白糖→馅心
}→包馅→成形→饧发→蒸制→装盘

图 3–38　鲜奶果脯包工艺流程

六、制作方法

1. 馅心调制

将桃脯、杏脯、蜜枣、京糕均切成 0.5 厘米见方的小丁，再加入鲜牛奶、白糖拌匀成馅。

（**质量控制点：**①按用料配方准确称量；②桃脯、杏脯、蜜枣、京糕丁均切

得细小些。）

2. 粉团调制

将酵种放盆中，用微温水调开，将面粉倒入和成面团，盖上保鲜膜使之发酵。面肥发好后取出放在案板上，加碱水反复搋揉均匀，盖上保鲜膜稍饧。

（**质量控制点：**①面团要调得硬一点；②室温不同面团的发酵时间不一样；③面团的用碱量应根据面团的发酵程度、室温调整。）

3. 生坯成形

将面团搓条摘成 25 克重的小面剂子 28 只，将皮按成中间厚四周薄的圆皮，逐个包入馅心，剂口朝下呈鼓墩状，在边部捏出 7 道斜线花纹，放入笼内稍饧。

（**质量控制点：**①面剂要揪得大小均匀；②包馅时收口要严实，收口朝下放置；③纹路要均匀美观；④生坯不要发得太足。）

4. 生坯熟制

上蒸锅用旺火足汽蒸 8 分钟，装盘。

（**质量控制点：**①旺火足汽蒸；②蒸制时间不宜太久。）

七、评价指标（表 3-37）

表 3-37　鲜奶果脯包评价指标

品名	指标	标准	分值
鲜奶果脯包	色泽	色泽洁白	10
	形态	带纹路的鼓墩状	40
	质感	皮宣软，馅软嫩	20
	口味	奶香、甘甜	20
	大小	重约 42 克	10
	总分		100

八、思考题

1. 为什么鲜奶果脯包生坯不宜发得太足？

2. 酵面的兑碱量受哪些因素的影响？

名点 140. 富平太后饼（陕西名点）

一、品种简介

富平太后饼是陕西风味小吃，历史悠久，起源于西汉文帝时期。相传，文帝刘恒建都长安，他的外祖母灵文侯夫人，居住在现在的富平县华朱乡怀阳城。文帝的母亲薄太后经常由长安来此省母，随行御厨将烤饼技艺传授给当地村民。从此，汉宫烤饼落户民间，故取名“太后饼”。此品是以嫩酵面卷上调过味的板油蓉经抻拉、揪团、卷卷、拉丝、压成圆饼，刷上蜂蜜撒上芝麻经烤制而成，具有色泽金黄，外酥内软，层次分明，油香不腻的特点。

二、制作原理

生物膨松面团（发酵面团）的膨松及兑碱原理见本章第一节。

三、熟制方法

烤。

四、用料配方（以 8 只计）

1. 坯料

面肥 250 克，面粉 150 克，温水 90 克，碱面 2 克。

2. 调味料

猪板油 200 克，精盐 7 克，花椒面 2 克，大料面 1 克，桂皮面 1 克。

3. 装饰料

蜂蜜 10 毫升，黑白芝麻 10 克。

4. 辅料

菜籽油 30 毫升。

五、工艺流程（图 3-39）

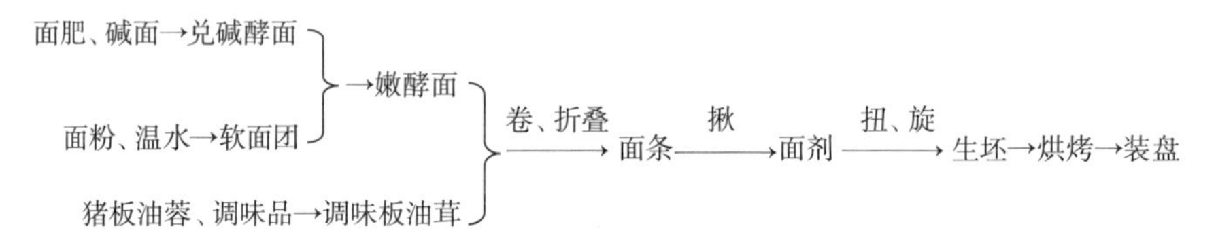

图 3-39 富平太后饼工艺流程

六、制作程序

1. 面团调制

将发好的酵面放在案板上加入碱粉揉匀；将面粉用温水调成软面团，再与兑好碱的酵面叠在一起揉匀揉透形成嫩酵面，盖上保鲜膜饧发 10 分钟。

（**质量控制点：**①用嫩酵面制作；②面团要柔软。）

2. 调制板油茸

将板油去膜，切成块下绞肉机绞三遍，加入精盐、花椒面、大料面、桂皮面拌匀。

（**质量控制点：**①板油蓉要加工得细；②味道要调得恰当。）

3. 生坯成形

将嫩酵面擀成片，在面片上抹一层调过味的板油泥，卷成圆柱形，抻成长条，用手按扁折三折，再卷起揉搓成条，下成8只面剂子，截面朝上，左手托捏住一头，右手捏住另一头朝一个方向旋转成海螺形，左手一头向下放在刷过油的烤盘里，右手将圆心部分向下按，形成圆形饼坯，蜂蜜用少量水调开，刷在饼面上，撒上黑白芝麻即成生坯。依同样方法做完8只。

（**质量控制点：**①抻条要粗细均匀；②盘形时要形成均匀纹路。）

4. 生坯熟制

将烤盘放入面火230℃、底火200℃的烤箱中烘烤12分钟，制品表面呈金黄色即可，取出装盘。

（**质量控制点：**①高温短时烘烤；②色泽金黄；③外脆内软。）

七、评价指标（表3-38）

表3-38　富平太后饼评价指标

品名	指标	标准	分值
富平太后饼	色泽	表面金黄	10
	形态	圆饼形	40
	质感	外脆内软	20
	口味	咸香	20
	大小	重约90克	10
	总分		100

八、思考题

1. 富平太后饼为什么用嫩酵面制作？
2. 饼的表面为什么要刷蜂蜜水？

名点141. 乾州锅盔（陕西名点）

一、品种简介

乾州锅盔是陕西风味小吃。乾县古称乾州，有三大名小吃，称“乾州三宝”，最著名的是乾州锅盔。“乾县的锅盔像锅盖”为关中八大怪之一。相传，在修筑“乾陵”时，因民工和监工人数众多，饭食供应困难，民夫便用头盔烙饼，以应急需，这样烙出的饼，形似头盔，所以就叫“锅盔”。这种锅盔香味异常，既耐饥，又久放不馊，颇受民工和士卒的欢迎，这就是锅盔的雏形。此品是在发酵面团中撒上大量的炒熟面粉，采用杠压的方法压匀压透形成层次，擀成圆饼状后烙制而成，具有色泽浅黄，皮薄中厚，表面鼓起，层次分明，口感筋道，香醇浓郁，回味无穷的特点。锅盔讲究干、酥、白、香，用手掰开，层层分明；用刀切开，状如板油。闻着香，吃起酥，回味无穷，耐饥，耐贮，携带方便，素为秦人出门远行随带的食品。

二、制作原理

生物膨松面团（发酵面团）的膨松及兑碱原理见本章第一节。

三、熟制方法

烙烤。

四、用料配方（以3只计）

坯料：面粉1000克，酵种70克（春、秋天），碱面3克，微温水500毫升，炒熟面粉200克。

八宝肉辣子：猪肋条肉丁100克，莲菜丁30克，蒜薹丁20克，榨菜丁20克，胡萝卜丁30克，秦椒段20克，姜末5克，葱花10克，酱油10毫升，精盐2克，豆瓣酱30克，辣椒面10克，味精2克，高汤50毫升，红油10毫升，菜籽油30毫升，湿淀粉10毫升。

五、工艺流程（图3-40）

面粉、微温水、酵种→面肥、碱面→兑碱酵面、熟面粉 $\xrightarrow{\text{杠压、叠}}$ 硬面团 $\xrightarrow{\text{切}}$ 面剂 $\xrightarrow{\text{杠压}}$ 圆饼 $\xrightarrow{\text{烙烤}}$ 锅盔→装盘

图3-40　乾州锅盔工艺流程

六、制作程序

1. 面团调制

将面粉放入盆内，把酵种摘成剂子和微温水和成面团，盖上保鲜膜饧发1小时，面肥发好后取出加碱面揉匀，放在案板上用木杠边压边折，并不断地分次加入炒熟面粉，反复排压，直至面粉加完，面光、色润、质地均匀时即可。

（**质量控制点**：①面团质地要紧实；②压入熟面粉分层效果好。）

2. 生坯成形

将面团平分成3个剂子，逐块用木杠转压，制成直径24厘米、厚约2厘米的菊花形圆饼坯。

（**质量控制点：**压的纹路要均匀。）

3. 生坯熟制

将三扇鏊用木炭火烧热，把饼坯放于上鏊，此时火候要小而稳，使饼坯进一步发酵和最后定型，更主要的是使饼坯的波浪花纹部分上色。然后将饼坯放入中鏊（中鏊是一面火，火力较旺，鏊内放一铁圈，把饼放在圈上）烘烤，两个鏊一共要达到“三翻六转”，大约十分钟烙烤至颜色均匀、皮面微鼓时即熟取出装盘。

（**质量控制点：**①烙烤时要多次翻面；②烙烤的温度不宜太高。）

4. 制作八宝肉辣子

炒锅上火，倒入菜籽油烧热，放入肉丁煸炒出油，加酱油上色，投入姜末、葱花炒香，再下豆瓣酱翻炒后放入莲菜、蒜薹丁、榨菜丁、胡萝卜丁、秦椒段炒至断生，放入辣椒面再加高汤，文火焖至入味，勾薄芡淋红油即可装盘。

食用时八宝肉辣子搭配锅盔，营养丰富，锅盔酥软、菜香辣。

（**质量控制点：**八宝肉辣子要炒得香辣。）

七、评价指标（表3-39）

表3-39 乾州锅盔评价指标

品名	指标	标准	分值
乾州锅盔	色泽	表面淡黄	10
	形态	菊花形圆饼	40
	质感	外酥内韧、劲道	20
	口味	面干香	20
	大小	重约680克	10
	总分		100

八、思考题

1. 面团中压入熟面粉的作用是什么？
2. 为什么面团越硬做出来的锅盔越好吃？

名点 142. 牛羊肉泡馍（陕西名点）

一、品种简介

牛羊肉泡馍是陕西风味小吃，又称羊肉泡、泡馍，它是由古代的羊羹演变而来的。而羊羹的历史最早可追溯到公元前 11 世纪，西周时曾将羊肉羹列为国王、诸侯的礼馔。元朝时，随蒙古军队到西安定居的大量回民即精于制作筋韧甜绵的饦饦馍，将饦饦馍掰碎后入牛羊肉汤即成了牛羊肉泡馍。此品是先用嫩酵面烙制饦饦馍掰成碎块再与羊肉、粉丝、黑木耳、调味料及羊肉汤煮制成泡馍。成品具有馍筋绵韧，汤鲜味浓，料香味醇，香气四溢的特点。

二、制作原理

生物膨松面团（发酵面团）的膨松及兑碱原理见本章第一节。

三、熟制方法

烙、煮。

四、用料配方（以 10 碗计）

1. 坯料

面粉 600 克，面肥 100 克，碱面 3 克，清水 270 毫升。

2. 汤料

羊肉（牛肉）750 克，全羊骨架（全牛骨架）1500 克，桂皮 5 克，草果 5 克，大红袍花椒 20 克，小茴香 50 克，干姜 3 克，良姜 15 克，八角 10 克，明矾 1 克。

3. 调配料

水发粉丝 300 克，水发黑木耳 200 克，青蒜花 100 克，精盐 40 克，白胡椒粉 10 克，味精 10 克，熟羊油（熟牛油）100 克。

200 克辣椒酱，500 克糖蒜，50 克芫荽。

五、工艺流程（图 3-41）

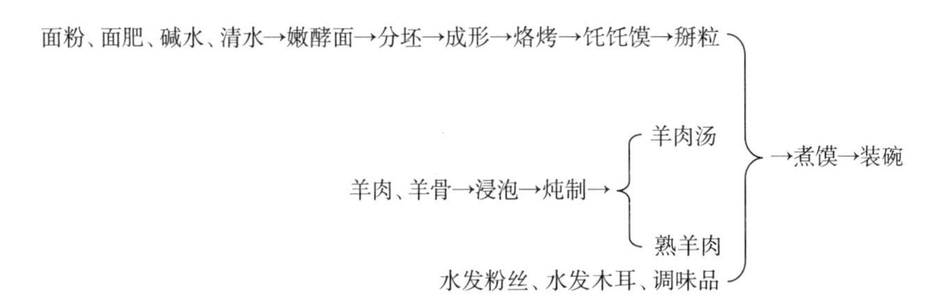

图 3-41　牛羊肉泡馍工艺流程

六、制作程序

1. 面团调制

将面粉放在案板上，加入酵面、碱面及清水揉成面团，盖上湿布饧 15 分钟左右，将面坯下成 10 个面剂子，揉匀收圆，擀成厚约 1 厘米、直径 10 厘米的圆饼坯，再用面杖打起棱边，放三扇鏊中翻面烙烤约 10 分钟，即成饦饦馍。

（**质量控制点：**①面团要调得硬；②发酵程度不宜大；③烙烤时要勤翻面。）

2. 加工羊肉（牛肉）及汤

将羊肉切成约 250 克重的块，投入清水中洗去血污，再换水浸漂 2 小时，将肉上污垢刮洗干净，再放水中浸漂 1 小时，待肉色发亮即可。将骨头放水中浸泡 1 小时，换水再泡 1 小时，冲洗干净，砸成 20 厘米左右长的段。

锅内加水约 4000 毫升，旺火烧开放入骨头，加入明矾，旺火熬煮 30 分钟后撇去浮沫。把桂皮、草果、花椒、小茴香、干姜、良姜、八角装入布袋内，扎紧袋口放入锅内，中火烧 2 小时后，将肉皮面向下摆放在骨头上，用肉板压上，加盖改用小火保持肉汤微开煮 3 ～ 4 小时后即可。揭开锅盖，取出肉板，撇去浮油，将铁肉叉从锅边插入锅内，将肉略加松动，左手拿直径为 40 厘米的平面竹笊篱，右手拿肉叉将肉皮面向下捞起，翻扣在肉板上。

（**质量控制点：**羊肉炖的火候要掌握好。）

3. 看菜

根据顾客的需要，取饦饦馍由顾客用手小心掰成蜜蜂头大小的小块，放入碗内由服务员将碗送入厨房。煮好的肉由肉案师傅根据顾客选定的不同部位逐碗配好，每份 50 克分别装入碟内，再由服务员连同馍碗端回桌上，逐人逐碗核对，叫作“看菜”，有个别人想多吃肉的，也可再要一份肉同煮，叫作“双合”。

［**质量控制点：**①以馍定汤，以汤定火，汤火定味，泡到出勺（锅）；②馍

粒似花生米按水围城的标准制作；③馍粒如玉米粒则是口汤为好；④状若蜜蜂头无疑是干泡最佳；⑤碗中无馍，那就是走单的吃法。]

4. 煮馍

煮馍方法有3种（所用辅料、调料相同）。

（1）干泡

要求煮成的馍，碗内无汁。其煮法是炒锅内放入原汤汁250毫升烧开，放入3克精盐，倒入肉块约煮1分钟，再倒入馍块、25克水发粉丝、20克水发黑木耳及10克青蒜花略加搅动，用旺火煮1分钟，然后加入1克白胡椒粉、1克味精，淋入熟羊油5克颠翻几下，盛入碗内，再淋入熟羊油5克，要求肉块在上，馍块在下。

（2）口汤

要求煮成的馍吃完后仅留浓汤一大口。其煮法与干泡相同，只要求汤汁比干泡多一些，盛在碗里时，馍块周围的汤汁似有似无。

（3）水围城

这种煮法适用于较大的馍块。其煮法是先放入汤和开水各750克，汤开后下入馍和肉，盛入碗里时，馍块在中间、汤汁在周围。

另外，还有碗里不泡馍，光要肉和汤的叫作“单做”。

食用时，每份配上伴碟（20克辣椒酱、50克糖蒜、5克香菜等）佐食。

（**质量控制点：**馍粒的大小决定了煮制方法，也确定了泡馍的软与韧、外糯内筋的口感。）

七、评价指标（表3-40）

表3-40 牛羊肉泡馍评价指标

品名	指标	标准	分值
牛羊肉泡馍	色泽	汤清馍玉色，配料色彩丰富	10
	形态	碗装	30
	质感	馍筋绵韧	30
	口味	汤鲜料香	20
	大小	重约420克（干泡）	10
	总分		100

八、思考题

1. 如何根据馍粒的大小确定煮馍的方法？

2. 馍粒的大小在确定煮馍方法的同时如何确定泡馍的口感的？

3. 如何煮制羊肉和熬制羊肉汤?

名点 143. 石子馍（陕西名点）

一、品种简介

石子馍是陕西风味食品。因其是将饼坯放在烧热了的石子上烙制成的，故而得名，又称砂子馍、饽饽、干馍。由于它历史悠久，加工方法原始，因而被称为我国食品中的活化石。石子馍历史非常悠久，石子馍具有明显的石器时代“石烹”的遗风。据传：“神农时，惊讶食谷，释米加烧石上而食之。”到了周代，“燔黍，以黍米加于烧石之上，燔之使熟也”。这就说明，石子馍是由远古的“燔黍”演变而来的，经过了一个长久流传，不断改进的过程。唐代叫做“石鏊饼”，并曾以此饼向皇帝进贡。清代袁枚在《随园食单》中称石子馍为“天然饼”。这种馍是用面粉、干酵母、鸡蛋液、温水、熟菜籽油、熟芝麻、精盐、花椒粉等调成面团制成馍坯，放在加热后的石子中烙制而成。具有色泽淡黄、形圆凹凸、外酥内软、味咸干香的特点。

二、制作原理

生物膨松面团（发酵面团）的膨松原理见本章第一节。

三、熟制方法

烙、烤。

四、用料配方（以 12 只计）

1. 坯料

面粉 500 克，干酵母 6 克，微温水 150 毫升，鸡蛋液 50 毫升，熟菜籽油 50 毫升，精盐 7.5 克，花椒粉 3 克，熟白芝麻 20 克，炒熟的小茴香 3 克。

2. 辅料

菜籽油 50 毫升。

五、工艺流程（图 3-42）

面粉、干酵母、微温水、蛋液、精盐、熟菜籽油、花椒粉、熟白芝麻、熟小茴香→发酵面团→分坯→成形→石子烙烤→装盘

图 3-42　石子馍工艺流程

六、制作程序

1. 面团调制

将面粉放在面盆中，将干酵母用微温水花开，倒入面粉中、再加入精盐、蛋液、熟菜籽油、花椒粉、炒熟的小茴香拌匀，揉匀揉透成光滑面团，盖上保鲜膜饧发 15 分钟。

（**质量控制点：**①酵面要调得硬一点；②酵面发得不宜太足。）

2. 生坯成形

将面团揉光搓成长条，下成 12 个面剂子，将每个剂子分别擀成直径 12 厘米、厚约 0.5 厘米的圆形饼坯。

（**质量控制点：**饼坯不宜太厚。）

3. 生坯熟制

平底锅中加入洗干净的黑青石子拌上菜籽油加热，将烧热的石子用手铲铲出一半放在盆里，把剩下的石子摊平，放入饼坯后盖上铲出的热石子，上焙下烙 4 分钟左右，用手勺将石子扒去，夹出馍装盆。

（**质量控制点：**①石子颗粒不宜太大；②石子的温度要恰当；③烙烤时间要根据石子的温度来定。）

七、评价指标（表 3-41）

表 3-41　石子馍评价指标

品名	指标	标准	分值
石子馍	色泽	饼面淡黄	10
	形态	有石花的圆饼形	30
	质感	外酥内软	30
	口味	咸香	20
	大小	重约 60 克	10
	总分		100

八、思考题

1. 制作石子馍的酵面为什么要调得硬一点？
2. 为什么石子馍被称为我国食品中的活化石？

名点144. 宝鸡豆腐包子（陕西名点）

一、品种简介

宝鸡豆腐包子是陕西风味点心。相传康熙皇帝西巡宝鸡时，曾品尝段家豆腐包子，感到异常可口，龙心大悦，特赐三角龙旗一面，从此段家豆腐包子名声大振，三百多年来相沿流传。此品是采用发酵面团作皮，包上以嫩豆腐、葱花、姜末、精盐、味精，菜籽油、辣椒油等调制而成的馅心捏成灯笼形经蒸制而成，具有形如宫灯，折如花瓣，皮绵面筋，馅嫩味鲜、油辣味香的特点。食用时，如将调好的汁子（醋、油辣子、酱油等作调料）灌入包子内，其味更美。

二、制作原理

生物膨松面团（发酵面团）和泡打粉的膨松原理见本章第一节。

三、熟制方法

蒸。

四、用料配方（以25只计）

1. 坯料

面粉500克，干酵母7克，泡打粉6克，白糖15克，微温水250毫升。

2. 馅料

嫩豆腐600克，大葱25克，姜末5克，味精3克，五香粉5克，菜籽油30毫升，辣椒油25克。

五、工艺流程（图3-43）

面粉、干酵母、泡打粉、白糖、微温水→发酵面团→搓条→下剂→制皮
嫩豆腐丁→焯水→挤干→调味→豆腐馅
→包馅→成形→蒸制→装盘

图3-43　宝鸡豆腐包子工艺流程

六、制作程序

1. 馅心调制

将嫩豆腐切成1厘米见方的丁，入沸水锅焯水，倒入凉水中浸凉，挤干水分后放在盆里；把大葱择洗干净切成葱花。

在豆腐内加入精盐、味精、五香粉、辣椒油拌匀，将葱花、姜末放在豆腐上，

将菜籽油放入锅中烧辣，冲在葱花、姜末上起香，搅拌均匀成馅心。

（**质量控制点：**①豆腐要挤干一些；②菜籽油的油温要高。）

2. 面团调制

将面粉、泡打粉放在案板上拌匀，中间扒一塘，放入干酵母、白糖，倒入微温水和成面团，揉匀揉透，放盆内盖上保鲜膜饧发20分钟。

（**质量控制点：**①不同季节，酵母、泡打粉的量要变化；②酵面要发足。）

3. 生坯成形

将发起的面团揉匀揉透，搓成长条，下成25个面剂子，将每个剂子用手压成圆皮，用擀面杖直径8厘米中间厚四周薄的圆皮，将每个圆皮分别包入20克馅心，捏成18个褶纹的灯笼状包子生坯，放在蒸笼内饧发15分钟。

（**质量控制点：**不同季节生坯饧发时间不一样。）

4. 生坯熟制

将醒发好的包子上锅旺火蒸约8分钟成熟即可，装盘。

食用时，先用口咬一豁口，再用勺子灌些醋、酱油、油辣子，味美清新，风味独特。

（**质量控制点：**笼数多火力要大。）

七、评价指标（表3-42）

表3-42 宝鸡豆腐包子评价指标

品名	指标	标准	分值
宝鸡豆腐包子	色泽	色白有光泽	10
	形态	灯笼形	40
	质感	皮绵面筋，馅嫩	20
	口味	咸香辣	20
	大小	重约50克	10
	总分		100

八、思考题

1. 制作馅心的豆腐为什么要焯水？

2. 调馅时菜籽油的油温为什么要高？

名点145. 一捆柴（甘肃名点）

一、品种简介

一捆柴是甘肃风味面点，明清时期兰州大饼就已经闻名，品种多达数十种，一捆柴是其中之一。它是在酵面皮上抹上油、撒上姜黄粉，先卷后切、再捏捆，烘烤成熟，形似捆柴，因而得名。成品具有色泽金黄、形似捆柴、外酥脆内松软，姜香味浓的特点。

二、制作原理

生物膨松面团（发酵面团）的膨松及兑碱原理见本章第一节。

三、熟制方法

烤。

四、用料配方（以20只计）

1. 坯料

酵种500克，面粉500克，碱面10克，微温水210毫升。

2. 辅料

菜籽油100毫升，姜黄粉5克。

五、工艺流程（图3-44）

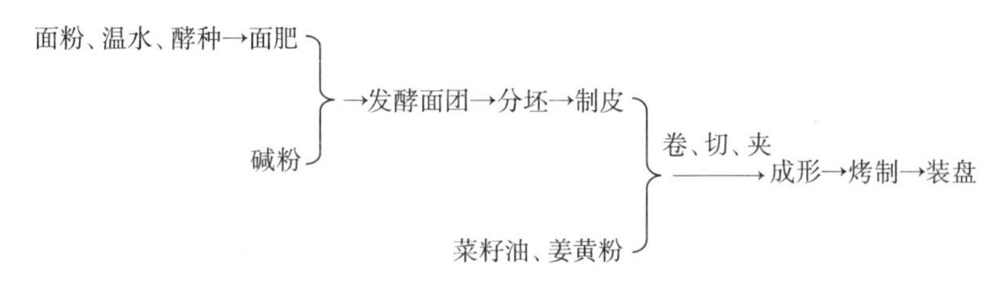

图3-44　捆柴工艺流程

六、制作程序

1. 面团调制

将400克面粉放在案板上，中间扒一塘加微温水和成面团，再加入酵种揉成发酵面团，盖上保鲜膜饧发15分钟，然后加入碱面揉匀，兑好碱再分次加入余下的面粉，反复叠揉，至面团光滑滋润后再饧发15分钟。

（**质量控制点：**①碱要对正；②面团要调得硬一点。）

2. 生坯成形

将饧好的面团搓条揪成20个剂子，分别将每个剂子按成扁圆形，擀成宽10厘米长30厘米的长方形片，在每个面片上分别抹上油和撒上姜黄粉，然后从一头卷起呈圆筒形，用刀从中间横切成两瓣，每瓣再纵向切3刀，排齐后再刷一层油，用竹筷子从中间稍夹捏，即为生坯，饧发 15 分钟。

（**质量控制点：**切的每瓣大小要均匀。）

3. 生坯成熟

将烤盘刷上一层油，把生坯排放在烤盘里，入 200℃烤箱烤约 15 分钟成金黄色成熟即可。

（**质量控制点：**烤制的时间要掌握好。）

七、评价指标（表 3–43）

表 3–43　一捆柴评价指标

品名	指标	标准	分值
一捆柴	色泽	金黄色	10
	形态	捆柴形	40
	质感	外酥脆内松软	20
	口味	姜香	20
	大小	重约 60 克	10
	总分		100

八、思考题

1. 一捆柴在成形过程中多次刷油的作用是什么？
2. 如果酵面对碱量不正确会对一捆柴的品质有什么影响？

名点 146. 石子锅盔（甘肃名点）

一、品种简介

石子锅盔是甘肃风味小吃，省内很多地方都有制作，且形状各异，有圆形、方形、空心等多种样式，以临洮所产最为著名。此品是用面粉加花椒叶水、酵种、豆油、食碱等调成发酵面团，做成舌形面坯放在石子里烤烙而成。具有色泽金黄、带有石花，干香酥脆，面香独特的特点。

二、制作原理

生物膨松面团（发酵面团）的膨松及兑碱原理见本章第一节。

三、熟制方法

烙、烤。

四、用料配方（以 24 只计）

1. 坯料

酵种 500 克，面粉 500 克，碱面 5 克，微温水 220 毫升，豆油 50 毫升。

2. 辅料

花椒叶 15 克，菜籽油 20 毫升。

五、工艺流程（图 3–45）

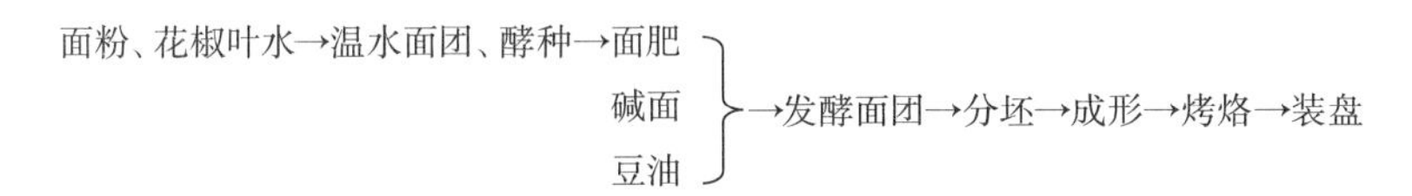

图 3–45　石子锅盔工艺流程

六、制作程序

1. 面团调制

将花椒叶放入装有沸水的盆中浸泡，待水放温后去掉花椒叶倒入面粉中调成温水面团，再将酵种加入揉匀揉透成发酵面团，饧发 15 分钟后加入碱面揉匀兑好碱，最后加入豆油揉成光滑的面团，盖上保鲜膜饧发 15 分钟。

（**质量控制点：**①水温按季节灵活掌握；②面团不宜太软或太硬；③面团不宜发得太足。）

2. 生坯成形

待面团稍饧后揪成 50 克一个的面剂，用擀面杖擀成圆薄饼坯，再用手拉成舌形。

（**质量控制点：**面坯要薄。）

3. 生坯成熟

采用甘肃洮河岸边河沟内珍珠般大小的石子，洗净在平锅里加少许油炒至温度在 140℃左右。盛出一半石子，将饼坯放在锅中铺平的石子上，将盛出的石子盖住饼面，待上色后，翻面再烙，等嗅到香味时即成。

（**质量控制点：**①石子的温度要恰当；②烙烤的时间要合适。）

七、评价指标（表 3–44）

表 3–44　石子锅盔评价指标

品名	指标	标准	分值
石子锅盔	色泽	金黄色	10
	形态	带有石花的舌形	40
	质感	干香酥脆	20
	口味	面香	20
	大小	重约 50 克	10
	总分		100

八、思考题

1. 锅盔的面坯为什么要擀得薄一些？
2. 制作锅盔的面团中加入豆油的作用是什么？

名点 147. 焜锅馍（青海名点）

一、品种简介

焜锅馍是青海风味小吃，焜锅一般是生铁铸造成的圆盒状烙烤馍工具，直径约 20 厘米，高 10 厘米。焜锅馍是在普通发面里卷进用菜油抹过的红曲、胡麻、香豆、姜黄等色素，再层层叠叠卷出红、绿、黄各色交织的面团，有的还掺和进鸡蛋、牛奶。将面团塑成焜锅大小的圆柱形放进焜锅内，将焜锅埋在用麦草为燃料的灶膛或炕洞内的火灰里烙熟，由于焜锅壁较厚，传热缓慢，麦草燃料火力均匀，热度适中。一般半个小时后即可出锅。烙出的焜锅馍馍，具有外皮香脆、内里松软、绽开如花、色彩鲜丽、异香扑鼻的特点，且携带方便，可以久存。

二、制作原理

生物膨松面团（发酵面团）的膨松及兑碱原理见本章第一节。

三、熟制方法

烙烤。

四、用料配方（以 2 只计）

1. 坯料

面粉 500 克，酵种 250 克，碱面 5 克，微温水 250 毫升。

2. 辅料

红曲米粉 10 克，胡麻粉 10 克，姜黄粉 10 克，香豆粉 10 克，菜籽油 20 毫升。

五、工艺流程（图 3-46）

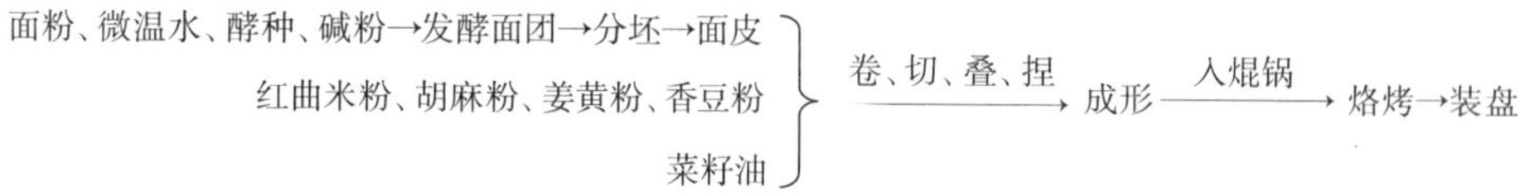

面粉、微温水、酵种、碱粉→发酵面团→分坯→面皮
红曲米粉、胡麻粉、姜黄粉、香豆粉
菜籽油
（以上）—卷、切、叠、捏→成形—入焜锅→烙烤→装盘

图 3-46 焜锅馍工艺流程

六、制作程序

1. 面团调制

用面粉（也有用青稞面、荞麦粉的）、微温水先调成水调面团，再与酵种揉成发酵面团，饧发后兑碱，揉匀揉透后盖上湿布再饧发。

（**质量控制点：**①酵面要饧发足；②饧发的时间要根据室温、酵种的用量而变化。）

2. 生坯成形

将面团揉匀擀成宽 25 厘米、长 50 厘米的面皮，刷上一层菜籽油，顺长按次序并排抹上红曲米粉、胡麻粉、姜黄、香豆粉，顺长卷起，切成圆段，五段组合在一起，再捏塑成一定造型的、层层叠叠的、红、褐、黄、绿等各色交织的圆柱形生坯两个。

（**质量控制点：**造型可以多样。）

3. 生坯熟制

取两只焜锅，里面刷上油，各放入一个生坯，盖上盖，埋入炕洞或灶膛或刚燃烧后的草木灰内，主要利用火灰传热，经约 30 分钟烙烤，出锅后取出即可食用。

（**质量控制点：**要根据火灰的热度确定烙烤时间。）

七、评价指标（表 3-45）

表 3-45 焜锅馍评价指标

品名	指标	标准	分值
焜锅馍	色泽	色泽金黄	10
	形态	圆厚饼形（表面有纹路）	40
	质感	外皮酥脆内里松软	20
	口味	面香	20
	大小	重约 500 克	10
	总分		100

八、思考题

1. 同样的发面坯用焜锅烙烤与用烤箱直接烘烤的效果有什么不同？
2. 姜黄粉等辅料在制作焜锅馍中的作用是什么？

名点 148. 烤馕（新疆名点）

一、品种简介

烤馕是新疆风味小吃，各少数民族喜爱的主食之一，维吾尔族人还把烤馕看作是吉祥物和幸福的象征。馕的出现已经有两千多年的历史，在一千多年前的唐朝，吐鲁番人就会做精细美味的馕了，古代又称“胡饼”“炉饼”。馕的品种很多，大约有 50 多种，主要有肉馕、油馕、窝窝馕、片馕和芝麻馕等。馕是用馕坑（吐努尔）烤制而成，与汉族的坑炉烧饼类似，以最基础的囊为例，是将酵面做成中间薄边上厚的圆饼，沾上洋葱粒后入馕坑内烘烤成熟。具有色泽金黄，图案美观，外脆内软，微咸干香的特点。烤馕由于含水少，久储不坏，便于携带，加之香酥可口，富有营养，也为其他民族所喜爱。

二、制作原理

生物膨松面团（发酵面团）的膨松及兑碱原理见本章第一节。

烤馕

三、熟制方法

烘烤。

四、用料配方（以 3 只计）

1. 坯料

面粉 500 克，酵种 50 克，精盐 8 克，微温水 225 毫升，碱水 10 毫升。

2. 馅料

洋葱粒 45 克。

五、工艺流程（图 3-47）

面粉、精盐、微温水、酵种→酵面、碱水→发酵面团→分坯→成形→烤制→装盘

图 3-47　烤馕工艺流程

六、制作程序

1. 面团调制

将面粉放入面盆中，酵种、精盐、微温水调成光滑的面团，待面团发起后加入碱水揉匀揉透，稍饧。

（**质量控制点：**面要发起，碱要兑正。）

2. 生坯成形

将饧好后的面团揉匀下成3个面剂子，分别将每个剂子揉成馒头状，然后用面杖将面剂擀成直径约20厘米的圆饼，用两手的手指尖将圆饼的中间按薄，再用馕针在饼的中间戳成规则的图案，形成了中间薄、四周厚的馕坯。

（**质量控制点：**①馕坯边厚中间薄；②馕针要将面坯戳透；③戳的图案要规则。）

3. 生坯熟制

馕坑烧热，用干炭将火压住，堵住通风道口，将饼坯正面沾上洋葱粒，放在馕枕上，底部洒少许盐水，用馕枕将馕坯贴入馕坑内壁，将馕坑口盖压，烘烤10～15分钟，然后揭盖，打开通风口，用长柄钩子逐个取出烤馕。

（**质量控制点：**馕坑的温度要恰当。）

七、评价指标（表3-46）

表3-46　烤馕评价指标

品名	指标	标准	分值
烤馕	色泽	色泽金黄	10
	形态	边厚中间薄的圆饼形（中间有图案）	40
	质感	外脆内软	20
	口味	微咸干香	20
	大小	重约245克	10
	总分		100

八、思考题

1. 用馕坑与用烤箱烤出的烤馕口感上会有什么差别?
2. 制作烤馕时馕针的作用是什么?

下面介绍化学膨松面团名点，共5种。

名点149. 大良膏煎（广东名点）

一、品种简介

大良膏煎是广东顺德风味名点，此品来源于古代的一种名食——粔籹，也称膏环，是从古人寒食节、清明节时所食的一种叫“膏煎”的食品发展而来的。此点是以面粉、绵白糖、花生油、清水调成的水油面团和以面粉、绵白糖、花生油、臭粉、食粉、清水调成的糖酥面团制作，经炸制而成的。具有色泽金黄，状若马蹄，外层光滑香脆，内层酥脆香甜的特色。

二、制作原理

小苏打、碳酸氢铵膨松的原理见本章第一节。

三、熟制方法

炸。

四、用料配方（以10只计）

1. 坯料

皮面：面粉50克，绵白糖5克，花生油8毫升，清水22升。

糖酥：面粉150克，绵白糖90克，花生油60毫升，臭粉0.5克，小苏打1克、清水30毫升。

2. 辅料

花生油1500毫升，清水10毫升。

五、工艺流程（图3-48）

面粉、绵白糖、花生油、清水→皮面 ⎫
⎬→坯皮→卷制成形→炸制→装盘
面粉、绵白糖、花生油、臭粉、小苏打、清水→糖酥 ⎭

图3-48　大良膏煎工艺流程

六、制作程序

1. 面团调制

将绵白糖用清水花开与花生油拌匀，再与用面粉拌匀后搓揉成有劲的皮面。

将绵白糖用清水花开，与花生油、臭粉、小苏打擦至糖溶化，再与面粉拌匀，折叠成糖酥。

（**质量控制点：**①糖要用水先花开；②皮面、糖酥面团的软硬度要合适。）

2. 生坯成形

将皮面分成两份，都擀成同样大小的厚 0.1 厘米的长方形薄片；将糖酥面团也擀成与皮面大小相同的长方形，在糖酥的一面刷上一层清水，铺上一层皮面，然后在糖酥的另一面再刷上一层清水并铺上另一层皮面；将叠好的坯皮用刀切成长条形，然后把每条的两头卷向中间，形成马蹄形饼坯。

（**质量控制点：**①用刀尖划成条；②双环并列且大小一致。）

3. 制品熟制

将花生油烧至约 160℃时下入生坯，用中小火炸制，当生坯上浮时改用小火炸至制品酥透即成。

（**质量控制点：**炸制的油温不宜太高。）

七、评价指标（表 3–47）

表 3–47　大良膏煎评价指标

品名	指标	标准	分值
大良膏煎	色泽	金黄色	10
	形态	马蹄形	40
	质感	外脆内酥	20
	口味	香甜	20
	大小	重约 35 克	10
	总分		100

八、思考题

1. 皮面的作用是什么？
2. 糖酥为什么采用“折叠法”调制？

名点 150. 鸡蛋布袋（河南名点）

一、品种介绍

鸡蛋布袋是河南开封风味面点，在山东中西部、河北中南部也比较流行。因其形状似团鱼，又称鸡蛋鳖；也有称鸡蛋荷包、鸡蛋盒子的。它是采用化学膨松面皮炸成口袋状后开口灌入鸡蛋液续炸成熟的。成品具有色泽金黄，外酥脆、内松嫩，蛋香满口的特点。

二、制作原理

泡打粉、小苏打的膨松原理见本章第一节。

三、熟制方法

炸。

四、原料配方（以16只计）

1. 坯料

中筋面粉500克，泡打粉5克，小苏打4克，精盐6克，蛋液30毫升，微温水260毫升，色拉油15毫升。

2. 馅料

鸡蛋16个。

3. 辅料

色拉油2000毫升（实耗80毫升）。

五、工艺流程（图3-49）

面粉、泡打粉、小苏打、精盐、微温水、蛋液、色拉油→面团→饧制→分坯→成形→炸制→灌蛋液→复炸→装盘

图3-49 鸡蛋布袋工艺流程

六、制作方法

1. 面团调制

将泡打粉与面粉拌匀成混合粉，放在面盆里；把小苏打、精盐用微温水化开，加入蛋液、色拉油搅匀，再分次倒入混合粉中先调成面絮，再带水搋成软面团，盖上保鲜膜饧20分钟，再揣后再饧20分钟，如此反复3遍。

（**质量控制点：**①用料比例要准确；②季节不同，用料比例要略有调整；③面团要反复搋、饧。）

2. 成形与熟制

案板上抹上油，将面团搓成长条，擀成厚0.6厘米、宽6厘米的长片，再切成长8厘米的面片，将四角稍稍伸长后，下入180℃的油锅中炸制。炸时迅速翻动面片，待两面鼓起呈布袋状时取出，从一头开小口，将鸡蛋液灌入，分布均匀，将开口捏严，复入油锅炸成金黄色出锅，切成两段装盘。

（**质量控制点：**①面片下锅翻面要快；②第一遍炸制生坯色泽不宜太深；③成品色泽金黄。）

七、评价指标（表 3–48）

表 3–48　鸡蛋布袋评价指标

名称	指标	标准	分值
鸡蛋布袋	色泽	金黄色	10
	形态	形似布袋，形态饱满	40
	口感	表皮酥香、里面软嫩	20
	口味	咸香	20
	大小	重约 100 克	10
	总分		100

八、思考题

1. 试述鸡蛋布袋化学膨松的原理。
2. 为什么生坯在炸制过程中要迅速翻面？

名点 151. 东坡饼（湖北名点）

一、品种介绍

东坡饼是湖北风味面点，又名空心饼、千层饼，是为纪念苏东坡而命名的，是黄州地方风味名点，距今已有九百多年的历史。相传为苏东坡设计，由安国寺大和尚参寥试制成功。这是一种“千层饼”，系用面团做成蟠龙状，用麻油煎炸，片片如薄丝条，然后撒上雪花白糖，具有酥、香、脆、甜的特点。后人为了纪念苏东坡，遂将此饼叫作东坡饼。当地人一般用它来招待远道来的贵宾，也有的逢年过节将它作为馈赠礼品。产于黄州的叫赤壁东坡饼，产于鄂州的叫西山东坡饼。这里介绍黄州的制法。

二、制作原理

小苏打的膨松原理见本章第一节。

三、熟制方法

炸。

四、原料配方（以 20 只计）

1. 坯料

面粉 1000 克，鸡蛋清 2 只，小苏打 2.5 克，精盐 7.5 克，清水 500 毫升。

2. 辅料

芝麻油 2500 毫升（约耗 100 毫升）。

3. 装饰料

白糖 100 克。

五、工艺流程（图 3–50）

面粉、精盐、小苏打、鸡蛋清，清水→面团→下剂→饧面→双向卷面皮→饧面→盘面→饧面→擀成圆饼→挑、拨炸制→装盘

图 3–50　东坡饼工艺流程

六、制作方法

1. 面团调制

在盆内放入精盐、小苏打、鸡蛋清、清水搅匀后，倒入面粉拌匀，揉匀揉光，盖上湿布稍饧。

（**质量控制点：**①将调辅料搅匀溶化再与面粉和成面团；②根据季节的不同，合理掌握饧发时间。）

2. 生坯成形

将面团放在案板上稍揉搓条，揪成每个重 75 克的面剂 20 个，逐个搓成圆坨，摆在方盆中（内盛芝麻油 100 毫升）抹上油，饧 30 分钟（冬季需 1 小时）。案板上抹匀麻油，取出面坨按成长方形薄片，从面皮两边向中间卷成双筒状，放入方盆中饧 30 分钟。取出拉至约 1 米长，再从两端向中间卷成一大一小的两个圆饼，将大圆饼放在底层，小圆饼叠在上面，再放在盛香油的盘中饧 30 分钟。放在案板上擀成直径 15 厘米的薄饼。

（**质量控制点：**①成形过程中每个程序都要饧制；②按程序制作。）

3. 生坯熟制

将锅置中火上，下麻油烧至 180℃时，将饼平放锅中，边炸边用竹筷不断地挑住饼心，边炸边用锅铲拨动让面皮分开，一层层的像花朵。待其浮起，翻面再炸，饼呈金黄色时捞出沥油，装盘，每只撒上白糖。

（**质量控制点：**①炸制时油温较高；②炸制过程中要用竹筷挑，锅铲拨，让面条分开；③炸成金黄色。）

七、评价指标（表 3-49）

表 3-49　东坡饼评价指标

名称	指标	标准	分值
东坡饼	色泽	金黄色	10
	形态	螺旋纹饼，白糖装饰	40
	质感	酥脆	20
	口味	香甜	20
	大小	重约 75 克	10
	总分		100

八、思考题

1. 在制作东坡饼的过程中为什么要多次饧面?
2. 在炸制东坡饼的过程中为什么要用筷子和锅铲挑、拨?

名点 152. 焦圈（北京名点）

一、品种简介

焦圈是北京风味小吃，此点是清代宫廷食品，后传入民间。它是用面粉、油、矾、碱、盐等原料调制的面团成形后炸制而成，形如手镯，酥焦香脆，适宜夹在马蹄烧饼或叉子火烧里吃，食时配上豆汁、豆腐脑，别有风味。以东城原升源斋粥铺的焦圈最出名，店主郇元系满族人，原跟随清宫御膳房专做焦圈的孙德山学艺，获得真传，所制焦圈形美而酥脆，存放七八天都不会失去脆性。

二、制作原理

矾碱盐膨松的原理见本章第一节。

三、熟制方法

炸。

四、原料配方（以 20 只计）

1. 坯料

面粉 500 克，精盐 12 克，碱面 8 克，明矾 15 克，清水 300 毫升。

2. 辅料

花生油 1500 毫升（约耗 100 毫升）。

五、工艺流程（图 3–51）

水、精盐、碱面、明矾→矾碱盐溶液、面粉→矾碱盐面团→饧制→搋面→饧制→搋面→饧制→搋面→饧制→成形→炸制→装盘

图 3–51　焦圈工艺流程

六、制作方法

1. 粉团调制

将精盐、碱面、明矾一起放入盆中，加水150毫升，搅拌均匀，再加水150毫升，即成矾碱盐溶液。取 9/10 的溶液与面粉和成面团，再从留下的溶液中取 1/2 洒在面团上搋匀，并将面团对折一下，盖上湿布饧 15 分钟，然后揭去湿布，沾上剩下的溶液将面团，搋制几分钟，仍按上法再饧 15 分钟。第三次，在面团表面涂一层花生油，搋一遍后，仍对折起来饧 15 分钟（不盖布）。第四次将面团按平，用小刀在面团上随意划些横竖交叉的刀纹，对折后，在面团表面涂上油再饧 1 小时。

（**质量控制点：**①按用料配方准确称量；②矾、碱、盐与面粉的比例必须精确；③盐、碱、矾加水研搅后起“花”才符合要求，如研搅不起泡沫，即是碱大，可适量加些明矾；如泡沫很大，且较长时间不消失，则是矾大，可再加些碱。）

2. 生坯成形

将面团切成宽 3.5 厘米、长 20 厘米的条，用手压至薄、平，再向一端抻拉成较薄的长条，用刀将长条每隔宽 2 厘米剁一刀，成为制坯的小剂。取两个小剂，油面对油面地横着摞起来，用小刀在中间横切一道缝（两端不切断）即成生坯。

（**质量控制点：**①坯剂的大小要准确；②注意生坯成形过程中各操作步骤的先后顺序和基本要求。）

3. 生坯熟制

将焦圈生坯逐个稍抻一下，放入 180℃的油中炸制，面坯在热油中很快就浮起来，立即用长筷子将它翻过，并将筷子插入缝中将其撑圆呈圈形，炸至深黄色即成。

（**质量控制点：**①炸制的温度要恰当；②要勤翻动，每个焦圈至少翻 4 次。）

七、评价指标（表 3–50）

表 3–50　焦圈评价指标

品名	指标	标准	分值
焦圈	色泽	深黄油亮	10
	形态	形如手镯，玲珑剔透	20
	质感	膨松酥脆	30
	口味	微咸而香	30
	大小	重约 35 克	10
	总分		100

八、思考题

1. 在粉团调制过程中多次饧面的目的是什么？

2. 盐、碱、矾加水研搅后不起“花”或起“花”太大的处理办法是什么？

名点 153. 蜜酥（内蒙古名点）

一、品种简介

蜜酥是内蒙古风味小吃，是用面粉、饴糖、白糖、素油、小苏打、清水等调成面团，擀皮、切坯、成形后经炸制、裹糖浆、沾糖而成，具有形似蝴蝶结，坯呈褐色，白糖晶莹，面酥蜜甜的特点，是内蒙古当地居民喜食的一种甜香食品。

二、制作原理

小苏打膨松的原理见本章第一节。

三、熟制方法

炸。

四、原料配方（以 16 只计）

1. 坯料

面粉 500 克，白糖 100 克，饴糖 150 克，素油 15 毫升，小苏打 5 克，清水 100 毫升。

2. 辅料

白糖 150 克、饴糖 200 克，清水 75 毫升。

3. 装饰料

白糖 150 克。

五、工艺流程（图 3–52）

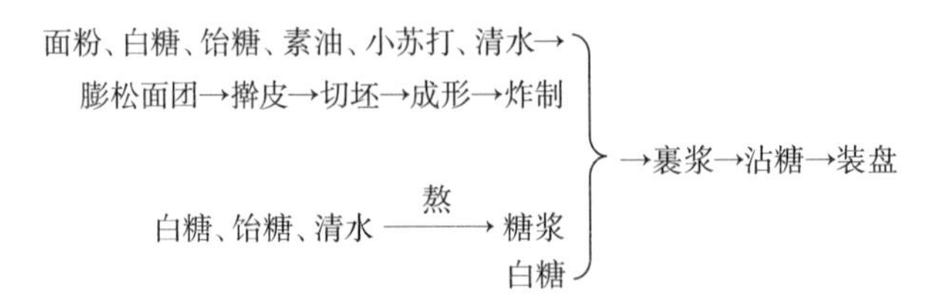

图 3–52　蜜酥工艺流程

六、制作方法

1. 粉团调制

将面粉放在面盆中，中间扒一塘，塘中放入白糖、饴糖、素油、小苏打用清水调匀化开，再与面粉调制成团，揉匀揉光，盖上保鲜膜饧制。

（**质量控制点：**①按用料配方准确称量；②先将调辅料调匀化开再与面粉调成团。）

2. 生坯成形

先将面团擀成厚 2 厘米的长方形面片，再切成长 10 厘米、宽 6 厘米的长条坯，双手捏住面坯的两头，向一个方向对扭成蝴蝶形即成生坯，拼接处捏住。

（**质量控制点：**①面条要擀得厚薄一致，切得长宽统一；②生坯扭成蝴蝶结形。）

3. 生坯熟制

捏住生坯拼处，入 150℃的油锅内炸成褐色成熟捞出。再用白糖、饴糖加清水熬成糖浆，逐个将熟坯蘸匀糖浆，再撒上白糖即成糖酥，装盘。

（**质量控制点：**①生坯入锅的油温要合适；②掌握好炸制时间；③熬糖浆时控制好火候。）

七、评价指标（表 3-51）

表 3-51 蜜酥评价指标

品名	指标	标准	分值
蜜酥	色泽	褐色，白糖晶莹	10
	形态	蝴蝶形	30
	质感	面酥松	30
	口味	蜜甜	20
	大小	重约 70 克	10
	总分		100

八、思考题

1. 调制粉团时加入小苏打的目的是什么？
2. 调制坯料时为什么要先将调辅料用水调匀化开？

下面介绍物理膨松面团名点，共 2 种。

名点 154. 白糖沙翁（广东名点）

一、品种简介

白糖沙翁是广东风味点心，沙翁原名沙壅，后因其形有如老翁之白头故名沙翁。明末清初屈大均《广东新语》云：“以糯粉杂白砂糖入猪油脂煮之，名沙壅。”后改用面粉调成发酵面团制作，现经改进采用蛋油面团制作。该点采用面粉、黄油、鸡蛋液、白糖、沸水调成蛋油面团经炸制后滚粘上白砂糖而成，具有色泽红褐、外香酥脆、内软甜嫩的特色。

二、制作原理

蛋泡面团的膨松原理见本章第一节。

三、熟制方法

炸。

四、用料配方（以 16 只计）

1. 坯料

面粉 70 克，黄油 42 克，鸡蛋液 100 毫升，绵白糖 15 克，清水 100 毫升。

2. 装饰料

白砂糖 75 克。

3. 辅料

色拉油 1500 毫升（约耗 50 毫升）。

五、工艺流程（图 3–53）

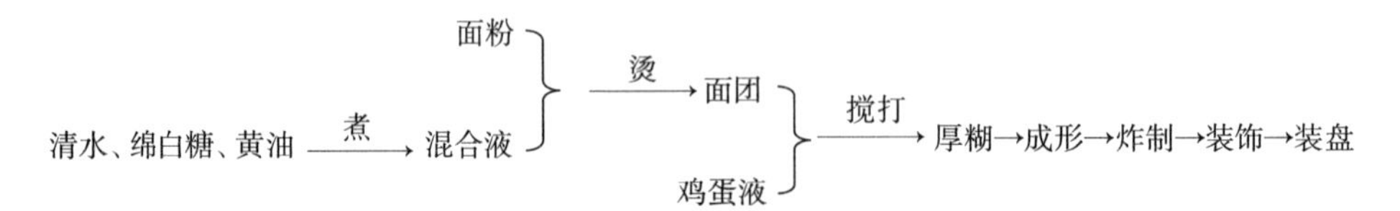

图 3–53 白糖沙翁工艺流程

六、制作程序

1. 面团调制

将清水、绵白糖、黄油放入锅中加热使糖油花开、煮沸，倒入过筛的面粉烫熟、搅拌均匀，倒入搅拌机中搅拌、打散热气，打入一只鸡蛋，当蛋液全部搅入面糊中时再打入第二只蛋液，搅拌至均匀，即成面糊。

（**质量控制点：**①面粉要过筛；②面团晾温了才能打入鸡蛋液；③第 1 只蛋液搅打进了面团才能加第 2 只。）

2. 生坯成形、熟制

将色拉油倒入锅内，以小火加热至 120℃。将面糊用手的虎口挤成球形逐个放入锅中，慢慢养至胀大、浮起，逐渐升温、不断翻动，炸至红褐色捞起，蘸上白砂糖装盘。

（**质量控制点：**①生坯下锅的温度不宜太高；②要等生坯胀大后再升温炸制。）

七、评价指标（表 3–52）

表 3–52 白糖沙翁评价指标

品名	指标	标准	分值
白糖沙翁	色泽	红褐带雪	10
	形态	球形	40
	质感	外酥脆，内软嫩	20
	口味	香甜	20
	大小	重约 20 克	10
	总分		100

八、思考题

1. 烫制面团前为什么面粉必须先过筛?
2. 炸制白糖沙翁时为什么要等生坯的体积胀大后再升温?

名点 155. 奶油炸糕（北京名点）

一、品种简介

奶油炸糕是北京风味面点，创制人汪永斗原在王府井大街南口设摊制售奶油炸糕，后因年老歇业，其技艺为东来顺饭庄所继承，在该店小吃部长期供应。后来福隆寺、又一顺等小吃店也争相仿制，使这一面点风靡京城。它是将面粉经清水、白糖、黄油烧沸溶化的混合液烫成糊后，分次打入鸡蛋液而形成糕坯，搓成扁球形经炸制而成。具有色泽金黄，外酥里嫩，软糯香甜的特点。

二、制作原理

蛋泡面团的膨松原理见本章第一节。

三、熟制方法

炸。

四、原料配方（以 65 只计）

1. 坯料

面粉 250 克，鸡蛋 125 克，白糖 50 克，奶（黄）油 50 克，香草粉 3 克，清水 375 毫升。

2. 装饰料

糖粉 60 克。

3. 辅料

色拉油 1500 毫升。

五、工艺流程（图 3-54）

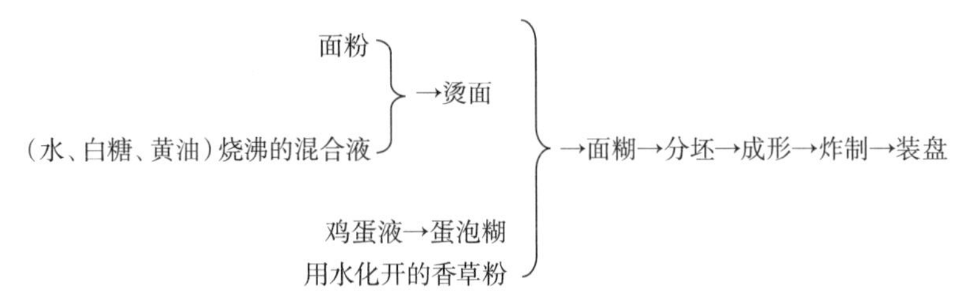

图 3-54　奶油炸糕工艺流程

六、制作方法

1. 粉团调制

锅上火，注入清水、白糖、奶（黄）油烧开，将面粉全部倒入，用木棍搅拌均匀后倒入盆内，晾温。将一只鸡蛋液磕入盆内，用蛋抽将鸡蛋液与烫面搅打均匀，再加第二只鸡蛋液同法搅打均匀，直至加完五只鸡蛋液后加入香草粉（事先用少许水化开）搅拌均匀即成奶油炸糕面坯。

（**质量控制点：**①按用料配方准确称量；②制烫面时动作要迅速，搅拌要均匀，不能有颗粒；③烫面晾温后再加入蛋液搅打均匀；④主配料需充分搅拌均匀。）

2. 生坯成形

手上抹油，抓一小块面坯（约 12 克），搓成蛋黄大小的圆球形，再按扁即成生坯。

（**质量控制点：**①每次抓面大小一致；②抓面时手上要抹油。）

3. 生坯熟制

锅内放入色拉油，待烧至约 160℃放入生坯，炸至鼓起呈金黄色捞出、沥去油，装盘撒上糖粉即可。

（**质量控制点：**①最好用色拉油、花生油、菜籽油或牛油炸制，但不宜用豆油或芝麻油，以突出奶油味；②注意随时调节火力，不使油温过高或过低。）

七、评价指标（表 3-53）

表 3-53 奶油炸糕评价指标

品名	指标	标准	分值
奶油炸糕	色泽	外表金黄带糖霜	10
	形态	球形	30
	质感	外酥里软	30
	口味	奶香味甜	20
	大小	重约 12 克	10
	总分		100

八、思考题

1. 烫面时如果不晾凉后再加蛋液会出现什么问题？
2. 在炸制过程中如何理解要随时调节火力，不使油温过高或过低？

本章小结

本章主要介绍了膨松面团的分类、膨松原理、调制方法和面团特性及使用范围，有代表性的膨松面团名点的制作方法及评价指标。了解膨松面团名点制作的一般规律。

同步练习

一、填空题

1. 江苏扬州名点鸭肉菜包馅心中的三丁是指鸭肉丁、________和________。
2. 蒸制江苏扬州名点千层油糕时要求火大汽足、________。
3. 制作上海名点生煎馒头时煎制方法有________和________两种。
4. 煎制上海名点生煎馒头时远远就能闻到面香、肉香、油香还有________、________，至今仍然是上海最受欢迎的佳点之一。
5. 用来制作上海名点生煎馒头馅心的猪肉一般选________。
6. 浙江杭州风味名点幸福双在售卖的时候是以________供应的。
7. 浙江杭州风味名点幸福双的成形方法是________。
8. 浙江绍兴风味名点倓口馒首的卤汁是由调馅时加进去的________和溶化的皮冻形成。

9.广东风味名点鸡油马拉糕的糕浆要饧发到________再蒸制。

10.河南风味面点八宝馒头是由________的________演变改制而来的。

11.河南风味面点鸡丝卷一般是与筵席上__________相配的点心。

12.河南风味面点瓠包馅心的主要原料是________。

13.四川风味小吃蛋烘糕的口味主要通过________来变化。

14.制作重庆风味面点九园酱肉包子馅心的主料除了猪肉、冬笋外还有________。

15.制作贵州风味小吃贵阳鸡肉饼的“三合面”是由________、________和________组成。

16.调制北京风味面点肉丁馒头的馅心所要用到的酱是________。

17.北京风味小吃肉末烧饼生坯表面沾芝麻前刷的是________。

18.北京风味小吃墩饽饽的形状是________。

19.北京风味小吃蜜麻花表面裹的主要原料是________。

20.天津风味面点狗不理包子的馅心有________大类________品种。

21.天津风味小吃“桂发祥”什锦麻花的生坯是由白条、________和________组成。

22.在制作天津风味小吃“王记”剪子股麻花的过程中绵白糖除了调味外还有________的作用。

23.天津风味小吃“王记”剪子股麻花的生坯由________和________经抻、拧、扭形成。

24.甘肃风味小吃一捆柴成形时在面皮上除了刷油还撒了________。

25.调制甘肃风味小吃石子锅盔面团的水是泡过________的温水。

26.制作新疆风味小吃烤馕生坯时馕针的作用除了戳出图案，还有________，防止饼坯变形。

27.广东风味名点大良膏煎成品的形状是________。

28.制作北京风味小吃焦圈的膨松剂是________。

二、选择题

1.江苏扬州名点三丁包子馅心中鸡丁、肉丁、笋丁的大小正确的是（　　）。

A.鸡丁＞肉丁＞笋丁　　B.肉丁＞鸡丁＞笋丁

C.笋丁＞鸡丁＞肉丁　　D.鸡丁＞笋丁＞肉丁

2.在制作上海名点蟹粉小笼时，所用的面团属于（　　）。

A.嫩酵面　　B.大酵面　　C.老酵面　　D.水调面

3.河南风味面点瓠包馅心调味使用的油脂是（　　）。

A.花生油　　B.菜籽油　　C.芝麻油　　D.羊脂油

4.在调制湖南风味面点脑髓卷面团的过程中除了面粉、酵种、微温水之外，还加入了（ ）。

A. 白糖 B. 饴糖 C. 精盐 D. 熟猪油

5. 四川风味小吃蛋烘糕的成熟方法是（ ）。

A. 烙 B. 烤 C. 煎 D. 蒸

6. 重庆风味面点九园酱肉包子馅心中加的酱是（ ）。

A. 辣酱 B. 芝麻酱 C. 花生酱 D. 甜酱

7. 北京风味小吃糖火烧属于（ ）面团制品。

A. 水调 B. 膨松 C. 油酥 D. 米粉

8. 调制天津风味面点石头门坎素包馅心用的油脂是（ ）。

A. 花生油 B. 菜籽油 C. 玉米油 D. 芝麻油

9. 陕西风味小吃石子馍的成熟方法是（ ）。

A. 油煎 B. 烘烤 C. 蒸制 D. 烙烤

10. 甘肃风味小吃一捆柴的成熟方法是（ ）。

A. 炸 B. 煎 C. 烙 D. 烤

11. 甘肃风味小吃一捆柴的面坯属于（ ）面团。

A. 水调 B. 油酥 C. 膨松 D. 米粉

12. 甘肃风味小吃石子锅盔的面坯属于（ ）面团。

A. 水调 B. 油酥 C. 膨松 D. 米粉

13. 广东风味名点大良膏煎生坯炸制的温度以（ ）为宜。

A. 140℃ B. 160℃ C. 180℃ D. 200℃

14. 河南风味面点鸡蛋布袋的馅心是（ ）。

A. 豆沙馅 B. 鲜肉馅 C. 素菜馅 D. 鸡蛋液

15. 炸制湖北风味面点东坡饼所用的油是（ ）。

A. 芝麻油 B. 花生油 C. 菜籽油 D. 色拉油

16. 内蒙古风味小吃蜜酥外层的装饰料是（ ）。

A. 面包糠 B. 白芝麻 C. 椰蓉 D. 白糖

17. 广东风味名点白糖沙翁生坯下油锅时的油温是（ ）。

A. 100℃ B. 120℃ C. 160℃ D. 180℃

三、判断题

1. 北京风味面点银丝卷的丝是用刀切出来的。（ ）

2. 北京风味面点肉丁馒头是无褶包子。（ ）

3. 北京风味小吃糖火烧的芝麻酱糖馅还有装饰的作用。（ ）

4. 北京风味小吃蜜麻花是化学膨松制品。（ ）

5. 天津风味面点狗不理包子的面皮属于嫩酵面。（ ）

6. 天津风味面点石头门坎素包的馅心属于生馅。（ ）

7. 北京风味小吃焦圈是生物膨松面团制品。（　　）

8. 北京风味面点奶油炸糕属于沸水面团制品。（　　）

四、问答题

1. 扬州甩手包子的包捏方法是如何操作的？

2. 扬州包子对其形态的要求是什么？

3. 调制江苏扬州名点鸭肉菜包的馅心时加入五香粉的作用是什么？

4. 为什么用来制作江苏扬州名点千层油糕的糖油丁要提前一段时间加工好？

5. 为什么用来制作江苏扬州名点千层油糕的面团要柔软并充分搅打使其上劲？

6. 制作金华干菜酥饼时将酵面擀成面皮后为什么选择用抹菜籽油来分层？

7. 浙江绍兴风味名点候口馒首的馅心在包制前为什么要先冷藏？

8. 炸制安徽庐阳的传统名点狮子头时为什么油温不宜太高？

9. 制作安徽庐阳的传统名点狮子头为什么采用先蒸后炸的成熟方法？

10. 台湾台南市名小吃棺材板为什么要求趁热食用？

11. 炸制用来制作台湾台南市名小吃棺材板的吐司面包的油温为什么一般是180℃？

12. 广东风味名点蚝油叉烧包馅心中的面捞芡如何调制？面捞芡的作用是什么？

13. 广东风味名点蚝油叉烧包成熟后为什么能开花？

14. 广东风味名点鸡油马拉糕在蒸制过程中为什么不能有水蒸气凝结滴在糕坯上？

15. 河南风味面点八宝馒头的馅心中加入熟面粉的作用是什么？

16. 河南风味面点凤球包子的形态要求是什么？

17. 河南风味面点凤球包子的口味为什么带有广式特点？

18. 为什么制作河南风味面点鸡丝卷的面团一般不宜调得太软？

19. 在制作湖南风味面点脑髓卷的过程中糖肥肉泥的作用是什么？

20. 制作湖南风味面点银丝卷的面团为什么不适宜太软或太硬？

21. 湖南风味面点银丝卷是如何成形的？

22. 湖北风味面点四季美汤包的汤卤是怎么产生的？

23. 湖北风味面点四季美汤包通过馅心的变化形成的品种有哪些？

24. 制作贵州风味小吃贵阳鸡肉饼时，擀好的皮上刷上油后再撒上熟面粉的作用是什么？

25. 辽宁风味点心奶香大花卷在卷制成形的时候为什么不能卷得太紧？

26. 如何在辽宁风味点心奶香大花卷成形的过程中形成中高边低有螺旋纹路的圆柱形？

27. 调制吉林风味点心会友发包子馅心时加入熟豆油的作用是什么？
28. 吉林风味点心会友发包子馅心的调味有什么特色？
29. 北京风味面点银丝卷与湖南风味名点银丝卷的制作方法有什么不同？
30. 北京风味小吃肉末烧饼中间放肉末的空间是如何形成的？
31. 北京风味小吃墩饽饽的生坯在烤之前烙两面的作用是什么？
32. 天津风味小吃“桂发祥”什锦麻花的馅料有哪些？
33. 天津风味小吃“桂发祥”什锦麻花成形时所搓的条是否拧上劲对其形态的影响是什么？
34. 烙制河北风味小吃混糖锅饼时为什么要求是小火？
35. 河北风味小吃混糖锅饼为什么能够放置较久的时间？
36. 调制山西风味小吃柏子羊肉包子馅心时为什么要加花椒水？
37. 调制山西风味小吃柏子羊肉包子馅心时加入较多葱花的作用是什么？
38. 内蒙古风味小吃鲜奶果脯包的面团为什么要调得硬一点？
39. 鲜奶在调制内蒙古风味小吃鲜奶果脯包馅心中的作用是什么？
40. 陕西风味小吃富平太后饼名称的来历是什么？
41. 陕西风味小吃富平太后饼制作中使用板油蓉的作用是什么？
42. 陕西风味小吃乾州锅盔名称的来历是什么？
43. 陕西风味小吃乾州锅盔有什么特点？
44. 陕西风味小吃牛羊肉泡馍煮馍的方法有哪几种？
45. 制作陕西风味小吃牛羊肉泡馍的饦饦馍为什么发酵程度不宜大？
46. 制作陕西风味小吃石子馍的饼坯为什么不宜太厚？
47. 调制陕西风味点心宝鸡豆腐包子的馅心时豆腐为什么要挤干水分？
48. 陕西风味点心宝鸡豆腐包子调馅时加五香粉、辣椒油的作用是什么？
49. 青海风味小吃焜锅馍除了用面粉还可以用什么主料制作？如何制作？
50. 青海风味小吃焜锅馍是用焜锅制作的，用焜锅做馍的优点是什么？
51. 新疆风味小吃烤馕为什么久储不坏？
52. 在调制河南风味面点鸡蛋布袋面团时为什么要反复的搋和饧？
53. 制作湖北风味面点东坡饼的面团中加小苏打的作用是什么？
54. 内蒙古风味小吃蜜酥坯料中加入白糖、饴糖、素油的作用是什么？
55. 调制广东风味名点白糖沙翁面糊时为什么要等面坯搅温后再加蛋液？
56. 调制北京风味面点奶油炸糕面团时需要逐只加入鸡蛋液并与烫面搅打均匀的目的是什么？

第四章　油酥面团名点

本章内容： 1. 油酥面团概述

2. 油酥面团名点举例

教学时间： 24 课时

教学目的： 通过本章的教学，让学生懂得油酥面团调制的基本原理和技法；通过实训掌握其中具有代表性的油酥面团名点的制作方法，如面团调制、馅心调制、生坯成形、生坯熟制和美化装饰等操作技能。了解油酥面团名点制作的一般规律，使学生具备运用所学知识解决实际问题的能力。在教与学名点的同时培养爱岗、敬业、求精、求新的职业精神。

教学方式： 课堂讲授、演示、品尝、练习、讲评

教学要求： 1. 懂得油酥面团调制的基本原理和技法

2. 掌握具有代表性的油酥面团名点的制作方法

3. 通过代表性油酥面团名点的制作，能够举一反三

课程思政： 1. 传承中华优秀传统技艺、培育学生技艺自信

2. 增强学生团队合作意识、增加团队凝聚力

3. 培养“终身学习”的观念

4. 培养爱岗、敬业、求精、求新的职业精神

第一节　油酥面团概述

油酥面团是指用面粉和油脂、水以及其他调、配、辅料（鸡蛋、白糖、化学膨松剂等）调制而成的面团，用油酥面团作坯（皮）制作而成的面点叫油酥面团制品，主要包括层酥制品和单酥制品。

一、油酥面团制品的分类（图 4-1）

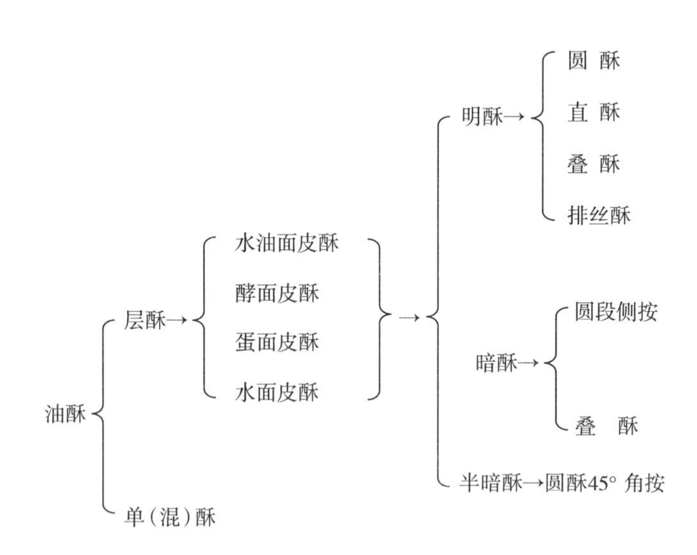

图 4-1　油酥面团制品的分类

二、油酥面团的制作原理

（一）利用油脂的黏性形成面团——干油酥面团的成团原理

油脂具有一定的表面张力和吸附性，调制时，通过反复地“擦”，扩大了油脂和面粉颗粒的接触面，使油与面粉颗粒的结合紧密性增加而形成面团。

（二）利用面筋蛋白的溶胀作用形成面团——水面皮面团的成团原理

加入面粉中的水与面筋蛋白形成的面筋网络将其他成分包裹在里面形成面团。

（三）利用面筋蛋白的溶胀作用（利用淀粉的膨胀糊化产生的黏性）、油脂的黏性形成面团——水油（蛋、酵）面面团的成团原理

依靠加入面粉中的水与面筋蛋白形成的面筋网络（利用淀粉受热膨胀糊化产

生的黏性）以及加入油脂的黏性共同形成面团。

（四）干油酥面团的酥性原理

由于干油酥只用油脂与面粉调制，油脂中含有大量疏水基，两者结合松散形成了酥性结构。遇热油脂流散，面团中结合着的空气膨胀并向界面聚集，使制品内部形成多孔结构，食用时酥松。

（五）水面皮酥的起层原理

有一定韧性的水面作皮，具有酥松性的干油酥作心，经过擀、叠、卷等起酥方法形成层酥性结构。成熟时，油脂的流散、空气的膨胀和水分的气化使坯皮中形成缝隙，使制品分层。

（六）水油（蛋、酵）面皮酥的起层原理

既有一定韧性又有一定酥松性的水油面（或蛋面或酵面）作皮，具有酥松性的干油酥作心，经过擀、叠、卷等起酥方法形成层酥性结构。成熟时，油脂的流散、空气（酵面皮中还有 CO_2）的膨胀和水分的气化使坯皮中形成缝隙，使制品分层。

生物膨松、化学膨松的原理见第三章第一节。

三、油酥面团的特性

（一）干油酥面团的特性

酥性好，但面团松散、软滑，缺乏筋力、黏度，不能单独制成成品。

（二）水面皮面团的特性

有冷水面团的筋性、韧性和延伸性。

（三）水油（蛋、酵）面皮面团的特性

既有水调面团一部分的筋性、韧性和保持气体的能力，又有干油酥面团一部分的润滑性、柔顺性和酥性。

四、油酥面团制品的特性

酥松，膨大，层酥分层。

五、油酥面团的调制方法及要点

（一）干油酥面团的调制方法及要点

1. 干油酥面团的调制方法

将油脂（一般用无水猪油或黄油，也有少量用素油的）加入面粉后，拌匀，用双手的掌跟一层层地向前推擦，擦成一堆后，再滚到后面，再一层层地向前推擦，直到擦透为止。

2. 干油酥面团的调制要点

（1）比例要得当

一般 100 克面粉加无水猪油（或无水黄油）50 ～ 85 克（依据品种要求、室温而定，加素油的比例较小 40% ～ 50%）。也有一些特殊制品，干油酥用油量达到 250%，需要通过冷藏或冷冻来增加它的硬度。

（2）要擦匀擦透

增加面团的油滑性和黏性。

（3）硬度要得当

要与水油面的硬度基本一致。油量大的酥心的一般通过冷藏或冷冻来控制硬度。

（4）选料要得当

油脂以无水猪油、黄油、起酥油为好，润滑面积较大，成品更酥，最好是无水的。如果猪油中含有少量的水分，面粉用蒸熟的为好，用低筋面粉也可，最好不要用中筋面粉和高筋面粉。

（二）面皮面团的调制方法及要点

1. 水面皮面团的调制方法及要点

（1）水面皮面团的调制方法

将面粉倒在案板上扒一塘，加入微温水（或温水）等抄拌均匀，然后揉搓成柔软的面团。

（2）水面皮面团的调制要点

① 用料比例要正确。一般是 100 克面粉加微温水或温水 60 毫升左右，面团要调得柔软、有一定的延伸性。

② 水温要适当。一般用微温水或温水调制。

③ 要揉匀揉透。面团要有一定筋力，但不要太强。

④ 硬度要恰当。与干油酥的硬度要基本一致。

2. 水油面皮面团的调制方法及要点

（1）水油面皮面团的调制方法

将面粉倒在案板上，将油脂与冷水或微温水先拌匀揉擦，油脂要擦花开，再加入面粉中进行抄拌，然后揉擦成团。

（2）水油面皮面团的调制要点

① 用料比例要正确。一般是 100 克面粉加冷水或微温水 50 毫升，加油脂 10 ～ 20 克（烤制品略有增加）。

② 水温要适当。一般用常温水调制，室温较低时可采用 30 ～ 40℃的微温水。

③ 要揉匀擦透。面团要揉擦上劲。

④ 硬度要恰当。与干油酥的硬度要基本一致。

3. 蛋面皮面团的调制方法及要点

（1）蛋面皮面团的调制方法

将面粉倒在案板上，将油脂和蛋液、清水、白糖等先拌匀揉擦，油脂要擦花开，再加入面粉中进行抄拌，然后揉擦成团。

（2）蛋面皮面团的调制要点

① 用料比例要正确。一般是 100 克面粉加蛋液、清水 50 毫升，加油脂 10 ～ 20 克（烤制品略有增加）。若干油酥用油量特别大的，面皮中可不加油。

② 水温要适当。一般用常温水调制，室温较低时可采用 30 ～ 40℃的微温水。

③ 要揉匀擦透。面团要揉擦上劲。

④ 硬度要恰当。与干油酥的硬度要基本一致。

4. 酵面皮面团的调制方法及要点

（1）酵面皮面团的调制方法

① 将面粉倒在案板上，中间扒一塘，倒入热水烫成雪花面，晾温后加入酵种、油脂和少量清水，揉擦成团，饧发，兑碱。

② 将面粉倒在案板上，中间扒一塘，倒入热水烫成雪花面，晾温后加入干酵母、泡打粉、油脂和少量清水，揉擦成团，饧发。

（2）酵面皮面团的调制要点

① 用料比例要正确。一般是 100 克面粉加沸水 60 毫升，酵种 20 克（或酵母 1.5 克、泡打粉 1.2 克）、油脂 10 克、清水 5 毫升。

② 水温要适当。一般用热水烫成雪花面，晾温再加酵种或干酵母、泡打粉。

③ 要揉匀擦透并饧发。面团要揉擦上劲，再裹上保鲜膜饧发。

④ 硬度要恰当。烫酵面要调得柔软，与干油酥的硬度要基本一致。

六、层酥起酥的方法和要点

1. 起酥的方法

（1）卷筒酥

面皮（包括水面皮、水油面皮、蛋面皮和酵面皮）包上干油酥以后，先擀成薄片，叠一次（一般是三层或四层），再擀成长方形薄片，卷成筒状。可制作圆酥、直酥、圆段侧按和 45°角按的制品。

（2）叠酥

① 面皮（包括水面皮、水油面皮、蛋面皮和酵面皮）包上干油酥以后，先擀成长方形片，叠一次（一般是三层），再擀成长方形片，再叠一次，再擀成长方形片即可（叠的次数、方法依据制品的要求而定）。

② 将干油酥按成方形块，放入冰箱冻成一定硬度。将面皮（包括水面皮、水油面皮、蛋面皮和酵面皮）擀成与干油酥一样宽，双倍长，再将酥心放在面皮的一端，将另一半面皮盖于其上，将上下面皮的边捏拢后封好口，再用面杖将酥皮敲软，擀成长方形薄皮，由两头向中间横向叠成四层。如此重复再叠一次四层或两次四层（依据制品要求而定）。

2. 起酥的要点

（1）包酥的比例要得当

不同制品因其形态、成熟方法的不同要求不一样，一般情况下水油面与干油酥之比有：6 ∶ 4、5 ∶ 5、4.5 ∶ 5.5、4 ∶ 6。

（2）面皮与干油酥的硬度要一样

若面皮与干油酥的硬度不同则易破皮或露酥；用来包冷藏或冷冻的干油酥的面皮可略硬。

（3）操作方法要恰当

擀、卷、叠的操作技法要正确，才能使酥层厚薄均匀。经过冷藏或冷冻的干油酥若硬度太大，需要先将其敲软再起酥。

七、层酥的种类

（一）明酥

酥层明显且较多露在外部的油酥制品，叫明酥。明酥制品要求表面酥层清晰，层次均匀而不混酥、不破损和不漏馅等。酥层的形式因起酥方法（卷和叠）和刀切方法（直切或横切）不同，一般有螺旋纹形和直线纹形两种，前者叫圆酥，后者叫直酥或排丝酥。

（二）暗酥

酥层藏在内部，制品表面没有或较少的油酥制品称为暗酥。暗酥制品成熟后膨胀程度较大。

（三）半暗酥

酥层有一部分显露在外的油酥制品叫半暗酥，主要指圆酥45°角按后形成的酥皮制作而成的油酥制品。一般适宜制作果品类的花色酥点。

第二节　油酥面团名点举例

油酥面团名点包括层酥名点和单（混）酥名点两大类。其中层酥名点又分为水油面皮酥名点（序号156～172），蛋面皮酥名点（序号173、174），酵面皮酥名点（序号175～178）和水面皮酥制品（序号179～182）四种。

首先介绍层酥名点的第一种——水油面皮酥名点，共17种。

名点156. 金钱萝卜饼（江苏名点）

一、品种介绍

金钱萝卜饼是江苏南通的著名点心，创制于清朝末年，20世纪70年代南通点心师又根据《随园食单》的记载加以改进，它是水油面皮酥制品中的圆酥制品，采用卷筒酥中圆酥的起酥方法形成酥皮，包上萝卜丝板油馅，做出金钱状的圆饼形，采用平底锅隔层烘烤而成。成品形如金钱、纹路清晰，色泽和谐悦目，皮酥松微脆，馅腴美鲜香。

二、制作原理

干油酥面团的成团原理和酥性原理见本章第一节；水油面皮酥的起层原理见本章第一节。

三、熟制方法

烘烤（隔层）。

四、用料配方（以12只计）

1. 坯料

干油酥：中筋面粉60克，无水猪油45克。

水油面：中筋面粉 90 克，无水猪油 22.5 克，微温水 55 毫升。

2. 馅料

杨花萝卜 300 克，猪板油 100 克，精盐 5 克，虾米 10 克，料酒 5 毫升，白糖 2.5 克，香葱 20 克，味精 1 克。

五、工艺流程（图 4-2）

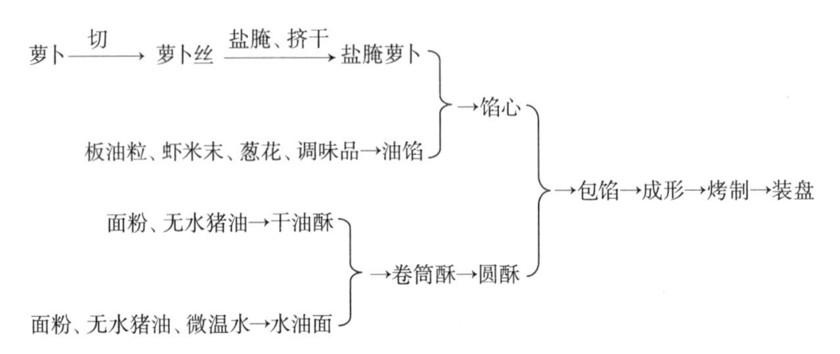

图 4-2　金钱萝卜饼工艺流程

六、制作方法

1. 馅心调制

将萝卜洗净刨成细丝，加精盐腌渍半小时，挤去水分待用；猪板油去膜，切成薄片，撒上精盐腌渍一天，切成细粒；虾米用料酒浸泡 1 小时，发软后剁成细末；香葱切成米粒大的葱花；将切好的猪板油粒、虾米末、葱花及白糖、味精一齐放入碗内，拌和均匀制成油馅。

（**质量控制点**：①按用料配方准确称量；②萝卜丝腌制后要挤干水分；③猪板油要提前腌制风味才好。）

2. 面团调制

将面粉放案板上，中间扒一塘，放入无水猪油拌匀，擦成干油酥（如果过软需要冷藏）；面粉放案板上，中间扒一塘，放入无水猪油和微温水拌和均匀，与面粉反复揉搓至光滑柔软的水油面，用保鲜膜包好静置饧面。

（**质量控制点**：①按用料配方准确称量；②通过控制干油酥的温度来控制它的硬度；③根据室温调整干油酥用料比例；④水油面调好后要饧面。）

3. 生坯成形

将水油面用手掌按成中间厚边上薄的圆形皮子，再将干油酥搓圆包入水油面皮内封口，封口向上放于案板上，用手掌轻轻将油酥坯揿扁，用擀面杖擀成 8 毫米厚 30 厘米长的片，然后由两头向中间折叠成三层，擀成宽 20 厘米、长 40 厘米的长方形薄皮，再从短边的一头向另一头紧卷成圆柱形（卷紧，才能使纹路均匀、细致，不脱壳，不乱酥）。将圆筒形油酥沿截面用刀切成大小相同的12段，逐个竖起用手掌揿扁，擀成直径为7厘米的皮子（螺丝顶要擀在中心），放入油馅、萝卜丝，包拢封口，放案板上（收口向下）揿扁成金钱状。

（**质量控制点：**①坯剂的厚度要恰当；②生坯呈圆饼形；③擀坯皮时纹路要保持正圆。）

4. 生坯熟制

取平锅一只，锅底先铺上一层元书纸或表芯纸（比元书纸略粗糙，使用前先放火上燎去毛），将饼坯正面朝下，排列在锅中纸上，盖上锅盖，放入大圆底锅内。将圆底锅置于炉上，用小火烘烤40分钟，适当翻身，待饼面呈淡黄色时即成。

（**质量控制点：**①用小火烘烤；2烘烤过程中要翻面；③制品呈淡黄色的圆饼形。）

七、评价指标（表4-1）

表4-1 金钱萝卜饼评价指标

品名	指标	标准	分值
金钱萝卜饼	色泽	色泽淡黄	20
	形态	金钱状圆饼形、酥层清晰、细致规则	40
	质感	酥脆	20
	口味	咸香油润	10
	大小	重约35克	10
	总分		100

八、思考题

1. 按油酥面团的分类方法来分，金钱萝卜饼属于油酥制品中的那类制品？
2. 金钱萝卜饼馅心中的板油需要提前一天腌制的目的是什么？

名点157. 火腿萝卜丝酥饼（上海名点）

一、品种介绍

火腿萝卜丝酥饼是上海著名的风味面点，它是由经营扬州风味的著名菜馆的点心师创制于20世纪30年代，是上海的传统油酥点心之一。它属于水油面皮酥制品中的明酥制品，采用卷筒酥中直酥的起酥方法形成酥皮，包上火腿萝卜丝馅捏成蚕茧形，经过炸制而成，成品具有酥层清晰、口感酥松、馅嫩鲜美、回味悠长的特色。现在也有用排丝酥的方法起酥制作的，酥层的规则度更好些。

火腿萝卜丝酥饼

二、制作原理

干油酥面团的成团和酥性原理见本章第一节；水油面皮酥的起层原理见本章第一节。

三、熟制方法

炸。

四、用料配方（以10只计）

1. 坯料

油酥面：中筋面粉150克，无水猪油80克。

水油面：中筋面粉135克，无水猪油15克，微温水75毫升。

2. 馅料

萝卜200克，熟瘦火腿末20克，猪板油蓉28克，白糖8克，精盐2克，味精2克，熟白芝麻5克，葱末15克，芝麻油3毫升。

3. 辅料

色拉油1500毫升，鸡蛋1个。

五、工艺流程（图4–3）

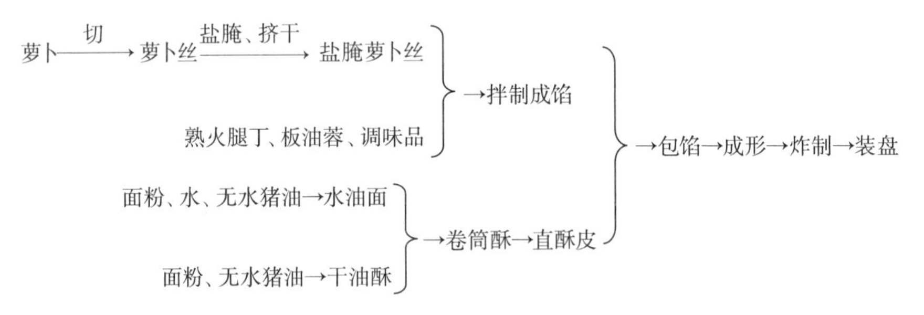

图4–3　火腿萝卜丝酥饼工艺流程

六、制作方法

1. 馅心调制

萝卜洗净、去皮，切成细丝，加精盐腌渍30分钟，用洁净纱布挤去水分。将熟火腿丁、板油蓉、芝麻油、葱末、白糖、熟芝麻、味精一同置于馅盆中，倒入萝卜丝拌匀即成馅。

（**质量控制点**：①火腿煮之前要泡去一部分盐分；②配料要加工得细小一些；③萝卜丝要挤干水分。）

2. 面团调制

面粉、无水猪油拌匀，推擦成团即成干油酥；将无水猪油、微温水拌匀后与面粉揉成光滑柔软的面团即成水油面，包上保鲜膜，静置 15 分钟。

［**质量控制点**：①根据室温调整用料比例（这是春秋季的比例）；②干油酥面团要擦透，水油面要揉擦上劲；③水油面要静置饧面。］

3. 生坯成形

将水油面按成中间厚周边薄的皮，包入搓成球形的干油酥，收口向上，擀成长方形面皮，一次三折，再擀成 3 毫米厚的长方形面皮，将一长边修齐，卷起成直径 5 厘米的圆柱体。用刀沿截面横切成 2.5 厘米长的圆段 5 段。用刀把每一段沿圆心对半剖开，共成 10 个半圆柱体。

将半圆柱体的面坯切面朝上，顺纹路擀成长方形皮，在反面抹上蛋清包上馅心，酥皮对叠收口处涂上蛋清，捏薄贴在生坯底部，有纹的一面朝上呈蚕茧形生坯。

（**质量控制点**：①卷筒酥的直径不能太小；②擀皮时尽量要顺着纹路擀，保持纹路的规则；③形状要规则。）

4. 生坯熟制

将油锅加温至 90℃，下入生坯（收口向下），稍静置 2 分钟后小火逐渐升温至 150℃，炸至色泽洁白或微黄、层次清晰、体积膨大即可出锅、沥油，装盘。

（**质量控制点**：①生坯在温油中养制一会儿；②油温要逐渐升高；③用料比例不同，炸制方法应有所不同。）

七、评价指标（表 4-2）

表 4-2　火腿萝卜丝酥饼评价指标

品名	指标	标准	分值
火腿萝卜丝酥饼	色泽	色泽洁白（或微黄），不含油，不焦黄	20
	形态	蚕茧形、酥层清晰、细致规则	40
	质感	酥软	20
	口味	咸鲜	10
	大小	重约 45 克	10
	总分		100

八、思考题

1. 调制火腿萝卜丝酥饼馅心时为什么萝卜丝需要先腌制一下？
2. 如何理解火腿萝卜丝酥饼的干油酥中油脂的用量要根据室温调整用料比例？

名点 158. 枣泥酥饼（上海名点）

一、品种介绍

枣泥酥饼是上海的著名风味点心，它是水油面皮酥中的暗酥制品。采用卷筒酥中圆段侧按的方法制成酥皮，包上枣泥馅，按扁成圆饼形经油炸成熟。此点具有圆饼造型，色呈金黄，口感酥脆，细腻香甜的特色，上海许多点心店都制作该点，四季常用。

二、制作原理

干油酥面团的成团和酥性原理见本章第一节；水油面皮酥的起层原理见本章第一节。

枣泥酥饼

三、熟制方法

炸。

四、用料配方（以 10 只计）

1. 坯料

干油酥：低筋面粉 100 克，熟猪油 60 克。

水油面：中筋面粉 90 克，熟猪油 15 克，微温水 50 毫升。

2. 馅料

红枣 200 克，白糖 50 克，熟猪油 20 克。

3. 装饰料

脱壳白芝麻 50 克。

4. 辅料

蛋清 20 毫升，色拉油 1.5 升。

五、工艺流程（图 4-4）

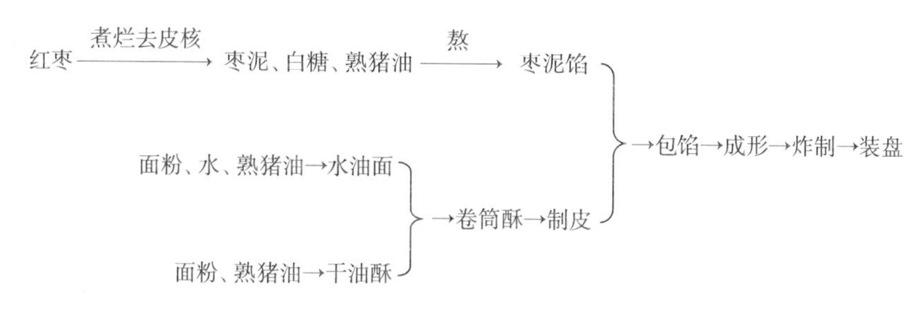

图 4-4　枣泥酥饼工艺流程

六、制作方法

1. 馅心调制

将红枣洗净，挖去核，放在温水中浸泡 1 小时左右，上笼蒸 1 小时至酥烂，用筛子搓擦去皮成枣泥。

炒锅上火，放入熟猪油、白糖、枣泥，炒至稠厚，冷却即成枣泥馅。

（**质量控制点：**①红枣要先浸泡再蒸烂；②熬制枣泥馅时采用小火加热。）

2. 面团调制

干油酥面团调制：取低筋面粉、熟猪油拌匀，推擦成团，质地均匀即可；水油面调制：取中筋面粉、熟猪油、清水拌匀后揉搓成光滑柔软的面团即可。

［**质量控制点：**①干油酥面团要擦透，水油面要揉擦上劲；②干油酥、水油面都要调得柔软；③根据室温调整用料比例（这是春季和秋季的比例）。］

3. 生坯成形

将水油面按成中间厚周边薄，包上球形干油酥，收口向上，按扁擀成长方形，一次三折后再擀成长方形，将长边由远即近卷成筒状，用蛋清封口，摘成 10 只剂子。用左手将坯子光滑的侧面（断口在两边）揿成中间厚周边薄，包枣泥馅心 15 克，再包捏收口，揿扁成约 1 厘米厚的圆形酥饼生坯，在生坯的圆周边抹上蛋清粘上芝麻。

（**质量控制点：**①坯剂的大小、厚薄要恰当；②成形时生坯表面不能露出酥层；③生坯的圆饼形状要规则。）

4. 生坯熟制

将油锅烧至 120℃，将生坯并排放在漏勺中，直接下油锅稍炸后，再用小火炸约 4 分钟，至白芝麻呈金黄色捞出（也可用烘箱烘焙成熟，但需要调整用料比例）。

（**质量控制点：**①炸制时火力不能大、油温要慢慢升高；②炸制时要不断翻面；③制品芝麻金黄色、饼面微黄。）

七、评价指标（表 4–3）

表 4–3　枣泥酥饼评价指标

品名	指标	标准	分值
枣泥酥饼	色泽	芝麻金黄，饼面微黄	20
	形态	圆饼形、形状规则	40
	质感	饼坯酥脆，馅心细腻	20
	口味	香甜	10
	大小	重约 40 克	10
	总分		100

八、思考题

1. 制作枣泥酥饼时如何熬制枣泥馅?

2. 以枣泥酥饼为例，说明水油面皮酥采用圆段侧按的方法制作暗酥坯皮的要领。

名点 159. 吴山酥油饼（浙江名点）

一、品种介绍

吴山酥油饼是浙江杭州的著名面点，是由安徽寿县一带栗子面酥油饼演变而来，起初人们在吴山风景点制售此饼，故名；形似蓑衣，又名“蓑衣饼”，是水油面皮酥制品中的明酥制品，采用卷筒酥中的圆酥起酥方法制作，成品具有酥油色泽金黄，形似草帽，酥松香脆的特点，在民间被誉为“吴山第一美点”。

二、制作原理

干油酥面团的成团和酥性原理见本章第一节；水油面皮酥的起层原理见本章第一节。

三、熟制方法

炸。

四、用料配方（以 10 只计）

1. 坯料

干油酥：面粉 150 克，花生油 70 毫升。

水油面：面粉 150 克，沸水 70 毫升，花生油 30 毫升，清水 10 毫升。

2. 装饰料

绵白糖 30 克，桂花 5 克，青梅末 10 克，玫瑰花碎瓣 2 克。

3. 辅料

花生油 1500 毫升。

五、工艺流程（图 4–5）

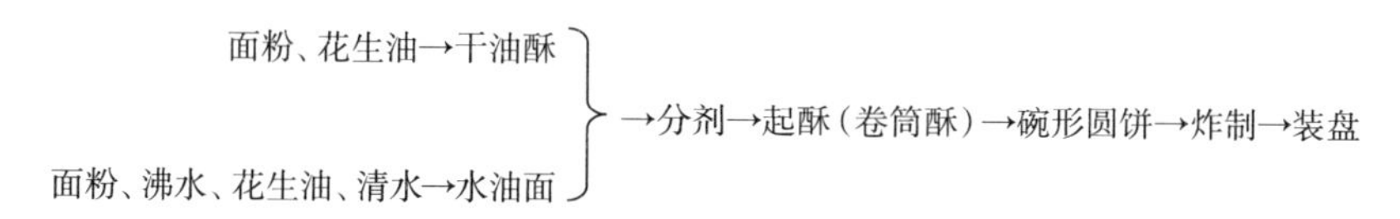

图 4–5　吴山酥油饼工艺流程

六、制作方法

1. 面团调制

将面粉与花生油拌匀后，搓擦成面团即成干油酥；将面粉与沸水烫成雪花状，再加入花生油、清水充分揉搓成柔软光滑的水油面。

（**质量控制点：**①面团的硬度要合适；②水油面的筋力要恰当。）

2. 生坯成形

将水油面、干油酥各下剂 5 个。取 1 只水油面按成中间厚边缘薄，包入球形干油酥收口，压扁擀成带状长片，卷成筒状后再压扁擀成长片，顺中线剖开，分卷成两个饼环，将饼环的刀纹面朝上，自中心向四周擀开，捏成碗形圆饼。

（**质量控制点：**①面皮要擀得厚薄均匀；②圆酥在擀制时酥层不能歪；③生坯呈碗形圆饼状。）

3. 生坯熟制

将花生油倒入锅中，烧至 150℃时将碗形圆饼下入炸制。当饼坯上浮时翻面再炸，直至饼坯两面呈玉白色、体积膨大、层次清晰为好。起锅后撒白糖、桂花、青梅末和玫瑰花碎瓣即成。

（**质量控制点：**炸制时油温不宜太低。）

七、评价指标（表 4-4）

表 4-4　吴山酥油饼评价指标

品名	指标	标准	分值
吴山酥油饼	色泽	淡黄色	20
	形态	草帽形、酥层清晰、细致规则	40
	质感	酥脆	20
	口味	香甜	10
	大小	重约 40 克	10
	总分		100

八、思考题

1. 吴山酥油饼的起酥方法属于什么类型？

2. 调制吴山酥油饼的水油面时，面粉为什么要先用开水烫成雪花状？

名点 160. 大救驾（安徽名点）

一、品种介绍

大救驾是安徽寿县传统名点，有上千年的历史。相传，公元 956 年，后周世宗征淮南，命大将赵匡胤率兵急攻南唐（今日的寿县）。由于过度疲劳，赵匡胤茶饭不思。一个厨师用白面、白糖、猪油、香油、青红丝、橘饼、核桃仁等原料制作了一种带馅的点心。这种点心的外皮有数道花酥层层叠起，金丝条条分明，中间如急流漩涡状，因用油煎炸，色泽金黄，香味扑鼻。赵匡胤觉得酥脆甜香，特别好吃，食欲大增。赵匡胤当皇帝后就封此点为“大救驾”，并自宋代流传至今。

二、制作原理

干油酥面团的成团和酥性原理见本章第一节；水油面皮酥的起层原理见本章第一节。

三、熟制方法

炸。

四、用料配方（以 10 只计）

1. 坯料

油酥面：中筋面粉 120 克，熟猪油 60 克。

水油面：中筋面粉120克，熟猪油15克，温水60毫升。

2. 馅料

猪板油50克，冰糖15克，核桃仁15克，青红丝10克，青梅肉10克，金橘饼10克，糖桂花5克，绵白糖65克。

3. 辅料

色拉油2000毫升，蛋清10克。

五、工艺流程（图4-6）

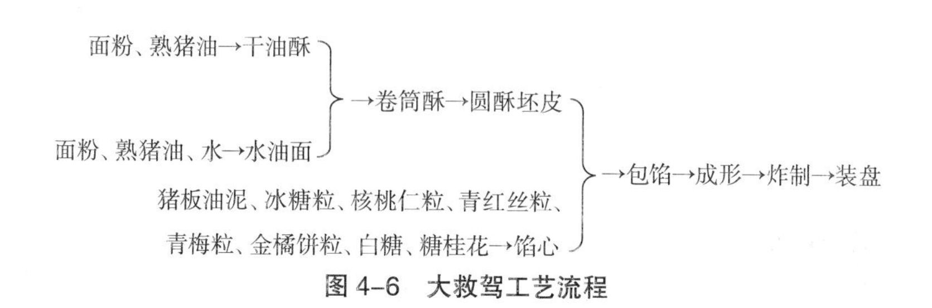

图4-6　大救驾工艺流程

六、制作方法

1. 馅心调制

将猪板油去膜切成细丁；核桃仁焐油至熟，与金橘饼、青梅、青红丝一起加工成粒，冰糖碾碎。将加工好的原料拌在一起，加入绵白糖、糖桂花拌和均匀即成馅。

（**质量控制点：**馅料要加工得细小一些。）

2. 面团调制

在面粉中加入熟猪油搓擦均匀成干油酥；将熟猪油用温水溶化后加入面粉中拌和均匀后，揉搓上劲即成水油面。

（**质量控制点：**①干油酥要擦匀；②水油面要擦上劲；③两个面团的硬度要相近。）

3. 生坯成形

将干油酥、水油酥各下5个面剂子，用小包酥的方法包酥、擀成长方形，顺长三折，再擀成长条，将一头斜刀切齐，卷成筒状，用蛋清封边。从卷筒中间切开两个圆片剂子。将刀口朝上，用擀面杖擀成直径7厘米的圆形坯皮即可。将酥层清晰一面朝外，包入馅心18克，封口向下，再按成饼状，中间压凹进去即可。

（**质量控制点：**①叠一次三折、擀薄再卷；②成形时层次清晰的一面朝外。）

4. 生坯熟制

将色拉油倒入锅中加热至约120℃时下入饼坯，小火逐步升温至160℃使成品呈色泽淡黄、酥层清晰、体积膨大、不含油时即可出锅。

（**质量控制点：**①低温下锅；②逐渐升温炸制；③出锅温度最高。）

七、评价指标（表 4–5）

表 4–5　大救驾评价指标

品名	指标	标准	分值
大救驾	色泽	色泽金黄	20
	形态	圆饼形，中间凹、急流漩涡状，酥层清晰	40
	质感	酥脆	20
	口味	香甜	10
	大小	重约 50 克	10
	总分		100

八、思考题

1. 按起酥方法分，大救驾属于卷筒酥中的______________制品。
2. 水油面、干油酥调制的要点有哪些？

名点 161. 韭菜盒（福建名点）

一、品种介绍

韭菜盒是福建厦门的特色风味面点，久负盛名。清乾隆年间，袁枚所著《随园食单》对韭菜盒的制法就有记载。此点一般选用春季头刀韭菜或韭黄作馅，它是采用卷筒酥的起酥方法制作成圆酥皮，包上韭黄馅经炸制而成，具有色泽淡黄，酥层清晰，口感酥香，口味鲜美的特点。

二、制作原理

干油酥面团的成团和酥性原理见本章第一节；水油面皮酥的起层原理见本章第一节。

三、熟制方法

炸。

四、用料配方（以 12 只计）

1. 坯料

油酥面：面粉 180 克，熟猪油 100 克。

水油面：面粉 180 克，熟猪油 40 克，微温水 100 毫升。

2. 馅料

猪前夹肉泥 150 克，豆腐干 50 克，水发笋干 50 克，嫩韭菜 75 克，酱油 15 毫升，味精 2 克，熟猪油 30 克。

3. 辅料

鸡蛋清 10 克，色拉油 1500 毫升（实耗 50 毫升）。

五、工艺流程（图 4-7）

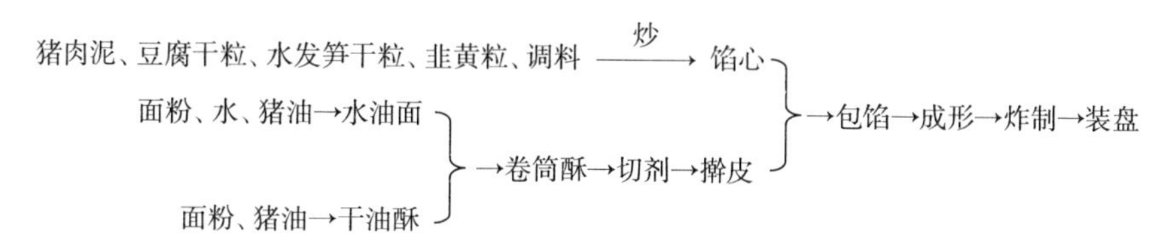

图 4-7 韭菜盒工艺流程

六、制作程序

1. 馅心调制

锅上火放入熟猪油烧热，倒入猪肉泥煸炒，再加豆腐干粒、水发笋干粒、酱油炒熟出锅晾凉；嫩韭菜洗净切成碎粒，与炒好的馅料、味精拌匀即成馅。

（**质量控制点：**①馅料的颗粒不宜太大；②炒好的馅料与韭菜粒拌之前要晾凉。）

2. 面团调制

在面粉中加入熟猪油擦匀成团即成干油酥；将面粉扒一塘，放入熟猪油、加入微温水擦匀，再与面粉揉搓成光滑、柔软的面团，即成水油面。

（**质量控制点：**①调制干油酥的熟猪油最好是无水的；②干油酥的用油比例要随室温变化；③干油酥、水油面要调得柔软一些。）

3. 生坯成形

将干油酥、水油面团各分成 12 个小面剂子。用小包酥方法起酥，先擀成长方形薄片顺长边卷起，再擀成长方形薄片从一头卷成筒状，每筒切成 2 等份。将切好的两个面剂截面朝上，分别擀成直径 8 厘米的圆形酥皮，包馅面抹上蛋清（酥层清晰的一面朝外），在一片酥皮上放上馅心 25 克，盖上另一片，将边捏紧后捏出绳状花边，花边上抹上蛋清即成。

（**质量控制点：**①酥层要擀得圆；②酥层规则清晰的一面朝外；③绳状花边要绞得均匀细巧。）

4. 生坯熟制

炒锅置火上，下色拉油烧至 110℃，将生坯放入漏勺后下锅炸制，逐渐升温，炸至制品体积膨大、酥层清晰、表面呈淡黄色即成。

（**质量控制点**：①炸制过程中油温要逐渐升高；②熟制过程中要翻面炸。）

七、评价指标（表 4-6）

表 4-6　韭菜盒评价指标

品名	指标	标准	分值
韭菜盒	色泽	色泽淡黄，不含油，不焦黄	20
	形态	中间高、有绳状花边的圆饼形、酥层清晰、细致规则	40
	质感	酥脆	20
	口味	鲜香油润	10
	大小	重约 65 克	10
	总分		100

八、思考题

1. 制作韭菜盒的馅心时，韭菜粒与其他炒好、晾凉的馅料________即可。

2. 用来调制韭菜盒干油酥的猪油为什么最好是无水的？

名点 162. 老婆饼（广东名点）

一、品种简介

老婆饼是广东潮州地区的特色传统名点，因为有不少地方用它作为结婚的礼饼，所以又称“嫁饼”。相传清朝末年，当时在广州某茶楼工作的一位潮州籍的师傅有一年回家探亲，吃了他老婆做的从她娘家学来的一种点心，顿觉清甜可口、风味独特，不禁连声称好。回到茶楼师傅们尝后都赞不绝口，老板问：“这是什么名点呀？”其中一个师傅便说：“这是潮州师傅的老婆做的，就叫它‘潮州老婆饼’吧”，“老婆饼”便因而得名。该点是以卷筒酥方法起酥，采用圆段侧按的方法制皮，包上糖冬瓜蓉、椰蓉、熟芝麻、糕粉、熟猪油、水等熬制的馅心制成饼状烘烤而成，成品具有色泽金黄，层次分明，酥松软香、绵甜软滑的特点。

二、制作原理

干油酥面团的成团和酥性原理见本章第一节；水油面皮酥的起层原理见本章第一节。

三、熟制方法

老婆饼

烤。

四、用料配方（以18只计）

1. 坯料

水油面皮：中筋面粉180克，熟猪油45克，麦芽糖20克，温水100毫升。

酥心：面粉120克，熟猪油80克（春季、秋季）。

2. 馅料

糖冬瓜蓉100克，椰蓉20克，熟白芝麻30克，绵白糖30克，糕粉80克，熟猪油15克，清水115毫升。

3. 装饰料

蛋黄液20克，色拉油5毫升。

五、工艺流程（图4–8）

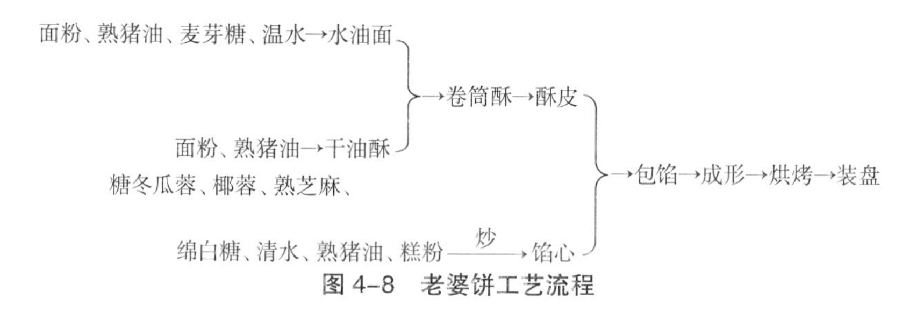

图4–8　老婆饼工艺流程

六、制作程序

1. 馅心调制

炒锅放在小火上，倒入清水，放入熟猪油、绵白糖溶化，加入糖冬瓜蓉、椰蓉、熟白芝麻、糕粉炒拌成稠厚状，晾凉，分成18份。

（**质量控制点：**①馅料用小火炒；②炒成稠厚状。）

2. 面团调制

水油面调制：在面粉中间扒一塘，放入熟猪油、麦芽糖，用温水调开，再与面粉拌匀、揉擦上劲成为光滑的面团，用保鲜膜包好，饧15分钟。

干油酥调制：将面粉与熟猪油揉擦均匀成面团（室温高可放冰箱中冷藏）。

（**质量控制点：**①两个面团都要柔软；②干油酥中用油量随室温变化而变化。）

3. 生坯成形

将水油面放在案板上，按成中间厚边上薄，放上搓成球形的干油酥，收口后按扁，擀成长方形薄皮，叠一次三折，再擀成长方形薄皮，卷成筒状摘成18个剂子，从侧面将剂子按成圆形薄皮，包入馅心收口向下擀成圆饼形放入刷过油的烤盘中，刷上调过色拉油的蛋黄液（刷圆），以刀尖在饼的中间划平行的两道口子。

（**质量控制点：**①生坯表面不要露出层次；②蛋黄液要抹圆且均匀。）

3. 生坯熟制

将烤盘放入190℃的烤箱中烤约12分钟至金黄色即成。

（**质量控制点：**制品刷了蛋液的部分成金黄色。）

七、评价指标（表4-7）

表4-7　老婆饼评价指标

品名	指标	标准	分值
老婆饼	色泽	金黄色（抹蛋黄液的部分）	10
	形态	圆饼形	30
	质感	皮酥松，馅软滑	30
	口味	绵甜	20
	大小	重约45克	10
	总分		100

八、思考题

1. 水油面中加入麦芽糖的作用是什么？
2. 调制水油面所用的水为什么要求是温水？

名点163. 蛋黄菊花酥（湖北名点）

一、品种介绍

蛋黄菊花酥是湖北风味面点，是用水油面、干油酥经过起酥形成卷筒酥，包上熟蛋黄剖成生坯炸制成熟。成品具有色泽淡黄，形似菊花，外酥内软，蛋香浓郁的特点。因形似黄菊，故而得名。

二、制作原理

干油酥面团的成团和酥性原理见本章第一节；水油面皮酥的起层原理见本章第一节。

三、熟制方法

炸。

四、原料配方（以10只计）

1. 坯料

油酥面：中筋面粉125克，熟猪油75克。

水油面：中筋面粉125克，熟猪油12.5克，清水75毫升。

2. 馅料

熟鸡蛋黄5只。

3. 装饰料

绵白糖50克。

4. 辅料

鸡蛋清20克，色拉油1000毫升（约耗50毫升）。

五、工艺流程（图4-9）

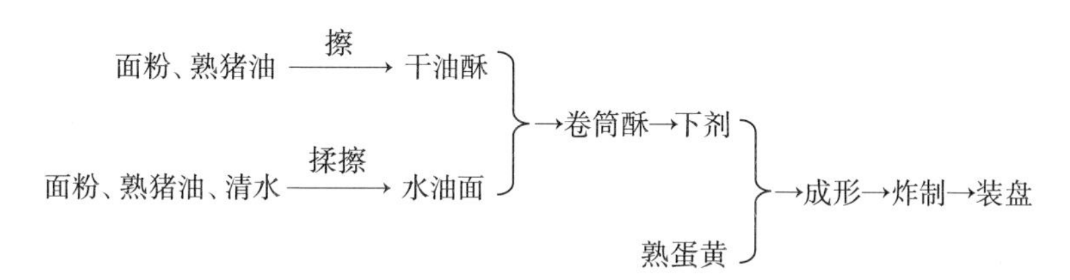

图4-9　蛋黄菊花酥工艺流程

六、制作方法

1. 面团调制

干油酥面团：将熟猪油微微擦软，加入面粉擦成面团。

水油面团：将熟猪油微微擦软，面粉中间扒一个塘，加入擦软的熟猪油和清水揉成水油面团。

（**质量控制点：**①干油酥要擦匀、擦透；②水油面要揉擦均匀、上劲；③季节不同，干油酥、水油面的用料比例应有所不同。）

2. 生坯成形

将水油面按成中间厚边上薄，包入干油酥面，收口后用手轻轻按扁，擀成薄皮，一次三折后再擀成长薄皮，将一头切齐向另一头卷成圆筒，摘成5只面剂。

取一个面剂从圆段侧面按扁擀开，抹上蛋清，放入一只熟鸡蛋黄包成蛋的形状，用蛋清封好口，再在蛋形面饼中间，用小刀剞成鱼牙齿花刀，顺刀纹一掰两块，制成蛋黄菊花酥生坯，依此制成10只。

（**质量控制点**：①采用圆段侧按的方法制皮；②包制熟鸡蛋黄时，一定要包紧，收口要封牢；③剞鱼牙齿时大小要一致。）

3. 生坯熟制

锅置中火上，倒入色拉油烧至120℃时，将生坯放入漏勺下锅炸至酥层清晰、色泽淡黄时捞出装盘，撒上绵白糖即成。

（**质量控制点**：①炸制时，120℃油温下锅；②逐渐升温炸制。）

七、评价指标（表4-8）

表4-8　蛋黄菊花酥评价指标

名称	指标	标准	分值
蛋黄菊花酥	色泽	色泽淡黄	10
	形态	形似菊花	40
	质感	皮酥馅软	20
	口味	香甜	20
	大小	重约40克	10
	总分		100

八、思考题

1. 蛋黄菊花酥的起酥方法除了卷筒酥还可以用什么起酥方法？
2. 为什么季节不同，干油酥、水油面的用料比例应有所不同？

名点164. 义县伊斯兰烧饼（辽宁名点）

一、品种简介

义县伊斯兰烧饼是辽宁风味小吃，由义县回民胡海潮初创于锦州北街杨家烧饼铺。该点是以水油面包上炸酥叠卷成酥皮，再包以馅心经烤制而成。做熟的烧饼色泽金黄、酥松起层、香脆适口，成为当地老少皆宜的食品和馈赠亲友的佳品。馅心有7种，有甜香酥松的白糖南桂馅烧饼、香甜酥焦的玫瑰烧饼、香甜酥脆的豆馅烧饼、酥脆醇香的澄沙烧饼、酥香适口的牛肉馅烧饼、酥脆咸香的油盐烧饼和外焦里酥的盐馅烧饼。下面以白糖南桂馅烧饼为例介绍。

二、制作原理

干油酥面团的成团和酥性原理见本章第一节；水油面皮酥的起层原理见本章

第一节。

义县伊斯兰烧饼

三、熟制方法

烤。

四、原料配方（以12只计）

1. 坯料

炸酥：中筋面粉200克，豆油100毫升。

水油面：中筋面粉240克，熟豆油20毫升，清水135毫升。

2. 馅料

面粉50克，白糖150克，芝麻油25毫升，青红丝10克，南桂10克，清水30毫升。

3. 装饰料

白芝麻20克。

4. 辅料

麻油10毫升。

五、工艺流程（图4-10）

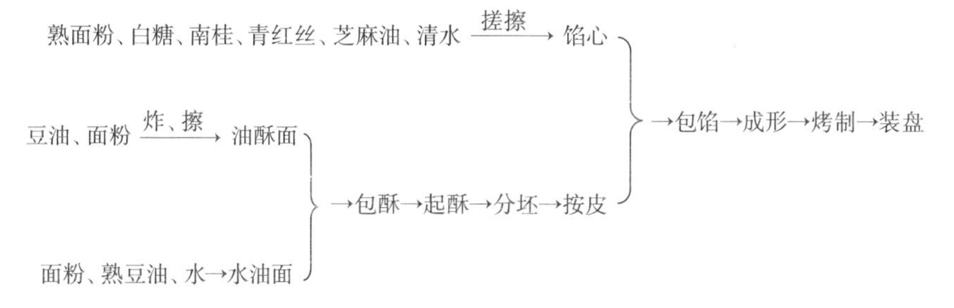

图4-10　义县伊斯兰烧饼工艺流程

六、制作方法

1. 馅心调制

将面粉上笼蒸15分钟，取下放凉后捏碎疙瘩、过箩筛，与白糖、切碎的青红丝、南桂、芝麻油和在一起，用手擦搓均匀，加入清水，至不散不黏即成馅心。

（**质量控制点：**①按用料配方准确称量；②馅料要加工得细小一些；③馅心软硬合适，不散不黏。）

2. 粉团调制

将豆油烧热，加入面粉炸制、搓擦成炸酥面团；将面粉加入熟豆油和清水，和成水油面团。

（**质量控制点：**①按用料配方准确称量；②制作炸酥时炸制面粉的油温要控制好；③酥面与水油面的软硬要一致。）

3. 生坯成形

将水油面团擀成长方大片，将酥面抹在大片上，卷成筒状后下成12只剂子；逐个从侧面按扁包上糖馅，将剂口上沾满白芝麻，擀成圆饼形。

（**质量控制点：**①坯剂的厚度要恰当；②成形时生坯表面不能露出酥层；③起酥擀皮时用力要适当。④馅料不宜包得过多。）

4. 生坯熟制

烧饼摆放在烤盘上，饼坯表面刷上芝麻油，放入烤炉，180℃烤20分钟即成。

（**质量控制点：**①烤箱要事先预热；②烤炉的温度不宜太高；③制品呈金黄色。）

七、评价指标（表4–9）

表4–9　义县伊斯兰烧饼评价指标

品名	指标	标准	分值
义县伊斯兰烧饼	色泽	金黄色	10
	形态	圆饼形	30
	质感	酥脆	30
	口味	馅心甜香	20
	大小	重约70克	10
	总分		100

八、思考题

1. 酥面与水油面的软硬为什么要一致？
2. 制作烧饼馅心为什么要求馅料加工得细小并且馅心软硬要合适？

名点165. 奶油马蹄酥（辽宁名点）

一、品种简介

奶油马蹄酥是辽宁风味面点，因形似马蹄而得名。是以水油面包上干油酥经过叠卷、剖酥围成马蹄形，经过炸制成熟，挤注上鲜奶油馅而成。此点是在传统名点马蹄酥的基础上经过改制而成的创新品种，在第二届全国烹饪技术比赛中曾获金牌奖。具有造型优美，色泽黄白，酥脆香甜，形似马蹄的特点。

二、制作原理

干油酥面团的成团和酥性原理见本章第一节；水油面皮酥的起层原理见本章第一节。

三、熟制方法

炸。

四、原料配方（以 20 只计）

1. 坯料

干油酥：熟面粉 250 克，熟猪油 130 克。

水油面：面粉 250 克，熟猪油 50 克，清水 100 毫升。

2. 装饰料

植脂奶油 150 克。

3. 辅料

色拉油 1500 毫升。

五、工艺流程（图 4-11）

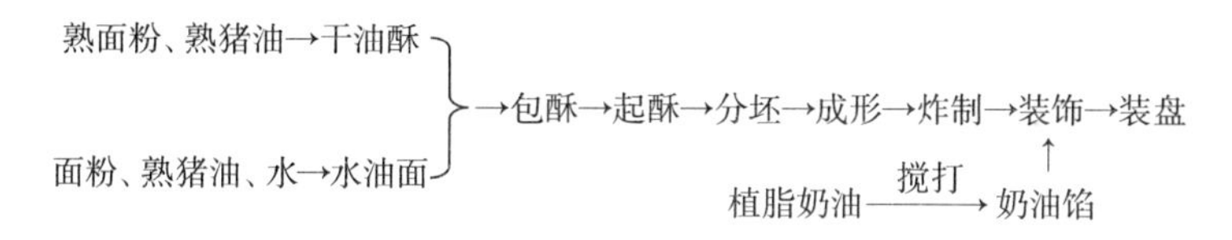

图 4-11　奶油马蹄酥工艺流程

六、制作方法

1. 粉团调制

用熟面粉加熟猪油擦成干油酥面团；将面粉开窝，里面加熟猪油、水和成柔软的水油面，用保鲜膜包好饧制。

（**质量控制点**：①按用料配方准确称量；②选用蒸熟的面粉调制干油酥，起层效果更好；③根据室温调整用料比例。④酥面和水油面软硬度应基本一致。）

2. 生坯成形

水油面和酥面各分成小剂，以水油面包入干油酥，擀成长方形大片，再顺宽折“一个三”，擀成宽 4 厘米、长约 18 厘米的片，顺 4 厘米的宽边方向来回在长边方向每隔 2 厘米折叠成规则的长方体，用刀在上面中间顺长（4 厘米方向）锯切为两半，每份都为 1 厘米宽。再把两半的刀口朝外，围成马蹄形。用蛋液收紧剂口即做出马蹄酥生坯。

（**质量控制点**：①坯剂的厚度要恰当；②生坯呈马蹄形。）

3. 生坯熟制

锅中倒入色拉油，加热至 140℃时将生坯放在漏勺上投入油中炸至浮起，层次分明、呈淡黄色时捞出，装盘。

（**质量控制点**：①炸制时油温不宜太高；②制品呈淡黄色。）

4. 装饰成形

将植脂奶油打发，装入带有花嘴子的裱花袋中。在马蹄酥上挤上奶油，经过摆形即可上桌。

（**质量控制点**：①植脂奶油打发要适度；②奶油挤注要美观。）

七、评价指标（表 4-10）

表 4-10　奶油马蹄酥评价指标

品名	指标	标准	分值
奶油马蹄酥	色泽	酥层淡黄	10
	形态	形似马蹄，酥层清晰	40
	质感	酥层酥脆，奶油细嫩	30
	口味	香甜	10
	大小	重约 40 克	10
	总分		100

八、思考题

1. 起酥时坯剂的厚度不同对成品会有什么影响？
2. 入油锅炸制的温度为什么尽量控制在 140℃，过高或过低会有怎样的影响？

名点 166. 清糖饼（吉林名点）

一、品种简介

清糖饼是吉林风味小吃，是长春市重庆路饭店面点技师高奎君于 1933 年首创。此点是在原翻毛月饼、白皮月饼的基础上发展而成的，是用水油面、干油酥经过起酥，包上芝麻糖馅制作而成的制品，具有两面淡黄，酥层清晰，形似满月，酥脆香甜的特点。

二、制作原理

干油酥面团的成团和酥性原理见本章第一节；水油面皮酥的起层原理见本章

第一节。

清糖饼

三、熟制方法

烙。

四、原料配方（以 20 只计）

1. 坯料

干油酥：中筋面粉 250 克，熟猪油 135 克。

水油面：中筋面粉 250 克，熟猪油 50 克，温水 110 毫升。

2. 馅料

熟面粉 100 克，白糖 300 克，熟芝麻 50 克，青红丝 20 克，桂花酱 5 克，清水 80 毫升。

五、工艺流程（图 4-12）

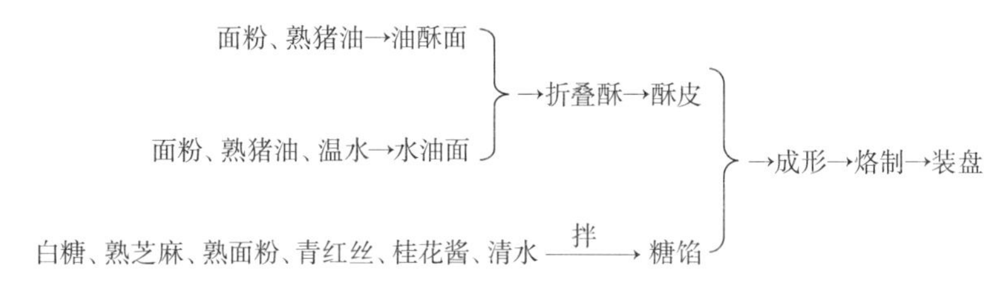

图 4-12　清糖饼工艺流程

六、制作方法

1. 馅心调制

将白糖、熟芝麻、熟面粉、青红丝、桂花酱、清水放入同一容器中，拌和均匀，即成馅心。

（**质量控制点：**①按用料配方准确称量；②馅心软硬合适。）

2. 粉团调制

将面粉过筛，加入熟猪油擦成干油酥；将面粉开成窝形，加入熟猪油、温水调成水油面团。

（**质量控制点：**①按用料配方准确称量；②干油酥调制要反复推搓；③酥面与水油面的软硬要一致；④室温不同用油比例应有所变化。）

3. 生坯成形

将干油酥、水油面分别搓条揪成 20 只面剂子，将干油酥包入水油面皮中按扁，擀成圆饼形，将圆饼皮对折两次成三角形，再把三个角折向中间，擀成中间厚、边缘稍薄的酥皮。在酥皮中包入馅心，收口按扁，轻轻擀成直径10厘米的圆饼。

（**质量控制点：**①坯剂的厚度要恰当；②成形时生坯表面不能露出酥层；③起酥擀皮时用力要适当。④馅料不宜包得过多。）

4. 生坯熟制

平锅烧热后改成小火加热，将饼放入，先烙底面，再烙正面，多次翻面烙制，至饼面呈淡黄色时出锅，改刀上桌。

（**质量控制点：**①平锅要事先预热；②平锅的温度不宜太高，以小火力加热；③多次翻面烙制；④制品呈淡黄色。）

七、评价指标（表4-11）

表4-11　清糖饼评价指标

品名	指标	标准	分值
清糖饼	色泽	淡黄色	10
	形态	圆润饱满，形似满月，内部层次清晰	40
	质感	外酥内软	20
	口味	味美甜香	20
	大小	重约60克	10
	总分		100

八、思考题

1. 糖馅中加入熟面粉的作用是什么？
2. 平锅不预热，直接摆饼加热烙效果会有什么不同？

名点167. 玫瑰酥饼（黑龙江名点）

一、品种简介

玫瑰酥饼是黑龙江风味面点，属于牡丹江市的传统风味点心，系用水油面与干油酥分别擀成长方形后叠在一起，经过擀、卷成卷筒酥，下剂、擀皮包上玫瑰馅成圆饼形经烤制而成。成品具有色泽金黄，口感酥脆香甜，带有浓郁的玫瑰花香的特点。

二、制作原理

干油酥面团的成团和酥性原理见本章第一节；水油面皮酥的起层原理见本章

第一节。

玫瑰酥饼

三、熟制方法

烤。

四、原料配方（以 12 只计）

1. 坯料

干油酥：中筋面粉 150 克，豆油 65 毫升。

水油面：中筋面粉 275 克，豆油 20 毫升，水 145 毫升。

2. 馅料

熟面粉 50 克，白芝麻 20 克，白糖 100 克，玫瑰酱 20 克，熟豆油 10 毫升，清水 25 毫升。

五、工艺流程（图 4-13）

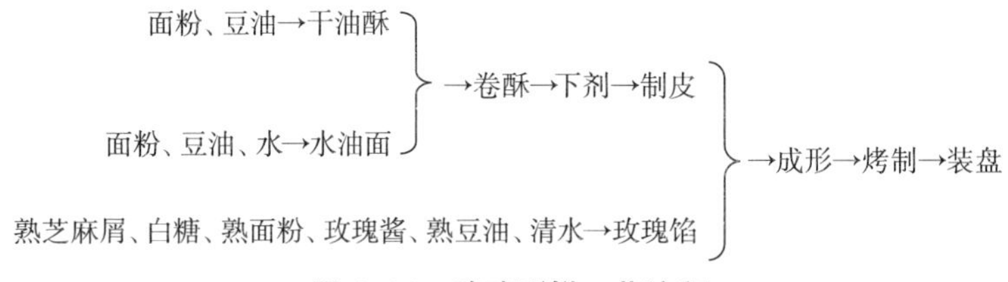

图 4-13　玫瑰酥饼工艺流程

六、制作方法

1. 馅心调制

取白芝麻洗净，放在锅内小火炒熟、碾碎，加白糖、熟面粉、玫瑰酱、熟豆油、清水拌成玫瑰馅。

（**质量控制点**：①按用料配方准确称量；②馅心软硬合适。）

2. 粉团调制

取面粉、豆油和成干油酥面团；取面粉、豆油、水和成软硬适当的水油面团。

（**质量控制点**：①按用料配方准确称量；②干油酥调制要反复推搓；③酥面与水油面的软硬要一致。）

3. 生坯成形

将水油面团揉匀，擀成中间稍厚、四边薄的长方形，再把油酥面团擀成长方形，放在水油面团上，用手按平，擀成薄片，卷成卷，摘剂、圆段侧按擀皮、包馅，擀成小圆饼，放入烤盘内。

（**质量控制点**：①面皮的厚度要恰当；②起酥擀制时用力要适当；③起酥后

的坯子要盖上一块洁净的湿布或保鲜膜；④生坯擀成圆形。）

4. 生坯熟制

烤盘放入底火、面火均为200℃烤箱内烤15分钟成金黄色即成。

（**质量控制点：**①烤箱要事先预热；②以200℃加热约15分钟，使制品呈金黄色。）

七、评价指标（表4-12）

表4-12　玫瑰酥饼评价指标

/

品名	指标	标准	分值
玫瑰酥饼	色泽	金黄色	10
	形态	形圆饱满，内部层次清晰	40
	质感	酥松	20
	口味	味甜，带有浓郁的玫瑰花香	20
	大小	重约65克	10
	总分		100

八、思考题

1. 为什么水油面、干油酥的软硬度要一致？
2. 玫瑰酥饼在起酥擀制时用力不当会出现什么问题？

名点168. 炸三角酥（黑龙江名点）

一、品种简介

炸三角酥是黑龙江风味面点，由烹饪大师任家长创制。该点是水油面、干油酥采用叠酥的起酥方法形成酥皮，切成等边三角形皮后包上枣泥馅形成三角糖包形状，剪边成形后经温油炸制而成。具有色泽洁白，酥层清晰，形态美观、酥脆香甜的特点。由于该点形状呈三角体，故名炸三角酥。

二、制作原理

干油酥面团的成团和酥性原理见本章第一节；水油面皮酥的起层原理见本章第一节。

三、熟制方法

炸。

四、原料配方（以 20 只计）

1. 坯料

干油酥：熟面粉 200 克，熟猪油 110 克。

水油面：面粉 200 克，熟猪油 30 克，微温水 100 毫升。

2. 馅料

红枣 150 克，白糖 100 克，熟猪油 40 克。

3. 辅料

面扑 25 克，色拉油 1500 毫升（约耗 100 毫升），鸡蛋清 20 克。

五、工艺流程（图 4-14）

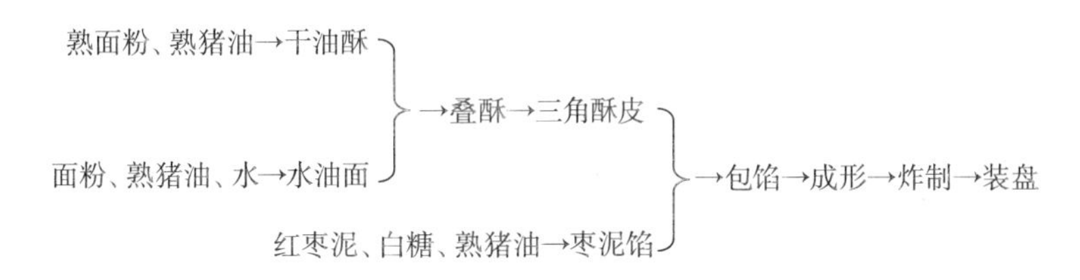

图 4-14　炸三角酥工艺流程

六、制作方法

1. 馅心调制

将红枣洗净煮烂去皮、核，放入锅中与白糖、熟猪油熬成枣泥馅，冷却后入冰箱冷藏。

（**质量控制点：**①按用料配方准确称量；②馅心硬度要恰当。）

2. 粉团调制

将熟面粉与熟猪油和在一起擦成干油酥；面粉加熟猪油、水调制成柔软光滑的水油面团，用保鲜膜包好饧制 15 分钟。

（**质量控制点：**①按用料配方准确称量；②采用熟面粉调制干油酥，制品的分层效果更好；③干油酥与水油面的软硬要一致。）

3. 生坯成形

将水油面团按成中间厚边缘薄的圆皮，包上干油酥后封口向上按扁、擀开成长方形，折叠 3 层后再擀开，再折叠成 3 层，如此反复 3 次，擀成 0.6 厘米厚的大酥皮。将大酥皮切成 20 个边长均为 9 厘米的等边三角形小酥皮，盖上保鲜膜。在每个三角形酥皮的一面抹上蛋清，放入 15 克枣泥馅心，向上捏拢成三角糖包形状。再在每条边上剪三刀，将剪的第一条与邻边第二条用蛋清粘住，第三条向上翻起，用蛋清粘在三角中心，其余两边同法成形。最后再将三条边下边的三个角的尖端剪去，使酥层外露，即成三角酥生坯。

（**质量控制点**：①坯剂的厚度要恰当；②起酥擀制时用力要适当；③起酥后的坯子要盖上一块洁净的湿布或保鲜膜；④剪条的剪刀要锋利。）

4. 生坯熟制

锅内加入熟猪油，用温油炸制，待制品成熟后出锅，控尽油，装盘。

（**质量控制点**：①油可以提前预热；②油温约90℃下锅，逐渐升温，约150℃出锅，制品呈白色。）

七、评价指标（表4-13）

表4-13 炸三角酥评价指标

品名	指标	标准	分值
炸三角酥	色泽	洁白	10
	形态	带环的三角体形，酥层清晰	40
	质感	皮酥松，馅软嫩	20
	口味	香甜	20
	大小	重约40克	10
	总分		100

八、思考题

1. 为什么酥皮擀好后要盖上一块洁净的湿布或保鲜膜？
2. 酥层不规则、不均匀可能跟哪些因素有关？

名点169. 棋子烧饼（河北名点）

一、品种简介

棋子烧饼是河北风味小吃，是河北省唐山地区的特产，因状如小鼓、形如象棋棋子而得名。其是以冷水面与干油酥经起酥形成卷筒酥后分坯包上生肉馅、制成棋子形，沾上白芝麻经烘烤而成。成品具有色泽金黄，外脆里软，层多酥脆，馅嫩肉香的特点。除了肉馅，还有糖、什锦、腊肠、火腿等多种馅心。

二、制作原理

干油酥面团的成团和酥性原理见本章第一节；水面皮酥的起层原理见本章第一节。

三、熟制方法

烤。

四、原料配方（以36只计）

1. 坯料

干油酥：面粉200克，花生油100毫升。

水油面：面粉500克，热水250毫升，花生油100毫升。

2. 馅料

猪五花肉250克，圆白菜100克，大葱75克，精盐5克，老抽10毫升，十三香4克，白胡椒粉2毫升，蚝油20克，芝麻油20毫升。

3. 装饰料

白芝麻100克。

4. 辅料

蛋液20克。

五、工艺流程（图4-15）

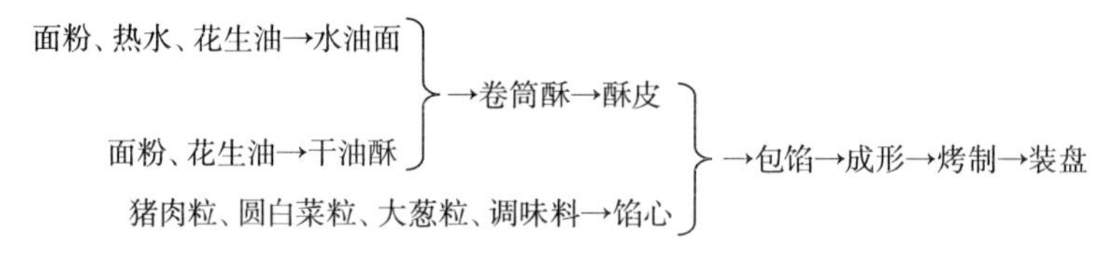

图4-15　棋子烧饼工艺流程

六、制作程序

1. 馅心调制

将猪五花肉切成丁，圆白菜洗净切粒，大葱切粒。把这三种原料放入馅盆内，加入精盐、老抽、十三香、胡椒粉、蚝油、芝麻油搅打上劲成馅。

（**质量控制点：**①肉丁不宜太大；②馅心需要现调现做；③馅心要搅拌上劲。）

2. 面团调制

面粉加花生油搅拌擦匀成干油酥；另取面粉用70℃的热水烫成麦穗面，加入花生油揉成柔软的水油面。

（**质量控制点：**①水油面、干油酥都要调得软一些；②不同季节调制水油面的水温略有不同。）

3. 生坯成形

将水油面擀成长方形大薄片，把干油酥抹擦在水油面片上，从一边卷起，边卷边抻，卷成直径2.5厘米的卷筒酥，揪成每个重30克的5厘米长的小剂。把面剂有层次的两头折向中间，擀成圆皮后包入12克的馅心，收口后将光面抹上水沾上白芝麻，收口向下按成棋子形即成生坯。

（**质量控制点**：①卷酥时水油面尽量抻薄；②生坯呈棋子大小。）

4. 生坯熟制

将烧饼生坯放在烤盘内，放入底火、面火均为210℃的烤炉中烤12分钟，刷上蛋液后再烤6分钟呈金黄色出炉装盘。

（**质量控制点**：①烤制温度较高；②蛋液要后刷；③烤成金黄色。）

七、评价指标（表4-14）

表4-14　棋子烧饼评价指标

品名	指标	标准	分值
棋子烧饼	色泽	金黄色	10
	形态	象棋子形	40
	质感	外酥里嫩，馅嫩	20
	口味	咸鲜肉香	20
	大小	重约40克	10
	总分		100

八、思考题

1. 制作馅心的猪肉为什么选择用五花肉？
2. 制作棋子烧饼的水油面、干油酥为什么要调得软一些？

名点170. 茶食（山西名点）

一、品种简介

茶食是山西风味面点，这是晋中寿阳县名优食品。以该县太安驿镇所产最为有名。流传太安驿原为古驿站，地处通京大道，《名食掌故》记，唐长庆二年（822），时任兵部侍郎的韩愈赴镇州宣慰乱军，途经寿阳已夜幕低垂，在太安驿歇息。驿丞上茶后，苦无点心，急中生智用中午烙饼所剩的面，包上糖馅，用鏊精心烤制，随即端上。韩侍郎问驿丞这是什么点心，驿丞随机应变，称“专为大人饮茶而制”。韩侍郎闻后脱口而出“噢，茶食”，大加赞赏。它是水油面皮酥采用卷筒酥的起酥方法制成酥皮后包上果仁馅经烤制而成，成品具有色泽金黄，状如圆鼓，外酥内软，香甜不腻的特点，是早点之佳品。在婚嫁、喜庆之时，每每以其待客或作为馈赠礼品，亦是祭祖敬神之供品。

二、制作原理

干油酥面团的成团和酥性原理见本章第一节；水油面皮酥的起层原理见本章第一节。

三、熟制方法

烤。

四、原料配方（以15只计）

1. 坯料

干油酥：面粉200克，花生油90毫升。

水油面：面粉300克，花生油75毫升，温水100毫升。

2. 馅料

面粉200克，花生油25毫升，清水70毫升，熟芝麻仁20克，熟桃仁20克，熟花生仁20克，青红丝20克，红糖250克，白酒5毫升，碱面3克。

3. 装饰料

白芝麻20克。

4. 辅料

饴糖50克，清水20毫升。

五、工艺流程（图4-16）

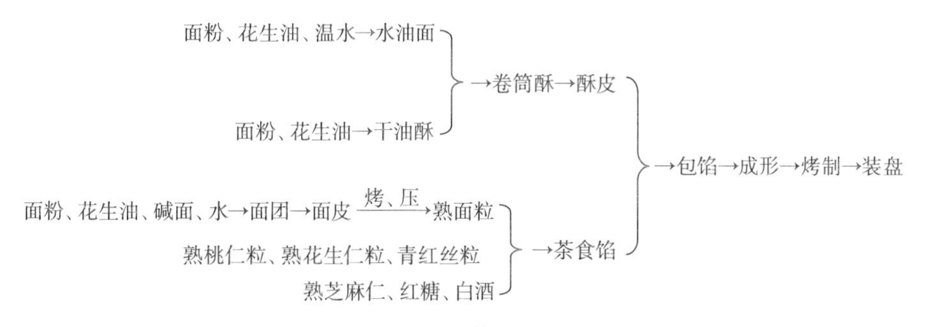

图4-16 茶食工艺流程

六、制作程序

1. 馅心调制

将面粉加入花生油、碱面少许拌匀，再加入水和成硬面团，上案揉匀，擀成1毫米厚的薄片，划成块放入吊炉（或烤炉）内烤熟。然后放在案板上用擀杖压碎，用粗筛筛成细粒状。

把熟桃仁、青红丝、熟花生仁用刀切碎与上述熟面粒及熟芝麻、红糖、白酒掺和拌匀，即成茶食馅。

（**质量控制点：**①熟面粒要过筛；②馅料要切得细碎一些；③果仁要事先加工成熟。）

2. 面团调制

面粉放在案板上扒一塘，加入花生油、温水和成面团，揉匀揉光即成水油面；面粉中加入加热过的花生油和匀成油酥面。

（**质量控制点：**①用料比例要恰当；②水油面和油酥面都要柔软；③两者的硬度要一致。）

3. 生坯成形

将水皮面和油酥面各均分成15份，将一个水油面揉匀按扁包入一份干油酥，用小擀杖擀成长条片，再卷成小卷，用手指在卷中间一压使两头翘起来折向中间，压扁擀成小圆片，包入适量茶食馅，收口向下放置，按成小圆饼，面上刷匀饴糖水（即饴糖加水）撒些芝麻，即成生坯。

（**质量控制点：**①采用小包酥、卷筒酥的方法起酥；②表面要刷饴糖水；③圆饼造型。）

4. 生坯熟制

生坯放入210℃烤炉内烤约15分钟，呈金黄色取出即成。

（**质量控制点：**①烤制的温度要高一点；②表面呈金黄色。）

七、评价指标（表4–15）

表4–15　茶食评价指标

品名	指标	标准	分值
茶食	色泽	金黄色	10
	形态	圆鼓形	40
	质感	外酥内软	20
	口味	香甜	20
	大小	重约85克	10
	总分		100

八、思考题

1. 馅心中的熟面颗粒是如何加工的？
2. 茶食表面刷饴糖水的作用是什么？

名点 171. 哈达饼（内蒙古名点）

一、品种简介

哈达饼是内蒙古昭乌达草原的风味面点，原产于乌兰哈达地区（即现在的内蒙古赤峰市），故名。由于其水分含量少，久贮不坏，携带方便，是游牧民族比较喜欢的美食。发展至今，饼的原料选择、制作工艺更加精细和讲究。它是以层酥作皮，以果仁馅为馅心制作而成的。其制品具有色泽白黄相间、酥层清晰，层薄如纸、甜香爽口，入口酥化的风味特点，是深受人们喜爱的风味甜点。

二、制作原理

干油酥面团的成团和酥性原理见本章第一节；水油面皮酥的起层原理见本章第一节。

三、熟制方法

烙。

四、原料配方（以 20 只计）

1. 坯料

干油酥：面粉 200 克，白油（即粗制奶油）100 克。

水油面：面粉 200 克，白油 60 克，精盐 2 克，清水 90 毫升。

2. 馅料

面粉 60 克，白油 10 克，绵白糖 100 克，熟瓜子仁 10 克，熟核桃仁 10 克，熟芝麻仁 10 克，青红丝 5 克，桂花 3 克。

五、工艺流程（图 4-17）

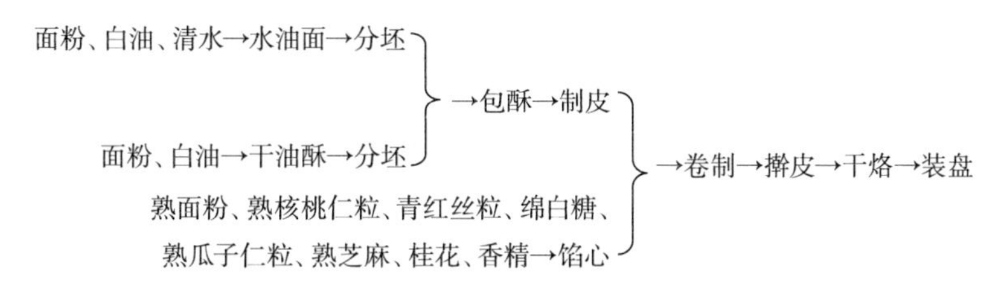

图 4-17　哈达饼工艺流程

六、制作方法

1. 馅心调制

将面粉蒸熟、过筛；熟桃仁、熟瓜子仁、青红丝分别切成碎粒；与绵白糖、熟芝麻、桂花、香精一同拌匀即成馅。

（**质量控制点**：①按用料配方准确称量；②馅料要加工得细小一些。）

2. 粉团调制

取面粉、白油擦搓成干油酥；取面粉加白油、清水、精盐搓揉成水油面团，盖上保鲜膜饧制。

（**质量控制点**：①按用料配方准确称量；②干油酥面团要擦透、水油面要揉擦上劲；③干油酥和水油面两种面团软硬要一致；④干油酥的用料比例要随季节变化。）

3. 生坯成形

先将干油酥、水油酥各下 20 个小面剂子，用小包酥的开酥方法擀成圆片，在圆片上撒满馅料，然后从两头向中间对卷、叠起来，再盘成饼状，用面杖擀成直径 20 厘米、厚 0.3 厘米的圆饼状即可。

（**质量控制点**：①坯剂的大小要恰当；②成形时先卷叠、再盘成饼；③擀成圆薄饼。）

4. 生坯熟制

将饼锅置于小火上烧热，下入饼坯，小火慢烙使水分挥发，翻面烙至鼓起、两面白黄相间即熟。

（**质量控制点**：①饼锅要事先预热；②小火加热，并不断转动、翻面。）

七、评价指标（表 4–16）

表 4–16　哈达饼评价指标

品名	指标	标准	分值
哈达饼	色泽	两面白黄相间	10
	形态	薄圆饼形	40
	质感	外酥脆，内松软	20
	口味	甜香	20
	大小	重约 40 克	10
	总分		100

八、思考题

1. 哈达饼为什么采用小火干烙的方法熟制？

2. 哈达饼的成形方法有什么特点？

名点 172. 鲜奶螺旋酥（内蒙古名点）

一、品种简介

鲜奶螺旋酥是内蒙古风味面点，又叫奶味螺旋酥，是内蒙古宴席中的佳点。它是采用卷筒酥的起酥方法切成圆酥皮，包入鲜奶羊肉馅，经炸制而成。形成制品色呈乳白，螺纹清晰，外酥里嫩，奶香浓郁的特点，是深受人们喜爱的美味佳品。

二、制作原理

干油酥面团的成团和酥性原理见本章第一节；水油面皮酥的起层原理见本章第一节。

三、熟制方法

炸。

四、原料配方（以 15 只计）

1. 坯料

干油酥：面粉 150 克，白油 80 克。

水油面：面粉 150 克，白油 25 克，清水 80 毫升。

2. 馅料

羊肉 150 克，鲜羊奶 100 毫升，盐 3 克，姜末 5 克。

3. 辅料

奶油 1000 克（约使用 100 克），蛋液 50 毫升。

五、工艺流程（图 4-18）

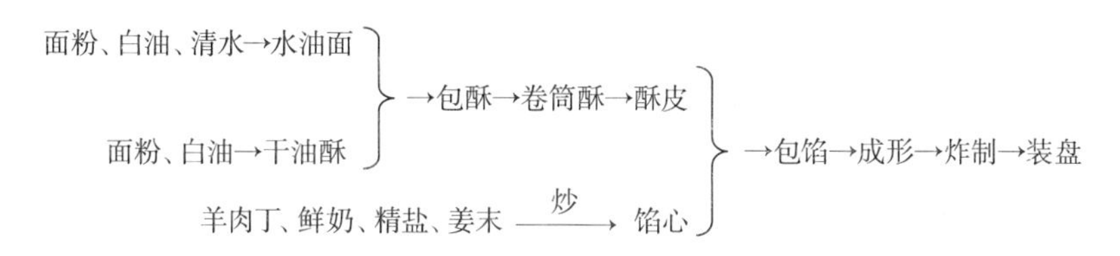

图 4-18　鲜奶螺旋酥工艺流程

六、制作方法

1. 馅心调制

先将羊肉切丁，加入鲜奶煸炒，然后下入盐、姜末，炒至奶汁收干即成馅。

（**质量控制点**：①按用料配方准确称量；②炒馅时，奶汁要收干。）

2. 粉团调制

取面粉与白油擦成干油酥面团；取面粉加白油、清水擦揉成水油面团，盖上保鲜膜饧制。

（**质量控制点**：①两个面团都要调得柔软一些；②干油酥面团要擦透，水油面要擦揉上劲；③干油酥和水油面两种面团软硬要一致；④不同季节用料比例要调整。）

3. 生坯成形

用水油面包上干油酥，擀成长方形酥皮，叠一次三折，再顺长擀成长方形薄皮，卷成直径4.5厘米的圆筒，再切成1厘米厚的圆酥。将圆酥皮稍擀，翻个，上面刷上蛋液，包入馅心，收严剂口，压成扁圆形饼状即成。

（**质量控制点**：①卷筒酥的直径要恰当；②起酥时，擀、卷、叠方法要得当；③螺旋纹的圆心要在正中央。）

4. 生坯熟制

将奶油烧热至120℃，下入生坯氽炸成熟，沥油、装盘。

（**质量控制点**：①120℃油温下锅；②炸制时，油温要逐渐升高；③制品不能含油；④制品呈乳白色。）

七、评价指标（表4-17）

表4-17 鲜奶螺旋酥评价指标

品名	指标	标准	分值
鲜奶螺旋酥	色泽	乳白色	10
	形态	圆饼状，表面有螺旋纹	40
	质感	外酥内软，馅软嫩	20
	口味	咸鲜、奶香	20
	大小	重约40克	10
	总分		100

八、思考题

1. 为什么不同季节水油面、干油酥的用料比例要变化？
2. 鲜奶螺旋酥中鲜奶的作用是什么？

下面介绍层酥名点的第二种——蛋面皮酥名点，共2款。

名点 173. 擘酥鸡粒角（广东名点）

一、品种简介

擘酥鸡粒角是广东特色风味名点。擘酥是华南地区较有特色的一种起酥方法，因为酥心用油量较大，为了便于起酥，操作前面皮、酥心常常需要冷藏或冷冻，操作难度较大。此点是以擘酥皮包上鸡肉粒、虾仁粒、冬笋粒、鸡肝粒、水发冬菇粒等原料调味制作而成的鸡粒馅经烘烤而成，具有色泽金黄、酥层清晰、酥脆香甜、咸鲜嫩滑的特点。

二、制作原理

干油酥面团的成团和酥性原理见本章第一节；蛋面皮酥的起层原理见本章第一节。

擘酥鸡粒角

三、熟制方法

烤。

四、用料配方（以 12 只计）

1. 坯料

蛋面皮：面粉 150 克，鸡蛋液 40 克，绵白糖 15 克，清水 45 毫升。

酥心：面粉 100 克，黄油（硬）225 克。

2. 馅料

鸡肉 60 克，鲜虾仁 50 克，冬笋 25 克，鸡肝 25 克，水发冬菇 12 克，绍酒 4 毫升，精盐 2 克，生抽 3 毫升，白糖 5 克，味精 2 克，胡椒粉 0.5 克，芝麻油 1 毫升，马蹄粉 10 克，清水 50 毫升，色拉油 30 毫升。

3. 辅料

色拉油 25 毫升。

4. 装饰料

蛋黄液 30 克，色拉油 5 毫升。

五、工艺流程（图 4-19）

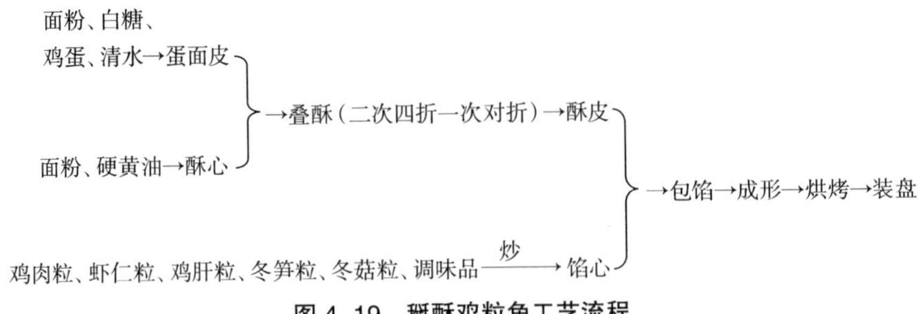

图 4-19　掰酥鸡粒角工艺流程

六、制作程序

1. 面团调制

蛋面皮：面粉中间扒一塘，将白糖、鸡蛋、清水放在塘中把白糖擦化开，再与面粉揉匀擦透成光滑面团，用保鲜膜包好放在方盘中下冰箱冷藏。

酥心：将黄油擦至柔软，再与面粉擦成光滑面团，按成方块用保鲜膜包好，放进方盘中进冰箱冷藏。

（**质量控制点：**①蛋面皮一定要揉擦上劲；②酥心的硬度通过冷藏控制。）

2. 馅心调制

将鸡肉、水发冬菇、冬笋切成小粒，虾仁切成大粒；鸡肝用沸水烫熟，切粒。马蹄粉用水调成湿粉浆；将鸡肉粒、虾仁粒上浆后下油锅划油、沥干。

油锅再上火加色拉油烧热，放入冬菇粒、冬笋粒鸡肝粒煸炒，淋入绍酒后，放入清水，投入精盐、生抽、白糖、味精调味，煮沸后勾芡，倒入鸡肉粒、虾仁粒拌匀，撒上胡椒粉、淋上芝麻油起锅即成馅。

（**质量控制点：**馅心要炒得鲜嫩味香。）

3. 生坯成形

待酥心凝固后取出，将蛋面皮擀成长方形（酥心同样宽、两倍长），将酥心放于蛋面皮一端上面，将蛋面另一半覆于酥心上，封好口，采用敲、压、擀相结合的方式擀成长方形，叠四折，入冰箱冷藏。硬度合适后再取出，如此重复再擀叠一次四折和一次对折，再擀成厚 1 厘米的长方形酥皮，用保鲜膜包好放冰箱冷藏，有一定硬度后取出用菊花套模压出圆形掰酥皮 12 块，将每块掰酥皮中间擀薄呈椭圆形，把馅心 15 克放在酥皮一侧，再将另一侧酥皮盖上、压紧呈半圆形，把生坯置于刷过油的烤盘（最好有带网眼的夹层沥油）内，在生坯表面刷上拌入色拉油的蛋黄液即成。

（**质量控制点：**①根据酥心或生坯的硬度确定是否冷藏；②室温不同酥心或生坯冷藏时间、次数不一样；③室温较高时起酥的动作要快；④模刻之前酥皮要有一定硬度；⑤生坯有层次的边不能沾上蛋液。）

4. 制品熟制

将烤盘放入 180℃的烤箱内烘烤，烤约 30 分钟呈金黄色不含油即成。

（**质量控制点:** ①根据生坯大小确定烘烤时间; ②烘烤温度不宜太高或太低。）

七、评价指标（表 4-18）

表 4-18　掰酥鸡粒角评价指标

品名	指标	标准	分值
掰酥鸡粒角	色泽	表面金黄，酥层淡黄	10
	形态	半圆形，酥层清晰	40
	质感	皮酥脆，馅嫩滑	20
	口味	咸鲜	20
	大小	重约 45 克	10
	总分		100

八、思考题

1. 调制好的酥心为什么需要入冰箱冷藏?
2. 为什么模刻之前酥皮要有一定硬度?

名点 174. 蜜汁鲍鱼酥（辽宁名点）

一、品种简介

蜜汁鲍鱼酥是辽宁省大连市的风味点心，是新海味酒店选手在第一届全国烹饪大赛中获奖的金牌点心。它是利用水油面和酥心，采用叠酥的起酥方法，经三次三叠法开酥，镶入椰奶馅后涂野生蜂蜜经烤制而成，因外形与鲍鱼相似，故而得名。蜜汁鲍鱼酥具有色泽金黄，口感酥松，口味香甜，形似鲍鱼的特点。鲍鱼酥经过多年来不断改进，在多年的经营中，一直深受百姓的喜爱。

二、制作原理

干油酥面团的成团和酥性原理见本章第一节；蛋面皮酥的起层原理见本章第一节。

三、熟制方法

烤。

四、原料配方（以10只计）

1. 坯料

干油酥：面粉150克，无水黄油150克。

蛋面皮：面粉160克，无水黄油20克，鸡蛋液60克，绵白糖10克，微温水35克。

2. 馅料

绵白糖20克，黄油5克，鸡蛋液60克，椰浆80毫升，淡奶油35克。

3. 装饰料

野生蜂蜜20克，清水10毫升。

3. 辅料

蛋清20克。

五、工艺流程（图4-20）

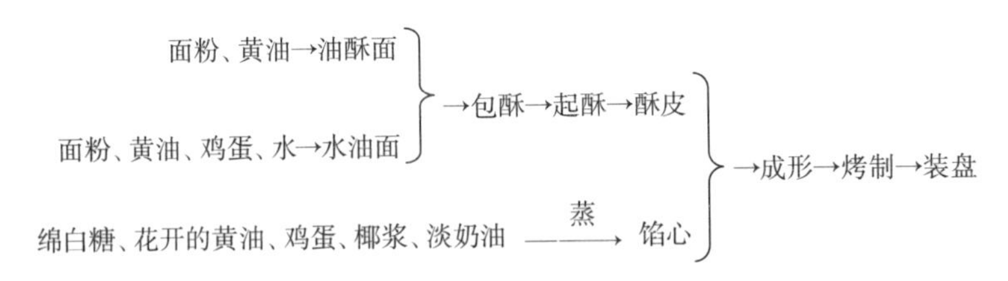

图4-20　蜜汁鲍鱼酥工艺流程

六、制作方法

1. 馅心调制

将黄油放入碗中上笼蒸化开，与白糖、鸡蛋、椰浆、淡奶油放入同一容器中，拌和均匀，蒸熟即可。晾凉后入冰箱冷藏，分割成小块即成。

（**质量控制点：**①按用料配方准确称量；②馅心软硬恰当。）

2. 粉团调制

将面粉过筛，加入黄油擦成酥心，按成方块放入冰箱冷藏；将面粉开成窝形，加入黄油、鸡蛋液、绵白糖、微温水，将这3种原料揉擦均匀后与面粉调成光滑柔软的水油面，用保鲜膜包好饧制。

（**质量控制点：**①按用料配方准确称量；②酥心要擦匀；③酥心要冷藏再起酥。）

3. 生坯成形

将水油面放在面案上用走锤擀成长方形面片，放入酥心包好绞上边，擀开成长方形，叠一次三折，入冰箱冷藏半小时，取出，再擀开成长方形，再叠一次三折。如此反复三次。擀成厚 0.5 厘米的长方形薄片，用大椭圆形套模刻出酥皮 20 只，再用小椭圆形套模在其中 10 只酥皮上刻出一个椭圆形孔，一只酥皮上放一只刻了孔的酥皮，用蛋清将两片黏合，将馅心放入孔中压实，刷上用野生蜂蜜和清水调成的蜂蜜水。

（**质量控制点：**①坯剂的厚度要恰当；②成形时酥层在侧面；③起酥擀制时用力要均匀。）

4. 生坯熟制

烤箱上下火 180℃，烘烤 15 分钟，色泽呈金黄色熟时取出。

（**质量控制点：**①烤箱要事先预热；②烤箱的温度不宜太高，以中等火力加热；③制品呈金黄色。）

七、评价指标（表 4–19）

表 4–19　蜜汁鲍鱼酥评价指标

品名	指标	标准	分值
蜜汁鲍鱼酥	色泽	金黄色	10
	形态	形似鲍鱼，层次清晰	40
	质感	皮酥松，馅嫩	20
	口味	味美甜香，油而不腻	20
	大小	重约 50 克	10
	总分		100

八、思考题

1. 烤制与炸制明酥的酥心在用料上有什么差别?
2. 馅心上刷上野生蜂蜜的作用是什么?

下面介绍层酥名点的第三种——酵面皮酥名点，共 4 款。

名点 175. 黄桥烧饼（江苏名点）

一、品种介绍

黄桥烧饼是江苏泰州的著名面点。1940 年 10 月初，国民革命军陆军新编第四军（又称新四军）东进苏北地区，进行了著名的黄桥战役，取得了辉煌的胜利。当时，黄桥人民用自己做的美味芝麻烧饼，拥军支前，慰问子弟兵，为革命做出了贡献。“黄桥烧饼黄又黄，黄黄烧饼慰劳忙。烧饼要用热火烤，军队要靠百姓帮。同志们呀吃个饱，多打胜仗多缴枪。”这首优美的苏北民歌，从苏北唱到苏南，响彻解放区。黄桥烧饼也随之名扬大江南北。黄桥烧饼是以烫酵面与干油酥经过起酥形成的坯皮再包上馅心（各式咸、甜馅有十多种）经过烘烤而成的点心，该点具有饼形饱满，色泽金黄，酥层清晰，酥脆香润的特点。椭圆形（或长方形）的一般是咸馅的，圆形的一般是甜馅的，馅心有葱油、肉松、鸡丁、香肠、雪菜、白糖、橘饼、桂花、豆沙、开洋、肉丁等数十种。多作为街头小吃，也用作酒席点心。

二、制作原理

干油酥面团的成团和酥性原理见本章第一节；酵面皮酥的起层原理见本章第一节；生物膨松面团的膨松原理见第三章第一节；泡打粉膨松的原理见第三章第一节。

黄桥烧饼

三、熟制方法

烤。

四、用料配方（以 15 只计）

1. 坯料

干油酥：中筋面粉 180 克，熟猪油 105 克（春季、秋季）。

烫酵面：中筋面粉 150 克，熟猪油 10 克，干酵母 2 克，泡打粉 3 克，沸水 80 毫升，冷水 20 毫升。

2. 馅料

广式香肠 75 克，猪板油 100 克，葱花 50 克，味精 1 克。

3. 辅料

饴糖 15 毫升，清水 15 毫升。

4. 装饰料

脱壳白芝麻 100 克。

五、工艺流程（图 4-21）

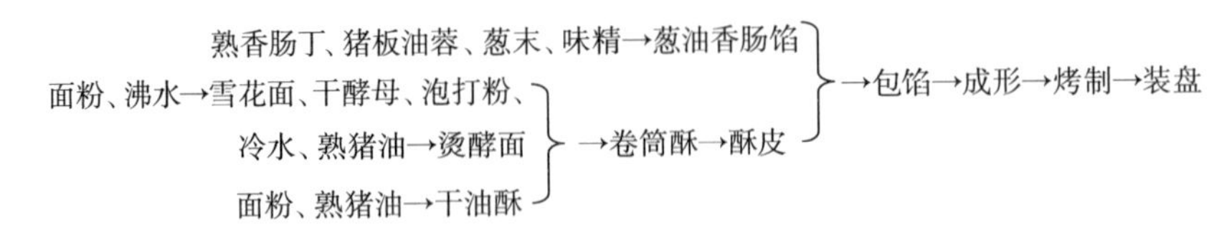

图 4-21　黄桥烧饼工艺流程

六、制作方法

1. 馅心调制

将猪板油去膜，剁成蓉；香肠煮熟切成丁；将猪板油蓉、香肠丁、葱花与味精拌成馅心。

（**质量控制点**：①按用料配方准确称量；②馅料要加工得细小一些；③猪板油要先去膜再剁蓉。）

2. 面团调制

烫酵面：在面粉中间扒一塘，用开水调成雪花面，散尽热气，加入干酵母、泡打粉、冷水、熟猪油调成面团，用保鲜膜包好，饧发 20 分钟。

干油酥：将面粉放在案板上，中间扒一塘，加入熟猪油擦成油酥面。

（**质量控制点**：①按用料配方准确称量；②干油酥面团要擦匀，烫酵面要揉擦光滑；③烫酵面、干油酥都要调得柔软；④根据室温调整用料比例，尤其是干油酥。）

3. 生坯成形

将烫酵面、干油酥、馅心分别分成 15 等份，用 1 份烫酵面包上 1 份干油酥，擀成长 10 厘米、宽 7 厘米的面皮，左右对折后再擀成面皮，然后由前向后卷起来，用面杖擀成 6 厘米见方的面皮，放在左手掌心，包上 1 份馅心，封口朝下，擀成 6 厘米长、3 厘米宽的两头略高的椭圆形饼。表面刷上饴糖水，撒上芝麻即成。

（**质量控制点**：①坯剂的厚度要恰当；②生坯呈椭圆形；③生坯要擀成中间低两头高，大小一致；④生坯表面不能露出酥层。）

4. 生坯熟制

将生坯放入刷过油的烤盘中排齐，送进面火为 220℃、底火为 180℃的烤箱中烤 12 分钟，表皮金黄即成。

（**质量控制点**：①烤箱要事先预热；②烤制中途可喷水；③制品呈金黄色的椭圆形。）

七、评价指标（表 4-20）

表 4-20　黄桥烧饼评价指标

品名	指标	标准	分值
黄桥烧饼	色泽	色泽金黄	20
	形态	椭圆形、形状规则	40
	质感	酥脆	20
	口味	香咸油润	10
	大小	重约 45 克	10

八、思考题

1. 黄桥烧饼为什么选用烫酵面来制作?

2. 咸味黄桥烧饼成形时为什么要擀成“两头略高”的椭圆形饼?

名点 176. 蟹壳黄（上海名点）

一、品种介绍

蟹壳黄是上海的著名面点。历史悠久，始创于 20 世纪 20 年代初期，当时风靡全上海。因其色泽金黄、形状如同蒸熟的蟹壳，故而得名。它是以烫酵面作面皮包上干油酥，经过起酥后包上馅心，做成扁圆形饼，饼面沾上一层芝麻，入烤箱（或贴在炉壁上）经烘制而成。具有色泽金黄，酥层清晰，酥脆香甜的特点。

馅料有咸有甜，咸的有葱油、鲜肉、蟹粉、虾仁等，甜的有白糖、玫瑰、豆沙、枣泥等。

二、制作原理

干油酥面团的成团和酥性原理见本章第一节；酵面皮酥的起层原理见本章第一节；生物膨松面团和泡打粉的膨松原理见第三章第一节。

三、熟制方法

烘烤。

蟹壳黄

四、用料配方（以 12 只计）

1. 坯料

油酥面：低筋面粉 150 克，熟猪油 90 克。

烫酵面：中筋面粉 120 克，干酵母 2 克，泡打粉 3 克，沸水 70 毫升，清水 10 毫升。

2. 馅料

猪板油 110 克，白糖 50 克。

3. 装饰料

脱壳白芝麻 60 克。

3. 辅料

饴糖 10 克，清水 10 毫升，花生油 10 毫升。

五、工艺流程（图 4-22）

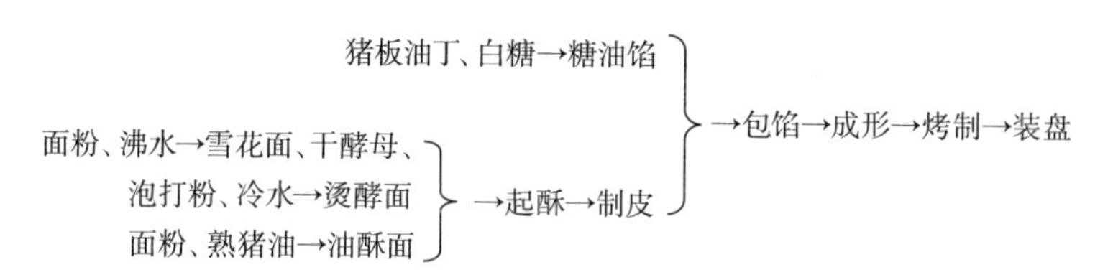

图 4-22　蟹壳黄工艺流程

六、制作方法

1. 馅心调制

将猪板油去薄膜，切成 0.3 厘米见方的小丁，与白糖擦匀，腌渍 3 天即成糖油馅。

（**质量控制点:** ①板油丁要加工得细小一些; ②糖油丁要提前腌制风味才好。）

2. 面团调制

干油酥调制：取低筋面粉、熟猪油和匀擦透即成；烫酵面调制：将中筋面粉先用沸水烫成雪花状面团，散尽热气，然后再加入干酵母、泡打粉、清水揉和成光滑的面团即成烫酵面，饧发 25 分钟。

（**质量控制点：**①干油酥、烫酵面都要调得柔软；②烫酵面要饧发足；③根据室温调整用料比例（这是春季和秋季的比例。）

3. 生坯成形

将烫酵面置于案台上（案台和手上都必须涂花生油少许），擀成厚约 1 厘米的长方形面片，将干油酥面均匀铺在面片上，卷成筒状；再擀成长方形面片，一折三层；最后再擀平，卷成筒状，下成每个重 30 克的剂子 12 个即成；将剂子逐个侧压成中间稍厚、边缘较薄的面皮，包入糖板油丁 12 克，收口后按成扁圆形，在生坯的正面刷上饴糖水，沾上芝麻即成生坯。

（**质量控制点：**①油酥面要均匀地铺在烫酵面上；②饴糖要用水稀释后才能刷；③芝麻要沾匀。）

4. 生坯熟制

将生坯放在刷过油的烤盘上，放入烤箱 190℃烤 20 分钟至表面金黄即可装盘。也可用烤炉采用明火烤，将生坯底部沾上少许清水，随即贴于烘炉壁上烘烤 5 分钟左右，见饼面色泽金黄即成。

（**质量控制点：**①烤前烤箱要预热；②烤箱或烤炉温度不宜太高或太低。）

七、评价指标（表 4-21）

表 4-21 蟹壳黄评价指标

品名	指标	标准	分值
蟹壳黄	色泽	色泽金黄	20
	形态	圆饼形、形状规则	40
	质感	酥脆	20
	口味	香甜油润	10
	大小	重约 40 克	10
	总分		100

八、思考题

1. 蟹壳黄选用烫酵面皮酥制作的目的是什么？
2. 蟹壳黄采用烤箱烤和烤炉烤在口感上有什么差别？

名点 177. 明顺斋什锦烧饼（天津名点）

一、品种简介

明顺斋什锦烧饼是天津风味小吃，创始人叫吕凤祥，20 世纪 20 年代便在“唯一斋”经营烧饼。1925 年，王树伦从山东到“唯一斋”学艺，从师吕凤祥，学做烧饼。1927 年，王树伦在原有的猪肉、白糖、芝麻等馅心品种的基础上，又创制了豆沙、豌豆黄、枣泥、红果、咖喱牛肉、霉干菜、萝卜丝、冬菜、香肠馅等 10 余种馅心的什锦烧饼，一直广受消费者的欢迎。此处以咖喱牛肉烧饼为例介绍。其制品具有色泽金黄、外酥里嫩、皮酥馅嫩、馅鲜咸香的风味特点。

二、制作原理

生物膨松面团（发酵面团）的膨松及兑碱原理见本章第一节。

三、熟制方法

烙、烤。

四、工艺流程（图 4–23）

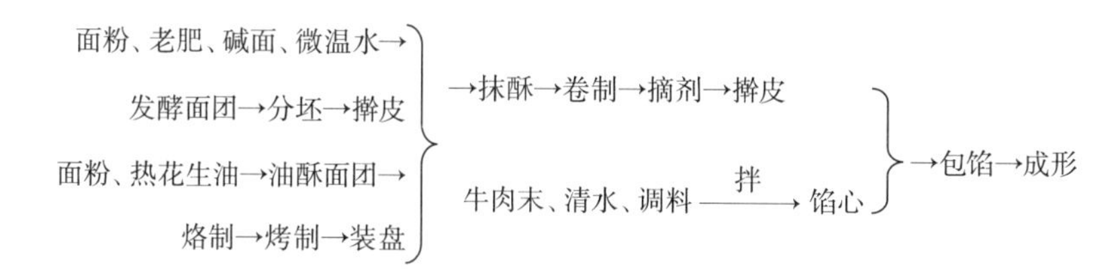

图 4–23　明顺斋什锦烧饼工艺流程

五、原料配方（以 20 只计）

1. 坯料

发酵面：面粉 350 克，老肥 100 克，碱面 2 克，微温水 170 毫升。

油酥面：面粉 150 克，花生油 70 毫升

2. 馅料

牛肉末 200 克，葱末 25 克，姜末 5 克，酱油 15 毫升，芝麻油 15 毫升，味精 10 克，精盐 5 克，咖喱粉 4 克，清水 60 毫升。

3. 辅料

花生油 40 毫升。

六、制作方法

1. 馅心调制

将牛肉末放在馅盆中，加入姜末拌匀，加入酱油和精盐搅拌上劲，把清水分次搅入牛肉末内，然后，将葱末、味精、咖喱粉、芝麻油一并调入拌匀成馅。

（**质量控制点：**①按用料配方准确称量；②馅料要加工得细小一些；③注意调味品的投放顺序。）

2. 粉团调制

将花生油烧辣，与面粉搅匀成油酥面团；再将面粉与面肥、碱面、微温水和匀，上案揉匀成发酵面团，饧发 20 分钟。

（**质量控制点：**①按用料配方准确称量；②干油酥面团要擦透，发酵面团要揉光、饧发；③面团调制的软硬度要控制好。）

3. 生坯成形

将发酵面团分成 4 份，分别擀成 30 厘米见方的面片。擀好后，每张面片抹上 5 毫升花生油、55 克油酥面，从外向里卷（卷时略抻），每卷揪成 5 个小剂子。将小剂子按成边薄、中心略厚的圆形薄片，包入 15 克牛肉馅。收口，封口处朝上，轻按成直径约 6.5 厘米的扁圆形饼坯。

（**质量控制点**：①坯剂的厚度一致，炸酥应抹均匀；②小剂子按成边薄、中心略厚的圆形薄片；③剂子大小均匀，收口要紧；④生坯呈扁圆形。）

4. 生坯熟制

平底锅置小火上刷油，将烧饼生坯封口面朝下放入平底锅，往正面刷油。待底面有黄嘎巴儿时翻个身儿。待正面也有黄嘎巴儿时，再翻个身儿上烤盘，进烤炉 150℃约 3 分钟即成。

（**质量控制点**：①平锅、烤炉要事先预热；②烙制时用中小火，成品颜色以杏黄色为宜。）

七、评价指标（表 4-22）

表 4-22　明顺斋什锦烧饼

品名	指标	标准	分值
明顺斋什锦烧饼	色泽	金黄油亮	10
	形态	扁圆形	30
	质感	外酥内软，馅嫩	30
	口味	鲜咸	20
	大小	重约 55 克	10
	总分		100

八、思考题

1. 选择什么部位的牛肉制馅较好？
2. 为什么生坯要先烙封口面？

名点 178. 包酥椒盐锅魁（四川名点）

一、品种简介

包酥椒盐锅魁是四川风味小吃。锅魁相传为三国时诸葛孔明所创，蜀汉丞相诸葛亮屯兵成都准备北伐，为了不误战机，孔明命人将面粉制成烧饼一样的干粮以备边行军边吃饭，后来做锅魁屯兵的地方就被后人称为军屯镇，那烧饼一样的干粮就成了锅魁。四川锅魁自成体系，根据用料和做法，可以分出四十多个品种。其从味上分有甜、咸、白味；从用料上分有芝麻、椒盐、葱油、桂花、红糖等；从作法上又可分为包酥、抓酥、空心、油旋子、混糖等；形状也不尽相同。锅魁一般是用发面配以调辅料，经烙、烤制作而成。四川省各地城镇均有供应。下面以“包酥椒盐锅魁”为例介绍，此品具有色泽金黄，皮香酥脆，味美可口的特点。

二、制作原理

干油酥面团的成团和酥性原理见本章第一节；酵面皮酥的起层原理见本章第一节；生物膨松面团的膨松原理和小苏打兑碱的原理见第三章第一节。

三、熟制方法

烤。

四、原料配方（以6只计）

1. 坯料

油酥面：中筋面粉100克，菜籽油40毫升，花椒粉2.5克。

酵面皮：中筋面粉400克，沸水75毫升，酵种100克，清水150毫升，小苏打2.5克，川盐5克。

2. 装饰料

食用红、绿色素各0.1克，白芝麻15克。

五、工艺流程（图4-24）

面粉、菜籽油、花椒粉→干油酥
面粉、沸水→烫面、面粉、酵种、清水
→发面、小苏打、川盐→酵面
}→包酥→成形→烤制→装盘

图4-24　包酥椒盐锅盔工艺流程

六、制作方法

1. 面团调制

油酥面：将面粉、菜籽油和花椒粉揉擦成团，分成6份。

酵面：将100克面粉置案上，加沸水，制成烫面。把其余面粉与酵种和清水和匀，再加入烫面揉匀，发酵后加入小苏打、川盐，揉匀，盖上干净的湿布稍饧。

（**质量控制点：**①油酥面要擦匀；②酵面要发足；③小苏打的用量要根据季节变化；④川盐的用量要根据当地口味要求调整。）

2. 生坯成形

将饧发好的酵面搓条、下面剂子（6只），每个剂子揉匀，包上一份酥面，按扁后擀成长方形，叠为两层后再擀长方形，如此反复两次。最后擀成长方形，卷成圆筒，压扁，将两头弯向中间，压成圆饼，交口处封好，擀成直径 12 厘米的圆饼。把芝麻平分两份，分别用红、绿色素染制。饼的正面均匀地沾上红、绿两色芝麻，即成锅魁生坯。

（**质量控制点：**①酵面与酥面的比例要恰当；②锅魁的发酵程度要合适。）

3. 生坯熟制

将生坯放进抹过油的烤盘内，放入 180℃的烤箱中烤制，翻烤至皮硬呈金黄色时，至熟酥即成。

（**质量控制点：**①烤制时的温度和时间要根据锅魁的大小厚薄调整；②也可采用先烙再烤的方法制作；③皮酥脆咸香，椒盐味突出。）

七、评价指标（表 4–23）

表 4–23　包酥椒盐锅魁

名称	指标	标准	分值
包酥椒盐锅魁	色泽	皮金黄色，芝麻红、绿	20
	形态	圆饼形	30
	质感	酥脆	20
	口味	香咸	20
	大小	135 克	10
	总分		100

八、思考题

1. 包酥椒盐锅魁与新疆馕的做法有什么不同？
2. 小苏打加入发酵面团中的作用是什么？

下面介绍层酥名点的第四种——水面皮酥制品，共 4 款。

名点 179. 徽州饼（安徽名点）

一、品种介绍

徽州饼是安徽徽州的传统名点，原名枣泥酥馃。光绪年间有一徽州饮食经营者在江苏扬州制作此面饼出售，颇受食者欢迎，故当地人称为“徽州饼”。经过点心师的不断改进，不同地区徽州饼的做法也有了差异。这里介绍的是将烫面擀薄，抹上油酥面卷成筒状，摘剂、擀皮，包上枣泥馅做成圆饼形，经烙制而成。此点具有面色黄亮，皮薄而酥，馅软油润，甜而不腻的特点。

二、制作原理

干油酥面团的成团和酥性原理见本章第一节；水面皮酥的起层原理见本章第一节。

三、熟制方法

烙。

四、用料配方（以 10 只计）

1. 坯料

烫面：中筋面粉 200 克，沸水 100 毫升，冷水 20 毫升。

油酥面：中筋面粉 85 克，熟猪油 55 克。

2. 馅料

红枣 100 克，熟猪油 40 克，白砂糖 80 克。

3. 辅料

色拉油 50 毫升。

五、工艺流程（图 4–25）

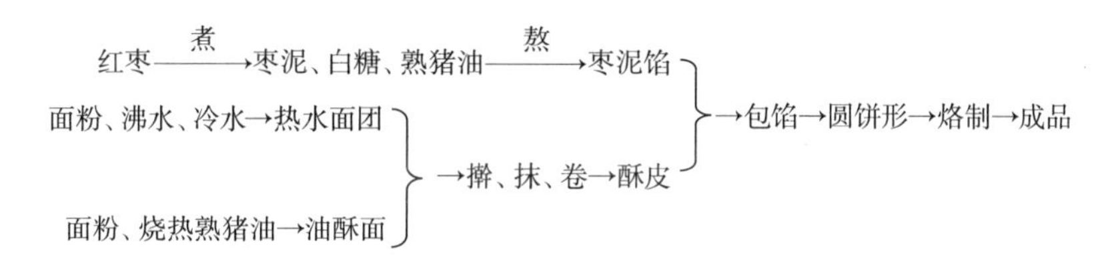

图 4–25　徽州饼工艺流程

六、制作方法

1. 馅心调制

选用上等红枣放盆内，加入清水泡膨胀、洗净，入笼蒸烂取出，搓成泥状过筛除去皮和核。在锅中放熟猪油和白砂糖，糖溶化后加入枣泥，用小火炒制成稠厚状的枣泥馅，冷却，冷藏待用。

（**质量控制点：**①红枣一定要泡透、蒸烂；②不宜用铁锅熬枣泥；③枣泥熬至稠厚；④使用前要冷藏。）

2. 面团调制

将熟猪油烧到油面起微烟时，把锅移开，倒入面粉，用手勺搅和成糊状油酥面；再将面粉放入盆中，倒入沸水搅成麦穗面，淋入冷水反复搓揉成光滑的烫面面团，盖上湿布饧制 20 分钟。

（**质量控制点**：①油酥面中的面粉要烫熟；②烫面要饧透、柔软；③油酥面要抹匀。）

3. 生坯成形

将烫面擀成长方形薄皮，抹上油酥面卷起，搓成长圆条，摘成 10 个面剂子。将面剂逐个擀成圆面皮，包入枣泥馅，将口捏紧向下，用小擀面杖轻轻擀成直径约 10 厘米、厚薄均匀的圆饼，即成生坯。

（**质量控制点**：①圆饼大小一致、厚薄均匀；②馅心居中。）

4. 生坯熟制

平锅放在小火上烧热，刷上色拉油，将生坯放在锅内，待一面煎至微黄色时，将饼上面刷上油，翻身煎，如此反复多次，煎至两面呈微透明状时即可出锅。

（**质量控制点**：①小火煎制；②多次翻面。）

七、评价指标（表 4-24）

表 4-24　徽州饼评价指标

品名	指标	标准	分值
徽州饼	色泽	色泽金黄	20
	形态	圆饼形，微透明	40
	质感	外酥内软	20
	口味	香甜	10
	大小	重约 60 克	10
	总分		100

八、思考题

1. 油酥面中的面粉为什么要用热油烫熟？
2. 烫面为什么要调得柔软一些？
3. 为什么不宜用铁锅熬制枣泥？

名点 180. 油酥饽饽（河北名点）

一、品种简介

油酥饽饽是河北承德风味面点，兴盛于清代。中国北方人习惯把许多面制食品统称为“饽饽”，成熟方法分为蒸、烙、烤、煮几种。据说康熙、乾隆及后世帝王每年来避暑山庄，几乎都要吃饽饽，承德一带制作各类饽饽历史悠久，最受欢迎的饽饽是油酥饽饽，是以冷水面与干油酥经起酥后制成的圆酥包上糖馅烙制而成。制品具有两面金黄，层次清晰，外脆内软，口味香甜的特点。

二、制作原理

干油酥面团的成团和酥性原理见本章第一节；水面皮酥的起层原理见本章第一节。

三、熟制方法

烙。

四、原料配方（以 15 只计）

1. 坯料

干油酥：中筋面粉 150 克，豆油 65 毫升。

冷水面：中筋面粉 400 克，食用碱面 3 克，清水 230 毫升。

2. 馅料

熟面粉 25 克，绵白糖 80 克，糖桂花 5 克，青红丝 15 克，清水 15 毫升。

3. 辅料

豆油 50 毫升。

五、工艺流程（图 4–26）

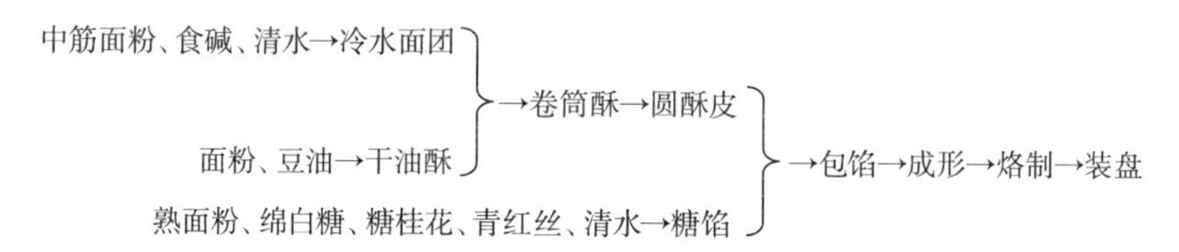

图 4–26　油酥饽饽工艺流程

六、制作程序

1. 馅心调制

取熟面粉与绵白糖、糖桂花、青红丝（切粒）、清水一同拌匀成糖馅。

（**质量控制点：**①面粉要炒熟；②青红丝切的颗粒不宜大。）

2. 面团调制

取面粉、豆油和匀擦成即成干油酥；另取面粉、食用碱面、清水一同搓揉成光滑的面团成冷水面，盖上保鲜膜饧制。

（**质量控制点：**①干油酥、冷水面的硬度要相近；②冷水面要饧透。）

3. 生坯成形

将冷水面、干油酥分别摘成小剂，用小包酥的开酥方法，把碱水面按成中间厚的圆皮，将干油酥包入把口收紧，擀成长方形面皮，再将其一次三折叠起来再擀成很薄的面皮，再卷起来成为圆柱形的小剂子，用手压扁把馅心包入，收口向下，擀成直径 7 厘米的圆形饼坯即成生坯。

（**质量控制点：**①采用小包酥的方法起酥；②成为有螺旋形纹路的圆饼形。）

4. 生坯熟制

将饼坯刷上豆油，置于烧热的饼铛上小火烙制，并不断移动、翻面，烙至两面成金黄色，成熟后装盘。

（**质量控制点：**①小火加热；②烙制过程中要不断移动、翻面；③烙至两面呈金黄色。）

七、评价指标（表 4-25）

表 4-25　油酥饽饽评价指标

品名	指标	标准	分值
油酥饽饽	色泽	金黄色	10
	形态	圆饼形，有螺旋纹路	40
	质感	外脆内软	20
	口味	香甜	20
	大小	重约 60 克	10
	总分		100

八、思考题

1. 刷油烙制油酥饽饽的要点是什么？
2. 冷水面中加入碱粉的目的是什么？

名点 181. 胡麻饼（陕西名点）

一、品种简介

胡麻饼是陕西风味小吃，又称胡饼、芝麻烧饼。“胡”在汉代是指西域诸国，胡麻饼就是一种西域食品，因张骞出使西域而传入中原，汉灵帝非常喜吃胡麻饼。据说安史之乱的时候，唐玄宗前往蜀地避难的路上曾食此饼。公元 818 年，白居易由江州司马升任为忠州刺史，喜上眉梢之际，亲手制作了一些胡麻饼，命快马赠予当时的正在万州刺史任上的知己杨敬之，并且即兴赋诗一首：“胡麻饼样学京都，面脆油香新出炉。寄与饥馋杨大使，尝看得似辅兴无。”当时长安城里辅兴坊制作的胡麻饼最有名。也由此可见，胡麻饼在唐代也已经是风靡一时的国民小吃了。它是用水面包上酥面经过擀、叠、卷后擀成圆饼撒上芝麻经烙制或烘烤而成，具有色泽金黄，外酥内软，香咸味美的特点。

二、制作原理

干油酥面团的成团和酥性原理见本章第一节；水面皮酥的起层原理见本章第一节。

三、熟制方法

烙烤或烘烤。

四、用料配方（以 10 只计）

1. 坯料

水面：中筋面粉 85 克，微温水 50 毫升。

酥面：中筋面粉 165 克，熟猪油 85 克，精盐 3 克，花椒面 1 克。

2. 装饰料

白芝麻 75 克。

3. 辅料

鸡蛋清 20 克。

五、工艺流程（图 4-27）

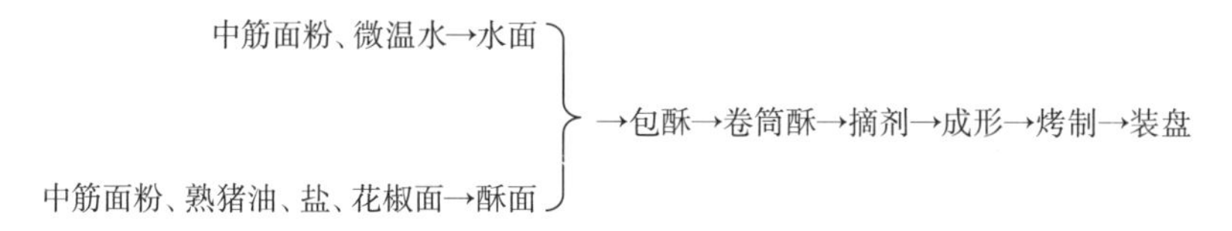

图 4-27　胡麻饼工艺流程

六、制作程序

1. 面团调制

（1）水面

将面粉加微温水和成面团，揉匀包上保鲜膜饧制。

（2）酥面

将面粉加熟猪油、精盐、花椒面擦匀擦透而成。

（**质量控制点：**①水面要柔软；②不同季节水温应不同；③酥面的用油量不同季节应有所变化。）

2. 生坯成形

将饧好的皮面包上酥面，擀成长方形大片，折叠三层再擀成长方形片，卷成圆筒形；将面坯揪成 10 只面剂子，擀成直径 10 厘米的圆形饼坯。将饼坯上刷一层蛋清、沾上一层芝麻。

（**质量控制点：**饼坯不宜太厚。）

3. 生坯成熟

将饼坯入平底鏊上烙至八成熟后再放入鏊下火槽内烘烤 4 ～ 5 分钟至色呈金黄即可。或放入面火 200℃，底火 180℃的烤箱中烘烤 16 分钟至金黄色取出装盘。

（**质量控制点：**表面要呈金黄色。）

七、评价指标（表 4–26）

表 4–26　胡麻饼评价指标

品名	指标	标准	分值
胡麻饼	色泽	金黄色	10
	形态	圆饼形	40
	质感	外酥内软	20
	口味	香咸	20
	大小	重约 40 克	10
	总分		100

八、思考题

1. 水面为什么要调得柔软一点？
2. 唐代诗人白居易写的有关胡麻饼的诗的内容是什么？

名点 182. 西安大肉饼（陕西名点）

一、品种简介

西安大肉饼是陕西风味小吃，又名千层肉饼、宫廷香酥肉饼。据说这种饼是由唐代段公路《北户录》里记载的“白肉胡饼”的基础上演变而来，相传唐朝年间，百姓曾以此饼祭奠玄奘，后经御厨改良成了御用点心。此品是以水面包上猪肉馅、抹上稀油酥经卷、压而形成圆饼，再经煎炸而成。具有两面金黄，外酥脆、内柔软，层次清晰，馅嫩咸香的特点。

二、制作原理

干油酥面团的成团和酥性原理见本章第一节；水面皮酥的起层原理见本章第一节。

三、熟制方法

煎。

四、用料配方（以 5 只计）

1. 坯料

水面：面粉 250 克，精盐 2 克，碱面 1 克，微温水 150 毫升。

稀油酥：面粉 40 克，五香粉 2 克，胡椒粉 2 克，菜籽油 25 毫升。

2. 馅料

猪肋条肉泥 150 克，葱花 75 克，姜末 10 克，精盐 3 克，胡椒粉 1 克，花椒面 1 克，味精 2 克，芝麻油 10 毫升，清水 20 毫升。

3. 辅料

菜籽油 150 毫升。

五、工艺流程（图 4-28）

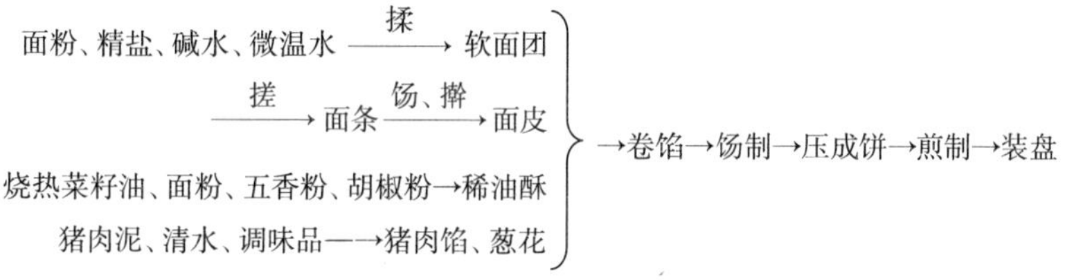

面粉、精盐、碱水、微温水 —揉→ 软面团 —搓→ 面条 —饧、擀→ 面皮
烧热菜籽油、面粉、五香粉、胡椒粉→稀油酥
猪肉泥、清水、调味品——→猪肉馅、葱花
（以上合并）→卷馅→饧制→压成饼→煎制→装盘

图 4-28　西安大肉饼工艺流程

六、制作程序

1. 面团调制

水面：将面粉倒入盆内，加入精盐、溶化好的碱水和微温水搅成面絮，再加水和成软面团，揉搓均匀光滑，盖上保鲜膜饧制 20 分钟。

稀油酥：炒锅置旺火上，倒入菜籽油烧热，将炒锅离火，陆续倒入面粉、五香粉和胡椒粉，边倒边搅至面粉与油调和均匀，制成稀油酥倒入碗中。

将饧好的水面搓成长条，下成 5 只面剂子，再搓成长约 20 厘米的条，全部搓完后，在上面抹一层油，叠放起来，盖上保鲜膜回饧（约 40 分钟）。

（**质量控制点：**①水面要柔软；②调稀油酥的油温要高；③面条要饧透。）

2. 馅心调制

把猪肥瘦肉泥翻入馅盆中，姜末、精盐、清水搅上劲，再加胡椒粉、花椒面、味精、芝麻油搅拌均匀成饼馅。

（**质量控制点：**馅心要搅上劲。）

3. 生坯成形

取面条一个放在案板上，先手指压平，再用小面杖擀成长 30 厘米、宽 10 厘米的片，然后取饼馅30克放在面皮的一端中部向前摊平，再用15克葱花放在馅上，在余下的面皮上抹上稀油酥，将放馅的这头拉两角包住，然后用右手拿起包馅的一端，趁着手劲边抻边卷（抻得越薄越好），卷好后用左手握住卷，用右手捏住下端，稍扭后向上顶凹放在案板上，饧制 10 分钟，用手掌压成中间薄、四周厚、直径 10 厘米左右的圆形饼坯，依法做完 5 只。

（**质量控制点：**①面皮抻得越薄越好；②面皮卷馅饧制后再压成形。）

4. 生坯熟制

把电饼铛的温度预设到 200℃，放入菜籽油烧热，再将肉饼坯放入，煎烙 3 分钟后翻面再煎烙，直至两面焦黄时即可夹出，沥油、装盘。

（**质量控制点：**①煎制的油量不宜少；②煎制时饼坯要多次翻面。）

七、评价指标（表 4–27）

表 4–27　西安大肉饼评价指标

品名	指标	标准	分值
西安大肉饼	色泽	两面金黄	10
	形态	圆饼形，内部层次清晰	40
	质感	外酥内软，馅嫩	20
	口味	咸香	20
	大小	重约 110 克	10
	总分		100

八、思考题

1. 面团中加盐和碱的目的是什么？
2. 制作过程中为什么面皮抻得越薄越好？

以下是油酥面团名点中的单（混）酥名点。

名点 183. 拿酥鸡蛋挞（广东名点）

一、品种简介

拿酥鸡蛋挞是广东风味点心，属于传统广式蛋挞，它是油酥面团中的混酥制品。此点是以低筋面粉、黄油、绵白糖、鸡蛋、吉士粉、泡打粉调制的混酥面团作皮，以蛋液、绵白糖、鲜奶、吉士粉、清水调制的蛋挞液作馅经烘烤制作而成，具有色泽蛋黄、造型美观、酥松香甜、甜香滑嫩的风味特点。在茶楼、蛋糕房、超市中都有销售。

二、制作原理

泡打粉膨松的原理见第三章第一节。

三、熟制方法

烤。

四、用料配方（以 20 只计）

1. 坯料

低筋面粉 200 克，黄油 80 克，绵白糖 80 克，鸡蛋 80 克，吉士粉 10 克，泡打粉 4 克。

2. 馅料

蛋液 130 克，绵白糖 100 克，鲜奶 65 克，清水 65 毫升，吉士粉 5 克。

五、工艺流程（图 4-29）

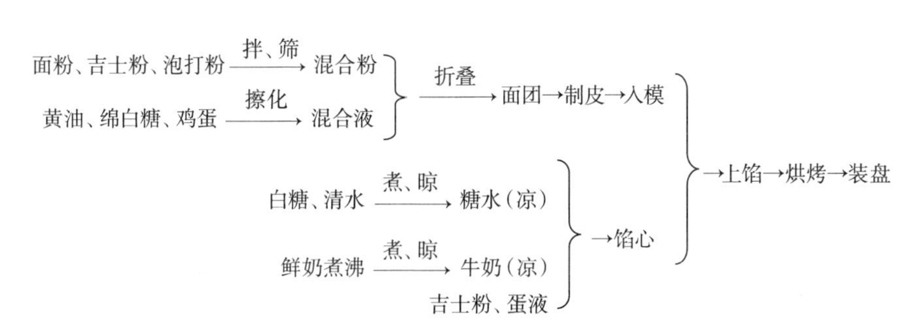

图 4-29　拿酥鸡蛋挞工艺流程

六、制作程序

1. 馅心调制

将绵白糖、清水煮化开；鲜奶煮刚沸即离火。

将鸡蛋液搅匀，与晾凉的鲜奶、糖水以及吉士粉一同混合均匀，过滤后即成馅心，放冰箱冷藏。

（**质量控制点：**①调好的馅心要过滤；②馅心冷藏后再用。）

2. 面团调制

将面粉放在案板上，加入吉士粉、泡打粉拌匀过筛，中间扒开一个塘；放入黄油、鸡蛋、绵白糖搅拌均匀，用手掌擦至糖油化开，再与面粉拌匀，采用折叠法使其成为光滑的面团（室温高需放冰箱冷藏）。

（**质量控制点：**①糖、油要擦花开才能与面粉调制；②采用折叠法调制面团；③如果室温高则需要将面坯先冷藏再调制均匀。）

3. 生坯成形

将拿酥面团擀成厚 0.5 厘米的长方形薄皮，用菊花套模刻出圆皮，按入抹过油的菊花盏模中捏紧，将其底部按薄，拿酥皮边与模边平齐。

（**质量控制点：**①模内要抹油；②底部要按薄；③皮与模贴紧；④皮边与模边平齐。）

4. 制品熟制

将按好皮的菊花盏放入烤盘中，倒入馅心（七成满），入炉用面火 180℃、底火 200℃的炉温烘烤约 20 分钟至熟即成。

（**质量控制点：**馅心加至七成满。）

七、评价指标（表 4–28）

表 4–28　拿酥鸡蛋挞评价指标

品名	指标	标准	分值
拿酥鸡蛋挞	色泽	淡黄色	10
	形态	蛋挞形	40
	质感	皮酥脆，馅嫩滑	20
	口味	香甜	20
	大小	重约 35 克	10
	总分		100

八、思考题

1. 馅心入冰箱冷藏的作用是什么？

2. 拿酥皮按入菊花盏成形的要点有哪些？

本章小结

本章主要介绍了油酥面团名点的分类、制作原理、面团特性、调制方法、起酥方法及层酥的分类，有代表性的油酥面团名点的制作方法及评价指标。了解油酥面团名点制作的一般规律。

同步练习

一、填空题

1. 江苏南通名点金钱萝卜饼的成熟方法是________。

2. 上海名点火腿萝卜丝酥饼的成品的形状是________。

3. 上海名点火腿萝卜丝酥饼的起酥方法可以采用__________，也可以采用________。

4. 制作上海名点枣泥酥饼时生坯不宜厚，因为在炸制过程中生坯________变厚。

5. 上海名点枣泥酥饼在炸制过程中要________，使之受热均匀。

6. 为了使酥层更清晰，制作安徽寿县传统名点大救驾所用的猪油最好是________。

7. 福建厦门的特色风味点心韭菜盒按起酥方法分属于油酥制品中的________制品。

8. 湖北风味面点蛋黄菊花酥的馅心是________。

9. 辽宁风味点心奶油马蹄酥的起酥方法属于________的起酥方法。

10. 辽宁风味点心奶油马蹄酥表面的鲜奶油属于________料。

11. 内蒙古风味小吃哈达饼的馅心属于________馅。

12. 陕西风味小吃胡麻饼的口味是通过________来调味的。

13. 陕西风味小吃胡麻饼相传是在________从________传入中原的。

14. 陕西风味小吃西安大肉饼是在唐代段公路《北户录》里记载的“________”的基础上演变而来。

15. 江苏泰州名点黄桥烧饼属于层酥制品中的________制品。

16. 上海名点蟹壳黄表面除了刷饴糖水上色外，还可以刷________代替饴糖水上色。

17. 用来制作上海名点蟹壳黄馅心的板油丁最好提前一段时间________风味才好。

18. 四川风味面点锅魁按口味可分成________、________和________三种。

二、选择题

1. 用来调制浙江杭州名点吴山酥油饼的面团的油脂是（　　）。

A. 猪油　B. 菜籽油　C. 色拉油　D. 花生油

2. 福建厦门的特色风味点心韭菜盒的成熟方法是（　　）。

A. 刷油烙　B. 油煎　C. 烘烤　D. 炸

3. 湖北风味面点蛋黄菊花酥的装饰料是（　　）。

A. 樱桃粒　B. 椰蓉　C. 熟芝麻　D. 绵白糖

4. 调制辽宁风味小吃义县伊斯兰烧饼面坯的油脂是（　　）。

A. 菜籽油　B. 色拉油　C. 橄榄油　D. 豆油

5. 调制黑龙江风味点心玫瑰酥饼干油酥、水油面所用的油脂是（　　）。

A. 菜籽油　B. 豆油　C. 熟猪油　D. 花生油

6. 黑龙江风味点心炸三角酥成品的色泽是（　　）。

A. 白色　B. 淡黄色　C. 金黄色　D. 褐色

7. 天津风味小吃明顺斋什锦烧饼的成熟方法是（　　）。

A. 烤　B. 烙　C. 煎、烤　D. 烙、烤

8. 制作河北风味小吃棋子烧饼的干油酥所用的油脂是（　　）。

A. 熟猪油　B. 花生油　C. 菜籽油　D. 大豆油

9. 调制河北风味小吃棋子烧饼的水油面的水是（　　）。

A. 冷水　B. 温水　C. 热水　D. 沸水

10. 山西风味小吃茶食酥皮中使用的油脂是（　　）。

A. 熟猪油　B. 花生油　C. 菜籽油　D. 大豆油

11. 内蒙古风味面点鲜奶螺旋酥馅心的主料是新鲜的（　　）。

A. 猪肉　B. 牛肉　C. 羊肉　D. 时令蔬菜

12. 广东风味名点掰酥鸡粒角酥心的用油比例是（　　）。

A. 50%　B. 100%　C. 150%　D. > 200%

13. 江苏泰州名点黄桥烧饼较为合适的烘烤温度是（　　）。

A. 面火为160℃、底火为180℃　B. 面火为180℃、底火为180℃

C. 面火为220℃、底火为180℃　D. 面火为220℃、底火为220℃

14. 四川风味面点包酥椒盐锅魁油酥面中所用的油脂是（　　）。

A. 熟猪油　B. 花生油　C. 菜籽油　D. 大豆油

15. 安徽徽州的传统名点徽州饼的成熟方法是（　　）。

A. 炸　B. 蒸　C. 烙　D. 煎

16. 河北风味小吃油酥饽饽的成熟方法是（　　）。

A. 炸　B. 煎　C. 烙　D. 蒸

17. 制作河北风味小吃油酥饽饽的干油酥中所用的油脂是（　　）。

A. 熟猪油　　B. 花生油　　C. 菜籽油　　D. 大豆油

三、判断题

1. 吉林风味小吃清糖饼采用的是小包酥的方法起酥的。（　　）

2. 黑龙江风味点心玫瑰酥饼的起酥方法属于叠酥。（　　）

3. 黑龙江风味点心炸三角酥的起酥方法属于卷筒酥。（　　）

4. 山西风味小吃茶食一般采用大包酥的方法起酥。（　　）

5. 天津风味小吃明顺斋什锦烧饼中的“什锦”是指馅心可以有十余种的变化。（　　）

四、问答题

1. 江苏南通名点金钱萝卜饼制品的特色是什么？

2. 常见的控制干油酥硬度的方法有哪些？

3. 上海名点火腿萝卜丝酥饼炸制的方法是什么？

4. 上海名点枣泥酥饼如果采用烘烤的方法成熟，其用料比例应该如何改变？

5. 炸制安徽寿县传统名点大救驾时油温是如何变化的？为什么？

6. 调制广东风味名点老婆饼馅心时加入糕粉的作用是什么？

7. 在广东风味名点老婆饼生坯成形时，在其表面划开两道口子的作用是什么？

8. 调制辽宁风味小吃义县伊斯兰烧饼的糖馅时加入熟面粉的作用是什么？

9. 常见的辽宁风味小吃义县伊斯兰烧饼馅心的种类有哪些？

10. 为什么制作吉林风味小吃清糖饼的水油面、干油酥要调得柔软？

11. 内蒙古风味小吃哈达饼生坯为什么要擀得薄而直径大？

12. 内蒙古风味面点鲜奶螺旋酥中鲜奶的作用是什么？

13. 陕西风味小吃西安大肉饼的生坯在煎制时为什么要用较多的油？

14. 广东风味名点掰酥鸡粒角烘烤的温度为什么不宜太高或太低？

15. 在制作辽宁风味点心蜜汁鲍鱼酥时野生蜂蜜所起的作用是什么？

16. 在辽宁风味点心蜜汁鲍鱼酥起酥的环节为什么酥心和酥坯要入冰箱冷藏？

17. 江苏泰州名点黄桥烧饼常用的馅心品种有哪些？

18. 如果批量生产黄桥烧饼，如何采用大包酥制作坯剂？

19. 如果采用烤箱烘烤，上海名点蟹壳黄烘烤温度的过高或过低对其品质有什么影响？

20. 安徽徽州的传统名点徽州饼成熟的要点是什么？

21. 调制广东风味名点拿酥鸡蛋挞面团为什么采用“折叠法”调制？

22. 广东风味名点拿酥鸡蛋挞的馅心为什么只能加到蛋挞模的七成满？

第五章　浆皮面团名点

本章内容： 1. 浆皮面团概述

2. 浆皮面团名点举例

教学时间： 2课时

教学目的： 通过本章的教学，让学生懂得浆皮面团调制的基本原理和技法，通过实训掌握其中具有代表性的浆皮面团名点的制作方法，如面团调制、馅心调制、生坯成形、生坯熟制和美化装饰等操作技能。了解浆皮面团名点制作的一般规律，使学生具备运用所学知识解决实际问题的能力。在教与学名点的同时培养学生认真负责、严谨细致的工作态度和作风

教学方式： 课堂讲授、演示、品尝、练习、讲评

教学要求： 1. 懂得浆皮面团调制的基本原理和技法

2. 掌握具有代表性的浆皮面团名点的制作方法

3. 通过代表性浆皮面团名点的制作，能够举一反三

课程思政： 1. 教育学生心怀感恩，刻苦学习，传承传统技艺

2. 培养学生认真负责、严谨细致的工作态度和作风

3. 合理利用原料，杜绝浪费，发扬勤俭节约的精神

4. 形成良好的职业道德和职业行为习惯

第一节　浆皮面团概述

浆皮面团也称提浆面团、糖皮面团、糖浆面团，是先将蔗糖加水、麦芽糖（饴糖）或柠檬酸熬制成糖浆，再加入油脂和枧水，搅拌乳化成乳浊液后加入面粉调制成的面团。

一、浆皮面团的成团原理

1. 转化糖浆的形成原理

葡萄糖和果糖统称为转化糖，其水溶液称为转化糖浆。

转化糖浆是由砂糖加水溶解，经加热，在酸的作用下水解转化为葡萄糖和果糖而得到的糖溶液。

转化糖的生成量与酸度有关，酸度增大，转化糖的生成量增加；还与熬糖时的火候有关，沸腾度小、时间长，转化糖生成量越大。

除了酸可以作为蔗糖的转化剂，淀粉糖浆、饴糖浆、明矾等也可作为蔗糖的转化糖的转化剂。传统熬糖多使用饴糖。饴糖是麦芽糖、低聚糖和糊精的混合物，呈黏稠状，具有不结晶性。其对结晶有较大的抑制作用。熬糖时加入饴糖，可以防止蔗糖析出或返砂，增大蔗糖的溶解度，促进蔗糖转化。

2. 浆皮面团的成团原理

当面粉中加入适量的高浓度的糖浆、油脂和枧水混合后，由于糖浆限制了水分向面粉颗粒内部扩散，影响了蛋白质吸水形成面筋，同时加入面团中的油脂均匀分散在面团中，也限制了面筋形成。依靠少量的面筋网络和糖浆、油脂的黏性，形成了弹性、韧性较低，松软细腻，有良好的可塑性的浆皮面团。

二、浆皮面团的特性

面团组织细腻，弹性、韧性较小，具有良好的可塑性，制成的成品外表光洁，饼皮松软。

三、浆皮面团的调制方法和要点（以广式月饼为例）

（一）浆皮面团的调制方法

1. 熬制糖浆

将水和白糖倒入锅中，大火烧开后约 10 分钟加入柠檬酸，用中小火熬煮 40 分钟，糖浆温度 113 ～ 114℃，糖度 78°。熬好的糖浆放置 15 天后使用。

2. 浆皮面团调制

将配方中的糖浆、花生油和枧水放入容器中搅拌均匀，使之乳化形成均匀的乳浊液。面粉置案板上，中间刨个坑，放入糖、油乳浊液抄拌均匀，翻叠成团即可。

（二）浆皮面团的调制要点

1. 糖浆的熬制要点

（1）下料顺序

熬糖时必须先下水，后下糖，以防糖粘锅焦煳，影响糖浆色泽。

（2）加入柠檬酸的时间节点

柠檬酸最好在糖液煮沸即温度达到 104 ～ 105℃时加入。酸性物质在低温下对蔗糖的转化速度慢，最好的转化温度通常为 110 ～ 115℃，所以最好的加酸温度为 104 ～ 105℃。

（3）饴糖加入的时机

若使用饴糖作为转化剂熬糖，饴糖的加入量为糖量的 15%～ 30%，加入时间节点最好是糖液煮沸，即温度在 104 ～ 105℃时加入。

（4）掌握熬糖的时间和火力大小

若火力大，加热时间长，糖液水分挥发快，损失多，易造成糖浆温度过高，浆糖变老，颜色加深，冷却后糖浆易返砂。若火力小，加热时间短，糖浆温度低，糖的转化速度慢，使糖浆转化不充分，浆嫩，调制的面团易生筋，饼皮僵硬。熬糖的时间、火力与熬糖量及加水量有关。熬糖量大，相应加水量应增大，火力减小，熬糖时间延长。否则糖浆熬制不充分，蔗糖转化不充分，熬糖的糖浆易返砂，质量次。

（5）控制好糖浆的糖度

熬好的糖浆糖度为 78°～ 80°　。糖度低，浆嫩，含水高，面团易生筋、收缩，饼皮回软差。糖度过高，浆老，糖浆放置过程中易返砂。在糖浆不返砂的情况下，糖度应尽量高。

（6）熬好的糖浆要待其自然冷却，并放置一段时间后使用

这样做的目的是促进蔗糖继续转化，提高糖浆中转化糖含量，防止蔗糖重结晶返砂，影响质量，使调制的面团质地更柔软，延伸性更好，使制品外表光洁，不收缩，花纹清晰，使饼皮能较长时间保持湿润绵软。

2. 浆皮面团的调制要点

（1）应先将糖浆、油脂、枧水等充分搅拌乳化

若搅拌时间太短乳化不完全，调制出的面团弹性和韧性不均，外观粗糙，结构松散，重则走油生筋。

（2）面团的软硬应与馅料软硬一致

豆沙、莲蓉等馅心较软，面团也应稍软一些；百果、什锦馅等较硬，面团也要硬一些。面团软硬可通过配料中增减糖浆来调节。或以分次拌粉的方式调节，不可另加水调节。

（3）拌粉程度要适当

不要反复搅拌，以免面团生筋。

（4）面团调好后放置时间不宜太长

可先拌入 2/3 的面粉，调成软面糊状，使用时再加入剩余面粉调节面团软硬。用多少拌多少，从而保证面团质量。

第二节　浆皮面团名点举例

名点 184. 广式月饼（广东名点）

一、品种简介

广式月饼是广东风味点心，是中秋月饼的一大类型。早在清光绪年间由广州莲香楼首创，因其首产于广东而得名。品名一般是以饼馅的主要成分而定，可分果仁型、肉禽型、椰蓉型、蓉沙型等，20 世纪 90 年代后又开发了水果型、果酱型、蔬菜型等，按口味分则有咸、甜两大类。该品主要是以浆皮面团作皮，包上饼馅后经烘烤而成，其具有皮薄馅大，口感松软、油润细滑、色泽棕黄、图案精致、花纹清晰等特点。在中国南方地区，特别是广东、广西、海南、香港、澳门等地已成为中秋节消费量很大的品种。目前已流行于全国各地，很多宾馆、食品厂、商超、西点房都应节制作，已成为我国影响最大、流传最广的节令食品。

二、制作原理

浆皮面团的成团原理见本章第一节。

三、熟制方法

烤。

四、用料配方（以 10 只计）

1. 坯料

中筋面粉 80 克，转化糖浆 60 克，花生油 15 毫升，枧水 2 毫升。

2. 馅料

白莲蓉馅200克，咸蛋黄10只（约10克/只）。

3. 装饰料

蛋黄液10毫升，清水5毫升。

4. 辅料

中筋面粉5克，玉米油100毫升（实耗10毫升）、白酒2毫升，清水10毫升。

五、工艺流程（图5–1）

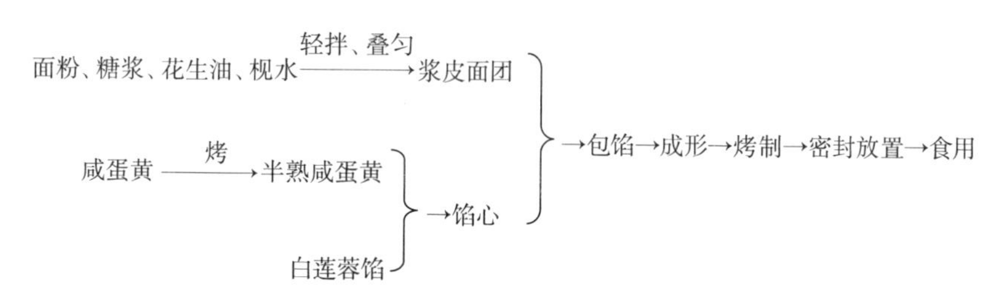

图5–1　广式月饼工艺流程

六、制作程序

1. 面团调制

在大碗中放入转化糖浆、枧水、花生油搅拌均匀，使之融为一体，将面粉筛入碗中，与糖浆轻轻拌匀，再折叠均匀（不能上劲），用保鲜膜包好，室温下静置4小时。

（**质量控制点：**①面团不能揉上劲；②面团静置的时间要恰当。）

2. 馅心调制

将蛋黄滚上玉米油，放在垫有油纸的烤盘中，入烤箱160℃烘烤6分钟成淡黄色取出，喷上白酒，晾凉。

（**质量控制点：**①蛋黄不能烤完全熟；②蛋黄出烤箱趁热喷上白酒。）

3. 生坯成形

把白莲蓉分成10等份，每一份包紧一只咸蛋黄封好口搓成球形，用保鲜膜盖严；将面团分成10等份，搓成球按成圆皮包入馅心成球形，滚沾上面粉，放入饼印中轻轻用手压平压实，然后轻轻将饼拍出放入刷过油的烤盘中即可。

（**质量控制点：**①莲蓉包蛋黄要紧；②面团包馅心也要紧；③生坯入模前要滚沾上面粉。）

4. 生坯熟制

先将饼坯表面喷上清水入185℃的烤箱中先烤5分钟定型。取出烤盘，在生坯上表面用毛刷刷上一层薄薄的用色拉油稀释的蛋黄液，再放入165℃烤箱内烤20分钟呈金黄色后取出烤盘、晾凉，用保鲜袋封装好，常温下放置两、三天后回油取出食用。

（**质量控制点：**①第一次烘烤前要喷水；②蛋黄液要刷得薄而均匀；③制品要放置2～3天才能回软。）

七、评价指标（表5-1）

表5-1　广式月饼评价指标

品名	指标	标准	分值
广式月饼	色泽	棕黄色	10
	形态	圆形或方形（上表面有图案）	40
	质感	皮松软油润，馅细滑	20
	口味	甜香带咸	20
	大小	重约45克	10
	总分		100

八、思考题

1. 面团调制好后为什么要静置?
2. 咸蛋黄为什么不能完全烤熟?
3. 烤制咸蛋黄时为什么表面要滚沾上一层油?

本章小结

本章主要介绍了浆皮面团名点的制作原理、面团特性、调制方法和要点，有代表性的浆皮面团名点的制作方法及评价指标。了解了浆皮面团名点制作的一般规律。

同步练习

问答题

1. 广东风味名点广式月饼成形时馅心中为什么不能有空气?
2. 广东风味名点广式月饼烘烤成熟后为什么要放置2～3天才食用?

第六章　米及米粉面团制品

本章内容：1. 米及米粉面团概述

2. 米及米粉面团名点举例

教学时间：28 课时

教学目的：通过本章的教学，让学生懂得米及米粉面团调制的基本原理和技法，通过实训掌握其中具有代表性的米及米粉面团名点的制作方法，如粉团调制、馅心调制、生坯成形、生坯熟制和美化装饰等操作技能，了解米及米粉面团名点制作的一般规律，使学生具备运用所学知识解决实际问题的能力。在教与学名点的同时培养学生以“天降大任于斯人”的责任感学习名点知识和技能

教学方式：课堂讲授、演示、品尝、练习、讲评

教学要求：1. 懂得浆皮面团调制的基本原理和技法

2. 掌握具有代表性的浆皮面团名点的制作方法

3. 通过代表性米及米粉面团名点的制作，能够举一反三

课程思政：1. 通过学习，使学生热爱名点技艺，传承优秀传统文化

2. 培养学生以“天降大任于斯人”的责任感，学习名点知识和技能

3. 教育学生从树立食品安全意识中贯彻依法治国理念

4. 培养学生的耐心、细心和恒心，养成精益求精的大国工匠精神

第一节　米及米粉面团概述

米及米粉面团制品是指用米或米粉与水（或其他调辅料）调制而成的面团制作而成的制品，包括原米制品、糕团（含船点粉团）以及其他特色米粉制品等。

一、米及米粉面团制品的分类

主要包括原米制品、糕团制品（含船点制品）及其他特色米粉制品等。其中糕团又是糕与团的总称，糕又可分为松质糕和黏质糕，团又可以分为生粉团和熟粉团（图 6–1）。

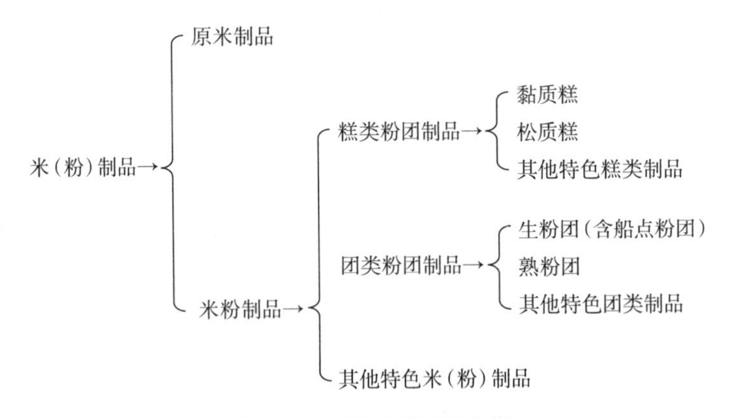

图 6–1　米及米粉制品分类

二、米及米粉面团的制作原理

（一）利用淀粉的膨胀糊化产生的黏性形成粉团

米及米粉面团的成团原理是：米及米粉中的淀粉在沸水的作用（或蒸制或煮制的条件）下发生膨胀糊化产生黏性形成粉团。

（二）熟制成坯（形、饭、粥）的原理

1. 熟制成形（块）的原理

米粉（浆）或糯米中的淀粉在沸水的作用（或蒸、煮、炸、煎制的条件）下发生膨胀糊化产生黏性，形成一个整体。

2. 煮制成粥（糊）的原理

米（粉）在煮的条件下，淀粉发生膨胀糊化形成有一定黏性的粥（糊）。

3. 熟制成饭的原理

米在蒸或煮或烤的条件下，米中的蛋白质变性，淀粉膨胀糊化而形成饱满、爽滑、味香的米饭。

（三）轻（挤）压成形（团）的原理

①米粉与一定量的冷水结合形成糕粉，糕粉加入模具中，利用糕粉之间微弱的黏性经过轻微的挤压形成一定形态的生坯。

②米粉与一定量的冷水结合形成米粉团，米粉团包入馅心在手中搓圆，利用米粉团微弱的黏性经过强力的挤压形成球形的生坯。

③糯米饭在外力的作用下，利用熟米粒（糊）之间的黏性经过揉压形成一定形态的坯子。

④湿米粉蒸熟后在外力的作用下，利用熟米粉粒之间的黏性经过揉揿形成一定形态的坯子。

（四）滚粘成形的原理

以球形馅心为基础经过滚粘，糯米粉与一定量的水分结合，利用湿米粉之间微弱的黏性黏附在馅心上，多次滚沾、浸水，一层层加厚形成球形生坯。

三、米及米粉面团的调制方法和要点

（一）糕的调制方法和要点

1. 松质糕粉团的调制方法和要点

（1）松质糕粉团的调制方法

将糯米粉和粳米粉按一定比例拌和在一起，加入白糖、清水，抄拌成粉粒，静置一段时间，然后进行夹粉（过筛）即成糕粉。再倒入或筛入各种模具中，脱模后经蒸制而成松质糕。

（2）松质糕粉团的调制要点

①松质糕的制作程序是：配粉→拌粉→掺粉→静置→夹粉→模具成形→蒸制成熟。

②松质糕粉团的调制要点

A. 掺水是关键。粉拌得太干则无黏性，成形时易散，蒸制时不易成熟；粉拌得太烂，则蒸制时易收缩变形，成品不松软。

B. 静置。静置是为了让米粉充分吸水和入味，使蒸制成熟后的制品吃口松软。

C. 夹粉。拌好的粉有许多结团的米粉粒，需要搓散、拌匀使粉吸水均匀，这样才便于制品成形、透气成熟。过筛、搓散米粉粒的过程称为夹粉。

2. 黏质糕粉团的调制方法和要点

（1）黏质糕粉团的调制方法

将糯米粉和粳米粉按一定比例拌和在一起，加入白糖、清水，抄拌成粉粒，静置一段时间，然后进行夹粉（过筛）即成糕粉，先蒸制成熟，再揉擞（或倒入搅拌机打透打匀）成为团块，即成黏质糕粉团。

（2）黏质糕粉团的调制要点

①黏质糕的制作程序是：配料→拌粉→掺水→静置→夹粉→蒸制→揉擞成团→改刀成形。

②黏质糕粉团的调制要点：蒸熟的糕粉必须趁热揉擞成团，再改刀成形。

（二）团的调制方法和要点

1. 生粉团的调制方法和要点

（1）生粉团的调制方法

煮芡法：取出1/2的镶粉加入清水调制成粉团，压成饼形，投入沸水中煮成"熟芡"，取出后与余下的1/2粉料揉成光滑、均匀的粉团。

泡心法：将镶粉倒入盆中，中间扒一坑，用适量沸水将中间部分的粉烫熟；再将四周的干粉与熟粉心子一起揉和，再加入少量冷水揉成光滑、均匀的粉团。

（2）生粉团的调制要点—— 煮芡法

①生粉团的制作程序如图6–2所示。

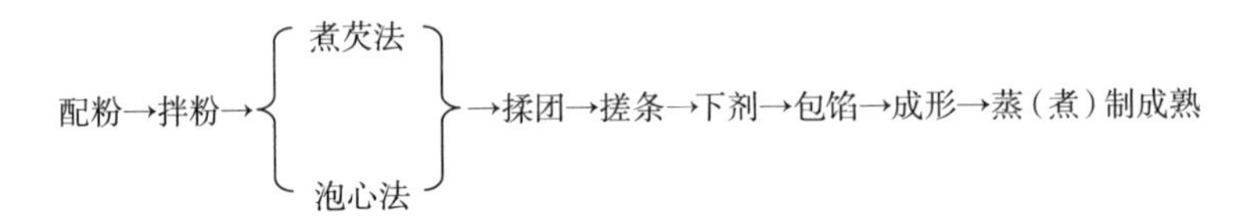

图6–2　生粉团的制作程序

②生粉团的调制要点：

A. 采用煮芡法，在熟芡制作时，必须等水沸后才可投入"饼"，否则易沉底散破；再次水沸时须点水，抑制水的沸滚，使团子漂浮在水面上3～5分钟即成熟芡。

B. 采用泡心法，掺水量一定要正确，如沸水少了，面团容易裂口；沸水多了面团黏手易变形。应沸水投入在前，冷水加入在后。

船点粉团的调制方法是生粉团中煮芡法的一种变化，叫"蒸芡法"，它的调制方法是：将五五镶粉放在盆中，用沸水冲入拌和均匀，揉成粉团，取一半粉团上笼蒸熟，取出后与另一半未蒸的粉团揉匀揉透成光滑的粉团。调制要点是：必须采用五五镶粉进行调制，软硬度和黏性都要适中，吃口要好，可塑性要强；先用沸水烫，再取一半蒸熟，才能使粉团的黏性足够强。

2. 熟粉团的调制方法和要点

（1）熟粉团的调制方法

将糯米粉和粳米粉按一定比例拌和在一起，加入清水，抄拌成粉粒，静置一段时间，然后进行夹粉（过筛）即成糕粉，先蒸制成熟，再揉揿（或倒入搅拌机打透打匀）成为团块，即成熟粉团。

熟粉团一般包熟馅，摘剂包馅制成团后可直接食用。

（2）熟粉团的调制要点

①熟粉团一般为白糕粉团，不加糖或盐。

②因包馅成形后可直接食用，所以操作时更要注意卫生。

（三）其他特色米（粉）制品的调制方法和要点

①以煮芡法调制粉团，如龙江煎堆，包馅、成形、沾上芝麻后按麻团的炸法炸制成熟。

②原米制品是将米（包括糯米、粳米、籼米）先浸泡、再蒸制成熟、调味，制成一定的造型，再蒸制成熟，如莲子血糯饭、荷叶饭。或者先浸泡、调味，再制成一定形状煮或烤制成熟，如嘉兴鲜肉粽子、竹筒饭。用米煲粥的，如艇仔粥。

③将米（粉）加工成米浆，再把米浆烫成稠厚状态，做成糕，可分层也可不分层，如九层油糕、椰汁板兰糕；把米浆制成皮的，如鲜虾仁肠粉。

④把米粉调成糊，蒸熟后晾凉、揉成团、搓条、下剂、包馅、成型，如冰皮月饼。

⑤在米浆中加膨松剂膨松的，需要面团有一定的黏性，如安虾咸水角是通过加入澄粉面团增加黏性和可塑性，而白糖伦教糕是通过沸糖水烫增加糕坯的黏性。

⑥使用米制品如米粉条制作的小吃，如过桥米线、锅烧米粉等。

四、常用于调色的天然色素

在制作以食用为目的糕团、船点时必须选用天然色素调色。常用的天然色素都是利用原料的自然色彩，这些原料不但对人体无害，而且具有一定的营养价值。它们常用的有红色：红曲米粉；绿色：薄荷、青菜汁；黄色：蛋黄、南瓜；黄褐色：咖啡；褐色：可可、赤豆沙等。

第二节　米及米粉面团名点举例

米及米粉面团名点分为原米制品名点，糕类粉团名点，团类粉团名点和其他米粉粉团名点四大类。

首先介绍原米制品名点，共13款。

名点185. 莲子血糯饭（江苏名点）

一、品种介绍

莲子血糯饭是江苏常熟著名的点心，属于原米制品，始于清朝康熙年间。血糯是苏州常熟的著名特产，产于虞山脚下，用泉水灌溉成熟，此米殷红如血，有补血功效，故又名补血糯。莲子血糯饭采用血糯、白糯米饭做坯，豆沙、糖油丁作馅，以小碗作模具，经蒸制而成，具有糯饭紫红，莲子色白，柔糯肥润，甜中带香的特色。同时还有补血、健脾养胃、滋阴润燥、养颜护肤的功效。常用作筵席的甜菜，现也制作成速冻食品远销各地。

二、制作原理

糯米熟制成型的原理见本章第一节。

莲子血糯饭

三、熟制方法

蒸。

四、用料配方（以2碗计）

1. 坯料

鸭血糯70克，糯米130克，熟猪油30克，白糖60克。

2. 馅料

豆沙馅70克，糖板油丁30克。

3. 装饰料

罐头糖莲子50克，蜜枣40克，红绿丝10克。

4. 糖卤料

白糖30克，糖桂花6毫升，清水200毫升，淀粉10克。

5. 辅料

熟猪油10克。

五、工艺流程（图 6-3）

血糯、糯米 —泡、蒸→ 血糯饭+白糖、熟猪油→调味血糯饭
糖莲子、蜜枣、红绿丝→装饰料
豆沙馅、糖油丁→馅心
→装碗→蒸制→覆盘
↑
清水、糖桂花、白糖、湿淀粉→糖卤

图 6-3　莲子血糯饭工艺流程

六、制作方法

1. 制作血糯饭

将血糯、糯米淘洗干净加入清水浸泡约 4 小时（春季、秋季）后捞出沥干水分，分别上笼蒸熟，趁热倒在案板上，加入白糖、熟猪油拌匀成调味血糯饭。

（**质量控制点：**①按用料配方准确称量；②血糯、糯米采用冷水浸泡，浸泡时间根据室温确定；③血糯和糯米要分别蒸制。）

2. 生坯成形

取小碗 2 只，内壁抹上一层熟猪油，再把莲子、蜜枣、红绿丝在碗底排成美观的图案，随即把血糯饭在碗底摆上一层，米饭上面放上豆沙馅和糖油丁，再盖上一层血糯饭压平。

（**质量控制点：**①碗底一定要抹油；②血糯饭要压紧；④生坯呈半球形。）

3. 生坯熟制

把碗放入笼屉中，置旺火沸水锅上，蒸约 20 分钟取出，把糯米饭覆在盘中。

（**质量控制点：**①蒸制时汽要足；②蒸制的时间不能太短，否则板油丁不易成熟；③趁热把血糯饭覆在盘中。）

4. 调制糖卤

将炒锅置火上，倒入清水、白糖、糖桂花烧沸，用湿淀粉勾芡，起锅用手勺舀汁，浇在糯米饭上即成。

（**质量控制点:** ①白糖的用量要恰当；②糖卤的稠度要恰当，一般勾琉璃芡。）

七、评价指标（表 6-1）

表 6-1　莲子血糯饭评价指标

品名	指标	标准	分值
莲子血糯饭	色泽	紫红色	10
	形态	半球形	40
	质感	软糯爽滑	20
	口味	香甜	20
	大小	重约 500 克	10
	总分		100

八、思考题

1. 制作莲子血糯饭为什么要加入较多的白糯米？
2. 制作血糯饭时为什么血糯和白糯米要分别蒸熟？

名点 186. 嘉兴鲜肉粽子（浙江名点）

一、品种介绍

嘉兴鲜肉粽子是浙江嘉兴著名的风味小吃，尤以嘉兴市五芳斋粽子店制作的最为有名，已有百年以上历史。属于原米制品，以糯米为主料，鲜猪腿肉块为馅料（馅心有多种），采用箬竹叶包成四角粽体，通过煮制形成外形匀称，吃口黏糯，肉嫩鲜香的风味特色。由于选料讲究、操作精细，具有独特风味，享誉全国，在超级市场、高速服务区等地方常见它的身影。

二、制作原理

糯米熟制成形的原理见本章第一节。

嘉兴鲜肉粽子

三、熟制方法

煮。

四、用料配方（以 10 只计）

1. 坯料

糯米 450 克，红酱油 20 毫升，精盐 6 克，白砂糖 10 克。

2. 馅料

猪腿肉 200 克，精盐 3 克，红酱油 10 毫升，白砂糖 10 克，鸡精 2 克，味精 1 克，白酒 2 毫升。

3. 辅料

粽叶 30 张，扎草 10 根。

五、工艺流程（图 6-4）

糯米（淘洗、浸泡）、红酱油、精盐、白砂糖→坯料
猪腿肉块、精盐、红酱油、白砂糖、鸡精、味精、白酒→馅料
}→成形→煮制→装盘

图 6-4　嘉兴鲜肉粽子工艺流程

六、制作方法

1. 馅料加工

将猪腿肉横丝切成（长 6 厘米、宽 3 厘米、厚 1.6 厘米）的长方块，用精盐、红酱油、白砂糖、鸡精、味精、白酒反复搓擦肉块，使调料渗入肉内。

（**质量控制点：**①猪腿瘦肉采用横丝切；②调味品要搓擦入味。）

2. 坯料调制

糯米淘洗干净，用清水浸泡 15 分钟捞出沥干水分倒入盆内，依次加入白砂糖、精盐及红酱油拌匀。

（**质量控制点：**①糯米的浸泡时间不宜太长；②糯米要有底味和酱红色。）

3. 生坯成形

左手拿粽叶 2 张，叶尖顺向重叠 1/5，正面向下，右手另拿一张粽叶，正面向上，交叉 1/3 叠接在左手粽叶尾部（将粽叶接长），然后将粽叶叠成锥形，左手拿住，右手放入 40 克糯米，推平，间隔放入两瘦一肥肉块，再放入 10 克糯米将肉块盖住，最后折转粽叶，盖住米，包住四角成长方体，将扎草在成形的粽子上绕 6 圈，再将扎草头尾转 3 转，塞入草圈内即可。

（**质量控制点：**①嘉兴粽子的粽叶一般用箬竹叶；②四角粽子形状要规则、美观。）

4. 生坯熟制

粽子放入沸水锅内，加水高出粽子 5 厘米，上面用竹架石块压实，用旺火烧开，再用小火煮 3 小时即熟。

（**质量控制点：**①煮制时粽子生坯要始终浸在水中；②大火烧开、小火煮制。）

七、评价指标（表 6-2）

表 6-2 嘉兴鲜肉粽子评价指标

品名	指标	标准	分值
嘉兴鲜肉粽子	色泽	黄绿色	10
	形态	四角长方形	40
	质感	软糯爽滑	20
	口味	咸鲜香	20
	大小	重约 100 克	10
	总分		100

八、思考题

1. 加工鲜肉馅时，为什么猪腿瘦肉采用横丝切较好？
2. 糯米浸泡的时间为什么不能太长？

名点 187. 小笼渣肉蒸饭（安徽名点）

一、品种介绍

小笼渣肉蒸饭是安徽省芜湖地区特色传统小吃，属于米及米粉面团制品中的原米制品。以糯米为主料，猪五花肉为配料，将猪肉片用调味料腌渍后蘸上渣粉，经初步熟处理后放在糯米饭上蒸熟而成。渣肉加热以后油脂渗入米饭中，形成了滋润软糯，味美香咸的特色，此品有饭有菜，是一款经济实惠的小吃。

二、制作原理

糯米熟制成形的原理见本章第一节。

三、熟制方法

蒸。

四、用料配方（以 10 笼计）

1. 坯料

糯米 700 克。

2. 馅料

猪五花肉 500 克，红腐汁 5 毫升，葱末 5 克，姜末 5 克，料酒 5 毫升，精盐

10克，酱油20毫升，白糖20克，渣粉[1]10克。

五、工艺流程（图6-5）

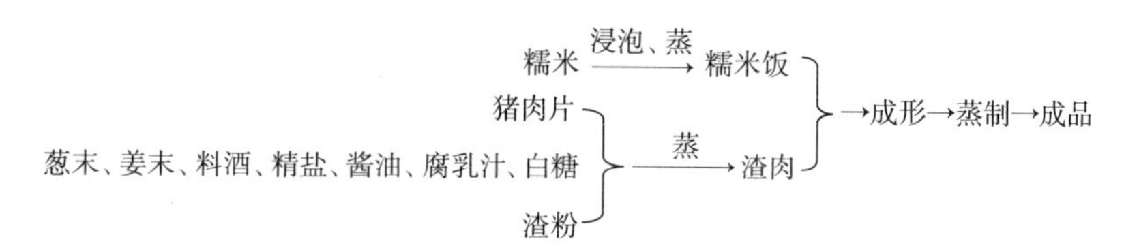

图6-5　小笼渣肉蒸饭工艺流程

六、制作程序

1. 坯料调制

将糯米淘洗干净，放在盆内，加冷水浸泡4小时（春季、秋季）捞出，用清水冲净沥干，在蒸笼内垫上洁布，倒入糯米，上锅旺火蒸20分钟至熟，取下倒出，摊开晾凉。

（**质量控制点：**①糯米要洗净、用冷水泡透；②不同季节糯米的浸泡时间不一样；③蒸熟后要晾凉。）

2. 配料初加工

将猪五花肉洗净，切成厚片（三块重约50克）放在盆内，加入葱姜末、料酒、酱油、精盐、腐乳汁、白糖拌匀，腌渍（约2小时）入味后放入渣粉拌匀，码在盘中入笼，用旺火蒸15分钟至九成熟取出。

（**质量控制点：**①肉片要切得厚薄均匀；②腌渍的时间2小时左右；③蒸制的时间约为15分钟。）

3. 生坯成形

小笼逐屉垫好洁布，放糯米饭150克，上铺三片渣肉。

（**质量控制点：**肉在米饭上面要铺匀。）

4. 生坯熟制

将10只小笼摞起，盖上笼盖上锅，中火蒸10分钟，改小火保温即成。

（**质量控制点：**①中火蒸是保证制品成熟；②小火保温是为了肉片出油、米饭滋润软糯。）

[1] 渣粉的制作用料与加工方法。①用料：糯米250克，八角5克，桂皮1.5克，花椒2克。②加工方法：将糯米洗净沥干，放入锅中，加入八角、桂皮、花椒小火炒制，炒至米粒微黄，倒出晾凉，粉碎后密封储存。

七、评价指标（表 6-3）

表 6-3　小笼渣肉蒸饭评价指标

品名	指标	标准	分值
小笼渣肉蒸饭	色泽	饭白肉酱红	10
	形态	饱满（小笼装）	20
	质感	滋润软糯	30
	口味	香咸油润	30
	大小	重约 200 克（每笼）	10
	总分		100

八、思考题

1. 糯米为什么用冷水浸泡?

2. 小笼渣肉蒸饭蒸熟后为什么需用小火保温?

名点 188. 红鲟米糕（台湾名点）

一、品种介绍

红鲟米糕是台湾地区的风味小吃，在闽南地区也常见，也是古老的一道喜宴菜点，闽南人习惯将糯米饭称作米糕，属于米及米粉面团中的原米制品。它是将猪五花肉丁、水发香菇丁、芋头丁、干贝丝、海米等料加调味品炒熟后与糯米饭拌匀装笼，放上红鲟块经蒸制而成。此品具有米饭色泽酱红、软糯黏滑，鲜香味美，营养丰富的特点。

二、制作原理

糯米蒸制成饭的原理见本章第一节。

三、熟制方法

炒、蒸。

四、用料配方（以 2 份计）

1. 坯料

长糯米 250 克。

2. 调配料

红鲟1只，猪五花肉100克，水发香菇50克，芋头50克，干贝20克，海米20克，红葱头30克，姜末10克，料酒15毫升，酱油40毫升，精盐5克，白糖20克，味精5克，黑胡椒粉3克，熟猪油30克，高汤100毫升。

五、工艺流程（图6-6）

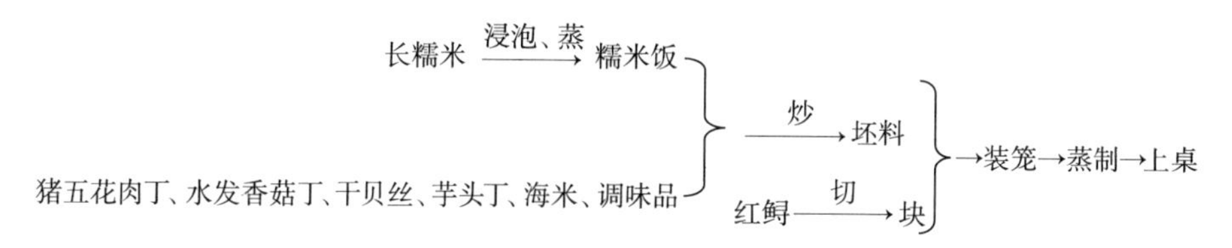

图6-6　红鲟米糕工艺流程

六、制作程序

1. 原料初加工

将长糯米洗净后浸泡4小时（春季、秋季），沥干后上蒸锅蒸熟。

猪五花肉、水发冬菇、芋头分别切丁；干贝上笼蒸熟拆成丝；葱头切片；海米用温水泡开。

（**质量控制点：**①用冷水浸泡；②糯米的浸泡时间不同季节应有所不同；③配料的颗粒不宜太大。）

2. 坯料炒制

炒锅烧热加熟猪油，放进葱头片、姜末爆香，再放入五花肉丁、冬菇丁、干贝丝、芋头丁、海米炒匀后，加料酒烹香，倒入高汤，放入酱油、精盐、白糖、黑胡椒粉、味精调味、烧开，倒入糯米饭拌炒均匀。

（**质量控制点：**①汤卤的颜色要调得深一些；②汤卤量不宜太少或过多。）

3. 生坯熟制

将炒好的糯米饭铺入笼屉内；将红鲟洗干净后切块，摆放在糯米饭上，蒸20分钟，即可上桌食用。

（**质量控制点：**①根据坯料的量选择笼的大小；②最好趁热食用。）

七、评价指标（表 6-4）

表 6-4　红鲟米糕评价指标

品名	指标	标准	分值
红鲟米糕	色泽	酱红色	10
	形态	笼装造型	20
	质感	软糯黏滑	30
	口味	鲜香味美	30
	大小	重约 500 克	10
	总分		100

八、思考题

1. 糯米浸泡的时间为什么随着季节的不同而变化?
2. 用来拌糯米饭的汤卤的颜色为什么要调得深一些?

名点 189. 荷叶饭（广东名点）

一、品种简介

荷叶饭是广东风味小吃，明末清初的屈大均在《广东新语》中记曰：“东莞以香粳杂鱼肉诸味，包荷叶蒸之，表里香透，名曰荷包饭。”明代以来，它一直是广东珠江三角洲一带群众的方便美食。《羊城竹枝词》写道：“泮塘十里尽荷塘，姊妹朝来采摘忙。不摘荷花摘荷叶，饭包荷叶比花香。”早年荷叶饭以东莞太平镇制作的最为著名，因这一代盛产荷叶和优质的丝苗白米。此点采用新鲜荷叶包上调味粳米饭和用鲜虾仁粒、猪里脊肉粒、鲜香菇粒炒制的馅料与叉烧肉粒、烧鸭肉、蛋皮片拌成的馅心加上蟹肉粒，叠成包袱形经蒸制而成，具有荷叶碧绿，饭团松散，饭粒软润而爽，咸鲜香滑，既有饭香，又有荷叶的清香的特点。20 世纪 20 年代，被面点师改进而成为茶肆的夏季名点后，馅料越来越讲究，品种不断出新。

二、制作原理

粳米蒸制成饭的原理见本章第一节。

三、熟制方法

蒸。

四、用料配方（以 12 份计）

1. 坯料

粳米 600 克，熟猪油 20 克，精盐 5 克，生抽 12 毫升，味精 4 克，蚝油 20 毫升，胡椒粉 0.5 克，芝麻油 1 毫升。

2. 馅料

鸡蛋液 25 克，鲜虾仁 75 克，猪里脊肉 50 克，叉烧肉 25 克，烧鸭肉 25 克，鲜香菇 25 克，料酒 3 毫升，精盐 3 克，生抽 5 毫升，白糖 4 克，味精 4 克，马蹄粉 20 克，熟猪油 30 克，蟹肉 25 克，上汤 70 毫升，蚝油 6 毫升，芝麻油 2 毫升。

3. 辅料

色拉油 300 毫升（约实际使用 30 毫升），鲜荷叶 12 片。

五、工艺流程（图 6-7）

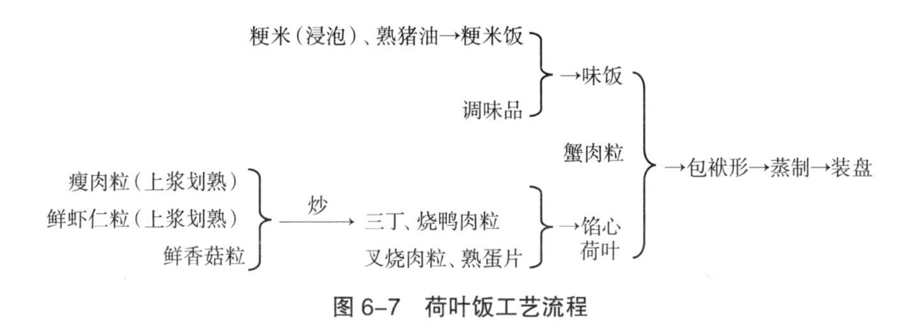

图 6-7　荷叶饭工艺流程

六、制作程序

1. 坯料调制

将粳米洗净浸泡 4 小时（春季、秋季），沥干水分与熟猪油拌匀，铺在笼垫上，蒸锅旺火蒸 20 分钟后取出。用风扇吹风降温，使饭团松散，饭粒爽身，再将精盐、生抽、味精、蚝油、胡椒粉、芝麻油与蒸熟的饭拌匀，分成 12 份备用。

（**质量控制点：**①粳米浸泡的时间要随季节变化；②粳米饭的口味不宜太重。）

2. 馅心调制

锅中放色拉油少许，把鸡蛋打散倒入锅中，用小火烙成蛋皮后，切成指甲大小的片；把各种馅料切成粗粒，将猪瘦肉粒、鲜虾仁粒上浆划油至熟、沥干。

另炒锅上火放入熟猪油，把鲜香菇粒放入煸炒，加入绍酒、上汤、精盐、生抽、白糖、味精、蚝油、芝麻油，用马蹄粉浆勾芡，再倒入猪瘦肉粒、虾仁粒翻拌均匀，倒在馅盆中，将烧鸭肉粒、叉烧肉粒及蛋皮片倒入拌匀即成馅。

（**质量控制点：**①肉粒、虾仁粒要炒得嫩；②熟料拌入馅中即可。）

3. 生坯熟制

将粳米饭放在洁净的鲜荷叶里，饭面上放上熟馅及蟹肉粒，包成包袱形，排放蒸笼内，用旺火蒸七分钟热透即可，便成荷叶饭。

（**质量控制点：**①旺火足气蒸；②热透即可，蒸制时间不宜太长。）

七、评价指标（表6–5）

表6–5　荷叶饭评价指标

品名	指标	标准	分值
荷叶饭	色泽	饭微酱红，荷叶绿	10
	形态	包袱形	30
	质感	软润滑爽	30
	口味	咸鲜香	20
	大小	重约150克	10
	总分		100

八、思考题

1. 粳米泡好后为什么先拌熟猪油再蒸？
2. 对粳米饭调味的要求是什么？

名点190. 艇仔粥（广东名点）

一、品种简介

艇仔粥是广东风味小吃，原为广州西郊荔枝湾小艇上专门供应的，现在不仅在街头食肆，甚至在五星级酒楼，都可品尝到这种广州特有的粥品。该品是以丝苗米、腐竹、干贝丝、猪肚条、骨头汤、清水、调味品等熬成味粥，加入海蜇丝、水发肉皮丝、水发鱿鱼丝、鲩鱼片、熟虾肉、油炸花生、蛋皮丝、油条丝、炸米粉丝等粥的配料，再放入葱姜丝、芫荽制作而成。其具有粥底绵滑、味鲜香醇，爽脆软嫩的特点。在广州、香港、澳门以至海外各地的广东粥品店，艇仔粥都是必备的食品。

二、制作原理

粳米煮制成粥的原理见本章第一节。

三、熟制方法

煮。

四、用料配方（以3碗计）

1. 味粥料

丝苗米50克，腐竹10克，干贝40克，猪肚80克，骨头汤500毫升，清水500毫升，精盐8克，花生油10毫升，味精5克。

2. 调配料

海蜇丝25克，水发肉皮丝25克，水发鱿鱼丝25克，鲩鱼片45克，熟虾肉20克，油炸花生米25克，蛋皮丝20克，油条丝25克，米粉丝10克，香葱丝5克，生姜丝5克，芫荽5克，熟花生油10毫升。

3. 辅料

料酒5毫升，精盐3克，生粉5克，色拉油150毫升（实耗5毫升）。

五、工艺流程（图6-8）

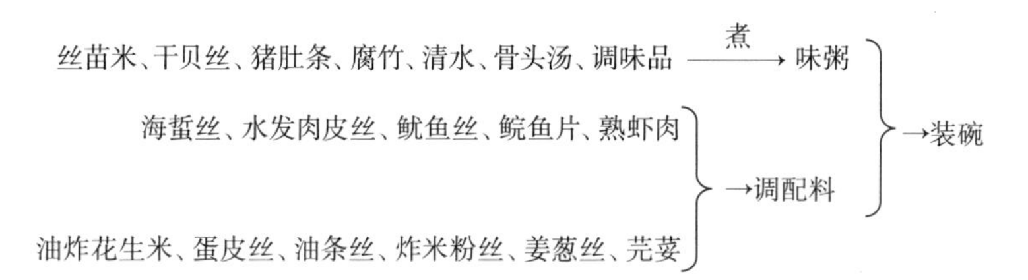

图6-8　艇仔粥工艺流程

六、制作程序

1. 味粥煮制

丝苗米洗净沥干水分，用精盐2克、花生油5毫升腌制10分钟成油盐米；腐竹用清水浸泡20分钟沥干；将干贝放入盘中加料酒蒸制20分钟取出拆成丝；猪肚用盐和生粉擦洗干净切成细条。

在煲粥锅内放入油盐米、清水、骨头汤、干贝丝、猪肚条、腐竹，煲约30分钟，加入剩余花生油，再小火煲1小时至米烂，水米融合成乳糊状即关火，将剩余的精盐和味精放进粥里拌匀即成味粥。

（**质量控制点：**①小火煮粥；②粥的稠度要恰当。）

2. 粥品制作

将米粉丝下油锅炸至起发后拆断；熟虾肉用沸水烫一下捞起；鲩鱼片洗净后用2克姜丝和5毫升熟花生油拌腌。

剩余姜丝、熟花生油、葱丝平均分放在3只装粥的碗里，然后将海蜇丝、水发肉皮丝、鲩鱼片、熟虾肉均分在粥碗内，把味粥煮沸，放入鱿鱼丝在沸粥中拌匀，再舀粥入3只碗中，放上花生米、蛋皮丝、油条丝、炸米粉丝、生姜丝、香葱丝、芫荽即成。吃时可撒点白胡椒粉。

（**质量控制点：**装碗前味粥一定要煮沸。）

七、评价指标（表6-6）

表6-6　艇仔粥评价指标

品名	指标	标准	分值
艇仔粥	色泽	粥白，装饰料色彩丰富	10
	形态	碗装（下面粥上面调配料）	30
	质感	粥绵滑，配料爽脆软嫩	30
	口味	味鲜香醇	20
	大小	重约400克	10
	总分		100

八、思考题

1. 味粥成品的要求是什么？
2. 味粥熬制的工艺操作要点是什么？

名点191. 竹筒饭（海南名点）

一、品种简介

竹筒饭是海南风味小吃，是用新鲜竹筒装着大米及调配料烤熟的饭食，是海南黎族传统风味名食。黎族民间选用新的粉竹、山竹、香糯竹、桂竹等的竹筒于山区野外制作或在家里用木炭烤制。现经烹调师在传统基础上改进提高，使之摆上宴席餐桌。此品是在新鲜的青竹中装上洗净浸泡过的山兰米、炒熟的肉丁、调味品、清水等，用宽大的香蕉叶封口经烤制而成，具有竹节青翠，米饭酱黄，香气飘逸，软滑清香的特点。

二、制作原理

粳米烤制成饭的原理见本章第一节。

三、熟制方法

烤。

四、用料配方（以 8 段计）

1. 坯料

山兰米 500 克，猪瘦肉 100 克，老抽 3 毫升，生抽 10 毫升，精盐 5 克，味精 5 克，五香粉 5 克，清水 500 毫升。

2. 辅料

熟猪油 30 克，色拉油 1000 毫升（实耗 20 毫升）。

五、工艺流程（图 6-9）

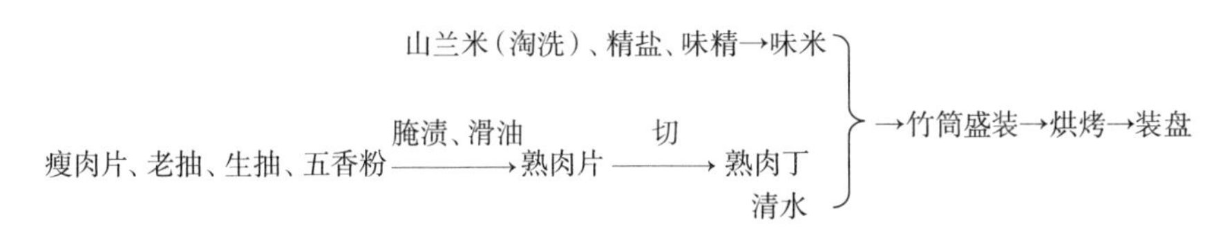

图 6-9　竹筒饭工艺流程

六、制作程序

1. 坯料初加工

将山兰米淘洗干净后浸泡 30 分钟后捞出，沥干水分，加精盐、味精拌匀；将猪瘦肉切成厚 0.3 厘米的肉片，用老抽、生抽、五香粉腌渍 10 分钟。再将猪瘦肉滑油至熟，出锅待凉后切成 0.3 厘米见方的小丁。

（**质量控制点：**①选用新鲜优质的大米；②瘦肉片先滑油再切丁。）

2. 坯料盛装

取新鲜青竹（节距较长为好）两节，每节锯开一端，用熟猪油抹匀竹筒内壁，将调好味的山兰米与肉丁拌匀，分两份分装于两节竹筒内，各加入一半清水，用棕条捆扎洁净香蕉叶封住筒口。

（**质量控制点：**①选新鲜青竹；②加水量要根据大米的吃水量来定。）

3. 生坯熟制

将竹筒竖着放入 200℃炉温的电烤箱中烤制约 30 分钟至熟，然后关闭电源，让竹筒中的水分焗干。

（**质量控制点：**①烤制温度不宜太高；②关掉电源后竹筒饭要继续放置一段时间。）

4. 制品装盘

取出竹筒，解去棕条、香蕉叶，将竹筒锯切成每段 6 厘米的段，装入盘中即成。

（**质量控制点：**每段大小要一致。）

七、评价指标（表 6-7）

表 6-7　竹筒饭评价指标

品名	指标	标准	分值
竹筒饭	色泽	酱黄色	10
	形态	竹筒段装	40
	质感	软滑	20
	口味	咸香清香	20
	大小	重约 150 克	10
	总分		100

八、思考题

1. 选择什么样的竹筒制作竹筒饭比较好?
2. 在野外如何制作竹筒饭?

名点 192. 海南煎粽（海南名点）

一、品种简介

海南煎粽是海南风味小吃，流行于海口等地区，与普通粽子不同之处在于：一是不用粽叶包裹；二是用糯米饭与配料调匀煎炸而成，故不受节令限制，可长年制作与食用。此品是在糯米饭中拌入熟莲子粒、水发冬菇粒、虾米粒干贝粒、叉烧肉粒捏成球形，压扁裹上鸭蛋液经煎制而成，具有色泽金黄，外酥内软，咸香滑润的特点。

二、制作原理

糯米饭挤压成型的原理见本章第一节。

三、熟制方法

煎。

四、用料配方（以 10 只计）

1. 坯料

糯米 500 克。

2. 调配料

莲子 25 克，冬菇 25 克，虾米 25 克，干贝 25 克，叉烧肉 50 克，精盐 8 克，白糖 5 克，味精 5 克，熟猪油 50 克。

3. 辅料

鸭蛋液 100 毫升，花生油 200 毫升（实耗 30 毫升）。

五、工艺流程（图 6-10）

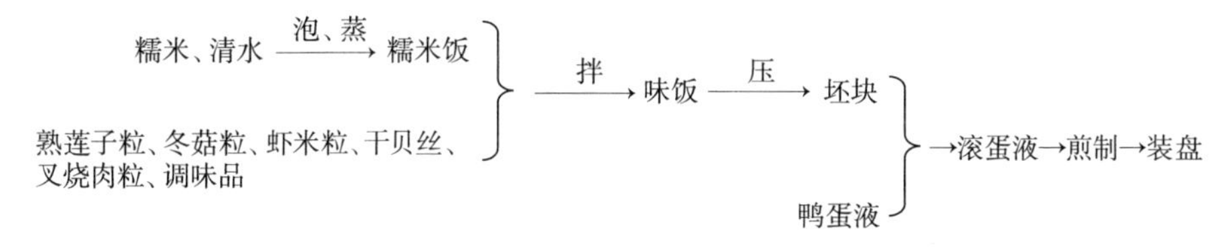

图 6-10　海南煎粽工艺流程

六、制作程序

1. 坯料调制

将糯米淘净浸泡 2 小时，上笼蒸熟；莲子煮熟，去芯切粒；冬菇用温水泡发，洗净切粒；虾米用热水泡开，切粒；干贝洗净放入盘内，倒入料酒蒸透，拆丝；叉烧肉切粒。

将熟莲子粒、香菇粒、虾米粒、干贝丝、叉烧粒和精盐、白糖、熟猪油、味精等一起放入糯米饭中拌匀成味饭。

（**质量控制点：**①糯米要事先泡透；②配料颗粒不宜太大。）

2. 生坯成形

将味饭分成 10 份，捏成紧密的饭团、压成扁圆形。

（**质量控制点：**①饭团要捏紧；②大小要一致。）

3. 生坯熟制

在平底锅内倒入花生油，将饭饼蘸上鸭蛋液放入油锅中以小火煎炸，并不断翻面使之受热均匀，煎成金黄色后沥油、装盘。

（**质量控制点：**①蛋液要沾匀；②煎制油温不宜太高；③多次翻面煎。）

七、评价指标（表 6-8）

表 6-8　海南煎粽评价指标

品名	指标	标准	分值
海南煎粽	色泽	金黄色	10
	形态	圆饼形	30
	质感	外酥脆内软滑	30
	口味	咸香	20
	大小	重约 120 克	10
	总分		100

八、思考题

1. 海南煎粽的配料中除了熟莲子粒、香菇粒、虾米粒、干贝丝，还有________。
2. 为什么海南煎粽在煎制时油量不宜太少？

名点 193. 侗果（湖南名点）

一、品种介绍

侗果湖南风味面点，是怀化侗族名点，是祭祀的常用供品，同时也是待客茶点，也流行于黔东南苗族侗族自治州的黎平、榕江、从江、锦屏、剑河等县。经长时间不断地改进提高，目前已发展为当地苗族、瑶族、水族、汉族等各民族地区家喻户晓、人人爱吃的名点。它是将糯米蒸熟后制成糍粑，再改刀炒炸成熟，粘上红糖汁、熟芝麻即成。成品具有色泽红润，外酥内糯，香甜油润的特点。

二、制作原理

糯米饭挤压成型的原理见本章第一节。

三、熟制方法

炒、炸。

四、原料配方（以 100 只计）

1. 坯料

糯米 1000 克，黄豆浆 50 毫升，甜藤水 50 毫升。

2. 装饰料

熟芝麻 75 克，红糖 300 克，清水 50 毫升。

3. 辅料

植物油2000毫升（约耗200毫升）。

五、工艺流程（图6–11）

糯米 —泡、蒸→ 糯米饭、黄豆浆、甜藤水 —舂→ 稠米糊→成形→炒、炸→装饰→装盘

图6–11　侗果工艺流程

六、制作方法

1. 制糍粑

将糯米洗净、泡软、蒸熟，入石碓中，加黄豆浆、甜藤水（一种含糖量较高的藤本植物的汁液），一起舂烂成稠米糊，取出压成一块块的粑粑，再用刀切成拇指大小的四方块或食指大小的长方条。

（**质量控制点：**①糯米事先要用冷水泡酥；②粑粑的硬度要合适。）

2. 生坯熟制

锅中放少量油，将糍粑入锅炒软，待膨起后，入热油锅中温火炸，待方块形的粑胀成核桃大小的圆形果，长条形的炸成鸡蛋大小的椭圆形金黄果时，捞出放入红糖与水熬融了的红糖汁中拌匀，再滚上熟芝麻即成。

（**质量控制点：**①糍粑要炒至膨起再炸制；②炸油温度不宜太高。）

七、评价指标（表6–9）

表6–9　侗果评价指标

名称	指标	标准	分值
侗果	色泽	酱红色	10
	形态	球形或鸭蛋形	40
	口感	外酥内糯	20
	口味	香甜油润	20
	大小	重约20克	10
	总分		100

八、思考题

1. 侗果生坯在炸之前炒的目的是什么？

2. 在制作糍粑的过程中加入黄豆浆、甜藤水的作用是什么？

名点194. 打糕（吉林名点）

一、品种简介

打糕是吉林风味小吃，是吉林朝鲜族人民春节期间食用的早点。除夕傍晚，家家户户忙着打制年糕，到春节的早晨，男女老少穿着新衣，全家欢聚一堂，吃着新打出的年糕，期望新的一年五谷丰登。打糕同我国普通的年糕一样，都用糯米作原料，但年糕用的是糯米粉，而打糕是用糯米饭捶打制作，正因此糕系打制而成的黏糕，故名打糕。

二、制作原理

糯米饭挤压成形的原理见本章第一节。

三、熟制方法

蒸。

四、原料配方（以30只计）

1. 坯料

糯米500克。

2. 装饰料

赤小豆50克（或黄豆50克），白糖20克。

五、工艺流程（图6-12）

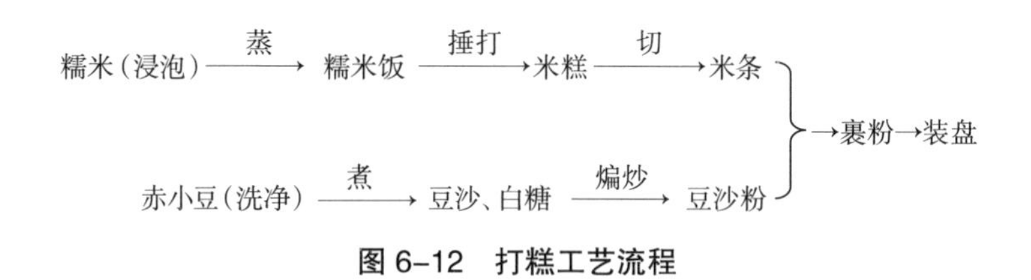

图6-12　打糕工艺流程

六、制作方法

1. 初加工

将糯米淘洗干净，用清水浸泡6小时，浸泡至用手能将米粒捻碎即成，捞出沥干水分，放入铺有湿屉布的蒸笼内，上沸水锅蒸约20分钟，成糯米饭。将赤小豆用水洗净，入锅煮烂捞出，沥干水分，再放入锅中，加上白糖，用小火煸炒推碎成豆沙粉。（或将黄豆用水洗净，入锅用小火炒出香熟味取出，磨碎，过筛成黄豆面。）

（**质量控制点：**①按用料配方准确称量；②糯米要泡透至酥再蒸制；③蒸制时汽要足，要一气呵成；④炒制赤豆沙或黄豆时一定要用小火，要防止焦糊。）

2. 坯料调制

将蒸制成熟的糯米饭放在砧板上，用木槌边打边翻，开始打时用力要均衡，以免饭粒四溅。翻饭时手蘸凉开水，并不断擦净砧板以免黏板，翻打至看不出米饭粒即表示米糕已打成。

（**质量控制点：**①开始打时用力要均衡；②打至看不见米粒即可。）

3. 制品成形

将制好的打糕切成条块状，外层裹上豆沙粉或熟黄豆面即成。也有外层不裹粉和面的，随食随蘸，喜甜食者可蘸白糖，喜咸者可佐盐食用，口味可甜可咸。

（**质量控制点：**①改刀找成条状，要均匀一致；②糕坯一定要滑润柔软。）

七、评价指标（表 6-10）

表 6-10 打糕评价指标

品名	指标	标准	分值
打糕	色泽	色红褐（或淡黄）	10
	形态	长方块	40
	质感	黏糯柔韧	20
	口味	香甜	20
	大小	重约 30 克	10
	总分		100

八、思考题

1. 如果糯米淘洗后泡制时间不够，直接去蒸会出现什么问题？
2. 用糯米饭做的打糕和用糯米粉蒸熟揉制的糕有什么不同？

名点 195. 艾窝窝（北京名点）

一、品种简介

艾窝窝是北京风味小吃，明万历年间（公元 1573—1620 年）内监刘若愚所著《酌中志》载："以糯米饭夹芝麻糖为凉糕，丸而馅之为窝窝。"可见自明代就有"艾窝窝"一说，此点属春夏季凉食之一。对艾窝窝的用料、制作方法，曾有诗赞曰："白黏江米入蒸锅，什锦馅儿粉面搓。浑似汤圆不待煮，清真唤作艾窝窝。”其色白如雪，形如球，软糯如膏，甜香适口，历来为人们所喜爱。

二、制作原理

糯米饭挤压成团的原理见本章第一节。

艾窝窝

三、熟制方法

蒸。

四、原料配方（以 20 只计）

1. 坯料

糯米 500 克。

2. 馅料

白芝麻 25 克，白糖 130 克，果料粒 30 克（金糕 10 克，熟核桃仁 10 克，熟瓜子仁 5 克，青红丝 5 克）。

3. 装饰料

粳米粉 50 克。

五、工艺流程（图 6–13）

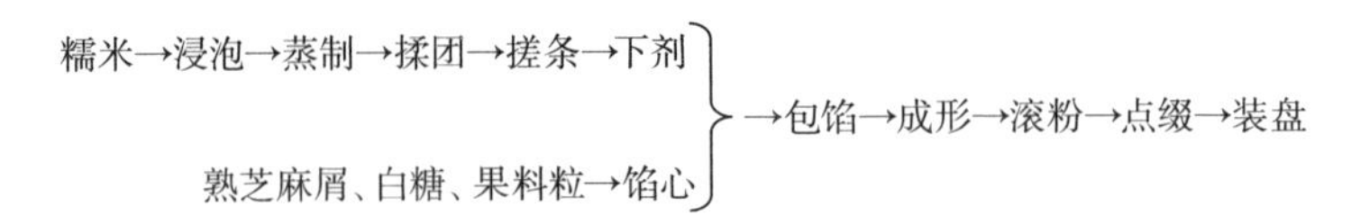

图 6–13　艾窝窝工艺流程

六、制作方法

1. 初加工

糯米用冷水泡透至酥，上屉蒸熟、出锅。粳米粉干蒸至熟。

（**质量控制点：**①按用料配方准确称量；②不同季节浸泡时间不一样，一定要泡酥后再蒸制。）

2. 馅心调制

把芝麻洗净小火炒熟、压碎，同白糖、果料粒拌匀成馅。

（**质量控制点：**①芝麻要带水炒；②炒时要微火慢炒，防止产生糊苦味。）

3. 制品成形

将糯米饭用手揉擦均匀有黏性，搓成条，揪成重约 37 克的剂子，按扁包入馅心，封好口，滚上熟粳米粉放入盘中。食用前，用红色素在每个艾窝窝上点一红点即可。

（**质量控制点：**糕坯要趁热揉揿成团、包捏成形。）

七、评价指标（表 6-11）

表 6-11　艾窝窝评价指标

品名	指标	标准	分值
艾窝窝	色泽	色白如雪	10
	形态	形如球	40
	质感	皮黏糯	20
	口味	馅心香甜	20
	大小	重约 50 克	10
	总分		100

八、思考题

1. 糯米饭为什么要趁热揉揿成团包馅成形？
2. 在炒芝麻时为什么要带水微火慢炒？

名点 196. 甑糕（陕西名点）

一、品种简介

甑糕是陕西风味小吃，又称黏糕，是关中地区风味小吃，甑糕是由中国古代用甑蒸制的“粉糍”演变而来。甑是一种底部有小孔的容器，新石器时代有陶甑，商周时期发展为铜甑，铁器产生后又变为铁甑，现代陕西还有使用铁甑的。此品是以糯米、红枣、芸豆、蜜枣为原料，相间叠放，铺三、四层，分别用大火和小火蒸制至其熟烂。具有色泽鲜艳，红白相间，枣香浓郁，软糯黏甜的特点。

二、制作原理

糯米蒸制成饭的原理见本章第一节。

三、熟制方法

蒸。

四、用料配方（以 12 份计）

坯料：糯米 1000 克，红枣 400 克，红芸豆 200 克，蜜枣 150 克，葡萄干 50 克。

五、工艺流程（图 6-14）

糯米→浸泡→泡好的糯米
红枣→蒸软→去核→红枣块
红芸豆→浸泡→煮熟→熟芸豆
蜜枣→去核→蜜枣块
葡萄干
→分层装屉→蒸制→锅内分次淋水→蒸制→出锅→装盘

图 6-14　甑糕工艺流程

六、制作程序

1. 初加工

将糯米洗净，用水浸泡 3 ～ 4 小时待米泡酥后沥去水分；把红枣洗净装笼，上蒸锅蒸制 20 分钟，将红枣蒸软后去掉枣核；红芸豆洗净后浸泡 12 小时，放入高压锅加水，上火加热至上气后压 20 分钟，使红芸豆熟而不烂；蜜枣切开去掉枣核。

（**质量控制点：**米泡透、枣去核、红芸豆煮熟。）

2. 生坯熟制

将蒸桶放在蒸锅上，先将 1/2 红枣铺在蒸桶底部，上面铺上 1/2 糯米；米上再铺一层 1/2 红芸豆、1/4 红枣、1/2 蜜枣；枣、豆上再铺 1/2 糯米；糯米上再铺 1/2 红芸豆、1/4 红枣、1/2 蜜枣，撒上葡萄干。盖上桶盖大火将蒸锅烧开，掀开桶盖淋上 100 毫升沸水，中火蒸 30 分钟，再掀开桶盖再淋上 100 毫升沸水，改成小火蒸 4 小时，再改成微火蒸 2 小时，关火后继续闷着。

吃前蒸热，用铲子由上往下铲出 1 块（约 250 克）。

（**质量控制点：**①蒸制过程中要分次淋水；②要将主配料蒸烂。）

七、评价指标（表 6-12）

表 6-12　甑糕评价指标

品名	指标	标准	分值
甑糕	色泽	褐白相间	10
	形态	块状（层多）	30
	质感	软糯黏	30
	口味	香甜	20
	大小	重约 250 克	10
	总分		100

八、思考题

1. 红芸豆为什么要先用高压锅压熟？
2. 甑糕为什么要长时间蒸制？

名点 197. 羊肉抓饭（新疆名点）

一、品种简介

羊肉抓饭是新疆风味小吃，维吾尔语称坡罗（polo），在我国新疆主要流传于维吾尔族、哈萨克族、柯尔克孜族、乌孜别克族等民族中，是一种营养十分丰富的食品。它是将炖至半熟的羊肉丁、胡萝卜条与泡好的粳米焖煮成饭，成品具有色彩丰富，油亮喷香，饭软肉烂、香气四溢，咸甜味鲜的特点。现在抓饭的种类很多，根据投料的不同而形成多种类型。

二、制作原理

粳米煮制成饭的原理见本章第一节。

三、熟制方法

炖、焖。

四、用料配方（以 4 份计）

1. 坯料

粳米 500 克。

2. 调配料

羊肉（肥瘦相间）350 克，胡萝卜 400 克，洋葱 50 克，精盐 15 克，清油 75 毫升。

五、工艺流程（图 6-15）

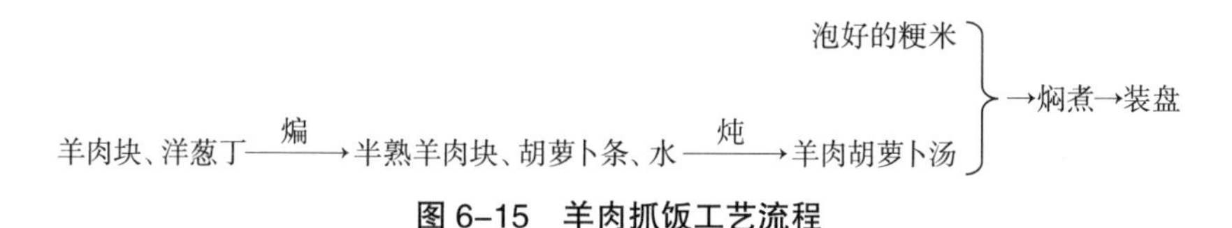

图 6-15　羊肉抓饭工艺流程

六、制作程序

1. 初加工

大米洗净，清水浸泡 30 分钟；羊肉剁成小块；胡萝卜洗净去皮，切成筷子粗的条；洋葱切丁。

（**质量控制点**：①羊肉要有肥有瘦；②胡萝卜条不宜太细。）

2. 成品制作

清油下锅中火烧热，先倒入洋葱丁炸出香味，再将羊肉块下入锅中煸炒，炒至羊肉出油发黄，再放入胡萝卜条煸炒至半熟，加精盐翻炒几下，倒入清水烧开，盖上盖小火焖煮 30 分钟左右。

将泡好的大米捞出倒入锅内，用锅铲抹平整，让大米基本上能跟汤汁平齐，盖上锅盖，中火烧开后小火煮 10 分钟，将上面的生米翻倒一遍（只翻大米层），用筷子扎眼再盖好，煮 10 分钟再翻一次，盖好焖煮，至水熬尽撤去柴火，用炉内余热焖 20 分钟。

盛饭前先将羊肉拣至一边，把胡萝卜和米饭翻拌均匀后平均盛入 4 只盘中，将拣出的熟羊肉放在饭面上。

（**质量控制点**：①羊肉要煸出油并上色；②不同阶段火候要控制好；③汤与米的比例要恰当。）

七、评价指标（表 6-13）

表 6-13　羊肉抓饭评价指标

品名	指标	标准	分值
羊肉抓饭	色泽	色彩丰富	10
	形态	盘装或碗装	40
	质感	饭软肉烂	20
	口味	咸甜味鲜	20
	大小	重约 400 克	10
	总分		100

八、思考题

1. 煮饭的过程中米饭层为什么需要上下翻倒两遍？
2. 羊肉抓饭的口味为什么带有甜味？

下面介绍糕类粉团名点，共 13 款。

名点 198. 桂花白糖年糕（江苏名点）

一、品种介绍

桂花白糖年糕是江苏苏州糕团的代表性品种，属于糕团中的黏质糕制品，是以糯、粳粉（7 ： 3）与白糖、清水调成糕粉后蒸熟、揉揿、改刀而成，具有香甜软糯，口感黏实的特点。每年春节前上市，为吴门春节家家户户必备之年品。此俗由来已久，且至今不衰，除因年糕和“年高”谐音含有吉祥口彩之意外，尚有历史人物传说。相传元末泰州人张士诚，以贩盐为业，率盐丁起兵，1356年陷平江（今苏州）并定都，称吴王。后被明太祖朱元璋讨伐，张被困苏州，为稳定军心民心，坚持抵抗，遂命部下把城内南园、北园一带粮食集中起来，磨粉制成砖形米糕干粮，堆砌成墙，以备饥荒。由于长期被围，粮食日趋紧张，士诚即命令部下拆下糕墙赈百姓，后被朱元璋部下将军徐达识破，士诚被俘至金陵自缢身亡。后苏州人民为感激他的深情厚意，故每年过春节都要做年糕以表纪念。

二、制作原理

米粉挤压成形的原理见本章第一节。

桂花白糖年糕

三、熟制方法

蒸。

四、用料配方（以 10 块计）

1. 坯料

水磨糯米粉 420 克，水磨粳米粉 180 克，白糖 270 克，糖桂花 15 克，清水 280 毫升。

2. 辅料

豆油 5 毫升，咸桂花 10 克。

五、工艺流程（图 6-16）

糯、粳米粉、白糖、水 —拌→ 糕粉 —蒸熟、揉揿→ 糕坯 —切→ 长方块→装盘

图 6-16　桂花白糖年糕工艺流程

六、制作方法

1. 面团调制

将细糯、粳米粉置案板上拌和，中间扒成凹塘，放入白糖，同时将清水徐徐倒入，双手抄拌均匀，静置 3 ～ 4 小时（春季和秋季）后过筛成糕粉。

（**质量控制点**：①按用料配方准确称量；②掺水量一定要准确；③糕粉静置的时间要根据室温确定；④静置后的粉一定要过筛。）

2. 糕粉蒸制

取蒸笼一只，用竹箅垫底，然后在笼壁及竹箅上抹一层豆油，先铺一层薄糕粉，置旺火沸水锅蒸制。至蒸汽透出糕粉现气孔时，将余下糕粉逐步加入，将气孔铺没，直至将粉加完，盖上笼盖，再蒸约15分钟至成熟取下。

（**质量控制点：**①蒸制时蒸汽一定要足；②蒸制时一层一层加糕粉，最后全部蒸熟。）

3. 熟粉揉制

案板上铺上湿白洁布一块，将糕倒入，放入甜桂花，双手抓住布角将糕翻身，布覆盖上面，案板上洒上凉开水，用力反复揉揿光滑，揉揿成长筒状，揿成宽8厘米、厚3厘米，中高边低的长条，糕面上均匀铺上咸桂花。

（**质量控制点：**①一定要趁热揉揿；②糕坯要揉揿至质地均匀、紧密、光滑。）

4. 改刀成形

取线一根，两端各系一小圈，两手抓住，将线嵌入糕底，由下向上交叉拉切成（用刀切亦可）10块年糕。

（**质量控制点：**①分块时切口要光滑，形态要完整；②生坯呈两头带弧度的长方块。）

七、评价指标（表6-14）

表6-14　桂花白糖年糕评价指标

品名	指标	标准	分值
桂花白糖年糕	色泽	色呈玉色	10
	形态	两头带弧度的长方块	40
	质感	黏糯韧滑	20
	口味	香甜	20
	大小	重约110克	10
	总分		100

八、思考题

1. 用来制作桂花白糖年糕的糕粉静置后为什么要过筛？
2. 制作桂花白糖黏糕时，蒸熟的糕粉为什么要趁热揉揿成团？

名点199. 五色小圆松糕（江苏名点）

一、品种介绍

五色小圆松糕是江苏苏州糕团中的著名品种，属于松质糕类制品。其是采用糯、粳粉（6 ∶ 4）与白糖、清水、玫瑰酱、红曲米粉等调成糕粉后用木模成形，再蒸制而成，具有外形美观，色彩鲜明，松软芳香，甜香入味的特色。五色，是指可以用天然原料做出五种颜色的小圆松糕；小，指小巧玲珑；圆，指糕的形态，外形整体由梅花瓣形组成的圆状；松，它是不经揉制的松质糕，松而不黏，故名。五色小圆松以苏州黄天源糕团店制作最为出名，1983 年曾获江苏省优质名特食品证书。

二、制作原理

糕粉轻压成形的原理见本章第一节。

五色小圆松糕

三、熟制方法

蒸。

四、用料配方（以 16 块计）

1. 坯料

水磨糯米粉 135 克，水磨粳米粉 90 克，白糖 90 克，清水 100 毫升，玫瑰酱 12.5 克，红曲米粉 1.2 克。

2. 馅料

甜板油丁 25 克，干豆沙 128 克。

3. 装饰料

熟松子仁 16 克。

五、工艺流程（图 6-17）

糯米粉、粳米粉、白糖、玫瑰酱、红曲米粉、清水 —拌粉、静置、夹粉→ 糕粉
熟松子仁、甜板油丁、干豆沙
}→模具成形→蒸熟→装盘

图 6-17　五色小圆松糕工艺流程

六、制作方法

1. 糕粉拌制

将细糯、粳米粉置案板上拌和，中间拨开成塘，加入白糖，加入清水拌和，再加入玫瑰酱、红曲米粉抄拌均匀，静置 3 ～ 4 小时（春季和秋季）后放入糕粉筛中搓筛成糕粉。

（**质量控制点**：①用料要准确，尤其是红曲米粉的量；②板油丁要切得细小一些，要腌制一段时间再用；③糕粉拌好后要静置，时间要根据室温确定；④用干豆沙作馅较好。）

2. 木模成形

将圆松糕花板图案面朝上，面上放上糕模，每个糕模孔中放入松子仁，再放入糕粉至模孔一半，另将干豆沙、甜板油丁入内，续放入糕粉至满，将模具上的多余的糕粉刮平。然后盖上白湿洁糕布，再将铝底板放在糕布上面，翻身，去掉花板及糕模板，放入蒸糕箱。

（**质量控制点**：①脱模时动作一定轻、稳，不能抖动；②生坯呈梅花形。）

3. 生坯熟制

旺火沸水锅蒸约5分钟至糕底无白痕，取下即成。

（**质量控制点**：①蒸制时蒸汽一定要足；②蒸制时间不能太长。）

注：五色小圆松除玫瑰味外，尚有薄荷、桂花、芝麻、蛋黄等多种。制作蛋黄味时，将鸡蛋磕入粉中，略加清水拌和过筛，其他制作相同。

七、评价指标（表6–15）

表6–15　五色小圆松糕评价指标

品名	指标	标准	分值
小圆松糕	色泽	色呈淡玫红	10
	形态	梅花形	40
	质感	松软	20
	口味	香甜	20
	大小	重约30克	10
	总分		100

八、思考题

1. 为什么五色小圆松糕具有松软的特征？
2. 如果加鸡蛋制作黄色的小圆松糕，如何操作？

名点200. 猪油百果松糕（上海名点）

一、品种介绍

猪油百果松糕是上海的著名点心，是上海人喜食的冬令特色糕点，清末时期与“桂花糖年糕”同时盛行上海。春节期间上海人把它作为馈赠亲友的礼品和接待客人的美点，喜庆寿宴中又时常见到它的身影。它属于糕团中的松质糕制品，采用五五镶粉、白糖、清水调成糕粉做坯，以糖油丁、糖莲子、蜜枣、核桃肉、玫瑰花、糖桂花作装饰料经蒸制而成，成品具有色泽白亮，吃口松软，甜而糯香，形状美观的特色。

二、制作原理

米粉挤压成型的原理见本章第一节。

猪油百果松糕

三、熟制方法

蒸。

四、用料配方（以 8 块计）

1. 坯料

镶粉（粳米粉、糯米粉各半）500 克，白糖 200 克，清水 220 毫升。

2. 装饰料

猪板油 90 克，糖莲子 4 颗，蜜枣 2 个，白糖 50 克，核桃肉 30 克，玫瑰花 2 克，糖桂花 2 克。

五、工艺流程（图 6–18）

糖板油丁、糖莲子、蜜枣片、核桃仁丁、玫瑰花、糖桂花 ＋ 糯米粉、粳米粉、绵白糖、清水 —拌粉、静置、夹粉→ 糕粉 →蒸制→切块→装盘

图 6–18　猪油百果松糕工艺流程

六、制作方法

1. 装饰料加工

将板油撕去皮膜，切成 0.4 厘米见方的丁，加入白糖拌和，腌渍 7 ～ 10 天；糖莲子掰开；蜜枣去核，切片；核桃肉切成小丁。

（**质量控制点：**①板油丁要切得小点；②板油丁要提前腌制。）

2. 面团调制

将镶粉与白糖、清水拌匀，用筛筛成细粒，春秋天静置 3 ～ 4 小时。

（**质量控制点：**①糕粉需要静置；②静置时间需要根据季节而定。）

3. 生坯成形

将糕粉放入圆笼内（下衬糕布）刮平，不能揿实，再将装饰料在糕面上排列

成各种图案。

（**质量控制点：**①糕粉刮平即可，不能揿实；②装饰料摆成美观的图案。）

4. 生坯熟制

入锅蒸制，待接近成熟时，揭开笼盖洒些温水，再蒸至糕面发白、光亮呈透明状时，取出冷却改刀成八块三角体形即可。

（**质量控制点：**①旺火足汽蒸；②冷却改刀。）

备注：如欲制成赤豆松糕或豆沙松糕时，可将豆沙夹入糕坯中，或将赤豆煮熟后拌入糕中；如果是豆沙夹馅的，则糕粉中只需用糖 150 克，其他原料不变。

七、评价指标（表 6–16）

表 6–16　猪油百果松糕

品名	指标	标准	分值
蟹猪油百果松糕	色泽	色呈白色	10
	形态	三角体形	40
	质感	松软	20
	口味	香甜	20
	大小	重约 125 克	10
	总分		100

八、思考题

1. 用来制作猪油百果松糕的糕粉为什么要静置？
2. 用来制作猪油百果松糕的糕粉上笼蒸制前为什么不能揿实？

名点 201. 太白拉糕（上海名点）

一、品种介绍

太白拉糕是上海著名的点心，是由沈大成点心店首创的特色糕团之一。1990 年沈大成点心店糕团师傅改进传统苏式糕团制法制作而成，因糕中加了白酒，故借唐代诗人李白之名，取名为“太白拉糕”。该点属于糯米粉粉团制品，采用糯米粉、澄粉、白糖、黄油、白酒、清水调成厚糊，经蒸制、冷却、改刀、装饰而成，成品具有色泽淡黄透明，吃口韧糯，香甜细腻，形态美观的特色。

二、制作原理

米粉糊熟制成块的原理见本章第一节。

三、熟制方法

蒸。

四、用料配方（以12块计）

1. 坯料

糯米粉125克，澄粉50克，白糖60克，黄油25克，白酒4毫升，清水185毫升。

2. 装饰料

熟松子仁5克，樱桃碎粒12粒。

五、工艺流程（图6-19）

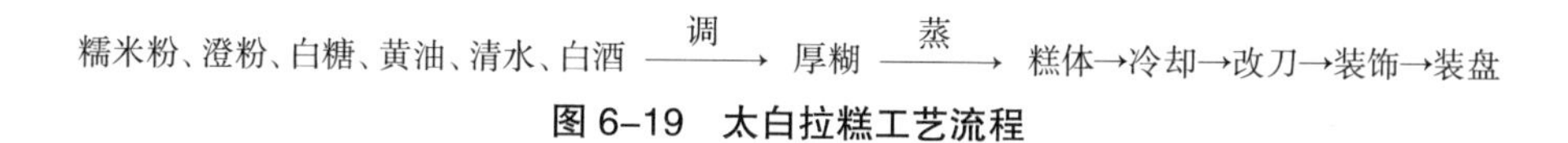

图6-19　太白拉糕工艺流程

六、制作方法

1. 米粉糊调制

将糯米粉、澄粉放入面盆内，加白糖、清水搅成厚糊状，倒入花开的黄油拌和均匀，再加入白酒搅匀。

（**质量控制点：**①糊要搅匀不能有颗粒；②黄油要事先化开。）

2. 生坯熟制

将米粉糊倒入盆内抹平，上笼旺火足气蒸35分钟取出，待糕体冷却，用刀切成每块约35克左右的菱形小块，每块镶上几粒熟松子仁和1粒樱桃碎粒，即可装盘。

（**质量控制点：**①要一次蒸熟；②糊量大蒸制时间要相应延长；③糕体要冷却才能改刀。）

七、评价指标（表6-17）

表6-17　太白拉糕评价指标

品名	指标	标准	分值
太白拉糕	色泽	淡黄色	10
	形态	菱形块	40
	质感	柔软黏糯	20
	口味	香甜	20
	大小	重约35克	10
	总分		100

八、思考题

1. 调制太白拉糕的糕坯时为什么要加白酒？
2. 为什么太白拉糕的糕体需要冷却才能改刀？

名点202. 双糕嫩（福建名点）

一、品种介绍

双糕嫩是福建泉州龙海市风味点心，又名双嫩润，属于米粉面团中的糯米粉制品。相传在数百年以前，海澄县前街有一家小吃店，每日精心制作双糕嫩应市，购买者十分拥挤，顾客只顾争购双糕嫩，头经常碰在店前的石牌坊上，故有“眼看双糕嫩，头碰石牌坊”之说。其是以糯米粉、红板糖粉为主料蒸制成熟后，再淋入糯米粉浆，撒上装饰料续蒸而成。成品具有色泽美观、软糯香甜、细嫩润口的特点。

二、制作原理

米粉坯熟制成块的原理见本章第一节。

三、熟制方法

蒸。

四、用料配方（以10块计）

1. 坯料

糯米500克，红板糖250克，豆腐皮1张，清水50毫升。

2. 装饰料

猪肥膘50克，冬瓜糖50克，干葱头20克。

3. 辅料

熟猪油100克（约耗10克）

五、工艺流程（图6-20）

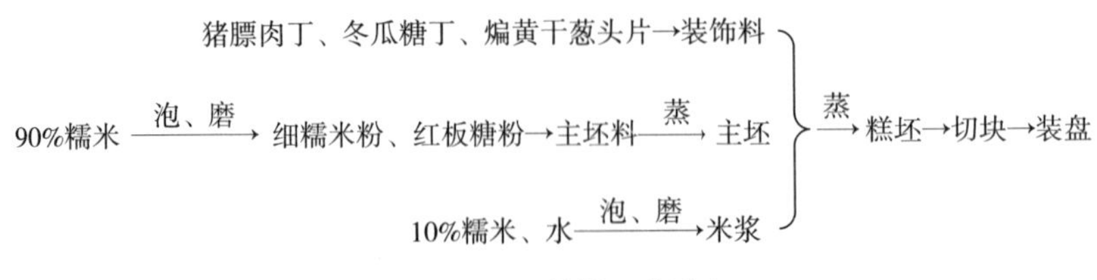

图6-20　双糕嫩工艺流程

六、制作程序

1. 装饰料加工

把猪肥膘肉、冬瓜糖均切成丁；将干葱头去皮，切成薄片，下入放有熟猪油的油锅里，用中火煸成深黄色，捞出与猪肥膘肉丁、冬瓜糖丁拌成装饰料。

（**质量控制点：**①煸制干葱头片时油温不宜太高；②肥膘丁、冬瓜糖丁切成正方体。）

2. 糕粉、米浆加工

糯米洗净，用清水浸泡 10 分钟，捞出 450 克磨成细的湿磨粉；再将红板糖碾成细糖粉，与糯米粉拌和均匀成红板糖糯米粉；捞出剩余糯米，加清水 50 毫升磨成米浆。

（**质量控制点：**①糯米粉、红板糖加工得不宜太粗；②米浆不宜太厚或过稀。）

3. 生坯熟制

将豆腐皮用水浸软后，铺入笼屉中，轻轻倒入红板糖糯米粉，用小竹片刮平，置于旺火沸水锅上蒸制 30 分钟。揭开笼盖，淋入糯米粉浆，再用小竹片刮平，均匀撒上装饰料，加盖再蒸约 40 分钟。

（**质量控制点：**①红板糖糯米粉刮平时不宜压实；②豆腐皮不宜布满笼底；③ 2 次蒸制过程中尽量不要开盖。）

4. 制品成形

取出熟糕坯晾凉，放在案板上，切成约 90 克重的菱形块 10 块，装盘。

（**质量控制点：**①熟糕坯要晾凉才能改刀；②采用锯切的方法改刀。）

七、评价指标（表 6-18）

表 6-18　双糕嫩评价指标

品名	指标	标准	分值
双糕嫩	色泽	糕体淡褐色，装饰料色彩丰富	10
	形态	菱形块	20
	质感	软糯细嫩	40
	口味	香甜	20
	大小	重约 90 克	10
	总分		100

八、思考题

1. 制作双糕嫩时为什么红板糖糯米粉在笼里铺得不宜太厚？
2. 制作双糕嫩时淋在糕坯上的米浆的作用是什么？

名点 203. 清汤泡糕（江西名点）

一、品种介绍

清汤泡糕是江西景德镇风味小吃，江西称馄饨为清汤，因系将特制的糯米糕泡入清汤中而得名。最早经营这种小吃的是景德镇的“金春馆”，相传清乾隆皇帝下江南时曾到过景德镇，并品尝过该店的清汤泡糕，颇为赞赏，还亲笔为该店题写了“金春”二字，此后，清汤泡糕的名声不胫而走。泡糕属于米粉面团制品中的糯米粉制品，是以优质糯米粉、白糖、芝麻及自制桂花卤等为原料蒸制而成。具有方块造型，色白黏糯，清香甘甜的特点，搭配皮薄洁白，馅嫩汤鲜的馄饨同食，别有风味。

二、制作原理

米粉轻压成形的原理见本章第一节。

三、熟制方法

蒸。

四、用料配方（以 10 块计）

1. 坯料

水磨糯米粉 250 克，清水 100 毫升。

2. 馅料

绵白糖 125 克，白芝麻 50 克，桂花卤 15 克。

3. 汤料

清汤（馄饨）2000 毫升。

4. 辅料

色拉油 10 毫升。

五、工艺流程（图 6–21）

熟芝麻屑、绵白糖、桂花卤 —拌→ 馅心
水磨糯米粉、清水 —拌、筛→ 湿糯米粉
（两者合并）→成形→蒸制→改刀→放入清汤碗中→成品

图 6–21　清汤泡糕工艺流程

六、制作程序

1. 馅心调制

将白芝麻洗净，小火炒熟，碾成屑与绵白糖、桂花卤拌匀成芝麻糖馅。

（**质量控制点：**①芝麻要带水炒；②熟芝麻要趁热碾碎。）

2. 糕粉调制

将水磨糯米粉加清水拌匀、过筛成湿糯米粉。

（**质量控制点：**加水量要恰当。）

3. 生坯成形

在抹了油的底板上放上特制的框架，将湿糯米粉铺在框架内，用手抹平，放上芝麻糖馅再抹平，并盖上薄薄的一层湿糯米粉，去掉框架。

（**质量控制点：**湿糯米粉不能挤压。）

4. 生坯熟制

将生坯上笼旺火蒸 20 分钟，出笼冷却后用刀切成方块（或菱形状），食用时将两块糕放入刚煮好的清汤碗内即成。

（**质量控制点：**①旺火足汽蒸；②冷却后才能改刀。）

七、评价指标（表 6–19）

表 6–19　清汤泡糕评价指标

品名	指标	标准	分值
清汤泡糕	色泽	色呈玉色	10
	形态	方块形	40
	质感	黏糯	20
	口味	香甜	20
	大小	重约 50 克	10
	总分		100

八、思考题

1. 泡糕馅心中的芝麻屑如何加工？

2. 制作泡糕的糯米粉中加清水的作用是什么？

名点 204. 白糖伦教糕（广东名点）

一、品种简介

白糖伦教糕是广东风味名点，因首创于广东顺德伦教镇而得名。问世于明代，据成书于清咸丰年间的《顺德县志》载："伦教糕，前明士大夫每不远百里，泊舟就之。""玉洁冰清品自高，甜滑爽韧领风骚"是形容伦教白糖糕的美丽诗句。此点是用籼米浆、白糖、酵母等调制成稀糊，经发酵后蒸制而成的。具有糕体晶莹雪白、表层油润光洁、润滑爽韧，芳香清甜的特点，被誉为"岭南第一糕"。

二、制作原理

生物膨松面团（发酵面团）的膨松原理见第三章第一节。籼米粉熟制成型的原理见本章第一节。

三、熟制方法

蒸。

四、用料配方（以 16 只计）

坯料：水磨籼米粉 250 克，白糖 250 克，清水 520 毫升，干酵母 5 克。

辅料：色拉油 10 毫升。

五、工艺流程（图 6-22）

图 6-22　白糖伦教糕工艺流程

六、制作程序

1. 糕浆调制

将水磨籼米粉放在面盆中用清水 150 毫升调成干米浆，捏碎。

将清水 350 毫升倒入锅中、再加入白糖烧沸后全部冲入干米浆盆中，边冲边搅，使米浆呈半熟的米浆，放温待用。再将干酵母用 20 毫升温水调化开，然后再与半熟米浆搅和均匀成糕浆，放在 38℃的饧发箱里饧发 30 分钟左右，浆面产生许多小气泡即可。

（**质量控制点：**①米浆要有一定黏性；②浆面要产生许多小气泡。）

2. 生坯熟制

将方盆（30厘米 ×30厘米）底部垫上油纸、刷上色拉油，倒入发酵好的糕浆，用旺火沸水蒸25分钟即成（待糕体冷却后切块）。

（**质量控制点：**①糕浆在盆中的高度不宜太大；②用刀尖划成方块。）

七、评价指标（表6-20）

表6-20　白糖伦教糕评价指标

品名	指标	标准	分值
白糖伦教糕	色泽	晶莹雪白	10
	形态	方形	30
	质感	润滑爽韧	30
	口味	芳香清甜	20
	大小	重约60克	10
	总分		100

八、思考题

1. 为什么选用籼米粉制作白糖伦教糕？
2. 为什么要将米浆调成半熟糊状？

名点205. 九层油糕（海南名点）

一、品种简介

九层油糕是海南风味点心，海口市的大街小巷常有小吃摊贩摆卖。此品是以粳米磨成粉浆，加入生粉调匀分2份，分别用沸白、红糖水烫成半熟糊浆，拌入葱油调匀，交替加两种颜色粉浆蒸制而成。具有褐白相间、层次分明、柔韧爽滑、葱香甜润的风味特点。

二、制作原理

大米粉熟制成块的原理见本章第一节。

三、熟制方法

蒸。

四、用料配方（以 20 只计）

1. 坯料

粳米 250 克，生粉 50 克，白糖 100 克，红糖 100 克，清水 500 毫升，花生油 100 毫升，香葱 20 克。

2. 装饰料

熟白芝麻屑 30 克。

3. 辅料

色拉油 20 毫升。

五、工艺流程（图 6-23）

粳米、清水 —泡、磨→ 稀米浆、生粉 —拌→ 厚浆（分两份）
白糖、清水 —煮→ 沸糖水
红糖、清水 —煮→ 沸红糖水
（以上三者）→ 烫 → {白米浆、褐米浆} → 蒸制 → 改刀 → 装盘

图 6-23　九层油糕工艺流程

六、制作程序

1. 坯料初加工

将粳米淘洗干净，用 250 毫升清水泡透后与水一起磨成米浆，加入生粉拌成厚浆；将花生油烧热，放入香葱段，炸至香葱变色捞出成葱油；将白糖、红糖各加 125 毫升清水分别煮沸待用。

（**质量控制点：**①米浆的稠度要合适；②煮糖水的火不宜太大。）

2. 糕浆调制

将厚浆分为两盆，搅匀后分别冲入沸红、白糖水迅速搅匀成半熟米浆，然后每盆中加入葱油各 50 毫升拌匀。

（**质量控制点：**①室温低的情况下要采用沸水浴保温烫米浆；②米浆的稠度要合适。）

3. 生坯熟制

取一只 20 厘米 ×30 厘米的高边不锈钢方盆，盆中刷油后先舀入白糖米浆一层，厚约 0.5 厘米，上笼旺火沸水蒸制 3 分钟待其凝固后取出；再舀入一层红糖米浆，厚约 0.5 厘米，也蒸制 3 分钟待其凝固后取出。再倒上一层白糖米浆，再蒸制，如此反复直至九层，最后一层蒸 6 分钟使糕熟透。

（**质量控制点：**①每次舀入糊浆的量要一样；②舀入的米浆要慢慢淌平；

③越往后每一层蒸制的时间越长。）

4. 成品改刀

待糕体冷却后，改刀成菱形块，食用时撒上一薄层熟白芝麻屑。

（**质量控制点：**糕体冷透改刀。）

七、评价指标（表 6-21）

表 6-21　九层油糕评价指标

品名	指标	标准	分值
九层油糕	色泽	褐、白相间	10
	形态	菱形块	40
	质感	柔韧爽滑	20
	口味	香甜	20
	大小	重约 50 克	10
	总分		100

八、思考题

1. 米浆中加入生粉的作用是什么？
2. 蒸制九层油糕时对每层的蒸制时间要求有什么不同？

名点 206. 猪油鸡蛋熨斗糕（重庆名点）

一、品种简介

猪油鸡蛋熨斗糕是重庆风味小吃，就是将米、面、蛋、糖浆制作成发酵米浆状，用铁烙烙熟食用，因其烙制的器具很像老式熨斗，因此而得名。鸡蛋熨斗糕的制作，根据个人口味可以分为甜的、咸的两种，既有街头现制现卖的，也有用作筵席面点的。此品具有扁圆小巧，色泽金黄，外酥内嫩，口味香甜，质地松泡的特点，讨人喜欢。

二、制作原理

生物膨松面团（发酵面团）的膨松原理见第三章第一节。米粉浆熟制成块的原理见本章第一节。

三、熟制方法

烙。

四、原料配方（以20只计）

1. 坯料

粳米500克，老米浆50克，鸡蛋660克，绵白糖190克，糖桂花15克，碱粉3克，清水100毫升。

2. 馅料

果酱100克。

3. 调辅料

熟菜油7.5毫升，熟猪油65克。

五、工艺流程（图6-24）

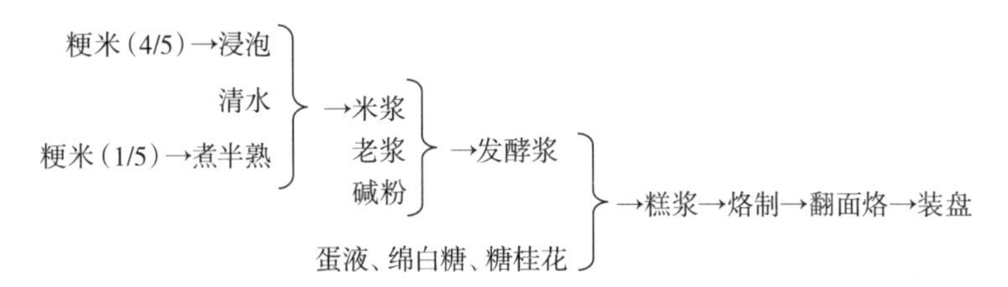

图6-24　猪油鸡蛋熨斗糕工艺流程

六、制作程序

1. 初加工

粳米400克淘净，用冷水浸泡6小时（冬季约10小时），不用换水。余下的100克粳米（冬季留用125克）煮至七八成熟时待用。

（**质量控制点**：①不同季节粳米的浸泡时间不同；②煮制的粳米七八成熟较好。）

2. 调制糊浆

将泡好的粳米连同半生熟米饭混合搅匀，用筲箕沥干，经冷水淋1次，入磨，加水磨成浆，装入清洁的瓦缸内（留出少许待用），加进老浆子（即已发泡的米浆，作用有如老酵面）搅匀，加盖待其发泡（夏季4小时，冬季8小时，若用小木棍插入浆中，直立不倒，即浆子已经发泡）即迅速搅转，再行盖好。1小时后放进新浆子少许，待全面发泡时加入碱粉，打入鸡蛋液搅散，加入绵白糖、糖桂花，用木瓢搅匀待用。

（**质量控制点**：①把握米浆发酵时间；②米浆发好后加入蛋液、绵白糖、糖桂花；③碱要兑正。）

3. 生坯熟制

烙模中抹上少许兑水熟菜油（油1/3，水2/3），即舀入糕浆，随即淋进熟猪油，放上果酱。待烙到一定火候时（烙火大小要适当，以免过生或烙焦），用细长的铁钎翻面，再放进熟猪油，烙至铁扦插入糕心，糕浆不黏扦时，即已烙熟。

（**质量控制点：**①中小火烙制；②要翻面烙制；③烙制过程中要加熟猪油。）

七、评价指标（表 6-22）

表 6-22　猪油鸡蛋熨斗糕评价指标

名称	指标	标准	分值
猪油鸡蛋熨斗糕	色泽	金黄色	20
	形态	扁圆	30
	质感	外酥内嫩	20
	口味	香甜	20
	大小	重约 75 克	10
	总分		100

八、思考题

1. 猪油鸡蛋熨斗糕的膨松原理是什么？
2. 为什么一部分粳米要煮七八成熟再与其他泡好的粳米一起磨成米浆？

名点 207. 猪油泡粑（重庆名点）

一、品种简介

猪油泡粑是重庆风味小吃，“泡粑”是巴渝人对白糕的俗称。荣昌“猪油泡粑”，1949 年前由云隆场一姓何的师傅制作，在县城早有名气。猪油泡粑四季皆宜，热食为佳，不仅是城里人的早点，也是民风民俗的重要食品。此品制粑浆时，除用粳米外，还要配适当的糯米、黄豆、熟猪油、鸡蛋液，因而具有色泽白黄，松泡发亮，香甜绵软，入口即化的特点。

二、制作原理

生物膨松面团（发酵面团）的膨松原理见第三章第一节；米粉浆熟制成块的原理见本章第一节。

三、熟制方法

蒸。

四、原料配方（以 24 只计）

坯料：粳米 500 克，糯米 50 克，黄豆 25 克，熟猪油 75 克，绵白糖 50 克，鸡蛋 50 克，食碱 3 克，酵种 100 克，清水 200 毫升。

五、工艺流程（图 6–25）

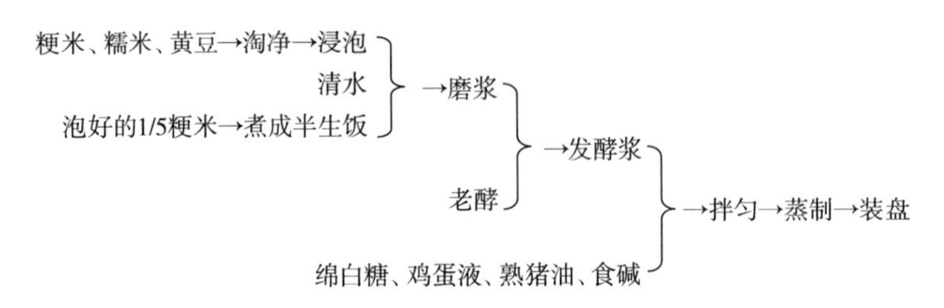

图 6–25　猪油泡粑工艺流程

六、制作方法

（一）面糊调制

粳米、糯米、黄豆均淘净，入水浸泡 1 天。取粳米 100 克煮成生分（半生饭），再和浸泡好的粳米、糯米、黄豆入磨，加水磨细，倒入缸内，加酵种发酵。待浆子发涨至起“细鱼眼”时，即可蒸制。

（**质量控制点：**①米浆要磨得细；②糯米、黄豆比例要恰当；③发酵的时间要随季节变化。）

（二）生坯蒸制

将缸内浆子舀入小钵内，加绵白糖、鸡蛋液（调散）、熟猪油、食碱搅转，蒸笼内置直径 7 厘米，高 1 厘米的竹圈，在圈上铺上湿笼布、将米浆舀入湿笼布上、旺火蒸 5 ～ 7 分钟即成。

（**质量控制点：**①一般用草鸡蛋制作效果更好；②掌握好蒸制的时间；③碱要兑正。）

七、评价指标（表 6–23）

表 6–23　猪油泡粑评价指标

品名	指标	标准	分值
猪油泡粑	色泽	白黄、发亮	20
	形态	中心高的圆饼形	30
	质感	绵软	20
	口味	香甜	20
	大小	重约 50 克	10
	总分		100

八、思考题

1. “泡粑”的意思是什么?
2. 如何用感官判别米浆发好了?

名点 208. 驴打滚（北京名点）

一、品种简介

驴打滚北京风味小吃，北京人也称豆面糕，起源于东北地区，是北京小吃中的古老品种之一。因其最后制作工序中撒上的黄豆面，犹如老北京郊外野驴撒欢打滚时扬起的阵阵黄土，因此而得名“驴打滚”。清代京城年糕铺有售，也是各种庙会和肩挑小贩经营的应时小吃。过去北京人做“驴打滚”多以黄米粉为主料，配以豆馅，裹上熟黄豆面，浇红糖桂花水食用。《燕都杂咏》云：“红糖水馅巧安排，黄面成团豆面埋，何事群呼驴打滚，称名未免近诙谐。”如今的驴打滚多以糯米粉作主料，制法如故。具有黄、白、褐三色分明，豆香馅甜，入口绵软的特点。

二、制作原理

蒸熟糕粉揉搋成团的原理见本章第一节。

驴打滚

三、熟制方法

蒸。

四、原料配方（以 20 只计）

1. 坯料

糯米粉 500 克，清水 230 毫升。

2. 馅料

豆沙馅 400 克。

3. 装饰料

黄豆 75 克，白糖 50 克（或红糖水 80 毫升，桂花 15 克）。

五、工艺流程（图 6–26）

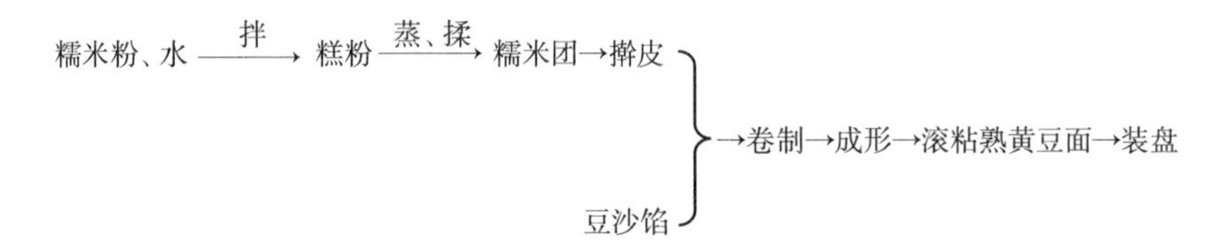

图 6–26　驴打滚工艺流程

六、制作方法

1. 粉坯蒸制

糯米粉加水和均匀过糕粉筛，蒸锅上火烧开，屉上铺湿布，将湿粉倒入，盖上盖蒸约 20 分钟，出锅后趁热揉揿成团。

（**质量控制点：**①按用料配方准确称量；②糯米粉的加水量要恰当；③熟糕粉要趁热揉揿成团。）

2. 装饰料加工

将黄豆挑去杂质，粉碎成面，上烤盘烤出香味至熟（红糖水加桂花对成汁）。

（**质量控制点：**①挑去杂质，面要加工得细；②黄豆粉烤制的火候要掌握好，要中小火慢烤，防止烤过火。）

3. 制品成形

将糯米团擀成片，抹上豆沙馅卷成筒形，粘上黄豆面再切成小段，撒上白糖（或浇上红糖水、桂花水）即可食用。

（**质量控制点：**①豆沙馅要抹得均匀，不宜太多；②切小段时用的刀要快。）

七、评价指标（表 6-24）

表 6-24　驴打滚评价指标

品名	指标	标准	分值
驴打滚	色泽	黄、白、褐三色分明	10
	形态	圆筒状	40
	质感	皮黏糯韧滑馅软嫩	20
	口味	香甜	20
	大小	重约 50 克	10
	总分		100

八、思考题

1. 调制米粉团时，糯米粉与粳米粉相比哪种粉的吃水量更高？
2. 烤制黄豆粉时如何控制它的成熟度？

名点 209. 豆踖儿糕（北京名点）

一、品种简介

豆踖儿糕是北京风味小吃，又称豆渣儿糕，为老北京的冬季小吃。碾碎了的豆子叫豆踖儿，豆踖儿糕糯口，有豆踖儿的清香味。《燕都小食品杂咏》中写道："豆渣儿糕价钱廉，盘中个个比鹅鹅。温凉随意凭君择，洒得白糖分外甜。"此品主要是以糯米、豆沙馅、白芸豆和白糖等制作而成，两层糯米糕坯夹一层豆沙馅，吃时蘸白糖或浇红糖汁。其具有二百一褐，色彩分明，软糯细润，甜香爽口，芸豆芳香浓郁的特点。

二、制作原理

蒸熟糕粉揉撴成团的原理见本章第一节。

三、熟制方法

蒸。

四、原料配方（以 24 只计）

1. 坯料

糯米 500 克。

2. 馅料

豆沙馅 250 克。

3. 装饰料

白芸豆 160 克，白糖 80 克（红糖 60 克，糖桂花 6 克，沸水 125 毫升）。

五、工艺流程（图 6-27）

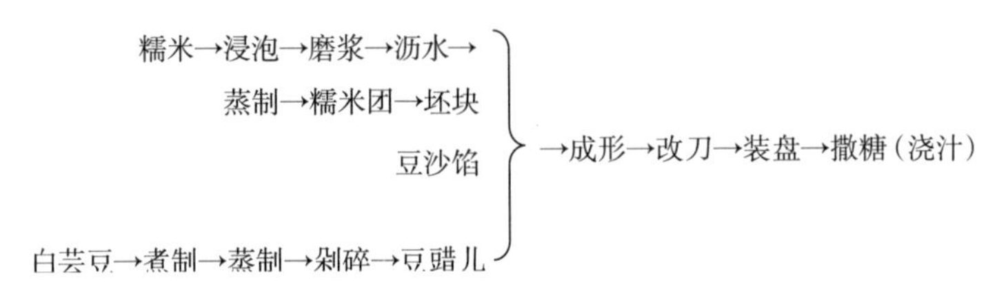

图 6-27　豆蹭儿糕工艺流程

六、制作方法

1. 豆蹭儿加工

白芸豆洗净，放入锅中，加入凉水，用旺火煮 1 个多小时，待芸豆煮涨时，捞出再蒸 0.5 小时，然后放在案板上用刀剁成碎瓣，即为白芸豆蹭。

（**质量控制点**：①按用料配方准确称量；②芸豆煮透后要沥干水分，保持豆蹭儿的黏性。）

2. 坯料加工

将糯米淘洗干净，用凉水浸 2 小时后，连米带水一起磨成浆状，装入布袋里，吊起沥净水（可出糯米干浆约 800 克），再倒在屉布上，用旺火蒸 30 分钟即熟。

（**质量控制点**：①挑去杂质，用凉水浸泡；②糯米要泡透。）

3. 制品成形

将熟糯米粉坯料趁热连同屉布一起放在案板上（用屉布是为了防止糯米坯料粘案板），淋洒上少许凉开水，用手反复按揉，直到面团柔软光润，撤去屉布。接着，将面团分成相等的两块，分别擀成长约 33 厘米、宽 16 厘米、厚 2 厘米的长方形坯块。在一坯块上面摊上豆沙馅，再将另一坯块覆盖在豆沙馅上，最上面撒匀余下的一半豆蹭儿，即为豆蹭儿糕。

吃时，将豆蹭儿糕切成菱形块，上笼蒸热（凉吃也可），将白糖撒在上面。或者将红糖用沸水溶化，晾凉过滤，加入糖桂花搅匀，浇上红糖汁即成。

（**质量控制点**：①糯米坯料蒸好后要趁热揉匀揉透；②淋洒的水一定要用凉开水；③切小块时刀要快，切面要光滑。）

七、评价指标（表 6–25）

表 6–25　豆蹭儿糕评价指标

品名	指标	标准	分值
豆蹭儿糕	色泽	二白一褐，色彩分明	10
	形态	菱形块	40
	质感	糯米粉坯软糯，馅细嫩	20
	口味	香甜，豆蹭芳香	20
	大小	重约 50 克	10
	总分		100

八、思考题

1. 为什么豆蹭儿加工时要先煮后蒸？
2. 糯米粉坯料蒸好后为什么要趁热揉？

名点 210. 芝兰斋糕干（天津名点）

一、品种简介

芝兰斋糕干是天津风味小吃，其历史悠久，1928 年有个叫费效曾的人在天津沈庄子大街以芝兰斋字号经营糕干，故名。这种食品物美价廉，农历正月间食者最多。它与天津杨村糕干的区别是后者不带馅料，本色本味，而前者则在制作过程中辅以豆沙、红糖、玫瑰酱、熟芝麻、青红丝等多种馅心，上撒松子仁、瓜子仁、核桃仁、青梅、瓜条、蜜橘皮等多种小料，成为夹馅糕干。它是通过木模工具在湿粳、糯米粉中间夹入馅料经过蒸制而成。成品具有松软洁白，形态美观，入口软糯，细腻香甜的特点。这里介绍的是豆沙馅糕干。

二、制作原理

糕粉轻压成型的原理见本章第一节。

三、熟制方法

蒸。

四、原料配方（以 12 块计）

1. 坯料

粳米 400 克，糯米 100 克。

2. 馅料

红小豆 50 克，红糖 250 克，玫瑰酱 25 克，熟芝麻 10 克，青丝 10 克，红丝 10 克。

3. 装饰料

青梅 10 克，瓜条 10 克，松子仁 10 克，瓜子仁 10 克，核桃仁 10 克，蜜橘皮 10 克。

五、工艺流程（图 6-28）

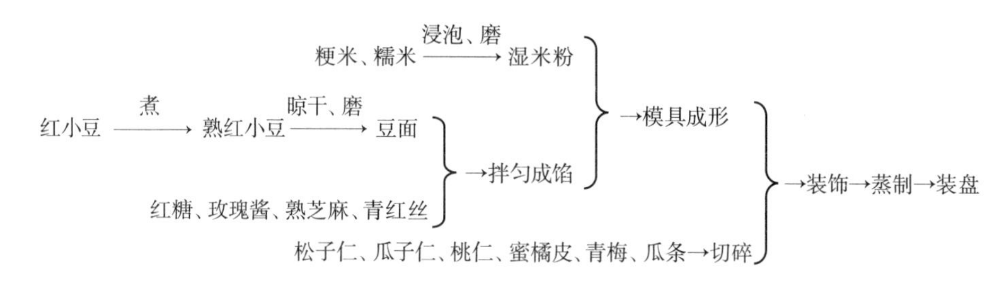

图 6-28　芝兰斋糕干工艺流程

六、制作方法

1. 馅心调制

红小豆洗净、煮熟晾干，磨成干豆面，与红糖、玫瑰酱、熟芝麻和剁碎的青红丝搓匀成豆沙馅。另将松子仁、瓜子仁、桃仁、蜜橘皮、青梅、瓜条切成碎块。

（**质量控制点：**①按用料配方准确称量；②装饰料切得大小要合适。）

2. 粉团调制

将粳米和糯米洗净，用清水泡胀后沥水，磨成潮湿的米粉。

（**质量控制点：**①按用料配方准确称量；②米要泡透；③粳、糯米粉的湿度要掌握好。）

3. 生坯成形

将铺好屉布的箅子放在案子上，上面再摆上厚约 3.3 厘米的方形木模。然后将湿米粉均匀地撒入。当米粉占木模厚度的 1/3 时，将豆沙馅均匀地撒上。当木模只剩 1/3 的厚度时，再将湿米粉撒入。然后用木刮板把米粉与模子刮平，再用小铁抹子抹出光面，用刻有细直纹的木板压出直纹，撒上切好的多种小料。最后，用刀将糕干生坯切成长 10 厘米、宽 4 厘米的块。

（**质量控制点：**①撒湿米粉和豆沙馅时，注意表面抹平，并且各自要厚薄一致；②改刀时要保持生坯大小一致、完整。）

4. 生坯熟制

拿去木模，将糕干生坯上蒸锅蒸约 10 分钟。见糕干没有生面时即熟。

（**质量控制点：**①旺火足汽蒸；②蒸制时间不宜太长。）

七、评价指标（表 6–26）

表 6–26　芝兰斋糕干评价指标

品名	指标	标准	分值
芝兰斋糕干	色泽	糕身洁白，装饰料色彩丰富	10
	形态	长方体	30
	质感	松软柔韧	30
	口味	香甜	20
	大小	重约 100 克	10
	总分		100

八、思考题

1. 芝兰斋糕干中的豆沙馅是如何加工的?
2. 在生坯成型阶段，撒湿米粉和豆沙馅应注意什么?

以下是团类粉团名点，共 25 款。

名点 211. 苏式船点（江苏名点）

一、品种介绍

苏式船点是江苏苏州的著名点心。所谓船点，顾名思义就是船上食用的点心。相传起源于宋代，游客泛舟，少则一二日，多则数日不离船，起始船主多向菜馆预订，这时什么类型的点心都有，以后为了便利游客，船主们干脆把锅灶搬到船上制作，这时船点逐渐趋向于以米粉面团为主捏塑成各种精美的象形品种，成为造型面点的代表。具有工艺精细，造型别致，色彩鲜艳，形态逼真，栩栩如生的特色。现在一部分以观赏为目的的船点采用了澄粉和人工合成色素进行制作。这里以寿桃为例。

二、制作原理

米粉面团的成团原理见本章第一节。

三、熟制方法

蒸。

四、用料配方（以 10 只计）

1. 坯料

五五镶粉 200 克（水磨糯米粉 100 克，水磨粳米粉 100 克），沸水 100 毫升。

2. 馅料

硬豆沙馅 50 克。

3. 辅料

红曲水 2 毫升，青菜汁 5 毫升。

五、工艺流程（图 6-29）

豆沙馅 ┐
五五镶粉、沸水 —烫、蒸→ 生粉团→调色→搓条→下剂 ┘ →包馅→成形→蒸制→装盘

图 6-29 苏式船点工艺流程

六、制作方法

1. 粉团调制

取水磨糯米粉、粳米粉，放盆内用沸水烫制，揉成粉团，取一半上笼蒸熟，取下与剩下的一半揉和均匀即为本色粉团。取 20 克粉团加青菜汁调成绿色面团。待用。

（**质量控制点：**①选用水磨糯米粉和水磨粳米粉来调制面团；②采用蒸芡法调制粉团；③选用硬豆沙馅，便于成形。）

2. 生坯成形

将本色粉团揉匀搓成条，切成 10 个小剂，逐个揉光捏窝，放入硬豆沙馅，收口成球形。捏成桃子形状，用竹板在桃子中间压出一条凹纹来，在桃子尖头部分，用牙刷刷点红曲水，将尖头部分染成红色，把另一块绿色的皮坯分成 10 个小块，做成桃叶和梗子，装在桃子底部即成，放入刷过油的笼内。

（**质量控制点：**①剂子一定要揉捏出黏性再包馅成形；②馅心不宜太多；③生坯呈桃子形。）

3. 生坯熟制

将放有生坯的蒸笼上蒸锅蒸约 4 分钟即成，装盘。

（**质量控制点：**①蒸制时蒸汽一定要足；②蒸制时间不能太长。）

七、评价指标（表 6–27）

表 6–27　苏式船点评价指标

品名	指标	标准	分值
寿桃	色泽	身白、叶绿、尖红	10
	形态	桃子形	40
	质感	皮软韧，馅软糯	20
	口味	香甜	20
	大小	重约 35 克	10
	总分		100

八、思考题

1. 为什么用来制作苏式船点的面团采用糯米粉、粳米粉 5 ∶ 5 配比调制？
2. 为什么用来制作苏式船点的面团采用蒸芡法调制？

名点 212. 南瓜团子（上海名点）

一、品种介绍

南瓜团子是上海著名的点心，创制于 20 世纪 40 年代。它属于糕团中的生粉团制品，是以六四镶粉采用煮芡法、加入南瓜泥调成粉团包上豆沙馅经蒸制而成，成品具有口感软糯，口味香甜，南瓜味浓的特点，此点按民间风俗是在冬至节日食用，颇受市民的喜爱。

二、制作原理

米粉面团的成团原理见本章第一节。

三、熟制方法

蒸。

四、用料配方（以 12 块计）

1. 坯料
镶粉 500 克（糯米粉 300 克、粳米粉 200 克），南瓜肉 200 克，清水 110 毫升。
2. 馅料
豆沙馅 360 克。

3. 辅料

芝麻油 50 毫升。

五、工艺流程（图 6-30）

镶粉（2/5镶粉）、清水→米粉团 —煮→ 熟芡、豆沙馅
熟南瓜泥、3/5镶粉→成团→搓条→下剂→按皮
→包馅→成形→蒸制→装盘

图 6-30　南瓜团子工艺流程

六、制作方法

1. 面团调制

将南瓜肉切片、蒸熟、搨成泥待用；取镶粉 200 克，用冷水调成块，下水锅煮至浮起，养透、捞出成熟芡，然后将熟芡、南瓜泥和余下的镶粉揉擦成团。

（**质量控制点：**①采用六四镶粉制作；②粉团的硬度要恰当；③粉团要揉匀。）

2. 生坯成形

将粉团搓条、摘剂 15 只，每只包入豆沙馅 24 克，收口捏紧，口向下放置。

（**质量控制点：**①坯剂大小要一致；②生坯呈球形。）

3. 生坯熟制

生坯排入蒸笼内，上笼蒸 8 分钟，出笼时涂上芝麻油装盘即成。

（**质量控制点：**①笼垫上要刷油；②蒸制时汽要足；③蒸制的时间不宜太长。）

七、评价指标（图 6-28）

图 6-28　南瓜团子评价指标

品名	指标	标准	分值
南瓜团子	色泽	金黄色	10
	形态	扁球形	40
	质感	柔韧黏糯	20
	口味	香甜	20
	大小	重约 75 克	10
	总分		100

八、思考题

1. 制作南瓜团子的粉团时为什么要采用煮芡法调制？

2. 为什么南瓜团子的蒸制时间不能长？

名点 213. 鸽蛋圆子（上海名点）

一、品种介绍

鸽蛋圆子是上海的著名点心，是由上海城隍庙点心师王友发于 20 世纪 30 年代创制的，因其色泽、形态酷似鸽蛋而得名。它属于糯米粉粉团制品，是将水磨糯米粉采用煮芡法调成硬实的米粉团，包上用白糖熬制而成的糖馅做出鸽蛋形状经煮制而成。成品具有色泽洁白，形态饱满，馅心居中，软糯香甜的特点，现多用作筵席点心。

二、制作原理

米粉面团的成团原理见本章第一节。

三、熟制方法

煮。

四、用料配方（以 15 只计）

1. 坯料

水磨糯米粉 125 克，温水 40 毫升。

2. 馅料

白糖 50 克，清水 25 毫升，柠檬酸 1 毫升，糖桂花 2.5 克，薄荷香精 0.5 毫升。

3. 装饰料

脱壳白芝麻 50 克。

五、工艺流程（图 6-31）

白糖、柠檬酸、水 —熬→ 糖浆、
糖桂花、薄荷香精→糖馅
熟芡（3/5糯米粉）、剩余糯米粉→
生粉团→搓条→下剂→按皮
（糖馅、按皮）→包馅→成形→煮制→沾熟芝麻屑→装盘

图 6-31　鸽蛋圆子工艺流程

六、制作方法

1. 馅心调制

将白糖加水、柠檬酸以小火熬煮成糖浆，见糖浆中起的小泡逐渐由球形变成小珠形时，即离火，此时用竹筷蘸糖浆，如能拉起 3.5 ～ 4.5 厘米的糖丝即成。加入糖桂花、薄荷香精搅匀，将糖浆倒入长方形盘中，用刮刀来回搅拌，当糖发白时用手揉捏，然后切成 2.5 克重的糖粒即成。

（**质量控制点：**①小火熬制；②熬制糖浆的火候一定要掌握好。）

2. 粉团调制

取糯米粉 75 克，加温水揉和成团，做成薄片投入沸水锅中煮制成熟，浸入清水中。将其余的糯米粉加入熟米粉中揉和均匀即成。

（**质量控制点：**①采用煮芡法调制粉团；②粉团要有一定的硬度。）

3. 生坯成形

将调制好的粉团分成 12.5 克的剂子，包入糖馅一粒，搓捏成鸽蛋形即可。

（**质量控制点：**①馅心要居中；②收口要捏牢。）

4. 生坯熟制

将白芝麻洗净、沥干，小火炒熟后碾成芝麻屑待用。

将水烧沸，下入鸽蛋圆子煮熟，捞出用冷开水浸凉，取出后放入芝麻屑内，使制品底部沾满麻屑后装盘即成。

（**质量控制点：**①芝麻要带水炒且用小火炒制；②沸水下锅煮制；③煮制时间不能太长。）

七、评价指标（表 6–29）

表 6–29　鸽蛋圆子评价指标

品名	指标	标准	分值
鸽蛋圆子	色泽	白色	10
	形态	鸽蛋形	40
	质感	柔韧黏糯	20
	口味	香甜	20
	大小	重约 18 克	10
	总分		100

八、思考题

1. 熬制鸽蛋圆子馅心时加柠檬酸的作用是什么？

2. 为什么用来制作鸽蛋圆子的粉团要有一定的硬度？

名点 214. 炸元宵（上海名点）

一、品种介绍

炸元宵是上海著名点心，元宵节传统食品，清朝时就盛行沪上。其属于糯米粉粉团制品，采用切成小块的果仁蜜饯馅在糯米粉中滚动、沾水，再在糯米粉中滚动，如此反复五六遍后成形，经炸制而成。具有色泽金黄，皮脆里糯，香甜可口的特点。有许多糕团店在元宵节都制作出售此品。

二、制作原理

米粉滚粘成型的原理见本章第一节。

炸元宵

三、熟制方法

炸。

四、用料配方（以 20 只计）

1. 坯料

水磨糯米粉 120 克。

2. 馅料

熟核桃仁 10 克，蜜饯 10 克，绵白糖 15 克，熟面粉 18 克，猪板油蓉 15 克，糖桂花汁 2.5 毫升。

3. 装饰料

绵白糖 15 克。

4. 辅料

花生油 1000 毫升（实耗 20 毫升）。

五、工艺流程（图 6–32）

熟核桃仁粒、蜜饯粒、熟面粉、绵白糖、熟猪板油茸、糖桂花→果仁蜜饯馅 ⎫
糯米粉 ⎭ →滚沾→成形→炸制→装盘

图 6–32　炸元宵工艺流程

六、制作方法

1. 馅心调制

将焐熟的核桃仁、蜜饯切成米粒丁，放在案板上加炒熟的面粉、绵白糖、猪板油蓉、糖桂花汁拌匀擦透，用面棍拍打结实，不使其散开，并压成厚0.5厘米的片，切成方粒即成元宵馅心，冷冻。

（**质量控制点：**①面粉要用小火炒制；②馅料要加工得细小一些；③馅心硬度不够可下冰箱冷冻一下。）

2. 生坯成形

取一竹匾，撒入水磨糯米粉，放入馅心滚动，将滚沾上糯米粉的馅心放入漏勺，在冷水中浸一下，再倒入撒有水磨糯米粉的竹匾中滚动，如此反复五六遍即成生坯。

（**质量控制点：**①匾中的糯米粉一次不要撒太多；②粘上糯米粉的馅心在水中浸过后要沥掉余水。）

3 生坯熟制

锅内放入花生油，烧至油温 130℃时，将生元宵放入油锅里小火炸制。炸至起壳，可用漏勺捞起，用牙签在元宵上扎眼，下锅继续炸，至元宵浮在油面上，色呈金黄，即已成熟时，捞出装盘，撒上绵白糖即成。

（**质量控制点：**①小火炸制；②生坯炸至起壳要扎眼。）

七、评价指标（表 6–30）

表 6–30　炸元宵评价指标

品名	指标	标准	分值
炸元宵	色泽	金黄色	10
	形态	球形	40
	质感	外脆里糯	20
	口味	香甜	20
	大小	重约 9 克	10
	总分		100

八、思考题

1. 调制炸元宵馅心时加入熟面粉的作用是什么？

2. 炸制时为什么在生坯炸至起壳后要在上面扎眼？

名点 215. 油煎南瓜饼（上海名点）

一、品种介绍

油煎南瓜饼是上海特色点心，与“南瓜团子”一样，是冬至节的时令糕点，属于糯米粉粉团制品。其是先将糯米粉与南瓜泥、绵白糖调成粉团后蒸熟，再包上豆沙馅后煎制而成。具有外脆里糯，瓜香浓郁，口味香甜的特点，因而数十年来一直深受百姓欢迎。

二、制作原理

蒸熟米粉坯揉撳成团的原理见本章第一节。

油煎南瓜饼

三、熟制方法

煎。

四、用料配方（以 12 只计）

1. 坯料

糯米粉 400 克，南瓜 250 克，绵白糖 50 克。

2. 馅料

豆沙馅 180 克。

3. 辅料

素油 25 毫升。

五、工艺流程（图 6-33）

糯米粉、熟南瓜泥、白糖→粉团→
蒸熟粉团→揉擦→搓条→下剂→按皮 } →包馅→成形→煎制→装盘

图 6-33　油煎南瓜饼工艺流程

六、制作方法

1. 面团调制

将南瓜去皮、切片、蒸熟，揉入糯米粉，加进白糖，擦拌成团，将擦好的粉团上笼蒸熟，取出放在涂过油的盆里，冷却后再揉透，摘成 12 只剂子。

（**质量控制点：**①蒸熟后的面团的硬度要合适；②面团要揉匀擦透。）

2. 生坯成形

将剂子撳扁包入豆沙馅，每只馅心约 15 克。

（**质量控制点**：①馅心要居中；②生坯不要太厚。）

3. 生坯熟制

平底锅上炉，放入素油，将饼坯依次排入锅里，用中火煎至两面金黄色即可。（**质量控制点**：①中火煎制；②煎制过程中要多次翻面。）

七、评价指标（表 6–31）

表 6–31　油煎南瓜饼评价指标

品名	指标	标准	分值
油煎南瓜饼	色泽	金黄色	10
	形态	圆饼形	40
	质感	外脆内黏糯	20
	口味	香甜	20
	大小	重约 70 克	10
	总分		100

八、思考题

1. 用来制作油煎南瓜饼的面团为什么要先蒸熟?
2. 油煎南瓜饼为什么一般用中火煎制?

名点 216. 擂沙圆（上海名点）

一、品种介绍

擂沙圆是又名雷沙圆，是上海的特色小吃。其是清代末年由上海三牌楼经营汤团的雷氏老太太所创制，故而得名。为了便于顾客把熟汤圆带回家进食，即把煮熟的汤圆捞起，投放在炒熟的赤豆粉中滚粘，使汤圆外层沾满红色的豆沙粉。这样的汤圆不再带汤，携带方便，热吃冷食皆可，故名“雷沙圆”。赤豆粉的加工是制作擂沙圆的关键。赤豆经过煮制、磨粉、去水、搓散、烘干、炒制、过筛即成赤豆粉，各式汤圆滚粘上赤豆粉后形成色泽淡褐，汤圆甜糯，沙粉细腻，清香四溢的特色。

二、制作原理

米粉坯挤压成型的原理见本章第一节。

三、熟制方法

擂沙圆

煮。

四、用料配方（以 20 只计）

1. 坯料

汤圆生坯 20 只。

2. 装饰料

赤豆 60 克。

五、工艺流程（图 6-34）

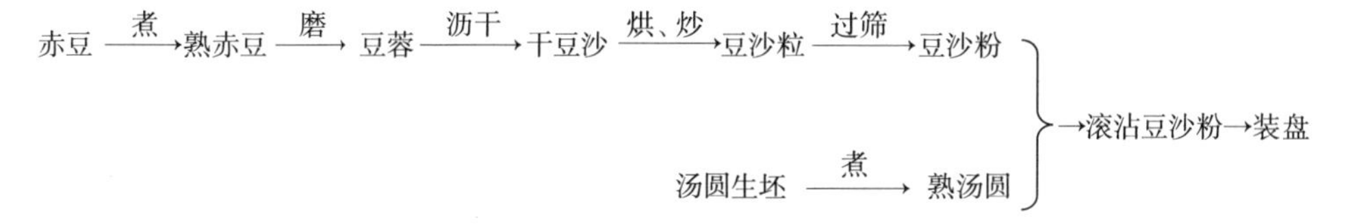

图 6-34　擂沙圆工艺流程

六、制作方法

1. 装饰料加工

将赤豆择洗干净，放入水锅煮至酥烂，磨成细粉，压去水分，成为块状豆沙；将块状豆沙搓散，置于烘箱中或烈日下干燥，至豆沙水分完全蒸发，冷却后即可装于密封的瓦坛中保存；使用时，取干豆沙放入炒锅中，以微小火炒制 30 分钟，使豆沙分散成芝麻粒大小的细粒干沙，然后磨细，使用 17 目的筛子过筛即成淡褐色的擂沙粉，装盘待用。

（**质量控制点：**①赤豆要煮烂；②豆沙水分要烘干或晒干；③使用前炒香过筛。）

2. 成品制作

将各式汤圆（猪油、芝麻、豆沙等汤圆）煮熟后捞起、沥去水，倒入赤豆粉盘中滚动，使汤圆沾满豆沙粉装盘即成。

（**质量控制点：**汤圆滚粘前要沥干水分。）

七、评价指标（表 6–32）

表 6–32　擂沙圆评价指标

品名	指标	标准	分值
擂沙圆	色泽	淡褐色	10
	形态	扁球形	40
	质感	软糯黏滑，沙粉细腻	20
	口味	香甜细腻，赤豆粉清香	20
	大小	重约 25 克	10
	总分		100

八、思考题

1. 制作擂沙圆所用的赤豆粉的加工程序有哪些？
2. 为什么制作擂沙圆所用的赤豆粉需要在使用前小火炒制、过筛再用？

名点 217. 宁波猪油汤团（浙江名点）

一、品种介绍

宁波猪油汤团是浙江省宁波市传统的名点，中国的汤圆起源于宁波，据考证始于宋元时期，距今已有 700 多年的历史。它用当地盛产的优质糯米磨成粉制成皮，以细腻纯净的绵白糖、黑芝麻和优质猪板油制成馅，成品具有皮薄而滑，白如羊脂，油光发亮，具有香、甜、鲜、滑、糯的特点，汤清色艳，皮薄馅多，加上桂花的香气，一口咬下去，黑得发亮的芝麻馅便流了出来，香气扑鼻，香甜鲜滑糯，令人回味无穷。与北方人不同，宁波人在春节早晨都有合家聚坐共进汤圆的传统习俗。现既有手工制作的，也有工业化生产的。

二、制作原理

米粉坯挤压成形的原理见本章第一节。

宁波猪油汤团

三、熟制方法

煮。

四、用料配方（以 10 只计）

1. 坯料

水磨糯米粉 100 克，清水 55 毫升。

2. 馅料

黑芝麻 50 克，猪板油蓉 15 克，绵白糖 42.5 克。

3. 汤料

绵白糖 50 克，糖桂花 1 克，沸水 250 毫升。

五、工艺流程（图 6–35）

水磨糯米粉、水→米粉团→下剂→捏皮 }

熟黑芝麻屑、绵白糖、猪板油蓉→馅心 } →包馅→成形→煮制→装碗（调味）

图 6–35　宁波猪油汤圆工艺流程

六、制作方法

1. 馅心调制

将黑芝麻淘洗干净，小火炒熟后趁热碾成粉屑；猪板油去膜，剁成蓉，加入绵白糖、黑芝麻屑拌匀搓透即成馅。分成 10 份，搓成球待用。

（**质量控制点：**①黑芝麻一定要新鲜；②熟芝麻屑碾得越细越好；③如果室温高可将馅心放入冰箱冷藏一下。）

2. 面团调制

将水磨糯米粉加清水揉匀揉透后下成 10 个小剂待用。

（**质量控制点：**①水磨糯米粉最好是现加工的；②面团的硬度要恰当。）

3. 生坯成形

取小剂一个，用手捏成酒盅形，放入馅心收口后搓成光滑的圆球形即可。

（**质量控制点：**①生坯要搓光；②馅心要居中。）

4. 生坯熟制

取水锅置旺火上，加水烧沸，下入汤团生坯，煮至上浮后，点 2 ～ 3 次清水煮至汤团成熟即可起锅。事先在碗中放入绵白糖、糖桂花，冲入沸水，舀入汤团即成。

（**质量控制点：**①生坯下锅煮沸后点水养制；②养制的时间要恰当。）

七、评价指标（表 6-33）

表 6-33　宁波猪油汤圆评价指标

品名	指标	标准	分值
宁波猪油汤团	色泽	色白	10
	形态	球形，表面光滑	40
	质感	黏糯滑嫩	20
	口味	香甜细腻	20
	大小	重约 25 克（每只）	10
	总分		100

八、思考题

1. 为什么炒黑芝麻要带水、小火炒制？
2. 糯米粉为什么选择是水磨的，而且是现加工的最好？

名点 218. 鲜肉剪团（浙江名点）

一、品种介绍

鲜肉剪团是浙江杭州的风味名点，因在销售时以消毒过的剪刀逐只剪开，故而得名。属于米粉面团制品中的生粉团制品，它的坯料采用泡心法的调制方法调制而成，包上生肉馅经蒸制即为成品，形成了制品吃口软糯、馅心鲜嫩，汤多味美的特点。常在夏季、秋季应时供应。

二、制作原理

米粉面团的成团原理见本章第一节。

鲜肉剪团

三、熟制方法

蒸。

四、用料配方（以 10 只计）

1. 坯料

粳米粉 50 克，糯米粉 190 克，沸水 55 毫升，温水 75 毫升。

2. 馅料

猪后臀肉泥 70 克，葱花 4 克，姜末 2 克，料酒 3 毫升，精盐 0.8 克，酱油 3

毫升，白糖5克，味精1克，清水20毫升，皮冻20克。

3. 辅料

芝麻油5毫升，粽叶2张。

五、工艺流程（图6-36）

粳米粉、沸水→粉芡、糯米粉、温水→生粉团→搓条→下剂→捏皮
猪肉泥、水、调味品，皮冻→生肉馅
→成形→蒸制→刷油→装盘

图6-36　鲜肉剪团工艺流程

六、制作方法

1. 馅心调制

将猪腿肉洗净绞成肉泥；在肉泥中加入葱花、姜末、料酒、精盐、酱油搅上劲，分次打入清水，再加入白糖、味精拌匀，与剁碎的皮冻拌和均匀即成馅。下冰箱冷藏。

（**质量控制点：**①调味料的投放次序及方法要正确；②调好的馅心要冷藏。）

2. 面团调制

先将粳米粉倒入盆中，倒入沸水烫匀后，再加入糯米粉、温水揉匀揉透，用干净湿布盖好。

（**质量控制点：**调制粉团时水温不宜太低。）

3. 生坯成形

将粉团揉匀搓条后下成重约35克的小剂。将剂子捏成窝，包入馅心12克，收口捏搓成球形、搓光即可。

（**质量控制点：**①手上带水将剂子揉光；②成形时剂子要先捏成窝；③馅心要居中。）

4. 生坯熟制

将生坯置于已垫湿笼布的笼屉中，用手掌压成扁圆形，旺火足汽蒸12分钟即熟。出笼后，扫上芝麻油，将整笼团子扣入筛中，取下笼布，冷却后放上粽叶，再反扣过来正面朝上即可，剪口出售。

（**质量控制点：**①旺火足汽蒸；②蒸制时间不宜太长。）

七、评价指标（表 6-34）

表 6-34 鲜肉剪团评价指标

品名	指标	标准	分值
鲜肉剪团	色泽	白色	10
	形态	扁圆形	40
	质感	皮软糯，馅软嫩	20
	口味	咸鲜	20
	大小	重约 45 克	10
	总分		100

八、思考题

1. 调好的生肉馅为什么最好冷藏一下再包入粉坯？
2. 坯料中加入粳米粉的作用是什么？

名点 219. 清明艾饺（浙江名点）

一、品种介绍

清明艾饺是浙江风味小吃。浙江民俗，清明食艾饺，能驱邪禳毒，是米粉面团制品中的生粉团制品。它的坯料采用泡心法的调制方法调成而成，此饺用经过烫制的鲜嫩艾叶和米粉和匀制皮，包入白糖芝麻馅，捏成海燕状饺子，经蒸制而成。其色泽翠绿，味道清香而略带苦味，口感黏实，食之别有风味。属于节日点心。

二、制作原理

米粉面团的成团原理见本章第一节。

三、熟制方法

蒸。

四、用料配方（以 6 只计）

1. 坯料
糯米粉 60 克，粳米粉 60 克，鲜嫩艾叶 30 克，沸水 50 毫升。
2. 馅料
绵白糖 75 克，白芝麻仁 25 克。

3. 辅料

碱水 10 毫升（碱、水比为 1 ∶ 9），清水 150 毫升。

五、工艺流程（图 6-37）

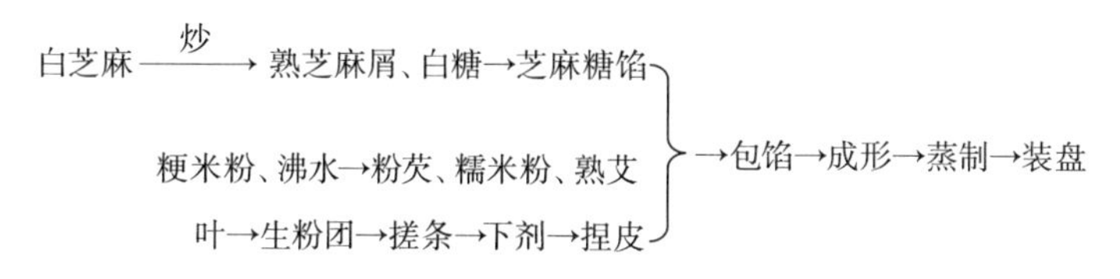

图 6-37　清明艾饺工艺流程

六、制作方法

1. 馅心调制

将白芝麻淘洗干净，小火炒熟，压成细屑，拌入绵白糖制成馅心。

（**质量控制点：**①芝麻带水小火炒制；②熟芝麻趁热压成屑。）

2. 面团调制

取 150 毫升清水烧沸，倒入碱水，再沸后投入择洗干净的鲜嫩艾叶烫熟，捞入清水中过凉，取出稍挤后与糯米粉搅拌均匀。另将 50 毫升沸水冲入粳米粉中，边冲边用木棒搅匀成厚粉糊，和入艾叶糯米粉中，用力揉匀，然后，把揉匀的粉团放在撒有干糯米粉的案板上，搓条、摘剂。

（**质量控制点：**①煮艾叶时不能盖锅盖；②熟艾叶出锅后要用清水迅速过凉；③粳米粉要用沸水烫成厚糊。）

3. 生坯成形

将剂子逐个揿成扁圆形厚皮，包入芝麻糖馅，先捏成三角形，后再收口捏成海燕形状。

（**质量控制点：**①皮不能按得太薄；②捏成海燕的形状。）

4. 生坯熟制

将制好的生坯上笼旺火蒸约 8 分钟即成。

（**质量控制点：**①旺火足汽蒸；②蒸制时间不宜太长。）

七、评价指标（表 6–35）

表 6–35　清明艾饺评价指标

品名	指标	标准	分值
清明艾饺	色泽	绿色	10
	形态	海燕形	40
	质感	柔韧黏糯	20
	口味	香甜	20
	大小	重约 50 克	10
	总分		100

八、思考题

1. 芝麻炒熟后为什么要趁热压成芝麻屑？
2. 调制面团时粳米粉为什么要用沸水烫成厚糊？

名点 220. 龙凤金团（浙江名点）

一、品种介绍

龙凤金团浙江宁波的风味名点，是浙东一带城乡妇孺皆知的传统名点，也是宁波十大名点之一。其历史可以追溯到南宋康王赵构时期，该团属于米粉面团中的熟粉团制品。近代以赵大有制作的龙凤金团最为有名，由于制作精良，入口甜糯，价廉物美，深受群众的喜爱。因为它形圆似月，色黄似金，面印龙凤浮雕，寓意吉祥、团圆，最能表达良好的祝愿，所以宁波人民不论寿辰、乔迁、满月、定亲、婚嫁、拜佛、敬神等都少不了龙凤金团。其特点是：皮薄馅多、口味甜糯、清香适口，令人百吃不厌。

二、制作原理

蒸熟糕粉揉撳成团的原理见本章第一节。

龙凤金团

三、熟制方法

蒸。

四、用料配方（以 10 只计）

1. 坯料

水磨糯米粉 200 克，水磨粳米粉 300 克，清水 250 毫升。

2. 馅料

红小豆 80 克，白砂糖 80 克，熟猪油 30 克；金橘饼 20 克，糖桂花 4 克，红绿丝 20 克，绵白糖 20 克，熟瓜子仁 40 克。

3. 装饰料

松花粉 20 克。

五、工艺流程（图 6–38）

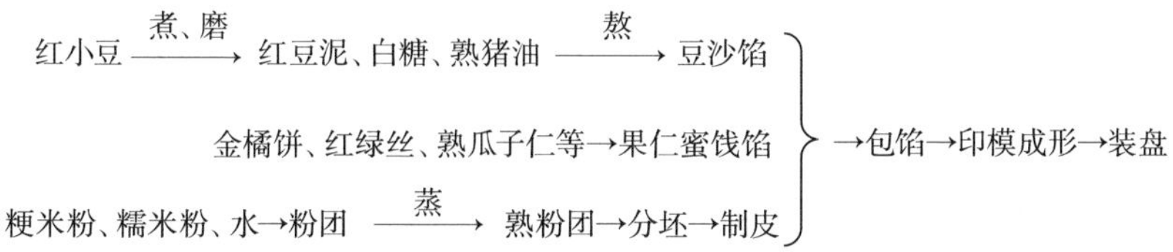

红小豆 —煮、磨→ 红豆泥、白糖、熟猪油 —熬→ 豆沙馅
金橘饼、红绿丝、熟瓜子仁等→果仁蜜饯馅
粳米粉、糯米粉、水→粉团 —蒸→ 熟粉团→分坯→制皮
（以上三者汇合）→包馅→印模成形→装盘

图 6–38　龙凤金团工艺流程

六、制作方法

1. 馅心调制

将红小豆洗净，入锅煮约 4 小时捞起，沥干水，磨成细沙。将锅置小火上，加入白糖及熟猪油，边炒边翻，不使焦底，待水分炒干，豆沙滑韧起锅成豆沙馅；将豆沙馅按 10 份搓捏成球状。

金橘饼、糖桂花、红绿丝均切成米粒大，加入绵白糖、熟瓜子仁拌匀成果仁蜜饯馅，分成 10 份。

（**质量控制点：**①炒制豆沙时要控制好火候，防止煳底；②瓜子仁要焙油熟制。）

2. 面团调制

将水磨糯米粉和水磨粳米粉放入盆中拌匀，加清水拌匀，筛成糕粉，放入垫有纱布的蒸笼中，蒸约 15 分钟取出，将熟粉倒入轧糕机，放入适量沸水，反复轧 3 次（使粉软韧），放在案板上。

（**质量控制点：**①吃水量要掌握好；②如果是手工揉制面团一定要趁热揉制。）

3. 制品成形

把熟粉团摘成剂子（每个重 75 克），揿成直径约 8 厘米、中间厚边缘薄的皮子，包入豆沙馅（25 克）、果仁蜜饯馅（10 克），收口成球形，滚粘上松花粉，再移到金团印版里揿成直径约 8 厘米、厚 2 厘米的圆扁形团子。

（**质量控制点：**①馅心要居中；②形状要规则、美观。）

七、评价指标（表 6-36）

表 6-36　龙凤金团评价指标

品名	指标	标准	分值
龙凤金团	色泽	金黄色	10
	形态	圆饼形	40
	质感	柔韧黏糯	20
	口味	香甜	20
	大小	重约 110 克	10
	总分		100

八、思考题

1. 为什么熬制豆沙馅要求小火慢熬？
2. 为什么现加工的水磨粉要比用干的水磨粉调的做出来的糕团口感要好？

名点 221. 正福斋汤团（安徽名点）

一、品种介绍

正福斋汤团是安徽芜湖的风味小吃。芜湖是中国历史上著名的四大米市之一，因而米粉制作的点心、小吃甚多。芜湖正福斋汤团店创业于 1940 年，经过几十年的经营，成为芜湖市著名的汤团店。该店的汤团以糯米与籼米按 4 ∶ 1 的比例磨成粉浆制皮，豆沙为馅心，成熟后皮洁白，馅细腻，滋润香甜，味美可口，被称为正福斋汤团。

二、制作原理

米粉面团的成团原理见本章第一节。

三、熟制方法

煮。

四、用料配方（以 20 只计）

1. 坯料

水磨糯米粉 280 克，水磨籼米粉 70 克。

2. 馅料

大红袍赤豆 75 克，熟猪油 50 克，白砂糖 100 克，芝麻油 10 毫升。

五、工艺流程（图 6-39）

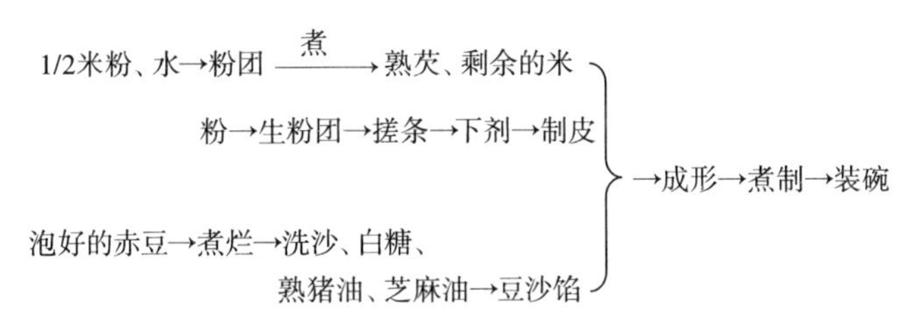

图 6-39　正福斋汤团工艺流程

六、制作方法

1. 馅心调制

将赤豆用清水泡开后放锅内加水（可加入适量的食碱）烧开，小火煮烂，用铜丝箩筛擦成蓉状，边擦边用水冲淋下豆沙，除去皮，再将带水的豆沙装入细布袋内，挤去水分。将锅放火上，加入熟猪油、白砂糖熬化后倒入豆沙，不停用小火拌炒约 1 小时，闻到香味、呈稠厚状态时再倒入芝麻油炒匀即成豆沙馅，盛入盆内，晾凉后稍冷藏，取出搓成每个重约 15 克的小丸子，放入大盘内。

（**质量控制点：**①赤豆要事先泡开；②小火炒制；③呈稠厚状态出锅；④豆沙馅搓球时手上要抹少许油。）

2. 面团调制

将水磨糯米粉、水磨籼米粉混合后取 1/2 米粉，加水调成块，下开水锅中煮熟，等漂浮出水面稍养取出，放清水中冷却。然后在熟芡中掺入余下的米粉拌匀揉透，搓条切成 25 克每只的剂子。

（**质量控制点：**①用干水磨米粉煮芡一般用 1/2；②芡要煮透。）

3. 生坯成形

将剂子搓圆捏窝，逐个包入豆沙馅，封口搓成汤团生坯。

（**质量控制点：**①馅心要居中；②生坯要圆、没有裂纹。）

4. 生坯熟制

将生坯放入沸水锅（大半锅）中，待水再开时，稍加冷水，保持锅内水微沸，煮 2 ～ 3 分钟，待汤团浮起养圆，用勺捞起分别盛入 4 个碗内即可。

（**质量控制点：**①大火烧开，点水养制；②煮的时间要恰当。）

七、评价指标（表 6-37）

表 6-37　正福斋汤圆评价指标

品名	指标	标准	分值
正福斋汤团	色泽	色白	10
	形态	球形，表面光滑	40
	质感	黏糯滑嫩	20
	口味	香甜细腻	20
	大小	重约 40 克（每只）	10
	总分		100

八、思考题

1. 制作正福斋汤团所用的水磨糯米粉中为什么要加 1/4 水磨籼米粉？
2. 汤圆煮得时间过长会出现什么问题？

名点 222. 示灯粑粑（安徽名点）

一、品种介绍

示灯粑粑是安徽合肥风味小吃。据传唐代安徽肥东一带的人民常以舞龙灯来纪念泾河老龙这一习俗，在此期间人们喜食以糯米团包腊肉荠菜馅制作而成的圆饼，这类小吃是在舞灯时食用的，久而久之便命名为示灯粑粑。它是以糯米粉经炒制后烫成的粉团作皮包上腊肉、荠菜、豆腐干等制成的馅心煎制而成，此品具有色泽微黄，外脆内糯，鲜香油润的特点。

二、制作原理

米粉面团的成团原理见本章第一节。

三、熟制方法

煎。

四、用料配方（以 10 只计）

1. 坯料

糯米粉 250 克，沸水 170 毫升。

2. 馅料

猪瘦腊肉 50 克，酱油豆腐干 100 克，虾仁 50 克，姜末 3 克，葱末 3 克，精盐 3 克，荠菜 100 克，香菜 50 克，青蒜末 3 克，熟猪油 40 克。

3. 辅料

芝麻油 10 毫升，菜籽油 50 毫升。

五、工艺流程（图 6-40）

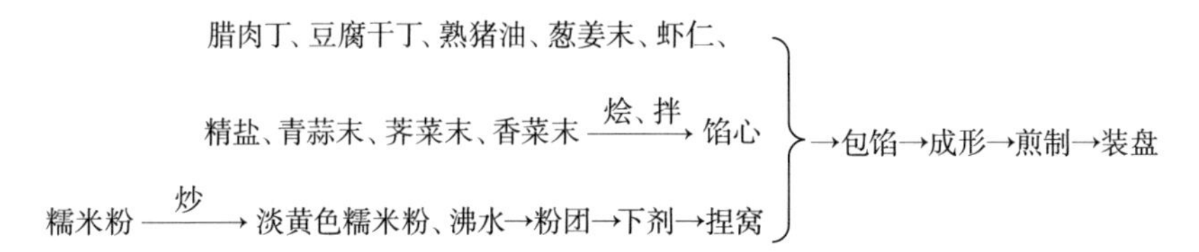

图 6-40　示灯粑粑工艺流程

六、制作程序

1. 馅心调制

将猪瘦腊肉切成约 0.5 厘米见方的丁；豆腐干切成 0.3 厘米见方的丁；荠菜、香菜择洗干净，焯水、浸凉并挤干水分，切成末待用；炒锅上火烧热后倒入熟猪油、葱姜末、腊肉丁、酱油豆腐干丁煸炒片刻，当腊肉香味煸出后加清水 50 毫升，烧沸后加精盐，再下虾仁收干汤汁，装入馅盆。最后再加入青蒜末、荠菜粒、香菜粒拌匀即成馅。

（**质量控制点：**①腊肉去皮切丁；②腊肉要煸出香味。）

2. 面团调制

将糯米粉置于炒锅中，用小火炒至淡黄色时加入沸水搅拌均匀，离火后出锅揉匀即成。

（**质量控制点：**①小火炒制糯米粉；②吃水量要恰当。）

3. 生坯成形

将粉团揉匀后下成重约 40 克的剂子，捏成窝形，包入馅心 30 克（用香油蘸手），按成扁圆形即成。

（**质量控制点：**①馅心要居中；②生坯不能有裂纹。）

4. 生坯熟制

将平锅烧热并倒入菜籽油，烧至 160℃左右时，放入生坯煎至一面上色后再煎另一面，多次转动、翻身，至两面微黄起硬壳时出锅即成。

（**质量控制点：**①小火煎制；②多次转动、翻身煎制。）

七、评价指标（表 6-38）

表 6-38　示灯粑粑评价指标

品名	指标	标准	分值
示灯粑粑	色泽	微黄	10
	形态	圆饼形	40
	质感	外脆内糯	20
	口味	鲜香油润	20
	大小	重约 70 克（每只）	10
	总分		100

八、思考题

1. 如何调制示灯粑粑的馅心？
2. 示灯粑粑名称的由来是什么？

名点 223. 三河米饺（安徽名点）

一、品种介绍

三河米饺是安徽省合肥市的传统名小吃，因起源于肥西县三河古镇、形似饺子而得名，已有 100 多年的历史。据传，1858 年，陈玉成率太平军取得了历史上有名的“三河大捷”，很多老百姓给太平军将士送吃送喝，其中就有战士喜爱的“三河米饺”，伴随着太平军将士的足迹，“三河米饺”名声远扬。此点属于米粉面团制品，是以籼米粉经烫制成粉团后搓条、下剂、制皮，包上用白米虾、五花肉丁、豆腐干丁等烩制而成的馅心捏成饺子形，再用菜籽油炸成金黄色即成。其成品具有色泽金黄、外酥香松脆、内软糯嫩滑、咸鲜味美的特点。三河米饺的制作技艺入选了合肥市非物质文化遗产。

二、制作原理

米粉面团的成团原理见本章第一节。

三河米饺

三、熟制方法

炸。

四、用料配方（以 10 只计）

1. 坯料

籼米粉 160 克，沸水 240 毫升，精盐 3 克。

2. 馅料

巢湖白米虾 20 克，猪五花肉 80 克，豆腐干 150 克，葱末 10 克，姜末 10 克，酱油 20 毫升，精盐 3 克，味精 2 克，干辣椒 10 克，熟猪油 30 克，干淀粉 20 克。

3. 辅料

菜籽油 1500 毫升（约耗 50 毫升）。

五、工艺流程（图 6-41）

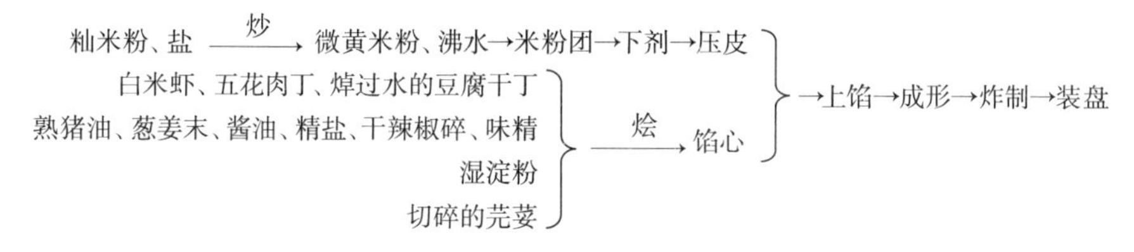

图 6-41　三河米饺工艺流程

六、制作程序

1. 馅心调制

将白米虾洗净；猪五花肉切成 0.5 厘米见方的小丁；豆腐干切丁焯水、过凉；干辣椒切碎；芫荽洗净切碎。

在锅中加入熟猪油烧热，下入葱姜末煸出香味，再放入肉丁煸炒至变色，加入清水 150 毫升，放入豆腐干丁、白米虾、酱油、精盐、辣椒碎烧沸、入味，再加入味精后勾芡起锅，晾凉后入冰箱冷藏，使用前拌入切碎的芫荽。

（**质量控制点：**①白米虾要新鲜，最好是巢湖产的；②馅心要冷藏、芡汁凝固才便于上馅。）

2. 面团调制

将籼米粉与精盐拌匀后倒入炒锅中，用中小火炒至米粉微黄时加入沸水炒拌均匀，待水分被米粉完全吸干后出锅，趁热倒于案台上揉匀即成。

（**质量控制点：**①米粉炒得生了发硬、熟了会黏；②趁热揉成团。）

3. 生坯成形

将揉好的粉团下成重 40 克的剂子，用刀压成直径 10 厘米，厚 2 毫米的圆形皮子，包入馅心 30 克，然后对捏成无褶的饺子形状即可。

（**质量控制点：**①皮要压得圆，厚薄均匀；②捏成半圆形。）

4. 生坯熟制

将菜籽油置于锅中烧至180℃，逐一下入饺子生坯，炸至色泽金黄即成。

（**质量控制点**：①用菜籽油炸易上色；②炸制温度要高，呈金黄色。）

七、评价指标（表6-39）

表6-39　三河米饺评价指标

品名	指标	标准	分值
三河米饺	色泽	金黄	10
	形态	饺形	20
	质感	外酥香松脆、内软糯嫩滑	30
	口味	咸香味美	30
	大小	重约70克	10
	总分		100

八、思考题

1. 用来制作三河米饺的籼米粉在烫粉之前为什么要先炒制？
2. 三河米饺成品的口感要求是什么？

名点224. 扇粿（福建名点）

一、品种介绍

扇粿是福建风味名点，因以模具成型且形如扇子故名扇粿。它属于米粉面团中的生粉团制品，是采用煮芡法调成干浆粉团，再与红板糖浆、红黄色素揉成有色粉团，包上由绿豆和红板糖制成的绿豆馅，再用扇形木模制作而成。该品具有形似扇子，色呈淡红，糯嫩甜润的特点。

二、制作原理

米粉面团的成团原理见本章第一节。

三、熟制方法

蒸。

四、用料配方（以 10 只计）

1. 坯料

糯米 225 克，晚稻米 160 克，红板糖 50 克。

2. 馅料

绿豆 125 克，红板糖 125 克，清水 20 毫升。

3. 辅料

粿叶 150 克，熟花生油 30 毫升，干淀粉 15 克，胭脂红、柠檬黄色素各少量。

五、工艺流程（图 6-42）

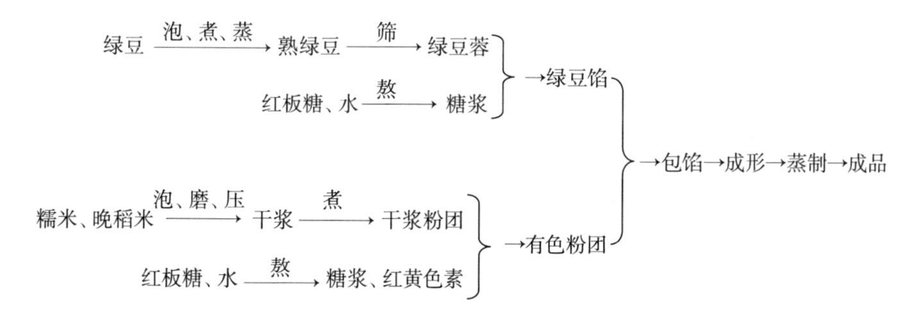

图 6-42　扇粿工艺流程

六、制作程序

1. 馅心调制

绿豆洗净去杂质，浸泡 2 小时，倒入沸水锅中煮制，五成熟时捞出，入笼屉，上火蒸制，待绿豆酥烂时取下晾温，过筛成豆蓉；将红板糖加水熬至浓稠，倒入豆蓉小火加热铲拌均匀，待糖液将干时盛出晾凉即成馅。

（**质量控制点：**①绿豆要事先泡开；②泡开的绿豆要先煮后蒸；绿豆蓉要过筛去皮；③熬糖浆及炒馅时要小火加热。）

2. 粿叶加工

将粿叶剪成 16 厘米的长片，在其正面刷上熟花生油。

（**质量控制点：**放扇粿生坯的那一面要刷油。）

3. 粉团调制

将糯米、晚稻米洗净后用清水泡酥、沥干，再加清水磨浆、压干；先取干浆 50 克，加清水 5 毫升揉成粉团，压成饼状投入沸水锅中煮熟，再与其他干浆揉匀成干浆粉团；取红板糖 50 克，加清水 10 毫升熬成浓糖浆，与干浆粉团、红、黄食用色素一起揉成有色粉团。

（**质量控制点：**①米要泡至用手一捻就碎；②米饼要煮透；③红、黄色素不宜放得太多。）

4. 生坯成形

将有色粉团下剂10个。取面剂子（65克）一个，按扁包入绿豆馅35克，收口后捏成球形，滚匀干淀粉，放入扇形木模内压平、出模，置于粿叶上即成。

（**质量控制点：**①馅心要居中；②生坯入模前要滚匀干淀粉；③生坯放在粿叶刷油的那一面上。）

5. 生坯熟制

将扇粿生坯连同粿叶一起上笼，用旺火沸水锅足汽蒸15分钟，取出晾凉后扫上熟花生油即成。

（**质量控制点：**①蒸制时间不宜太长；②制品表面要刷上熟油。）

七、评价指标（表6-40）

表6-40　扇粿评价指标

品名	指标	标准	分值
扇粿	色泽	呈淡红色	10
	形态	扇面形	30
	质感	糯嫩细腻	30
	口味	香甜	20
	大小	重约100克	10
	总分		100

八、思考题

1. 制作绿豆蓉的过程中，绿豆为什么采用先煮后蒸的加热方法？
2. 在调制米粉团时加入熟芡的作用是什么？

名点225. 龙江煎堆（广东名点）

一、品种简介

龙江煎堆是广东风味名点，因以广东顺德的龙江镇所制作的最为有名，故称龙江煎堆。其始制于明代，是广州家家户户必备的年宵食品，敬奉祖先及过年自奉送礼，现已工厂规模化生产。该点是以糯米粉、粳米粉采用煮芡调制的生粉团作皮，以爆谷、白糖、麦芽糖、熟花生仁等调馅经炸制而成，具有球形饱满，色泽金黄，松脆香甜的特点，长期风行省、港、澳地区。

二、制作原理

米粉面团的成团原理见本章第一节。

三、熟制方法

炸。

四、用料配方（以 20 只计）

1. 坯料

糯米粉 200 克，粳米粉 50 克，绵白糖 50 克，清水 50 毫升。

2. 馅料

爆谷 250 克，白糖 350 克，麦芽糖 50 克，熟花生仁 100 克，清水 100 毫升。

3. 装饰料

脱壳白芝麻 100 克。

4. 辅料

花生油 1500 毫升（约用 25 毫升）。

五、工艺流程（图 6-43）

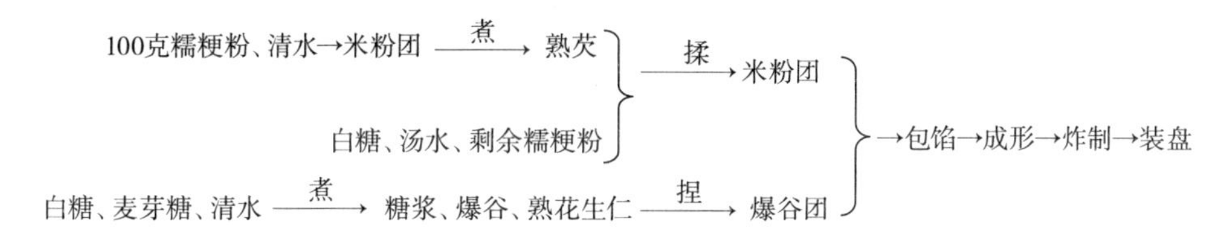

图 6-43　龙江煎堆工艺流程

六、制作程序

1. 馅心调制

将锅内放入清水、白糖、麦芽糖小火煮至能起丝时，将锅离火，加入爆谷、熟花生仁拌匀，分成 20 份，趁热迅速捏成球形爆谷馅，用球形模子压紧。

（**质量控制点：**①小火熬糖浆；②馅心要趁热捏成球形，用球形模子压紧。）

2. 面团调制

将糯米粉和粳米粉混匀，取糯粳粉 100 克、清水搓成粉团；在锅中放入 200 毫升清水烧开，将粉团分成三块，按扁投入水锅中煮至浮起、养透。

将余下的糯粳粉放在案板上，中间扒开一塘，将白糖置于塘中，再将煮熟的粉团及 50 毫升锅中的汤倒入塘内与糯粳粉揉成粉团。

（**质量控制点**：①熟芡要煮透；②面团的硬度要恰当。）

3. 生坯成形

将粉团分成的剂子20个，擀成正方形薄皮，每个包入1份馅心捏成圆球形，将生坯蘸少量水后滚粘上白芝麻成生坯。

（**质量控制点**：①皮要擀薄再包在馅心上；②皮的厚薄要均匀。）

4. 生坯熟制

将花生油烧至约160℃时，下入生坯不断滚动，炸至色泽金黄即成。

（**质量控制点**：①炸制的温度要恰当；②生坯在油锅中要滚动。）

七、评价指标（表6-41）

表6-41　龙江煎堆评价指标

品名	指标	标准	分值
龙江煎堆	色泽	金黄色	10
	形态	球形	40
	质感	松脆	20
	口味	香甜	20
	大小	重约60克	10
	总分		100

八、思考题

1. 爆谷馅为什么要趁热捏成球形并用球形模具压紧？
2. 熟芡的作用是什么？

名点226. 冰皮月饼（广东名点）

一、品种简介

冰皮月饼是广东风味名点，源自香蕉糕的做法，1991年才开始推出，无须烘烤，工艺简单，解决了传统浆皮月饼高油高糖、过于油腻的问题，清凉美味的冰皮月饼逐渐受到人们的喜爱，现已工业化生产。该品是用糯米粉、粳米粉、澄粉、白糖、炼乳、牛奶、玉米油等调制、蒸熟、揉成面团，包入紫芋馅（馅心品种多样如奶油、水果等）放进模具中制作而成，具有饼皮洁白如玉、小巧精致、软糯香甜、冰凉滑爽的特点。现市面上已有专门的冰皮粉，制作起来更为方便。

二、制作原理

米粉糊熟制成块的原理见本章第一节。

三、熟制方法

蒸（面团）。

四、用料配方（以 15 只计）

1. 坯料

糯米粉 50 克，粳米粉 50 克，澄粉 30 克，绵白糖 30 克，鲜牛奶 170 毫升，炼乳 30 克，玉米油 30 毫升。

2. 馅料

紫薯泥 95 克，荔浦芋头泥 190 克，黄油 20 克，绵白糖 30 克，炼乳 30 克，澄粉 20 克。

3. 辅料

糕粉 20 克。

五、工艺流程（图 6–44）

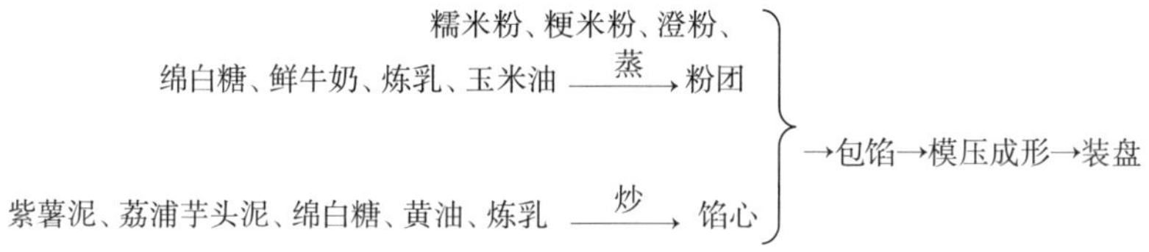

糯米粉、粳米粉、澄粉、绵白糖、鲜牛奶、炼乳、玉米油 —蒸→ 粉团
紫薯泥、荔浦芋头泥、绵白糖、黄油、炼乳 —炒→ 馅心
→包馅→模压成形→装盘

图 6–44　冰皮月饼工艺流程

六、制作程序

1. 面团调制

将糯米粉、粳米粉、澄粉放入面盆内拌匀，加入绵白糖、鲜牛奶、炼乳及玉米油混合搅拌至成糊状，过筛后倒入不锈钢盆内，放在笼内上蒸锅旺火足汽蒸 20 分钟，取出趁热搅拌均匀，倒出晾温后揉成光滑的粉团，晾凉。

（**质量控制点：**①糊调好后一定要过筛；②趁热搅拌均匀；③面团的硬度要恰当。）

2. 馅心调制

把黄油放入不粘锅中加热化开，倒入紫薯泥、荔浦芋头泥小火翻炒，加入绵白糖、炼乳翻炒，待紫芋泥炒至有一定硬度后，加入澄粉炒匀、硬度增加即成紫芋馅。

（**质量控制点：**①小火炒泥；②馅心要有一定的硬度。）

3. 制品成形

将粉团、紫芋馅分别分成16份，把粉团剂子搓成光滑的球形后用刀面压成圆皮，包入1只搓成球形的馅心，收口成球形坯子，抹点糕粉放入饼模中压成冰皮月饼成品，包上保鲜膜入冰箱冷藏后再食用。

（**质量控制点：**①皮的厚薄要均匀；②糕粉抹得不能多；③冷藏后口感更佳。）

七、评价指标（表6–42）

表6–42　冰皮月饼评价指标

品名	指标	标准	分值
冰皮月饼	色泽	皮玉色，馅淡紫色	10
	形态	带花纹的圆柱体或正方体，半透明	40
	质感	皮软糯滑爽，馅细软	20
	口味	香甜	20
	大小	重约45克	10
	总分		100

八、思考题

1. 制作冰皮面团时加入澄粉的作用是什么？
2. 为什么用紫薯泥和荔浦芋头泥混合制作馅心？

名点227. 安虾咸水角（广东名点）

一、品种简介

安虾咸水角是广东、香港和澳门地区常见的传统名点，广东一带把形状类似于鸡蛋的小吃叫作角。它属于米粉粉团制品中的糯米粉粉团制品，是以糯米粉、澄粉面团、白糖、熟猪油、臭粉、清水等调成面团作皮，包以猪后臀肉丁、虾米粒、韭黄粒、马蹄肉丁、湿冬菇丁、调味品等调制而成的馅心，捏成角形后经炸制而成。其具有表皮饱满、色泽淡黄、外脆内软糯、脆嫩鲜香的风味特点，为粤港澳大湾区茶楼中的“长期点心”。

二、制作原理

米粉面团成团的原理见本章第一节；碳酸氢铵膨松的原理见第三章第一节。

三、熟制方法

炸。

安虾咸水角

四、用料配方（以20只计）

1. 坯料

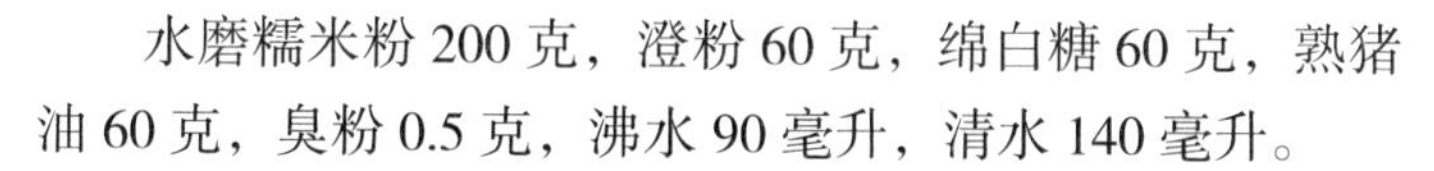

水磨糯米粉200克，澄粉60克，绵白糖60克，熟猪油60克，臭粉0.5克，沸水90毫升，清水140毫升。

2. 馅料

猪后臀肉200克，虾米40克，韭黄20克，马蹄肉80克，水发香菇20克，绍酒8毫升，生抽4毫升，精盐4克，白糖8克，胡椒粉1克，五香粉1克，味精2克，芝麻油2毫升，熟猪油30克，马蹄粉10克。

3. 辅料

花生油2000毫升（约耗60毫升）。

五、工艺流程（图6-45）

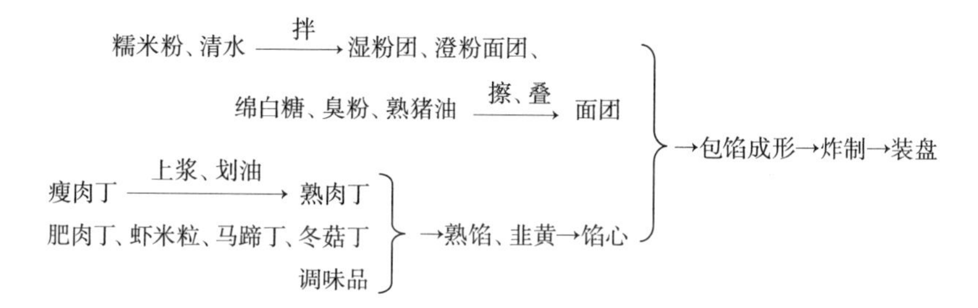

图6-45　安虾咸水角工艺流程

六、制作程序

1. 馅心调制

先把猪后臀肉肥瘦肉分开，分别切成小丁，将瘦肉粒上浆、划油，沥干；马蹄肉切成小丁；虾米洗净，用热水泡软后也切成碎粒；水发香菇洗净，切丁；韭黄择洗干净，切碎；马蹄粉加清水调成湿粉浆。

热锅中放入熟猪油，将肥肉丁下锅煸出油，再放虾米粒略煸，淋酒后将马蹄丁、冬菇丁一同炒匀，放清水、生抽、精盐、白糖、味精调味，勾芡后倒入熟瘦肉丁翻拌均匀，撒入胡椒粉、五香粉，淋入芝麻油出锅晾凉，撒上韭黄粒拌匀即成馅。

（**质量控制点：**①肥瘦肉要分开加工；②韭黄粒不能炒，只能拌入馅心。）

2. 粉团调制

把澄粉放在大碗中用沸水烫匀搅透，揉成面团。

将水磨糯米粉、绵白糖、澄粉面团、臭粉放入搅拌机，一边搅拌一边分次加清水拌和成粉团，再加入熟猪油搅拌至均匀，取出后用保鲜膜包好，放入冰箱冷藏，随用随取。

（**质量控制点**：①各种原料一定要调均匀；②粉团的硬度要恰当；③可以提前调好放在冰箱冷藏。）

3. 生坯成形

将粉团、馅心各分成20份，把每个剂子按成圆皮包入一份馅心，对叠捏拢边成角形生坯。

（**质量控制点**：①皮的厚薄要均匀；②角的边要捏牢。）

4. 生坯熟制

将花生油下锅烧至120℃时离火，下入角坯炸至浮起，上灶开火逐渐升温炸至色泽淡黄即成。

（**质量控制点**：①入锅的温度不宜太高；②逐渐升温炸至淡黄。）

七、评价指标（表6-43）

表6-43　安虾咸水角评价指标

品名	指标	标准	分值
安虾咸水角	色泽	淡黄色	10
	形态	鸡蛋形	40
	质感	皮外脆内软，馅脆嫩	20
	口味	鲜香	20
	大小	重约50克	10
	总分		100

八、思考题

1. 安虾咸水角坯料中加入熟猪油主要的作用是什么？
2. 安虾咸水角坯料中加入臭粉的作用是什么？

名点228. 米粉饺（广西名点）

一、品种简介

南宁米粉饺是广西南宁风味名点，又称马蹄米粉饺、粉饺皇，为甘姓师傅始创于清朝光绪年间。因为南方人不习惯吃面食，却对大米情有独钟，米粉饺就是北方饺子在南方的本土化后的产物。在南宁，水街米粉饺与老友粉齐名。该品是以用粳米粉作为主料采用煮芡法调制米粉团作皮，包上以猪前夹肉泥、马蹄粒、虾米粒、香菇粒等加调味品调制而成的馅心捏成饺子蒸熟而成。具有皮薄色白、光滑透亮、软韧滑爽、清甜爽脆的特点。食用时佐以芝麻油、黄皮酱，酸甜中带着肉香，并配搭一小碗上汤更是完美。在非马蹄上市季节，也有用凉薯或莲藕代替的，通称米粉饺。

二、制作原理

米粉面团成团的原理见本章第一节。

三、熟制方法

蒸。

四、用料配方（以 15 只计）

1. 坯料

粳米 200 克，糯米 50 克，澄粉 25 克。

2. 馅料

猪前夹肉泥 75 克，鲜马蹄肉 100 克，虾米 13 克，水发香菇 15 克，葱花 10 克，生姜末 10 克，料酒 5 毫升，精盐 4 克，味精 3 克，芝麻油 6 毫升，胡椒粉 4 克，清水 20 毫升。

3. 佐食料

芝麻油 5 毫升，黄皮酱 20 克，上汤 150 毫升。

五、工艺流程（图 6-46）

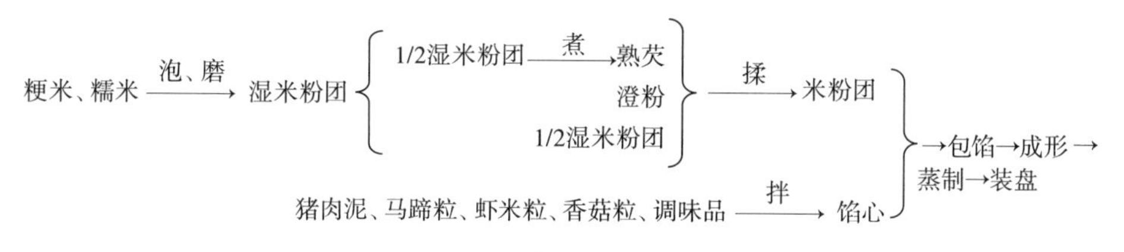

图 6-46　米粉饺工艺流程

六、制作程序

1. 面团调制

将粳米、糯米混合用水浸泡洗净后，磨成米粉浆，装布袋，吊成干米粉块约 375 克。

把1/2干米粉块调成团入沸水锅煮至八成熟，捞出沥干，与余下的米粉块、澄粉揉搓成米粉团。

（**质量控制点：**①米粉块沸水下锅煮制；②米粉团的硬度要恰当。）

2. 馅心调制

将鲜马蹄肉切成碎粒；虾米用温水泡开切粒；水发香菇洗净切粒。

把猪前夹肉泥放入馅盆中，加入葱花、姜末、料酒、精盐、清水搅上劲，在加入味精、芝麻油、胡椒粉拌匀，拌入马蹄粒、虾米粒、香菇粒成马蹄猪肉馅。

（**质量控制点：**①馅心的口味要适合当地人；②馅心的硬度要恰当。）

3. 生坯成形

将米粉团搓条分成15只剂子，用刀面压成或用面杖擀成薄皮。逐个包入马蹄猪肉馅捏成10个边摺的饺子形。

（**质量控制点：**①要皮薄形圆；②捏成月牙蒸饺形。）

4. 生坯熟制

入笼旺火蒸制10分钟即成。装盘后淋上芝麻油、黄皮酱，并配搭一小碗上汤。

（**质量控制点：**旺火足汽蒸。）

七、评价指标（表6-44）

表6-44　米粉饺评价指标

品名	指标	标准	分值
米粉饺	色泽	色白光亮	10
	形态	月牙形	30
	质感	皮软韧滑爽，馅脆嫩	30
	口味	咸鲜清甜	20
	大小	重约40克	10
	总分		100

八、思考题

1. 马蹄猪肉馅如何调制？
2. 为什么米粉团的剂子既可以采用擀制的方法又可以采用压皮的方法制皮？

名点229. 燕粿（海南名点）

一、品种简介

燕粿是海南风味小吃，在当地俗称“薏粑”，有海府燕粿、文昌燕粿、定安燕馃等多种，这里介绍的是海府燕馃的做法。此品是采用煮芡法调制的糯米粉团作皮，包上用冬瓜糖、冰肉、熟芝麻仁、熟花生仁、糖橘饼粒及白糖制成的馅心放在芭蕉叶上蒸制而成。具有色白细腻，软糯黏滑，香软绵甜的特点。

二、制作原理

米粉面团成团的原理见本章第一节。

三、熟制方法

蒸。

四、用料配方（以 20 只计）

1. 坯料

糯米 400 克。

2. 馅料

冬瓜糖 50 克，糖渍冰肉 40 克，脱壳白芝麻 60 克，花生米 70 克，糖橘饼 30 克，绵白糖 50 克。

3. 辅料

芭蕉叶 10 片，色拉油 10 毫升，芝麻油 10 毫升。

五、工艺流程（图 6–47）

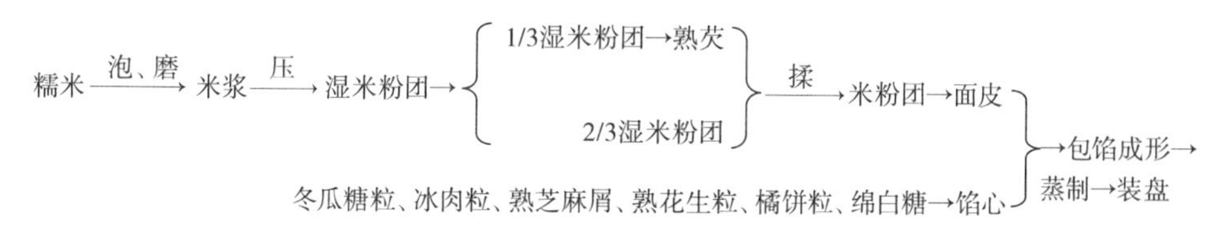

图 6–47　燕馃工艺流程

六、制作程序

1. 面团调制

将糯米洗净泡涨，带水磨成米浆，用细眼罗筛过滤后装进布袋压成含水量为 50% 的干浆。用 1/3 的干浆加 20 毫升水调成团入沸水锅煮成熟芡，然后加在其余的干浆中揉搓成团。

（**质量控制点：**①煮芡的加水量要合适；②米粉团的硬度要恰当。）

2. 馅心调制

将冬瓜糖、糖渍冰肉、糖橘饼分别切粒；脱壳白芝麻洗净，带水小火炒熟，趁热压碎；花生米放入温油炸制成熟，去衣切粒。

将冬瓜糖粒、糖渍冰肉粒、熟芝麻屑、熟花生仁粒、糖橘饼粒与绵白糖搅拌成馅。

（**质量控制点**：①馅料的颗粒不宜太大；②芝麻炒熟后要趁热压碎。）

3. 生坯成形

将米粉团摘成20只剂子，用手揉压成圆片，包入馅心成球形，收口向下放在涂过色拉油的芭蕉叶上。

（**质量控制点**：每只大小要一致。）

4. 生坯熟制

将生坯入笼旺火足汽蒸8分钟，出笼时再用芝麻油刷在制品表面，装盘。

（**质量控制点**：蒸制时间不宜太长。）

七、评价指标（表6–45）

表6–45　燕馃评价指标

品名	指标	标准	分值
燕馃	色泽	白色	10
	形态	馒头形	40
	质感	皮软糯黏滑	20
	口味	香甜	20
	大小	重约50克	10
	总分		100

八、思考题

1. 燕馃糯米粉团的调制方法属于生粉团中的？
2. 燕馃的蒸制时间为什么不能长？
3. 加工糯米粉浆时磨出的粉浆为什么要用细眼罗筛过滤？

名点230. 海南煎堆（海南名点）

一、品种简介

海南煎堆是海南风味小吃，海口方言又称煎堆为“珍袋”（为海南方言音译），在海南，元宵节时敬神祈福，老人贺寿，或是建房上梁，孩子满月招待客人，煎堆总是少不了的。此品以糯米粉团为皮，包上由糖椰丝、熟花生仁粒、熟芝麻屑、糖冰肉粒、白糖等调制的馅心经炸制而成。具有色泽金黄、外酥内软、香甜可口、椰味香浓的特点。海南煎堆在于馅料突出本地风味，制法与广东煎堆大同小异。

二、制作原理

米粉熟制成形的原理见本章第一节。

三、熟制方法

炸。

四、用料配方（以 16 只计）

1. 坯料

水磨糯米粉 350 克，白糖 100 克，清水 210 毫升，熟猪油 25 克。

2. 馅料

鲜椰丝 120 克，白糖 100 克，花生仁 65 克，脱壳白芝麻 35 克，糖冰肉 50 克，糖冬瓜 50 克。

3. 装饰料

脱壳白芝麻 150 克。

4. 辅料

色拉油 2000 毫升（实耗 20 毫升）。

五、工艺流程（图 6–48）

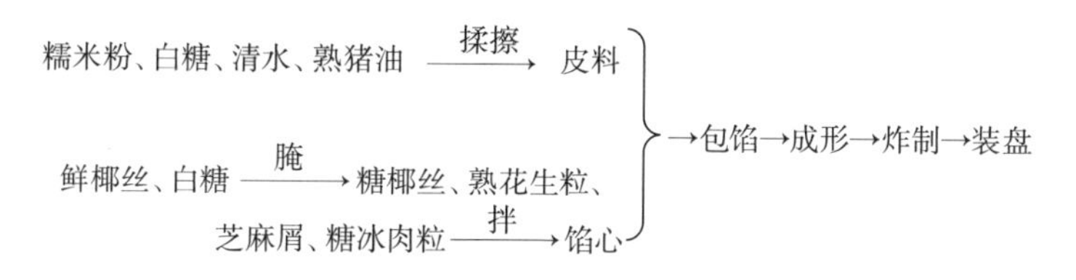

图 6–48　海南煎堆工艺流程

六、制作程序

1. 粉团调制

将清水加热成温水，放入白糖化开、晾凉，与糯米粉调成块，加入熟猪油揉匀即成糯米粉团。

（**质量控制点：**①调制粉团前白糖要先化开；②粉团的硬度要恰当。）

2. 馅心调制

将鲜椰丝加白糖腌制 12 小时成糖椰丝；花生仁用油焙熟、去衣、切粒；

脱壳白芝麻仁淘洗干净后小火炒香，碾成芝麻屑；将糖冰肉、糖冬瓜分别切成细粒。

将糖椰丝、熟花生仁粒、芝麻屑、冰糖肉粒、糖冬瓜粒拌匀即成馅心。

（**质量控制点：**馅料颗粒不宜太大。）

3. 生坯成形

将糯米粉团分成 16 只剂子，搓成光滑的球，捏窝包入馅料，收口搓圆，表皮抹水均匀沾上白芝麻，搓紧。

（**质量控制点：**①皮的厚薄要均匀；②芝麻要沾紧。）

4. 生坯熟制

将生坯放入漏勺，放进 120℃的油锅中慢慢炸制、逐渐升温炸至鼓胀成金黄色圆球形捞出、装盘。

（**质量控制点：**①生坯入锅的油温不宜太高；②升温要慢。）

七、评价指标（表 6–46）

表 6–46　海南煎堆评价指标

品名	指标	标准	分值
海南煎堆	色泽	金黄色	10
	形态	球形	40
	质感	皮外酥内软	20
	口味	皮香甜，馅椰香甜润	20
	大小	重约 65 克	10
	总分		100

八、思考题

1. 糯米粉团中加水量的多少对制品的品质有什么影响？
2. 海南煎堆生坯熟制时为什么要低温下锅后逐渐升至高温炸制？

名点 231. 姊妹团子（湖南名点）

一、品种介绍

姊妹团子是湖南风味面点，是湖南长沙火宫殿名点。20 世纪 20 年代，该品因在长沙火宫殿经营团子的姜氏姊妹而出名，故名。其是用水磨糯米粉、粳米粉采用煮芡法调成团后，包上枣泥馅或鲜肉馅，捻成尖顶平底长形锥体，蒸熟后宛如一座玲珑的白玉小宝塔。成品具有色白光亮，精巧别致，柔糯滑润，糖馅香甜细腻，肉馅鲜嫩香咸的特点。

二、制作原理

米粉面团成团的原理见本章第一节。

三、熟制方法

蒸。

四、原料配方（以 100 只计）

1. 坯料

糯米 600 克，粳米 400 克。

2. 馅料

红枣 150 克，北流糖 100 克，熟猪油 30 克，桂花糖 10 克，去皮五花肉 350 克，水发香菇 15 克，酱油 20 毫升，精盐 5 克，味精 3 克，清水 100 毫升。

五、工艺流程（图 6–49）

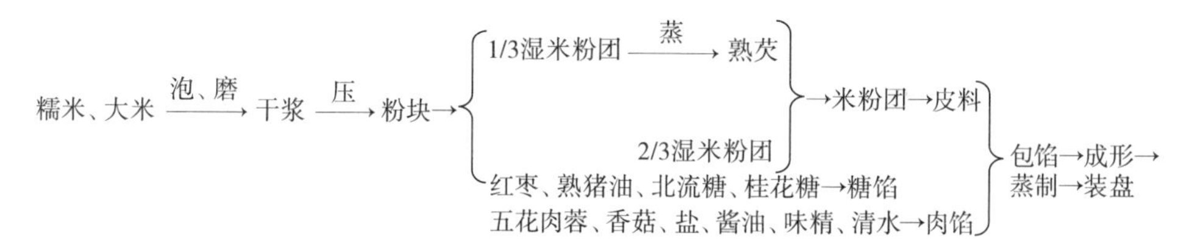

图 6–49　娣妹团子工艺流程

六、制作方法

1. 馅心调制

（1）红枣去核剁成泥，盛入盆内，用旺火蒸约 1 小时取出。炒锅置小火上烧热，下熟猪油，先倒入北流糖（一种土蔗糖，原产广西北流市）炒化，再倒入枣泥和桂花糖，拌炒均匀成糖馅。

（2）将猪五花肉剁成蓉放在盆中，把香菇洗净、去蒂剁碎后拌入肉蓉中，加精盐、酱油、味精搅打上劲，将清水分次加入，搅拌上劲成肉馅，包上保鲜膜入冰箱冷藏。

（**质量控制点：**①红枣要剁得细；②北流糖要先炒化；③肉馅要搅打上劲；④肉馅要下冰箱冷藏。）

2. 粉团调制

将糯米、粳米一起淘洗干净、泡透（夏季约2小时，春秋季约4小时，冬季约7小时），捞出用清水冲洗干净、沥干，加冷水1250毫升磨成浆。将米浆装入布袋内，压干水分即成米粉块，倒入盆内。取米粉块500克搓成几个圆饼，入笼蒸约30分钟至熟，取出与其他未蒸的米粉块掺和揉匀、揉光成米粉团，盖上保鲜膜静置。

（**质量控制点：**①不同季节糯粳米浸泡的时间不一样；②米粉浆的水分要压干；③蒸芡的量要恰当；④米粉团要揉匀揉光。）

3. 生坯成形

将和好的粉团搓成条，揪成小剂子（每个重15克），然后逐个搓圆，用手指捏窝，放入糖馅或肉馅（约7.5克），将口子收拢，糖馅的捏成圆形，肉馅的捏成尖顶形。

（**质量控制点：**①剂子要搓光再捏窝；②糖馅搓圆、咸馅捏成尖顶形。）

4. 生坯熟制

将糖、肉团子成对摆在蒸笼里，用旺火蒸10分钟即成。

（**质量控制点：**①旺火沸水蒸；②蒸制时间不宜太久。）

七、评价指标（表6-47）

表6-47　姊妹团子评价指标

名称	指标	标准	分值
姊妹团子	色泽	色白光亮	10
	形态	甜馅馒头形；咸馅尖顶形	40
	口感	皮柔糯滑润；糖馅细腻；肉馅软嫩	20
	口味	香甜；咸鲜	20
	大小	重约22.5克	10
	总分		100

八、思考题

1. 为什么不同季节糯粳米的浸泡时间不一样？
2. 米粉团的调制方法是什么？

名点 232. 赖汤圆（四川名点）

一、品种简介

赖汤圆是四川风味小吃，赖汤圆创始人赖源鑫是资阳县（现资阳市）东峰镇人，从 1894 年起就在成都沿街煮卖汤圆。其汤圆选料精、做工细、质优价廉、细柔爽滑、皮薄馅丰、软糯香甜，筋丝能扯两寸而不断。成都人赞誉它"香甜，白嫩，细柔"，确实名不虚传。各种馅心的汤圆形状不同，有圆的、椭圆的、锥形的、枕头形的。吃时配以白糖、芝麻酱蘸食，更是风味别具。其馅多样，风味各不相同，有芝麻、洗沙、玫瑰、冰橘、枣泥、桂花、樱桃等十多个品种。这里以黑芝麻汤圆为例介绍。

二、制作原理

米粉团揉压成形的原理见本章第一节。

三、熟制方法

煮。

四、原料配方（以 100 只计）

1. 坯料

糯米 1000 克，籼米 100 克，冷水 550 毫升。

2. 馅料

绵白糖 300 克，熟猪油 180 克，黑芝麻 120 克，熟面粉 100 克。

3. 调料

芝麻酱 100 克，绵白糖 100 克。

五、工艺流程（图 6-50）

糯米、籼米 —泡、磨→ 吊浆粉子、冷水→米粉面团→制皮
熟黑芝麻粉、绵白糖、熟猪油、熟面粉→芝麻馅
（以上两路合并）→包馅→成形→煮制→装盘

图 6-50　赖汤圆工艺流程

六、制作方法

1. 初加工

糯米、籼米一同淘洗干净，用清水浸泡 2 天（夏季 24 小时，冬季 72 小时）。

每天换水 2 ～ 3 次，以免发酸。磨浆前，再用清水淘洗至水色清亮，然后用电磨（石磨）将浸后的米磨成很细的粉浆。再将粉浆装入布袋内吊干即为吊浆粉子。

（**质量控制点：**①糯米、籼米必须事先泡透；②不同季节浸泡时间不同；③米浆磨得越细越好。）

2. 面团调制

将吊浆粉子取出放在垫有湿布的案板上，加冷水调成软硬度合适的米粉团。

（**质量控制点：**①加水量要合适；②加水量的多少要根据吊浆粉子的含水量来定。）

3. 馅心调制

将黑芝麻淘洗干净，倒入锅内用文火炒熟、碾成粉，加入绵白糖、熟猪油、熟面粉擦匀，用面杖压紧后（可进冰箱冷藏），切成 1 厘米见方的小丁（7 克 / 只）。

（**质量控制点：**①黑芝麻要带水用小火炒熟；②熟黑芝麻要趁热碾碎，越细越好；③馅心中加入熟面粉的量要视室温而定。）

4. 生坯成形

取米粉团一小块（16 克 / 只），放在手心搓圆后，捏成窝状，取馅心放在米粉坯子当中，以粉皮包住馅心，封严搓成球形即成。

（**质量控制点：**①馅心要居中；②搓成无缝球形。）

5. 生坯熟制

汤圆生坯入沸水锅中，用旺火煮制，待汤圆浮起，点水 3 ～ 4 次，保持水沸而不腾，养熟后装碗。

食用时，随带绵白糖、芝麻酱蘸食，其味更佳。

（**质量控制点：**①生坯沸水下锅煮制；②旺火煮制；③点水保持微沸养制；④制品要求色白、饱满、光滑。）

七、评价指标（表 6–48）

表 6–48　赖汤圆评价指标

名称	指标	标准	分值
赖汤圆	色泽	洁白	20
	形态	球形	30
	质感	细柔、黏糯、爽滑	20
	口味	香甜	20
	大小	重约 25 克	10
	总分		100

八、思考题

1. 在调制汤圆面坯时在糯米粉中加入籼米粉的作用是什么？
2. 用来制作赖汤圆坯料的米浸泡时间长的目的是什么？

名点 233. 叶儿粑（四川名点）

一、品种简介

叶儿粑又称猪儿粑、鸭儿粑、艾馍，是四川风味小吃，为川西农家清明节、川南春节的传统食品，以宜宾、乐山、成都的最有名气。因是用芭蕉叶（也有用蓼叶、棕叶、玉米叶、大叶仙茅、良姜叶、鲜橘子叶的）包裹蒸食而得名。具有色绿形美、清香滋润、细软爽口、入口糍糯的特点。馅心有甜、咸两类；甜馅有桃仁玫瑰、芝麻、枣泥、豆沙、桂花；咸馅有香肠、火腿、金钩、鲜肉等。食时可咸、甜馅同上，也可由食者任选。一般多为边做边卖，最宜热食。下面介绍的是新都区的制法。

二、制作原理

米粉团熟制成形的原理见本章第一节。

三、熟制方法

蒸。

四、原料配方（以 20 只计）

1. 坯料

糯米 350 克，粳米 150 克，艾叶 40 克，红糖 50 克，熟猪油 50 克。

2. 馅料

（1）甜馅

熟面粉 50 克，核桃仁 100 克，猪板油 75 克，绵白糖 175 克，糖桂花 10 克。

（2）咸馅

猪前夹肉 300 克，猪咸肉 100 克，芽菜 75 克，菜籽油 40 毫升，姜末 5 克，葱白粒 10 克，精盐 3 克，酱油 10 毫升，绍酒 10 毫升，胡椒粉 2 克，味精 4 克。

3. 辅料

芭蕉叶 20 张。

五、工艺流程（图 6-51）

糯粳米、艾叶 —泡、磨→ 吊浆粉、红糖、熟猪油→皮坯
熟面粉、熟核桃仁粒、猪板油丁、绵白糖、糖桂花→糖馅
猪肉粒、咸肉粒、芽菜粒、调味品 —炒→ 咸馅
（以上三项）→包馅→成形→蒸制→装盘

图 6-51　叶儿粑工艺流程

六、制作方法

1. 馅心调制

（1）将核桃仁焙熟切成细粒，猪板油洗净去膜切丁，再加熟面粉、绵白糖、糖桂花拌匀即成糖馅。

（2）把鲜猪肉切成绿豆大的粒；咸肉切成细粒；芽菜洗净，切成细末；炒锅置中火上，倒入菜籽油烧热，下葱姜末、猪肉粒炒散，再加入咸肉粒、芽菜粒、绍酒、精盐、酱油、胡椒粉、味精，炒匀起锅即成咸馅。

（**质量控制点：**①甜馅的硬度要合适；②咸馅要炒得干香。）

2. 坯料调制

把糯米、粳米洗净泡发，加入艾叶磨成吊浆粉。然后加红糖、熟猪油揉和均匀，制成坯皮料。

将芭蕉叶洗净，入沸水锅稍煮即捞起晾干。

（**质量控制点：**①糯、粳米必须泡透，粉磨得越细越好；②坯料的硬度要恰当。）

3. 生坯成形

先将芭蕉叶裁成边长约 10 厘米的正方形，并刷上油。将和匀的坯皮料摘剂，甜咸两馅各包一份。包时只将下边及左右三面向中间包拢，留上边一面不包。

（**质量控制点：**①大小要均匀；②形状要规则。）

4. 生坯熟制

包好后入笼摆匀（未包的一面向上），上沸水锅用旺火蒸约 20 分钟，足汽蒸熟即成。

（**质量控制点：**①蒸制时火大汽足；②蒸制时间不宜太长。）

七、评价指标（表 6-49）

表 6-49　叶儿粑评价指标

名称	指标	标准	分值
叶儿粑	色泽	芭蕉叶黄绿，糕坯洁白	20
	形态	圆柱形	30
	质感	细柔、黏糯、爽滑	20
	口味	香甜或鲜香	20
	大小	重约 100 克	10
	总分		100

八、思考题

1. 叶儿粑包裹生坯的材料常见的有哪些？其作用是什么？
2. 叶儿粑坯料中为什么要加入一定量的粳米粉？

名点 234. 珍珠圆子（重庆名点）

一、品种简介

珍珠圆子是重庆风味小吃，该品原是川西民间流行的食品。用糯米饭坯趁热揉匀，加鸡蛋液、淀粉制坯，馅料用豆沙馅（或玫瑰馅，或肉末馅），用樱桃加以点缀，造型更为美观。近年，重庆厨师又作改进，表面粘裹西米，制作精巧，使“珍珠”更名实相符，该品具有球状造型、晶莹透亮、软糯香甜的特点。

二、制作原理

糯米饭揉制成形的原理见本章第一节。

三、熟制方法

蒸。

四、原料配方（以 30 只计）

1. 坯料

糯米 500 克，淀粉 100 克，鸡蛋 2 个。

2. 馅心

豆沙馅 300 克。

3. 装饰料

樱桃 50 克，生粉 30 克，西米 120 克。

五、工艺流程（图 6–52）

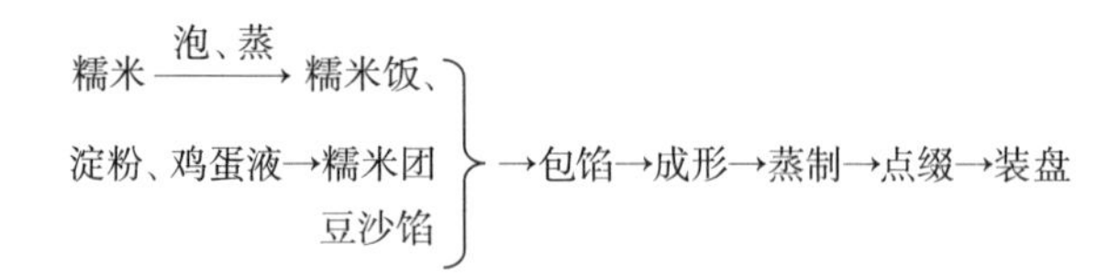

图 6–52　珍珠圆子工艺流程

六、制作方法

1. 面团调制

将糯米洗净、泡透（夏季 2 小时，冬季 6 小时），上笼蒸制成熟，趁热加入淀粉、鸡蛋液揉匀成糯米团。

（**质量控制点：**①糯米要泡透，蒸至成熟；②淀粉要细腻均匀；③趁热拌入淀粉和鸡蛋液。）

2. 生坯成形

将糯米团搓条、下剂（30 克 / 个），包入豆沙馅（10 克 / 个），搓成球形。西米入温水锅中煮透、冲凉、沥干，拌上生粉，均匀地裹在糯米团表面。

（**质量控制点:** ①剂子大小一致; ②西米要煮透; ③西米要拌上生粉增加黏性。）

3. 生坯熟制

取蒸笼,垫上湿布,将圆子生坯放入,盖上笼盖,用旺火蒸 10 分钟至成熟装盘。将樱桃切成圆片，每个圆子顶放一片点缀。

（**质量控制点：**①蒸制时间不宜太长；②先蒸熟再点缀。）

七、评价指标（表 6–50）

表 6–50　珍珠圆子评价指标

名称	指标	标准	分值
珍珠圆子	色泽	米白色，西米透明	20
	形态	球形	30
	质感	米软糯带韧，馅细软	20
	口味	香甜	20
	大小	重约 50 克	10
	总分		100

八、思考题

1. 珍珠圆子坯料中加入淀粉和鸡蛋液的作用是什么？
2. 熟西米中拌入生粉的目的是什么？

名点 235. 天津“耳朵眼”炸糕（天津名点）

一、品种简介

天津“耳朵眼”炸糕是天津风味小吃。始创于晚清光绪年间（公元 1892 年），由回民刘万春创制。炸糕选料精、制作细，物美价廉，赢得“炸糕刘”的绰号。附近的富户、百姓过生日、办喜宴，借“糕”字谐音，取步步高之吉利，都购买他的炸糕，生意越做越兴隆。因炸糕铺紧靠一条仅有一米宽的小胡同，名叫耳朵眼胡同，于是人们就将刘记炸糕铺卖的炸糕叫“耳朵眼炸糕”。该点原选用上等黏黄米作坯料制作，现采用糯米粉用水调成团后包上用红小豆、赤白砂糖炒制成的馅心以香油炸制而成。此品具有扁球形状、色泽金黄、外脆里嫩、馅甜细腻的特点。

二、制作原理

生物膨松面团（发酵面团）的膨松原理见第三章第一节；糯米粉团熟制成形的原理见本章第一节。

三、熟制方法

炸。

四、原料配方（以 10 只计）

1. 坯料

糯米粉 300 克，干酵母 3 克，微温水 180 毫升。

2. 馅料

红小豆 75 克，红砂糖 30 克。

3. 辅料

花生油 1500 毫升（实耗 30 毫升），芝麻油 1500 毫升（实耗 30 毫升）。

五、工艺流程（图 6-53）

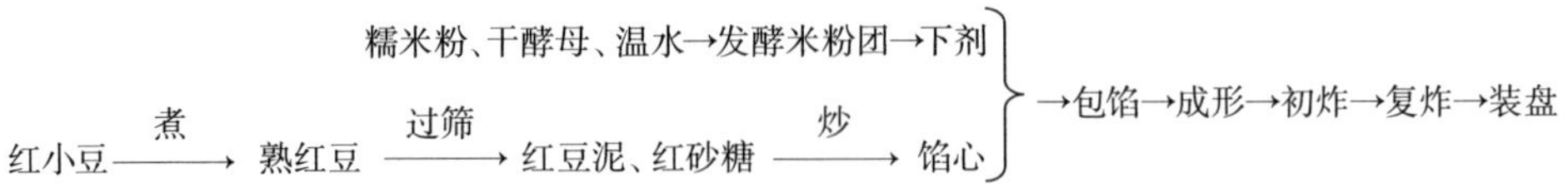

糯米粉、干酵母、温水→发酵米粉团→下剂
红小豆 —煮→ 熟红豆 —过筛→ 红豆泥、红砂糖 —炒→ 馅心
（以上两路合并）→包馅→成形→初炸→复炸→装盘

图 6-53　天津“耳朵眼”炸糕工艺流程

六、制作方法

1. 馅心调制

将红小豆淘洗干净，加清水 350 毫升，上锅用大火烧开，改用小火煮至红小豆用手一捻即烂时捞出，过筛去皮成红豆泥。锅置小火上，放入红砂糖及清水 50 毫升，用手勺不断轻推，熬至糖先起大泡、后变小泡时下入红豆泥，炒至红豆泥稠厚时出锅晾凉，即成馅心。

（**质量控制点：**①按用料配方准确称量；②煮豆沙馅时要凉水下锅，先大火后改小火，煮得越烂越好；③炒馅时要小火加热，炒至出锅。）

2. 粉团调制

把酵母粉溶化于温水中，缓缓倒入糯米粉，并用筷子均匀搅拌，用手揉成一个湿润光滑的面团，盖上保鲜膜静置半小时。

（**质量控制点：**①按用料配方准确称量；②面团的硬度要合适；③饧发时间随室温而变化。）

3. 生坯成形

待面团发酵一段时间后，将糯米粉团分成 10 只剂子，将面剂逐只搓圆、捏窝，包入豆沙馅（15 克），收口包严，轻按成扁圆形，放在湿布上。

（**质量控制点：**①剂子的大小要一致；②馅心要居中。）

4. 生坯熟制

取一只炸锅置中火上，加入花生油烧到 150℃时，下入成形的炸糕生坯，待其浮起翻面炸制，等外皮稍硬时捞出，放入另一个 180℃的芝麻油炸锅中炸制，翻面，炸糕两面均呈金黄色时，捞出即成。

（**质量控制点：**①初炸用食用油，150℃下锅；②复炸用芝麻油，180℃炸制；③炸呈金黄色。）

七、评价指标（表 6-51）

表 6-51　天津“耳朵眼”炸糕评价指标

品名	指标	标准	分值
天津“耳朵眼”炸糕	色泽	金黄	10
	形态	扁球体形	40
	质感	外脆里软糯	20
	口味	馅甜细腻，气味芳香	20
	大小	重约 55 克	10
	总分		100

八、思考题

1. 如何评价用糯米粉发酵制作制品的膨松效果？
2. 炸制天津风味小吃“耳朵眼”炸糕时为什么采用复炸的方式？

以下是其他米粉粉团名点，共 10 款。

名点 236. 肉蛎饼（福建名点）

一、品种介绍

肉蛎饼福建福州及闽东地区风味小吃，又称蛎饼。传说清初有一位年轻人，仙人托梦给他，用米豆为原料磨成浆，把似明月般的蛎饼放在油中炸，蛎饼熟时呈金黄，好比金黄色太阳，这就是由月亮到太阳的蛎饼制作来历。此品以米豆浆为坯料，肉馅及牡蛎肉为馅料，经炸制而成，具有色泽金黄、外壳酥脆、馅嫩鲜香的特点，深受百姓欢迎，一直流传至今。

二、制作原理

米豆粉浆熟制成块的原理见本章第一节。

三、熟制方法

炸。

四、用料配方（以 12 只计）

1. 坯料

粳米 175 克，黄豆 75 克，精盐 4 克，清水 270 毫升。

2. 馅料

牡蛎肉 80 克，猪前夹肉 120 克，葱白 50 克，酱油 15 毫升，精盐 1 克。

3. 辅料

花生油 1500 毫升（约耗 100 毫升）。

五、工艺流程（图 6-54）

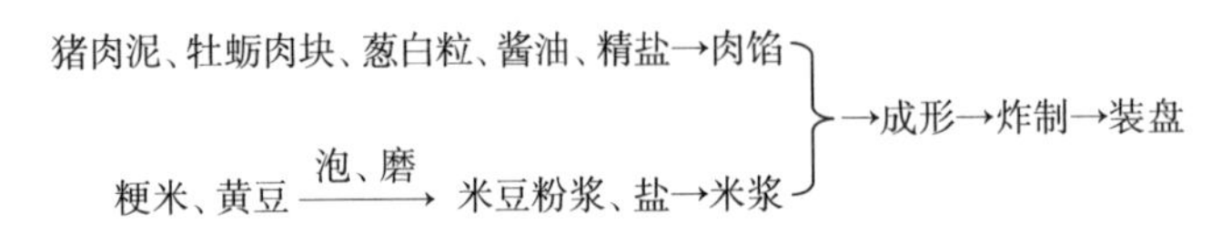

图 6-54 肉蛎饼工艺流程

六、制作程序

1. 馅心调制

把猪前夹肉剁成泥；葱白洗净切粒；将牡蛎肉漂洗干净、切块。

将肉泥、牡蛎肉块放入馅盆中拌匀，放入葱白粒、酱油、精盐搅拌上劲成馅，分成 12 份。

（**质量控制点：**①牡蛎肉中的沙子一定要洗干净；②肉泥要剁得细，牡蛎肉不要切得太小。）

2. 米浆制作

将粳米、黄豆洗净放入桶中浸泡 2 小时，捞出沥干水分，再加清水磨成混合米浆，加入精盐拌匀待用。

（**质量控制点：**米粉浆的稠度一定要合适。）

3. 生坯成形及熟制

油锅置于火上，倒入花生油，放入两把长柄凹铁勺，待油烧至 160℃，拿出一把铁勺，舀入米浆一汤匙（约 20 毫升），放上馅心一份，再舀入米浆一份（约 20 毫升），入油锅中炸至制品表面呈金黄色出锅即成（两把铁勺交替使用）。

（**质量控制点：**①米粉浆和馅心的用量、比例要合适；②炸制的温度不宜太高或太低；③长柄铁勺要放在油锅中加热后再用。）

七、评价指标（表 6–52）

表 6–52　肉蛎饼评价指标

品名	指标	标准	分值
肉蛎饼	色泽	呈金黄色	10
	形态	圆饼状	20
	质感	外酥脆里鲜嫩	40
	口味	香咸鲜美	20
	大小	重约 50 克	10
	总分		100

八、思考题

1. 调制肉蛎饼馅心前一定要将牡蛎肉________。
2. 为什么制作肉蛎饼时米粉浆的稠度一定要合适？

名点 237. 油葱馃（福建名点）

一、品种介绍

油葱馃是我国福建厦门及台湾地区的风味小吃。属于米粉面团制品，是以大米浆（调成一定的黏性）为主料，以肉丝、荸荠粒、干扁鱼末、葱白丁；虾肉、香菇、蚝干、海米、栗子、油葱片等为馅料经蒸制而成，具有色泽美观，嫩糯芳香，清鲜淡爽，富有弹性的特点，非常受当地百姓的喜爱。

二、制作原理

米粉浆熟制成块的原理见本章第一节。

三、熟制方法

蒸。

四、用料配方（以 5 碗计）

1. 坯料

粳米 250 克，食碱 2.5 克，精盐 3 克，清水 500 毫升。

2. 馅料

猪腿肉 250 克，葱白 150 克，荸荠肉 38 克，干扁鱼 5 克，精盐 6 克，白糖 18 克，五香粉 4 克，淀粉 20 克。

鲜虾 18 克，香菇 5 克，海米 13 克，蚝干 13 克，栗子 38 克，干葱头 8 克。

3. 装饰料

鸭蛋液 10 克。

4. 辅料

色拉油 50 毫升。

五、工艺流程（图 6-55）

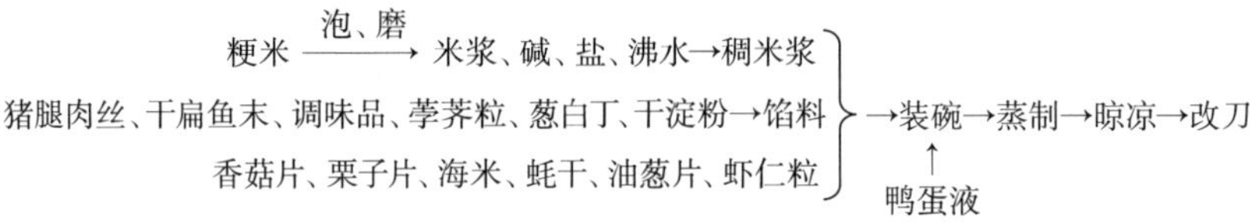

粳米 —泡、磨→ 米浆、碱、盐、沸水→稠米浆
猪腿肉丝、干扁鱼末、调味品、荸荠粒、葱白丁、干淀粉→馅料
香菇片、栗子片、海米、蚝干、油葱片、虾仁粒
（以上三项合并）→装碗→蒸制→晾凉→改刀
（装碗工序加入：鸭蛋液）

图 6-55　油葱粿工艺流程

六、制作程序

1. 米浆调制

将大米洗净，用清水浸泡 2 小时后捞出；加水 350 毫升磨成米浆倒入盆中。锅至旺火上，加入 150 毫升清水，加入碱、精盐搅匀煮沸，舀入米浆 38 毫升搅匀再次煮沸，冲入原来的米浆盆中迅速搅匀。

（**质量控制点：**①要充分泡透；②稀米浆要煮沸冲入原米浆盆中迅速搅匀。）

2. 馅料加工

将猪腿肉洗净，切成 2.7 厘米长、0.5 厘米粗的丝；葱白切丁；荸荠肉切成粒；鲜虾洗净、去壳取肉留尾切粗粒；香菇水发后洗净切片；海米、蚝干温水浸泡 15 分钟；栗子煮熟，去壳切片；干扁鱼炸酥研末；干葱头切片炸至金黄色成油葱片捞出。

将肉丝与白糖、精盐、干扁鱼末、五香粉拌匀，稍腌；再加入葱白丁、荸荠粒、干淀粉调匀，搅成馅料，均分成 5 份。

（**质量控制点：**①馅料按要求加工；②干扁鱼、葱头片炸制时油温不宜太高。）

3. 生坯成形

将 5 份馅料分别放入 5 个直径 13 厘米、抹了油的浅底碗中，把香菇片、栗子片、海米、蚝干、油葱片分别放在馅料的周围，虾肉点缀在馅料上；将盆内米浆搅匀，舀入碗中，至香菇片、油葱片浮上浆面时，将鸭蛋液打散，淋少许于浆面上。

（**质量控制点：**要将米浆搅匀再舀入碗中。）

4. 生坯熟制

把5只浆碗放入笼屉，旺火沸水蒸25分钟，取出晾凉，用竹片沿碗边划一圈，使粿不粘碗，再分成8块即成。

食用时，可配上适量橘汁、酱油、沙茶酱、蒜泥、番茄酱、酸萝卜、香菜佐食。

（**质量控制点：**①蒸制时一定要火大汽足；②油葱粿晾凉了才能分块。）

七、评价指标（表6–53）

表6–53　油葱粿评价指标

品名	指标	标准	分值
油葱粿	色泽	糕体呈玉色	10
	形态	块状	20
	质感	嫩糯有弹性	40
	口味	咸鲜	20
	大小	重约280克	10
	总分		100

八、思考题

1. 调制米浆的过程中，为什么需要取一部分米浆煮沸再冲入原来的米浆中搅匀?

2. 鸭蛋液淋在碗中浆面上的作用是什么?

名点238. 鲜虾仁肠粉（广东名点）

一、品种简介

鲜虾仁肠粉是广东风味著名小吃，创制于20世纪30年代末，因其形状为长条形，与猪肠相似，故取名肠粉，是将用籼米粉、粟粉、生粉、澄粉、水、精盐、色拉油等调制好的米浆，舀一定的量在特制的肠粉蒸炉中的白布上，放上调好味的虾仁，经蒸制、卷馅、切断、调味而成。具有弹性好、不沾牙，皮薄而不透，味道鲜美，形如猪肠、色泽洁白、晶莹剔透、软润滑爽、清鲜脆嫩的特点。在广州、香港等地，从不起眼的食肆茶市，到五星级的高级酒店，几乎都有供应。食用时多配以生抽或者辣酱，而新加坡和马来西亚等地区则多加添芝麻以及甜酱。

二、制作原理

粳米粉、淀粉浆熟制成坯（皮）的原理见本章第一节。

三、熟制方法

蒸。

鲜虾仁肠粉

四、用料配方（以 4 份计）

1. 坯料

水磨籼米粉 100 克，粟粉 10 克，生粉 10 克，澄粉 5 克，清水 325 毫升，精盐 2 克，色拉油 4 毫升。

2. 馅料

鲜虾仁 125 克，精盐 1.5 克，白糖 2.5 克，白胡椒粉 1 克，味精 2 克，生粉 3 克，色拉油 4 毫升。

3. 辅料

精盐 2.5 克，小苏打 0.8 克，生粉 2.5 克。

4. 调味料

生抽、熟色拉油和辣椒酱。

五、工艺流程（图 6–56）

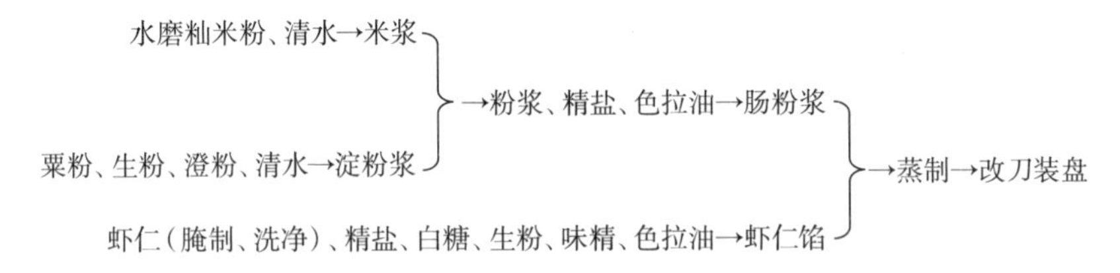

图 6–56　鲜虾仁肠粉工艺流程

六、制作程序

1. 馅心调制

将鲜虾仁洗净，用精盐、小苏打、生粉拌匀腌制 20 分钟，然后将虾仁用水冲漂至虾仁不粘手，捞出挤干水分；用精盐、白糖、白胡椒粉、味精、生粉、色拉油与虾仁拌匀即成馅。

（**质量控制点：**①虾仁要腌制才有脆嫩的口感；②腌制后的虾仁要漂洗干净、吸干水分。）

2. 粉浆调制

粟粉、生粉和澄粉用 125 毫升清水调成淀粉浆；水磨粳米粉和余下的清水调成米粉浆。将淀粉浆倒入米粉浆中搅匀，加入精盐、色拉油拌匀，用细筛过滤即成肠粉浆。

（**质量控制点：**①肠粉浆调好后要过滤；②为了使肠粉浆不易沉淀，可将淀粉浆烫成半糊化状态再拌入米粉浆中。）

3. 生坯熟制

将白布浸湿，平铺在蒸屉上，舀上肠粉浆淌匀（厚 0.25 厘米），铺上虾仁馅，盖上盖火大汽足蒸 4 分钟取出。把蒸熟的粉片前端拉起向后卷成猪肠形，切成段装盘即成（食用时配以调味生抽、熟生油和辣椒酱）。

（**质量控制点：**①肠粉浆在布上要淌得厚薄均匀；②要旺火足汽；③蒸专用肠粉蒸炉蒸的效果比较好。）

七、评价指标（表 6-54）

表 6-54　鲜虾仁肠粉评价指标

品名	指标	标准	分值
鲜虾仁肠粉	色泽	色泽洁白	10
	形态	猪肠形	30
	质感	软润滑爽	30
	口味	咸鲜	20
	大小	重约 130 克	10
	总分		100

八、思考题

1. 调制肠粉浆时米粉浆中加入淀粉浆的作用是什么？
2. 虾仁调味前为什么要用小苏打腌制？

名点 239. 锅烧米粉（广西名点）

一、品种简介

锅烧米粉是广西桂林的风味小吃，又称卤味米粉、菜卤米粉。桂林米粉品种较多，而以锅烧米粉最有代表性。远在清代，桂林就有以经营锅烧米粉出名的米粉店。该品是烫好的米粉加锅烧肉片、卤牛肉片、卤猪肚片、油炸花生、炸黄豆，浇上菜卤，放入调味品而成。其具有米线洁白，柔韧爽滑，咸辣香鲜，卤香浓郁，的特点。

二、制作原理

米粉糊熟制成线的原理见本章第一节。

三、熟制方法

煮。

四、用料配方（以 4 份计）

1. 主料

桂林粳米 600 克。

2. 调配料

（1）带皮猪前夹肉 160 克，瘦猪肉 100 克，猪肚 80 克，花生仁 30 克，黄豆 20 克，芫荽 10 克。

（2）精盐 2 克。

（3）酱油 5 毫升，香料六种 30 克（包括八角、沙姜、陈皮、草果、茴香、花椒），豆豉 5 克，罗汉果 2 克，葱末 3 克，姜末 2 克，骨头汤 500 毫升。

（4）辣椒油 5 毫升，蒜末 3 克，精盐 5 克，味精 2 克，熟菜籽油 4 毫升。

3. 辅料

老卤 1000 毫升，米醋 10 毫升，色拉油 1000 毫升。

五、工艺流程（图 6–57）

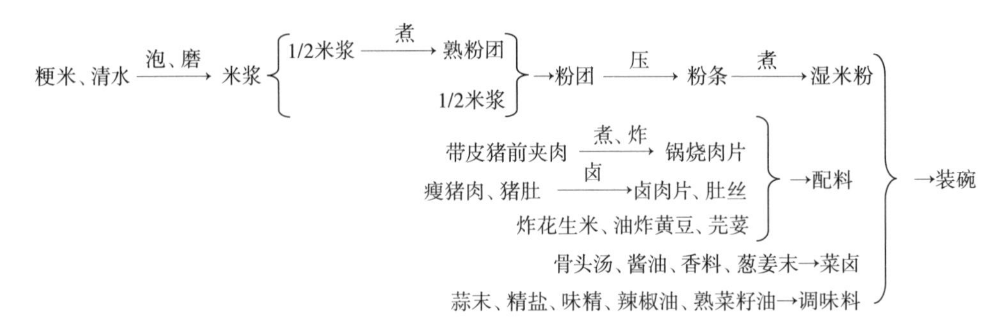

图 6–57　锅烧米粉工艺流程

六、制作程序

1. 制作米粉

将桂林优质大米泡涨，磨成粉浆过细筛，把其中一半煮至熟，与另一半生粉浆拌匀揉成粉团，用制粉工具压榨成细条，直接入沸水锅煮熟，捞出晾凉成米粉（米线）。

（**质量控制点：**①米浆要细；②米粉团的硬度要合适。）

2. 调配料加工

把带皮猪前夹肉洗净，加入精盐的沸水锅煮 30 分钟，沥干水用专用肉皮扦将肉皮扎孔，抹上米醋，用电风扇吹干，再入冷油锅逐渐升温至 120℃炸至肉皮有点硬起小泡捞出，再升温至 230℃（冒烟时）将初炸制的前夹肉放入油锅，炸至起大泡金黄色时捞出成锅烧肉，切成薄片。

把瘦猪肉、猪肚焯水、洗净入放入老卤的卤锅卤熟，捞出后切成卤肉片和卤肚丝。

锅置火上倒入骨头汤，放入豆豉、酱油、香料袋、罗汉果等，小火煮熬至汤汁甜润，香味四溢，过滤，放入葱花、姜末成菜卤。

黄豆浸泡后炸至酥香；花生米温油炸成淡黄色；芫荽洗净，切碎。

（**质量控制点：**①锅烧肉选猪颈肉制作；②锅烧肉先用低温再用高温炸；③汤卤要用小火熬出香味。）

3. 成品制作

将蒜末、精盐、味精分放 4 只碗内，把湿米粉放入沸水锅中烫热后捞入 4 只碗中，浇上菜卤，淋入辣椒油、熟菜籽油，分别加上锅烧肉片、卤肉片、卤肚丝、油炸花生米、炸黄豆、芫荽即成。

（**质量控制点：**要根据当地人的口味要求调味。）

七、评价指标（表 6–55）

表 6–55　锅烧米粉评价指标

品名	指标	标准	分值
锅烧米粉	色泽	米粉白色，配料色彩丰富	10
	形态	碗装	30
	质感	米粉柔韧爽滑	30
	口味	咸辣香鲜	20
	大小	重约 500 克	10
	总分		100

八、思考题

1. 锅烧肉是如何加工的？
2. 制作湿米粉的米粉浆为什么越细越好？

名点 240. 三鲜豆皮（湖北名点）

一、品种介绍

三鲜豆皮是湖北风味面点，是武汉名点，又称豆皮、老通城豆皮，也是武汉人早点（武汉人称“过早”）的主要食品之一。在武汉，以老通城的三鲜豆皮历史最为悠久，也最负盛名。它是用粳米、绿豆磨成的浆烙制成豆皮，抹上蛋液，包上糯米馅及混合肉馅煎制而成的，以馅中有鲜肉、鲜蛋、鲜虾（或鲜肉、鲜菇和鲜笋）而得名。成品具有色泽金黄，外脆内软，皮薄馅丰，软糯香鲜的特点。

二、制作原理

米豆浆烙制成皮的原理见本章第一节。

三、熟制方法

煎。

四、原料配方（以 10 盘计）

1. 坯料

粳米 200 克，绿豆 100 克，清水 500 毫升。

2. 馅料

糯米 700 克，猪肉（肥三瘦七）350 克，鲜虾仁 200 克，叉烧肉 75 克，净猪心 100 克，净猪肚 100 克，净猪口条（舌）100 克，水发香菇 25 克，水发玉兰片 100 克，熟猪油 175 克，绍酒 10 毫升，鸡蛋 4 只，精盐 35 克，味精 5 克，酱油 50 毫升。

五、工艺流程（图 6-58）

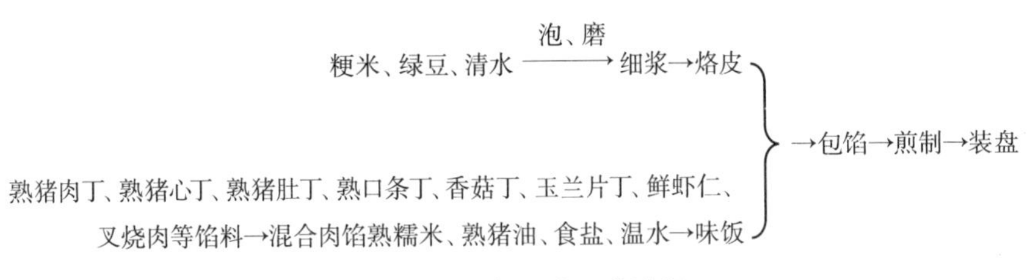

图 6-58　三鲜豆皮工艺流程

六、制作方法

1. 馅心调制

将猪肉洗净，切成宽约 6.5 厘米、厚 3.3 厘米的长条肉块。将猪肚、猪心、猪口条放入锅内加清水浸没，在中火上煮 1 小时左右，再放入猪肉合煮，加入绍酒、酱油、精盐（25 克）、味精、清水（500 毫升）焖煮至熟透入味，捞出晾凉。与叉烧肉一起分别切成豌豆大的丁；水发香菇切丁；玉兰片切成小丁入沸水煮10分钟捞出；鲜虾仁洗净。

混合肉馅：炒锅置旺火上，下熟猪油25克烧热，放入玉兰片丁、香菇煸炒几下，将煮肉卤汁倒入烧沸，再将猪肉丁、虾仁、口条丁、猪心丁、肚丁、叉烧肉丁合烧10分钟，待锅内原料全部烧熟入味，卤汁渐渐收干即成。

将糯米浸泡8小时后捞出，用旺火蒸熟，取出稍晾。锅中加入熟猪油50克、精盐5克、温水250毫升烧开倒入糯米饭，待糯米入味炒散时，盛在盆内保温待用。

（**质量控制点：**①混合肉馅要事先烧熟入味收干卤汁；②糯米要泡透，浸泡时间随季节而变化；③糯米饭调味时吃水不要太多。）

2. 制浆（绿豆米浆）

将绿豆磨碎，置清水浸泡4小时，去壳洗净；粳米淘净，放入清水浸泡6小时，与绿豆一起磨成细浆。

（**质量控制点：**①绿豆要去壳；②绿豆、粳米的浸泡时间随季节变化；③绿豆米浆要磨得细；④绿豆米浆的稠度要恰当。）

3. 生坯熟制

将直径为1米的大锅置火上，用少许油和水刷锅，待锅烧干滑溜时，将绿豆米浆舀入锅内，迅速用蚌壳把锅心浆朝上向四周抹匀成圆形豆皮，打入4个鸡蛋，用同样方法抹匀，盖上锅盖，减小炉火，烙1分钟皮即成熟。

用小铲将豆皮铲松，双手托起翻面，再均匀撒上精盐5克，将熟糯米在皮上铺匀，再撒上炒好的肉馅及葱花，把豆皮周围边角折叠整齐，将米及肉馅包拢，沿豆皮边淋入熟猪油，边煎边将大块豆皮切作20个小块，迅速翻面。再淋上熟猪油，起锅分别盛入10只盘（每盘2块）内即成。

（**质量控制点：**①豆皮要烙得薄；②形状要折叠整齐；③两面煎成金黄色。）

七、评价指标（表6-56）

表6-56　三鲜豆皮评价指标

名称	指标	标准	分值
三鲜豆皮	色泽	两面金黄	10
	形态	正方形，皮薄馅丰	40
	质感	外脆内软，馅心软糯	20
	口味	咸鲜	20
	大小	重约50克（每块）	10
	总分		100

八、思考题

1. 豆皮烙制的方法是什么?
2. 如何调制混合肉馅?

名点 241. 过桥米线（云南名点）

一、品种简介

过桥米线是云南风味小吃，相传起源于清代，已有 100 多年的历史，源于滇南蒙自。传说蒙自市的南湖的风景秀美，有位杨秀才经常去湖心亭内攻读，其妻每日备饭菜送往该处。秀才读书刻苦，往往学而忘食，以至于常食冷饭凉菜。其妻焦虑心疼，把家中母鸡杀了，用砂锅炖熟，给他送去。待她再去收碗筷时，看见送去的饭菜原封未动，只好将饭菜取回重热，当她拿砂锅时却发现还烫乎乎的，揭开盖子，原来汤表面覆盖着一层鸡油。后来其妻就用此法保温，另将一些米线、蔬菜、肉片放在热鸡汤中烫熟，趁热给丈夫食用。

后来的厨师都仿效她的方法，烹调出来的米线确实鲜美可口。由于从杨秀才家到湖心亭要经过一座小桥，大家就把这种吃法称之“过桥米线”。此小吃是由酸浆米线、各种配料、汤及调味料三部分组成。具有米线软滑，配料鲜嫩清香，汤鲜味美，油而不腻的特点。

二、制作原理

米粉糊熟制成线的原理见本章第一节。

三、熟制方法

综合成熟法。

四、原料配方（以 1 份计）

1. 主料

酸浆米线 300 克。

2. 调配料

鸡脯肉 20 克，猪里脊 20 克，猪肚尖 20 克，猪腰子 20 克，乌鱼肉 20 克，瘦火腿 20 克，香菜 20 克，水发鱿鱼 20 克，油发鱼肚 20 克，葱头 20 克，净鸡枞 20 克，水发豆腐皮 50 克，白菜心 50 克，豌豆尖 50 克，韭菜 50 克，绿豆芽 50 克，草芽 50 克，油辣子 30 克。

3. 汤料

精盐 10 克，味精 2 克，鸡油 100 克，胡椒粉 2 克，高汤 1000 毫升（鸡块 500 克、鸭块 500 克、筒子骨 500 克）。

五、工艺流程（图 6-59）

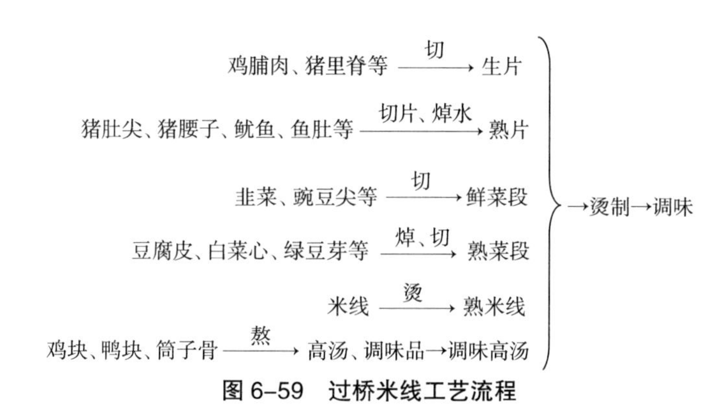

图 6-59　过桥米线工艺流程

六、制作方法

1. 初加工

（1）将鸡脯肉、猪里脊、猪肚尖、猪腰子、乌鱼肉、鱿鱼、鱼肚、火腿、鸡枞分别切成薄片。再将肚片、鱿鱼片、鱼肚片、腰片焯水晾凉。最后将上述原料一料一碟整齐铺码好。

（2）将豆腐皮、白菜心、绿豆芽、草芽择洗干净，焯水后再入冷开水中浸凉，与韭菜、豌豆尖分别切成寸段，并一碟一料铺码好。

（3）香菜、葱头择洗干净，切末分装于小碟中，油辣子也装于小碟中。

（4）米线用沸水烫好后装入碗中（将上述已装盘的原料与米粉一同先行上桌）。

（**质量控制点：**①荤、蔬原料必须要新鲜；②根据原料的特性决定是否焯水；③动物性原料尽量切薄一点。）

2. 汤料加工

将炒锅置于火上烧热，下入鸡油烧至约 200℃时，装入事先烫好的大海碗中；与此同时，将烧沸的用鸡块、鸭块、筒子骨熬制的高汤（用鸡血吊成清汤）倒入大海碗中，并撒上精盐、味精、胡椒粉立即上桌。

（**质量控制点：**①海碗要事先烫热；②高汤要用鸡血吊成清汤；③鸡油要加热、高汤要煮沸。）

3. 过桥米线的烫制

（1）将各种肉片入汤中烫至变色时，下入绿色蔬菜、豆腐皮等，稍后再撒入葱末、香菜末。

（2）将米线下入汤中稍烫，然后连同肉、菜一同挑入已调味的碗中即可（食用时先吃米线及肉、菜，最后再喝汤）。

（**质量控制点：**①原料烫制的时间不宜长；②先吃米线及肉、菜，最后再喝汤。）

七、评价指标（表 6-57）

表 6-57　过桥米线评价指标

名称	指标	标准	分值
过桥米线	色泽	米线白，汤清油多，调配料色彩丰富	20
	形态	海碗装，围碟排列规则、均匀	30
	质感	米线软滑，菜嫩	20
	口味	咸鲜、味美	20
	大小	重约 2000 克	10
	总分		100

八、思考题

1. 过桥米线的高汤如何吊成清汤？
2. 如何确定哪些原料需要焯水或不焯水？

名点 242. 遵义黄粑（贵州名点）

一、品种简介

遵义黄粑是贵州风味小吃，又称黄糕粑，因其色泽深黄而得名。黄粑的起源据传是三国时期诸葛亮率兵与孟获交战，在夜郎国与那黔中洞主作战时发明的。它是由粳米粉、豆浆、糯米饭打成粑块，用斑竹笋叶包上蒸制而成，成品具有黄润晶莹，甘甜香软，糯韧黏滑，食法多样的特点。可采炸、烤、煎、复蒸、凉食等多种食用方法。现在黄粑已经衍生出很多品种，如加花生、核桃、黑糯米等的做法。这里以遵义的南白镇黄粑做法为例介绍。

二、制作原理

米（饭）粉面团的成团原理见本章第一节。

三、熟制方法

综合成熟法。

四、原料配方（以 7 只计）

1. 坯料

粳米 500 克，糯米 500 克，黄豆 100 克，红糖 100 克。

2. 辅料

斑竹笋叶（或大竹叶）200 克。

五、工艺流程（图 6–60）

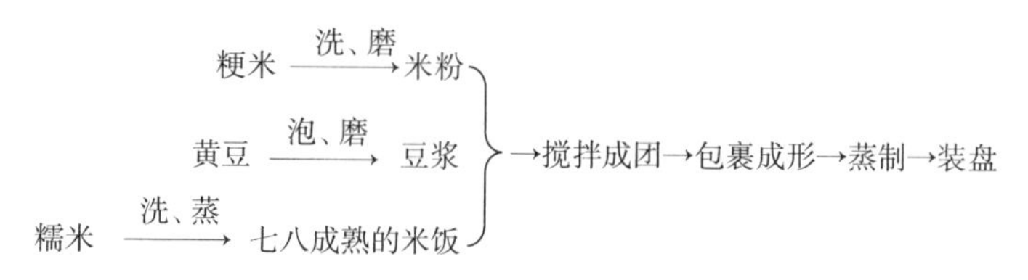

图 6–60　遵义黄粑工艺流程

六、制作方法

1. 原料的初加工

将粳米淘洗干净用电磨磨成极细米粉待用；将黄豆浸泡至软后，加水磨成豆浆；将糯米淘洗干净后蒸成七八成熟的米饭。

（**质量控制点：**①粳米粉要磨得细；②黄豆要泡透再磨浆；③豆浆的浓度要恰当；④糯米蒸至七八成熟。）

2. 粑块成形

将豆浆、粳米粉、糯米饭、红糖在大木盆中几经搅拌，待豆浆中的水分被糯米饭完全吸收，便可将糯米饭揉打成一个个的大饭团了。用清洗并煮制好的斑竹笋叶或大竹叶包上糯米饭团后依次捆扎好即可。

（**质量控制点：**①几种原料要拌匀才能打粑；②糯米饭团要用斑竹笋叶或大竹叶包好扎紧。）

3. 粑块熟制

将已包好的粑块全部放入木甑内，先蒸 8 小时后，再用微火保温 12 小时即可出甑，成为黄粑（食用时切成薄片，可炸、煎、烤、复蒸，也可冷食）。

（**质量控制点：**①黄粑的蒸制时间要长，要不停火不断水的蒸，一次蒸透才能出甑；②黄粑包得大蒸制时间就要长些，包得小就蒸制时间短一些，但一般都不得少于 16 小时。）

七、评价指标（表 6-58）

表 6-58 遵义黄粑评价指标

名称	指标	标准	分值
遵义黄粑	色泽	深黄色	20
	形态	长方体，糯米透亮	30
	质感	糯韧黏滑	20
	口味	香甜	20
	大小	重约 250 克	10
	总分		100

八、思考题

1. 拌制用来制作遵义黄粑的糯米饭团时，糯米为什么只需七八成熟？
2. 遵义黄粑经长时间蒸制后为什么会变成深黄色？

本章小结

本章主要介绍了米及米粉面团的分类、制作原理、调制方法和要点，以及常用来调色的天然色素，有代表性的米及米粉面团名点的制作方法及评价指标。了解了米及米粉面团名点制作的一般规律。

同步练习

一、填空题

1. 调制江苏苏州名点莲子血糯饭的糖卤一般勾________ 芡。
2. 用来包制粽子的粽叶一般有箬竹叶和________。
3. 广东风味小吃荷叶饭生坯的形状是________。
4. 用来制作广东风味小吃艇仔粥的主料是________。
5. 煮制广东风味小吃艇仔粥的味粥所用的火力主要是________。
6. 海南黎族制作竹筒饭选用的大米是________。
7. 海南风味小吃海南煎粽生坯外面裹的是一层________。
8. 在制作湖南风味面点侗果时要先将糍粑加工成________或________的形状。
9. 新疆风味小吃羊肉抓饭的成熟方法是________ 防止饼坯变形。
10. 江苏苏州名点桂花白糖黏糕属于糕团中的________制品。

11. 在一次蒸制糕粉较多的情况下，要________加糕粉，才能便于糕粉成熟。

12. 最好使用现加工的________来制作苏州名点桂花白糖黏糕。

13. 用来制作江苏苏州名点五色小圆松糕的糕粉静置时间是由________来决定的。

14. 用来制作上海名点猪油百果松糕的猪板油需要提前用白糖腌制的目的是________。

15. 在调制上海名点太白拉糕米粉糊时因加入了________，故称为太白拉糕。

16. 在调制上海名点太白拉糕米粉糊时加入的黄油需要事先________。

17. 福建泉州龙海市风味点心双糕嫩属于________制品。

18. 用来制作江西景德镇风味小吃清汤泡糕中泡糕的主料是________。

19. 江西景德镇风味小吃清汤泡糕中的“清汤”实际是指________。

20. 海南风味点心九层油糕中的淡褐色除了受葱油的影响外主要由________的颜色形成。

21. 重庆风味小吃猪油鸡蛋熨斗糕的主料除了鸡蛋还有________。

22. 制作重庆风味小吃猪油泡粑的主料是________。

23. 北京风味小吃豆䠀儿糕中的豆䠀儿是指________。

24. 以食用为目的的江苏苏州名点苏式船点的调色一般选用________。

25. 用来制作上海名点鸽蛋圆子所用的主要坯料是________。

26. 用来制作上海名点炸元宵所用的主要坯料是________。

27. 用来制作上海名点油煎南瓜饼所用的主料是________。

28. 用来作为上海名点擂沙圆的装饰料的赤豆沙的颜色是________。

29. 浙江杭州风味点心鲜肉剪团米粉团的调制方法是________。

30. 安徽合肥风味小吃示灯粑粑成形时手上要蘸________。

31. 安徽合肥风味小吃示灯粑粑在煎制时要用小火，并多次转动、________煎制。

32. 制作安徽合肥风味点心三河米饺要选用新鲜的________为主料制作。

33. 调制广东风味名点龙江煎堆馅心的原料除了熟花生仁、糖浆外还有________。

34. 广西风味点心米粉饺坯料的主料是________。

35. 广西风味点心米粉饺馅心中除了猪肉泥、虾米粒、香菇粒、调味品外，还加了比较多的________。

36. 海南风味小吃燕馃的品种除了海府燕馃、文昌燕馃外还有________。

37. 海南风味小吃燕馃的生坯是放在________蒸制成熟的。

38. 海南风味小吃海南煎堆馅料中除了有花生仁、白芝麻、糖冰肉、糖冬瓜、白糖外还有________。

39. 重庆风味小吃珍珠圆子表面的装饰料是________和________。

40. 制作重庆风味小吃珍珠圆子的主料是________。

41. 天津“耳朵眼”炸糕熟制时先用________炸，再用________炸，以达到色金黄、外脆里糯的效果。

42. 用来调制福建福州及闽东地区风味小吃肉蛎饼的米粉浆的原料中除了粳米、精盐和清水之外，还有________。

43. 制作湖北风味面点三鲜豆皮的米浆中除了清水、粳米的成分外还有________成分。

44. 湖北风味面点三鲜豆皮的馅心由调味糯米饭和________组成。

二、选择题

1. 制作江苏苏州名点莲子血糯饭时血糯和白糯米浸泡用的水最好是(　　)。

A. 冷水　B. 温水　C. 热水　D. 沸水

2. 湖南风味面点侗果的成熟方法是(　　)。

A. 炒、蒸　B. 炒、炸　C. 蒸、煎　D. 蒸、炸

3. 北京风味小吃艾窝窝的制作方法在(　　)代的文献中就有记载。

A. 宋　B. 元　C. 明　D. 清

4. 用来制作新疆风味小吃羊肉抓饭的米是(　　)。

A. 糯米　B. 粳米　C. 籼米　D. 小米

5. 用来制作江苏苏州名点桂花白糖黏糕的糯、粳粉的比例是(　　)。

A. 7∶3　B. 6∶4　C. 5∶5　D. 4∶6

6. 用来制作江苏苏州名点五色小圆松糕的糯、粳粉的比例是(　　)。

A. 7∶3　B. 6∶4　C. 5∶5　D. 4∶6

7. 用来制作广东风味名点白糖伦教糕的米粉是(　　)。

A. 糯米粉　B. 粳米粉　C. 籼米粉　D. 混合粉

8. 重庆风味小吃猪油鸡蛋熨斗糕的成熟方法是(　　)。

A. 烙　B. 烤　C. 蒸　D. 炸

9. 重庆风味小吃猪油泡粑的成熟方法是(　　)。

A. 烙　B. 煮　C. 蒸　D. 炸

10. 制作北京风味小吃驴打滚所用的装饰料是(　　)。

A. 玉米粉　B. 黄豆粉　C. 黄米粉　D. 高粱粉

11. 天津风味小吃芝兰斋糕干的成形方法是(　　)成形。

A. 包捏　B. 模具　C. 揉搓　D. 滚沾

12. 用来制作天津风味小吃芝兰斋糕干的糯、粳粉的比例是(　　)。

A. 2∶1　B. 4∶6　C. 6∶4　D. 8∶2

13. 用来制作江苏苏州名点苏式船点的糯、粳镶粉的比例是(　　)。

A. 7 ∶ 3　　　B. 6 ∶ 4　　　C. 5 ∶ 5　　　D. 4 ∶ 6

14. 用来制作上海名点南瓜团子的粉团属于（　　）。

A. 生粉团　　　B. 熟粉团　　　C. 热水粉团　　　D. 冷水粉团

15. 用来制作上海名点南瓜团子所用的糯、粳粉比例是（　　）。

A. 7 ∶ 3　　　B. 6 ∶ 4　　　C. 5 ∶ 5　　　D. 4 ∶ 6

16. 广东风味名点龙江煎堆属于（　　）品种。

A. 重馅　　　B. 半皮半馅　　　C. 轻馅　　　D. 无馅

17. 湖南风味面点姊妹团子坯料中糯、粳米的比例是（　　）。

A. 7 ∶ 3　　　B. 6 ∶ 4　　　C. 5 ∶ 5　　　D. 4 ∶ 6

18. 湖南风味面点姊妹团子属于（　　）制品。

A. 生粉团　　　B. 熟粉团　　　C. 糯米粉团　　　D. 发酵粉团

19. 四川风味小吃叶儿粑的成熟方法是（　　）。

A. 煎　　　B. 蒸　　　C. 煮　　　D. 炸

20. 广东风味名点鲜虾仁肠粉粉皮的厚度以（　　）为宜。

A. 0.05 厘米　　　B. 0.25 厘米　　　C. 0.45 厘米　　　D. 0.65 厘米

21. 广西桂林风味小吃锅烧米粉中的锅烧肉第二次炸制的温度是（　　）。

A. 170℃　　　B. 190℃　　　C. 210℃　　　D. 230℃

三、判断题

1. 吉林风味小吃打糕是朝鲜族端午节的早点。（　　）

2. 用来制作吉林风味小吃打糕的糯米浸泡的时间随季节而变化。（　　）

3. 北京风味小吃艾窝窝是用粳米饭作为坯料制作而成的。（　　）

4. 北京风味小吃驴打滚属于糯米粉粉团制品。（　　）

5. 北京风味小吃豆蹭儿糕的主坯原料是糯米（粉）。（　　）

四、问答题

1. 江苏苏州名点莲子血糯饭装碗蒸熟后为什么必须趁热将血糯饭覆在盘中?

2. 为什么煮制浙江嘉兴风味小吃鲜肉粽子时生坯要始终浸在水中?

3. 用来制作安徽芜湖风味小吃小笼渣肉蒸饭的五花肉如何加工、调味?

4. 用来制作安徽芜湖风味小吃小笼渣肉蒸饭的渣粉是如何加工的?

5. 用来制作台湾地区名小吃红鲟米糕的糯米为什么要求用冷水浸泡?

6. 调制台湾地区名小吃红鲟米糕糯米饭的汤卤量为什么不能太多或过少?

7. 广东风味小吃荷叶饭的蒸制时间为什么不能太长?

8. 海南风味小吃竹筒饭的特点是什么?

9. 海南风味小吃海南煎粽是用粽子煎制而成的吗?

10. 陕西风味小吃甑糕在蒸制过程中为什么要分次淋水?

11. 陕西风味小吃甑糕的“甑”在古代是指什么?

12. 江苏苏州名点五色小圆松糕的“五色”是选用什么原料调制出来的？

13. 福建泉州龙海市风味点心双糕嫩熟糕坯为什么要凉透后才能改刀成形？

14. 广东风味名点白糖伦教糕糕浆表面的小气泡是怎么产生的？

15. 制作海南风味点心九层油糕时，用沸糖水烫过的米浆为什么要有一定的稠度？

16. 江苏苏州名点苏式船点的蒸制时间为什么不能长？

17. 制作上海名点鸽蛋圆子所用的芝麻屑在炒制时，芝麻为什么要带水炒？

18. 炸制上海名点炸元宵时生坯入锅的温度为什么不宜太高？

19. 浙江宁波风味名点猪油汤团馅心中猪板油所起的作用是什么？

20. 为什么说浙江宁波风味名点猪油汤团的煮制的火候特别重要？

21. 为什么用来加工浙江宁波风味名点猪油汤团馅心的熟芝麻屑要碾得越细越好？

22. 为什么调制浙江杭州风味点心鲜肉剪团坯料时水温不宜太低？

23. 调制浙江风味点心清明艾饺的米粉团，烫制艾叶时为什么不能盖锅盖且出锅后为什么要用清水迅速过凉？

24. 蒸制浙江风味点心清明艾饺生坯时为什么要强调旺火短时间成熟？

25. 手工调制浙江宁波风味点心龙凤金团的米粉团时，为什么一定要趁热揉制？

26. 浙江宁波风味点心龙凤金团的金色是什么原料的颜色？

27. 熬制安徽芜湖的风味小吃正福斋汤团的豆沙馅的要点是什么？

28. 煮制安徽芜湖的风味小吃正福斋汤团时点水的目的是什么？

29. 用来炸制安徽芜湖风味小吃三河米饺生坯的油一般选什么品种？为什么？

30. 在福建风味名点扇馃的生坯入模前要滚匀干淀粉的目的是什么？

31. 为什么福建风味名点扇馃的生坯蒸制成熟后要在其表面刷上一层熟花生油？

32. 广东风味名点冰皮月饼与浆皮月饼相比有什么不同？

33. 广东风味名点冰皮月饼有什么特色？

34. 广东风味名点安虾咸水角坯皮中加入绵白糖的作用是什么？

35. 调制广东风味名点安虾咸水角馅心时，韭黄为什么是拌入而不是一起炒熟？

36. 炸至海南风味小吃海南煎堆时生坯入锅的温度为什么不宜太高？

37. 用来制作四川风味小吃赖汤圆的糯米、籼米在磨粉之前为什么要泡透？

38. 四川风味小吃赖汤圆的形状常见的有哪些？

39. 常见的四川风味小吃叶儿粑的馅心有哪些？

40. 调制天津风味小吃“耳朵眼”炸糕粉团时加入干酵母的作用是什么?

41. 为什么福建福州及闽东地区风味小吃肉蛎饼在制作生坯前长柄铁勺要事先加热?

42. 在福建厦门及台湾地区的风味小吃油葱粿的生坯蒸制时为什么一定要火大汽足?

43. 为什么福建厦门及台湾地区的风味小吃油葱粿蒸熟后需要晾凉才能分块?

44. 制作广东风味名点鲜虾仁肠粉的肠粉皮为什么在白布上蒸制?

45. 广西桂林风味小吃锅烧米粉的菜卤是如何调制的?

46. 如何确保云南风味小吃过桥米线的配料成熟而且鲜嫩?

47. 云南风味小吃过桥米线的高汤为什么要用海碗装并且要加入较多的油?

48. 制作贵州风味小吃遵义黄粑时为什么需要长时间蒸制?

49. 贵州风味小吃遵义黄粑常见的食用方法有哪些?

第七章　杂粮等其他特色粉团名点

本章内容：1. 杂粮等其他特色粉团概述

2. 杂粮等其他粉团名点举例

教学时间：24 课时

教学目的：通过本章的教学，让学生懂得杂粮等其他特色粉团调制的基本原理和技法，通过实训掌握其中具有代表性的杂粮等其他特色粉团名点的制作方法，如粉团调制、馅心调制、生坯成形、生坯熟制和美化装饰等操作技能。了解杂粮等其他特色粉团名点制作的一般规律，使学生具备运用所学知识解决实际问题的能力。在教与学名点的同培养学生的改革意识和创新精神

教学方式：课堂讲授、演示、品尝、练习、讲评

教学要求：1. 懂得杂粮等其他特色粉团调制的基本原理和技法

2. 掌握具有代表性的杂粮等其他特色粉团名点的制作方法

3. 通过代表性杂粮等其他特色粉团名点的制作，能够举一反三

课程思政：1. 做好中国名点，增强民族自豪感，激发爱国热情

2. 宣传安全、健康、营养的饮食理念

3. 面对传统技艺，具有改革意识和创新精神

4. 培育和践行社会主义核心价值观

第一节　杂粮等其他特色粉团概述

杂粮等其他特色粉团制品是指用除面粉、米粉所调制的多种面团外其他粉团制作的制品。其他包括加工粉粉团制品、杂粮粉团制品、果品类粉团制品、豆类粉团制品、蔬菜类粉团制品以及鱼虾蓉粉团制品等。

一、杂粮等其他特色粉团的分类（图 7–1）

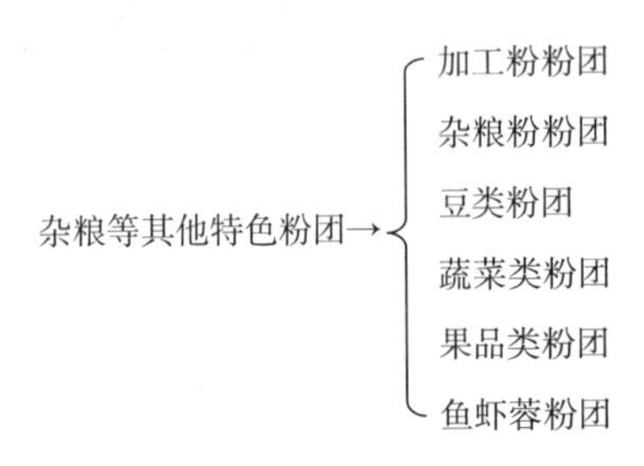

图 7–1　杂粮等其他特色粉团分类

二、杂粮等其他特色粉团制作的原理

（一）利用淀粉的膨胀糊化产生的黏性形成面团

杂粮粉、加工粉等粉团的成团原理是杂粮粉、加工粉等中的淀粉在沸水的作用（或蒸制、煮制的条件）下发生膨胀糊化产生黏性，从而形成粉团。

（二）利用鱼（虾或肉）蓉的胶黏性形成团块

在鱼（虾或肉）蓉中加水、精盐，在电解质的作用下，经过搅打产生黏胶状的胶体，借助淀粉吸水增加硬度，从而粘连在一起形成团块。

（三）熟制成坯（块、形、粥）的原理

1. 熟制成块（形）的原理

（1）杂粮、加工粉等中的淀粉在沸水的作用（或蒸制、煮制、炸制、煎制、烙制的条件）下发生膨胀糊化产生黏性形成一个整体。

（2）鱼（虾或肉）蓉或蛋液中的蛋白质受热凝固形成一个整体。

（3）琼脂液、鱼胶液等受热熔化，冷却凝固形成一个整体。

2. 煮制成粥（糊）的原理

小米（浆）等在煮的条件下，淀粉发生膨胀糊化产生黏性形成有一定稠度的

粥（糊）。

（四）挤压成块（形）的原理

（1）绿豆沙、芸豆泥等在模具等外力的作用下，利用豆沙或豆泥之间的黏性经过挤压形成一定的形态。

（2）熟糯粑粉等与一定量的水、油等拌和均匀，利用粉粒吸水后形成的微弱的黏性经过强力的捏压形成团块。

（3）黄米粉、玉米面、绿豆粉等与一定量的冷水（或温水）结合形成微弱黏性的粉粒，坯料在手中搓圆的过程中，经过强力的挤压形成一定形状的生坯。

（五）滚沾成形的原理（以藕粉为例）

以球形馅心为基础滚粘上藕粉，经过沸水烫制，藕粉膨胀糊化产生黏性黏附在馅心上，多次滚粘、烫制，一层层加厚形成球形生坯。

三、杂粮等其他特色粉团的调制方法及应用

（一）加工粉粉团（以澄粉粉团为例）

1. 澄粉粉团的调制方法

（1）将称好重量的清水放入锅中烧沸，加入称好量的澄粉迅速搅拌均匀，离火后加盖闷制 5 分钟，然后倒在抹有色拉油的案板上，揉成光滑的粉团。

（2）将澄粉倒入不锈钢钵中，冲入一定量的沸水，迅速搅拌均匀，然后倒在抹有色拉油的案板上，揉成光滑的粉团。

2. 澄粉粉团的调制要点

（1）必须用沸水烫制，这样才能产生透明感。

（2）烫制后需要闷制 5 分钟，使粉受热均匀。

（3）澄粉与沸水的重量比约为 1 ： 1.45。

（4）调粉要加点盐、色拉油，也可加适量生粉、糯米粉。

（5）调好的面团要用干净的湿布或保鲜膜盖好，防止面团干硬、开裂。

3. 澄粉粉团的应用范围

澄粉粉团既可单独用来制作食用的点心如玻璃芹菜饺、奶黄水晶花，也可制作观赏性的制品如船点、看盘等；还可在调制杂粮、蔬菜类、米粉等粉团时加入，用来增加这些坯料的可塑性和黏性。

4. 人工合成色素在观赏船点、看盘制作中的运用

一般以观赏为主的船点、看盘，会选用人工合成色素调色。这是因为人工合成具有用量少，色彩鲜艳，对光、热稳定，容易配色等优点。

（1）在制作观赏船点、看盘时人工合成色素调色的方法

① 先调浅色粉团，再调深色粉团，减少互相影响；

② 调色时手上要带油，防止色素沾手；

③ 调色时，以粉团沾色，不能直接用手接触色素；

④ 调色时，一般以浅色粉团为主，略加深色粉团。

（2）人工合成色素的配色技法（图 7–2）

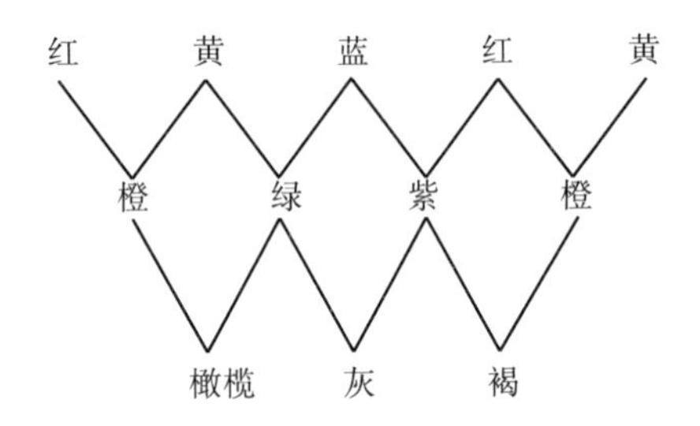

图 7–2　人工合成色素的配色技法

（二）杂粮粉团

1. 杂粮粉团的调制方法

有的杂粮粉团直接用杂粮粉加热水调制而成；有的则需用杂粮粉与面粉、豆粉、米粉等掺和再调制成粉团。

2. 杂粮粉团的应用

常见于制作北方特色的品种，如小窝头、荞面枣儿角、莜面栲栳、玉米面丝糕、黄米糕、小米煎饼、高粱团等。

（三）豆类粉团

1. 豆类粉团的调制方法

将豆子（如豌豆、赤豆、豇豆、绿豆、芸豆等）加工成粉或泥，经过调制而形成的粉团。

2. 豆类粉团的应用

常见的品种有绿豆糕、芸豆糕、扁豆糕、豇豆糕等。

（四）蔬菜类粉团

1. 蔬菜类粉团的调制方法

蔬菜类粉团的调制方法如土豆、山药、山芋、芋头、荸荠、南瓜等原料经过加工形成泥、蓉或磨成浆或制成粉，经过调制而形成的面团。

2. 蔬菜类粉团的应用

蔬菜类粉团常见的品种有象生雪梨、山药糕、五香芋头糕、马蹄糕、土豆丝饼、南瓜饼、芋蓉冬瓜糕、山芋沙方糕等。

（五）果品类粉团

1. 果品类粉团的调制方法

果品类粉团的调制方法比如莲子、柿饼、栗子等经过加工形成泥，与面粉、糯米粉或澄粉等调制而成的面团。

2. 果品类粉团的应用

果品类粉团常见的品种有莲蓉卷、栗蓉糕、柿子饼、山楂奶皮卷等，本书中不展开介绍。

（六）鱼虾蓉粉团

1. 鱼虾蓉粉团的调制方法

鱼虾蓉粉团的调制方法为用净鱼肉、虾肉先加工成蓉，再与澄粉、面粉等调制而成的面团。

2. 鱼虾蓉粉团的应用

鱼虾蓉粉团常见的品种有鱼皮鸡粒角、百花虾皮脯、汤泡虾蓉角、冬笋明虾盒等。

第二节　杂粮等其他粉团名点举例

杂粮等其他特色粉团名点主要介绍加工粉粉团、杂粮粉粉团、豆类粉团、蔬菜类粉团和鱼虾蓉粉团五类。首先介绍加工粉粉团名点，共 9 款。

名点 243. 藕粉圆子（江苏名点）

一、品种介绍

藕粉圆子是江苏盐城地区的独特名点。采用滚沾法成形，至今已有二百多年历史。据传清朝中期，有位建湖县出身的御厨，精心制作了一种带有民间独特风味的点心藕粉圆子，皇帝吃后大为赞赏。数年后，这位厨师告老还乡，便将制作藕粉圆子的方法带回家乡，随之这款宫廷点心的做法便在建湖传开，流传至今。其是将果仁馅冻硬、滚沾一层藕粉后下沸水锅烫，经过多次滚、烫成形后煮制而成的甜点，具有外层均匀圆滑，富有弹性；色泽透明，呈深咖啡色，馅心甜润爽口；汤汁带有浓郁的桂花香味的特色，是夏令季节的独特名点。

二、制作原理

藕粉滚沾成形的原理见本章第一节。

藕粉圆子

三、熟制方法

煮。

四、用料配方（以30只计）

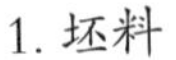

1. 坯料

纯粗藕粉400克。

2. 馅料

杏仁10克，脱壳白芝麻20克，蜜枣30克，松子仁10克，金橘饼10克，核桃仁20克，桃酥80克，去膜板油50克，绵白糖70克。

3. 汤料

汤汁1升，白糖150克，糖桂花5毫升，玉米淀粉20克。

五、工艺流程（图7–3）

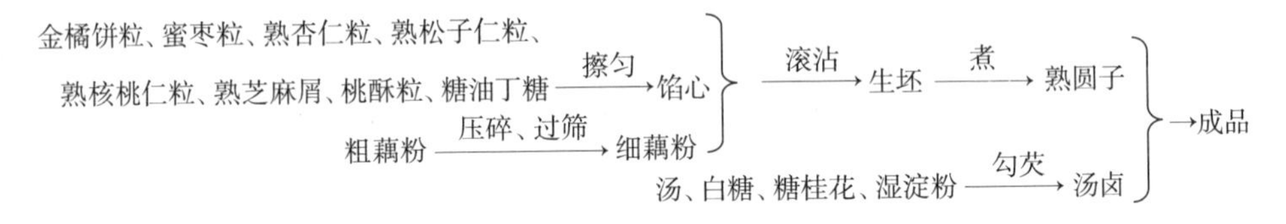

图7–3 藕粉圆子工艺流程

六、制作方法

1. 馅心调制

馅心调制为将白糖与切粒的板油拌匀腌制（提前1天）；金橘饼、蜜枣切成细粒；杏仁、松子仁、核桃仁焙熟压碎；芝麻洗净小火炒熟碾碎；桃酥压碎。将加工好的果仁粒、蜜饯粒、桃酥粒与糖油丁擦匀成馅，分成30份，分别搓成白果大小的圆子，放入冰箱冻硬。

（**质量控制点：**①馅心一定要冻硬；②果仁都要先加工成熟；③馅料要加工得细小一些。）

2. 生坯成形

生坯成形的方法为将粗藕粉压碎、过筛，先放一小部分在匾内，把圆子馅心放入匾内来回滚动，沾上一层藕粉后，放到漏勺里进入沸水中烫一下，迅速取出沥干水，再放入藕粉匾内滚动，边滚边撒藕粉，如此反复五六次即成藕粉圆子，每只约重 25 克（在第一次和第二次放入沸水中时，手要轻，动作要快，防止馅心溶化变形脱壳）。

（**质量控制点：**①藕粉要选无糖和没有经过熟化处理的；②藕粉要细；③随着滚粘次数的增多，烫制时间越来越长。）

3. 生坯熟制

将做好的藕粉圆子放在清水中保养。食用时，从水中取出放入温水锅内，烧沸后改用小火煮熟，装碗。另取锅，舀入煮藕粉圆子的汤，加入白糖、糖桂花后煮沸勾琉璃芡，舀入碗中即成。

（**质量控制点：**①滚沾好的藕粉圆子要放在清水中保养，经常换水；②小火慢慢煮透。）

七、评价指标（表 7-1）

表 7-1 藕粉圆子评价指标

品名	指标	标准	分值
藕粉圆子	色泽	褐色	10
	形态	球形，呈半透明状	40
	质感	皮软嫩，馅酥软	20
	口味	香甜	20
	大小	重约 25 克	10
	总分		100

八、思考题

1. 为什么不能选用含糖或经过熟化处理的藕粉来制作藕粉圆子？
2. 制作藕粉圆子的馅心为什么在滚沾之前要冻硬？

名点 244. 葛粉包（福建名点）

一、品种介绍

葛粉包是福建风味名点，属于杂粮等其他特色粉团制品中的加工粉类制品。它是以葛粉为主料，经沸水烫成粉团后作皮，包上熟花生仁粒、红枣粒、熟芝麻、青梅粒、肥膘肉丁、糕粉、绵白糖等调制而成的馅心，捏成小笼包子形经蒸制而成。成品具有晶莹剔透、柔韧爽滑，果味香浓、油润香甜的特点。

二、制作原理

葛粉粉团的成团原理见本章第一节。

三、熟制方法

蒸。

四、用料配方（以10只计）

1. 坯料

葛粉120克（含20克面扑），清水150毫升。

2. 馅料

花生仁12克，红枣粒6克，青梅粒5克，白芝麻5克，肥膘肉10克，糕粉10克，白糖50克，花生油12毫升。

五、工艺流程（图7-4）

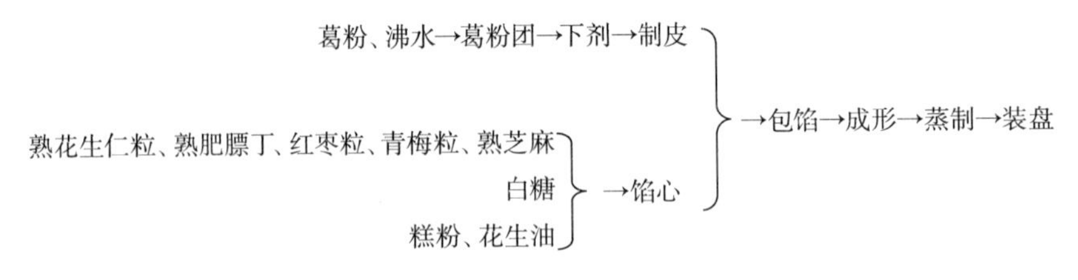

图7-4 葛粉包工艺流程

六、制作程序

1. 馅心调制

花生仁烤熟后去衣切粒；白芝麻洗净、炒熟；肥膘肉批片焯熟，捞出后切成0.3厘米见方的小丁；将上述加工后的馅料与红枣粒、青梅粒置于馅盆中，加入白糖、糕粉、生油拌匀成馅。

（**质量控制点：**馅料要加工得细小一些。）

2. 面团调制

将葛粉碾碎、过筛，取100克放入盆中。把清水烧沸后冲入葛粉中，迅速搅拌均匀，然后在案台上趁热揉匀揉透。

（**质量控制点：**①烫粉的水一定要是沸水；②搅拌要迅速；③趁热揉匀揉透；④面团的软硬度要合适。）

3. 生坯成形

将葛粉面团下成小剂，撒上面扑，搓圆压扁，捏成薄片，挑入馅心 10 克，捏成小笼包状。

（**质量控制点：**①坯皮厚薄均匀；②捏制的纹路要均匀细巧。）

4. 生坯熟制

将生坯置于刷过油的笼垫上，上蒸锅旺火足汽蒸制 10 分钟即成。

（**质量控制点：**旺火足汽蒸。）

七、评价指标（表 7–2）

表 7–2　葛粉包评价指标

品名	指标	标准	分值
葛粉包	色泽	淡褐色	10
	形态	小笼包形，呈半透明状	40
	质感	柔韧爽滑	20
	口味	果味香甜	20
	大小	重约 35 克	10
	总分		100

八、思考题

1. 调制面团时葛粉为什么要用沸水烫制？
2. 葛粉包生坯在成熟时为什么要求是旺火足汽蒸？

名点 245. 信丰萝卜饺（江西名点）

一、品种介绍

信丰萝卜饺是江西赣州信丰风味名点，缘于信丰萝卜而得名。据传，20 世纪初，信丰嘉定镇水东村一吴姓村民首创，因饺子风味独特而名声远扬。该点属于杂粮等其他特色粉团中加工粉类粉团制品。它是以红薯粉经烫制形成的面团作皮，包上以信丰萝卜、前夹肉泥、鱼肉片、调味品等调制的馅心，捏成饺子的形状，经蒸制而成，成品具有淡褐透明，柔韧滑润，香辣味鲜的特点。

二、制作原理

红薯粉粉团的成团原理见本章第一节。

三、熟制方法

蒸。

四、用料配方（以 12 只计）

1. 坯料

红薯粉 100 克，沸水 100 毫升。

2. 馅料

信丰萝卜 200 克，猪前夹肉泥 30 克，鱼肉 30 克，葱花 5 克，姜末 5 克，精盐 2 克，酱油 8 毫升，辣椒粉 3 克，味精 2 克，熟猪油 20 克，湿淀粉 10 毫升。

五、工艺流程（图 7-5）

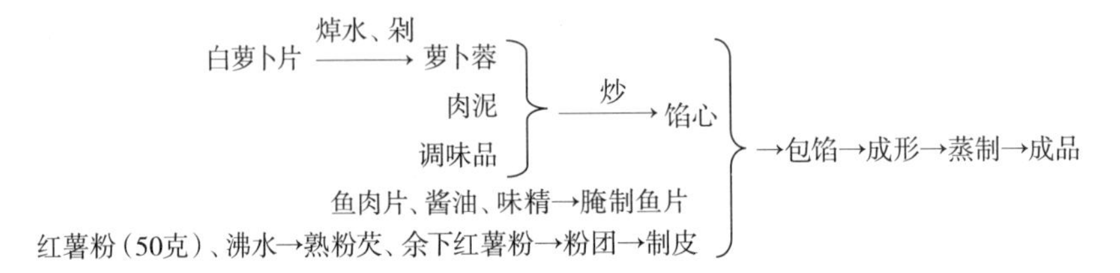

图 7-5　信丰萝卜饺工艺流程

六、制作程序

1. 馅心调制

将信丰萝卜洗净、切成片，放入锅中焯水，捞出剁成蓉，挤一下水分。把炒锅置火上，放入熟猪油烧热，放入姜末煸香，再倒入前夹肉泥煸至变色，投入萝卜蓉、精盐、酱油（5 毫升）、辣椒粉、味精（1 克）炒匀，用湿淀粉勾芡起锅，撒上葱花即成萝卜馅。

将鱼肉洗净后分别切成指甲片，然后拌上酱油、味精腌渍 15 分钟即成。

（**质量控制点：**①萝卜蓉要挤去一部分水分；②馅心要有一定的硬度。）

2. 面团调制

先将红薯粉碾碎过筛，锅中倒入清水煮沸，然后放入红薯粉（50 克）快速搅拌均匀成厚糊，倒在案板上，加入剩下的红薯粉揉匀揉透成面团。

（**质量控制点：**①红薯粉要加工成细粉；②烫粉时要快速搅拌均匀；③面团的硬度要合适。）

3. 生坯成形

将揉好的面团搓条、下剂，擀成圆形饺子皮。先挑入萝卜馅 15 克，然后放上两片鱼片，捏成月牙形饺子即成生坯。

（**质量控制点：**①饺子皮要擀得均匀圆整；②饺子纹路均匀细巧。）

4. 生坯熟制

将生坯上于笼屉中，上火蒸制10分钟即成。食用时蘸食调好的芝麻油、酱油、辣椒味道更香。

（**质量控制点：**①旺火足气蒸；②蒸制时间不宜太长或太短。）

七、评价指标（表7-3）

表7-3 信丰萝卜饺评价指标

品名	指标	标准	分值
信丰萝卜饺	色泽	淡褐色	10
	形态	月牙形	40
	质感	柔韧滑润	20
	口味	香辣味鲜	20
	大小	重约32克	10
	总分		100

八、思考题

1. 调制红薯粉团的要点是什么?
2. 调制信丰萝卜饺馅心时为什么萝卜蓉要挤去一部分水分?

名点246. 蒸娥姐粉果（广东名点）

一、品种简介

蒸娥姐粉果广东风味名点。此点是20世纪二三十年代，广州一家叫“茶香室”的茶馆聘用的娥姐所创制，故以其名命名。明朝已有关于粉果的记载，明末清初屈大均在《广东新语》中写道：“平常则作粉果，以白米浸至半月，入白粳饭其中，乃舂为粉，以猪脂润之，鲜明而薄以为外，荼蘼露、竹胎（笋）、肉粒、鹅膏满其中以为内，则兴茶素相杂而行者也，一名曰粉角。”可见此点原为米粉团包馅制作而成，现演变为以澄粉、生粉作皮包裹虾仁、猪肉、香菇、冬笋、叉烧肉等制成的馅心制作成角形蒸制而成，具有晶莹剔透，半月形状、皮薄透明、皮软滑爽，馅嫩鲜香的特点，受到广大顾客的喜爱。

二、制作原理

加工粉团成团的原理见本章第一节。

三、熟制方法

蒸。

四、用料配方（以 20 只计）

1. 坯料

生粉 90 克，澄粉 40 克，精盐 1.2 克，味精 1.2 克，熟猪油 10 克，沸水 130 毫升，清水 40 毫升。

2. 馅料

瘦猪肉 50 克，熟肥膘肉 25 克，叉烧肉 25 克，鲜虾仁 50 克，熟虾肉 25 克，冬笋 150 克，水发香菇 12 克，绍酒 8 毫升，生抽 5 毫升，精盐 3 克，白糖 5 克，胡椒粉 1 克，味精 4 克，芝麻油 3 毫升，马蹄粉 8 克，熟猪油 30 克，清水 50 毫升。

3. 装饰料

芫荽叶 20 片，熟硬蟹黄 10 克。

4. 辅料

生粉 50 克，色拉油 500 毫升（约耗 50 毫升）。

五、工艺流程（图 7–6）

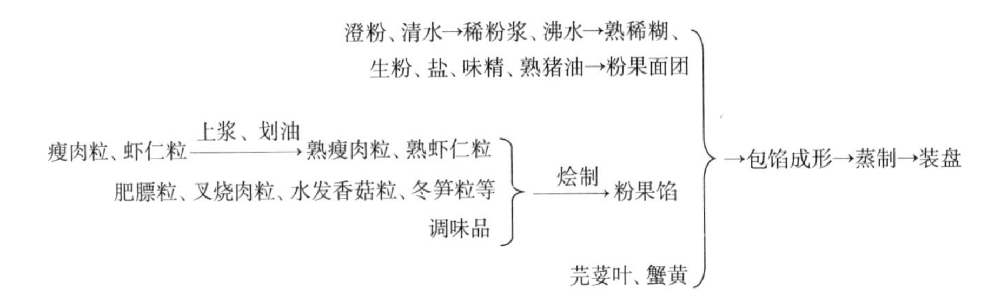

图 7–6　蒸娥姐粉果工艺流程

六、制作程序

1. 馅心调制

将猪瘦肉、熟肥膘肉、叉烧肉、水发香菇切成细粒；鲜虾仁、熟虾肉切粗粒；冬笋切片、焯水；马蹄粉调成粉浆。炒锅上火，倒入色拉油，将上过浆的瘦肉粒、鲜虾仁粒划油、沥油。

炒锅再上火，舀 30 毫升熟猪油烧热，把熟肥肉粒、熟虾肉粒、叉烧肉粒、水发香菇粒、冬笋片倒入锅中煸炒，加入绍酒后再加清水煮沸，加入生抽、精盐、白糖、胡椒粉、味精煮沸勾芡，倒入熟瘦肉粒、熟虾仁粒翻拌均匀，淋上芝麻油即成馅，晾凉后使用。

（**质量控制点：**①馅料的颗粒不宜太大；②馅心的口味要把握好。）

2. 面团调制

将澄粉加清水调成稀粉浆后，将沸水冲入稀粉浆中用面棍迅速搅匀成熟稀糊；生粉置于案台上扒开一塘，倒入熟稀糊拌和成团，再加入精盐、味精揉匀，最后加入熟猪油揉匀即成粉果面团。

（**质量控制点：**①澄粉糊要烫透；②面团的硬度要恰当。）

3. 生坯成形

蟹黄切碎粒，用少许色拉油拌匀；将小笼装好刷好油的底板；将粉果面团、馅各分为 20 份，用生粉作面扑，将粉果皮压成或擀成直径 7.5 厘米的圆形皮子，在皮子前端放上芫荽叶一片、蟹黄 0.5 克，然后放上粉果馅一份，捏成角形即成粉果生坯。

（**质量控制点：**①粉果皮的厚薄要均匀；②放了芫荽叶、蟹黄的这一面朝上；③角边要捏紧。）

4. 生坯熟制

将粉果生坯放于小笼底板上，旺火蒸 4 分钟即成。

（**质量控制点：**①底板上要抹油；②旺火足汽蒸制；③蒸制时间不宜长。）

七、评价指标（表 7–4）

表 7–4 蒸娥姐粉果评价指标

品名	指标	标准	分值
蒸娥姐粉果	色泽	皮白，馅色彩丰富	10
	形态	半月形，皮透明	40
	质感	皮软滑，馅脆嫩	20
	口味	鲜香	20
	大小	重约 35 克	10
	总分		100

八、思考题

1. 澄粉糊调制的要点是什么？澄粉糊在调制粉果面团中的作用是什么？
2. 蒸娥姐粉果生坯蒸制时为什么要求旺火足汽短时间？

名点 247. 薄皮鲜虾饺（广东名点）

一、品种简介

薄皮鲜虾饺是广东风味名点，此品是 20 世纪 30 年代广州市郊伍村河边一家茶楼首创的，因其选用刚从河里捕的鲜虾作馅，鲜美异常，为早茶市食客钟爱。后传入广州市内各大茶楼、酒家，经名师改进而成精美点心，成为广式点心的代表品种。其形似弯梳，故又称弯梳饺。该品以澄粉面团作皮，包上虾肉馅捏成饺形经蒸制而成。其具有形似弯梳、色白透明、软韧滑爽，馅鲜脆嫩的特色。在广西、香港、澳门等地也很盛行。

二、制作原理

加工粉团成团的原理见本章第一节。

三、熟制方法

蒸。

四、用料配方（以 25 只计）

1. 坯料

澄粉 90 克，生粉 28 克，粟粉 7 克，食盐 2 克，沸水 175 毫升，熟猪油 6 克。

2. 馅料

鲜虾仁 250 克，猪肥肉 50 克，冬笋 100 克，熟猪油 40 克，胡椒粉 1 克，食盐 5 克，味精 6 克，芝麻油 4 毫升，白糖 8 克，生粉 3 克。

3. 辅料

食盐 5 克，小苏打 2 克，色拉油 20 毫升。

五、工艺流程（图 7–7）

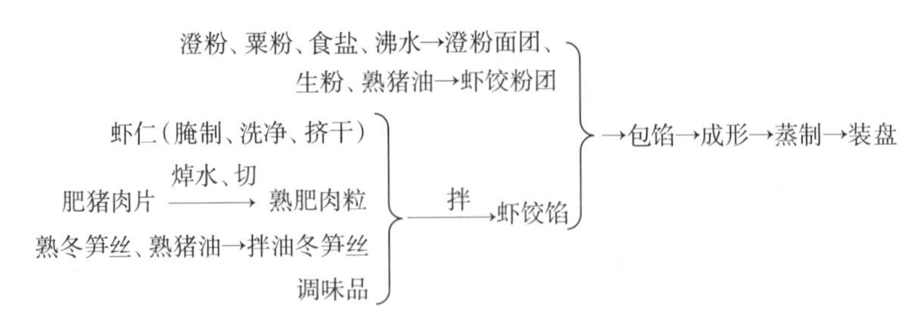

图 7–7　薄皮鲜虾饺工艺流程

六、制作程序

1. 馅心调制

将鲜虾仁放入碗中，加入精盐、小苏打拌匀腌制 20 分钟，然后用自来水轻轻冲洗虾肉，直至虾肉没有黏手感捞起，用毛巾吸干水分，较大的虾仁切成两段；把猪肥肉批成大片，焯水漂清后切成细粒；将冬笋切成细丝，焯水漂清后压干水分，用熟猪油拌合。

将虾仁与生粉在馅盆内拌匀，加入精盐、白糖、味精、芝麻油、胡椒粉、熟肥肉粒拌匀，再与笋丝拌和均匀成虾饺馅，用保鲜膜包好放入冰箱冷藏。

（**质量控制点：**①虾仁要腌制；②馅心要冷藏后再用。）

2. 面团调制

澄粉、粟粉一齐过筛后装在钢盆中，放入食盐，并将沸水一次性注入澄粉中，用木棍搅拌成团，烫成熟粉团，随即倒在案台上，稍凉后加入生粉揉匀，再加入熟猪油揉成光滑的粉团，用保鲜膜包好。

（**质量控制点：**①烫粉的水温要高；②生粉是揉入粉团。）

3. 生坯成形

将虾饺馅和虾饺皮各分成 25 份，在拍皮刀面和案板上分别抹点油，将每只剂子搓成橄榄形，用拍皮刀㨃成直径约 8 厘米的圆皮。每张皮包入虾饺馅 1 份，捏成弯梳形。放入在底板上刷上油的小蒸笼内。

（**质量控制点：**①底板上要抹油；②㨃皮时刀面要旋转；③面皮表面要光滑。）

4. 生坯熟制

蒸笼上蒸锅，用旺火蒸约 5 分钟。

（**质量控制点：**①旺火足汽蒸制；②蒸制时间不宜长。）

七、评价指标（表 7–5）

表 7–5　薄皮鲜虾饺评价指标

品名	指标	标准	分值
薄皮鲜虾饺	色泽	皮白透馅	10
	形态	弯梳形，皮半透明	40
	质感	皮软滑，馅脆嫩	20
	口味	鲜香	20
	大小	重约 30 克	10
	总分		100

八、思考题

1. 虾饺皮㨃制的方法和要求各是什么？

2. 虾饺馅中加入熟肥膘的作用是什么？

名点 248. 马蹄糕（广东名点）

一、品种简介

马蹄糕是广东风味名点，相传起源于唐代。广州市西郊的泮塘是盛产马蹄的地方，所产的马蹄，粉质细腻，结晶体大，味道香甜。此品以马蹄粉、冰糖、清水调成粉浆后再蒸制而成。其具有晶莹通透、折而不裂、撅而不断、软滑爽韧、清香甜润的特点。马蹄糕也是广西壮族自治区桂林市的特色风味点心。

二、制作原理

加工粉熟制成块的原理见本章第一节。

三、熟制方法

蒸。

四、用料配方（以 25 块计）

坯料：马蹄粉 175 克，冰糖 300 克，清水 875 毫升，色拉油 10 毫升。

五、工艺流程（图 7-8）

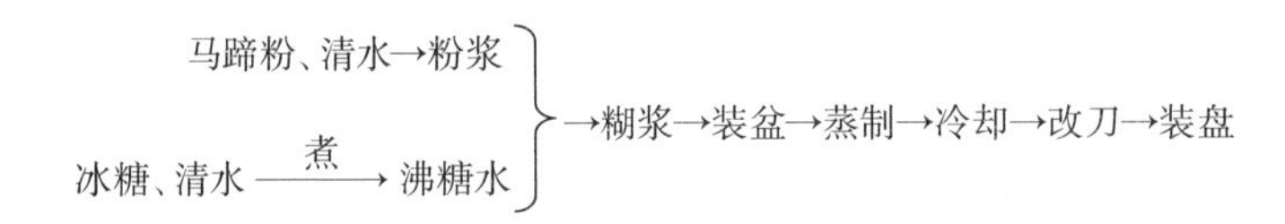

图 7-8　马蹄糕工艺流程

六、制作程序

1. 粉浆调制

将马蹄粉放在盆里，加入清水 375 毫升调成粉浆，用细眼罗筛过滤，放在不锈钢盆内；将冰糖放在锅内，加入清水 500 毫升将冰糖煮化，并把糖水煮沸，迅速冲入粉浆中。冲时要随冲随搅，冲完后仍要搅拌一会（如果糊浆黏性不够，可将盆放在沸水中搅拌），使它均匀而且有韧性，成为半熟的糊浆。

（**质量控制点：**①马蹄粉要选泮塘产的；②粉浆一定要过滤；③粉、水比例要正确；④糊浆要有一定的黏性。）

2. 生坯熟制

取长方盆一个，洗净擦干，抹上一层油，将糊浆倒入盆内，放入蒸笼中用中上火蒸20分钟，出笼冷却后按需切件。

（**质量控制点：**①盆内一定要抹油；②蒸制火力不宜太大或太小。）

七、评价指标（表7–6）

表7–6　马蹄糕评价指标

品名	指标	标准	分值
马蹄糕	色泽	玉色	10
	形态	长方形、透明	30
	质感	软滑爽韧	30
	口味	清香甜润	20
	大小	重约40克	10
	总分		100

八、思考题

1. 马蹄糕口感的好坏很大程度上受______________品质的影响。
2. 调制糊浆时为什么要把沸糖水迅速冲入粉浆中？

名点249. 蜂巢蛋黄角（广东名点）

一、品种简介

蜂巢蛋黄角是广东风味名点，是一种具有较高技术难度的点心，蜂巢形成的好坏，不仅取决于坯料的用料比例和调制方法，还受炸制温度及馅心的影响。该点是以澄粉面团、熟咸蛋黄、熟猪油、臭粉、调味品等调制而成的面团作皮，包以猪瘦肉粒、猪肥肉粒、鲜虾仁粒、叉烧肉粒、湿冬菇粒、鸡肝粒、调味品等调制的馅心经炸制而成，具有色泽金黄、蜂巢有致、外酥内软、滑嫩鲜香的特点，在广西、香港、澳门也很盛行。其既可作为小吃，又可作为高档筵席的席点。

二、制作原理

加工粉成团的原理见本章第一节；碳酸氢铵膨松的原理见第三章第一节。

三、熟制方法

炸。

四、用料配方（以 12 只计）

1. 坯料

澄粉 100 克，咸蛋黄 75 克，熟猪油 62 克，臭粉 0.5 克，沸水 145 毫升，精盐 2 克，白胡椒粉 1 克。

2. 馅料

猪瘦肉 35 克，猪熟肥肉 15 克，鲜虾仁 15 克，叉烧肉 10 克，水发香菇 5 克，鸡肝 5 克，鸡蛋液 30 克，绍酒 1 毫升，生抽 2 毫升，精盐 1 克，白糖 2 克，胡椒粉 0.3 克，芝麻油 1 毫升，上汤 30 毫升，熟猪油 20 克。

3. 辅料

色拉油 1500 毫升（实耗 20 毫升）。

五、工艺流程（图 7-9）

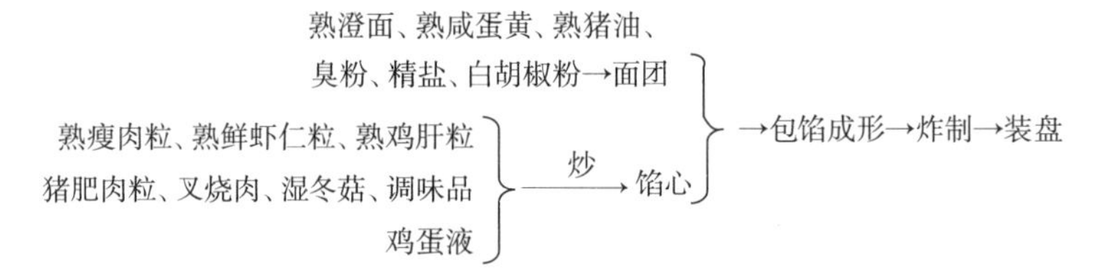

图 7-9　蜂巢蛋黄角工艺流程

六、制作程序

1. 馅心调制

将瘦肉、肥肉、叉烧肉、鲜虾仁、水发香菇、鸡肝等均切成细粒状，先将鲜虾仁粒、鸡肝粒、猪瘦肉粒分别上浆、划油；鸡蛋打散备用。

把炒锅上火倒入熟猪油，烧热后下入肥肉粒、叉烧肉粒、水发香菇等原料一同炒匀，淋入绍酒后，再加入上汤及生抽、精盐、白糖、胡椒粉等调味料烧沸，用湿淀粉勾芡，倒入猪瘦肉粒、鲜虾仁粒、鸡肝粒拌匀，下入鸡蛋液炒匀，淋上芝麻油即成，晾凉后下冰箱冷藏。

（**质量控制点：**①馅料颗粒不宜大；②馅心不宜太软；③馅心冷藏后再用。）

2. 面团调制

把咸蛋黄放在刷过油的烤盘内，放入 120℃的烤箱烤熟。

将澄粉倒在钢盆内，把沸水迅速冲入，用面棍搅匀后倒在案板上揉成光滑的面团，把搨成泥的咸蛋黄分次澄粉面团中，再擦入臭粉、精盐和白胡椒粉，最后擦入熟猪油成均匀光滑的蛋黄面团。

（**质量控制点：**①咸蛋黄烤熟；②澄粉要烫透；③面团的硬度要恰当。）

3. 生坯成形

将蛋黄面团（30 克）、馅心（10 克）各取 12 份，把 1 只剂子搓圆按成圆皮包入 1 份馅心，捏成角形。

（**质量控制点：**捏成角形。）

4. 生坯熟制

将色拉油倒入锅中烧至 170℃左右，把生坯放在粗网漏上炸至蛋黄角起蜂窝呈金黄色时捞出。

（**质量控制点：**炸制前要用剂子试炸，调整油温。）

七、评价指标（表 7–7）

表 7–7　蜂巢蛋黄角评价指标

品名	指标	标准	分值
蜂巢蛋黄角	色泽	金黄色	10
	形态	蜂巢角形	40
	质感	皮外酥内软，馅滑嫩	20
	口味	咸鲜香润	20
	大小	重约 30 克	10
	总分		100

八、思考题

1. 蜂巢的形成受哪些因素的影响？
2. 调制馅心时要注意哪些方面？

名点 250. 桂林马蹄糕（广西名点）

一、品种简介

桂林马蹄糕是广西桂林风味点心，桂林市区卫家渡、王家村、东山和窑头出产的最著名。马蹄皮薄、肉厚、色鲜、味甜、清脆、渣少。此品是以桂林特产的马蹄粉用白糖、清水调制成糊浆经蒸制而成的。其制品具有晶莹透亮、软滑爽韧、可折而不裂、撅而不断、清甜细润的风味特点，是桂林十大特产之一。

二、制作原理

加工粉熟制成块的原理见本章第一节。

三、熟制方法

蒸。

四、用料配方（以 40 块计）

1. 坯料

马蹄粉 250 克，白糖 500 克，马蹄肉 100 克，清水 1375 毫升。

2. 辅料

色拉油 10 毫升。

五、工艺流程（图 7-10）

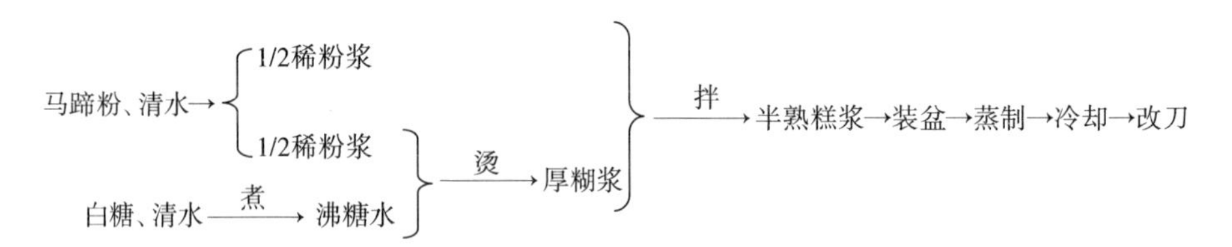

图 7–10　桂林马蹄糕工艺流程

六、制作程序

1. 糕浆调制

把马蹄肉切成碎粒。

将马蹄粉装入不锈钢盆中，加入清水 500 毫升调匀，用细眼罗筛过滤成为稀马蹄粉浆；将清水 875 毫升倒入洁净的锅中，加入白糖煮至糖溶化成糖水。将过滤后的马蹄粉浆分成 2 盆，糖水煮沸后冲入其中一盆之中搅匀成厚糊状，稍冷后再将另一盆马蹄浆倒入厚糊之中搅拌均匀成半熟糕浆，最后加入马蹄肉粒拌匀。

（**质量控制点：**①稀马蹄粉浆要过滤；②半熟糊浆的稠度要合适。）

2. 糕坯熟制

取不锈钢方盆 1 只，洗净刷油后倒入半熟糕浆，用旺火沸水蒸制 25 分钟成熟即可，冷却后改刀成长方块。

（**质量控制点：**要旺火足汽蒸。）

七、评价指标（表 7-8）

表 7-8　桂林马蹄糕评价指标

品名	指标	标准	分值
桂林马蹄糕	色泽	呈玉色	10
	形态	透明长方块	40
	质感	软滑爽韧	20
	口味	清甜	20
	大小	重约 50 克	10
	总分		100

八、思考题

1. 桂林马蹄糕的风味特点是什么？
2. 举例说明桂林马蹄糕做法的变化。

名点 251. 延边冷面（吉林名点）

一、品种简介

延边冷面是吉林风味小吃，是朝鲜族传统风味食品，因需冷食，故称冷面。该面条是用荞麦面或小麦面（也有用玉米面、高粱米面、榆树皮面的）加淀粉调成烫面，压成圆面条，煮熟后放进牛肉片、辣椒面、泡菜、梨片或苹果丝、酱油、醋、芝麻油等佐料，加入牛肉汤即成。食之甜、酸、辛、辣、香五味俱全。过去，朝鲜族有正月初四中午，或过生日时吃冷面的传统，据民间传说，这一天吃了纤细绵长的冷面，就会多福多寿、长命百岁，故冷面又名“长寿面”。如今，冷面已成为全国各地食客皆喜食的大众化面点。

二、制作原理

土豆淀粉、荞麦粉粉团的成团原理本章见本章第一节。

三、熟制方法

煮。

四、原料配方（以 4 碗计）

1. 坯料

土豆淀粉 300 克，荞麦粉 200 克，食碱 3 克，沸水 300 毫升。

2. 调配料

精牛肉125克，白菜500克，苹果30克，梨30克，鸡蛋1只，胡萝卜10克，熟芝麻5克，辣椒面10克，蒜泥10克，姜末2克，酱油30毫升，醋精6毫升，芝麻油3毫升，食碱12克，精盐18克，味精2克，大葱10克。

五、工艺流程（图7-11）

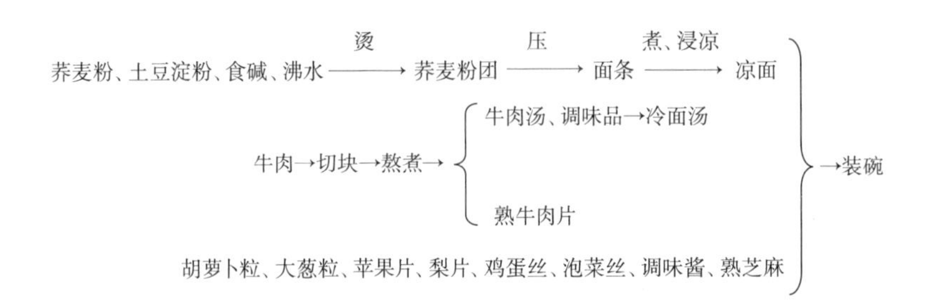

图7-11　延边冷面工艺流程

六、制作方法

1. 制汤

将牛肉洗净、切块，放入开水锅内旺火煮沸，小火煮至八成熟时放入精盐（8克）、酱油，用微火煮熟。肉熟时，捞出晾凉，切薄片。肉汤过滤，冷却，放入醋精、味精即成冷面汤。

（**质量控制点：**①按用料配方准确称量；②冷面汤要酸咸适中）

2. 调配料初加工

白菜切丝，加入余下的精盐、辣椒面（5克）、蒜泥（5克）、姜末拌匀，装入缸内自然发酵两天；苹果切丝；梨去皮切片；鸡蛋摊成皮切丝；胡萝卜洗净切粒；大葱洗净切粒；取余下的辣椒面、蒜泥，用冷面肉汤调匀成粥状，即调味酱。

（**质量控制点：**①按用料配方准确称量；②调味品的用量要恰当。）

3. 面团调制

将荞麦粉、土豆淀粉和食碱拌匀，加入沸水和成烫面，揉匀揉光。

（**质量控制点：**①按用料配方准确称量；②面团一定要硬实，要揉匀揉透。）

4. 生坯成形

将面团放入压面机压出面条。

（**质量控制点：**面条不能粘到一起。）

5. 生坯熟制

锅里水烧开时放入面条，煮10分钟捞出，放入凉开水中浸凉后分装4碗。

面上放上胡萝卜粒和大葱粒，浇调味酱，放肉片、泡菜丝、苹果片、梨片和鸡蛋丝，撒上熟芝麻，浇冷面汤，淋芝麻油即成。

（**质量控制点**：①煮制的火力和时间受面条的粗细影响；②煮熟即可，既柔软又筋道；③煮熟后要迅速浸凉。）

七、评价指标（表 7-9）

表 7-9　延边冷面评价指标

品名	指标	标准	分值
延边冷面	色泽	面条淡褐，调配料色彩丰富	10
	形态	碗装，面条纤细绵长	40
	质感	爽滑、筋道	20
	口味	清香酸辣	20
	大小	重约 500 克	10
	总分		100

八、思考题

1. 用荞麦粉、土豆淀粉和荞麦冷面的面坯时，为什么要加食碱？
2. 调荞麦冷面的面坯时为什么面团要和得硬一些？

下面介绍杂粮粉粉团名点，共 10 款。

名点 252. 酥油糌粑（西藏名点）

一、品种简介

酥油糌粑是西藏自治区特色风味名食。它是将优质青稞加工成糌粑后与奶渣、酥油、热茶、白糖、曲拉拌匀，揉捏成粑即可食用。其成品具有麦香、奶香、茶香交融，油润味甜爽口的特点。

二、制作原理

熟糌粑粉粉团的成团原理见本章第一节。

三、熟制方法

炒。

四、原料配方（以9只计）

1. 坯料

青稞150克。

2. 调配料

酥油50克，白糖25克，细奶渣50克，曲拉（奶酪）10克，热茶100毫升。

五、工艺流程（图7-12）

青稞洗净、晒干→小火炒熟→晾凉→磨成细粉 ⎫
⎬ →拌匀→揉捏成粑→食用
奶渣、酥油、热茶、曲拉、白糖 ⎭

图7-12　酥油糌粑工艺流程

六、制作方法

1. 糌粑制作

将青稞洗净、晒干，用小火炒制成熟，晾凉，磨成细粉状即可。

（**质量控制点**：①晒干的青稞要用小火炒熟；②青稞粉要磨得细。）

2. 制品调制

在碗内先放入奶渣、酥油、白糖，然后倒入热茶，待酥油溶化时，再放入糌粑、曲拉，先用中指拌匀，然后用手揉捏成粑即可送入嘴中食用。

（**质量控制点**：①调制酥油糌粑时注意奶渣、酥油、热茶、糌粑、曲拉的用料比例；②白糖添加量根据食用者的口味需求确定。）

七、评价指标（表7-10）

表7-10　酥油糌粑评价指标

名称	指标	标准	分值
酥油糌粑	色泽	淡褐色	20
	形态	长团块	30
	质感	酥软油润	20
	口味	香甜	20
	大小	重约40克	10
	总分		100

八、思考题

1. 青稞是如何加工成糌粑的？

2. 酥油糌粑为什么比较适合高寒地区的人们食用?

名点 253. 黄米切糕（黑龙江名点）

一、品种简介

黄米切糕是黑龙江风味小吃，是由齐齐哈尔当地特产糜子粉（即大黄米粉）制成，成为当地独有的一种风味面点。已有数百年制作历史，直到现在，齐齐哈尔市、嫩江县等古城都有这种切糕。黄米糊与煮好的芸豆相间铺放多层，蒸熟切块，撒上白糖食用，亦可切片煎炸而食。成品具有色泽鲜艳，层次分明，黏糯清香，甜而不腻的特点。可作为主食食用，春节期间可作为年糕，寓意年年高。

二、制作原理

黄米糊熟制成皮的原理见本章第一节。

三、熟制方法

蒸。

四、原料配方（以 12 块计）

1. 坯料

大黄米 500 克，清水 500 毫升。

2. 馅料

白芸豆 125 克。

3. 装饰料

白糖 100 克。

五、工艺流程（图 7-13）

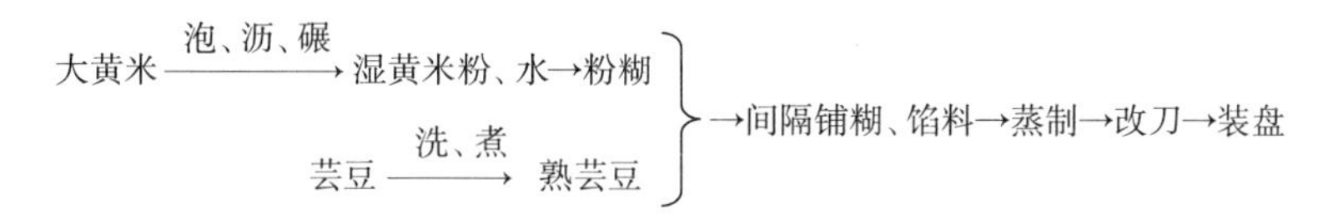

图 7-13　黄米切糕工艺流程

六、制作方法

1. 坯料初加工

将黄米淘洗干净，用凉水浸泡 6 小时，沥尽水碾成面，过细筛。

（**质量控制点**：①按用料配方准确称量；②黄米要泡酥；③黄米湿粉要过筛。）

2. 馅料初加工

芸豆洗净，用开水煮熟，即用手一捻就碎，但还未成粉面。

（**质量控制点**：芸豆煮熟，不能太硬或太软。）

3. 生坯熟制

将黄米面与水以 1 ∶ 1 的比例调成稠浆糊，摊在铺有湿白布的蒸屉上厚约 3 厘米，用旺火蒸。见糕面呈金黄色（将熟）时，把煮熟的芸豆撒在上面，豆厚 1 ～ 3 厘米，紧接着再把黄米面糊摊上一层再蒸，一般共撒三层面两层豆，总厚度达 10 厘米以上。

（**质量控制点**：①黄米糊中的含水量要恰当；②每层糕坯厚度要一致。）

4. 成品成形

切糕熟后，将蒸屉翻扣在案板上，用刀切成小块，撒上白糖，趁热食用。

（**质量控制点**：分块时切口一定要光滑，形态要完整、层次要分明。）

七、评价指标（表 7–11）

表 7–11　黄米切糕评价指标

品名	指标	标准	分值
黄米切糕	色泽	黄白相间	10
	形态	小方块，层次分明	40
	质感	黏糯	20
	口味	清香，甜而不腻	20
	大小	重约 100 克	10
	总分		100

八、思考题

1. 为什么初加工时要将芸豆煮得不能太硬或太软？
2. 将黄米淘洗干净后，如果用热水浸泡会出现什么问题？

名点 254. 龙江黏豆包（黑龙江名点）

一、品种简介

龙江黏豆包是黑龙江风味点心，原为农村的家常点心，有“顺着垄沟找豆包”的俗语，现在已成为宴席上极受欢迎的一款点心。龙江黏豆包以黄米面和细玉米面调制而成的坯皮，包上红小豆馅制作而成的点心。该点具有色泽金黄，清香软糯、酸甜可口的特点。

二、制作原理

黄米粉团挤压成形的原理见本章第一节。

三、熟制方法

蒸。

四、原料配方（以 25 只计）

1. 坯料

小黄米 500 克，细黄玉米面 50 克，清水 300 毫升。

2. 馅料

红小豆 400 克，红糖 100 克。

3. 调料

白糖 50 克。

五、工艺流程（图 7–14）

小黄米 —泡、发酵、磨→ 湿黄米粉、玉米面→面团 ｝
红小豆 —煮→ 熟烂红小豆、红糖→红豆馅 ｝→包馅→成形→蒸制→装盘

图 7–14　龙江黏豆包工艺流程

六、制作方法

1. 馅心调制

将红小豆除去杂质、淘洗干净，入水锅煮烂，然后捣碎搅匀，将红糖加入搅拌均匀，即成豆馅。

（**质量控制点:** ①按用料配方准确称量; ②红小豆要凉水下锅，用小火煮烂。）

2. 粉团调制

将小黄米淘洗干净后放入盆中，加入清水浸泡发酵 3 天，待其水面上浮有白沫时捞出洗净，磨成粉浆后放入布袋中滤去水分，再将细黄玉米面加入其中，并加入适量清水，调成面团。

（**质量控制点：**①按用料配方准确称量；②根据室温调整黄米的浸泡、发酵时间。）

3. 生坯成形

将面团揪成35克的剂子，将面剂按扁包入豆馅，收口捏紧，成汤团的形状。

（**质量控制点**：①坯剂的大小要恰当；②生坯呈汤团形状。）

4. 生坯熟制

将生坯摆入屉内，用旺火蒸约15分钟取出。趁热蘸白糖食用。

（**质量控制点**：①旺火足汽蒸；②制品呈金黄色。）

七、评价指标（表7–12）

表7–12　龙江黏豆包评价指标

品名	指标	标准	分值
龙江黏豆包	色泽	金黄色	10
	形态	扁圆形，圆润饱满	30
	质感	软糯	20
	口味	清香酸甜	30
	大小	重约65克	10
	总分		100

八、思考题

1. 小黄米在清水浸泡发酵的过程中需注意什么？
2. 黏豆包蒸制时需要注意什么？

名点255. 小窝头（北京名点）

一、品种简介

小窝头是北京风味面点，据传是慈禧太后带着光绪皇帝从北京逃往西安的路上饥饿难耐，吃了一个从民间要来的玉米面窝窝头，慈禧吃得津津有味，倍觉甘美。回到北京后慈禧命御膳房给她做窝窝头吃，御厨们依照大窝头的式样经过改进后成为慈禧御膳房的宫廷小吃品种。以经营宫廷风味而著称的北海仿膳饭庄和颐和园听鹂馆饭庄均擅长制作此食品。此品是以玉米面、黄豆粉、绵白糖、糖桂花等调制的面团捏成塔形后的蒸制品，色泽鲜黄、形如塔状、小巧精致、香甜细腻的特色。此处做法进行了改良。

二、制作原理

玉米粉团揉压成形的原理见本章第一节；泡打粉膨松的原理见第三章第一节。

三、熟制方法

蒸。

小窝头

四、原料配方（以 20 只计）

坯料：细玉米面 200 克，黄豆粉 50 克，面粉 100 克，绵白糖 75 克，糖桂花汁 10 克，泡打粉 5 克，炼乳 50 克，温水 150 克。

五、工艺流程（图 7-15）

细玉米面、黄豆粉、面粉、绵白糖、糖桂花、温水→玉米面团、泡打粉、炼乳→膨松玉米面团→搓条→下剂→成形→蒸制→装盘

图 7-15　小窝头工艺流程

六、制作方法

1. 粉团调制

将细玉米面、黄豆粉、面粉、绵白糖、糖桂花汁倒在面盆中拌匀，加温水搅拌均匀，再加入泡打粉、炼乳揉成均匀光滑的面团。

（**质量控制点：**①按用料配方准确称量；②讲究用新磨的细玉米面；③注意原料投放顺序。）

2. 生坯成形

将面团搓成直径为 2 厘米的圆条，再揪成每 30 克的剂子，将剂子搓圆，右手拇指和食指蘸凉水，左手转动坯子，右手拇指在外，食指在内，将每个小剂捏成中间空的窝头，内外壁光滑，形似宝塔时即成小窝头生坯。

（**质量控制点：**①搓条均匀，下剂一致；②捏窝头生坯时，需左右手巧妙配合，顺势搓、揉、捏、捻，形成中空的塔形。）

3. 生坯熟制

将生坯放在抹过油的笼屉中，上蒸锅用旺火蒸 6 分钟成熟即可。

（**质量控制点：**①用旺火沸水蒸制；②蒸的时间不能过长或过短。）

七、评价指标（表 7–13）

表 7–13　小窝头评价指标

品名	指标	标准	分值
小窝头	色泽	色泽鲜黄	10
	形态	上尖下圆如塔状，小巧别致	30
	质感	干硬细腻	30
	口味	香甜	20
	大小	重约 30 克	10
	总分		100

八、思考题

1. 粉团调制过程中加泡打粉的作用是什么？
2. 为什么选用新磨的细玉米面制作小窝头？

名点 256. 莜面栲栳栳（山西名点）

一、品种简介

莜面栲栳栳是山西风味面食，因形似“蜂窝”，所以当地老百姓称其为“莜面窝窝”；这种窝窝又像存放东西的直筒“栳栳”，故将窝窝改称为“栲栳栳”。是山西北部高寒地区雁北、吕梁等山区人民非常喜吃的一种面食。其制法、名称来历，要追溯到 1400 年前的隋末唐初，和唐国公李渊有一定的渊源。人们赋予吃莜面栲栳栳以“牢靠”“和睦”等美好寓意。每逢老人寿诞、小孩满月或逢节待客，多以此进餐。在山西的山区，有些人家婚配嫁娶时，新郎新娘也要吃，意谓夫妻白头到老。年终岁末时更要吃，以祈全家和睦、人运亨通。此品采用沸水烫莜面，揉团下剂后推成猫舌状薄片，卷成卷经蒸制而成，其制法关键有三：一是沸水和面，二是快速搭卷，三是掌握火候。其成品具有色泽土黄，吃口筋道、醇香、有独特的莜面香味的特点，吃时浇上打卤或蘸上肉卤（最好是羊肉卤）更有滋味。

二、制作原理

莜面粉团的成团原理见本章第一节。

三、熟制方法

蒸。

四、原料配方（以 50 只计）

坯料：莜面 250 克，沸水 250 毫升，凉水 10 毫升。

五、工艺流程（图 7-16）

莜面、沸水→莜面团→揪剂→推皮→卷制成形→蒸制→装盘

图 7-16 莜面栲栳栳工艺流程

六、制作程序

1. 面团调制

将莜面倒入盆内，水上火烧沸后泼在莜面上进行烫面，然后用小擀杖搅匀，双手蘸凉水趁热揉光，用保鲜膜包好饧制。

（**质量控制点：**①莜面一定要用沸水烫；②趁热揉成面团；③莜面团要用保鲜膜包好。）

2. 生坯成形

右手揪一块约 10 克左右的小剂子（随做随揪），搓成椭圆形放在特制的石板案上（汉白玉石或大理石、青红石均可），用右手掌按住剂子向前推（外手掌要用力大点，里手掌用力小点），推成长约 10 厘米、宽约 5 厘米、形如牛舌的薄面皮，再手右手食指将面皮搭起，卷成中间空的小卷竖立在笼里，依次将所有的面推完，竖直摆在笼内。

（**质量控制点：**①剂子随做随揪；②最好在特制的石板案上推皮；③皮的厚薄要恰当；④每只规格要一致。）

3. 生坯熟制

将笼放上蒸锅，急火蒸 8 分钟即成，连笼上桌。

吃时按需浇上打卤或蘸上肉卤（最好是羊肉卤）更有滋味。

（**质量控制点：**①旺火沸水蒸；②蒸制时间要根据皮的厚薄调整；③蒸制时间不能太长或太短。）

七、评价指标（表 7–14）

表 7–14　莜面栲栳栳评价指标

品名	指标	标准	分值
莜面栲栳	色泽	土黄色	10
	形态	圆筒形	40
	质感	筋、韧	20
	口味	莜面香味	20
	大小	重约 10 克	10
	总分		100

八、思考题

1. 调制面团为什么必须用沸水？
2. 为什么剂子要随做随揪？

名点 257. 荞面碗托（山西名点）

一、品种简介

荞面碗托是山西风味小吃，在方言里又叫作“碗团”。其是忻州地区岢岚县、五寨县等地的做法。做工精细，具有浓厚的乡土风味。此品是用荞麦面、精盐、五香粉、清水调成稀糊后在碗中蒸熟，晾凉后改刀成块，调味拌制而成。碗托制成后具有灰白晶亮、半透明状、异常筋滑、清香利口的特点。

二、制作原理

荞麦面糊熟制成块的原理见本章第一节。

三、熟制方法

蒸。

四、原料配方（以 7 碗计）

1. 坯料

荞麦面 500 克，精盐 8 克，五香粉 5 克，清水 1250 毫升。

2. 调味料

酱油 50 毫升，醋 20 毫升，食盐 30 克，芥末 10 克，辣椒油 30 毫升，蒜泥 20 克，葱花 20 克。

3. 辅料

色拉油 10 毫升。

五、工艺流程（图 7–17）

荞麦面、精盐、五香粉、清水→稀糊→装碗→蒸制→调味

图 7–17　荞面碗托工艺流程

六、制作程序

1. 糊浆调制

将荞麦面加水调成面团，分次蘸水扎软，边加水边扎，变成稠厚状后沿着一个方向搅上劲，再加水稀释、搅拌直至搅成稀糊（向下淌时成一条连贯的细线）即可。

（**质量控制点：**①先调成硬面团，再调成稀糊；②面团调上劲再稀释；③稀糊向下淌时成一条连贯的细线。）

2. 生坯熟制

在 4 只碗中抹上油，将稀糊用勺舀入碗内，上笼蒸 20 分钟至熟，取出晾凉，即成碗托。

食时切条，分装入 7 只碗中，用酱油、醋、食盐、芥末、辣椒油、蒜泥、葱花调味即可食用。

（**质量控制点：**①旺火沸水蒸；②可放冰箱冷藏一会儿，凉透改刀；③按需调味。）

七、评价指标（表 7–15）

表 7–15　荞面碗托评价指标

品名	指标	标准	分值
荞面碗托	色泽	碗托灰白色，调味料色彩丰富	10
	形态	条块形	30
	质感	筋滑利口	30
	口味	酸辣鲜香	20
	大小	重约 270 克	10
	总分		100

八、思考题

1. 稀糊的调制方法是什么？

2. 稀糊稠度的感官检验的方法是什么?

名点 258. 红枣切糕（山西名点）

一、品种简介

红枣切糕是山西风味面点，是太原市的传统小吃，20 世纪 70 年代以前卖切糕的小车到处可见。每日清晨天一亮，卖切糕的叫卖声响遍大街小巷，吃多吃少，随便购买。该品是以黄米（黍米）浸泡磨粉后，一层米粉一层红枣铺上多层后经蒸制而成。其成品具有软黏、醇香、味甜的特点。

二、制作原理

黄米（黍米）面熟制成块的原理见本章第一节。

三、熟制方法

蒸。

四、原料配方（以 12 块计）

1. 坯料

黄米（黍米）1000 克，清水 500 毫升。

2. 馅料

红枣 400 克。

五、工艺流程（图 7-18）

黄米→浸泡 —磨→ 湿黄米粉 } →间隔铺层→蒸制→改刀成形→装盘
红枣 }

图 7-18　红枣切糕工艺流程

六、制作程序

1. 馅心调制

红枣洗净，分成 3 份。

（**质量控制点：**颗粒太大的可以改刀。）

2. 黄米粉团加工

黄米浸泡在清水中，约 1 天后淘洗干净捞出，上碾磨成湿米粉（手握则成团，目前还可使用干磨米粉加水拌成湿团，但不如湿米粉黏香）。将黄米粉团分成4份。

（**质量控制点**：①最好使用黄米现泡、现磨；②米粉团的湿度要恰当。）

3. 生坯成形

取蒸糕的特制瓦笼（俗称瓦罐，高约60厘米，底有屉眼）坐在开水锅上，将米粉握成拳头大的团放在罐底，撒上一层红枣后盖上瓦罐盖，气上满后揭盖，用筷子将米粉块拨散，铺上一层湿面，再撒上一层红枣，再盖严笼盖，待上气后揭盖再铺撒面、枣，如此一层又一层的铺完为止。

（**质量控制点**：①第一层要先握成团蒸制；②先铺一层，上汽后再铺第二层。）

4. 生坯熟制

用旺火蒸1小时左右，全部蒸熟，倒在案板上用手蘸冷开水拍按均匀即成。吃时用长刀割成薄片趁热而食。

（**质量控制点**：①铺完米粉、红枣后蒸制时间较长，要全部蒸熟；②蒸好后要保温；③趁热吃。）

七、评价指标（表7-16）

表7-16　红枣切糕评价指标

品名	指标	标准	分值
红枣切糕	色泽	淡黄中嵌褐色	10
	形态	长方形薄片	30
	质感	软黏	30
	口味	香甜	20
	大小	重约150克	10
	总分		100

八、思考题

1. 为什么一般用黄米浸泡、磨粉而不是干磨粉制作切糕?
2. 怎么判别湿米粉的吃水量?

名点259. 糖酥煎饼（山东名点）

一、品种简介

糖酥煎饼是山东风味小吃，创制于20世纪20年代，由泰安人王维康和济南历城人刘洪均在刮煎饼（小米煎饼）的基础上创新而成，由原来的耐嚼变成了脆甜，现在由刘氏传人经营的济南野风酥食品有限公司实现了工厂化生产，年销售几亿只，改名叫野风酥。该品是在小米糊中加白糖、香料刮成煎饼，熟后折成长方形，炕干后包装而成。具有厚薄如纸，色泽淡黄，为整齐的长方形，酥脆香甜，包装精致，便于携带的特点。

二、制作原理

小米糊熟制成皮的原理见本章第一节。

三、熟制方法

烙。

四、原料配方（以12张计）

1. 坯料

小米500克，白糖200克，香精（橘子、杨梅、香蕉、菠萝等香精均可）5滴。

2. 辅料

豆油20毫升。

五、工艺流程（图7-19）

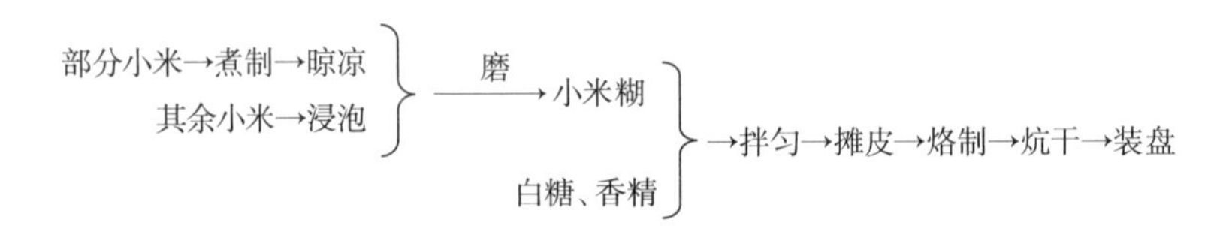

图7-19　糖酥煎饼工艺流程

六、制作方法

1. 粉团调制

将小米洗净，取100克放入锅内，加水煮熟后晾凉，其余的放水里泡3小时，与熟小米拌在一起，加水磨成米糊，加入白糖、香精。

（**质量控制点：**①按用料配方准确称量；②小米泡水时间要恰当，不同季节要适当调整；③米糊的稠度要恰当，过稠不易摊制，过稀不易成形。）

2. 生坯成形与熟制

用无烟煤炭将鏊子烧热，用布蘸豆油遍擦鏊底。左手用勺盛米糊倒在鏊子中央，右手用耙子先把米糊旋转抹成圆形，然后用耙子刮平，动作要快，至刮平后饼已熟透，用铲子沿边铲起，两手顺边揭起，并趁热在鏊子上折叠成长方形（长约 20 厘米，宽约 6.5 厘米），取出放炉台上，用与煎饼大小相同的木板压住炕干即成。

（**质量控制点：**①烙制煎饼的火需缓而均匀，烧热之后再舀入米糊；②米糊入锅后要快速推匀；③烙至呈黄色。）

七、评价指标（表 7–17）

表 7–17　糖酥煎饼评价指标

品名	指标	标准	分值
糖酥煎饼	色泽	黄色	10
	形态	饼薄如纸，折成长方形	20
	质感	酥脆	30
	口味	香甜	30
	大小	重约 75 克	10
	总分		100

八、思考题

1. 糖酥煎饼的米糊为什么不能过稠或过稀？
2. 加工米糊时为什么要用一部分煮熟的小米与余下泡过的小米一起磨成糊？

名点 260. 甜沫（山东名点）

一、品种简介

甜沫是山东风味小吃，是一种以小米为主熬煮而成的咸粥，济南人又将其称为“五香甜沫”，粥做好后主人会问“再添么儿”，指的是添加粉丝、蔬菜、豆腐丝之类的辅料，后来人们谐音成“甜沫”，因此甜沫口味是咸的，不是甜的。100 多年前由鲁西南传入济南。它是将小米糊放沸水中煮制、调味，再加入配料形成的小米粥。此品具有色黄黏糯，咸鲜味香的特点。

二、制作原理

小米糊煮制成粥的原理见本章第一节。

三、熟制方法

煮。

四、原料配方（以12碗计）

1. 坯料

小米500克。

2. 辅料

花生米50克，豇豆（或红小豆）50克，菠菜叶150克，五香豆腐干50克。葱末15克，姜末15克，精盐50克，八角5克，花生油50毫升。

五、工艺流程（图7–20）

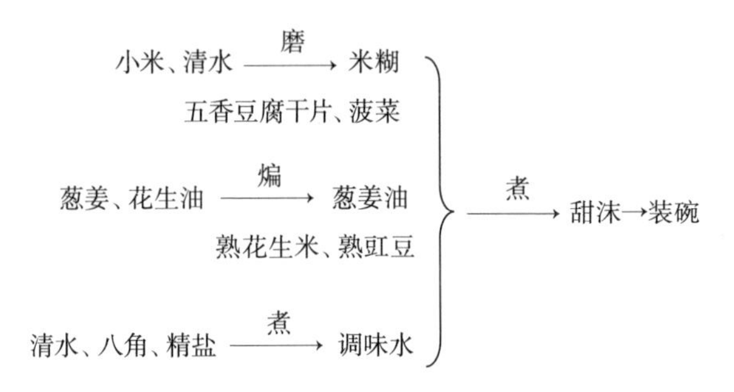

图7–20　甜沫工艺流程

六、制作方法

1. 原料初加工

将小米加水泡2小时后加水磨成米糊；花生米、豇豆煮熟，捞出沥干；五香豆腐干切成薄片；菠菜洗净后切成段。

（**质量控制点：**①按用料配方准确称量；②小米磨糊之前要泡透。）

2. 煮制成粥

炒锅置火上，下花生油烧热，放入葱、姜末煸香后倒入碗内。大锅置旺火上，加水5000毫升，烧沸后放入八角、精盐，稍煮后捞出八角不用，迅速倒入米糊，边倒边搅，加盖煮约10分钟，再放入五香豆腐干片、菠菜段，再将葱姜油倒入锅中，加花生米、豇豆，用勺搅匀即成。把甜沫盛入瓦缸内加盖保温，食用时盛入碗中。

（**质量控制点：**①煮制甜沫时水要一次加足；②米糊煮制的火候要恰当；③注意添加配料的先后顺序。）

七、评价指标（表 7–18）

表 7–18　甜沫评价指标

品名	指标	标准	分值
甜沫	色泽	糊呈淡黄色，配料色彩丰富	10
	形态	碗装粥状	20
	质感	黏糯	30
	口味	咸鲜味香	30
	大小	重约 400 克	10
	总分		100

八、思考题

1. 煮制甜沫时为什么要将水一次加足？
2. 煮制甜沫过程中为什么要注意投料的先后顺序？

名点 261. 蓝田荞麦饸饹（陕西名点）

一、品种简介

蓝田荞麦饸饹是陕西风味小吃，古称河漏、合络，是以荞麦为主要材料制作的食品。由于荞面黏性差，用常规制作面条的方法很难成形。所以，古人在很早以前就发明了专用工具“饸饹床”。通过挤压面从圆孔中被挤出，直接落入滚水锅内。煮熟后，就成了细长光滑的饸饹。“荞面饸饹黑是黑，筋道爽口能待客。”这是对荞麦饸饹的赞誉。荞麦饸饹有从颜色上有黑红和黄白之分，黑红的为未去壳的荞麦粉制作，而黄白色的则是去壳的荞麦粉制作。其制品冬可热吃，夏可凉吃。制作时选用新鲜荞麦现磨现做效果好，该品是用荞麦粉加精盐、碱粉、温水调成面团，通过饸饹床压成面条，煮熟后经调味而成，其特点是色泽淡褐、条细筋韧、软滑爽口、清香酸辣的特点。

二、制作原理

荞麦面坯熟制成条的原理见本章第一节。

三、熟制方法

煮。

四、用料配方（以5碗计）

1. 坯料

苦荞麦面500克，精盐4克，碱面2克，温水260毫升。

2. 配料

胡萝卜丝100克，黄瓜丝100克。

3. 调料

精盐10克，蒜汁25克，熬制醋50毫升，芥末糊20克，油泼辣子50毫升。

4. 辅料

熟菜籽油50毫升。

五、工艺流程（图7-21）

荞麦面、精盐、碱面、温水→荞麦面团→挤压成形→煮制→熟饸饹
精盐、蒜汁、熬制醋、芥末糊、油泼辣子
胡萝卜丝、黄瓜丝
} →装碗、调味

图7-21　蓝田荞麦饸饹工艺流程

六、制作程序

1. 面团调制

将荞麦面倒入面盆中，放入精盐和碱粉，再倒入温水搓成面絮，揉搋成光滑面团。

（**质量控制点：**①面团要调得稍软；②水温要合适。）

2. 饸饹的加工

将蓝田饸饹床放在开水锅上，把荞麦面团揉搓成圆柱形，塞入饸饹床的圆口内，慢慢用力下压，饸饹则由细孔中冒出进入开水锅中。煮熟后捞出放凉开水盆中浸凉，捞出沥干水分，用熟菜籽油拌匀，提起抖动松散，堆放在筛子中待用。

（**质量控制点：**①饸饹断生即捞出浸凉；②及时拌上油。）

3. 调味

将饸饹分装5碗，分别放上胡萝卜丝、黄瓜丝，再加入精盐、熬制醋、蒜汁、芥末糊及油泼辣子即可。

（**质量控制点：**根据客人的口味要求放调料。）

七、评价指标（表 7-19）

表 7-19　蓝田荞麦饸饹评价指标

品名	指标	标准	分值
蓝田荞麦饸饹	色泽	饸饹淡褐	10
	形态	碗装	40
	质感	筋韧软滑	20
	口味	清香酸辣	20
	大小	重约 230 克	10
	总分		100

八、思考题

1. 为什么荞麦面团要调得稍软一点？
2. 饸饹煮熟、浸凉后为什么要用拌上油？

下面介绍豆类粉团名点，共 5 款。

名点 262. 芸豆糕（北京名点）

一、品种简介

芸豆糕是北京风味小吃，原本属于老北京清明时节的民间小吃，通常小贩背一圆木桶沿街叫卖，后来据说是因慈禧听到大街上的叫卖声，引入宫中，一吃则欲罢不能，于是芸豆糕变成了慈禧的御用甜点。该品既可登大雅之堂，作为高级宴席的点心，又是一般家庭餐桌上品味的“碰头食”。该品以芸豆泥、豆沙馅、金糕叠加成形，白、褐、紫三色相间，具有层次清晰，质地柔软，甜酸爽口的特点。

二、制作原理

芸豆泥挤压成块的原理见本章第一节。

三、熟制方法

煮。

四、原料配方（以 24 块计）

1. 坯料

白芸豆 600 克。

2. 馅料

豆沙馅 200 克。

3. 装饰料

金糕 200 克，白糖 100 克。

五、工艺流程（图 7–22）

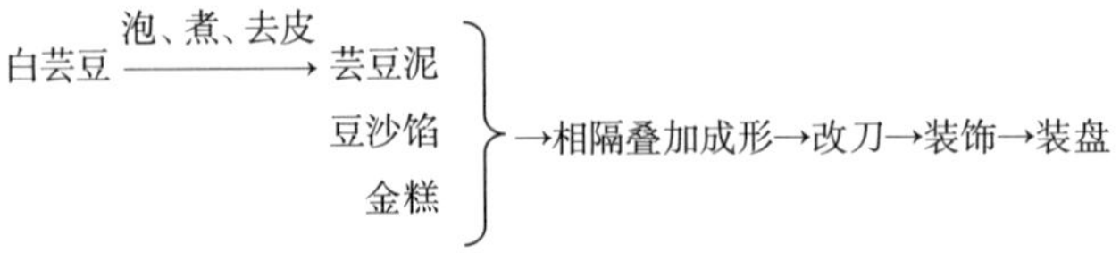

白芸豆 —泡、煮、去皮→ 芸豆泥
豆沙馅
金糕
} →相隔叠加成形→改刀→装饰→装盘

图 7–22　芸豆糕工艺流程

六、制作方法

1. 坯料加工

将白芸豆洗净，用清水浸泡 2 小时，然后入锅煮至熟烂，碾碎过罗去皮，成芸豆泥。

（**质量控制点：**①按用料配方准确称量；②豆泥含水量不宜太多，以保持豆泥紧实。）

2. 制品成形

将豆泥分成 2 块，分别用刀拍成厚约 1 厘米的一样大小的长方形，在一块上面抹匀一层豆沙馅，另一块盖在上面。在夹好豆沙馅的豆泥面上，放一块同样大小的 0.5 厘米厚的金糕，整好形，用刀切成均匀的 50 克重的正方形的块，撒上白糖即可。

（**质量控制点：**①豆泥要拍得完整、厚薄均匀；②制品改刀时要刀口光滑，形状完整。）

七、评价指标（表 7–20）

表 7–20　芸豆糕评价指标

品名	指标	标准	分值
芸豆糕	色泽	白、褐、紫三色相间	10
	形态	正方块	40
	质感	质地软糯	20
	口味	甜酸爽口	20
	大小	重约 50 克	10
	总分		100

八、思考题

1. 如何加工，芸豆泥的含水量较少？
2. 芸豆有几种？选择什么样的芸豆制作芸豆糕比较好？

名点 263. 豌豆黄（北京名点）

一、品种简介

豌豆黄是北京风味小吃，为春季应时佳品，以仿膳饭庄制作的最有名。该品原为汉族民间小吃，一般加有小枣制成，俗称糙豌豆黄儿，在庙会等场合卖；后传入宫廷，由清宫御膳房改进，俗称细豌豆黄儿，与芸豆糕、小窝头等同称宫廷小吃。前人曾用诗句赞美它："从来食物属燕京，豌豆黄儿久著名。红枣都嵌金屑里，十文一块买黄琼"。此点是将豌豆洗净、煮烂、去皮、磨碎、糖炒、凝结、切块而成，具有色泽浅黄、细腻纯净、清凉香甜、入口即化的特点。

二、制作原理

豌豆泥、琼脂液熟制成块的原理见本章第一节。

三、熟制方法

煮、炒。

四、原料配方（以 24 块计）

坯料：白豌豆 500 克，白糖 250 克，红枣 80 克，琼脂 10 克，食碱 1 克。

五、工艺流程（图 7–23）

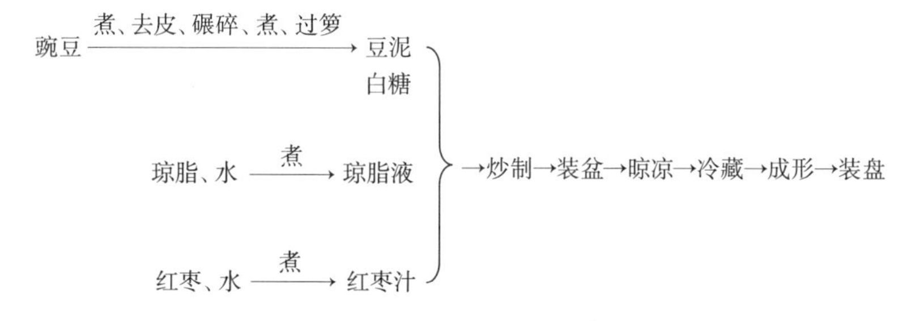

图 7–23　豌豆黄工艺流程

六、制作方法

1. 坯料加工

将白豌豆洗净、浸泡后放在铝锅中加水煮熟、去皮、碾碎；红枣洗净上铝锅煮烂制成枣汁；琼脂用清水泡开，加水煮至溶化。火上放铝锅，加水后放入白豌豆渣、食碱，开锅后用小火煮约1.5小时，成稀糊状时，过细箩使白豌豆成细泥沙。

（**质量控制点：**①按用料配方准确称量；②选用白豌豆制作；③除了铝锅，还可以用不锈钢锅或铜锅煮豌豆。）

2. 制品成形

铝锅上火，将豌豆泥加入白糖、红枣汁（枣不用）、琼脂液搅拌均匀，倒入铝锅内翻炒，待用木铲捞起豆泥往下淌得很慢，淌下去的豆泥不是随即与锅中的豆泥相融合，而是形成一个堆，再逐渐与锅内豆泥融合，即可起锅，倒入不锈钢盘子里，盖上光滑的薄纸，防止裂纹，晾凉，上面盖保鲜膜放入冰箱，吃时用刀切成小方块或菱形块，或用模具制成各种形状均可。

（**质量控制点：**①不能用铁锅炒，易变色；②制品改刀时要刀口光滑、形状完整。）

七、评价指标（表7-21）

表7-21　豌豆黄评价指标

品名	指标	标准	分值
豌豆黄	色泽	色呈淡黄	10
	形态	正方块	40
	质感	细腻软嫩，入口即化	20
	口味	香甜	20
	大小	重约40克	10
	总分		100

八、思考题

1. 为什么煮制白豌豆渣时要加食碱一起煮？
2. 为什么一般不用铁锅煮豌豆、炒豆泥？

名点264. 煎饼馃子（天津名点）

一、品种简介

煎饼馃子是天津风味小吃，它是由绿豆面薄饼、鸡蛋还有油条或者薄脆的“馃篦儿”组成，配以面酱、葱末、腐乳、辣椒酱（可选）作为佐料，馃子是天津等地对油条的俗称。其他地区的煎饼馃子原料已经不仅限于绿豆面摊成的薄饼，还有黄豆面、黑豆面等多种选择。但是，天津人依旧坚持着传统的吃法，正宗煎饼果子中选用的食材只有绿豆面、油条以及葱花及其他佐料。具有色呈虎皮、长筒造型、葱酱味浓、香美适口的特点。

二、制作原理

绿豆浆糊烙制成皮的原理见本章第一节。

三、熟制方法

烙。

四、原料配方（以 15 只计）

1. 坯料

绿豆 500 克，五香粉 2 克，鸡蛋 15 只。

2. 馅料

面酱 100 克，油条（或馃箅儿）15 根（或块），葱花 150 克。

3. 辅料

花生油 50 毫升。

五、工艺流程（图 7–24）

绿豆 —洗、泡、去皮、磨→ 糊、五香粉→摊皮→卷馃子→抹酱、撒葱花→装袋

图 7–24　煎饼馃子工艺流程

六、制作方法

1. 初加工

将绿豆泡胀，捞出去皮，上石磨磨成豆踖儿倒入磨盘眼中，磨成稀粥状，再倒入五香粉搅匀。

（**质量控制点：**①按用料配方准确称量；②绿豆需挑净杂质、洗净；③绿豆要用凉水泡透，去皮磨成水浆；④面糊的稀稠度要控制好，过稠面皮摊不开，过稀皮容易破。）

2. 烙皮

把饼铛置于小火上，用净布卷成的油擦子稍擦一层油，然后用手勺将浆糊（约

50克）倒在铛上，用“T”字形竹刮子迅速摊成极薄的圆形煎饼，再在煎饼上打入一只鸡蛋液，戳破蛋黄的那层膜，使蛋黄和蛋清混合均匀，再用“T”字形竹刮子铺满饼面。蛋液凝固后，一手持薄铁铲铲起煎饼，将煎饼翻过铺在饼铛上，定型上色即好。

（**质量控制点：**①铁铛烧热后再放绿豆糊；②烙制时铁铛上需刷少许油；③小火烙制。）

3. 上馅成形

在煎饼蛋面上抹上面酱、撒上葱花，放上折断的油条（或馃箅儿）卷成筒状，对折切断后装袋即成。

（**质量控制点：**调味品的量、品种可根据顾客需要添加。）

七、评价指标（表7-22）

表7-22 煎饼馃子评价指标

品名	指标	标准	分值
煎饼果子	色泽	虎皮色	10
	形态	长筒形	30
	质感	皮外脆里嫩，馃子外脆里韧	30
	口味	葱酱浓郁	20
	大小	重约150克	10
	总分		100

八、思考题

1. 怎样掌握煎饼果子面糊的稀稠度？
2. 如何判断煎饼翻面的时机？

名点265. 饶阳金丝杂面（河北名点）

一、品种简介

饶阳金丝杂面是河北风味小吃，在饶阳县，绿豆面才被称做杂面，是杂面之乡。相传清道光年间，河北饶阳县东关有一位叫仇发生的农民，以卖杂面为生。他为了使自己的杂面具有独特的风味，苦心钻研，历经数年，经过800多次的试验，终于制成了脍炙人口的金丝杂面。后来有个肃宁县籍的太监，他每次回家省亲，必到饶阳东关仇家杂面店买一些金丝杂面，作为礼品带回皇宫，自此，金丝杂面便成为贡品。1929年金丝杂面参加了天津国货展览会，获二等奖。金丝杂面是用绿豆粉、精白面、熟芝麻面、鲜蛋清、白糖、香油、水等原料制成。制作时把各种原料按比例和成面，将饧好的面团擀成薄纸一样的大面片，略晾至不干不湿，折不断，卷不沾时，叠起切细丝。因为条细如丝，成金黄色，故名“金丝杂面”。其成品具有色黄透明，形如金丝、劲道味美、耐煮不烂、清香爽口的特点。吃法多样，风味迥异，如汤面、打卤面、焖面、炒杂面等。

二、制作原理

湿绿豆粉揉压成块的原理见本章第一节；冷水面团成团的原理见第二章第一节。

三、熟制方法

煮。

四、原料配方（以5份计）

坯料：绿豆粉400克，高筋面粉100克，蛋清120克，熟芝麻粉50克，芝麻油25毫升，白糖50克，清水130毫升。

五、工艺流程（图7-25）

绿豆粉、高筋面粉、熟芝麻粉、白糖、麻油、鸡蛋清、清水→冷水面团→饧制→制皮→切丝→煮制→装碗

图7-25　饶阳金丝杂面工艺流程

六、制作程序

1. 面团调制

将绿豆粉与面粉、熟芝麻粉、鸡蛋清、白糖和芝麻油放在一起拌匀，根据面的干湿加水和成面团，盖上保鲜膜稍饧。

（**质量控制点：**①面团的硬度要合适；②面团调好后要饧制。）

2. 生坯成形

将面团擀成纸一样薄的面皮，略晾至不干不湿，折不断，卷不沾时，叠起切成细丝。

（**质量控制点：**①面皮要尽量擀薄；②略晾至不干不湿，折不断，卷不沾时再切；③面条要切得均匀。）

3. 生坯熟制

面条放入沸水锅内煮熟即可装碗，根据自己的口味调味。

（**质量控制点：**①旺火沸水煮；②断生即出锅。）

七、评价指标（表 7-23）

表 7-23 饶阳金丝杂面评价指标

品名	指标	标准	分值
饶阳金丝杂面	色泽	金黄色	10
	形态	均匀的细长条形	40
	质感	劲道	20
	口味	面条微甜，按需调味	20
	大小	重约 200 克	10
	总分		100

八、思考题

1. 为什么面团的硬度一定要合适？
2. 切面条时要注意什么？

名点 266. 漂抿蛐（山西名点）

一、品种简介

漂抿蛐是山西风味面食，是平定县传统风味面食之一，它以制法独特和味感鲜美，赢得百姓和游客的赞赏。此品是在绿豆面中掺入面粉，用冷水调成软面团后放入抿蛐床孔内，双手挤压上下床把，将面压入开水锅内煮熟，捞入兑好汤汁的碗内即成，成品具有面条筋滑利口，清素有豆香，富有营养，风味别致的特点。它不但具有独特风味，而且是一种很好的保健食品。

二、制作原理

绿豆面坯熟制成条的原理见本章第一节。

三、熟制方法

煮。

四、原料配方（以 4 碗计）

1. 坯料

绿豆面 400 克，面粉 100 克，冷水 300 毫升。

2. 调味料

生姜米 20 克，葱花 20 克，胡椒粉 5 克，酱 20 毫升，醋 10 毫升，芝麻油 20 毫升，辣椒油 20 毫升。

五、工艺流程（图 7-26）

绿豆粉、面粉、冷水→软面团→漂抿蛐床压制成形→煮熟→装碗（调味料）

图 7-26 漂抿蛐工艺流程

六、制作程序

1. 面团调制

将绿豆面与面粉放入盆内掺匀，逐渐加入冷水，不断用木棍搅，待将面搅出筋，成为黏度很大的软面团时即可。

（**质量控制点：**①加水量要恰当；②软面团要搅出筋性和黏性。）

2. 汤汁兑制

将生姜米、葱花、胡椒粉、酱、醋、香油依次放入碗内，兑入面汤，喜食辣者可加适量辣椒油。

（**质量控制点：**按顾客的口味需求调味。）

3. 生坯成形与熟制

将约 75 克的面团，用小木板片铲入漂抿蛐床（是一种特制的面食炊具，形似没有支架的小饸铬床）孔内，双手挤压上下床把，将面压入开水锅内（使用小火保持水面微开），成细粉条状，待漂翻煮起，即可捞入兑好汁汤的四只碗内。

（**质量控制点：**①锅内的水要沸而不腾；②煮至断生即可。）

七、评价指标（表 7-24）

表 7-24 漂抿蛐评价指标

品名	指标	标准	分值
漂抿蛐	色泽	面条淡黄色	10
	形态	圆条形	40
	质感	筋滑	20
	口味	酸辣鲜香	20
	大小	重约 450 克	10
	总分		100

八、思考题

1. 调制面团时为什么要加入一定量的面粉？
2. 制作面团时为什么锅内的水要求沸而不腾？

下面介绍蔬菜类粉团名点，共 5 款。

名点 267. 芋包（福建名点）

一、品种介绍

芋包是福建风味小吃，分厦门芋包、永安芋包和安溪芋包 3 种做法，这里介绍厦门芋包做法。芋包属于杂粮等其他特色粉团制品中的蔬菜类制品，是以小碗为容器、槟榔芋头加工成的芋蓉作坯皮，以熟五花肉片、熟虾肉粒、冬笋粒、豆腐干粒、香菇片、马蹄粒等为馅经蒸制而成。其成品具有色紫软嫩，香滑爽口，香鲜味美的特点。

二、制作原理

芋蓉熟制成块的原理见本章第一节。

三、熟制方法

蒸。

四、用料配方（以 10 份计）

1. 坯料

槟榔芋 500 克，木薯淀粉 125 克，精盐 5 克。

2. 馅料

猪五花肉 300 克，鲜虾 125 克，干扁鱼 12 克，干香菇 25 克，马蹄肉 50 克，冬笋 350 克，豆腐干 75 克，干葱头 50 克，白糖 8 克，酱油 12 毫升，味精 5 克，胡椒粉 1 克，湿淀粉 12 毫升，熟猪油 100 克。

3. 辅料

卤汤 500 毫升（卤肉用），色拉油 25 毫升。

五、工艺流程（图 7–27）

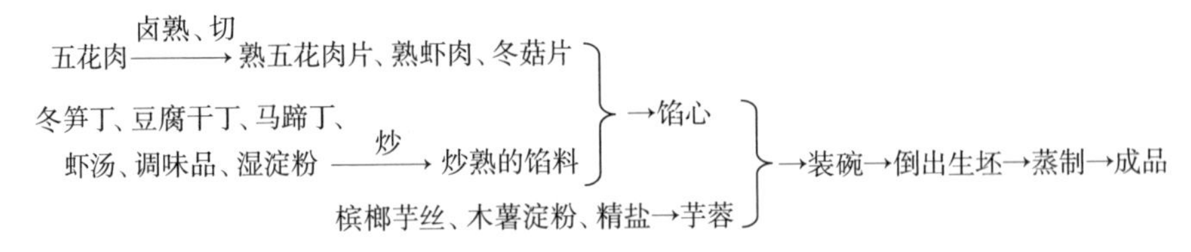

图 7–27 芋包工艺流程

六、制作程序

1. 馅料加工

将五花肉洗净，用卤汤卤熟，切成长3.3厘米、宽1.3厘米的薄片；将鲜虾去壳、取肉。虾壳、头尾加水250毫升煮沸、去渣，倒入虾肉焯熟捞出留用；干葱头去根、表皮切成指甲大小；冬笋、豆腐干切成0.4厘米见方的小方丁；香菇用温水泡软去蒂切片；马蹄肉切小丁；干扁鱼用色拉油炸酥，碾成细末；炒锅中放熟猪油75克烧热，入葱片炸至金黄色，捞出葱片即成葱油。

炒锅置旺火上，加熟猪油25克烧热，下入冬笋丁、豆腐干丁、马蹄丁炒熟，加入虾汤、白糖、酱油、味精煮至入味，再用湿淀粉勾芡，起锅后撒上胡椒粉、扁鱼末装入馅盆中。

（**质量控制点：**①馅料不宜太大；②馅料的味道要调好。）

2. 芋蓉调制

将槟榔芋去皮、洗净，刨擦成细丝，加入木薯淀粉、精盐拌和揉擦均匀即成芋蓉。

（**质量控制点：**①槟榔芋丝要加工得细；②加木薯淀粉增加芋蓉的黏性、硬度和口感。）

3. 芋包成形

取直径8.3厘米的小碗10只，碗内抹油，每只碗内先沿碗壁用芋蓉铺上一层，再分别放入肉片20克、虾肉5克、冬菇2片，然后将炒好的馅料分成10份并分别装入碗中，最后用芋蓉盖住馅心，抹平即成。

（**质量控制点：**①碗内要抹油；②芋蓉坯皮不宜太厚。）

4. 生坯熟制

将笼屉中垫好湿布，用手沾水将芋包生坯从碗中取出放在湿布上，上火蒸制15分钟即成。制品上碟后用小汤匙舀葱油从芋包上拨开的口中灌进去调味，也可选配上香菜、蒜泥、辣椒酱、芥末酱等一起食用。

（**质量控制点：**①旺火沸水蒸；②蒸制时间不宜太长。）

七、评价指标（表 7–25）

表 7–25　芋包评价指标

品名	指标	标准	分值
芋包	色泽	淡紫色	10
	形态	馒头形	40
	质感	软嫩爽滑	20
	口味	香鲜味美	20
	大小	重约 140 克	10
	总分		100

八、思考题

1. 调制芋蓉时为什么要木薯淀粉？

2. 芋包成形时所用的模具是________________。

名点 268. 腊味萝卜糕（广东名点）

一、品种简介

腊味萝卜糕是广东风味小吃，是当地老百姓过年时必备的家常小吃。该品是以萝卜丝作为主料，虾米粒、腊肉粒、腊肠粒、水发香菇粒、干贝丝作为配料，以粳米粉浆受热产生黏性而使主配料形成整体，经蒸制而成的，可以直接切块食用，也可以切块煎至两面金黄食用。具有两面金黄、外焦里嫩、柔嫩细滑，咸鲜香润的特点。在广西及港澳地区也很盛行。

二、制作原理

米粉糊熟制成块的原理见第六章第一节。

腊味萝卜糕

三、熟制方法

蒸、煎。

四、用料配方（以 25 块计）

1. 坯料

去皮萝卜 800 克，粳米粉 300 克，澄粉 60 克，腊肉 30 克，腊肠 30 克，虾米 25 克，水发香菇 25 克，干贝 20 克，精盐 12 克，白糖 20 克，味精 5 克，白胡椒粉 4 克，熟猪油 50 克，清水 160 毫升。

2. 辅料

色拉油 50 毫升。

五、工艺流程（图 7-28）

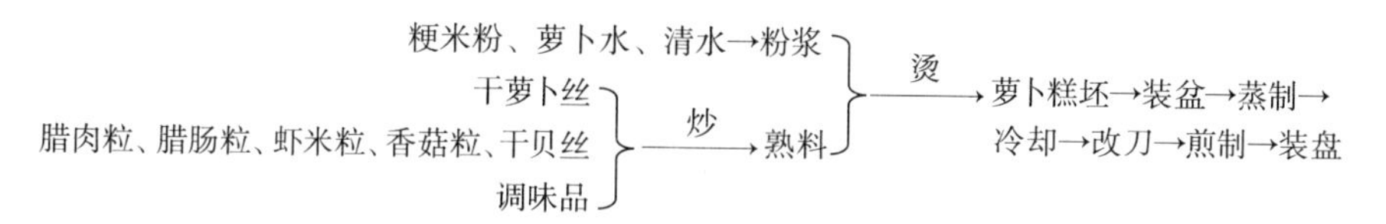

图 7-28　腊味萝卜糕工艺流程

六、制作程序

1. 坯料调制

将萝卜擦成细丝，用精盐腌制 15 分钟，挤干水，干萝卜丝和萝卜水都待用；腊肉、腊肠切成粒；虾米用热水泡开，切成粒；水发香菇洗净，切粒；干贝放入碗中，加入料酒，上笼蒸 20 分钟，取出拆成丝；粳米粉用萝卜水和清水调成粉浆。

锅中放入熟猪油，烧热后放入腊肉粒、腊肠粒煸出油，倒入虾米粒、香菇粒、干贝丝煸香，再放入干萝卜丝煸炒，放入白糖、味精、胡椒粉，待萝卜丝透明倒入粉浆，边倒边搅拌，粉浆烫成半熟的糊与主配料拌匀成为糕坯。

（**质量控制点**：①最好使用新鲜的水磨粳米粉；②萝卜水要保留、利用；③配料要煸出香味；④糕坯的吃水量不宜大；⑤粉浆要烫出黏性。）

2. 生坯熟制

把坯料放入事先已涂抹过油的四方不锈钢盘内按压平整，然后将四方盘放进蒸笼内，用旺火蒸制约 40 分钟取出。

（**质量控制点**：①盆内要抹油；②旺火足汽蒸；③一次蒸透。）

3. 制品成形

待糕晾凉后切块配熟油、酱油蘸食；也可先将晾凉的萝卜糕盖上保鲜膜下冰箱冷藏，食用前将切好的糕煎成两面金黄，搭配喜欢的酱汁食用。

（**质量控制点**：①糕要晾凉切块；②中小火煎制。）

七、评价指标（表 7–26）

表 7–26　腊味萝卜糕评价指标

品名	指标	标准	分值
腊味萝卜糕	色泽	糕体呈白色，两面金黄	10
	形态	长方块	30
	质感	柔嫩细滑	30
	口味	咸鲜香润	20
	大小	重约 50 克	10
	总分		100

八、思考题

1. 粳米粉在制作腊味萝卜糕制作中的作用是什么？
2. 腊味萝卜糕糕坯调制的要点有哪些？

名点 269. 蘸尖尖（山西名点）

一、品种简介

蘸尖尖是山西风味面食，也叫蘸片子、菜疙瘩、拖叶子，是一种以各种蔬菜蘸面煮食的面食。其为晋中汾阳、平遥、介休、孝义、清徐等县人民非常喜爱的民间家常食物，特别是蔬菜旺季食者更多，单用一种蔬菜亦可。先把小麦面粉或高粱面、豆面（加鸡蛋）逐步加水搅成糊，裹在蔬菜表面下水锅煮熟，食时可根据不同口味喜好，蘸以不同卤汁食之，如番茄卤汁、五香麻辣汁、红油醋汁、酸菜豆腐汁等。成品具有面菜结合均匀，清香和韧滑兼备，青白分明，光滑爽口的特点。

二、制作原理

豆面糊熟制成块的原理见第二章第一节。

三、熟制方法

煮。

四、原料配方（以 50 只计）

1. 坯料

面粉 225 克，豆面 75 克，微温水 400 毫升，鲜豆角 250 克，茄子 250 克。

2. 辅料

淀粉 20 克。

3. 调味汁

番茄卤汁 200 克。

五、工艺流程（图 7–29）

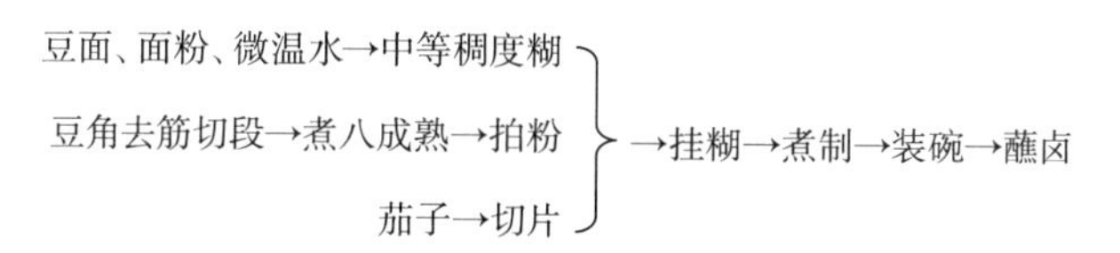

图 7–29　蘸尖尖工艺流程

六、制作程序

1. 初加工

将豆角摘角抽丝，掐成长 6 厘米的段后洗净，下沸水中焯至八成熟捞出，沥干水分，拍上淀粉；将茄子削去皮，切成厚 3 毫米的大片，改刀成 4 厘米 ×6 厘米的小片（也可改刀成粗条）。

（**质量控制点：**①熟豆角上要拍点粉；②茄子片不宜太大。）

2. 面团调制

将面粉与豆面倒入盆内拌匀，加微温水先调成厚糊，用筷子朝一个方向搅拌，搅拌到面团起筋性，表面光亮光滑、无颗粒状的小面疙瘩。再稀释成不稠不稀的糊，饧制 20 分钟。

（**质量控制点：**①先调厚糊再稀释；②糊要调匀，不能有粉粒、小面疙瘩；③糊的厚度要恰当；④调好的糊要饧制。）

3. 生坯成形

将豆角段和茄子片（或条）放入稀糊中，逐个滚裹面糊。

（**质量控制点：**糊要裹沾均匀。）

4. 生坯熟制

锅上火加水烧开，改小火保持微沸状态，用筷子将滚满面糊的豆角段和茄子块（或条）逐个夹入开水锅里煮熟捞出，装盘。

蘸上番茄卤汁食用，也可以蘸五香麻辣汁、红油醋汁、酸菜豆腐汁等，按需选择。

（质量控制点：①煮时水保持微沸；②煮制时间长短要根据蔬菜情况而定；③调味汁可按需选择。）

七、评价指标（表 7–27）

表 7–27　蘸尖尖评价指标

品名	指标	标准	分值
蘸尖尖	色泽	外玉色，内多彩	10
	形态	长条形或圆片形等	40
	质感	面外滑韧，菜脆嫩	20
	口味	按需调味	20
	大小	重约 20 克	10
	总分		100

八、思考题

1. 糊的稠度对蔬菜的挂糊有何影响？
2. 豆面与面粉比例的不同对蔬菜的挂糊和蘸尖尖口感有什么影响？

名点 270. 马铃薯卷糕（内蒙古名点）

一、品种简介

马铃薯卷糕是内蒙古风味小吃，是蒙古族人夏季的时令佳点，用熟马铃薯泥卷包豆沙经蒸制而成。其具有半透明状，口感筋软、甜香的特点。

二、制作原理

土豆泥擀压成片的原理见本章第一节。

三、熟制方法

蒸。

四、原料配方（以 10 只计）

1. 坯料

马铃薯 500 克。

2. 馅料

豆沙馅 60 克。

3. 辅料

淀粉 25 克。

五、工艺流程（图 7-30）

熟马铃薯 —捣泥→ 面团→擀片 }
豆沙馅→搓条 } →卷馅→蒸制→改刀→装盘

图 7-30　马铃薯卷糕工艺流程

六、制作方法

1. 粉团调制

马铃薯洗净蒸熟，去皮放在案板上，用木杖趁热压泥，捣至起筋成团。

（**质量控制点：**①选用白皮马铃薯制作；②趁热捣压；③土豆泥要细腻，不能有颗粒；④土豆泥有黏性。）

2. 生坯成形

以淀粉为面扑，将面团擀成厚 1 厘米的长方片，馅心搓成条，放在片上，卷成直径 3 厘米粗细的卷即成生坯。

（**质量控制点：**①面团黏性强，要用淀粉作面扑；②面皮要厚薄均匀。）

3. 生坯熟制

上蒸锅旺火足气蒸 8 分钟，斜刀切段，装盘。

（**质量控制点：**①旺火足汽蒸；②蒸制时间不宜太久。）

七、评价指标（表 7-28）

表 7-28　马铃薯卷糕评价指标

品名	指标	标准	分值
马铃薯卷糕	色泽	淡黄色	10
	形态	斜刀块	30
	质感	皮黏糯，馅软嫩	30
	口味	香甜	20
	大小	重约 50 克	10
	总分		100

八、思考题

1. 什么是马铃薯泥的起筋？
2. 为什么马铃薯卷糕选用淀粉作面扑？

名点 271. 玻璃羊肉饺（内蒙古名点）

一、品种简介

玻璃羊肉饺是内蒙古风味小吃，又称玻璃饺子。因成品光亮透明、隔皮可见馅心，故名。它是用马铃薯泥擀皮包上羊肉馅捏成饺子形经蒸制而成，具有用料独特、蒸饺造型、光亮透明、馅嫩香鲜的特点。

二、制作原理

土豆泥粉团的成团原理见本章第一节。

三、熟制方法

蒸。

四、原料配方（以 60 只计）

1. 坯料

马铃薯 750 克。

2. 馅料

羊肉（肥三瘦七）500 克，精盐 10 克，姜粉 5 克，味精 1 克，大葱末 25 克，羊骨汤 200 毫升，香菜碎 15 克。

3. 辅料

淀粉 60 克。

五、工艺流程（图 7-31）

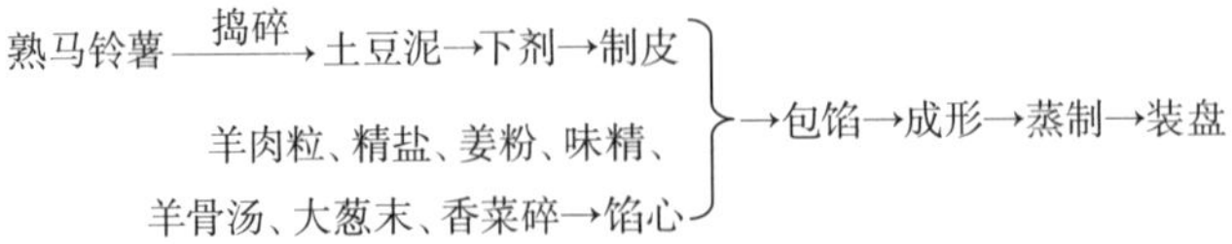

熟马铃薯 —捣碎→ 土豆泥→下剂→制皮

羊肉粒、精盐、姜粉、味精、羊骨汤、大葱末、香菜碎→馅心

（以上两者）→包馅→成形→蒸制→装盘

图 7-31 玻璃羊肉饺工艺流程

六、制作方法

1. 馅心调制

将羊肉切成小丁，加精盐、姜粉、味精搅拌上劲，再分次搅打入羊骨汤，放入大葱末、香菜碎拌匀成馅。

（**质量控制点**：①按用料配方准确称量；②羊肉丁需用力搅拌上劲；③要将羊骨汤搅打入羊肉丁中。）

2. 粉团调制

马铃薯洗净蒸熟，去皮放在案板上，用木杖趁热捣碎，捣至起筋成团。

（**质量控制点**：①选用白皮马铃薯制作；②趁热捣压；③土豆泥要细腻，不能有颗粒；④土豆泥有黏性。）

3. 生坯成形

用干淀粉作面扑，将马铃薯泥搓成条，下成每个重约10克的剂子，擀成圆形皮子，逐个包入馅心捏成饺子。

（**质量控制点**：①擀成中间厚四周薄的圆皮；②面团黏性强，要用淀粉作面扑；③包捏时用力要轻柔。）

4. 生坯熟制

将包好的饺子上笼屉用旺火足气蒸10分钟，装盘。

（**质量控制点**：①旺火足气蒸；②蒸制时间不宜太长。）

七、评价指标（表7-29）

表7-29 玻璃羊肉饺评价指标

品名	指标	标准	分值
玻璃羊肉饺	色泽	微黄色，光亮透明	10
	形态	蒸饺形	40
	质感	皮软韧，馅软嫩	20
	口味	馅嫩香鲜	20
	大小	重约22克	10
	总分		100

八、思考题

1. 玻璃羊肉饺皮与虾饺皮的特性有什么不同？
2. 玻璃羊肉饺包馅时需要注意什么？

下面介绍鱼虾蓉粉团名点，共 6 款。

名点 272. 文蛤饼（江苏名点）

一、品种介绍

文蛤饼是江苏南通著名的风味名点，是以海鲜肉为主料制成的饼。文蛤系海产贝类原料，味极鲜美，素有“天下第一鲜”之称，如东的文蛤以壳薄肉厚、色泽光亮、肉质细嫩、营养丰富而著称。文蛤饼是以文蛤肉与鲜猪肉、荸荠或丝瓜等脆嫩蔬菜，剁蓉和面煎制而成，具有蛤饼色泽金黄，形如金钱，入口软嫩清香，味鲜异常的特色，是江苏南通地区的特色小吃。

二、制作原理

文蛤饼坯熟制成块的原理见本章第一节。

文蛤饼

三、熟制方法

煎。

四、用料配方（以 12 只计）

1. 坯料

净文蛤肉 250 克，熟净荸荠 75 克，猪瘦肉 50 克，熟猪肥膘肉 50 克，姜末 12.5 克，香葱末 12.5 克，料酒 5 毫升，精盐 7 克，鸡蛋液 25 克，湿淀粉 25 毫升，面粉 75 克。

2. 调辅料

骨汤 25 毫升，料酒 5 毫升，芝麻油 5 毫升，色拉油 75 克。

五、工艺流程（图 7–32）

文蛤肉泥、猪肉泥、马蹄丁、面粉、鸡蛋、湿淀粉、调味品→坯料→成形→煎制→装盘

图 7–32　文蛤饼工艺流程

六、制作方法

1. 生坯成形

将文蛤肉放入竹篮内，在水中顺一个方向搅动，洗净泥沙，沥水后用刀剁碎，放入盆内。将猪瘦肉和熟肥膘肉一齐剁泥，把荸荠用刀拍碎、切粒，然后一起放入蛤肉盆内，再加入姜末、葱末、精盐、料酒，加入鸡蛋液打散、抓入湿淀粉拌匀，再放入面粉拌和上劲即成文蛤饼坯料。

（**质量控制点：**①文蛤肉要洗净泥沙；②配料要加工得细小一些；③生坯的大小要合适，不宜太厚。）

2. 生坯熟制

将平底锅上火烧热，倒入少量色拉油润锅。用手将文蛤饼坯料搓成球形再压成饼坯排入锅中，用小火煎，多次翻身，至两面金黄时烹入骨汤和料酒，略焖后揭去锅盖，待蒸气跑掉，淋上芝麻油便可装盘。

（**质量控制点：**①要用小火煎制；②煎制过程中饼坯要多次翻身；③烹入骨汤和料酒略焖后要揭去锅盖，让蒸气挥发，达到外脆里嫩。）

七、评价指标（表 7–30）

表 7–30 文蛤饺评价指标

品名	指标	标准	分值
文蛤饼	色泽	金黄色	10
	形态	圆饼形	40
	质感	外脆里嫩	20
	口味	咸鲜	20
	大小	重约 40 克	10
	总分		100

八、思考题

1. 江苏南通名点文蛤饼的特点是什么？
2. 制作文蛤饼时加入熟肥膘泥和马蹄粒的作用分别是什么？

名点 273. 鱼肉皮子馄饨（浙江名点）

一、品种介绍

鱼肉皮子馄饨是浙江沿海渔区传统风味小吃。将海鲜鱼肉撒上淀粉敲成皮子，包以猪腿肉泥及荸荠末与调味品调成的馅心成喇叭花形，入笼蒸熟，再入沸水中略煮，连汤装入碗中，撒以葱花、猪油、米醋、味精而成。其鱼肉皮透明光滑，形似花朵，味鲜美爽口，具有沿海渔区特有的风味。此品营养丰富、味道鲜美，口感独特，是当地的特色小吃。

二、制作原理

鱼蓉成团的原理见本章第一节。

三、熟制方法

蒸、煮。

鱼肉皮子馄饨

四、用料配方（以 15 只计）

1. 坯料

鳗鱼肉或黄鱼肉 75 克，干淀粉 125 克（实耗 75 克）。

2. 馅料

猪腿肉 50 克，荸荠肉 35 克，料酒 5 毫升，白糖 10 克，味精 2 克，精盐 1.5 克，葱花 8 克。

3. 汤料

盐 10 克，葱花 4 克，熟猪油 8 克，米醋 6 毫升，味精 2 克，清水 1000 毫升。

五、工艺流程（图 7–33）

猪腿肉泥、调味品；荸荠粒→拌成馅心
鱼肉蓉、淀粉 —敲→ 鱼肉皮
}→成形→蒸制→煮制→装碗

图 7–33　鱼肉皮子馄饨工艺流程

六、制作方法

1. 馅心调制

将猪腿肉剁泥、荸荠肉斩成细粒，在肉泥中加入适量料酒、葱花、盐、白糖、味精调味，拌入荸荠细粒即成馅，分成 15 等份。

（**质量控制点：**馅心的口味要调好。）

2. 面团调制

将鳗鱼肉或黄鱼肉砸成蓉，分别挤成 15 颗鱼丸。

（**质量控制点：**鱼肉要去净鱼刺、鱼皮。）

3. 生坯成形

每颗鱼丸都放在铺有干淀粉的砧板上按平，再撒干淀粉，用小木棍轻轻敲打，边敲边转动，敲成圆形薄皮子。皮子放上馅心，对折成半圆形。再把半圆形皮子对折，两头连接，裙边向外翻成喇叭状，即成生坯。

（**质量控制点：**①敲的次数要多，边敲边转动皮子；②皮要敲得厚薄均匀；③成形时黏合处要黏紧。）

4. 生坯熟制

将生坯入笼用旺火蒸 6 分钟至熟。另取小锅加水及盐，旺火烧沸，放入蒸熟的馄饨，煮约 2 分钟起锅，连汤装入碗中，撒上葱花、熟猪油、米醋、味精即成。

（**质量控制点：**①旺火足汽蒸；②煮制时间不宜太久。）

七、评价指标（表 7-31）

表 7-31　鱼肉皮子馄饨评价指标

品名	指标	标准	分值
鱼肉皮子馄饨	色泽	白色	10
	形态	喇叭形	40
	质感	皮软韧，馅软嫩	20
	口味	咸鲜	20
	大小	重约 17 克（每只）	10
	总分		100

八、思考题

1. 鱼肉皮子馄饨馅心中为什么要加荸荠肉粒？
2. 鱼肉皮子敲制的要点是什么？

名点 274. 云梦炒鱼面（湖北名点）

一、品种介绍

云梦炒鱼面是湖北风味名点，是盛产鲜鱼的云梦县的一大特产。云梦炒面因其起源于云梦而得名。始制于清道光年间，由云梦城里“许传发布行”开办的客栈特聘的一位技艺出众、擅长红白两案的黄厨师创制，鱼面白如银、细如丝，故又称“银丝鱼面”。它是以鲤鱼蓉、面粉、淀粉、食碱等料调成的面团，擀皮、蒸熟、切条，与配料炒制而成。其成品具有面软韧滑，口味鲜香的特点。可煮食、可炸、可炒，下火锅更是一绝，是当地招待亲朋好友酒宴上不可缺少的佳品。

二、制作原理

鱼茸面团成团原理见第二章第一节。

三、熟制方法

炒。

四、原料配方（以4份计）

1. 坯料

鲜鲤鱼肉300克，面粉220克，食碱2.5克，淀粉80克，清水60毫升，精盐5克。

2. 调配料

猪里脊肉100克，水发木耳10克，葱白25克，淀粉5克，白醋5毫升，味精1克，酱油15毫升，精盐2.5克，熟猪油125克，胡椒粉1克。

3. 辅料

芝麻油20毫升。

五、工艺流程（图7-34）

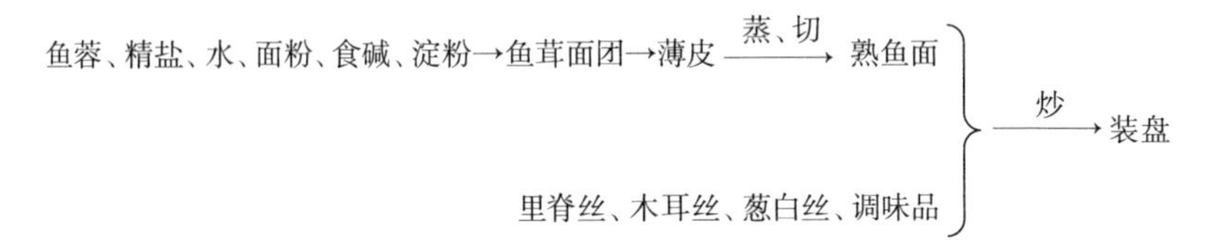

图7-34　云梦炒鱼面工艺流程

六、制作方法

1. 初加工

将猪肉切成细丝，加盐1克、淀粉上浆；水发木耳洗净切成丝；葱白切丝。

（**质量控制点：**肉丝要切得均匀、上好浆。）

2. 面团调制

将鲜鲤鱼肉洗净、刮泥、剁蓉，加水稀释后加精盐搅打上劲，面粉和鱼胶混合，再加食碱、淀粉一起揣揉均匀成鱼蓉面团，盖上保鲜膜饧制。

（**质量控制点：**①鱼蓉面团要硬一点；②面团要饧制。）

3. 生坯成形

将鱼蓉面团搓条，摘剂，擀成薄皮（每张150克，厚0.3厘米），一张张入笼蒸3分钟，取出晾凉，刷上香油，卷成筒，切成面条晒干。使用之前放在面盆中倒入沸水泡3分钟捞起，在清水中略漂、沥干。

（**质量控制点：**①鱼面皮要擀得厚薄均匀；②晒干储存；③使用前泡开。）

4. 生坯熟制

炒锅置旺火上，下熟猪油烧至150℃，下肉丝炒至断生，再放入鱼面、木耳、葱白、精盐、酱油、醋、味精合炒，约炒2分钟起锅装盘，撒上胡椒粉即成。

（**质量控制点：**①炒制鱼面时要旺火速成；②面软韧滑，口味鲜香。）

七、评价指标（表 7-32）

表 7-32　云梦炒鱼面评价指标

名称	指标	标准	分值
云梦炒鱼面	色泽	淡黄色	10
	形态	装盘馒头形，面条丝丝分清	40
	质感	面软韧滑	20
	口味	鲜香	20
	大小	重约 250 克	10
	总分		100

八、思考题

1. 调制鱼蓉面团时为什么加了面粉还要再加淀粉？
2. 鱼面除了炒还有哪些吃法？

下面介绍其他特色原料粉团名点，共 3 款。

名点 275. 西米嫩糕（上海名点）

一、品种介绍

西米嫩糕是上海著名的夏令甜点。它是以涨发好的小西米为主料，与熟猪油、白糖、米粉浆、全蛋液经过炒拌成厚糊，再经蒸制、冷却、改刀而成，成品具有色泽淡黄，糕质软嫩，清甜爽口的特点。每当夏季，深受当地民众的喜爱。

二、制作原理

米粉糊熟制成块的原理见第六章第一节。

三、熟制方法

蒸。

西米嫩糕

四、用料配方（以 12 只计）

1. 坯料

小西米 200 克，镶粉 100 克（粳、糯各半），清水 100 毫升，熟猪油（用猪板油熬制）65 克，白糖 150 克，鸡蛋液 60 克，柠檬香精 2 滴。

2. 装饰料

核桃仁125克，色拉油10毫升。

五、工艺流程（图7-35）

熟猪油、白糖 —炒→ 糖油液+煮透的西米、米粉浆、蛋液、香精 —炒→ 厚糊 —蒸→ 糕体→冷却→改刀→装盘

图7-35 西米嫩糕工艺流程

六、制作方法

1. 原料的初加工

将小西米放入温水锅中，用中火烧开，改小火将小西米煮至透明，倒入网筛中过滤、冲凉；镶粉用清水调制成米粉浆备用；将鸡蛋液打散搅匀；将核桃仁用刀切成薄片。

（**质量控制点：**①西米下入温水锅煮制；②小火加热；③煮至透明。）

2. 生坯熟制

先将熟猪油和白糖投入锅中，上火炒至融化，倒入加工好的西米炒匀后再下入调好的米粉浆炒成厚糊，最后加入打散的蛋液、香精拌匀即成；将炒好的厚糊装于抹过油的10厘米×24厘米的不锈钢方盆中，将其表面刮平，上笼后用大火蒸约20分钟，再撒上核桃仁薄片，略蒸4～5分钟即可。

（**质量控制点：**①炒制时火力要小；②米粉浆炒成厚糊状态；③不锈钢方盆底部要抹油；④旺火足汽蒸。）

3. 制品装盘

待制品冷透后改切成3条，每条切成4块装盘即成。

（**质量控制点：**①糕体要凉透；②形状要规则。）

七、评价指标（表7-33）

表7-33 西米嫩糕评价指标

品名	指标	标准	分值
西米嫩糕	色泽	淡黄色	10
	形态	长方块	40
	质感	软嫩	20
	口味	香甜	20
	大小	重约70克	10
	总分		100

八、思考题

1. 煮制小西米时为什么要温水下锅且小火加热?
2. 调制西米嫩糕的糕糊时为什么要小火加热且加工成厚糊状态?

名点 276. 丁莲芳千张包子（浙江名点）

一、品种介绍

丁莲芳千张包子浙江湖州的风味小吃，是湖州四大风味名点之一。清光绪四年(公元1878年)，湖州菜贩丁莲芳以鲜猪肉、千张为原料，裹成长枕形千张包子，肩挑叫卖。后为了使卤汁不易渗出，而改为5厘米见方的三角形包子。光绪八年(公元1882年)，在湖州黄沙路设店经营，并对馅料、汤料进行了改进，成为湖州名点。此名点以用料讲究、烹调有术、味道鲜美而闻名遐迩。包子所用的千张和丝粉都是特制的，千张薄而韧，包得密不透气，香浓汁鲜；丝粉白而粗，久煮不糊，柔软入味。

二、熟制方法

蒸、煮。

三、用料配方（以16只计）

1. 坯料

千张4张。

2. 馅料

猪腿瘦肉250克，水发笋衣20克，海米5克，干贝10克，白芝麻5克，葱10克，姜10克，料酒15毫升，酱油10毫升，盐5克，白糖10克，味精2.5克。

3. 汤料

调味粉条汤2升，葱花24克。

四、工艺流程（图7-36）

水发海米、水发干贝
瘦肉丁、调味品；熟芝麻屑、水发笋衣丁→拌成馅心 }→包馅→成形→蒸制→煮制→装碗
千张→三角形皮

图7-36　丁莲芳千张包子工艺流程

五、制作方法

1. 馅心调制

将海米、干贝水发好后用料酒20毫升浸透待用；猪腿肉剔尽筋、膜、肥膘，切成小方丁；芝麻洗净小火炒熟碾细；水发笋衣切成细丁。

在肉丁中加葱花、姜末、料酒、酱油、精盐、白糖、味精调拌均匀，再加入笋衣丁和芝麻屑拌匀成馅。

（**质量控制点：**①猪腿肉要剔尽筋、膜、肥膘；②馅心要先调味再加配料。）

2. 生坯成形

取千张4张，裁成边长20厘米的等边三角形16张，在靠近三角形的一边先放上一小片千张，再在其上放上馅心、水发海米和水发干贝，将两底角盖在馅心上，再将底边向上卷成筒状。把筒状生坯放入三角形模型中压成三角形包子。

（**质量控制点：**①千张要薄而有韧性；②模具成形。）

3. 生坯熟制

将夹有生坯的模型放入蒸箱中蒸制8分钟至生坯成熟，取出晾凉。食时将包子放入调好味的粉条锅中煮热，连粉条一起装入碗内（一碗2只），撒上葱花即成。

（**质量控制点：**①和模具一起蒸；②粉条久煮不糊。）

六、评价指标（表7–34）

表7–34　丁莲芳千张包子评价指标

品名	指标	标准	分值
丁莲芳千张包子	色泽	淡黄色	10
	形态	三角体形	40
	质感	皮软韧，馅鲜嫩	20
	口味	咸鲜	20
	大小	重约30克（每只）	10
	总分		100

七、思考题

1. 为什么要选薄而有韧性的千张来制作丁莲芳千张包子？

2. 为什么丁莲芳千张包子的生坯要放在模具里蒸？

名点 277. 椰黄西米角（广东名点）

一、品种简介

椰黄西米角是广东风味名点，属于杂粮等其他特色粉团制品中的淀粉类加工制品。该品以熟西米、生粉、粟粉、白糖、色拉油等原料调制的面团作皮，包以椰蓉、鸡蛋黄、面粉、吉士粉、白糖等调制的馅心捏成角形经蒸制而成，具有白透黄角形，晶莹透亮，软糯香甜的特点，是一种具有地域特色的风味点心。

二、制作原理

西米（淀粉加工制品）粉团的成团原理见本章第一节。

三、熟制方法

蒸。

四、用料配方（以 15 只计）

1. 坯料

西米 250 克，生粉 50 克，粟粉 12.5 克，绵白糖 62.5 克，色拉油 25 毫升。

2. 馅料

椰蓉 38 克，鸡蛋黄 30 克，面粉 30 克，吉士粉 2 克，绵白糖 75 克，清水 75 毫升，柠檬黄色素 0.01 克。

3. 辅料

色拉油 20 毫升。

五、工艺流程（图 7-37）

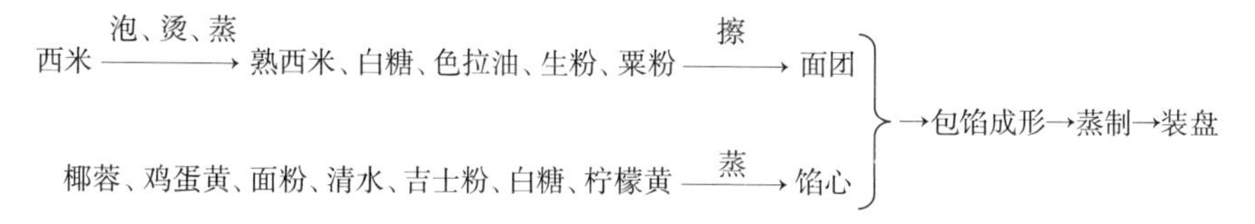

图 7-37　椰黄西米角工艺流程

六、制作程序

1. 馅心调制

将椰蓉、鸡蛋黄、面粉、清水、吉士粉和白糖搅和均匀，加入柠檬黄色素调匀，装入不锈钢平盆中，用中火蒸制6分钟，取出晾凉，揉擦均匀即成椰黄馅。

（**质量控制点：**①糊浆要调匀，不能有面粉、吉士粉颗粒；②馅心硬度要恰当。）

2. 坯料调制

西米倒入大碗里加温水浸泡2小时（中途换水）后捞起放在面盆里，倒入沸水将西米烫6分钟捞出，蒸笼内垫上洁净的白纱布，略湿水，将烫过的西米倒在纱布上摊平，用旺火蒸20分钟取出，趁热加入白糖、色拉油拌至糖溶，再加入生粉、粟粉拌和成西米粉团。

（**质量控制点：**①西米质量要好；②西米要泡透；③西米团的硬度要恰当。）

3. 生坯成形

将多孔的不锈钢蒸笼底板刷油，放入笼中；再将西米粉团、椰黄馅各分成15份，把每个剂子搓成球压成圆皮，包入馅心一份对叠并捏成角形，排放在刷了油的底板上即成。

（**质量控制点：**①皮要厚薄均匀；②角边要捏紧。）

4. 制品熟制

将放好生坯的蒸笼用旺火足汽蒸12分钟即可，出笼时成品表面抹上一层熟色拉油。

（**质量控制点：**旺火足汽蒸。）

七、评价指标（表7-35）

表7-35　椰黄西米角评价指标

品名	指标	标准	分值
椰黄西米角	色泽	白中透黄	10
	形态	角形	40
	质感	皮软糯，馅软滑	20
	口味	香甜	20
	大小	重约70克	10
	总分		100

八、思考题

1. 西米是什么样的一种原料？西米成熟后有什么特点？
2. 西米如何加工才能完整而透明？

本章小结

本章主要介绍了杂粮等其他特色粉团的分类、制作原理、调制方法和要点，以及制作观赏性船点、看盘常用的天然色素，有代表性的杂粮等其他特色粉团名点的制作方法及评价指标。了解了杂粮等其他特色粉团名点制作的一般规律。

同步练习

一、填空题

1.江苏盐城名点藕粉圆子的汤汁勾的是________芡。

2.福建风味名点葛粉包的造型是________。

3.调制江西赣州风味点心信丰萝卜饺的坯皮所用的主料是________。

4.广东风味名点蒸娥姐粉果馅料中芫荽叶、蟹黄粒起到的主要作用是________。

5.制作黑龙江风味小吃黄米切糕时白糖除了调味的作用外，还有________的作用。

6.制作黑龙江风味小吃龙江黏豆包的主料是________。

7.北京风味面点小窝头的坯料中加入糖桂花的作用是________。

8.北京风味小吃芸豆糕属于________面团制品。

9.琼脂液在北京风味小吃豌豆黄制作过程中的作用是________。

10.天津风味小吃煎饼馃子中的馃子就是指________。

11.河北风味小吃饶阳金丝杂面中面条的主料是________。

12.在调制福建厦门风味小吃芋包的芋蓉时除了加盐外，还需加一定量的________。

13.福建厦门风味小吃芋包的成形方法是________。

14.调制广东风味名点腊味萝卜糕坯料时粉浆需在锅中________调制。

15.调制内蒙古风味小吃玻璃羊肉饺馅心时除了羊肉丁、调味品之外，还加入了________。

16.江苏南通名点文蛤饼在煎制成熟前要加入________和________，起到去腥增香的作用。

17.用来制作浙江沿海渔区风味小吃鱼肉皮子馄饨的鱼肉要去净鱼皮和________。

18.上海名点西米嫩糕的成熟方法是________。

19.浙江湖州风味小吃丁莲芳千张包子的成形方法是________。

20.广东风味名点椰黄西米角馅心中的椰黄分别是指________和________两

种原料。

二、选择题

1.江苏盐城名点藕粉圆子的成形方法是（　　）。

A. 挤注　B. 包捏　C. 滚沾　D. 揉搓

2.广东风味名点蒸娥姐粉果成品的形状是（　　）。

A. 鸡冠形　B. 捏褶包形　C. 馒头形　D. 半月形

3.广东风味名点薄皮鲜虾饺成品的形状是（　　）。

A. 弯梳形　B. 鸡冠形　C. 凤眼形　D. 半月形

4.山西风味小吃荞面碗托的成熟方法是（　　）。

A. 煮　B. 炸　C. 烙　D. 蒸

5.山西风味小吃荞面碗托食用时一般改刀成（　　）状食用。

A. 丁　B. 丝　C. 块　D. 粒

6.山西风味小吃红枣切糕的主料是（　　）。

A. 糯米粉　B. 粳米粉　C. 小麦粉　D. 黄米粉

7.制作山东风味小吃糖酥煎饼的主料是（　　）。

A. 玉米　B. 小米　C. 面粉　D. 荞麦面

8.制作山东风味小吃甜沫的主料是（　　）。

A. 玉米面　B. 小米面　C. 面粉　D. 荞麦面

9.山东风味小吃甜沫的成熟方法是（　　）。

A. 煮　B. 蒸　C. 煎　D. 烤

10.调制陕西风味小吃蓝田荞麦饸饹面团所用的水是（　　）。

A. 冷水　B. 温水　C. 热水　D. 沸水

11.用来烙制天津风味小吃煎饼馃子中煎饼的主料是（　　）。

A. 黄豆　B. 黑豆　C. 绿豆　D. 黄米

12.制作山西风味面食漂抿蛐的主料是（　　）。

A. 绿豆面　B. 黄豆面　C. 玉米面　D. 小米面

13.制作内蒙古风味小吃玻璃羊肉饺所用的面扑是（　　）。

A. 面粉　B. 玉米粉　C. 淀粉　D. 糯米粉

14.用来制作上海名点西米嫩糕所用的镶粉中糯、粳粉比例是（　　）。

A. 7 : 3　B. 6 : 4　C. 5 : 5　D. 4 : 6

三、判断题

1.黑龙江风味小吃黄米切糕是选用小黄米制作的。（　　）

2.黑龙江风味小吃龙江黏豆包馅心是绿豆馅。（　　）

3.北京风味小吃芸豆糕是蒸制成熟的。（　　）

四、问答题

1. 在江苏盐城名点藕粉圆子成形时，为什么要求第一次和第二次烫制时间要短，而随着滚沾次数的增多，烫制时间逐渐加长？

2. 在调制福建风味名点葛粉包的面团时为什么要求搅拌要迅速、并且趁热揉匀揉透？

3. 江西赣州风味点心信丰萝卜饺的馅心的口味特点是什么？

4. 调制广东风味名点薄皮鲜虾饺坯料时加入生粉的作用是什么？

5. 广州市西郊的泮塘所产的马蹄有什么特点？

6. 广东风味名点马蹄糕的特点是什么？

7. 调制广东风味名点蜂巢蛋黄角坯料时熟猪油在什么时候加入？

8. 广东风味名点蜂巢蛋黄角炸制时如何确定本批次炸制需要的温度？

9. 广西风味点心桂林马蹄糕的食用品质主要由什么决定？

10. 制作广西风味点心桂林马蹄糕时，为什么要先把坯料调成半熟的糕浆？

11. 吉林风味小吃延边冷面煮熟后，为什么要迅速浸凉？

12. 吉林风味小吃延边冷面的冷面汤和调味酱分别是如何调制的？

13. 西藏风味食品酥油糌粑为什么特别适合牧民生活？

14. 西藏风味食品酥油糌粑的口味有什么特点？

15. 北京风味面点小窝头在成形时为什么要捏成中空的塔形？

16. 制作山西风味面食莜面栲栳栳时，为什么推皮一般需要在特制的石板上进行？

17. 山西风味面食莜面栲栳制作的关键有哪些？

18. 山西风味小吃红枣切糕是如何成形熟制的？

19. 制作山东风味小吃糖酥煎饼使用的小米糊中加入白糖的作用是什么？

20. 陕西风味小吃蓝田荞麦饸饹的成形方法是什么？

21. 制作北京风味小吃豌豆黄时加入红枣汁的作用是什么？

22. 河北风味小吃饶阳金丝杂面的吃法有哪些？

23. 制作山西风味面食漂抿蛐使用的面团为什么要调得柔软？

24. 广东风味名点腊味萝卜糕切块时为什么一般在冷透的状态下进行？

25. 制作山西风味面食蘸尖尖时煮熟的豆角裹面糊前为什么一般要拍点粉？

26. 制作山西风味面食蘸尖尖时裹好糊的蔬菜下锅时水锅的水为什么一般保持微沸状态？

27. 内蒙古风味小吃马铃薯卷糕坯料成团的原理是什么？

28. 用来制作内蒙古风味小吃马铃薯卷糕使用的土豆泥为什么要趁热压碎？

29. 为什么江苏南通名点文蛤饼的饼坯制作得不宜太厚？

30. 江苏南通名点文蛤饼在煎制过程中为什么要多次翻身？

31. 为什么浙江沿海渔区风味小吃鱼肉皮子馄饨的成熟方法是先蒸后煮?

32. 为什么用来制作湖北风味面点云梦炒鱼面的鱼面一般都先晒干?

33. 制作湖北风味面点云梦炒鱼面使用的鱼蓉面皮要先蒸熟再切条?

34. 上海名点西米嫩糕的糕体为什么要凉透了才能改刀?

35. 制作浙江湖州风味小吃丁莲芳千张包子的馅心时使用的猪腿肉要剔尽筋、膜、肥膘的目的是什么?

36. 用来制作广东风味名点椰黄西米角使用的西米粉团如何调制?

参考文献

[1] 朱在勤 . 中国风味面点 [M]. 北京：中国纺织出版社，2008.

[2] 谢定源 . 中国名点 [M]. 北京：中国轻工业出版社，2000.

[3] 朱在勤 . 苏式面点制作工艺 [M]. 北京：中国轻工业出版社，2012.

[4] 中国大百科全书出版社编辑部 . 中国烹饪百科全书 [M]. 北京：中国大百科全书出版社，1992.

[5] 朱在勤 . 中式面点技艺 [M]. 大连：东北财经大学出版社，2003.

[6] 西安市商务局 . 味・道：西安美食图鉴 [M]. 西安：陕西旅游出版社，2019.

[7] 曹秀英等 . 中国面食点心谱 [M]. 北京：中国商业出版社，1989.

[8] 章仪明 . 中国维扬菜 [M]. 北京：轻工业出版社，1990.

[9] 帅焜 . 广东点心精选 [M]. 广州：广东科技出版社，1991

[10] 董德安口述 . 维扬风味面点五百种 [M]. 南京：江苏科学技术出版社，1988.

[11] 朱阿兴 . 苏式船点制作 [M]. 北京：中国食品出版社，1990.

[12] 林颐楠 . 广东点心 [M]. 北京：金盾出版社，1995.

[13] 朱阿兴 . 苏式船点制作 [M]. 北京：中国食品出版社，1990.

[14] 周三金 . 上海小吃 [M]. 北京：金盾出版社，1996.

[15] 林俊春 . 吃在海南 [M]. 北京：中国商业出版社，1996.

[16] 沈智敏 . 重庆风味小吃 [M]. 北京：金盾出版社，2006.

[17] 吴国栋 . 西安特色小吃向导 [M]. 西安：西安出版社，2007.

[18] 李乐清等 . 四川风味小吃 [M]. 北京：金盾出版社，2003.

[19] 江苏省饮食服务公司 . 中国小吃（江苏风味）[M]. 北京：中国财政经济出版社，1985.

[20] 上海市饮食服务公司 . 中国小吃（上海风味）[M]. 北京：中国财政经济出版社，1985.

[21] 北京市饮食服务公司 . 中国小吃（北京风味）[M]. 北京：中国财政经济出版社，1985.

[22] 广东省饮食服务公司 . 中国小吃（广东风味）[M]. 北京：中国财政经济出版社，1985.

[23] 四川省饮食服务公司 . 中国小吃（四川风味）[M]. 北京：中国财政经济

出版社，1985.

[24] 湖北省饮食服务公司 . 中国小吃（湖北风味）[M]. 北京：中国财政经济出版社，1985.

[25] 陕西省饮食服务公司 . 中国小吃（陕西风味）[M]. 北京：中国财政经济出版社，1985.

[26] 天津市饮食服务公司 . 中国小吃（天津风味）[M]. 北京：中国财政经济出版社，1985.

[27] 浙江省饮食服务公司 . 中国小吃（浙江风味）[M]. 北京：中国财政经济出版社，1985.

[28] 湖南省饮食服务公司 . 中国小吃（湖南风味）[M]. 北京：中国财政经济出版社，1985.

[29] 河南省饮食服务公司 . 中国小吃（河南风味）[M]. 北京：中国财政经济出版社，1985.

[30] 安徽省饮食服务公司 . 中国小吃（安徽风味）[M]. 北京：中国财政经济出版社，1985.

[31] 山西省饮食服务公司 . 中国小吃（山西风味）[M]. 北京：中国财政经济出版社，1985.

[32] 山东省饮食服务公司 . 中国小吃（山东风味）[M]. 北京：中国财政经济出版社，1985.

[33] 福建省饮食服务公司 . 中国小吃（福建风味）[M]. 北京：中国财政经济出版社，1985.

[34] 云南省饮食服务公司 . 中国小吃（云南风味）[M]. 北京：中国财政经济出版社，1985.

[35] 王长信等 . 山西面食 [M]. 太原：山西科学技术出版社，1998.

[36] 李先明 . 面食 [M]. 太原：山西科学技术出版社，2002.

[37] 孙秀芬 . 山西面食 [M]. 北京：化学工业出版社，2008.

[38] 佟长友 . 北京风味小吃 [M]. 北京：金盾出版社，1992.

[39] 知识出版社 . 风味小吃 [M]. 北京：知识出版社，1992.

[40] 北京市第二服务局 . 中国小吃（北京风味）[M]. 北京：中国财政经济出版社，1981.

[41] 张凤玲 . 北京小吃 [M]. 北京：化学工业出版社，2008.

[42] 周三保等 . 传统与新潮特色面点 [M]. 北京：农村读物出版社，2002.

[43] 徐海荣 . 中国美食大典 [M]. 杭州：浙江大学出版社，1992.

[44] 景丽娟 . 中国美食游 [M]. 北京：中国友谊出版公司，2003.

[45] 张梅焯 . 风味小吃 600 种（上、下）[M]. 北京：北京科学技术出版社，

1991.
[46] 湖南省蔬菜饮食服务公司 . 中国名菜谱（湖南风味）[M]. 北京：中国财政经济出版社，1988.
[47] 四川省蔬菜饮食服务公司 . 中国名菜谱（四川风味）[M]. 北京：中国财政经济出版社，1991.
[48] 中国烹饪协会 . 川菜 [M]. 北京：华夏出版社，1997.
[49] 中国烹饪协会 . 湘菜 [M]. 北京：华夏出版社，1997.
[50] 张步桂 . 南北风味小吃（上、下）[M]. 天津：天津科技翻译出版公司，1991.